팔로우 동유럽 핵심여행

팔로우 동유럽 핵심 6개국

1판 1쇄 발행 2024년 4월 26일
1판 2쇄 발행 2024년 11월 15일

지은이 | 이주은·박주미
발행인 | 홍영태
발행처 | 트래블라이크
등 록 | 제2020-000176호(2020년 6월 24일)
주 소 | 03991 서울시 마포구 월드컵북로6길 3 이노베이스빌딩 7층
전 화 | (02)338-9449
팩 스 | (02)338-6543
대표메일 | bb@businessbooks.co.kr
홈페이지 | http://www.businessbooks.co.kr
블로그 | http://blog.naver.com/travelike1
ISBN 979-11-982694-9-2 14980
979-11-982694-0-9 14980(세트)

* 트래블라이크는 ㈜비즈니스북스의 임프린트입니다.
* 비즈니스북스에 대한 더 많은 정보가 필요하신 분은 홈페이지를 방문해 주시기 바랍니다.

팔로우
동유럽
핵심 6개국

이주은 · 박주미 지음

follow
EASTERN
EUROPE

Travelike

글·사진 이주은

학창 시절 유럽 배낭여행을 시작으로 유럽에 심취되어 방학과 휴가 때마다 틈틈이 유럽을 다니다 여행 작가의 길로 들어섰다. 현재는 유럽과 미국 지역을 중심으로 여행 가이드북을 집필하고 잡지에 글을 쓰며, 여행 관련된 강연과 다양한 웹 콘텐츠 작업을 하고 있다. 저서(공저 포함)로 《프렌즈 런던》, 《프렌즈 뉴욕》, 《프렌즈 미국 서부》, 《프렌즈 미국 동부》, 《프렌즈 캐나다》, 《스페인 · 포르투갈 100배 즐기기》, 《리얼 독일》 등이 있다.

담당 국가 **오스트리아, 슬로베니아**

글·사진 박주미

스물둘, 멋모르고 처음 유럽 여행길에 올랐다가 이국적 풍경과 문화 · 예술에 매료되어 이후 시간과 돈, 체력이 허락하는 한 계속 여행을 다녔다. 결국 여행이 주는 두려움과 설렘이 좋아 여행을 업으로 삼았다. 여전히 혼자 떠나는 여행을 즐기며 인생의 시간을 풍성하게 만들고자 노력한다. 저서(공저 포함)로 《스페인 · 포르투갈 100배 즐기기》, 《리얼 독일》이 있다.

담당 국가 **체코, 헝가리, 슬로바키아, 크로아티아**

무릇 여행은 아무 계획 없이 훌쩍 떠나야 한다고 생각하던 때가 있었습니다.
여행하면서 겪는 좌충우돌이 더 즐거운 추억거리를 만들어줄 거라 기대했던 적도 있었습니다.
하지만 정해진 시간 내에 제한된 비용으로 좋은 여행을 하기란 쉽지 않았습니다.
특히나 유럽이라는 멀고 먼 지역은 더욱 그랬습니다.

서유럽은 우리에게 제법 익숙한 지역입니다. 역사는 강자를 기록하기에 학교에서도 접할 수 있었습니다. 그러나 동유럽은 조금 다릅니다. 단순히 지리적으로 동쪽이 아니라, 서로 다른 문명이 충돌하는 곳으로 그만큼 치열하고 다이내믹한 역사를 품고 있는 곳입니다.
특히나 전쟁으로 점철된 20세기에 동유럽의 운명은 녹록지 않았습니다.
그 결과 우리에게도 서유럽보다는 낯선 곳으로 남아 있습니다.

하지만 이제 동유럽은 더 이상 머나먼 로망의 땅이 아닙니다.
언제든 찾아갈 수 있는 너무나도 매력적인 여행지입니다. 깊은 역사의 숨결이 느껴지는 중세 골목이 남아 있고, 풍부한 문화유산과 재미있는 이야기가 전해오고 있으며, 그림처럼 아름다운 풍경으로 가득한 곳입니다.

《팔로우 동유럽》은 이미 잘 알려진 인기 도시는 물론, 아직 생소하지만 신비로움을 품고 있는 도시들을 소개합니다. 이 책이 여러분의 여행을 보다 즐겁고 풍요롭게 하기를 기원합니다.

이주은, 박주미

1권 최강의 플랜북

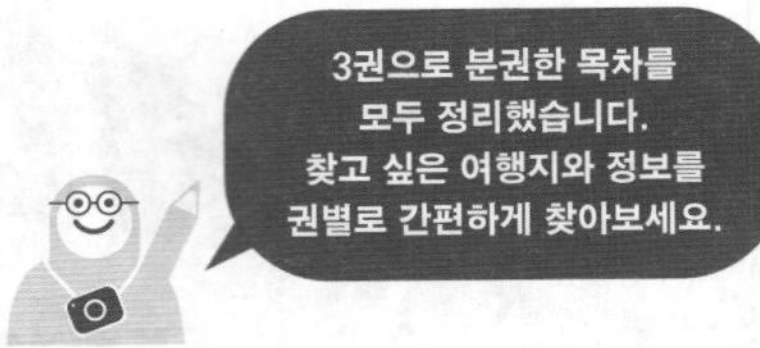
3권으로 분권한 목차를
모두 정리했습니다.
찾고 싶은 여행지와 정보를
권별로 간편하게 찾아보세요.

BUCKET LIST

동유럽 여행 버킷 리스트

PLANNING 1

동유럽 추천 일정과 여행 예산

PLANNING 2

떠나기 전에 반드시 준비해야 할 것

FAQ

알아두면 쓸모 있는 동유럽 여행 팁

《팔로우 동유럽》 사용법

HOW TO FOLLOW EASTERN EUROPE

01 일러두기

- 이 책에 실린 정보는 2024년 3월까지 수집한 정보를 바탕으로 하며 이후 변동될 가능성이 있습니다. 현지 교통편과 관광 명소, 상업 시설의 운영 시간과 비용 등은 현지 사정에 따라 수시로 바뀔 수 있으니 여행을 떠나기 전 다시 한번 확인하기 바랍니다.
- 이 책은 동유럽 주요 6개국을 소개하는데 국가마다 화폐 단위가 다르기도 합니다.
  오스트리아, 크로아티아, 슬로베니아, 슬로바키아의 화폐 단위는 유로Euro(€)입니다.
  체코는 코루나Koruna(Kč), 헝가리는 포린트Forint(Ft)를 사용합니다.
  모든 요금은 해당 국가의 화폐 기준으로 표기했습니다.
- 본문에 사용한 지명, 상호명 등은 국립국어원의 외래어표기법을 최대한 따랐으나, 현지 발음과 현저한 차이가 있는 일부 명칭은 통상적인 발음으로 표기해 독자의 이해와 인터넷 검색이 편리하도록 도왔습니다. 또한 관광 명소는 해당 국가에서 사용하는 현지어를 기준으로 표기했습니다.
- 추천 일정의 차량 및 도보 이동 시간, 대중교통 정보는 현지 사정이나 개인의 여행 스타일에 따라 달라질 수 있다는 점을 고려해 일정을 계획하기 바랍니다.
- 관광 명소 요금은 대개 일반 성인 요금을 기준으로 했으며, 일부 명소는 학생 및 어린이 요금도 함께 표기했습니다. 운영 시간은 여행 시즌에 따라 변동되므로 방문 전 홈페이지를 참고하기 바랍니다.
- 대중교통 요금은 대체로 현지 자동 발매기에서 구입하는 경우를 기준으로 표기했습니다. 온라인으로 사전 예매하거나 현지에서 차량 탑승 시 운전기사에게 직접 내는 요금은 조금씩 다르니 대략적인 것으로 참고하기 바랍니다.

02 책의 구성

- **이 책은 크게 세 파트로 나누어 분권했습니다.**

1권 동유럽 여행을 준비하는 데 필요한 정보와 꼭 경험해봐야 할 여행법을 제안합니다.
2권 동유럽의 핵심 여행지인 오스트리아, 체코를 중심으로 구성했습니다.
3권 헝가리를 시작으로 북쪽의 슬로바키아, 남서쪽의 크로아티아, 슬로베니아를 중심으로 구성했습니다.

03 본문 보는 법

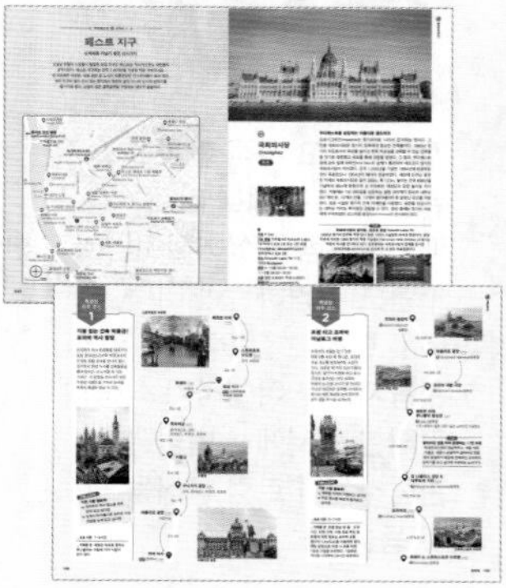

- **대도시는 존(ZONE)으로 구분**
  볼거리가 많은 대도시는 존으로 나눠 핵심 명소를 중심으로 주변 명소를 연계해 여행자의 동선이 편리하도록 안내했습니다. 핵심 볼거리는 매력적인 테마 여행법으로 세분화하고 풍부한 읽을거리, 사진, 지도 등을 함께 소개해 알찬 여행을 할 수 있습니다.

- **일자별 · 테마별로 완벽한 추천 코스**
  추천 코스는 일자별 평균 소요 시간은 물론 아침부터 저녁까지의 이동 동선과 식사 장소, 꼭 기억해야 할 여행 팁을 꼼꼼하게 기록했습니다. 어떻게 여행해야 할지 고민하는 초보 여행자를 위한 맞춤 일정으로 참고하기 좋으며 효율적인 여행이 가능하도록 도와줍니다.

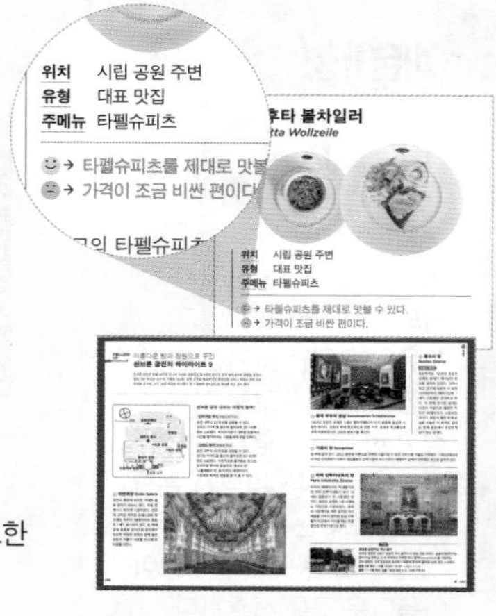

- **실패 없는 현지 맛집 정보**
  한국인의 입맛에 맞춘 대표 맛집부터 현지인의 단골 맛집, 인기 카페 정보와 이용법, 대표 메뉴, 장 · 단점 등을 한눈에 보기 쉽게 정리했습니다. 동유럽 각국의 식문화를 다채롭게 파악할 수 있는 지역별 특색 요리와 미식 정보도 다양하게 실었습니다.

  위치 해당 장소와 가까운 명소 또는 랜드마크
  유형 유명 맛집, 로컬 맛집, 신규 맛집 등으로 분류
  주메뉴 대표 메뉴나 인기 메뉴
  😊😑 좋은 점과 아쉬운 점에 대한 작가의 견해

- **흥미진진한 동유럽 문화 이야기 대방출**
  도시의 매력에 푹 빠지게 되는 관광 명소와 각 도시의 건축물, 거리에 얽힌 재미있고 풍부한 이야깃거리는 물론 역사 속 인물과 관련한 스토리를 페이지 곳곳에 실어 읽는 즐거움을 더합니다. 또한 여행 전 알아두면 좋은 여행 꿀팁도 콕콕 찍어 알려줍니다.

지도에 사용한 기호 종류

관광 명소	공항	기차역	버스 터미널	페리 터미널	지하철역	버스 정류장	트램 정류장
케이블카	푸니쿨라	관광안내소	우체국	분수	병원	공원	산

MBTI 유형별 동유럽 추천 여행지

분석가형

N & T

계획적이고 지적 활동을 즐기는 유형이다. 단체로 다니는 패키지여행을 싫어하지만 무모한 모험도 꺼려하는 편이다. 또한 너무 뻔하고 잘 알려진 유명 관광지보다 여행하기 적당히 편리한 도시에서 박물관을 관람하거나 로컬 음식을 맛보는 것 등을 선호한다.

황금빛 야경이 멋진
부다페스트

아름다운 음악의 도시
잘츠부르크

예술가형

N & F

이상주의자 또는 중재자나 지도자로서 열정이 있고 자유로운 영혼을 가진 유형이다. 여행을 통해 새로운 경험을 하고 싶어 하지만 위험을 감수할 정도는 아니다. 따라서 흔한 관광지보다는 이국적 분위기를 느낄 수 있는 곳이나 풍광이 아름다운 곳을 선호한다.

아드리아 해안의 낭만적인
두브로브니크

아름다운 전원이 펼쳐진
잘츠카머구트

붉은 지붕이 가득한 동화 마을
체스키크룸로프

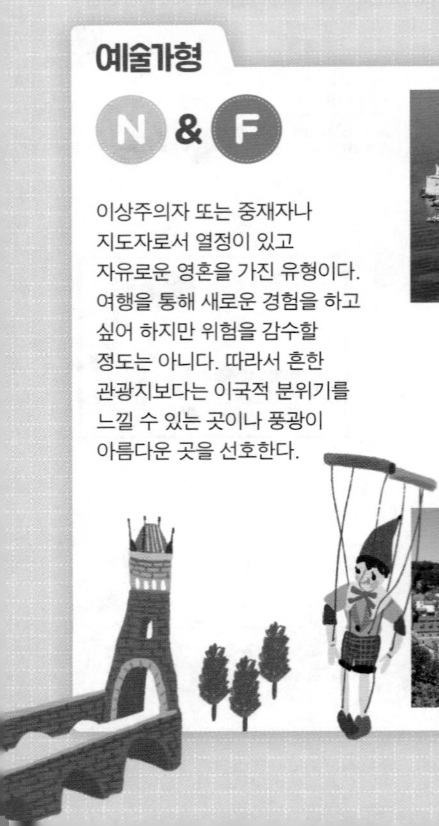

우리의 복잡한 성격을 몇 가지 유형으로 규정할 수는 없지만 MBTI는 어느 정도 우리 자신을 객관화하는 데 참고할 만하다. 또 그러한 유형에 따라 여행지 선택이나 여행 스타일도 고려해 볼 만하다.

계획형

S & J

무슨 일이든 계획적인 편이라 스스로 계획을 짜서 다니는 여행을 하거나 패키지여행이라도 꼼꼼히 따져서 고르는 유형이다. 또한 효율적이고 매우 현실적인 편이라 남들이 잘 안 가는 곳보다는 많이 알려진 무난한 관광지를 선택한다.

화려함과 명성을 두루 갖춘
프라하

우아한 고전미가 있는
빈

탐험가형

S & P

모험적이고 대담하며 새로운 것을 추구하는 유형이다. 때로는 무계획적으로 여행을 하거나 즉흥적인 재미로 시간을 보낼 수도 있다.

오랜 역사의 숨은 보석이 가득한
스플리트

그림처럼 신비로운 작은 호수 마을 **블레드**

언덕 위에 신비한 중세 성채가 있는
류블랴나

ATTRACTION

EXPERIENCE

Bucket List

동유럽 여행 버킷 리스트

EAT & DRINK

SHOPPING

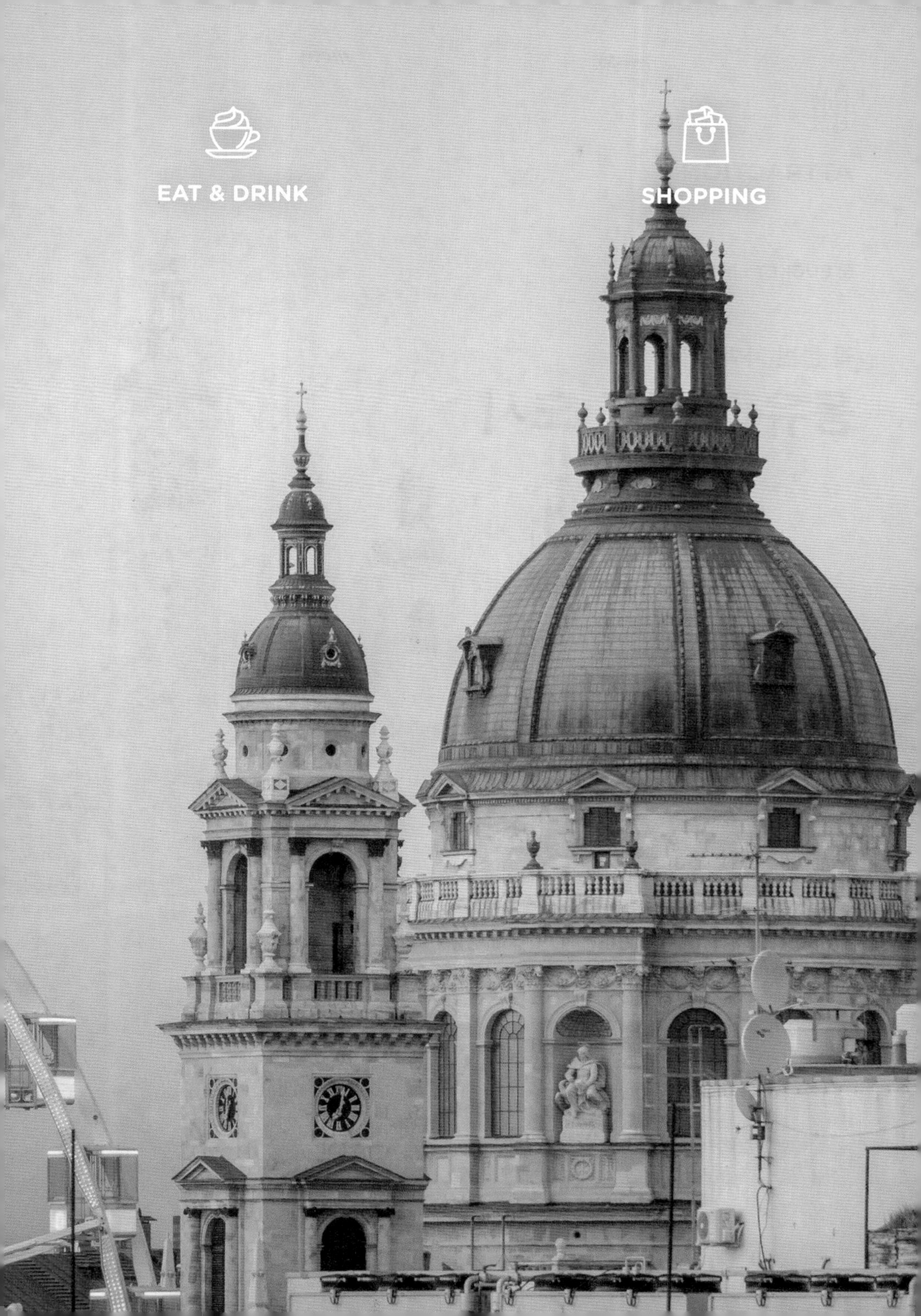

ATTRACTION

☑ BUCKET LIST **01**

꼭 한번 가봐야 할

동유럽 대표 도시

서유럽에 비해 덜 알려진 덕분에 여전히 신비로운 상상을 불러일으키는 동유럽.
오랜 역사를 간직한 도시들은 저마다 드라마틱한 이야기를 품고 있고
발길 닿는 곳마다 웅장하고 이국적인 건축물들이 여행자의 마음을 매료시킨다.
화려한 예술 작품으로 가득한 궁전, 운치 있는 구시가지 광장을 거닐어 보고
때로는 중세 시대의 요새 꼭대기에 올라 그림 같은 풍경을 한눈에 담으며
동유럽을 대표하는 도시들의 다채로운 매력에 빠져 보자.

오스트리아
빈
Wien

매력 지수
관광 ★★★★★
미식 ★★★★☆
쇼핑 ★★★☆☆

베스트 명소
슈테판 대성당	▶ 2권 P.033
호프부르크(왕궁)	▶ 2권 P.036
쇤브룬 궁전	▶ 2권 P.065
벨베데레 궁전	▶ 2권 P.062
미술사 박물관	▶ 2권 P.045

여행 키워드
#왕궁 #미술관 #클림트 #오페라
#클래식 카페

오스트리아 제국의 수도이자 합스부르크 왕실의 거주지였던 곳으로 도시 곳곳에서 마주치는 화려한 궁전과 웅장한 건축물이 시선을 압도한다. 또한 음악과 미술의 도시로도 유명해 훌륭한 예술 작품과 멋진 공연을 즐길 수 있는 아름다운 도시다.

Don't Miss! 합스부르크 황실의 화려한 여름 별궁 방문하기

오스트리아
잘츠부르크
Salzburg

매력 지수
관광 ★★★★☆
미식 ★★☆☆☆
쇼핑 ★★☆☆☆

베스트 명소
미라벨 정원	▶ 2권 P.092
게트라이데 거리	▶ 2권 P.093
모차르트 생가	▶ 2권 P.093
호엔잘츠부르크성	▶ 2권 P.098

여행 키워드
#모차르트 #사운드 오브 뮤직
#잘츠부르크성 #중세 거리

모차르트가 탄생한 음악의 도시로 매년 세계적인 음악 축제가 열린다. 언덕 위 가장 높은 곳에는 아름다운 풍광이 펼쳐지는 중세의 성채가 도시를 지키고 있으며, 구시가지에는 웅장한 성당과 궁전, 그리고 중세 분위기가 느껴지는 골목이 남아 있다.

Don't Miss! 묀히스베르크에 올라 도시 전체 감상하기

오스트리아

할슈타트

Hallstatt

매력 지수

관광 ★★★★☆

미식 ★☆☆☆☆

쇼핑 ★☆☆☆☆

베스트 명소

마르크트 광장 ▶ 2권 P.119

스카이워크 ▶ 2권 P.120

여행 키워드

#호숫가 산책 #아기자기한 예쁜 마을 #힐링 성지 #소금 광산 #겨울왕국

잘츠카머구트 지역 남쪽의 고요한 할슈타트 호숫가에 자리한 한 폭의 그림 같은 작은 마을이다. 과거 소금 광산 생산이 활발했던 곳으로 오래된 광산이 남아 있으며, 아름다운 자연경관과 낭만적인 분위기로 인기가 높다. 애니메이션 〈겨울왕국〉의 배경지로 알려져 있다.

Don't Miss! 산속의 호수 마을에 머물며 노을과 새벽 물안개 보기

헝가리

부다페스트

Budapest

매력 지수

관광 ★★★★★

미식 ★★★★★

쇼핑 ★★★★★

베스트 명소

세체니 다리 ▶ 3권 P.031

부다 왕궁 ▶ 3권 P.032

마차시 성당 ▶ 3권 P.035

어부의 요새 ▶ 3권 P.036

국회의사당 ▶ 3권 P.041

여행 키워드

#두나강 #유럽 3대 야경 #동유럽의 맛집 천국

'동유럽의 파리'로 불리는 도시 부다페스트는 다양한 건축물이 만들어내는 화려한 야경으로 유명하다. '두나강의 진주'라는 표현에 걸맞게 낮에는 건물의 웅장함을, 밤에는 강물에 반짝이는 아름다운 불빛을 즐길 수 있다. 느긋하게 즐기는 온천 또한 이 도시를 여행하는 묘미다.

Don't Miss! 세체니 다리에서 부다 지구 야경 감상하기

체코

프라하

Praha

매력 지수

관광 ★★★★★
미식 ★★★★★
쇼핑 ★★★★★

베스트 명소

바츨라프 광장 ▶ 2권 P.153
구시가지 광장 ▶ 2권 P.157
구 시청사와 천문 시계 ▶ 2권 P.158
유대인 지구 ▶ 2권 P.164
카를교 ▶ 2권 P.170
프라하성 ▶ 2권 P.177

여행 키워드

#동유럽 대표 낭만 도시
#도시 전체가 건축 박물관

신성 로마 제국의 수도였으며 중세 유럽을 품고 있는 아름다운 도시다. 운치 있는 골목과 유서 깊은 명소가 곳곳에서 여행자의 발걸음을 붙잡는다. 환상적인 야경과 로맨틱한 분위기 덕에 유럽 최고의 커플 여행지로 손꼽히는 곳이기도 하다.

Don't Miss! 카를교에서 프라하성 야경 감상하기

체코

체스키 크룸로프

Český Krumlov

매력 지수

관광 ★★★★☆
미식 ★★★☆☆
쇼핑 ★★☆☆☆

베스트 명소

체스키크룸로프성 ▶ 2권 P.198

여행 키워드

#체코에서 가장 예쁜 마을
#보헤미아의 보석

'작은 프라하'라고 불릴 만큼 프라하를 닮은 작고 아름다운 도시다. 언덕 위 성에서는 마을이 내려다보이며, 마을을 휘감아 흐르는 블타바강을 건너 성탑으로 오르면 붉은 지붕으로 가득한 중세 도시 풍경이 그림처럼 펼쳐진다.

Don't Miss! 체스키크룸로프성에 올라 마을 전경 감상하기

크로아티아

두브로브니크

Dubrovnik

매력 지수

관광 ★★★★★

미식 ★★★★☆

쇼핑 ★★☆☆☆

베스트 명소

성벽	▶ 3권 P.144
스트라둔 거리	▶ 3권 P.146
스르지산	▶ 3권 P.152

여행 키워드

#아드리아해 #휴양지 #성벽
#왕좌의 게임 #해산물 요리

‘아드리아해의 진주’로 불리는 아름다운 도시로 눈부신 햇살 아래 반짝이는 바다와 붉은 지붕으로 가득한 오래된 구시가지는 유럽의 낭만을 한껏 품은 환상적인 모습이다. 특히 봄가을에도 이어지는 온화한 날씨로 동유럽 최고 휴양지로 꼽힌다.

Don’t Miss! 이른 아침 성벽을 걸으며 구시가지와 해안 풍경 보기

크로아티아

스플리트

Split

매력 지수

관광 ★★★★☆

미식 ★★★★☆

쇼핑 ★★☆☆☆

베스트 명소

리바 거리	▶ 3권 P.126
디오클레티아누스 궁전	▶ 3권 P.123
마리얀 언덕	▶ 3권 P.128

여행 키워드

#아드리아해 #휴양지
#고대 로마 황제의 도시

로마 황제 디오클레티아누스가 황제 자리에서 물러나 여생을 보내고자 했을 만큼 매력적인 도시로, 하얀 대리석으로 이루어진 산책로에 야자수가 가득해 이국적 풍광을 이룬다. 작은 도시지만 주변에 아름다운 섬이 많아 여유롭게 휴양을 즐기기 좋다.

Don’t Miss! 마리얀 언덕에 올라 스플리트 전경 감상하기

슬로베니아

류블랴나
Ljubljana

매력 지수
관광 ★★★★☆
미식 ★★★☆☆
쇼핑 ★★☆☆☆

베스트 명소
류블랴나성 ▶ 3권 P.174
트로모스토베 ▶ 3권 P.176
프레셰르노브 광장 ▶ 3권 P.177

여행 키워드
#중세 고성 #용 #프레셰렌
#류블랴니차강

중세와 현대의 아름다움이 공존하는 곳으로, 류블랴니차강으로 둘러싸인 구시가지 언덕에는 오랜 세월 도시를 지켜온 류블랴나성이 자리한다. 유럽에서 가장 친환경적인 도시로 꼽힐 만큼 녹색 인프라가 잘 갖추어진 곳으로 도보 여행을 즐기기에도 그만이다.

Don't Miss! 류블랴나성에 올라 도시 전경 내려다보기

슬로베니아

블레드
Bled

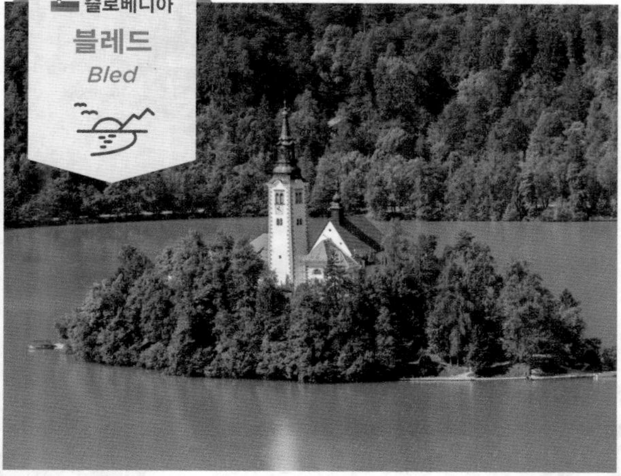

매력 지수
관광 ★★★★☆
미식 ★★☆☆☆
쇼핑 ★☆☆☆☆

베스트 명소
블레드성 ▶ 3권 P.194
블레드섬 ▶ 3권 P.196

여행 키워드
#호수 풍경 #블레드 명물 케이크
#전통 나룻배

산으로 둘러싸인 고요한 호수, 호숫가 절벽에 자리한 성, 그리고 호수 가운데 떠 있는 작은 섬과 예배당이 한 폭의 풍경화 그 자체다. 신비로운 분위기와 전설을 간직한 평화로운 마을로 종종 슬로베니아인의 야외 결혼식이 이곳에서 열린다.

Don't Miss! 호숫가 카페에서 전통 케이크 먹으며 풍경 감상하기

유네스코 세계유산 한눈에 살펴보기

오스트리아

빈 역사 지구

Historic Centre of Vienna

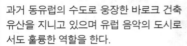

과거 동유럽의 수도로 웅장한 바로크 건축 유산을 지니고 있으며 유럽 음악의 도시로서도 훌륭한 역할을 한다.

오스트리아

쇤브룬 궁전과 정원

Palace and Gardens of Schönbrunn

바로크 양식은 물론 다양한 예술 양식이 잘 보존된 궁전으로 합스부르크 제국의 화려했던 황실 모습을 재현하고 있다.

오스트리아

잘츠부르크 역사 지구

Historic Centre of the City of Salzburg

중세 후기부터 20세기에 이르는 다양한 건축물이 남아 있으며 음악의 도시로도 중요한 역할을 한다.

오스트리아

잘츠카머구트의 할슈타트 – 다흐슈타인 문화 경관

Hallstatt-Dachstein Salzkammergut Cultural Landscape

오래된 소금 채굴 역사를 잘 보존하고 있는 곳으로 자연경관도 뛰어나다.

체코

프라하 역사 지구

Historic Centre of Prague

중세 시대 중부 유럽의 발전 과정과 예술을 잘 보여주는 곳으로 교육과 문화의 중심지였던 도시의 모습을 그대로 간직하고 있다.

오스트리아

그라츠 역사 지구와 에겐베르크 궁전

City of Graz-Historic Centre and Schloss Eggenberg

수 세기 동안 중부와 남부 유럽의 교차로 역할을 해온 곳으로 당시의 예술과 건축을 볼 수 있다.

체코

체스키크룸로프 역사 지구

Historic Centre of Český Krumlov

중세 시대부터 유지되어 온 중부 유럽의 작은 도시 중에서도 역사적 가치를 지닌 아름다운 건축물을 간직하고 있다.

체코

올로모우츠 성 삼위일체 석주

Holy Trinity Column in Olomouc

중부 유럽에서 가장 크고 정교하며 예술적으로 뛰어난 모라비아 지방의 상징물이다.

헝가리

부다페스트

Budapest(including the Banks of the Danube, the Buda Castle Quarter and Andrássy Avenue)

부다 왕궁을 중심으로 한 부다 지구는 중세 시대에 파괴와 재건의 역사를 거치며 시대별로 서로 다른 양식을 보여주는 건축물들이 조화를 이룬다.

크로아티아

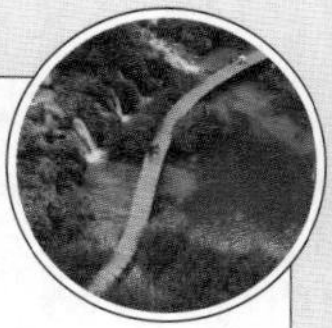

플리트비체 호수 국립 공원

Plitvice Lakes National Park

아름다운 호수와 동굴, 폭포로 가득한 카르스트 지형의 전형적인 풍광을 보여주는 곳이다.

크로아티아

두브로브니크 구시가지

Old City of Dubrovnik

보존이 잘된 성벽과 13~17세기 축성술로 대표되는 거대한 방어 시설, 중세의 구조를 잘 보여주는 거리와 광장 등 문화 · 역사 · 예술적 가치가 있는 곳이다.

크로아티아

스플리트의 디오클레티아누스 궁전과 역사 건축물

Historical Complex of Split with the Palace of Diocletian

보존이 잘된 고대 황제의 거주지로 크로아티아는 물론 세계적으로도 고고학 · 건축학 · 미술사적으로 중요한 곳으로 꼽힌다.

ATTRACTION

☑ BUCKET LIST 02

핵심만 모았다

동유럽의 인기 관광 명소

사진으로만 본 멋진 건물들은 대체 어디에 있는 걸까? 동유럽의 랜드마크는 파리의 에펠탑이나 런던의 빅 벤처럼 누구나 아는 곳은 아니다. 그래서 모습만 눈에 익거나 이름만 알고 있는 경우가 많다. 하나씩 퍼즐을 맞춰 보며 나만의 리스트를 만들어 보자.

헝가리 부다페스트

국회의사당 Országház ▶▶ 3권 P.041

세계에서 두 번째로 큰 국회의사당 건물로 첨탑과 돔으로 화려하게 장식했다. 지붕에는 1년 365일을 상징하는 첨탑이, 외벽에는 헝가리 역대 통치자 88명의 동상이 있는 것이 특징이다. 어둠이 내리면 국회의사당을 배경으로 펼쳐지는 황금빛이 다뉴브강을 수놓는다. 691개의 방, 10개의 안뜰, 13개의 엘리베이터, 27개의 문, 28개의 계단 등 궁전을 연상시키는 국회의사당 내부를 둘러보는 투어가 있다. 45분간 진행하며 한국어 오디오 가이드도 있다.

놓치지 마세요!

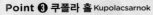

Point ❶ 17계단 XVII-es Városi Lépcsőház

투어의 시작점으로 조각과 스테인드글라스로 둘러싸여 있다.

Point ❷

그랜드 계단 Díszlépcsőház

약 40kg의 황금을 입힌 벽과 천장, 화려한 프레스코화가 눈길을 사로잡는다.

Point ❸ 쿠폴라 홀 Kupolacsarnok

계단과 연결된 중앙 홀로 대관식에서 쓴 왕실의 보물, 성 이슈트반 왕관이 있다. 사진 촬영 불가.

Point ❹

하원 의원 대기실 Főrendiházi Társalgó

바닥에 커다란 파란 카펫이 깔려 있고, 기둥에는 헝가리인의 조각이 있다.

Point ❺

상원 의원 회의실 Főrendiházi Ülésterem

453석이 말굽 모양을 이루며 7열로 배열되어 있다. 금박 장식이 화려하며 벽화가 그려져 있다.

오스트리아 빈

호프부르크(왕궁) Hofburg

▶▶ 2권 P.036

신성 로마 제국 황제의 관

한때 전 유럽을 호령했던 합스부르크 왕가의 거주지로 유럽의 중심이었던 궁전이다. 수백 년간 지속적으로 증축해 다양한 건축양식을 보여주며 방이 2,600개나 되는 거대한 규모다. 크게 구 왕궁과 신 왕궁으로 나뉘며 주변에 왕궁 정원과 도서관, 성당, 미술관 등이 이어져 있어 모두 보려면 하루 일정을 잡아야 한다.

놓치지 마세요!

Point ❶ 구 왕궁 Alte Burg

13~18세기에 지은 오래된 곳으로 황제의 아파트와 시시 박물관, 은 식기 컬렉션, 황실 보물관 등을 눈여겨볼 것.

Point ❷ 신 왕궁 Neue Burg

19세기 말에 지은 곳으로 링 도로와 면해 있으며 구 왕궁보다 규모가 더 웅장하다. 완공 후 바로 왕가가 몰락했기 때문에 거주 공간으로 복원하기보다는 여러 박물관으로 사용하고 있다.

Point ❸ 왕궁 도서관 Hofburgbibliothek

18세기에 카를 6세가 제국의 도서관으로 지었으며 현재는 오스트리아 국립 도서관이 되었다. 중앙에 카를 6세 동상이 있다.

오스트리아 빈

쇤브룬 궁전 Schloss Schönbrunn

▶ 2권 P.065

합스부르크 왕가의 자존심이 깃들어 있는 아름다운 여름 별궁으로 방이 1,400개가 넘을 정도로 규모가 크다. 여름철에 휴가를 겸해 머물렀던 곳인 만큼 드넓은 대지에 아름다우면서도 다양한 정원을 꾸며놓았다.

놓치지 마세요!

Point ❶ 궁전 내부

화려한 로코코 양식이 눈길을 사로잡는 거대한 연회장부터 황제 부부의 침실, 거울의 방, 마리 앙투아네트의 방, 나폴레옹의 방을 관람하게 된다. 한국어 오디오 가이드가 있어 상세한 설명을 들을 수 있다.

©SKB_Agentur Zolles

Point ❷ 글로리에테 Gloriette

언덕 위에 자리한 노란색 부속 건물로 쇤브룬 궁전의 거대한 모습이 한눈에 들어오는 멋진 전망대다. 내부에 카페가 있어 커피나 식사도 가능하다.

Point ❸ 쇤브룬 궁전의 다양한 정원

쇤브룬 궁전은 정원으로도 유명하다. 규모도 대단하지만 오랑제리 정원, 황태자 정원, 미로 정원, 장미 정원 등 다양한 개성을 지닌 정원이 곳곳에 자리해 있다.

유럽 최고의 왕가 합스부르크, 비운의 황제와 황후 이야기

합스부르크가는 16세기에 유럽을 호령했던 왕실 가문으로 13세기부터 19세기 초까지 20명의 신성 로마 제국 황제를 배출했다. 600년이 넘는 긴 세월 동안 막강한 권력의 중심에 있었으나 종교 개혁과 숱한 전쟁을 겪으며 점차 쇠퇴해 갔다. 빈 여행 중 끊임없이 언급되는 합스부르크 왕가에 대해 알아보자.

합스부르크 왕가

오스트리아 왕실을 640여 년간 지배한 유럽 최대의 왕가로 정략결혼을 통해 유럽 전역에 세력을 뻗친 것으로 유명하다. 합스부르크가는 원래 스위스 취리히 인근의 작은 가문이었다. 혼란스러웠던 대공위 시대에 합스부르크가의 백작 루돌프 1세가 운 좋게 신성 로마 제국의 황제가 되었고 1279년 전쟁에서 승리하며 오스트리아를 차지한다. 이후 1438년 오스트리아의 공작 알브레히트 2세가 다시 황제에 오르면서 합스부르크가의 전성기가 시작된다.

마리아 테레지아와 프란츠 1세의 자녀들

막시밀리안 1세가 이끈 16세기는 합스부르크가의 최대 전성기로 혼인 동맹을 통해 막대한 영토를 지배했다. 막시밀리안 1세의 손자 카를 5세는 스페인 왕위를 물려받았고, 그의 동생 페르디난트 1세는 신성 로마 제국의 제위를 받아 합스부르크 제국을 이끈다. 그리고 17세기 레오폴트 1세 시대를 거쳐 18세기 마리아 테레지아 여제에 이르기까지 강대국의 자리를 지켰다. 하지만 18세기 말 혁명의 시대와 나폴레옹 전쟁을 겪으며 신성 로마 제국은 해체되고 19세기 초 오스트리아 제국, 나중에는 오스트리아-헝가리 제국이 된다. 1918년 제1차 세계대전에서 패하자 마지막 황제였던 카를 1세가 퇴위하면서 합스부르크가의 시대도 막을 내렸다.

TRAVEL TALK

프란츠 1세와 프란츠 요제프 1세, 혼동하지 마세요!

합스부르크 왕 중 요제프 1세, 프란츠 1세, 요제프 2세, 프란츠 요제프 1세는 이름이 비슷해 혼동하기 쉽지요. 요제프 1세는 마리아 테레지아의 큰아버지, 요제프 2세는 마리아 테레지아의 아들로 왕위를 이어 갑니다. 프란츠 1세와 프란츠 요제프 1세는 전혀 다른 세대를 살았지만 빈 역사에 자주 등장하기 때문에 구분할 필요가 있어요. 프란츠 1세는 프란츠 마리아 테레지아의 남편입니다. '프란츠 1세 슈테판'으로도 불리는 그는 명목상 황제였기에 정치와 거리를 두고 문화에 관심을 쏟아 궁전이나 미술관, 박물관에 그의 이름이 종종 등장하지요. 이들 모두 17~18세기 인물이고 프란츠 요제프 1세는 19~20세기 황제랍니다.

프란츠 요제프 1세 Francis Joseph I 1830~1916년

오스트리아 제국(1848~1867년), 오스트리아-헝가리 제국(1867~1916년)의 황제다. 1848년 큰아버지 페르디난트 1세를 대신해 18세의 나이로 왕위에 올라 68년간 황제를 지냈다. 재위하는 동안 급변하는 국제 정세 속에서 수많은 전쟁을 겪었고, 헝가리의 저주를 받았다고 할 만큼 합스부르크 왕가 가족들의 죽음을 목도한 비극의 주인공이기도 하다.

동생이자 멕시코 황제였던 막시밀리아노 1세Maximiliano I가 1867년 멕시코에서 총살당하고, 1889년 유일한 아들인 루돌프 황태자가 자살하며, 1898년 부인 엘리자베트가 암살당한다. 그리고 1914년 조카이자 왕위 계승권자였던 프란츠 페르디난트 대공Erzherzog Franz Ferdinand이 사라예보에서 암살당하자 제1차 세계대전을 일으키게 된다.

엘리자베트 아말리 오이게니(시시)
Elisabeth Amalie Eugenie(Sisi)
1837~1898년

바이에른 공국의 공녀였던 엘리자베트는 시시Sisi라는 애칭으로 불렸으며 아름다운 미모를 자랑했다. 프란츠 요제프 1세가 첫눈에 반해 결혼하면서 1854년 오스트리아 황후의 자리에 오른다. 하지만 엄격한 시어머니였던 조피 프리데리케Sophie Friederike 여대공과 사이가 좋지 않았다. 또한 첫째 공주가 여행 중 사망하면서 자녀들의 양육권도 빼앗기다시피 했으며, 아들마저 자살하자 우울증이 심해져 항상 외국을 떠돌며 지냈다고 한다. 결국 스위스 여행 중 이탈리아의 무정부주의자에게 암살당했다.

루돌프 프란츠 카를 요제프
Rudolf Franz Karl Joseph 1858~1889년

프란츠 요제프 1세와 엘리자베트 황후 사이에 태어난 유일한 황태자다. 정략결혼 후 다른 여성과 사랑에 빠져 동반 자살로 삶을 마감했다. 그의 죽음과 관련된 여러 가지 의혹 중 암살로 보는 시각도 있다. 어쨌든 오스트리아-헝가리 제국의 황태자로서 30세의 젊은 나이에 사망해 충격과 안타까움을 주었다. 그의 어머니 엘리자베트 황후는 아들의 사망 이후 평생 상복을 입고 살았다고 한다.

체코 프라하

카를교 Karlův Most

▶▶ 2권 P.170

세상에서 가장 아름다운 돌다리로 칭송 받는 카를교는 프라하 시내를 가로지르는 블타바강 위에 놓여 있다. 낮에는 거리의 악사들이 악기를 연주하며 아름다운 선율을 선사하고, 밤에는 조명에 보석처럼 빛나는 프라하성이 로맨틱한 풍경을 선사한다. 길이 500m가 넘는 카를교 난간에는 30개의 바로크 양식 조각 석상이 서로 마주하고 있다. 보헤미아의 성인 30명이 한데 모여 있어 강 위의 박물관 같은 느낌도 든다. 원본은 국립 박물관에 전시되어 있다.

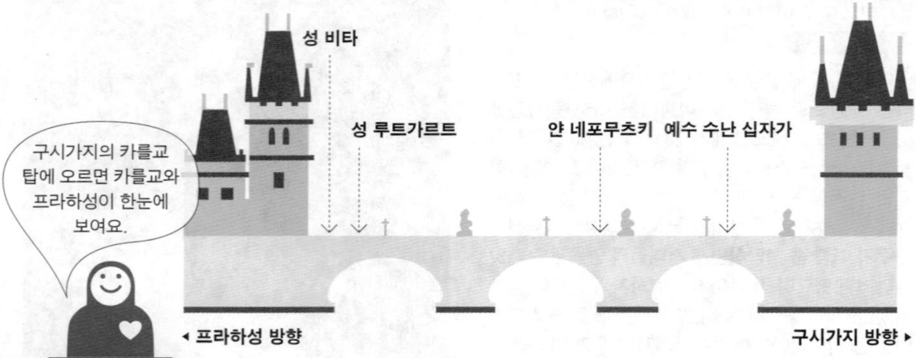

놓치지 마세요!

Point ❶ 예수 수난 십자가 Kalvárie-Sv. Kříž

카를교 석상 중 가장 오래된 것으로 히브리어로 '거룩, 거룩, 거룩한 주여'라고 적혀 있다. 신성 모독 자들에 대한 경고의 뜻을 담고 있다.

Point ❷ 성 루트가르트 Sv. Luitgarda

30개의 석상 중 예술적으로 가장 뛰어난 작품으로 평가받는다. 예수의 상처에 입맞춤하는 눈먼 수녀의 모습을 표현했다.

Point ❸ 성 비타 Svatý Vít

프라하의 수호성인 성 비타가 순교하는 장면을 묘사했다. 로마의 핍박에도 기독교 신앙을 포기하지 않자 재판관은 그를 맹수의 먹이로 만들려고 했지만 성 비타 앞에서 맹수가 온순해졌다고 한다.

Point ❹ 얀 네포무츠키 Jan Nepomucký

부정을 저지른 왕비의 고해성사를 밝히라는 왕의 요구를 거부해 고문당하고 혀가 잘린 뒤 카를교에 던져져 순교한 신부를 묘사했다. 관광객들은 순교 장면이 새겨진 부조를 만지며 소원을 빈다.

체코 프라하

프라하성 Pražský Hrad ▶ 2권 P.177

체코를 상징하는 건축물이자 세계에서 가장 큰 옛 성이다. 세월이 흐르며 여러 차례 증축하면서 다양한 양식의 건축물이 모여 하나의 성채를 이루었다. 언덕 위에 있어 전망을 즐기기도 좋은데, 빨간 지붕과 녹음이 어우러진 프라하 시가지 풍경에 감탄이 절로 나온다. 시대에 따라 각기 다른 양식의 건축물로 이루어진 프라하성은 역사 그 자체다. 가장 큰 고대 성채 단지인 만큼 성당, 궁전, 정원을 모두 둘러보려면 반나절은 걸린다.

놓치지 마세요!

Point ❶
왕궁 정원 Královská Zahrada

르네상스 양식의 아름다운 정원으로 페르디난트 1세 황제가 아내에게 선물한 여름 궁전이 이곳에 있다.

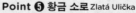

Point ❷ 성 비타 대성당 Katedrála Svatého Víta

하늘을 찌를 듯한 고딕 양식의 성당. 하이라이트는 화려함과 정교함을 모두 갖춘 스테인드 글라스다. 전망대에 오르면 프라하 시내 풍경을 즐길 수 있다.

Point ❸
구 왕궁 Starý Královský Palác

왕의 대관식과 각종 연회가 열리던 곳이며 30년 전쟁이 이곳에서 시작되었다.

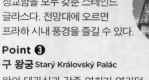

Point ❹
성 이르지 성당 Bazilika Sv. Jiří

프라하에서 가장 오래된 로마네스크 양식의 성당으로 현재는 미술관과 콘서트홀로 사용한다.

Point ❺ 황금 소로 Zlatá Ulička

아기자기한 집들이 모여 있으며 과거에는 병사들의 휴식처였다. 22번지는 프란츠 카프카가 살았던 곳이다.

체코 프라하

천문 시계 Radnice s Orlojem

▶ 2권 P.158

프라하 구 시청사와 연결된 탑에는 15세기에 설치한 화려한 천문 시계가 있다. 세계에서 가장 오래된 천문 시계로 계절과 시간을 정밀하게 나타낸다. 현재는 천문 시계의 기능보다 매시 정각에 펼쳐지는 퍼포먼스를 감상하기 위해 인파가 모여든다. 천문 시계는 위아래 2개의 시계판으로 이루어져 있다. 위쪽 아스트롤라베Astroláb에는 해와 달의 위치, 천문학적 정보가 표시되고 아래쪽 칼렌다리움Kalendárium에는 날짜와 황도 12궁, 그리고 12개월로 나눈 농경 생활이 표시된다.

놓치지 마세요!

Point ❶ 사도

매시 정각이면 2개의 창문이 열리며
예수 12사도의 행진이 펼쳐진다.

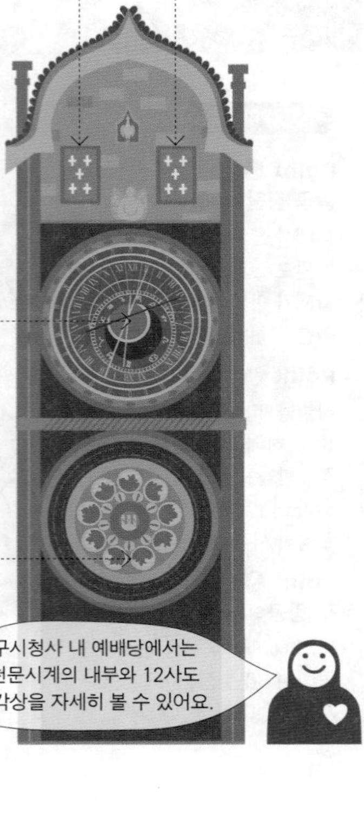
구시청사 내 예배당에서는
천문시계의 내부와 12사도
조각상을 자세히 볼 수 있어요.

Point ❷ 아스트롤라베

천동설을 기반으로 한 시계로 가운데에는
푸른 지구, 각 끝에는 태양과 달, 별이 있다.
시계 주변에는 손에 거울을 든 청년(허영),
돈주머니를 든 고리대금업자(탐욕), 악기를 든
연주자(쾌락), 종을 울리는 해골(죽음)의 조각이 있다.

Point ❸ 칼렌다리움

달력 눈금판으로 해당 시기에 따른
보헤미아의 농경 생활을 표현하고 있다.
또한 칼과 방패를 든 여신, 책과 펜을 든
철학자, 망원경을 든 과학자 등의 조각이 있다.

크로아티아 플리트비체

플리트비체 호수 국립 공원
Nacionalni Park Plitvička Jezera

►► 3권 P.106

영화 〈아바타〉에 나오는 판도라 행성의 모티브가 된 곳이다. 물속을 헤엄치는 고기와 밑바닥이 다 보일 정도로 투명한 호수, 울창한 숲, 크고 작은 폭포를 만날 수 있다. 자연이 선사하는 경이로움에 탄성이 절로 나온다. 천국의 빛깔을 보여주는 유럽의 무릉도원을 만나게 될 것이다.

크로아티아 두브로브니크

성벽
Gradske Zidine

►► 3권 P.144

영국 시인 바이런은 '아드리아해의 진주'라 했고, 극작가 버나드 쇼는 '진정한 낙원'이라 한 두브로브니크. 구시가지를 둘러싼 성벽 위를 여유롭게 걸어보자. 성벽 밖으로는 짙푸른 아드리아해가 반짝이고, 안쪽으로는 중세 모습을 간직한 빨간 지붕이 빼곡하게 들어서 있다.

슬로베니아 류블랴나

류블랴나성 Ljubljanski Grad

►► 3권 P.174

류블랴나의 아름다운 풍광을 볼 수 있는 언덕 위의 성. 요새, 감옥, 군사 병원 등으로 활용하다 현재는 슬로베니아 역사를 보여주는 박물관이 되었다. 성의 하이라이트는 단연 1848년에 세운 탑으로 나선형 계단을 따라 올라가면 류블랴나 도시 전체가 내려다보인다.

슬로베니아 블레드

블레드섬 Blejski Otok

►► 3권 P.196

에메랄드빛 호수 위에 떠 있는 작은 섬으로 고요한 호수를 더욱 낭만적으로 만든다. 전통 나룻배 플레트나Pletna를 타고 들어가면 성모 승천 성당을 볼 수 있다. 중앙 제단 앞에 있는 '행복의 종'을 울리면 소원이 이루어진다고 전해져 수많은 관광객이 찾아온다.

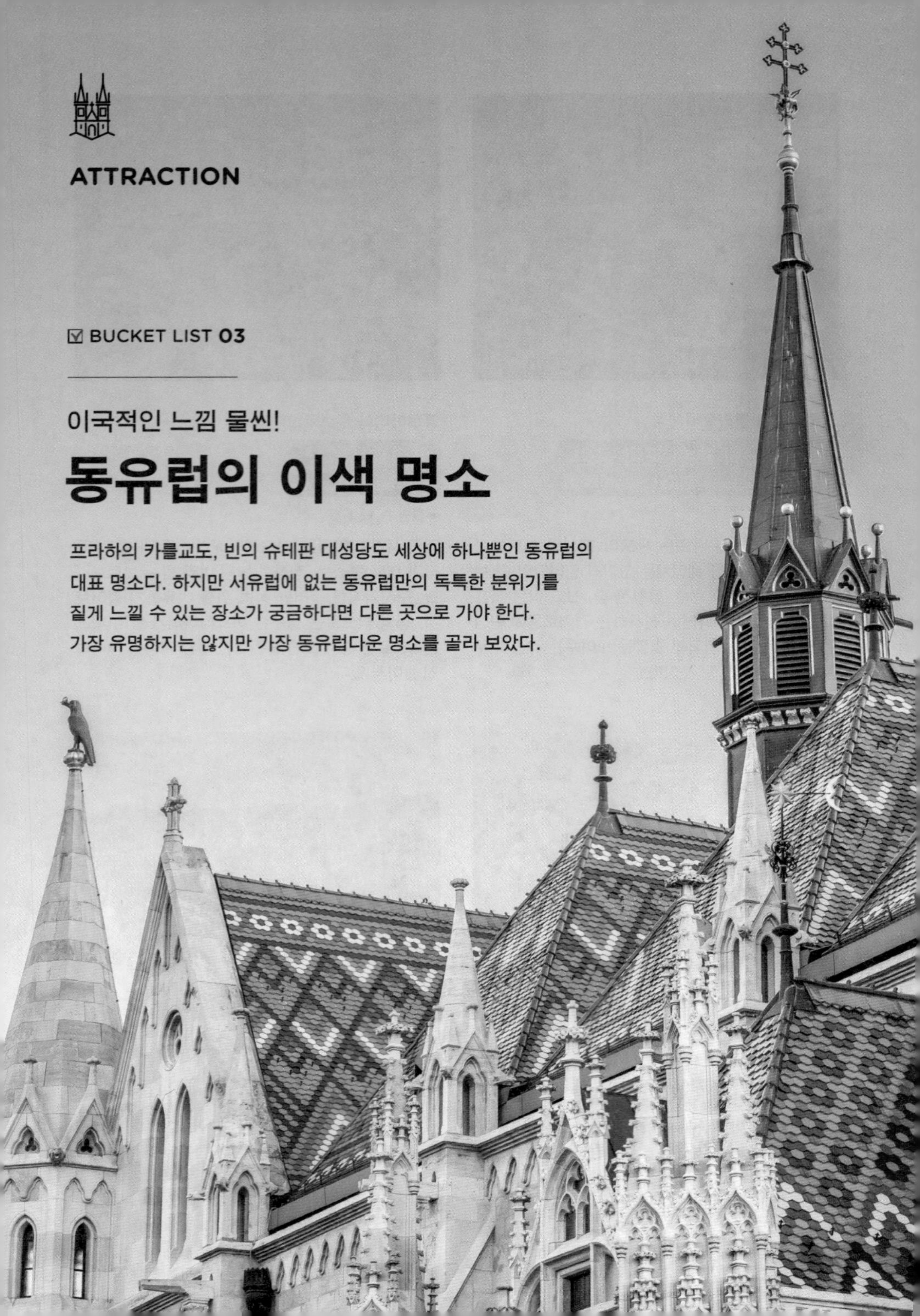

ATTRACTION

☑ BUCKET LIST 03

이국적인 느낌 물씬!

동유럽의 이색 명소

프라하의 카를교도, 빈의 슈테판 대성당도 세상에 하나뿐인 동유럽의 대표 명소다. 하지만 서유럽에 없는 동유럽만의 독특한 분위기를 짙게 느낄 수 있는 장소가 궁금하다면 다른 곳으로 가야 한다. 가장 유명하지는 않지만 가장 동유럽다운 명소를 골라 보았다.

오스트리아 할슈타트

미하엘 예배당의 납골당

Michaelskapelle

▶ 2권 P.119

알프스산맥에 자리 잡은 아름다운 호수 마을 풍경과는 사뭇 대비되는 장소가 있다. 1,200여 구의 두개골과 뼈를 그대로 전시한 납골당이 바로 그곳이다. 산기슭의 좁은 부지에 형성된 마을이다 보니 매장할 공간이 점점 부족해졌고, 그리하여 매장 20년 후 유골을 발굴하여 납골당에 보관하는 관습이 생겼다. 1720년부터 1995년까지 이어졌으며 현재는 화장 후 성당 지하에 안치했다.

SECRET TALK

매장한 시신은 20년마다 발굴해 햇볕에 말린 후 이름, 사망일 같은 개인 정보를 두개골에 적어 납골당에 안치했다. 일부는 화려하게 장식되어 있는데 남자는 담쟁이덩굴, 여자는 장미가 두개골에 그려져 있다. 이는 각각 용기와 사랑을 의미한다.

SECRET TALK

학창 시절에 한 번쯤 들어봤을 카르스트Karst는 슬로베니아 남서부 크라스Kras 지방을 독일어로 부르는 데서 유래한다. 석회암이 녹아 형성된 동굴은 무려 1만 개. 카르스트 지형으로 뒤덮인 슬로베니아에 이미 발견된 크고 작은 동굴이 많지만 아직도 매년 새로운 동굴이 발견되고 있다.

슬로베니아 류블랴나 근교

프레드야마성

Predjamski Grad

▶ 3권 P.188

123m 높이의 가파른 절벽 안에 자리한 성으로 800년 전에 동굴을 파서 만들었다. 독특한 모양새만큼 이곳에 얽힌 이야기도 흥미롭다. '슬로베니아의 로빈 후드'로 알려진 성주 에라젬은 오스트리아 황제를 피해 이곳에 숨어들었고 쉽게 쳐들어올 수 없었던 군대는 1년을 기다려야만 했다. 에라젬은 결국 하인의 배신으로 돌 포탄에 맞아 죽음에 이르게 된다. 성에는 침실, 예배당, 부엌 등이 재현되어 있다.

크로아티아 자다르

바다 오르간

Morske Orgulje

▶ 3권 P.116

자다르 구시가지의 명물로, 이름에서 알 수 있듯 파도가 전달하는 힘으로 아름다운 자연의 음악을 들려주는 악기다. 바다로 이어지는 돌계단에 35개의 파이프를 설치해 파도 크기에 따라 소리가 달라지게 한 것인데, 이 때문에 철썩거리는 파도 소리 대신 '부웅~' 하는 뱃고동 소리가 난다. 오케스트라 지휘자도 단원도 없이 자연이 연주하는 악기 소리를 들을 수 있다.

SECRET TALK

어둠이 짙어질수록 자다르의 야경은 더 빛난다. 영화감독 앨프리드 히치콕이 '세상에서 가장 아름다운 석양'이라고 극찬한 자다르의 석양은 바다 오르간에 걸터앉아 바다 오르간의 소리에 귀 기울이며 즐기면 감동이 배가될 것이다.

SECRET TALK

블루 교회의 설계자 오돈 레흐너Ödön Lechner는 헝가리 건축가로 스페인의 가우디, 오스트리아의 훈데르트바서와 같이 헝가리 대표 건축가로 불린다. 유럽 곳곳에서 활동한 그는 강한 개성을 보이면서도 아르누보 양식의 특징인 서정과 조형이 잘 어우러진 작품을 구사한 건축가로 알려져 있다.

슬로바키아 브라티슬라바

블루 교회

Modrý Kostolík

▶ 3권 P.075

정식 명칭은 성녀 엘리자베스 교회지만 외 · 내부가 모두 파스텔 톤의 파란색으로 되어 있어 블루 교회라고 더 많이 불린다. 타일 지붕부터 작은 장식에 이르기까지 화려하면서도 섬세함이 돋보인다. 중후한 느낌의 동유럽 교회와는 달리 밝은 파란색과 타일로 꾸며졌다는 점이 무척 신선하게 다가온다. 블루 교회는 브라티슬라바 최고의 아르누보 양식 건축물이기도 하다.

오스트리아 빈

훈데르트바서 하우스 & 빌리지

Hundertwasser Haus & Village

▶ 2권 P.060

오래된 역사도시 빈에는 놀랍게도 현대적인 건물들이 많다. 그중에서도 20세기 건축의 새로운 변화를 가져온 훈데르트바서의 작품을 빼놓을 수 없다. 오스트리아의 가우디로 불리는 그는 자연주의자로서 곡선을 살린 건축물을 빈 곳곳에 남겼다. 실제 사람들이 살고 있는 임대주택을 비롯해 미술관, 쓰레기 소각장 등 다양한 용도로 활용중인 그의 건물을 구경해보자.

SECRET TALK

훈데르트바서의 건물들은 실제 사용 중이라 내부로 들어갈 수 없는 곳이 대부분이다. 그나마 입장이 가능한 곳은 미술관으로 사용하는 쿤스트 하우스 빈Kunst Haus Wien과 카페, 상점이 있는 훈데르트바서 빌리지Hundertwasser Village다.

SECRET TALK

라벤더밭은 구시가지가 아닌 항구에서 차로 약 15분 거리에 있어 쉽게 접근할 수 없다. 면허가 있다면 렌터카나 스쿠터를 이용해 다녀오거나, 그렇지 않다면 택시를 타는 것도 하나의 방법이다.

크로아티아 흐바르

브루지예

Brusje

▶ 3권 P.133

연중 온화하고 일조량이 높은 크로아티아에서 네 번째로 큰 섬 흐바르. 매년 6월 중순이면 화려하고 짙은 보랏빛의 라벤더를 볼 수 있다. 1970년대에 발생한 화재로 라벤더 밭 면적이 줄고 예전만큼 재배가 활발하지 않지만 라벤더 최대 산지로 명맥을 이어가고 있다. 방향제, 비누, 오일 등 다양한 라벤더 제품을 판매하고 있는데 크로아티아의 어느 도시보다 가장 저렴하다.

Walking the Streets

중세로 타임 슬립! 동유럽 거리 산책

현지인에게는 일상이지만 여행자에게는 동화 속 색채를 입어 마음을 설레게 하는 거리가 동유럽 곳곳에 존재한다. 아무런 생각 없이 거닐어도 좋고 관광객들로 북적거리는 거리를 활보해도 좋다. 걷다 보면 과거로 돌아간 듯한 신비한 경험을 하게 된다.

산책 미션

☑ 간판만 보고 업종 맞히기

☑ 모차르트 생가 방문하기

오스트리아 잘츠부르크

게트라이데 거리 *Getreidgaße* ▸ 2권 P.093

수백 년에 걸쳐 형성된 쇼핑 거리에 중세 시대부터 이어져 내려온 철제 세공 간판들이 걸려 있다. 구두, 열쇠, 우산 등 해당 상점의 업종을 상징하는 간판은 문맹률이 높던 중세 시대에 글을 모르는 사람들을 위한 것이었는데 지금까지 이어져 세계에서 가장 아름다운 쇼핑 거리로 칭송받고 있다.

체코 프라하

네루도바 거리 *Nerudova Ulice* ▸ 2권 P.173

일명 '프라하성으로 가는 길'. 저마다 건물 형태와 색상이 달라 중세 건축물을 모두 모아 둔 듯한 느낌이다. 게트라이데 거리에 상점 간판이 있다면, 네루도바 거리에는 독특한 문패가 있다. 19세기 중반까지 정확한 주소 체계가 없던 시절, 문패에 집주인의 직업이나 이와 관련된 장식을 한 것이다.

산책 미션

☑ 굴뚝빵 맛보기

☑ 얀 네루다 생가의 문패 찾기

☑ 마리오네트와 크리스털 상점 구경하기

크로아티아 스플리트

리바 거리 *Riva* ▶ 3권 P.126

아드리아해와 고대 황제 궁전 사이에 있는 스플리트 최대의 번화가. 거리 자체는 현대에 조성되었으나 과거와 현대가 공존하는 이채로운 풍경을 선사하는 크로아티아 최고의 바닷가 산책로다. 바다와 궁전을 배경으로 한 리바 거리는 언제 걸어도 좋지만 햇살 좋은 아침과 석양이 질 무렵이 가장 아름답다.

산책 미션

☑ 스플리트 조형물 앞에서 인증샷 찍기

☑ 기념품 구경하기

☑ 펍에서 맥주 마시기

헝가리 두나카냐르

센텐드레 구시가지 *Szentendre óváros*

▶ 3권 P.062

붉은 지붕의 오래된 건물과 자갈길에서 중세 도시의 모습을 상상할 수 있다. 이 작은 도시에는 예부터 많은 이주민이 모여 살았는데 덕분에 이색적인 분위기를 느낄 수 있다. 20세기 초부터는 헝가리 예술가들의 본거지가 되어 '예술가의 도시'라고도 불린다.

산책 미션

☑ 공예품 구경하기

☑ 랑고시 맛보기

☑ 토카이 와인 마시기

ATTRACTION

☑ BUCKET LIST 04

설렘 주의

최고의 뷰포인트

탁 트인 시원한 풍경을 바라보고 있으면 가슴까지 뚫리는 기분이다. 이 맛에 도시 전체를 내려다볼 수 있는 전망대를 찾게 된다. 전망대마다 각기 다른 매력을 선사하고 시간대별로 펼쳐지는 풍경이 달라 황홀함을 느끼게 될 것이다.

DAY VIEW

빨간 지붕이 가득한 마을을 S자로 휘감는 블타바강의 풍경을 볼 수 있는 뷰포인트는 체스키크룸로프성의 망토 다리를 지나면 나와요.

체코 체스키크룸로프

체스키크룸로프성 *Státní Hrad a Zámek Český Krumlov*

▶ 2권 P.198

블타바강이 마을을 휘감아 흐르고 그 너머로는 언덕이 펼쳐진 그림 같은 모습에 왜 유럽에서 가장 아름다운 동화 속 마을이라 칭송하는지 알게 된다.

슬로베니아 블레드

블레드성

Blejski Grad

▶ 3권 P.194

깎아지른 절벽 130m 높이에서 바라보는 블레드의 전경이 무척 아름답다. 물감을 풀어 놓은 듯 짙은 푸른색의 호젓한 호수, 그 위에 떠 있는 낭만적인 작은 블레드섬과 그 주위를 감싼 울창한 숲은 절대 놓치지 말아야 할 풍경이다.

SUNSET VIEW

크로아티아 두브로브니크

스르지산 *Srđ*

▶ 3권 P.152

붉은 지붕과 성벽, 푸른 아드리아해를 바라볼 수 있는 스르지산은 인생 최고의 일몰이라는 말이 있을 정도로 유독 일몰이 아름답기로 유명하다. 해가 지기 시작하면 넋을 놓고 바라보게 될 만큼 감동적이다.

일몰 1시간 전에 미리 올라가 시시각각으로 물드는 두브로브니크의 야경까지 감상해 보세요.

크로아티아 스플리트

마리얀 언덕 *Marjan*

▶ 3권 P.128

파란 아드리아해와 붉은 지붕이 어우러진 풍경을 조망할 수 있는 스플리트 최고의 뷰포인트다. 오밀조밀 건물이 모여 있는 구시가지는 고대 스플리트를 떠올리게 한다.

NIGHT VIEW

부다 왕궁에서 야경을 즐긴 후
어부의 요새로 가 보세요. 낮에는
흰색 외벽이 빛나던 곳이 황금빛으로
물들어 반짝반짝 빛나요.

헝가리 부다페스트

부다 왕궁 *Budavári Palota*

➠ 3권 P.032

세계 3대 야경 명소로 알려진 부다페스트를 감상할 수 있는 곳. 사실 부다페스트에서 뷰포인트를 한 곳만 꼽기란 너무 어려운 일이다. 국회의사당, 세체니 다리, 겔레르트 언덕 등 두나강 인근 어디를 가도 최고의 야경을 선사한다.

체코 프라하

카를교 *Karlův Most*

➠ 2권 P.170

해가 저물고 도시에 어둠이 내리면 많은 사람들이 카를교로 발걸음을 옮긴다. 다리에서 올려다 본 프라하성의 눈부신 야경이 시선을 압도하고, 은은한 조명에 물든 카를교의 밤 풍경 또한 낮과는 다른 운치와 낭만을 선사한다.

Best Photogenic Spot

그냥 막 찍어도 화보!
포토제닉 스폿

색다른 구도의 프라하

스트라호프 수도원에서는 프라하성의 성 비타 대성당과 주황색 지붕으로 가득한 프라하가 한눈에 내려다보인다.

촬영 TIP

배경은 살리고 인물은 상반신만 촬영하는 것이 좋다(허벅지로부터 위쪽). 인물 위치는 상관없지만, 인물을 중앙에 배치할 때 안정감 있다.

동유럽 최고의 포토 스폿

부다 왕궁에서 바라보는 전망은 대개 비슷하지만 유독 어부의 요새에서 인생 사진이 많이 탄생한다.

촬영 TIP

동그란 공간 프레임을 활용하며, 뒤로는 국회의사당이 보이는 것이 포인트. 전신이 나오게 하되 피사체의 배꼽 높이에서 찍으면 다리가 길게 나온다.

중세를 간직한 도시를 한눈에

견고한 두브로브니크 성벽 안에 주황빛 지붕의 건물이 가득 모여 있다. 멀지 않은 거리의 로크룸섬까지 보려면 스르지산에 올라야 한다.

촬영 TIP

구시가지를 내려다보는 뒷모습을 찍거나 시선을 45도 아래로 두어 자연스러운 모습을 연출하는 것이 좋다. 배경을 최대한 살리되 수평을 맞춰 찍어야 한다.

에메랄드빛 호수를 배경으로

호수가 한눈에 내려다보이는 블레드성에 오르면 작은 블레드섬과 그 주위를 감싼 울창한 숲, 호젓한 호수 풍경이 장관이다.

촬영 TIP

한쪽 공간에 여백을 많이 두어도, 피사체를 중앙에 두어도 모두 잘 나온다. 블레드섬 방향으로 난간에 걸터앉는 것은 위험하다. 바로 밑이 절벽이니 주의할 것.

중세의 낭만과 아름다운 자연

체스키크룸로프의 망토 다리를 지나면 아기자기한 동화 마을이 한눈에 담기는 전망대가 나온다. 마을을 감싸는 블타바강의 전경이 아름답다.

촬영 TIP

카메라를 정면으로 응시하는 것보다 마을을 내려다보는 옆모습을 찍는 게 더 자연스럽게 나온다. 바라보는 방향에 마을 풍경을 배치하자.

알프스 산자락의 호수 마을

맑은 호수 주위엔 병풍처럼 알프스산맥이 투영돼 있고 파란 하늘이 물 위에 반영돼 아름다움을 더한다.

촬영 TIP

산자락을 타고 자리한 할슈타트의 집들과 호수를 배경으로 허벅지 위쪽의 상반신을 찍으면 다리가 길어 보인다. 난간에 손을 툭 올려 두면 포즈가 한층 자연스럽다.

바위산에서 바라본 절경

누가 봐도 잘츠부르크임을 알 수 있는 포토 스폿이지만 묀히스베르크 전망대는 잘 알려져 있지 않다. 야경 명소로도 유명한데 인증샷을 찍으려면 낮에 갈 것.

촬영 TIP

호엔잘츠부르크성이 생각보다 작아 보인다. 가까이에서 찍으면 피사체가 부각되니 상반신만 나오게 찍는 것이 좋으며, 성을 바라보는 뒷모습이나 옆모습이 더 자연스럽게 나온다.

할슈타트 호수를 한눈에

할슈타트 호수를 둘러싼 아름다운 산들이 한눈에 들어오는 멋진 전망대다. 할슈타트의 명물인 소금 광산으로 가는 길에 들르기 좋다.

촬영 TIP

호수를 향해 뻗어 있는 뾰족한 발코니에 서면 호수 위에 떠 있는 듯 멋진 풍경이 연출된다. 다만 사진 찍으려는 사람이 많아 기다림은 필수다.

EXPERIENCE

☑ BUCKET LIST 05

빈에서 이 그림은 꼭!

동유럽을 빛낸 화가의 명작

유럽의 예술 강국은 프랑스와 이탈리아로 알려져 있지만 오스트리아도 빼놓을 수 없다. 세계적인 수준의 크고 작은 미술관은 물론, 유럽의 미술사를 장식한 빛나는 작품들을 만날 수 있기 때문이다. 오스트리아를 방문한다면 하루쯤 시간을 내어 위대한 작품들을 직접 눈으로 감상해 보자.

구스타프 클림트 Gustav Klimt

오스트리아의 근대 미술에서 너무나도 중요한 아르누보 화가로 황금빛의 화사한 작품으로 유명하다. 인간의 내면, 사랑, 죽음 등에 관한 작품을 많이 남겼으며 수많은 상품의 소재로도 지금까지 인기를 누리고 있다. 빈의 벨베데레 궁전, 레오폴트 미술관을 비롯해 빈 분리파 전시관, 미술사 박물관, 왕궁 극장 등 곳곳에서 그의 작품을 만날 수 있다.

키스 Der Kuss

클림트의 작품 중 대중에게 가장 사랑받는 작품으로, 쏟아지는 별빛을 배경으로 키스하는 남녀의 모습이 매우 인상적이다. 아름다운 구성과 화려한 색감, 신비감을 더하는 대조적이고 기하학적인 무늬와 금장식이 아르누보의 절정을 보여 준다.

Where? 벨베데레 궁전
▶▶ 2권 P.062

죽음과 삶 Death and Life

클림트가 말년에 그린 작품으로 처음에 금빛 배경을 생각했다가 지금의 어두운색으로 바꿨다고 한다. 죽음을 상징하는 해골이 지켜보고 있지만 밝은 쪽에는 생명이 뒤엉켜 끊임없이 순환되고 있음을 보여 준다.

Where? 레오폴트 미술관 ▶▶ 2권 P.052

유디트 Judith

성서에 등장하는 유디트는 우리의 논개와 같은 영웅적인 여인으로 많은 화가의 작품 소재가 되었다. 흔히 강인하고 비장한 모습으로 표현한 것과 달리 클림트의 작품에서는 관능적으로 묘사했다.

Where? 벨베데레 궁전 ▶▶ 2권 P.062

〈타오르미나의 극장〉

미술사 박물관의 벽화

클림트가 20대 초창기에 동생 에른스트 클림트, 동료 프란츠 마치와 함께 그린 벽화로 아르누보 이전 시대의 작품이지만 클림트 그림의 분위기를 느낄 수 있다. 미술사 박물관의 중앙 홀 계단 위 북쪽 벽면에 그렸다. 특별전으로 가까이 볼 수 있는 테라스를 설치하기도 한다.

Where? 미술사 박물관 ▶ 2권 P.045

왕궁 극장의 천장화

클림트 형제와 프란츠 마치가 젊은 시절 공동으로 작업한 프레스코화로 왕궁 극장 측면 계단 위에 화려한 천장화 4점을 장식했다. 남쪽 계단 위에 〈디오니소스의 제단The Altar of Dionysus〉, 〈테스피스의 마차The Cart of Thespis〉, 〈로미오와 줄리엣의 죽음Death of Romeo and Juliet〉 그리고 북쪽 계단 위에 〈타오르미나의 극장The Theatre in Taormina〉이 있는데, 모두 연극과 관련된 내용이라 극장과 잘 어울린다.

Where? 왕궁 극장 ▶ 2권 P.054

〈테스피스의 마차〉

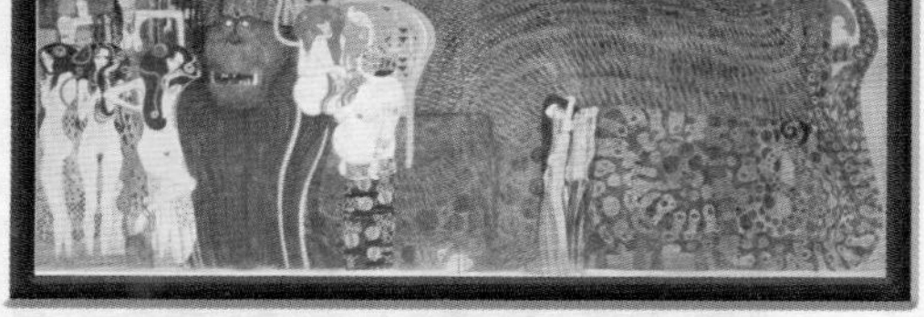

베토벤프리즈 Beethovenfries

베토벤의 9번 교향곡인 〈합창〉을 주제로 한 벽화. 빈 분리파로 활동하던 클림트의 중기 작품으로 그의 상징주의가 잘 드러나 있다. 지하 갤러리 3개의 벽면에 그린 이 벽화는 〈합창〉에 나오는 주제 순서대로 왼쪽에서 시작해 오른쪽의 〈온 세상을 향한 키스The Kiss to the Whole Word〉로 이어진다.

Where? 빈 분리파 전시관 ▶ 2권 P.059

에곤 실레 Egon Schiele

오스트리아의 대표적인 표현주의 화가다. 인간의 내면이 강조된 누드, 죽음, 부활에 관한 작품을 많이 남겼다. 여체의 탐구와 에로티시즘을 넘어 외설적인 묘사와 미성년자, 동성애 코드까지 등장하는 그의 작품은 당시 큰 파장을 일으켰다. 빈의 레오폴트 미술관, 알베르티나 미술관, 벨베데레 궁전에서 그의 작품을 감상할 수 있으며 체코의 체스키크룸로프에 에곤 실레 아트 센터가 있다.

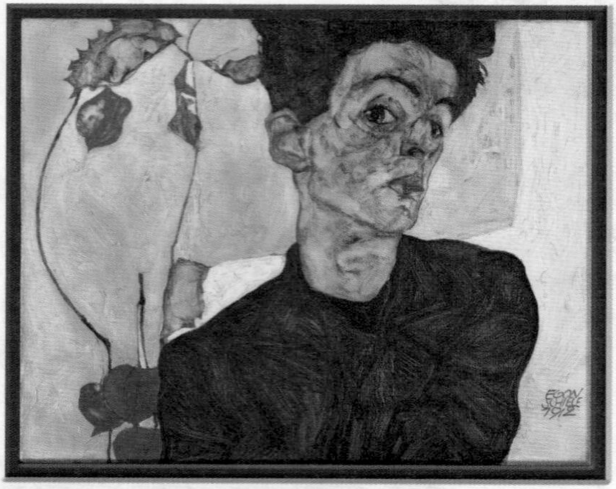

자화상 Self-Portrait

초기에 클림트의 영향을 많이 받았지만 클림트와 확연히 구분되는 점은 그가 수많은 자화상을 그렸다는 것이다. 실레는 자신의 내면 세계로 파고들어 자아를 탐구하고 이를 표현하는 자화상을 많이 남겼다. 짧은 생을 살았지만 그의 자화상은 시간의 흐름에 따라 그의 모습과 함께 변화해 갔음을 단적으로 보여 준다.

Where? 레오폴트 미술관 ▶▶ 2권 P.052

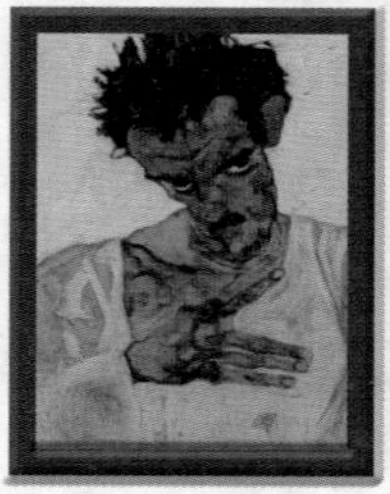

포옹 Die Umarmung,
죽음과 여인들 Tod und Mädchen

찬란한 금빛으로 표현한 클림트의 〈키스〉를 보기 위해 벨베데레 궁전을 방문한다면 실레의 〈포옹〉도 꼭 찾아보자. 같은 시대를 풍미했고 같은 장소에 전시된 작품이지만 너무나도 대비되는 모습을 발견할 수 있다. 영화 〈에곤 실레: 욕망이 그린 그림〉으로 유명해진 이 작품들은 그가 평생 동안 주제로 삼았던 애착, 갈망, 죽음, 공포, 절망이 뒤엉킨 모습을 생생하게 그려내고 있다.

Where? 벨베데레 궁전 ▶▶ 2권 P.062

피테르 브뤼헐 Pieter Bruegel

오스트리아 사람은 아니지만 놀랍게도 빈의 미술사 박물관에 세계 최고의 브뤼헐 갤러리가 있다. 브뤼헐은 16세기 플랑드르의 대표 화가 중 한 사람으로 농민 같은 일반 서민의 소박한 일상생활 모습을 사실적이면서도 따뜻하고 유머러스하게 묘사했다. 종교화나 풍경화가 주를 이루던 당시 드물게 풍속화를 그려 새로운 장르를 만들어 나갔으며 '농민 화가'로도 불린다.

바벨탑 The Tower of Babel

브뤼헐의 현실에 대한 비판적 시각이 잘 드러난 작품으로 16세기 혼란스러웠던 플랑드르의 모습을 담았다. 창세기에 등장하는 바벨탑은 인간의 탐욕에 대한 경고이며 이를 독특한 그의 화풍으로 재미있게 표현했다.

Where? 미술사 박물관 ▶ 2권 P.045

농가의 혼례

The Peasant Wedding

농가의 결혼 잔치 모습을 담은 그림으로 낡고 보잘것없는 부엌 같은 공간에 여러 사람이 모여 이야기꽃을 피우는 장면을 묘사했다. 바쁘게 음식을 나르는 사람들이 내미는 음식은 소박하기 그지없지만 흥겨운 잔치 분위기가 난다.

Where? 미술사 박물관 ▶ 2권 P.045

눈 속의 사냥꾼 Hunters in the Snow

브뤼헐이 그린 계절의 연작 중 첫 번째 작품이자 가장 유명한 작품이다. 온 세상이 눈으로 하얗게 덮인 추운 겨울 사냥꾼들의 모습을 그린 것인데, 당시 이렇게 눈 풍경을 그린 작품이 거의 없었다고 한다.

Where? 미술사 박물관 ▶ 2권 P.045

TIP

동유럽 최고의 미술관을 하나만 꼽는다면?

동유럽을 통틀어 단 하나의 미술관을 꼽으라면 단연 오스트리아 빈에 있는 미술사 박물관Kunsthistorisches Museum이다. 합스부르크 왕가가 수백 년간 수집한 예술 작품이 모여 있는 곳으로 특히 회화 갤러리가 유명한데, 16세기부터 현대에 이르는 위대한 명작들로 가득하다. 적어도 반나절은 시간을 내서 갤러리 여행을 즐기자. 중간에 박물관 카페에서 차 한잔의 여유로움을 즐기는 것도 좋다.

EXPERIENCE

☑ BUCKET LIST 06

여행 중에 한 번쯤!

동유럽에서 특별한 체험

관광지, 레스토랑, 쇼핑 품목까지 일반적인 여행 코스는 비슷하지만 나만의 특별한 경험으로 오랫동안 기억할 수 있는 방법이 있다. 이색적이고 짜릿함을 느낄 수 있는 체험을 해보는 것! 뻔한 유럽 여행에 나만의 추억을 더하고 싶은 사람에게 추천한다.

핫한 온천 클러빙

부다페스트에서 스파티

낮에는 평범한 노천 온천이지만 매주 토요일 밤이면 EDM 비트가 흘러나오는 클럽으로 변신하는 곳이 있다. 헝가리 부다페스트 세체니 온천에서는 스파spa와 파티party를 합친 일명 스파티sparty라는 온천 파티를 연다. 김이 모락모락 피어오르는 온천수에 몸을 담그고 시원한 맥주를 마시며 온천과 파티를 동시에 즐길 수 있다니! 화려한 조명 아래 레이저 쇼, 불 쇼, 디제잉 등 다양한 퍼포먼스가 어우러져 온천에서 클럽 열기를 느끼는 독특한 경험을 할 수 있다.

TIP! 수영복 착용은 필수이며 수건과 슬리퍼, 방수 케이스를 챙겨 가면 좋아요. 단, 래시가드는 착용 금지!

황제를 낫게 한 명약

카를로비바리에서 온천수 마시기

보통 온천을 피로 해소를 위한 목욕 정도로 생각하지만, 체코 카를로비바리에서는 온천에 몸을 담그는 것보다 마시는 것이 보편적이다. 카를 4세 황제가 온천수를 마시고 병세가 호전되자 카를로비바리는 치유의 도시가 되었고 그 명맥을 지금까지 이어오고 있다. 온천수를 마실 수 있는 콜로나다는 총 15곳. 각 콜로나다마다 온천수의 온도, 성분, 맛과 효능이 조금씩 다르다. 쇠 맛 나는 온천수를 마시기란 쉽지 않은 일이나 건강에 좋은 미네랄이 풍부하게 함유되어 있으니 한번 시도해 보자.

TIP! 뜨거운 온천수 전용 컵인 '라젠스키 포하레크Lazefsky Poharek'는 손잡이 부분을 빨대로 사용할 수 있는 도자기 컵이에요. 디자인이 다양해 기념품으로 구입하기 좋아요.

맥주로 목욕을!

체코에서 비어 스파 즐기기

연간 맥주 소비량 1위를 자랑하는 체코에서는 온몸으로 맥주를 즐길 수 있는 이색 스파가 있다. 커다란 오크통에 담긴 따뜻한 물에 맥주의 주원료인 홉과 피부에 좋은 성분이 들어 있어 피부 미용은 물론 심신 안정에도 효능이 탁월하다. 비어 스파답게 오크통에 들어가 스파를 즐기면서 시원한 생맥주를 무제한 마실 수 있다. 목욕이 끝난 후에는 독소 배출을 위해 귀리로 만든 침대에서 휴식 시간도 갖는다. 여행 막바지라면 여독을 풀기에도 그만이다.

TIP! 스파에 사용하는 맥주는 익숙한 모습이 아니라 당황할 수 있어요. 시중에 판매하는 일반 맥주는 이산화탄소가 함유되어 있어 스파에는 직접 사용하지 못해요.

겨울 유럽 여행의 백미

크리스마스 마켓에 빠지기

해가 일찍 지고 칼바람이 부는 유럽의 겨울 추위가 매서워 보통 겨울 여행을 피하지만, 유럽 전역에서 성대하게 치르는 12월 크리스마스 마켓은 절대 지나칠 수 없다. 유럽의 크리스마스는 모두에게 로망이기 때문이다. 화려한 조명이 도심을 밝히고 따뜻한 음식과 음료가 몸을 녹여 준다. 수많은 부스에는 소장 욕구를 자극하는 수공예품과 각종 크리스마스 간식이 가득하다. 도심 곳곳에서는 크고 작은 다채로운 행사가 열려 유럽의 연말을 환하게 밝혀 준다.

TIP! 추운 동유럽의 겨울, 따뜻한 뱅쇼 한잔으로 몸을 녹여 보세요. 오스트리아에서는 글뤼바인glühwein, 체코에서는 스바르제네 비노svařené víno, 헝가리에서는 포럴트 보르forralt bor라고 불러요.

도시 곳곳에서 인증샷!

브라티슬라바에서 숨은 동상 찾기

슬로바키아 브라티슬라바를 여행하다가 누가 나를 쳐다보거나 내가 하는 말을 듣는 것 같은 기분이 든다면 그건 착각이 아닐 수도 있다. 벽 뒤에서 몰래 사진을 찍는 파파라치일 수도 있고, 사람들 이야기를 엿듣는 나폴레옹 군인일 수도 있다. 혹은 맨홀 뚜껑을 열고 예쁜 여자들을 훔쳐보는 아저씨 추밀일 수도 있다. 브라티슬라바는 다른 유럽 도시에 비해 볼 것이 없어 관광객이 적었는데 이를 개선하고자 지역 예술가들의 아이디어로 탄생한 동상 작품이다. 현재는 브라티슬라바의 명물이 되어 여행의 즐거움을 더해준다.

TIP! SNP 다리 전망대에 있는 파파라치 동상을 제외하고는 모든 동상이 구시가지에 있어요.

파라다이스를 찾아서

크로아티아 아일랜드 호핑

누군가 바다에 물감을 뿌린 듯해 바라보고 있어도 믿기지 않을 만큼 투명한 에메랄드빛의 아드리아해. 유럽인이 사랑하는 여름 휴양지다운 풍경이다. 크로아티아 어느 도시를 가도 아름답지만, 여행객들로 북적이는 도심에서 벗어나 여유로운 휴양을 즐기고자 한다면 호핑 투어를 추천한다. 블루 라군에서 스노클링 같은 수중 액티비티를 즐기고, 선상에서 맛있는 식사를 하며, 여행객의 발길이 잘 닿지 않는 신비로운 섬 여행까지! 시티 투어와 호핑 투어 둘 다 즐길 수 있는 최고의 경험이 될 것이다.

TIP! 도시 구시가지에서 현지 투어 부스를 쉽게 찾을 수 있어요. 투어 회사가 많아 하루 전날에도 충분히 예약 가능하니 일정에 여유가 있다면 하루는 호핑 투어를 신청해 보세요.

EAT & DRINK

☑ BUCKET LIST 07

안 먹으면 섭섭해

동유럽 전통 음식

동유럽의 내륙 지방에 있는 국가들은 채소와 유제품, 육류 요리가 발달했다. 크로아티아는 바다를 끼고 있어 풍부한 해산물 요리를 맛볼 수 있다. 지역에 따라 음식의 종류는 매우 다양하지만 우리 입맛에 잘 맞는 음식들 위주로 소개한다.

오스트리아

오스트리아는 유럽 내륙에 자리해 해산물보다는 육류 요리가 발달했다. 고기를 오래 끓이고 튀기거나, 삶고 굽는 조리법이 많으며 채소를 적절히 곁들여 먹는다. 오랜 세월 왕실과 귀족의 전통을 이어 온 만큼 케이크 같은 디저트도 발달했다.

전통 음식

◀ **슈니첼** Schnitzel

돼지고기나 소고기에 밀가루를 입혀 튀긴 것으로 우리나라의 돈가스와 비슷하다. 감자 샐러드나 채소를 곁들여 먹는다. 레몬즙을 살짝 뿌리면 더 담백하다.

◀ **타펠슈피츠** Tafelspitz

프란츠 요제프 1세 황제가 좋아한 소고기를 삶아 만든 요리. 국물 맛이 소고기뭇국이나 갈비탕과 비슷하다. 고기는 호스래디시 소스를 찍어 먹으면 느끼함을 잡아 준다.

굴라시 Goulash ▶

동유럽 대표 음식 중 하나로, 고기와 각종 채소, 향신료를 넣고 끓인 스튜. 지역마다 조금씩 특색이 다르지만 대체로 얼큰하다. 빈에서는 서양식 만두 같은 젬멜크뇌델Semmelknödel을 얹어 주는 경우가 많다.

프리타텐 Frittaten ▼

팬케이크를 국수처럼 얇게 썰어 만든 요리. 보통 맑은 수프에 넣어 먹기 때문에 프리타텐주페 Fritattensuppe라고 한다. 타펠슈피츠를 만들고 남은 육수에 프리타텐을 넣어 먹기도 한다.

◀ **슈페츨레** Spätzle

독일 남부와 오스트리아 지방에서 많이 먹는 면 요리. 각종 채소와 고기, 치즈 등을 넣고 함께 요리하거나 사이드로 곁들여 먹는다.

디저트

◀ **아펠슈트루델** Apfelstrudel

아펠은 사과, 슈트루델은 소용돌이란 뜻으로, 사과 등 속 재료를 넣고 돌돌 말아 구운 페이스트리. 오스트리아의 대표 디저트다.

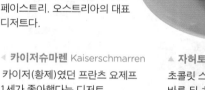

◀ **카이저슈마렌** Kaiserschmarren

카이저(황제)였던 프란츠 요제프 1세가 좋아했다는 디저트. 스크램블한 팬케이크에 슈거 파우더를 뿌리고 과일 소스와 함께 먹는다. 식감이 푹신하고 부드럽다.

▲ **자허토르테** Sachertorte

초콜릿 스펀지 빵에 살구잼을 바른 뒤 초콜릿을 입혀 만든 케이크. 생크림을 곁들여 커피와 함께 먹는 것이 전통 방식이다.

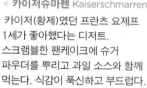

◀ **노케를** Nockerl

달걀흰자를 부풀려 만드는 수플레의 한 종류로 잘츠부르크의 명물이다. 잘츠부르크를 둘러싼 산봉우리 모양을 하고 있으며, 슈거 파우더를 뿌리고 라즈베리 소스를 곁들인다.

음료와 술

알름두들러 Almdudler ▶

엘더베리 추출물이 들어간 탄산음료로 오스트리아의 국민 음료다. 오리지널 외에도 무설탕, 무탄산 등 다양한 종류가 있으며 와인이나 맥주에 섞어 마시기도 한다.

슈납스 Schnapps ▶▶

독일 남부와 오스트리아의 대표적인 전통주로 사과, 배, 살구 등 과일로 만든 브랜디다. 과일이 그려진 예쁜 병에 담겨 있지만 40도를 넘나드는 독주다.

체코

유럽 내륙에 자리한 만큼 해산물보다는 육류 요리가 많다. 인근 국가들과 마찬가지로 고기를 재료로 한 스튜나 오븐 요리가 발달했으며 감자나 빵을 사이드로 곁들여 먹기도 한다. 맥주 소비량 1위를 차지할 만큼 맥주와 궁합이 좋은 요리 종류도 다채롭다.

전통 음식

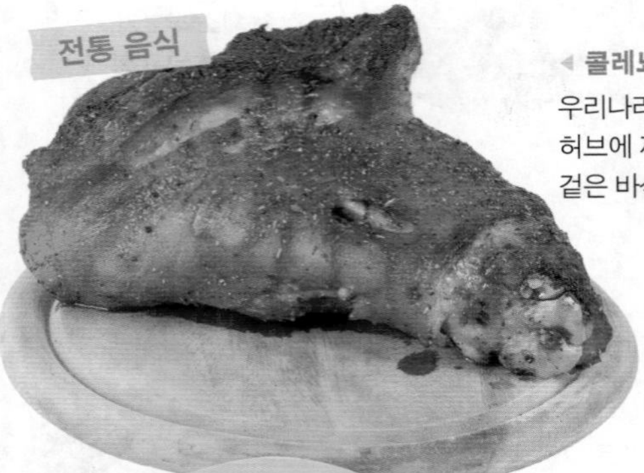

◀ **콜레뇨** Koleňo

우리나라 족발과 비슷한 요리로 돼지 무릎 부위를 맥주와 허브에 재워 숙성시킨 후 오븐에 구운 체코식 족발이다. 겉은 바삭하고 속은 부드러워 맥주와 찰떡궁합!

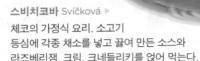

스비치코바 Svíčková ▶

체코의 가정식 요리. 소고기 등심에 각종 채소를 넣고 끓여 만든 소스와 라즈베리잼, 크림, 크네들리키를 얹어 먹는다.

▼ **타타락** Tatarák

기름에 튀긴 빵 토핀키Topinky에 생마늘을 비벼 바른 후 양파, 후춧가루, 머스터드, 케첩 등 양념을 첨가한 소고기 육회와 함께 먹는다. 맥주와 궁합이 좋다.

굴라시 Guláš ▲

헝가리의 영향을 받은 소고기 스튜로, 기본 재료는 비슷하지만 조리법이 조금 다르다. 국물이 적고 걸쭉한 것이 특징이며 얇게 썬 체코식 찐빵 크네들리키knedlíky와 함께 먹는다.

스마제니 시르 Smažený Sýr ▶

치즈를 통째로 튀긴 요리로 치즈를 좋아하는 사람이라면 절대 그냥 지나칠 수 없는 음식이다. 짭짤하면서도 고소한 치즈 맛에 맥주 한잔이 절로 생각난다.

◀ **스마제니 르지젝** Smažený Řízek

오스트리아에서는 슈니첼로 알려진 음식으로 돼지고기를 얇게 썰고 밀가루를 입혀 튀긴다. 우리나라의 돈가스와 비슷하지만 소스 없이 담백하게 먹는 것이 특징이다.

◀ **베프르조 크네들로 젤로** Vepřo Knedlo Zelo

체코의 대표 가정식 요리. 구운 돼지고기를 소금과 식초에 절인 양배추 절임과 함께 먹는다. 동유럽 전역에 이와 비슷한 음식이 많다.

브람보락 Bramborák ▶

감자를 간 뒤 밀가루, 달걀, 마늘 등을 넣고 반죽해 튀긴 음식으로 생김새는 감자전과 똑같다. 주로 길거리 간식으로 먹으며 식당에서는 사이드 메뉴로 나온다.

디저트

◀ **트르델닉** Trdelnik

일명 '굴뚝빵'이라 부르는 길거리 간식. 반죽을 쇠 봉에 감아 구워서 설탕과 시나몬 가루를 뿌려 먹는다. 전통 빵은 아니지만 체코에 가면 꼭 한번은 맛보는 간식이다.

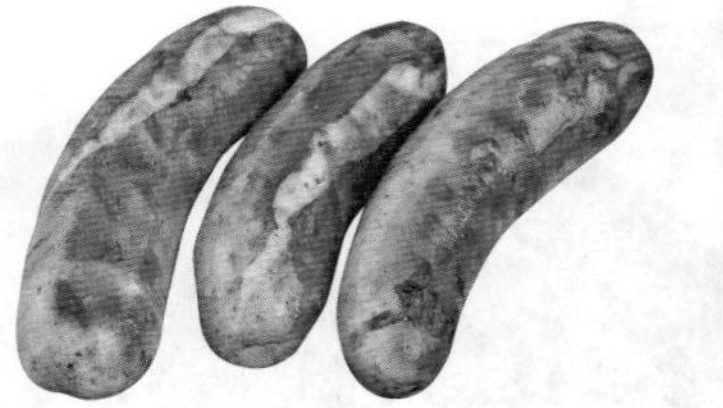

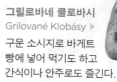

그릴로바네 클로바시
Grilované Klobásy ▶

구운 소시지로 바게트 빵에 넣어 먹기도 하고 간식이나 안주로도 즐긴다. 프라하 시내 가판대에서도 판매한다.

◀ **팔라친키** Palačinky

체코식 팬케이크로 프랑스 크레페와 비슷하지만 반죽과 만드는 방식이 조금 다르다. 과일, 잼, 크림, 견과류 등 다양한 토핑이 들어간다. 커피와 함께 즐기기 좋다.

헝가리

'유럽의 아시아'라고 불리는 헝가리에는 한국인 입맛에도 잘 맞는 매콤하고 칼칼한 음식이 많다. 파프리카, 마늘, 양파 등을 넣어 얼큰하면서도 개운한 국물 맛을 낸다. 매운맛을 즐기는 헝가리인 덕분에 타국에서도 육개장, 김치찜과 비슷한 음식을 맛볼 수 있다.

전통 음식

◀ **구야시** Gulyás

굴라시goulash라고도 하는 이 음식은 동유럽 국가에서 자주 접할 수 있지만 본고장은 헝가리다. 헝가리식 소고기 스튜로 우리나라의 육개장과 비슷하다.

파프리카시 치르케 Paprikás Csirke ▶

전형적인 헝가리 음식으로 닭고기, 파프리카, 후추, 양파, 고추, 토마토 등 각종 재료를 버터로 볶은 후 사워크림을 얹어 먹는다.

▲ **헐라슬레** Halászlé

헝가리식 매운탕. 잉어 또는 메기 같은 민물고기와 파프리카를 넣고 끓인 수프로 매콤한 맛이 특징이다. 두나강 인근의 레스토랑에서 맛볼 수 있다.

▲ **퇼퇴트 카포스터** Töltött Káposzta

소고기, 양고기, 돼지고기 등을 다진 뒤 쌀과 함께 양배추로 돌돌 말아서 찐 음식이다. 그 위에 사워크림을 얹어 먹는데 우리나라의 김치찜과 비슷한 맛이다.

◀ **푀르쾰트** Pörkölt

소고기나 돼지고기를 넣고 파프리카, 토마토, 양파와 함께 삶은 헝가리식 고기 스튜. 국물을 바짝 졸여 양념이 잘 배어 있다. 구야시만큼 대중적인 음식이다.

◀ **레초** Lecsó

고추, 토마토, 양파, 파프리카를 기본으로 하는 채소 스튜. 소시지, 감자, 베이컨을 넣어 먹기도 한다.

푀젤렉 Főzelék ▶

양배추, 콩, 감자, 당근 등을 재료로 만든 채소 수프. 고기와 소시지를 넣기도 한다. 대표적인 가정식 요리 중 하나다.

디저트

◀ **퀴르퇴슈컬라치** Kürtőskalács

체코에서는 '트르델닉'이라고 하는 굴뚝빵이다. 원통형 빵에 설탕과 계핏가루를 뿌려 먹는 것이 기본이지만 기호에 따라 아이스크림을 넣어 먹기도 한다.

란고시 Lángos ▲

동그랗고 넓게 만든 밀가루 반죽을 넉넉한 기름에 튀긴 길거리 간식이다. 두툼한 빵 위에 사워크림과 치즈를 올리고 베이컨, 양배추를 비롯한 각종 토핑을 얹어 먹기도 한다.

◀ **펄러친터** Palacsinta

헝가리의 국민 간식으로 과일, 생크림, 잼, 치즈, 초콜릿 등을 넣어 얇게 구운 팬케이크다.

크로아티아

영토가 남북으로 긴 크로아티아는 아드리아해를 끼고 있어 내륙, 해안 구분 없이 어느 지역에서도 육류와 해산물을 모두 접할 수 있다. 크로아티아 전통 음식은 고대부터 헝가리, 오스트리아, 튀르키예, 이탈리아 등 주변국의 영향을 많이 받았다.

전통 음식

◀ **살라타 오드 호보트니체**
Salata od Hobotnice

삶은 문어에 올리브 오일과 식초로 만든 드레싱이 어우러진 애피타이저로 입맛을 돋운다. 문어의 식감이 굉장히 부드럽다.

츠르니 리소토 Crni Rižot ▶

크로아티아 해안 지방에서 쉽게 접할 수 있는 음식으로 싱싱한 오징어와 홍합, 조개를 넣어 만든 오징어 먹물 리소토다. 밥알에 스며든 검은빛의 먹물은 깊은 바다를 떠올리게 한다.

◀ **체밥치치** Ćevapčići

발칸반도 국가에서 즐겨 먹는 음식으로 돼지고기나 쇠고기를 다진 후 그릴에 구운 음식이다. 일반적으로 파프리카, 고추, 마늘을 넣은 아이바르Ajvar와 사워크림, 양파와 함께 먹는다.

부자라 Buzara ▶

해산물을 주재료로 올리브 오일, 화이트 와인, 마늘, 허브를 넣고 익힌 스튜. 다양한 해산물로 만드는데 스캄피(갑각류의 한 종류)를 넣은 부자라가 가장 유명하다.

브루데트 Brudet ▶

생선으로 만든 스튜로 주로 달마티아 해안 지방에서 먹는다. 짭조름한 편이며 빵이나 옥수수 가루로 끓인 죽과 함께 먹는다.

◀ **사르마** Sarma

양배추 잎에 다진 고기와 채소, 견과류를 넣고 돌돌 말아 찐 음식으로 우리나라 만두와 비슷한 모양과 맛이 특징이다.

디저트

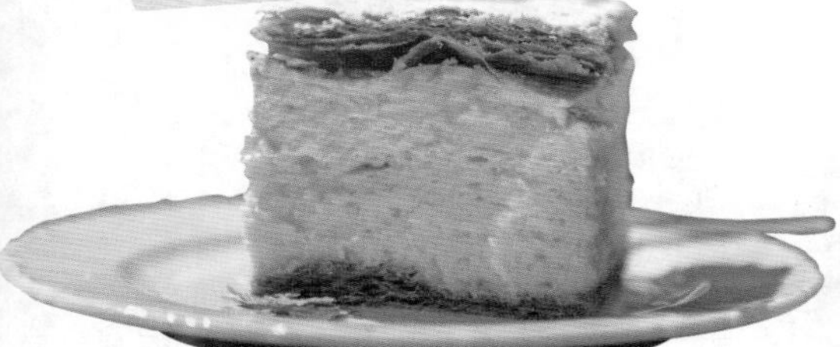

◀ **크렘슈니타** Kremšnita

발칸반도 지역에서 흔히 볼 수 있는 케이크. 바닐라 커스터드와 휘핑크림, 초콜릿이 어우러진 전통 케이크로 커피와 잘 어울린다.

◀ **부레크** Burek

발칸반도를 대표하는 대중적인 빵으로 페이스트리처럼 얇은 반죽에 다진 고기와 감자, 시금치, 치즈 등을 넣어 만든 길거리 음식이다.

브레스크비체 Breskvice ▶

복숭아처럼 생긴 빵으로 결혼식, 크리스마스, 가족 모임에서 주로 먹는다. 커피와 궁합이 좋다. 마트에서 살 수 있지만 인기 있어 품절인 경우가 많다.

슬로바키아

소고기, 돼지고기, 양고기, 양배추, 마늘 등이 기본 재료이며 치즈와 소금을 첨가해 대체로 짠맛이 강하다. 지역 특성상 국토의 80%가 해발 750m의 고지대이다 보니 깊고 풍부한 맛의 와인을 맥주보다 즐겨 마시며 이와 어울리는 요리가 많다.

전통 음식

브린조베 할루슈키 Bryndzové Halušky ▶
감자 전분으로 만든 수제비에 양젖으로 만든 치즈를 얹고 그 위에 베이컨, 햄, 파프리카를 올린다. 슬로바키아 전통 음식이지만 동유럽 여러 국가에서 즐겨 먹는다. 겉은 바삭하고 속은 부드러워 맥주와 궁합이 좋다.

◀ **카푸스트니차** Kapustnica
양배추 절임과 돼지고기 또는 소시지를 넣고 끓인 배추 수프. 기름진 돼지고기의 느끼함이 신맛 나는 양배추 절임과 조화를 이룬다. 지역에 따라 감자, 버섯을 곁들인다.

◀ **스비에츠코바 나 스모타네**
Sviečková Na Smotane
콩, 감자, 찧은 보리, 당근, 파, 토마토, 양파, 돼지고기 등을 넣고 끓인 수프. 토마토 베이스에 콩, 고기, 채소, 곡물을 넣고 만들어 일반 토마토 수프보다 속을 든든하게 채워 준다.

디저트

◀ **라스콘키** Laskonky
커피나 초콜릿을 넣은 버터크림과 호두와 코코넛이 들어간 머랭으로 만든 쿠키. 커피나 차를 마실 때 주로 즐겨 먹는다.

◀ **부블라니나** Bublanina
슬로바키아의 전통 케이크. 체리, 자두, 복숭아, 살구, 딸기, 블루베리 등 제철 과일이 올라간다.

▲ **메도브닉** Medovník
건포도, 아몬드, 꿀, 오렌지 껍질을 넣어 만든 케이크. 크리스마스나 겨울 축제 때 많이 먹는다.

슬로베니아

슬로베니아는 북서쪽으로 알프스, 남서쪽으로 아드리아해와 접해 있어 육류와 해산물 요리가 고루 발달했다. 주변국인 이탈리아, 오스트리아, 헝가리, 크로아티아의 영향을 받아 비슷한 음식도 있지만 조리법이 조금씩 다르다.

전통 음식

슈트루클리 Štruklji

중요한 행사 때 먹는 전통 음식. 빵처럼 생겼는데 안에 치즈가 가득 들어 있다. 굽거나 튀겨 먹는다.

리체트 Ričet

콩, 감자, 찧은 보리, 당근, 파, 토마토, 양파, 돼지고기 등을 넣고 끓인 수프. 토마토 베이스에 콩과 고기, 채소, 곡물이 들어간다.

요타 Jota

콩, 절인 양배추, 감자, 베이컨 등을 넣고 끓인 수프. 아드리아해 북부 지역 음식으로 알려졌으며 지역별로 조리 방법이나 맛은 조금씩 차이가 난다.

디저트

포티차 Potica

호두, 허브, 양귀비씨, 치즈, 꿀을 넣어 만든 전통 케이크. 결혼식이나 부활절, 성탄절과 같이 중요한 날이나 공휴일에 먹는다.

크렘나 레지나 Kremna Rezina

블레드 지역의 전통 케이크. 부드러운 바닐라 크림의 살살 녹는 맛이 일품이며 커피와 잘 어울린다.

프레크무르스카 기바니차 Prekmurska Gibanica

양귀비씨, 코티지 치즈, 호두, 사과를 넣어 만든 다층 케이크. 슬로베니아의 대표 디저트다.

EAT & DRINK

☑ BUCKET LIST 08

현지인이 즐겨 먹는

길거리 간식

우리나라 떡볶이, 순대, 붕어빵, 호떡처럼 동유럽에도 끼니 사이에 간단하게 먹는 간식이 많다. 레스토랑에 자리 잡고 앉아 여유롭게 식사를 즐겨도 좋겠지만, 길거리에도 다양한 먹거리가 많아 또 다른 먹는 즐거움을 선사한다. 맛, 가격, 비주얼까지 모두 갖췄으니 부담스럽지 않게 배를 채우는 선에서 즐겨 보는 것은 어떨까.

Trdelník

트르델닉

원통 모양으로 중앙에 구멍이 뚫려 있어 굴뚝빵이라고 부른다. 체코의 길거리 간식 대표주자라고 알려졌지만, 동유럽 여러 나라에서 볼 수 있다. 그대로 먹기도 하고 설탕을 뿌리거나 아이스크림을 채워 먹기도 한다.

Lángos

랑고슈

밀가루 반죽을 동그랗고 넓게 만들어 튀긴 빵 위에 치즈와 크림, 고기, 채소 등 갖가지 재료를 올려 먹는다. 화려한 비주얼로 시선 끌며 헝가리에서 맛볼 수 있는데 보기보다 든든하게 배를 채워준다.

Roasted Chestnuts

군밤

우리나라에서는 보기 힘든 풍경이지만 유럽에는 추운 겨울이면 골목마다 군밤 장수가 있다. 익숙한 간식이지만 동유럽에서 군밤 장수를 본다는 것 자체가 신선하다. 구수한 군밤 냄새가 저절로 발걸음을 멈추게 한다.

Fritule

프리툴레

크로아티아 길거리에서 흔하게 만날 수 있는 국민 간식으로 건포도나 레몬 등 다양한 재료를 넣어 동그랗게 튀긴 도넛이다. 슈거 파우더나 초콜릿 시럽을 뿌려 먹기도 한다.

Brezel

브레첼

독일식 빵으로 알려져 있으며 8자 모양에 굵은 소금을 뿌린 길거리 간식이다. 초콜릿, 참깨, 땅콩 가루 등을 뿌린 것도 있는데 대체로 쫄깃하고 짭조름한 맛이다. 오스트리아를 비롯한 동유럽 국가에서 볼 수 있다.

Käsekrainer

케제크라이너

오스트리아 또는 슬로베니아에 간다면 트램 정류장이나 야외 키오스크에서 쉽게 볼 수 있다. 녹인 치즈를 채운 소시지를 바삭하게 구워 케첩이나 머스터드 소스를 뿌리고 빵과 함께 먹는다. 핫도그처럼 바게트에 끼워 먹기도 한다.

Mekitsa

메키차

헝가리의 랑고슈와 비슷한 모양이지만 요구르트 반죽으로 튀긴 도넛이라는 점이 다르다. 주로 슈거 파우더나 꿀, 잼, 치즈 등을 얹어 먹으며 고소하다.

Kebab

케밥

튀르키예 음식으로 알려져 있지만 동유럽 국가에서 흔히 볼 수 있는 길거리 음식이기도 하다. 가격이 비교적 싸고 맛있으며, 끼니를 대신할 만큼 양도 많아 물가가 비싼 지역에서는 여행객의 식사 대용이 되기도 한다.

EAT & DRINK

☑ BUCKET LIST 09

클래식 혹은 트렌디

동유럽 감성 가득한 인기 카페

카페는 이제 우리 생활에서 빼놓을 수 없는 소중한 공간이 되었다. 우리나라에도 다양한 모습의 카페가 있지만 동유럽을 여행한다면 조금 더 특별한 카페를 찾아볼 것을 권한다. 아직도 전통을 고수하는 100년이 훌쩍 넘은 오래된 카페, 그리고 현대적 분위기의 트렌디한 카페를 찾아 나서 보자.

예술가의 사랑방
동유럽의 클래식 카페 문화

클래식 카페들은 저마다 오랜 이야기를 품고 있다. 예술가와 문인들이 사랑방처럼 자주 드나들며 열띤 토론을 벌였거나, 무명 시절의 거장들이 조용이 드나들던 단골집도 있다. 이렇듯 역사가 깊은 카페들은 시설이 다소 불편한 곳도 있지만 과거와 현재를 이어 주는 의미 있는 공간이다. 손때 묻은 의자와 벽에 걸린 빛바랜 사진을 보면 왠지 모를 정겨움과 시간을 넘나드는 듯한 묘한 기분을 느낄 때가 있다. 우리는 어쩌면 그러한 정서가 그리워 유럽을 찾는 것이 아닐까.

추천 메뉴

Melange

멜란지

진한 에스프레소에 스팀 우유와 우유 거품을 올린 것으로 플랫 화이트와 비슷한 진한 라테다. 누구나 좋아하는 진하면서 부드러운 맛으로 실패할 확률이 적다.

Einspänner

아인슈페너

비엔나 커피로 알려진 커피로 더블 에스프레소에 휘핑 크림을 얹은 것이다. 커피의 진한 맛과 부드러운 크림이 조화를 이루는 커피다.

Breakfast

아침 식사

클래식 카페에는 커피만 있는 것이 아니다. 이른 시간부터 아침 메뉴를 제공하는 곳이 많으며 점심과 저녁 메뉴도 있다. 또 밤늦게까지 영업하는 곳도 있고 24시간 식사가 가능한 곳도 있다. 우아한 클래식 카페에서 아침을 맞이해 보는 것도 동유럽 여행의 또 다른 즐거움이 될 것이다.

TIP

클래식 카페의 역사

17세기 오스만 제국의 영향으로 오스트리아에 커피가 전해진 이후, 파리를 비롯한 유럽의 문화 도시에는 18세기부터 본격적으로 카페가 발달하기 시작했다. 카페는 단순히 차나 커피를 마시는 장소가 아니라 문학과 예술을 논하는 토론의 장이자 지적인 사색의 공간으로 자리매김했으며 19세기 말에는 중요한 문화적 코드로 절정을 이루었다.

예술가들의 성지! 클래식 카페 BEST 4

100년이 넘는 긴 시간을 이어 온 클래식 카페는 과거의 흔적과 함께 재미있는 이야깃거리를 품고 있다. 시간을 거스르는 듯한 운치 있는 카페에 앉아 유럽의 감성을 제대로 느껴 보자.

Café Central

카페 첸트랄 ▶ 2권 P.078

1876년 오스트리아 빈에 오픈해 19세기 예술가들이 자주 드나들며 문화를 공유했던 곳이다. 고급스러우면서도 고상한 분위기가 묻어난다. 안쪽 중앙에 프란츠 요제프 황제와 엘리자베트 황후의 초상화가 걸려 있다. 커피와 케이크는 물론, 다양한 식사 메뉴도 있어서 항상 많은 사람들로 붐비는 곳이다.

Café Museum

카페 무제움 ▶ 2권 P.078

빈 분리파 예술가들이 활동하던 1899년에 문을 열었다. 구스타프 클림트, 에곤 실레, 오토 바그너 등 빈 분리파를 대표하는 예술가들이 자주 모여 토론하던 곳이다. 빈 분리파 전시관에서도 가까우며 과거의 문화가 그대로 전해져 지금도 독서 토론이 이루어진다.

Café Savoy

카페 사보이 ▶ 2권 P.188

1893년에 오픈한 카페로 프라하에서 가장 유명한 클래식 카페 중 하나다. 네오르네상스 스타일의 높고 화려한 천장이 인상적이며 자체 베이커리를 운영해 빵도 맛있다.

Café Gerbeaud

카페 제르보 ▶ 3권 P.052

1858년 헝가리 부다페스트에 오픈한 유서 깊은 카페다. 고급스러운 인테리어와 클래식한 분위기가 이어 내려오는 한편, 꾸준히 새로운 메뉴를 선보여 많은 사람들에게 사랑받는다.

인기 급상승! 트렌디 카페 BEST 4

유럽이라고 해서 오래된 것만이 진리는 아니다. 현대적 감성의 트렌디한 카페도 핫플로 인기가 높다. 이런 곳도 오랜 시간 사랑받으면 언젠가는 클래식 카페가 되지 않을까.

Lamée Rooftop

라미 루프톱 ▶ 2권 P.070

오스트리아 빈의 구시가지에 자리하고 있지만 현대적인 분위기의 루프톱 바다. 빈의 랜드마크인 슈테판 대성당의 아름다운 지붕이 가까이 보여 인기가 많다. 시원한 아이스커피와 음료, 다양한 주류가 있으며 주말 저녁에 특히 붐빈다.

Freiblick Tagescafé

프라이블리크 타게스카페 ▶ 2권 P.131

오스트리아 그라츠의 구시가지에 있는 분위기 좋은 카페다. 전형적인 브런치 메뉴도 있지만 오스트리아 음식과 아시아 음식까지 있는 것이 독특하다. 루프톱 테라스에서 그라츠의 랜드마크인 슐로스베르크 시계탑이 시원하게 보인다.

Art Kavana

아트 카바나 ▶ 3권 P.117

크로아티아 자다르의 구시가지에 자리 잡은 디저트 카페다. 깔끔하면서도 귀여운 인테리어에 조용하고 아늑한 분위기이며 디저트 하나하나가 먹기 아까울 만큼 예쁜 곳이다. 착한 가격은 덤이다.

Cirkusz Café

시르쿠스 카페 ▶ 3권 P.052

헝가리 부다페스트의 유대인 지구에 자리한 유명 브런치 카페다. 거대한 로스팅 기계까지 돌아가는 현대적 분위기의 카페인데 음식 맛도 좋고 플레이팅도 예뻐서 인기가 많다.

EAT & DRINK

☑ BUCKET LIST **10**

마시는 재미 가득

국가별 인기 맥주

인구 대비 세계에서 맥주 소비량이 가장 많은 체코나 동유럽 국가 중 가장 많은 맥주를 생산하는 폴란드처럼 독일 못지않게 동유럽 국가도 맥주로 유명하다. 게다가 물보다 저렴하다는 말이 있을 정도로 가격도 착하다. 각국의 맥주 종류만 해도 수십 가지. 그중 각국의 국민 맥주라 불리는 것부터 알아보자.

어떻게 즐길까?

현지인처럼 펍 이용하기

유럽 국가에도 몇 가지 독특한 음주 문화가 있다. 여행을 하면서 그 나라의 문화를 이해하고 존중하며 무례한 행동을 하지 않도록 조심하는 자세도 필요하다.

STEP 01 주문할 때 보내는 수신호

맥주를 한 잔만 주문할 때는 엄지를 들어 올린다(엄지척!). 검지를 들어 올리면 두 잔을 뜻하기도 하니 종업원이 헷갈리지 않도록 주의하자. 그럼 두 잔을 주문할 때는? 동유럽(특히 체코)에서는 엄지와 검지를 가위 모양으로 만들어 표시한다. 둘을 뜻할 때 보통 검지와 중지로 V자를 만드는 우리와 다르다.

STEP 02 잔은 받침대 위에 올려놓기

펍에 따라 다를 수 있지만 테이블에 받침대가 놓여 있거나, 종업원이 서빙할 때 받침대를 주는 경우에는 잔을 그 위에 올려놓아야 한다. 테이블이 대부분 목재라서 물기에 젖거나 긁히지 않도록 받침대를 제공하는 것이다. 받침대를 사용하지 않으면 예의 없는 행동으로 간주하기도 한다.

STEP 03 건배할 때는 눈맞춤 필수

만약 현지인과 건배할 일이 생긴다면 꼭 기억해야 할 것이 있다. 동유럽에서는 건배할 때 상대방과 반드시 눈을 마주쳐야 한다. 지역에 따라 조금씩 차이는 있지만, 대체로 건배할 때 상대방과 눈을 마주치지 않으면 무례한 태도로 오해받거나 불운이 온다는 등 여러 미신이 있으니 눈맞춤을 피하지 말자.

STEP 04 헝가리에서는 '짠' 금지

헝가리에서는 맥주잔을 부딪치지 않는 전통이 있다. 1849년 헝가리 독립 혁명 당시, 오스트리아군이 헝가리 독립운동가 13명을 사형시킨 뒤 맥주잔을 부딪치며 축하했던 역사 때문이다. 당시 희생당한 장군들을 기리기 위해 헝가리인들은 150년간 맥주잔을 부딪치지 않았고, 지금도 전통을 이어가고 있다.

TIP

나라별 건배사 알아보기

- 오스트리아 Prost! ➤ 프로스트!
- 체코 Na Zdravi! ➤ 나 즈드라비!
- 헝가리 Egészségére! ➤ 에게셰게레!
- 슬로바키아 Na Zdravie! ➤ 나 즈드라비에!
- 크로아티아 Živjeli ➤ 지비옐리!
- 슬로베니아 Na Zdravje! ➤ 나 즈드라비예!

현지에서 인기 많은 로컬 맥주

체코 Czech

필스너 우르켈 Pilsner Urquell

세계 최초 라거인 필스너는 원래 '플젠 사람'이라는 뜻이다. 묵직하면서도 목 넘김이 부드럽고 깔끔한 맛을 자랑한다.

스타로프라멘 Staropramen

'오래된 샘'이라는 뜻의 프라하에서 탄생한 체코 3대 맥주 브랜드 중 하나. 부드러운 거품과 몰트의 달콤함, 적당히 쌉싸래한 맛의 맥주다.

코젤 Kozel

숫양이 맥주잔을 들고 있는 심벌로 유명한 체코의 맥주 브랜드. 가장 유명한 코젤 다크는 낮은 도수에 부드럽고 단맛이 난다.

부데요비츠키 부드바르
Budějovický Budvar

미국 맥주인 버드와이저와 오랜 상표권 분쟁을 겪은 체코 남부 체스케부데요비치 지역의 맥주로 진한 황금빛을 띠며 거품이 풍성하다.

감브리누스
Gambrinus

체코인들에게 많은 사랑을 받는 맥주로 '전설 속 맥주의 왕'이라 불린다. 체코 내 판매량 1위다. 적당히 씁쓸한 필스너 맛이 난다.

> **TIP**
> 체코 맥주는 맥아즙의 농도 또는 빛깔을 기준으로 분류한다. světlá(밝은 맥아), tmavá(검은 맥아), polotmavá(밝은 맥아와 검은 맥아를 섞은 것), řezaná(라이트 비어와 다크 비어를 섞은 것) 등이 있다.

오스트리아 Austria

에델바이스 바이스비어 스노프레시
Edelweiss Weißbier Snowfres

오스트리아의 국화 에델바이스꽃이 그려진 라벨이 눈에 띈다. 밀 맥주 특유의 풍부한 맛이다.

스티글 Stiegl

잘츠부르크에서 생산하는 오스트리아 맥주로 500년 역사를 자랑한다. 상당히 부드러운 것이 특징이다. 잘츠부르크에 맥주 공장이 있어 직접 시음해 볼 수도 있다.

에거 Egger

우리나라 편의점에서 쉽게 볼 수 있는 에거는 오스트리아 맥주다. 일반 보리 맥주, 밀 맥주도 있지만 과일 맥주가 유명하다. 알코올 도수가 낮은 편이다.

슬로바키아 Slovakia

즐라티 바잔트
Zlaty Bažant

'황금 꿩'이라는 뜻의 이름처럼 맥주병 라벨에 꿩이 그려져 있고 라벨이 황금색이다. 적당히 쌉싸름하면서도 부드러운 맛이 일품이다.

헝가리 Hungary

쇼프로니 Soproni

헝가리의 맥주 시장 점유율 1위에 빛나는 브랜드로 전형적인 라거 맥주다. 달달한 맥아 향이 강하게 느껴지며 청량감이 높다.

드레헤르 Dreher

1854년에 탄생한 헝가리의 유명 맥주 브랜드. 가볍게 올라오는 맥아 향에 적당한 보디감이 느껴진다.

슬로베니아 Slovenia

라스코 Laško

슬로베니아 맥주 시장 점유율이 절반 이상을 차지한다. 초록색 라벨의 라스코는 쌉싸름한 맛이 강하고 풍미도 강하다.

유니언 Union

라스코와 대조되는 빨간색 라벨의 맥주 브랜드다. 풍미가 강하되 부드러운 맛이 특징으로 수도 류블랴나에서 생산한다.

크로아티아는 맥주 애호가들에게 숨겨진 보석 같은 곳이에요. 흔히 접할 수 있는 라거 맥주부터 수제 맥주에 이르기까지 다양하고 흥미로운 스타일의 맥주를 접할 수 있답니다.

크로아티아 Croatia

오주스코
Ožujsko

크로아티아에서 가장 오랜 역사를 자랑하는 맥주이자 가장 높은 시장 점유율을 차지한다. 1892년 자그레브에서 생산하기 시작했다.

카를로바츠코
Karlovačko

오주스코와 양대 산맥을 이루는 맥주로 주로 크로아티아산 보리로 만든다. 레몬과 자몽 등을 추가한 과일 맥주가 가장 인기 있다.

벨레비츠코
Velebitsko

크로아티아 3대 맥주 중 하나로 꼽히는 맥주로 알려져 있으며, 소량 생산하는 맥주 브랜드다. 라거 맥주로 현지인들이 즐겨 마신다.

판 Pan

칼스버그사에서 만드는 라거 맥주다. 1971년부터 크로아티아의 코프리브니차 지역에서 만들고 있다. 천연 재료로 양조해 쓴맛은 줄이고 상큼한 맛이 난다.

SHOPPING

☑ BUCKET LIST **11**

가성비와 가심비를 한번에!

필수 쇼핑 아이템

동유럽 여행에서 느끼는 흐뭇함 중 빼놓을 수 없는 것이 바로 쇼핑이다. 나라마다 각기 다른 가성비 좋은 물건을 구경하며 찾아내는 동유럽의 쇼핑은 여행의 즐거움은 물론 가족이나 친구들을 떠올리며 선물을 골라보는 소중한 시간이기도 하다.

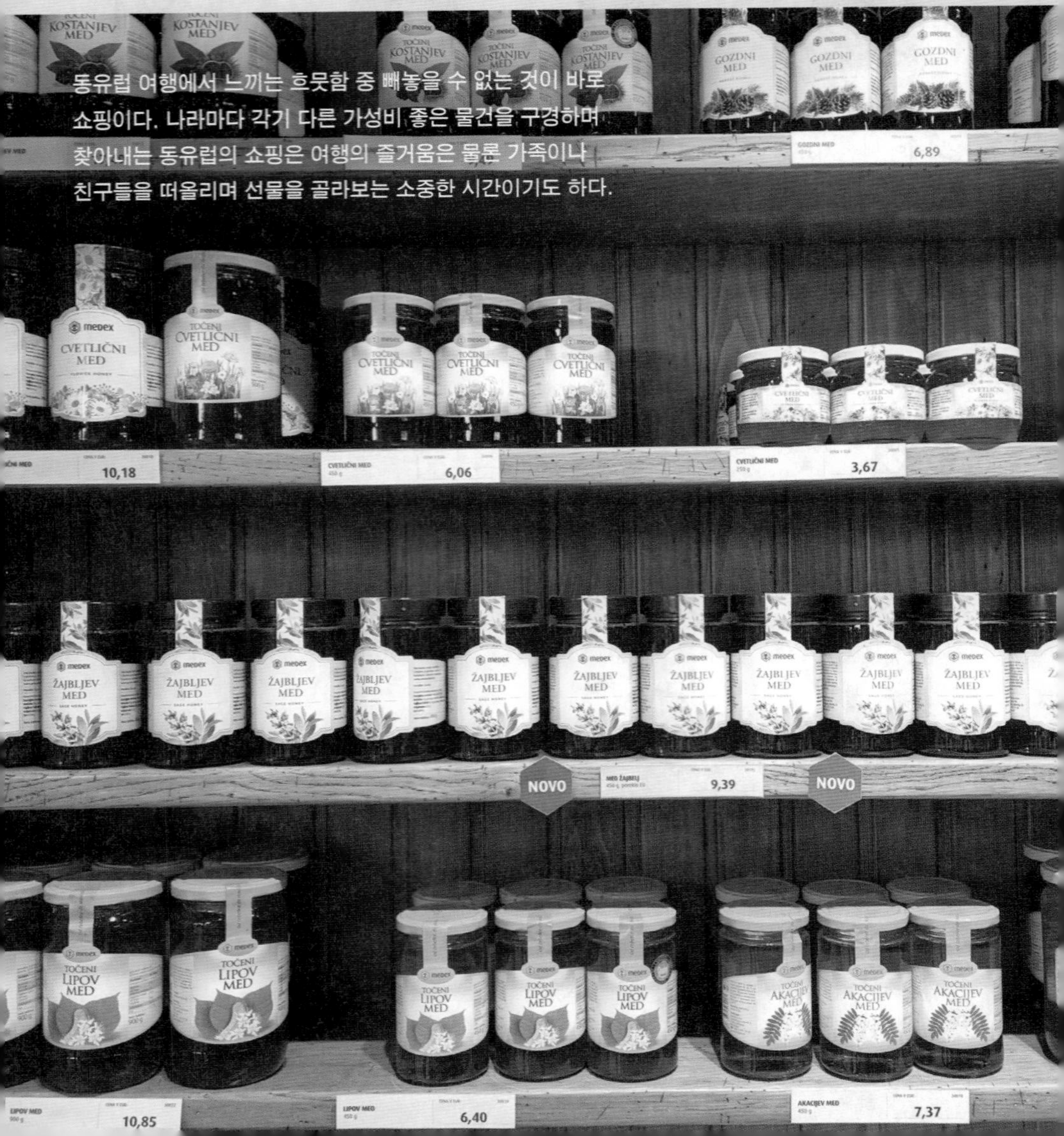

동유럽 대표 아이템

벌꿀주

양봉업이 발달한 동유럽에서 자주 볼 수 있는 술이다. 지역마다 부르는 말이 다르지만 영어의 미드mead와 비슷하게 체코와 슬로바키아에서는 메도비나medovina, 폴란드에서는 미우트 피트니miód Pitny 등으로 불린다. 단맛이 강한 꿀은 발효되면 그만큼 독해지지만 계피 등 다양한 향신료를 섞어 종류가 여러 가지이며 도수는 와인과 비슷하다.

과일주

동유럽은 넓은 지역에 걸쳐 다양한 과일 산지로 알려져 있다. 특히 자두, 체리, 살구 같은 과일이 많이 나서 이러한 과일을 이용한 술을 즐겨 마신다. 오스트리아의 전통 브랜디 슈납스Schnapps를 비롯해 체코나 슬로바키아, 슬로베니아, 헝가리 등에서 자두로 만든 슬리보비츠slivovitz(slivovice)도 무난한 가격대의 선물로 인기다.

꿀

동유럽 여러 나라에서 양봉업이 발달해 다양한 종류의 품질 좋은 벌꿀을 슈퍼마켓이나 재래시장에서 저렴하게 살 수 있다.

과일 잼

동유럽은 다양한 과일 산지답게 과일을 이용한 가공 음식이 발달했다. 유명 브랜드를 찾는다면 단연 오스트리아의 다르보D'arbo나 슈타우츠Staud's 등이 있으며 고급 식품점에서 자체 브랜드로 만든 것도 많다. 슈퍼마켓이나 재래시장에서도 자두, 무화과, 산딸기 등 다양한 과일로 만든 잼을 저렴하게 판매한다.

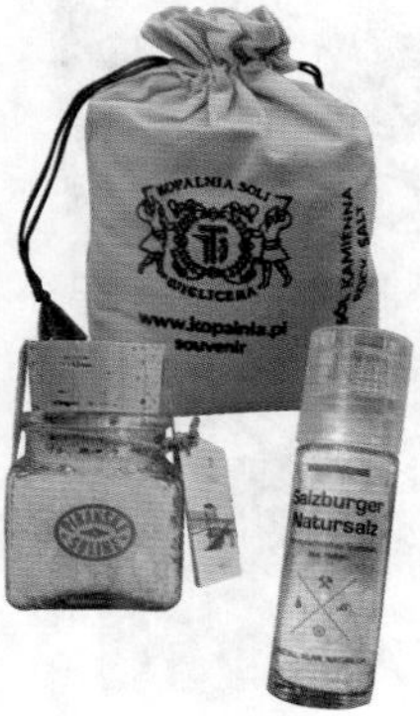

소금

'동유럽에서 소금을?' 하고 의아해할지 모르지만 유럽 최초의 소금 광산이 오스트리아에 있다. 지금은 모두 관광지가 되어 관광객을 위한 소금을 만들어 판매한다. 이러한 암염 소금과 달리 아드리아해에 면해 있는 슬로베니아와 크로아티아에서는 예로부터 바다에서 소금을 얻었다.

와인

동유럽에서도 남쪽의 슬로베니아, 헝가리, 크로아티아는 와인 산지로 알려져 있다. 우리에게 익숙한 프랑스와 이탈리아 와인과는 또 다른 특별한 와인을 맛볼 수 있다.

오스트리아

물가가 비싼 오스트리아에서는 작은 기념품 하나도 꽤 값이 나가지만 그만큼 품질이 좋은 물건이 많다. 비교적 가성비 좋은 물건을 파는 마트에서 쇼핑하는 재미도 놓칠 수 없다. 모차르트, 클림트 등 오스트리아 출신 예술가의 모습이나 작품을 담은 기념품도 인기다.

마트 스테디셀러

200g €2.19

500g €7.99

과일 잼

다양한 과일로 만든 잼이 인기다. 육각형 병에 들어 있는 다르보 잼은 과일을 70% 함유해 단맛보다 새콤한 과일 맛이 강하며, 경쟁 브랜드 슈타우츠도 유명하다.

커피

오랜 전통과 역사를 자랑하는 고급 식료품점 율리우스 마이늘Julius Meinl의 인기 상품은 커피다. 본 매장뿐 아니라 일반 슈퍼마켓에서도 쉽게 구입할 수 있다.

4팩 €2.69

마너

오스트리아의 국민 과자로 사랑받는 마너Manner는 전문점 외에도 어디서나 흔히 볼 수 있다. 면세점이 가장 비싸고 슈퍼마켓이나 아웃렛에서 사는 것이 저렴하다.

1봉지 25쿠겔 €4.50

모차르트쿠겔

포장지에 모차르트가 그려져 있는 초콜릿이다. 레버Rever, 미라벨Mirabell 등 유명 브랜드의 모차르트쿠겔을 마트에서 저렴하게 판매해 선물용으로 다량 구입하기 좋다.

인기 기념품

모차르트 굿즈

모차르트쿠겔뿐 아니라 모차르트가 그려진 다양한 기념품은 선물용으로 안성맞춤이다.

클림트 굿즈

화려한 황금빛 색감이 특징인 클림트 작품을 이용한 제품은 빼놓을 수 없는 기념품이다. 머그잔, 펜, 엽서, 틴 케이스, 파우치, 에코 백 등 종류도 다양하다.

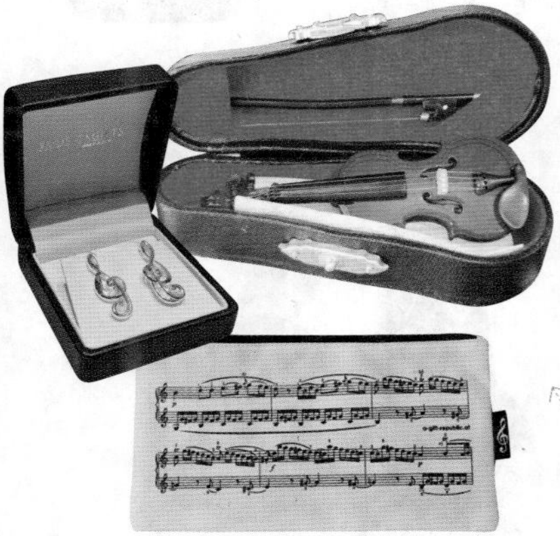

음악 관련 굿즈

오스트리아는 음악의 도시 빈과 잘츠부르크가 있는 나라이자 수많은 유명 음악가가 활동했던 무대다. 음악과 관련한 다양한 굿즈도 인기다.

시시 굿즈

'시시'라는 애칭으로 더 유명한 오스트리아 황후 엘리자베트는 황실에서 가장 사랑받는 인물이자 인기 캐릭터다. 그녀를 소재로 한 오르골, 보석 상자, 초콜릿 등 수많은 기념품이 있다.

체코

체코 여행을 오랫동안 기억하게 해주는 기념품이 있다. 게다가 한국에 정식 수입되지 않는 품목이라면 더욱 놓칠 수 없다. 여행자들에게 가장 사랑받는 메이드 인 체코 아이템이 무엇인지 살펴보자.

마트 스테디셀러

380g 110Kč

메도브닉 Medovník
층층이 쌓인 크림이 부드러운 전통 케이크. 꿀 향이 강하다.

오플라트키 콜로나다 Oplatky Kolonáda
얇고 둥근 웨이퍼(웨하스) 안에 크림을 넣어 만든 과자다.

60Kč

베헤로브카 Becherovka
위장에 좋다고 알려진 수십 가지 약초를 넣은 약술이다.

750ml 570Kč

기념품

마리오네트 Marionnette
나무로 만든 인형에 줄을 달아 직접 손으로 움직일 수 있게 만든 전통 인형이다.

크르테크 Krtek
우리나라의 둘리, 뽀로로만큼 인기 있는 아기 두더지 캐릭터다.

라젠스키 포하레크
Lázeňský Pohárek
카를로비바리의 온천수를 마실 수 있는 전용 컵으로 모양이 독특하다.

무하 박물관 굿즈
화려한 색채의 무하 관련 굿즈.
프라하의 무하 박물관에서 판매한다.

마누팍투라 Manufaktura
여성들의 체코 여행 필수 쇼핑 리스트 1위를 차지하는 체코 화장품 브랜드. 맥주 샴푸로 유명하다.

보타니쿠스 Botanicus
자사 농장에서 생산한 허브와 과일, 화초를 이용해 제품을 만드는 유기농 화장품 브랜드다.

하블리코 아포테카
Havlíkova Přírodní Apotéka
마누팍투라, 보타니쿠스와 더불어 체코 3대 천연 화장품인 브랜드다.

코이노르 Koh-i-Noor
18세기에 설립한 문구 브랜드. 프라하 구시가지 광장에 매장이 있다.

바타 Bata
70개 국가에 매장을 둔 체코의 글로벌 신발 브랜드. 프라하의 대형 쇼핑몰인 팔라디움에 바타 매장이 있다.

크리스털 Křišťál
크리스털은 천연자원이 풍부한 체코 역사의 일부이자 세계적으로 인정받는 특산품이다. 고품질, 장인 정신, 혁신적 디자인으로 몇백 년의 역사를 이어 왔다.

주요 크리스털 브랜드

- ☑ **보헤미아 크리스털** Bohemia Crystal
  13세기부터 생산한, 오랜 역사를 자랑하는 유리공예 브랜드.
- ☑ **모세르** Moser
  1857년에 설립한 체코의 명품 핸드메이드 유리공예 브랜드.
- ☑ **프레시오사** Preciosa
  전 세계적으로 유명한 보헤미아 유리공예 브랜드.

도자기 Porcelán
화려한 핸드페인팅 문양이 돋보이는 체코 도자기는 선물용으로 안성맞춤이다. 파얀스 마욜리카Fajans Majolica, 레안데르Leander 제품이 특히 유명하다.

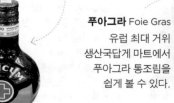

헝가리

저렴한 물가 덕분에 쇼핑하는 재미를 톡톡히 즐길 수 있는 곳이 헝가리다. 소소한 기념품부터 헝가리에 오면 누구나 구입한다는 유명한 아이템까지 생각보다 살 게 많다. 게다가 마트, 길거리 상점, 중앙 시장 등 구입할 수 있는 장소가 다양해 편리하게 쇼핑할 수 있다.

마트 스테디셀러

파프리카 Paprika

전통 기법에 따라 고추를 말려 만든 가루. 헝가리 요리에 많이 사용하는 향신료다.

토카이 와인 Tokaji

루이 14세가 "이것은 와인들의 왕이며, 왕들의 와인이다"라고 극찬한 일화가 있는 유명한 와인이다. 당도가 가장 높을 때 짜낸 귀부 와인을 섞는 과정을 제대로 거쳤다면 아수Aszú라는 라벨이 붙는다. 오래 숙성되고 더 달달한 것을 찾는다면 Putt 3~6 중 숫자가 높은 것을 선택하면 된다.

에그리 비커베르 Egri Bikavér

에게르Eger 지방에서 만든 레드 와인. '황소의 피'를 뜻하는 이름이다.

유니쿰 Unicum

유럽 3대 약초 증류주 중 하나다. 1790년부터 황제에게 진상했으며 소화 촉진, 숙취 예방에 효과가 있다고 알려져 있다.

팔링커 Pálinka

살구, 복숭아, 사과, 체리 등 각종 과일로 만든 과일 증류주다. 도수가 높은 헝가리 전통 브랜디다.

푸아그라 Foie Gras

유럽 최대 거위 생산국답게 마트에서 푸아그라 통조림을 쉽게 볼 수 있다.

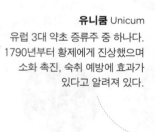

기념품

자수 Embroidery
헝가리 특산품 중 하나인 컬로처Kalocsa, 마티요Matyó 등 각 지역의 독특한 문양의 자수가 유명하다.

비밀 상자 Secret Box
상자 안에 숨겨진 자물쇠와 열쇠를 찾아야만 열리는 나무 상자다.

루빅스 큐브 Rubik's Cube
헝가리에서 탄생한 퍼즐로, 여러 개의 작은 직육면체를 이용해 전체 직육면체 각 면의 색깔을 동일하게 맞추는 것이다.

인기 기념품

야무나 Yamuna
피부 친화적 성분을 사용한 화장품 브랜드다. 2002년 헝가리의 작은 마을에서 탄생했다.

이노 레우마 크림 Inno Rheuma Krém
'악마의 발톱 크림'이라 불린다. 아프리카에서 자라는 '천수근'이라는 식물 뿌리로 만든다. 통증 완화 크림으로 근육과 관절에 효능이 있다. 녹색 박스는 기본형, 빨간색 박스는 화한 느낌이 강하다.

헤렌드 도자기 Herend Porcelain
세계 4대 도자기 브랜드 중 하나다. 합스부르크 왕가와 귀족 가문에 공급하며 명성을 쌓은 100% 수제품 도자기다.

크로아티아

우리나라에서 접하기 어려운 아이템부터 크로아티아에서만 구입할 수 있는 특별한 아이템이 많다. 의외로 크로아티아는 품질 좋고 가격은 저렴한 상품이 많은 편이다.

마트 스테디셀러

트러플(송로버섯) Tartuf

우리나라에서 평소 접하기 쉽지 않은 세계 3대 진미로 꼽히지만 크로아티아에서는 대중화된 식재료다. 트러플을 파스타, 햄버거, 감자튀김, 오일 등에 넣어 다양하게 활용할 수 있다. 마트에서도 쉽게 구입할 수 있고 가격도 저렴하다.

딩가치 와인 Dingač

와인으로 유명한 크로아티아 펠예사츠Pelješac반도에서 생산한 검은 포도 플라바츠 말리Plavac Mali로 만든 와인. 일명 '당나귀 와인'이라 불린다. 크로아티아 자국민의 소비가 높아 수출하지 않으니 크로아티아에 왔다면 맛보는 것이 필수다.

포십 와인 Posip

딩가치 와인과 함께 크로아티아 와인의 양대 산맥으로 불린다. 크로아티아의 유명한 와인 재배지 코르출라섬이 원산지인 화이트 와인이며 청량감이 특징이다. 해산물 요리를 먹을 때 곁들이기 좋다.

크라슈 Kraš

1911년 자그레브에서 탄생한 크로아티아의 대표적인 초콜릿 브랜드다. 마트에서도 구입할 수 있지만 도시 곳곳에 있는 전문 매장에 가면 시중에서 판매하는 제품뿐 아니라 다양한 제형의 초콜릿을 볼 수 있다.

무화과 잼 Smokva Džem

크로아티아의 대표 특산품 중 하나. 제철인 9월에 가장 맛있는 무화과를 저렴한 값에 맛볼 수 있다. 통째로 말린 무화과, 초콜릿이 들어간 무화과도 좋지만 여행자에게는 무화과 잼이 가장 인기 있다.

인기 기념품

크라바트 Cravat/Kravate

전쟁에 나가는 병사의 여인들이 무사히 살아 돌아오라는 의미를 담아 선명한 색상의 스카프를 병사의 목에 둘러 준 것이 넥타이의 기원이 되었다. 자그레브 시내에 가장 유명하고 오래된 상점이 있다.

라벤더 Lavanda

크로아티아 흐바르섬은 라벤더섬으로 불릴 만큼 라벤더를 많이 재배하는 것으로 유명하다. 어느 도시를 가도 라벤더 방향제, 오일, 크림 등 다양한 제품을 만날 수 있다.

〈왕좌의 게임〉 굿즈

〈왕좌의 게임〉에서 두브로브니크는 칠 왕국의 수도 킹스랜딩의 배경이 되었는데 피겨, 머그잔, 열쇠고리, 티셔츠 등 드라마를 추억할 수 있는 굿즈가 많다.

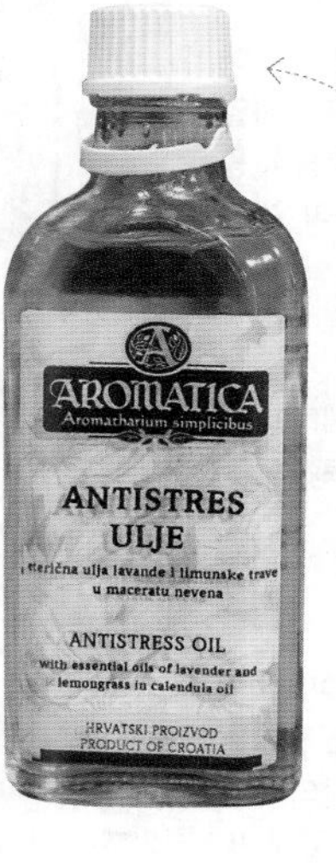

아로마티카 Aromatica

20세기 초에 설립한 크로아티아의 천연 유기농 화장품 브랜드다. 역사는 깊지 않지만 천연 원료를 사용하고 가격이 저렴해 크로아티아 쇼핑 리스트에 필수로 들어가는 품목이다.

말라 브라체 약국 Male Braće

크로아티아 두브로브니크에 있는 세계에서 세 번째로 오래된 약국이다. 14세기에 문을 열었으며 수도사들이 재배한 약초와 꽃으로 약재를 만들었다. 이곳의 인기 품목은 장미 크림Krema od Ruža이다.

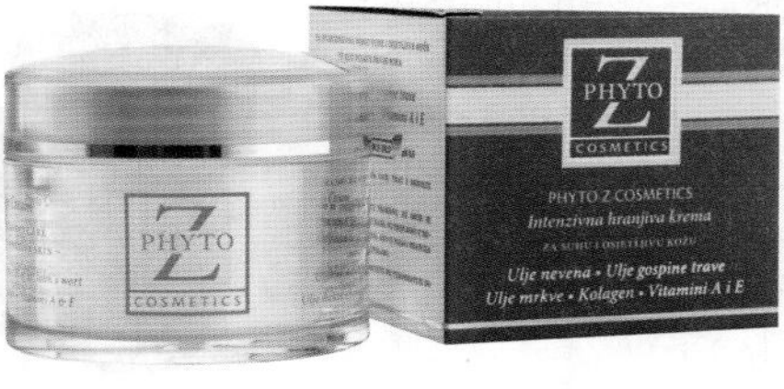

피토 크림 Phyto Cream

허브와 아로마, 올리브로 만든 유기농 화장품 브랜드로 일명 '김희애 크림'이라 불린다. 드러그스토어에서 구입할 수 있다.

슬로바키아

슬로바키아는 이렇다 할 필수 쇼핑 리스트가 없다. 관광 특화 상품이 많지 않고 마그넷, 스노볼 같은 평범한 기념품이 대부분이다. 꼭 슬로바키아 기념품을 사고 싶다면 외국인들 사이에서 유명한 슬로바키아 아이템을 구입해 보는 것도 좋겠다.

부활절 달걀 Kraslice

부활절 기간이 다가오면 쉽게 볼 수 있는 전통 수공예품. 슬로바키아 각 지역을 대표하는 다양한 패턴이 정교하게 디자인되어 있다. 다만 깨지기 쉽다.

슈폴리엔키 Šúpolienky

옥수수 껍질로 만든 전통 민속 공예품으로 슬로바키아를 대표하는 인형이다. 자수를 놓는 여인, 뜨개질하는 여인 등 대부분 농촌 생활을 하는 여인의 모습을 담고 있다.

브린자 치즈 Bryndza

양젖으로 만든 치즈다. 슬로바키아의 대표 음식이기도 한 브린조베 할루슈키에도 이용된다. 치즈는 14세기부터 슬로바키아인의 식문화에서 중요한 식재료다.

타트라 티 Tatra Tea

슬로바키아 타트라산맥 인근에 살던 사람들이 추위를 이기기 위해 마시던 차다. 허브와 과일 추출물을 기본으로 코코넛, 감귤, 복숭아 등 14가지 향이 들어간 제품이 있다.

슬로베니아

공산품은 같은 물건이더라도 물가가 비싼 오스트리아보다 슬로베니아에서 구입하는 것이 조금 더 저렴하며, 특히 지중해를 끼고 있는 슬로베니아는 식재료가 다양하다. 국경을 접한 크로아티아와도 비슷한 토산품이 눈에 띈다.

꿀 Med

양봉업으로 유명한 슬로베니아에서는 품질 좋은 천연 꿀이 인기다. 재래시장에서 직접 맛을 보고 살 수도 있다.

소금 Sol

지중해에 면한 슬로베니아는 바다 소금으로 유명하다. 700년 역사를 자랑하는 전통 소금이 선물용으로 인기다.

트러플(송로버섯) Tartuf

세계 3대 진미로 꼽히는 트러플은 고급 식재료로 크로아티아와 슬로베니아 지역의 특산품. 국내보다 훨씬 저렴하지만 가격이 부담된다면 트러플 오일이나 트러플 스트레드를 구입하는 것도 괜찮다.

동유럽 쇼핑 노하우

동유럽은 나라마다 물가가 다르지만 가장 비싼 오스트리아조차 슈퍼마켓의 식재료만큼은 우리나라보다 저렴하다. 각 나라마다 특화된 상품이 있으니 천천히 구경하며 장바구니에 담아 보는 것도 동유럽 여행의 재미다.

쓸모 있는 쇼핑 팁

❶ 운영 시간 체크하기

로컬 시장은 주말에 문을 닫거나 주말에만 문을 여는 곳이 있다. 노천 시장이라면 악천후에 갑자기 문을 닫기도 한다. 또 유럽의 슈퍼마켓과 드러그스토어는 법적으로 일요일에 문을 닫게 되어 있지만 기차역 등 일부 지점은 영업을 허용한다.

❷ 슈퍼마켓에서 아침을!

슈퍼마켓은 간단한 아침거리를 구입하기 좋은 곳이다. 유럽은 유제품이 다양해 맛있는 요구르트를 저렴하게 판매한다. 아침 일찍 가면 갓 구운 빵을 즐길 수 있고, 저녁에 가면 세일하는 품목도 구매할 수 있다.

❸ 6월에는 행복한 과일 파티

동유럽의 시장과 슈퍼마켓에는 계절마다 다양한 과일이 나오는데 특히 6월에는 체리가 풍성하다. 값도 아주 저렴해서 실컷 먹을 수 있다. 달콤하고 먹기 편한 납작 복숭아도 놓치지 말자.

❹ 흥정은 적당히! 물건은 가볍게!

동유럽의 시장 문화는 우리와 별반 다르지 않다. 가격표가 붙은 물건을 지나치게 깎으며 흥정해 눈살을 찌푸리게 하는 일은 삼가도록 한다. 또 가져갈 것을 생각해 너무 무거운 물건 구매는 자제하는 것이 좋다. 특히 과일주를 홀짝홀짝 마시기 좋아 여러 병 사기도 하는데, 국내 반입 주류 면세 한도는 2병이라는 것을 잊지 말자.

다양한 특산품을 구경하고 싶다면?

로컬 시장

프라하 하벨 시장
관광객이 많아 다양한 기념품을 판매한다.
► 2권 P.189

빈 나슈마르크트
과일주를 직접 맛보고 구매할 수 있다.
► 2권 P.081

부다페스트 중앙 시장
신선한 과일과 꿀이 많다.
► 3권 P.055

현지에만 있는 간식거리를 사고 싶다면?

슈퍼마켓

슈파르 Spar
기차역에 종종 보이며, 구시가지 밖에는 대형 규모의 인터슈파르Interspar도 있다.

빌라 Billa
노란 로고가 눈에 띄며, PB 상품인 클레버Clever의 가성비가 좋다.

테스코 Tesco
시내 중심에는 편의점 같은 테스코 익스프레스Tesco Express가 많다.

소소하고 실용적인 선물을 찾는다면?

드러그스토어

데엠 DM
가장 유명하고 찾기 쉬운 브랜드로 PB 상품도 품질이 좋다.

로스만 Rossmann
데엠과 경쟁하는 브랜드로 품목과 구성이 비슷하다.

뮐러 Müller
중고급 화장품 브랜드를 다양하게 갖췄으며 매장 수는 적다.

SHOPPING

☑ BUCKET LIST 12

여행의 추억 소환

아기자기한 기념품 모으기

여행 후 남는 건 쇼핑이라고 했던가. 하지만 나라마다 필수 쇼핑 리스트에 적힌 아이템은 지인들을 위한 선물이 대부분이다. 선물도 좋지만 나를 위한 기념품도 챙겨야 한다. 여행에서 돌아온 후 기념품을 보면 그것을 고를 때의 상황이 떠오르며 여행지를 오랫동안 기억하게 될 것이다.

마그넷

가장 흔한 기념품으로 각 도시의 랜드마크를 담고 있다. 마그넷 모양과 디자인, 크기가 모두 달라 모으는 재미가 있다.

스노볼

아기자기한 기념품을 좋아한다면 각 나라와 도시의 랜드마크가 들어간 스노볼도 좋다. 오래 간직하고 볼 수 있지만 무게와 가격이 상당하다.

핀 배지

국기, 도시 상징 마크, 랜드마크 등 종류가 다양하다. 부피와 무게에 부담을 주진 않지만 의외로 가격이 제법 나가는 편이다.

미니어처

도시의 상징물을 축소해 놓은 미니어처 역시 해당 도시를 가장 추억하게 하는 기념품 중 하나다.

엽서

도시 풍경이 그려진 엽서도 좋고 유명 화가의 작품이 담긴 엽서도 좋다. 현지에서 내가 직접 쓴 그날의 기록이 담겨 있으면 더 오랫동안 추억할 수 있다.

맥주잔

애주가를 위한 기념품. 기분 때문일 수 있으나 각국의 유명 맥주 브랜드의 맥주잔에 따라 마시면 맥주 맛이 더 좋다. 부피가 부담된다면 양주잔으로 대체할 수도 있다.

티셔츠

굳이 비싼 옷이 아니어도 된다. 국가명이나 도시명 혹은 도시의 상징물이 그려진 티셔츠 한 장은 여행지에서 기분 내기에도 좋다.

병따개

애주가를 위한 또 다른 기념품. 일반 기념품 상점도 좋지만, 각 도시에 있는 맥주 양조장에서 구입하면 더 의미 있다.

컵 받침

도시의 풍경 혹은 상징, 유명 캐릭터가 그려진 디자인이 많다. 종류가 다양해 모으는 재미가 쏠쏠하다.

전통 인형

각 나라를 대표하는 인형도 기념품이 될 수 있다. 체코의 마리오네트는 생김새가 다양해 장식용으로도 좋다.

PLANNING
1

BEST PLAN & BUDGET

동유럽 추천 일정과 여행 예산

BEST PLAN ❶

동유럽 여행의 기본! 7박 9일

여행 국가 ▸ 오스트리아, 체코

짧은 일정 동안 동유럽의 꽃이라고 할 수 있는 오스트리아와 체코를 관광하는 코스로 빈, 잘츠부르크, 프라하, 체스키크룸로프 등 주요 도시를 모두 둘러본다. 처음 오스트리아 · 체코를 여행하는 사람들에게 추천하는 일정이다.

TRAVEL POINT

⊕ 항공 스케줄

빈 IN, 프라하 OUT 노선으로 예매한다. 대한항공 직항 노선을 이용하면 여행지에서 마지막 날 오전까지 알차게 시간을 보낼 수 있다.

⊕ 도시별 체류 일수

빈(3박), 잘츠부르크(1박), 체스키크룸로프(1박), 프라하(2박)

⊕ 도시 간 주요 이동 수단

열차 1회, 버스 2회

⊕ 사전 예약 필수

잘츠부르크-체스키크룸로프-프라하 구간 버스

⊕ 여행 꿀팁(오른쪽 페이지 여행 스케줄의 번호와 함께 볼 것)

❶ 오스트리아 빈의 쇤브룬 궁전은 성수기에 관광객이 몰린다. 반드시 예약해야 하는 곳은 아니지만, 온라인으로 예약하면 티켓 제시 후 바로 입장이 가능하다.

❷ 더 많은 도시 관광에 집중하고 싶다면 빈 혹은 프라하 일정 중 하루를 줄여 잘츠부르크 근교의 잘츠카머구트에 다녀올 수 있다.

❸ 체스키크룸로프를 드나드는 버스 회사는 많지만, 좌석이 없는 경우가 많아 예약하는 것이 좋다.

❹ 체스키크룸로프 숙박이 부담스럽다면 잘츠부르크에서 프라하로 가는 길에 잠시 내려 반나절 관광 후 다음 목적지로 향하는 것도 방법이다.

❺ 음악회, 오페라 등의 공연을 볼 계획이 있다면 공연 일정을 확인 후 예약하는 것이 좋다.

TRAVEL ITINERARY 여행 스케줄 한눈에 보기

여행 일수	체류 도시	시간	세부 일정
DAY 1	빈	AM	출국 준비
		PM	인천 ➤ 빈(비행기로 12시간 50분)
DAY 2		AM	슈테판 대성당 및 구시가지
		PM	호프부르크 왕궁 및 미술사 박물관
DAY 3		AM	❶ 쇤부른 궁전
		PM	벨베데레 궁전
DAY 4	❷ 잘츠부르크	AM	빈 ➤ 잘츠부르크(열차로 2시간 25분)
		PM	호엔잘츠부르크성
DAY 5	❸ 체스키크룸로프	AM	❹ 잘츠부르크 ➤ 체스키크룸로프(버스로 3시간 10분)
		PM	체스키크룸로프성
DAY 6	프라하	AM	체스키크룸로프 ➤ 프라하(버스로 2시간 35분)
		PM	바츨라프 광장 및 구시가지 주변
DAY 7		AM	프라하성과 말라스트라나 지구
		PM	❺ 인형극 관람
DAY 8		AM	페트린 타워
		PM	프라하 ➤ 인천(비행기로 11시간 20분)
DAY 9	인천	AM	인천 도착
		PM	귀가

BEST PLAN ❷

아드리아해로 떠나는 휴양! 7박 9일

여행 국가 ➤ 크로아티아, 슬로베니아

이웃 나라 오스트리아, 체코에 가려진 숨은 매력의 슬로베니아와 많은 영화 속 배경이 된 아드리아해 연안의 나라 크로아티아의 도시를 모두 둘러보는 코스다. 번잡함에서 벗어나 관광보다는 휴양 느낌의 도시를 여행하고 싶은 이들에게 추천하는 일정이다.

TRAVEL POINT

⊕ 항공 스케줄

류블랴나 IN, 두브로브니크 OUT 노선으로 예매한다. 터키항공의 이스탄불 경유 노선을 이용하면 일정대로 9일을 꽉 채워 여행할 수 있다.

⊕ 도시별 체류 일수

류블랴나(2박), 자그레브(1박), 플리트비체(1박), 자다르(1박), 스플리트(1박), 두브로브니크(1박)

⊕ 도시 간 주요 이동 수단

열차 1회, 버스 5회

⊕ 사전 예약 필수

크로아티아 도시 간 버스 노선, 플리트비체 호수 국립 공원

⊕ 여행 꿀팁(오른쪽 페이지 여행 스케줄의 번호와 함께 볼 것)

❶ 류블랴나-자그레브 구간은 열차와 버스 소요 시간 차이가 10분 정도로 크지 않다. 경비를 조금이라도 아끼고 싶다면 버스를 이용하는 것이 좋다.
❷ 남북으로 길게 뻗은 크로아티아는 북쪽의 자그레브와 남쪽의 두브로브니크 간 물가 차이가 크다. 따라서 쇼핑은 자그레브에서 하기를 추천한다.
❸ 크로아티아 플리트비체 호수 국립 공원 일대의 숙소는 비용이 제법 세다. 숙박이 부담스럽다면 다음 도시로 이동하기 전에 잠시 들러 트레킹 후 오후에 다음 목적지로 이동하는 방법도 있다.
❹ 크로아티아 내에서 잦은 이동이 힘들다면 자다르를 제외하고 자그레브 혹은 스플리트 일정을 하루 늘리는 것이 좋다.

TRAVEL ITINERARY 여행 스케줄 한눈에 보기

여행 일수	체류 도시	시간	세부 일정
DAY 1	류블랴나	AM	인천 ➤ 류블랴나(비행기로 15시간 40분)
		PM	류블랴나 구시가지
DAY 2	류블랴나 (근교: 블레드)	AM	류블랴나 ➤ 블레드(버스로 1시간 10분)
		PM	블레드성, 블레드섬 및 식사
DAY 3	자그레브	AM	❶ 류블랴나 ➤ 자그레브(열차로 2시간 15분)
		PM	❷ 자그레브 구시가지
DAY 4	❸ 플리트비체	AM	자그레브 ➤ 플리트비체(버스로 2시간 30분)
		PM	플리트비체 호수 국립 공원 트레킹
DAY 5	❹ 자다르	AM	플리트비체 ➤ 자다르(버스로 1시간 40분)
		PM	자다르 구시가지
DAY 6	스플리트	AM	자다르 ➤ 스플리트(버스로 2시간 15분)
		PM	스플리트 구시가지
DAY 7	두브로브니크	AM	스플리트 ➤ 두브로브니크(버스로 4시간)
		PM	두브로브니크 구시가지
DAY 8		AM	스르지산, 로크룸섬
		PM	두브로브니크 ➤ 인천(비행기로 17시간 50분)
DAY 9	인천	AM	기내 휴식
		PM	인천 도착

BEST PLAN ❸

낭만 가득한 핵심 3개국! 9박 11일

여행 국가 ▸ 체코, 오스트리아, 헝가리

동유럽 관광의 꽃이라 할 수 있는 동유럽 3개국의 핵심 명소를 둘러보는 일정이다.
고풍스러운 프라하와 예술의 도시 빈, 두나강의 진주 부다페스트까지 문화 · 예술의 집약체를 만날 수 있다.

TRAVEL POINT

⊛ 항공 스케줄

프라하 IN, 부다페스트 OUT 노선으로 예매한다. 대한항공 직항 노선을 이용하면 일정대로 11일을 꽉 채워 여행할 수 있다.

⊛ 도시별 체류 일수

프라하(3박), 체스키크룸로프(1박),
잘츠부르크(2박), 빈(2박), 부다페스트(1박)

⊛ 도시 간 주요 이동 수단

열차 2회, 버스 3회

⊛ 사전 예약 필수

프라하-체스키크룸로프-잘츠부르크 구간 버스, 빈-부다페스트 구간 열차, 클래식 공연

⊛ 여행 꿀팁(오른쪽 페이지 여행 스케줄의 번호와 함께 볼 것)

❶ 체코, 오스트리아, 헝가리에서는 다양한 공연이 열린다. 관람 계획이 있다면 일정 확인 후 예약하는 것이 좋다.

❷ 체스키크룸로프는 프라하에서 잘츠부르크로 이동하면서 잠시 들르는 당일치기 여행으로도 가능하다. 짐은 버스 터미널 내 보관소에 맡길 수 있다.

❸ 잘츠부르크 근교 여행지인 잘츠카머구트 일대에는 장크트길겐, 장크트볼프강, 샤프베르크, 바트이슐, 할슈타트 등 여러 마을이 있다. 원하는 곳을 당일치기로 다녀올 수도 있고 숙박을 해도 좋다.

❹ 비수기 때 빈-부다페스트 열차 구간은 예약하지 않아도 되나, 성수기에는 예약하는 것이 좋다. 참고로 버스로 이동할 때 열차보다 20분 더 소요되나 비용은 더 저렴하다.

TRAVEL ITINERARY 여행 스케줄 한눈에 보기

여행 일수	체류 도시	시간	세부 일정
DAY 1	프라하	AM	출국 준비
		PM	인천 ➤ 프라하(비행기로 13시간)
DAY 2		AM	바츨라프 광장 주변
		PM	구시가지 광장 주변, 유대인 지구
DAY 3		AM	프라하성, 스트라호프 수도원
		PM	말라스트라나 지구, ❶ 클래식 공연 관람
DAY 4	❷ 체스키크룸로프	AM	프라하 ➤ 체스키크룸로프(버스로 2시간 35분)
		PM	체스키크룸로프성 및 구시가지
DAY 5	잘츠부르크	AM	체스키크룸로프 ➤ 잘츠부르크(버스로 3시간 10분)
		PM	호엔잘츠부르크성
DAY 6	잘츠부르크 (근교: ❸ 잘츠카머구트)	AM	잘츠부르크 ➤ 장크트길겐(버스로 45분)
		PM	할슈타트
DAY 7	빈	AM	잘츠부르크 ➤ 빈(열차로 2시간 25분)
		PM	슈테판 대성당 및 구시가지
DAY 8		AM	쇤부른 궁전
		PM	벨베데레 궁전
DAY 9	부다페스트	AM	❹ 빈 ➤ 부다페스트(열차로 2시간 20분)
		PM	부다 지구
DAY 10		AM	페스트 지구
		PM	부다페스트 ➤ 인천(비행기로 10시간 35분)
DAY 11	인천	AM	인천 도착
		PM	귀가

BEST PLAN ❹

보석 같은 발칸반도 일주! 14박 16일

여행 국가 ▸ 헝가리, 오스트리아, 체코, 슬로베니아, 크로아티아

중세의 낭만과 눈부신 자연이 공존하는 동유럽의 핵심 5개국을 둘러본다. 11개 도시의 핵심을 콕콕 짚어 보는 코스이며, 시간과 체력 그리고 경비가 뒷받침된다면 원하는 도시를 하루씩 늘려 여유롭게 둘러봐도 좋다.

TRAVEL POINT

⊙ 항공 스케줄

부다페스트 IN, 두브로브니크 OUT 노선으로 예매한다. 프라하까지는 대한항공 직항, 두브로브니크에서는 터키항공의 이스탄불 경유 노선을 이용하는 것이 가장 효율적이다.

⊙ 도시별 체류 일수

부다페스트(2박), 빈(2박), 프라하(2박), 체스키크룸로프(1박), 잘츠부르크(1박), 류블랴나(2박), 자그레브(1박), 플리트비체(1박), 스플리트(1박), 두브로브니크(1박)

⊙ 도시 간 주요 이동 수단

열차 3회, 버스 7회

⊙ 사전 예약 필수

프라하-체스키크룸로프-잘츠부르크 구간 버스, 빈-부다페스트 구간 열차, 크로아티아 도시 간 버스 노선, 플리트비체 호수 국립 공원, 클래식 공연

⊙ 여행 꿀팁

(오른쪽 페이지 여행 스케줄의 번호와 함께 볼 것)

❶ 부다페스트-빈, 빈-프라하 구간은 교통편을 꼭 예약해야 하는 것은 아니지만, 성수기라면 얘기가 달라진다. 최소 일주일 전에는 예약해서 좌석을 확보할 필요가 있다.

❷ 오스트리아 여행의 하이라이트이기도 한 쇤브룬 궁전은 사전 예약이 필수인 곳은 아니지만, 예약해 둔다면 대기 없이 바로 입장이 가능하다.

❸ 체스키크룸로프는 프라하에서도 가까운 거리는 아니어서 프라하에 오래 머무는 것이 아니라면 숙박을 하거나 잘츠부르크로 가는 길에 잠시 내려 반나절 관광을 한 다음 목적지로 향하는 것이 효율적이다.

❹ 크로아티아는 지리적 특성상 열차보다는 버스 노선이 발달해 있다. 관광객이 많은 곳인 만큼 버스 예약은 미리 해 두는 것이 좋다.

TRAVEL ITINERARY 여행 스케줄 한눈에 보기

여행 일수	체류 도시	시간	세부 일정
DAY 1	부다페스트	AM	인천 ➤ 부다페스트(비행기로 12시간 40분)
		PM	부다페스트 도착 후 휴식 및 온천
DAY 2		AM	부다 지구
		PM	페스트 지구
DAY 3	빈	AM	❶ 부다페스트 ➤ 빈(열차로 2시간 20분)
		PM	슈테판 대성당 및 구시가지
DAY 4		AM	❷ 쇤부른 궁전
		PM	벨베데레 궁전
DAY 5	프라하	AM	❶ 빈 ➤ 프라하(열차로 4시간)
		PM	바츨라프 광장 주변
DAY 6		AM	구시가지 광장 주변, 유대인 지구
		PM	프라하성, 스트라호프 수도원
DAY 7	❸ 체스키크룸로프	AM	프라하 ➤ 체스키크룸로프(버스로 2시간 35분)
		PM	체스키크룸로프성 및 구시가지
DAY 8	잘츠부르크	AM	체스키크룸로프 ➤ 잘츠부르크(버스로 3시간 10분)
		PM	호엔잘츠부르크성
DAY 9	류블랴나	AM	잘츠부르크 ➤ 류블랴나(버스로 3시간 26분)
		PM	류블랴나 구시가지
DAY 10	류블랴나 (근교: 블레드)	AM	류블랴나 ➤ 블레드(버스로 1시간 10분)
		PM	블레드성, 블레드섬
DAY 11	자그레브	AM	류블랴나 ➤ 자그레브(열차로 2시간 15분)
		PM	자그레브 구시가지
DAY 12	플리트비체	AM	❹ 자그레브 ➤ 플리트비체(버스로 2시간 30분)
		PM	플리트비체 호수 국립 공원 트레킹
DAY 13	스플리트	AM	❹ 플리트비체 ➤ 스플리트(버스로 3시간 30분)
		PM	스플리트 구시가지
DAY 14	두브로브니크	AM	❹ 스플리트 ➤ 두브로브니크(버스로 4시간)
		PM	두브로브니크 구시가지
DAY 15		AM	스르지산, 로크룸섬
		PM	두브로브니크 ➤ 인천(비행기로 17시간 50분)
DAY 16	인천	AM	기내 휴식
		PM	인천 도착

BEST PLAN ❺

부모님과 여유로운 여행! 8박 10일

여행 국가 ▸ 체코, 오스트리아, 슬로베니아

동유럽의 대표 국가 체코부터 발칸반도의 관문인 슬로베니아를 접목한 일정으로 많은 곳을 정신없이 다니는 것보다 한곳에 조금이라도 더 오래 머무는 일정이다. 빡빡하지 않고 비교적 이동이 많지 않아 부모님과 함께 하는 여행에 추천하는 코스다.

TRAVEL POINT

⊕ 항공 스케줄

프라하 IN, 류블랴나 OUT 노선으로 예매한다. 루프트한자항공 노선을 이용하면 꽉 찬 10일 여정이 된다.

⊕ 도시별 체류 일수

프라하(3박), 체스키크룸로프(1박),
잘츠부르크(2박), 류블랴나(2박)

⊕ 도시 간 주요 이동 수단

버스 5회

⊕ 사전 예약 필수

프라하-체스키크룸로프-잘츠부르크 구간 버스,
잘츠부르크-류블랴나 구간 버스

⊕ 여행 꿀팁(오른쪽 페이지 여행 스케줄의 번호와 함께 볼 것)

❶ 예술의 도시 프라하에서는 클래식 콘서트, 오페라, 발레, 인형극 등 다양한 공연이 매일같이 열린다. 좋은 좌석을 확보하기 위해 사전 예약하는 것이 좋다.

❷ 대도시 관광에 집중하고 싶다면 잘츠부르크 대신 빈으로 일정을 바꿀 수 있다. 이후 빈에서 류블랴나로 이동 가능하다.

❸ 류블랴나 근교 여행지인 블레드 대신 포스토이나 동굴로 대체할 수 있다. 성수기에는 동굴 입장권을 예약하는 것이 좋다.

❹ 현지 음식이 맞지 않을 부모님을 위해 간편 조리 식품을 준비하거나 숙소 근처에 한식당이 있는지 미리 알아두면 좋다.

TRAVEL ITINERARY 여행 스케줄 한눈에 보기

여행 일수	체류 도시	시간	세부 일정
DAY 1	프라하	AM	인천 ➤ 프라하(비행기로 13시간)
		PM	출국 준비
DAY 2		AM	바츨라프 광장 주변
		PM	구시가지 광장 주변, 유대인 지구
DAY 3		AM	프라하성, 스트라호프 수도원
		PM	말라스트라나 지구, ❶ 클래식 공연 관람
DAY 4	체스키크룸로프	AM	프라하 ➤ 체스키크룸로프(버스로 2시간 35분)
		PM	체스키크룸로프성 및 구시가지
DAY 5	❷ 잘츠부르크	AM	체스키크룸로프 ➤ 잘츠부르크(버스로 3시간 10분)
		PM	호엔잘츠부르크성
DAY 6	잘츠카머구트	AM	잘츠부르크 ➤ 장크트길겐(버스로 45분)
		PM	할슈타트
DAY 7	류블랴나	AM	잘츠부르크 ➤ 류블랴나(버스로 3시간 26분)
		PM	류블랴나 구시가지
DAY 8	❸ 블레드	AM	류블랴나 ➤ 블레드(버스로 1시간 10분)
		PM	블레드성, 블레드섬
DAY 9	류블랴나	AM	류블랴나 구시가지
		PM	류블랴나 ➤ 인천(비행기로 13시간 55분)
DAY 10	인천	AM	인천 도착
		PM	귀가

BEST PLAN ❻

생애 가장 로맨틱한 허니문! 7박 9일

여행 국가 ▸ 체코, 크로아티아

낭만의 대명사 프라하와 여유로운 휴양지 두브로브니크는 허니문의 로망을 실현하기에 좋은 여행지다. 이국적인 문화와 향기로 로맨틱 감성을 자극하기에 충분한 일정을 소개한다. 두 도시만 둘러보는 것이 아쉬운 사람을 위해 스플리트를 추가했으니 일정에 맞게 선택하면 된다.

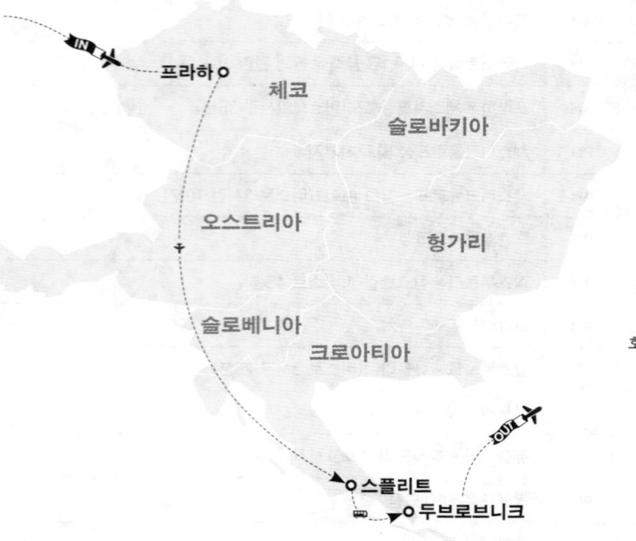

TRAVEL POINT

⊙ 항공 스케줄

프라하 IN, 두브로브니크 OUT 노선으로 예매한다. 프라하까지는 대한항공 직항, 두브로브니크에서는 터키항공의 이스탄불 경유 노선을 이용하는 것이 가장 효율적이다.

⊙ 도시별 체류 일수

프라하(3박), 스플리트(2박), 두브로브니크(2박)

⊙ 도시 간 주요 이동 수단

비행기 1회, 페리 1회, 버스 1회

⊙ 사전 예약 필수

프라하-스플리트 구간 비행기, 스플리트-두브로브니크 버스

⊙ 여행 꿀팁(오른쪽 페이지 여행 스케줄의 번호와 함께 볼 것)

❶ 허니문이라는 특별한 여행인 만큼 드라마 속 장면 같은 스냅사진을 남겨볼 것을 추천한다. 특히 프라하는 커플 스냅사진 촬영의 대표 도시다.
❷ 봄 시즌이면 프라하에서 성대한 국제 음악 축제가 열린다. 유명한 축제인 만큼 클래식 공연 예약은 필수다.
❸ 스플리트의 근교 여행지로 흐바르는 필수 코스는 아니지만 6~7월에 여행한다면 꼭 들러볼 것! 라벤더가 만개한 아름다운 풍경을 볼 수 있다.
❹ 두브로브니크는 크로아티아 최대 관광지로 물가가 가장 비싸다. 그나마 성벽 내 구시가지보다는 외곽이 나은 편이다. 특히 성수기에는 경비를 더 넉넉하게 마련해야 한다.

TRAVEL ITINERARY 여행 스케줄 한눈에 보기

여행 일수	체류 도시	시간	세부 일정
DAY 1	❶ 프라하	AM	출국 준비
		PM	인천 ➤ 프라하(비행기로 13시간)
DAY 2		AM	바츨라프 광장 주변
		PM	구시가지 광장 주변, 유대인 지구
DAY 3		AM	프라하성, 스트라호프 수도원
		PM	말라스트라나 지구, ❷ 클래식 공연 관람
DAY 4	스플리트	AM	프라하 ➤ 스플리트(비행기로 1시간 30분)
		PM	스플리트 구시가지
DAY 5	❸ 흐바르	AM	스플리트 ➤ 흐바르(페리로 1시간 5분)
		PM	흐바르 구시가지
DAY 6	❹ 두브로브니크	AM	스플리트 ➤ 두브로브니크(버스로 4시간)
		PM	두브로브니크 도착 후 휴식 및 관광
DAY 7		AM	성벽 투어, 스르지산
		PM	로크룸섬
DAY 8		AM	구시가지
		PM	두브로브니크 ➤ 인천(비행기로 17시간 50분)
DAY 9	인천	AM	기내 휴식
		PM	인천 도착

BEST PLAN ❼

잔잔한 감성 가득한 소도시 여행! 11박 13일

여행 국가 ▸ 체코, 크로아티아, 슬로바키아

크고 화려한 대도시도 좋지만 유럽 여행을 하다 보면 소도시가 그리워질 때가 있다. 동유럽에서는 그림책 세상이 펼쳐진 듯 아기자기한 마을을 만날 수 있다. 특히 체코에 낭만적인 소도시가 많아 프라하에 머물며 다녀오기도 한다. 동화 같은 풍경 속 마을로 떠나보고 싶은 이들에게 추천하는 코스다.

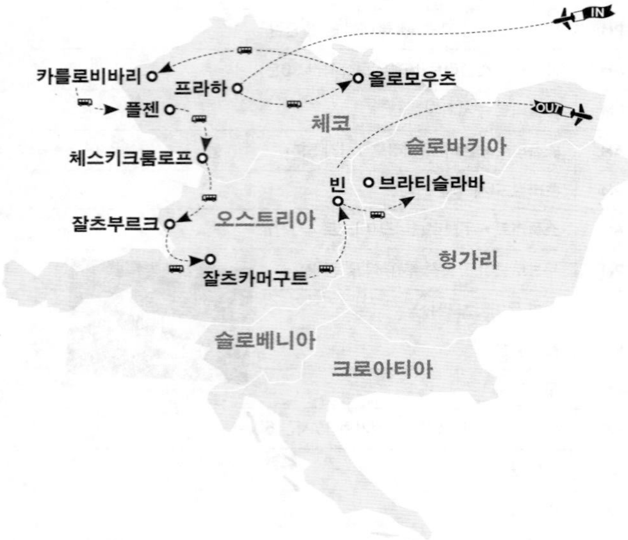

TRAVEL POINT

⊙ 항공 스케줄

프라하 IN, 빈 OUT 노선으로 예매한다. 대한항공 직항 노선을 이용하면 일정대로 13일을 꼭 채워 여행할 수 있다.

⊙ 도시별 체류 일수

프라하(5박), 체스키크룸로프(1박), 잘츠부르크(2박), 빈(3박)

⊙ 도시 간 주요 이동 수단

열차 3회, 버스 5회

⊙ 사전 예약 필수

프라하-체스키크룸로프-잘츠부르크 구간 버스, 필스너 우르켈 양조장

⊙ 여행 꿀팁(오른쪽 페이지 여행 스케줄의 번호와 함께 볼 것)

❶ 당일치기로 다녀오는 근교 도시들을 버스로 이동한다면 예약하는 것이 좋다. 특히 성수기에는 좌석이 없을 때가 많다.

❷ 체스키크룸로프는 프라하에서 잘츠부르크로 이동하면서 잠시 들르는 당일치기 여행으로도 가능하다. 짐은 버스 터미널 내 보관소에 맡길 수 있다.

❸ 잘츠카머구트의 작은 마을들은 하루 안에 다 둘러볼 수는 있으나 무리가 있다. 꼭 가고 싶은 곳 두 곳을 선정해 다녀오는 것이 좋다.

❹ 빈의 당일치기 여행지로 슬로바키아의 수도인 브라티슬라바에 다녀올 수 있다.

❺ 당일치기로 다녀올 곳이 많다. 날씨나 교통 같은 현지 사정에 따라 일정 조율이 필요하다.

TRAVEL ITINERARY 여행 스케줄 한눈에 보기

여행 일수	체류 도시	시간	세부 일정
DAY 1	프라하	AM	출국 준비
		PM	인천 ➤ 프라하(비행기로 13시간)
DAY 2		AM	바츨라프 광장, 구시가지 광장
		PM	프라하성, 스트라호프 수도원
DAY 3	올로모우츠	AM	❶ 프라하 ➤ 올로모우츠(열차로 2시간 20분)
		PM	올로모우츠 구시가지
DAY 4	카를로비바리	AM	프라하 ➤ 카를로비바리(버스로 1시간 35분)
		PM	카를로비바리 구시가지
DAY 5	플젠	AM	프라하 ➤ 플젠(열차로 1시간 30분)
		PM	필스너 우르켈 양조장
DAY 6	❷ 체스키크룸로프	AM	❶ 프라하 ➤ 체스키크룸로프(버스로 2시간 35분)
		PM	체스키크룸로프성 및 구시가지
DAY 7	잘츠부르크	AM	❶ 체스키크룸로프 ➤ 잘츠부르크(버스로 3시간 10분)
		PM	호엔잘츠부르크성
DAY 8	❸ 잘츠카머구트	AM	❶ 잘츠부르크 ➤ 장크트길겐(버스로 45분)
		PM	할슈타트
DAY 9	빈	AM	잘츠부르크 ➤ 빈(열차로 2시간 25분)
		PM	슈테판 대성당 및 구시가지
DAY 10		AM	쇤부른 궁전
		PM	벨베데레 궁전
DAY 11	❹ 브라티슬라바	AM	❶ 빈 ➤ 브라티슬라바(버스로 1시간 10분)
		PM	브라티슬라바 구시가지
DAY 12	빈	AM	빈 구시가지
		PM	빈 ➤ 인천(비행기로 10시간 50분)
DAY 13	인천	AM	인천 도착
		PM	귀가

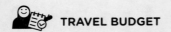

TRAVEL BUDGET

여행 경비 산정 요령(예시)

동유럽 여행의 가장 기본 코스인 BEST PLAN 3를 예시로 예산 책정 시 고려할 항목을 대략 기재했다. 프라하로 입국해 열차와 버스로 동유럽 국가를 여행한 뒤 부다페스트로 출국하는 루트를 가정했다. 명소 입장료와 쇼핑은 예산에서 제외했다. 실제 예산은 시기, 인원, 성향에 따라 달라질 수 있으니, 예시는 참고만 할 것.

● **체코, 오스트리아, 헝가리 9박 11일 일정 기준** ▶ P.096

분류	항목	상세	비용			내용
			금액	횟수	계	
교통	항공권	인천-프라하 부다페스트-인천	€700	1	€700	직항 왕복 항공권
	열차	도시 간 이동	€90	2	€180	잘츠부르크-빈 빈-부다페스트
	버스	도시 간 이동	€45	2	€90	프라하-체스키크룸로프 체스키크룸로프-잘츠부르크
	대중교통	메트로, 버스	€15	3	€45	1일권 기준
소계					€1,015	
숙박	호텔	도시 중심부 호텔	€130	4	€520	숙소는 2인 1실 기준 전제로 요금의 50%
	B&B	가정집 형태의 숙소	€90	5	€450	
소계					€970	
식비	일반 레스토랑		€30	7	€210	브런치, 파스타
	고급 레스토랑		€200	1	€200	파인다이닝 코스 요리
	캐주얼/스낵		€12	18	€216	버거, 샌드위치
	커피/음료		€4	16	€64	하루 2잔 기준
	간식/디저트		€10	8	€80	조각 케이크 기준
소계					€770	
	통신	스마트폰 유심	€15	1	€15	eSIM 10GB 기준
	관광지	어트랙션	€200	1	€200	입장료, 공연, 온천 등
소계					€215	
총계(유로)					€2,970	쇼핑, 기타 비용 불포함
총계(한화)					₩4,336,200	환율 1,460원 기준

*물가는 웹사이트 numbeo.com 기준으로 산정

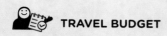

TRAVEL BUDGET

예산 설계 필수 항목

여행을 준비하면서 가장 궁금한 부분이 예산이다. 아무리 물가가 저렴한 동유럽이라 하더라도 기본적으로 하루 최소 예산은 생각해야 한다. 그러기 위해서는 경비가 어떻게 구성되는지 알아야 한다. 단, 무조건 저렴하다고 해서 좋은 것은 아니라는 것을 기억해야 한다. 저렴하되 현지에서 많은 것을 경험하는 것이 진정한 가성비 높은 동유럽 여행이 될 것이다.

항공권

여행 경비에서 가장 큰 비중을 차지하며 비수기냐 성수기냐에 따라, 또 프로모션과 항공사에 따라 가격이 다르다. 대체로 비수기에 80만~90만 원, 성수기에 100만~160만 원이다.

숙박비

도시마다 다르지만 서유럽에 비해 상대적으로 저렴해 호텔 숙박도 크게 부담되지 않을 정도다. 아파트 타입의 숙소가 많아 가족여행에도 제격이다. 다만 성수기에는 가격 편차가 크다.

장거리 교통비

동유럽 여행은 잦은 이동으로 열차와 버스를 탈 일이 많다. 대도시 간 이동은 열차를 이용하는 것이 좋지만, 소도시 이동에는 열차보다 빠르면서도 저렴한 버스가 좋다.

시내 교통비

대도시라 하더라도 주요 명소가 모여 있어 대부분 도보로 다닐 수 있다. 이것저것 재지 않고 1일권을 구입하는 것이 편할 수는 있지만 이용할 일이 많지 않으니 꼼꼼하게 비교해 보자.

식비

현지에서 비용 중 가장 많은 부분을 차지한다. 물가가 저렴하다는 동유럽이라도 관광지 레스토랑은 제법 가격이 높다. 특히 물가가 비싼 오스트리아와 크로아티아 두브로브니크는 물가가 상상을 초월한다.

입장료 & 문화생활비

궁전, 미술관 등 주요 명소를 비롯해 공연, 온천, 국립 공원 방문 등에 굵직한 지출이 발생할 수 있다. 제법 비용이 들지만 아끼지 말아야 할 부분이기도 하다. 온라인으로 예약하면 할인받을 수 있다.

쇼핑 및 기타 비용

여행 전 준비물과 여행자 보험, 유심, 세탁비 등 추가 비용이 발생할 수 있다. 쇼핑은 개인별로 현지에서 얼마나 소비하느냐에 따라 차이가 크게 벌어진다.

PLANNING

2

GET READY

떠나기 전에 반드시 준비해야 할 것

GET READY ❶

동유럽 들어가기

동유럽은 서유럽 국가에 비해 한국에서 출발하는 항공편이 적은 편이다. 따라서 일정이 짧은 여행자라면 목적지를 정할 때 항공 노선과 스케줄을 미리 파악하고 세부 스케줄을 계획하는 것이 좋다.

비행기

우리나라에서 동유럽으로 가는 국적기는 현재 대한항공과 티웨이항공이 있다. 인천국제공항에서 프라하, 빈, 부다페스트까지 직항편이 있으며, 시즌마다 스케줄이 달라지기도 한다. 또한 2024년 5월 16일부터 국내 저가 항공사 티웨이항공에서 크로아티아 자그레브 노선을 운항할 예정이다. 경유편은 매우 다양하다. 핀에어, 루프트한자, 폴란드항공, KLM 등 유럽계 항공사를 이용하면 소요 시간이 짧다. 에미레이트항공, 카타르항공, 에티하드항공 등 중동을 경유하는 노선은 동유럽의 여러 소도시까지 연결되어 다양한 여행 스케줄을 계획할 수 있다.

환승이 편리한 폴란드항공

TIP

솅겐협약 가입국

솅겐협약은 통행의 편의를 위해 유럽의 27개 국가가 체결한 협약으로 이 책에 소개된 6개국은 모두 솅겐 가입국에 포함된다. 2024년 현재 한국인 여행자는 모두 무비자로 입국할 수 있으며 180일 이내 27개국 총 체류일이 90일을 넘으면 안 된다. 즉, 솅겐국 내에서는 한번 입국하면, 국내를 여행하는 것처럼 별도의 추가 입국 심사 없이 자유롭게 이동할 수 있기 때문에 환승도 편리하다. 2025년부터는 사전 입국 허가제로 바뀔 예정이다.

환승

동유럽 국가에는 직항으로 연결되는 도시가 별로 없고 운행 편수도 적기 때문에 중간에 환승해야 하는 경우가 많다. 경유지에 따라 환승 방법이 다르다.

❶ 일반 환승

아시아나 중동 국가에서 환승할 때는 일반적인 환승 절차에 따라 경유지에 내려 'Transfer' 또는 'Connection'이라 쓰여 있는 안내판을 따라 탑승구를 찾아가면 된다.

❷ 유럽에서 환승

유럽에서 환승할 때는 경유지에서 먼저 입국 심사를 받아야 한다. 그리고 다시 보안 검색대를 지나 목적지까지 가는 항공편으로 환승한다. 이때 기내에 액체류를 가지고 탈 수 없다.

환승 시 유의 사항

공항마다 규모와 구조가 달라 30~100분 정도 환승 최소 시간(MCT: Minimum Connection Time)이라는 것이 있지만, 성수기에는 대기 줄이 매우 길어지기 때문에 환승 시간은 항상 넉넉하게 잡도록 한다. 특히 처음 타는 항공편이 지연될 수 있기 때문에 2시간 이상 여유 있게 잡는 것이 좋다.

GET READY ❷

동유럽 주요 교통 정보 파악하기

많은 동유럽 국가를 여행하면서 주요 도시 간 이동 시 어떤 교통편을 이용할지 정하는 것은 매우 중요한 일이다. 대표적인 교통수단으로는 저가 항공, 열차, 버스가 있으며 가격과 편리성, 이동 거리 등을 꼼꼼하게 점검하고 선택해야만 효율적인 여행이 될 수 있다.

동유럽 주요 구간별 이동 루트 한눈에 보기

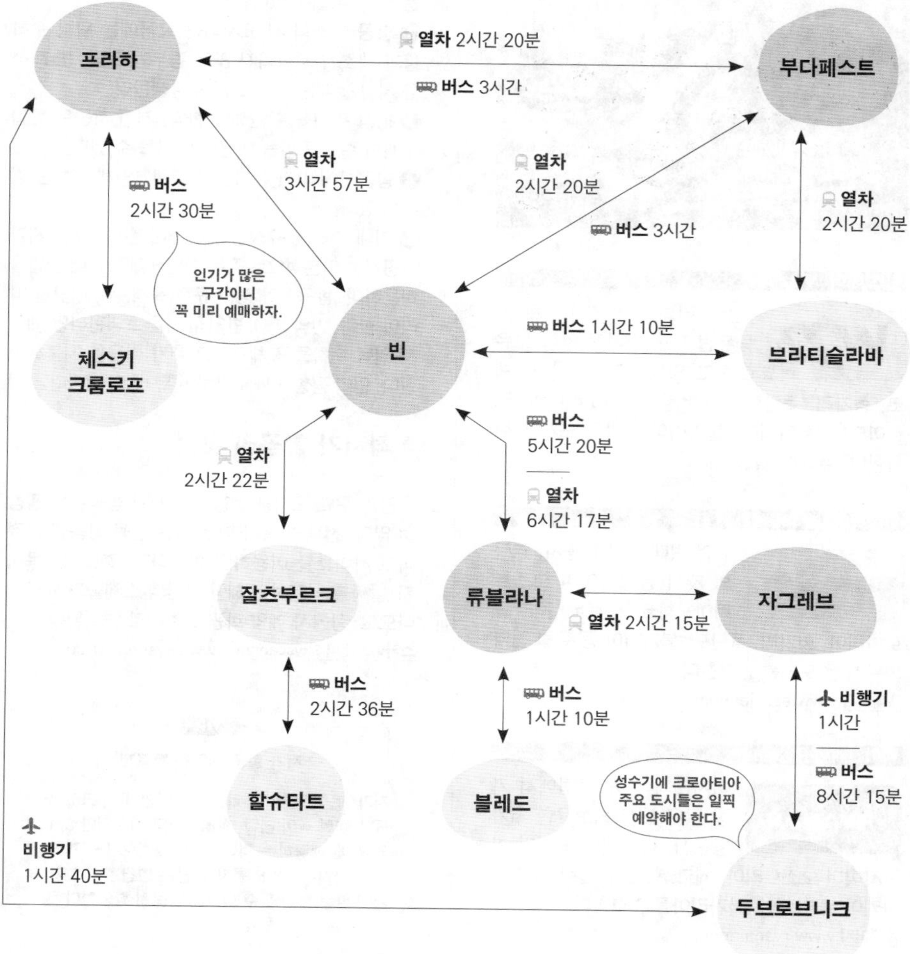

비행기

다양한 루트를 보유한 저가 항공사들이 동유럽의 주요 도시를 연결하고 있다. 대부분 1~2시간 내에 빠르게 이동할 수 있다. 또한 각 나라의 주요 도시에 공항을 두고 있어 이동에 어려움이 없다.

장점 가장 빠르고 편리하게 장거리 이동을 할 수 있는 방법이다.
단점 시내에서 공항까지 이동하고 공항에서 대기하는 시간을 고려해야 한다.

동유럽의 주요 저가 항공사

위즈 에어 Wizz Air

헝가리의 저가 항공사로 동유럽 노선을 가장 많이 보유하고 있다. 오스트리아, 체코, 헝가리, 폴란드, 슬로바키아, 슬로베니아, 크로아티아, 루마니아, 불가리아의 많은 도시에 취항한다. **홈페이지** wizzair.com

이지젯 EasyJet

유럽 최대 저가 항공사. 영국의 저가 항공사이며 오스트리아, 체코, 슬로베니아, 크로아티아, 헝가리, 폴란드, 불가리아 등 유럽 전역의 수많은 도시를 연결한다.
홈페이지 www.easyjet.com

라이언에어 Ryanair

이지젯과 함께 유럽에서 가장 많은 노선을 보유한 저가 항공사. 아일랜드의 저가 항공사이며 오스트리아, 체코, 헝가리, 폴란드, 슬로바키아, 루마니아, 불가리아를 연결한다.
홈페이지 www.ryanair.com

저가 항공 이용 시 주의 사항

❶ 저가 항공은 대부분 변경 및 취소를 할 수 없으며 때로는 변경 수수료보다 새로 항공권을 구입하는 것이 나을 수 있다.
❷ 항공권 조회 시 표시되는 요금에는 위탁 수하물과 택스가 포함되지 않은 경우가 많다. 또 좌석을 지정할 때는 추가 요금이 발생한다.
❸ 공항 위치를 확인해야 한다. 저가 항공은 유럽 도시의 주요 공항을 이용하지 않을 수 있다.
❹ 항공사에 따라 온라인으로 체크인해야 하는 경우도 있다.
❺ 기내 수하물 규정을 준수해야 한다. 유럽 저가 항공사는 기본적으로 작은 가방 1개만 기내 반입을 허용하며, 항공사가 정한 규정(규격, 무게 등)을 따라야 한다. 만약 기내 반입 규격을 초과한다면 예약 시 위탁 수하물을 체크하고 추가 비용을 지불해야 한다. 만약 공항에서 추가하면 두 배 더 비싸다.

최저가 항공권 찾기

유럽의 주요 도시를 운항하는 저가 항공사는 굉장히 많다. 선택의 폭이 매우 넓은 만큼 항공권 가격 비교 사이트를 이용하면 편리하다. 출발지 · 목적지·날짜를 선택하면 해당 구간의 스케줄과 요금이 나오고, 항공사 예약 화면으로 바로 연결된다.
스카이스캐너 Skyscanner www.skyscanner.co.kr

TIP

저가 항공 예약은 빠르게!

저가 항공은 빨리 예약할수록 할인 폭이 크고 스케줄 선택의 폭이 넓다. 항공사마다 다르지만 3~6개월 전에 예약하는 것이 좋고, 늦어도 1~2개월 전에는 마쳐야 한다. 특가 할인은 변경 수수료가 높거나 환불 불가일 수 있으니 꼼꼼히 확인한다.

열차

서유럽은 철도망이 발달해 대도시부터 작은 마을까지 철도가 촘촘히 연결되어 있지만 동유럽은 사정이 조금 다르다. 빈, 프라하, 부다페스트 등 대도시를 연결하는 열차는 운행이 잦고 이용도 편리하지만 소도시 구간은 버스 노선이 더 발달했다. 인기 구간은 최대한 빨리 예약하는 것이 좋다.

장점 유럽 내 국경을 넘을 때 가장 편리한 교통수단이다.
단점 서유럽과 달리 노후한 열차가 많고 연착이 잦다.

동유럽 열차 예약하기

열차 이용객이 많은 성수기에 인기 구간은 일찌감치 예약해 두는 것이 좋다. 단거리 구간은 현지에서 티켓을 구입해도 무방하지만 인기 구간은 사전에 예약하지 않으면 현지에서 티켓을 구하기 어렵기 때문이다. 게다가 일찍 예매하면 최대 50% 가까이 할인되므로 서두르는 것이 좋다. 대부분 2~3개월 전에 각국 철도청에서 티켓 판매를 시작한다.

홈페이지
오스트리아 철도청 www.oebb.at
체코 철도청 www.cd.cz
헝가리 철도청 www.mav.hu
슬로바키아 철도청 www.zssk.sk
크로아티아 철도청 www.hzpp.hr
슬로베니아 철도청 www.slo-zeleznice.si

TIP

종이 티켓 출력 필수

각 철도청 앱을 통해 예약하면 QR코드나 바코드 등 모바일 티켓으로 열차 탑승이 가능하다. 다만 인터넷 사정이 안 좋은 경우나 분실 등 만약의 사고를 대비해 종이 티켓을 출력해 두거나 현지 도착 후 기차역 발권기에서 종이 티켓으로 교환하는 것도 좋다.

열차 이용 시 주의 사항

❶ 예약 시 이른 새벽에 출발하거나 늦은 밤 도착하는 것은 가능한 한 피하는 것이 좋다. 또한 주말이나 축제 기간엔 할인 티켓을 구하기가 어렵고 중복 발권이라는 예상치 못한 문제가 발생할 수 있다는 점을 명심해야 한다.
❷ 할인 티켓의 경우 취소가 불가능할 수 있으니 예약 완료 전에 출발지와 목적지, 날짜 및 시간을 다시 한번 확인한다.
❸ 출발 30분 전에는 역에 도착해야 한다. 아슬아슬하게 도착하는 경우 플랫폼 이동도 버거울뿐더러 좌석을 잡기 힘들 수 있다.
❹ 열차 내에 전광판이 없는 경우는 안내 방송을 알아듣기 힘드니 도착 시간을 미리 체크해서 목적지를 지나치지 않도록 한다.
❺ 객차 간 목적지가 다를 수 있다. 같은 플랫폼에서 출발한다고 하더라도 경유지에서 각기 다른 목적지로 출발하는 경우가 있으니 옆 객차에 사람이 없다고 해서 이동하면 다른 목적지에 도착할 수도 있다.
❻ 예약하지 않고 승차한 경우 선반이나 창문 위쪽에 예약표가 끼워져 있는지 확인해야 한다. 예약표가 없다면 마음 놓고 앉아서 갈 수 있지만, 그렇지 않은 경우 입석으로 가야 하는 상황이 발생할 수도 있다.

FOLLOW UP

오스트리아 철도청 OBB 예약 그대로 따라 하기

1

OBB 앱 접속 후 중앙 상단의 'Tickets and Services'를 누른다.

2

상단의 날짜, 시간, 출발지, 목적지 등을 지정하는 항목을 누른다.

3

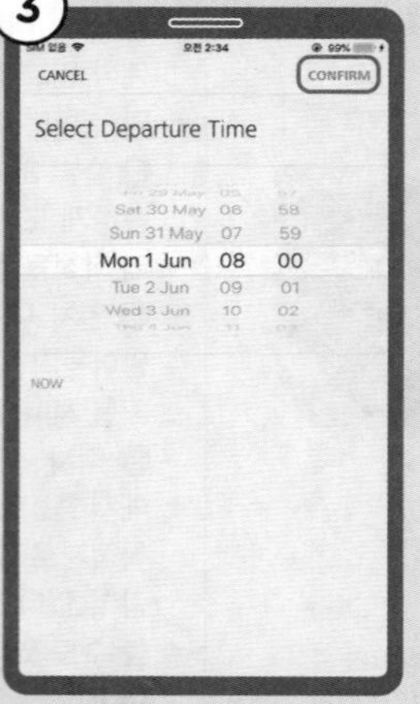

원하는 날짜와 시간대를 설정하고 'CONFIRM'을 누른다.

4

출발지와 목적지를 선택한다. (도시명만 검색해도 가능)

원하는 티켓 종류를 확인한 후 선택한다.

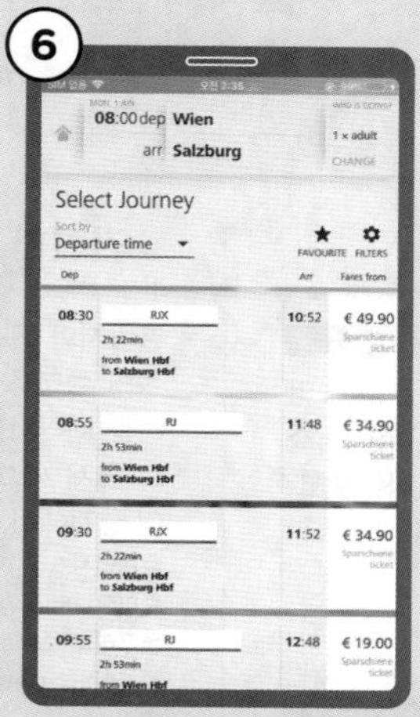

시간대, 열차 종류, 가격을 확인한 후 티켓을 선택한다.

가격은 저렴하나 변경, 취소가 불가능한 티켓이 있다. 조건 확인 후 상단의 'Add to Basket'을 선택한다.

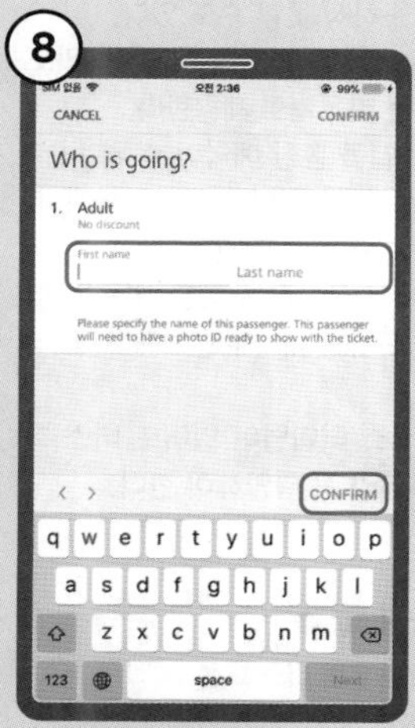

이름(First name)과 성(Last name)을 입력하고 'CONFIRM'을 누른다.

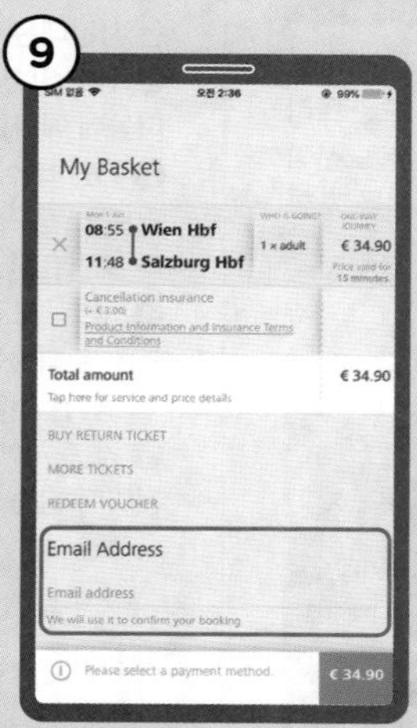

하단에 PDF 티켓을 받을 이메일 주소를 입력한다.

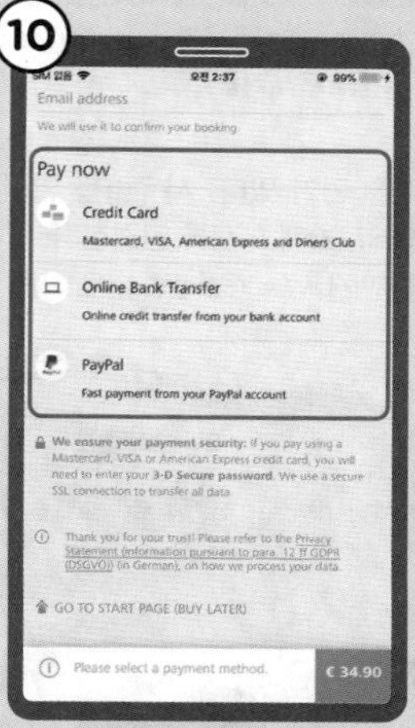

결제 방법을 선택한 후 지불 방법에 따라 진행하면 예약이 완료된다.

버스

동유럽 국가 간 이동은 열차보다 버스가 더 쉬운 편이다. 철도망이 발달하지 않기도 했고 크로아티아처럼 해안이 발달한 지역에서는 버스를 더 많이 이용한다. 버스 운행 편수도 많고 요금이 저렴하며 시설이 좋은 편이다.

장점 열차나 비행기에 비해 요금이 저렴하고 내부 시설이 쾌적하다.
단점 국가 간 이동 시 입출국 심사가 있어 번거롭다.

동유럽의 주요 버스 회사

플릭스버스 Flixbus

독일 장거리 버스 시장의 약 80%를 차지하는 대형 버스 회사다. 오스트리아, 체코, 슬로바키아, 슬로베니아, 헝가리, 루마니아, 폴란드, 크로아티아 노선이 있다.
홈페이지 www.flixbus.com

유로라인 Eurolines

벨기에 장거리 버스 회사로 오스트리아, 체코, 크로아티아를 비롯한 48개 유럽 도시를 연결한다. **홈페이지** www.eurolines.eu

레지오젯 Regiojet

체코에 본사를 둔 장거리 버스 회사로 체코와 오스트리아, 슬로바키아 구간 노선이 가장 인기 있다. 서유럽을 연결하는 노선을 포함해 약 90개 도시를 연결한다.
홈페이지 www.regiojet.com

간편한 버스 예약 방법

출발지와 목적지를 설정하면 교통수단에 따라 최적의 루트를 알려 주는 홈페이지가 많다. 버스 회사 홈페이지를 비교하며 검색하는 시간을 줄여 주고 중개 시스템을 통해 예매도 가능하다. 앱도 있어 현지에서 사용하기 편하다.
홈페이지
오미오Omio www.omio.co.kr
롬투리오Rome2rio www.rome2rio.com
겟바이버스GetByBus getbybus.com

버스 이용 시 주의 사항

❶ 동유럽에서 가장 많이 이용하는 교통수단인 만큼 사전 예약이 필요하다. 성수기에는 물론이고 근교 도시로 당일치기 여행을 떠날 경우 인기 있는 시간대는 티켓을 구하지 못할 수도 있다.
❷ 취소 및 환불이 불가하거나, 가능하다 하더라도 다음에 예약할 수 있는 바우처로 제공한다.
❸ 대형 버스 회사는 앱을 통한 예약이 쉬우며 QR 코드 스캔으로 탑승하기도 쉽다. 버스 회사에 따라 프린트된 티켓을 요구할 수도 있다.
❹ 체코, 크로아티아에서는 짐에 대한 비용을 별도로 부과하는 경우도 있는데, 티켓 예매 시 미리 추가하는 것이 좋다.
❺ 각 도시에 메인 버스 터미널이 있어도 버스 회사마다 탑승 장소가 달라 꼭 확인해야 한다.

TIP

다양한 동유럽 버스 노선

오스트리아 고속 열차가 운행하는 노선을 제외하면, 동유럽 여행 중 버스만 이용해도 될 정도로 도시 간 연결편이 많다. 특히 체코, 크로아티아, 슬로베니아에서는 열차보다 버스가 편리하여 항상 이용객이 많다.

렌터카

렌터카를 이용하면 이동이 자유로워 자신만의 일정을 계획하기 편하다. 하지만 동유럽은 이동 동선이 길어 그만큼 오랜 시간 운전해야 한다. 대체로 구시가지가 중심이 되는 관광지에서는 주차가 불편하다는 단점도 있다.

장점 출발 시간을 자유롭게 정할 수 있고 짐을 들고 다니기 편하다.
단점 낯선 지역의 교통 법규를 숙지해야 하고 주차 등의 문제가 있다.

동유럽의 주요 렌터카 회사

렌터카 예약은 일찍 할수록 좋다. 특히 동유럽에는 수동 기어 차량이 많아서 성수기가 다가오면 가격이 좋은 자동 기어 차량은 구하기가 어렵다. 렌터카 예약 방법은 크게 두 가지다. 렌터카 회사 홈페이지에서 직접 예약하거나, 가격 비교 사이트에서 예약하는 방법이 있다.

렌터카 예약 순서

❶ 예약 홈페이지에 접속해 검색창에 도시명과 차량 이용 기간을 입력한다.
❷ 검색 결과가 나오면 원하는 조건으로 필터링한다. 차량 등급, 차량 종류, 변속기, 에어컨 등 다양한 조건을 선택한다.
❸ 검색된 차량들에 대한 정보를 확인하고, 가격과 조건을 꼼꼼히 읽어 보고 선택한다.
❹ 영문 이름, 이메일 주소 등 개인 정보와 신용카드 번호를 입력하고 결제를 마치면 잠시 후 이메일로 예약 확인 답신이 온다.

홈페이지
허츠Hertz www.hertz.co.kr
알라모Alamo www.alamo.co.kr
유럽카Europcar www.europcar.co.kr
식스트Sixt www.sixt.co.kr
버젯Budget www.budget.co.kr

렌터카 가격 비교 사이트
렌털카스Rentalcars www.rentalcars.com
스카이스캐너Skyscanner www.skyscanner.co.kr
카약Kayak www.kayak.co.kr/cars

렌터카 이용 상식

❶ 차량 보험 가입 시 방문할 국가에서 모두 적용되는지 확인하자. 예를 들어 오스트리아에서 렌터카를 픽업한 경우 다른 국가에서는 보험이 적용되지 않거나 추가 수수료가 비쌀 수 있다.
❷ '비넷Vignette'이라는 통행권을 미리 사서 차량 앞 유리에 부착해야 한다. 이 통행권 없이 운전 중 적발되면 벌금이 무겁다. 가격은 10일권이 평균 1만~2만 원 선. 렌터카 회사, 주유소, 휴게소 등에서 구입할 수 있다.
❸ 유럽에는 디젤 차량이 많으니 주유 시 반드시 확인해야 한다. 혼유로 인한 엔진 손상은 보험으로 보상받지 못한다.
❹ 도난 사건이 많다. 차량 내 귀중품을 두지 말자.

렌터카 예약 시 주의 사항

❶ 예약 변경과 환불 조건을 숙지한다.
❷ 가격 비교 사이트에서 판매하는 보험은 보험료가 싸지만 사고 시 선불로 처리하고 후에 영수증을 제출해 보험료를 받아야 한다.
❸ 추가 운전자, 카시트, 내비게이션 등 추가 옵션은 예약 시 선택하거나 현지에서 추가할 수 있다.
❹ 여러 나라를 이동할 경우에는 보험사에서 보상하지 않는 국가나 지역이 있을 수 있으니 보험 내용을 꼼꼼히 읽어 본다.

TIP

렌터카 이동 인기 구간

동유럽에서 렌터카 여행을 권할 만한 지역은 오스트리아의 잘츠카머구트(할슈타트 등 소도시)와 크로아티아 해안 도로다. 두 지역은 대중교통보다 렌터카 이용이 더 편리하고 낭만적인 드라이브 여행을 즐기기에 좋다.

GET READY ❸

숙소 예약하기

여행 전 숙소를 예약하는 것은 필수다. 현지에 가서 숙소를 구하는 일이 불가능한 것은 아니지만 성수기에는 좋은 숙소를 찾기 어렵다. 또한 가격도 비싸며 숙소를 찾느라 시간을 허비해 여행을 즐기기 어렵다. 따라서 여행을 준비하면서 가장 먼저 해야 할 일은 항공권 구매와 더불어 숙소 예약이라 할 수 있다. 숙소는 일찍 예약할수록 선택의 폭이 넓으며 가격도 저렴하다. 특히 성수기에 가성비가 좋은 숙소는 6개월 전에 예약이 끝나는 경우가 많으니 여행 일정이 정해졌다면 그에 맞춰 가능한 한 빨리 숙소를 알아보도록 하자.

동유럽 숙소의 종류

호텔 Hotel

가장 일반적인 숙박 시설이다. 등급에 따라 시설과 서비스에 차이가 있지만 대부분 기본적인 편의 시설을 갖췄다. 호텔 요금에는 부가세와 도시세가 별도로 부과되며 같은 등급이라도 국가별, 도시별로 요금 차이가 있다.

호스텔 Hostel

호텔보다 저렴한 숙박 시설이다. 2~4인실도 있지만 6~8인이 함께 사용하는 도미토리실이 많다. 또한 욕실이 방 안 또는 복도에 있는 곳도 있고 욕실은 공용이지만 방 안에 전용 화장실이 딸린 경우도 있다. 이러한 조건에 따라 요금에 차이가 있으므로 예약 시 확인하는 것이 좋다.

에어비앤비 Airbnb

개인의 집 전체나 일부를 빌리는 숙박 형태다. 여러 명이 사용할 경우 호텔보다 저렴하다. 하지만 개인과의 거래이다 보니 분쟁이 생겼을 때 문제 해결이 어려울 수 있다. 예약하기 전 홈페이지에 게재된 후기를 꼼꼼히 읽어 보고 가능하면 에어비앤비에서 공식적으로 인정한 슈퍼 호스트와 거래할 것을 권한다.

한인 민박

한국인이 운영하는 숙소로 대부분 방만 빌리고 욕실, 거실 등은 공동으로 이용한다. 민박에 따라 다르지만 한식을 제공하기도 하고 부엌이나 세탁기를 사용할 수 있는 곳도 있다. 한국어로 대화가 가능하고 한국 친구도 사귈 수 있어 외국어가 부담되는 여행 초보자들에게 편리하다.

동유럽 숙소 이용 시 유의 사항

❶ 체크아웃할 때 도시세가 청구된다

동유럽 대부분의 도시에서 '도시세(City Tax 또는 Tourist Tax)'라는 명목으로 숙박비에 추가로 청구하는 세금이 있다. 도시별, 숙소 등급별로 차이가 있는데 보통 €2~6 정도다. 숙소를 예약할 때 내는 것이 아니라 체크아웃 시에 결제한다. 주의할 점은 1인 1박당 계산하기 때문에 의외로 많이 나올 수도 있다.

❷ 숙소 예약 확인 사항

숙소의 실제 모습과 사진이 차이가 큰 경우도 있으니 방문자들의 후기를 읽어 보자. 무료 와이파이, 아침 식사 제공 등 포함 내역을 꼼꼼히 확인한다. 차량 이용 시 주차장 유무 및 요금도 확인한다. 대중교통을 이용한다면 숙소 위치가 더욱 중요하다. 지하철역이나 버스 정류장과 가까운지 확인한다. 마지막으로 여행 일정에 변경이 생길 수 있으니 '예약 변경과 환불 조건'을 숙지한다. 저렴한 특가 숙소의 경우 환불이 불가능한 경우가 많으며, 환불 가능한 날짜가 너무 촉박해도 별로 의미가 없다.

숙소 예약 홈페이지

부킹닷컴 www.booking.com
호텔스닷컴 www.hotels.com
호스텔월드 www.korean.hostelworld.com
에어비앤비 www.airbnb.co.kr
민다 www.theminda.com

숙소 가격 비교 홈페이지

트리바고 www.trivago.co.kr
호텔스컴바인 www.hotelscombined.co.kr

동유럽 국가별 추천 숙소 리스트

오스트리아

❶ 빈

중앙역 부근에 가성비 좋은 숙소가 많으며 구시가지는 이동이 편리하지만 비싼 편이다. 구시가지에서는 슈베덴플라츠 주변이 그나마 조금 저렴하고 교통도 편리하다.

숙소명	종류	위치	특징
이비스 빈 하우프트반호프 Ibis Wien Hauptbahnhof	3성급 호텔	중앙역 근처	교통이 편리하고 가성비가 좋다.
노보텔 빈 하우프트반호프 Novotel Wien Hauptbahnhof	4성급 호텔	중앙역 근처	교통이 편리하고 가성비가 좋다.
루비 리시 호텔 빈 Ruby Lissi Hotel Vienn	3.5성급 호텔	구시가지	구시가지 끝에 있어 교통이 편리하며 가성비도 좋다.
호텔 토파즈 & 라미 Hotel Topazz & Lamée	4성급 호텔	구시가지	구시가지 중심에 있어 도보로 이동하기 편리하며 옥상 전망도 좋다.

❷ 잘츠부르크

비싼 구시가지에 비해 중앙역 부근에 가성비 좋은 숙소가 많다. 하지만 구시가지로 갈 때 버스를 타야 하는 단점이 있다. 중앙역과 구시가지 사이에도 숙소가 많은데 이 지역은 버스 정류장 위치를 고려해 선택하자.

숙소명	종류	위치	특징
H+ 호텔 잘츠부르크 H+ Hotel Salzburg	4성급 호텔	중앙역 바로 앞	위치가 편리하며 가성비가 좋다.
아르테 호텔 잘츠부르크 Arte Hotel Salzburg	4성급 호텔	중앙역 근처	위치가 편리하며 식당 전망도 좋다.
호텔 자허 잘츠부르크 Hotel Sacher Salzburg	5성급 호텔	구시가지 근처	잘츠부르크 최고의 호텔 중 하나로 시설은 물론 위치도 좋다.

❸ 잘츠카머구트

중심 도시인 바트이슐이 선택의 폭이 넓고 가성비가 좋으며 교통도 편리하다. 할슈타트, 장크트볼프강, 장크트길겐 등에서 묵기도 하지만 자동차가 없다면 가성비 좋은 숙소를 찾기 어렵다.

숙소명	종류	위치	특징
호텔 골데네스 시프 Hotel Goldenes Schiff	4성급 호텔	구시가지 근처	위치나 시설 등이 무난한 편이다.
유로데르멘리조트 바트이슐 EurothermenResort Bad Ischl	4성급 호텔	기차역 근처	바트이슐 최고의 유명한 온천 호텔로 교통도 편리하다.
제하우스 파밀리에 라이퍼 Seehaus Familie Leifer	3성급 아파트	선착장 근처	호수 옆이라 경치가 좋고 가격도 저렴해 인기가 많다.

❹ 그라츠

중앙역이 시내에서 조금 떨어져 있지만 저렴한 숙소가 많은 편이다. 구시가지에는 숙소가 별로 없어 구시가지 주변에서 숙소를 잡고 싶다면 트램 정류장을 고려해야 한다.

숙소명	종류	위치	특징
호텔 다니엘 그라츠 Hotel Daniel Graz	4성급 호텔	중앙역 근처	교통이 편리하고 가성비가 좋다.
오스트리아 트렌드 호텔 유로파 그라츠 하우프트반호프 Austria Trend Hotel Europa Graz Hauptbahnhof	4성급 호텔	중앙역 근처	교통이 편리하고 가성비가 좋다.

체코

❶ 프라하

작은 돌이 촘촘히 박힌 프라하의 돌길은 낭만적이다. 하지만 짐이 없을 때의 일이다. 중앙역 주변이나 바츨라프 광장 주변에 가성비 좋은 숙소가 많기도 하지만, 이동의 편리성을 고려한다면 구시가보다는 나은 선택이 될 것이다.

숙소명	종류	위치	특징
아르누보 팰리스 호텔 Art Nouveau Palace Hotel	5성급 호텔	바츨라프 광장 주변	20세기 초에 지은 유서 깊은 호텔로 5성급임에도 저렴하다.
알크론 호텔 프라하 Alcron Hotel Prague	5성급 호텔	바츨라프 광장 주변	시내 중심에 있으며 5성급 호텔답게 서비스와 시설 모두 훌륭하다.
피틀로운 부티크 호텔 Pytloun Boutique Hotel	4성급 호텔	바츨라프 광장 주변	광장과 맞닿아 있어 최고의 위치를 자랑하며 인테리어가 돋보인다.
미트미 23 MeetMe23	3성급 호텔 호스텔	중앙역 주변	싱글 침대로 이루어진 호스텔 도미토리와 좋은 시설로 유명하다.

❷ 체스키크룸로프

작은 마을의 특성상 호텔보다는 현지인이 운영하는 펜션 형태의 숙소가 많은 편이다. 버스 터미널이나 역에서 구시가지로 이동할 때 돌길 때문에 어려움을 겪을 수 있다. 택시를 이용하는 것이 현명하다.

숙소명	종류	위치	특징
가르니 호텔 캐슬 브리지 Garni Hotel Castle Bridge	4성급 호텔	구시가지	블타바강과 망토 다리가 보이는 환상적인 전망을 감상할 수 있다.
빌라 콘티 Villa Conti	3성급 호텔	구시가지	체스키크룸로프성으로 가는 길에 있으며, 오래된 건물 외관과 달리 내부는 현대적이다.
캐슬 뷰 아파트먼트 Castle View Apartments	4성급 아파트	구시가지	숙소 이름처럼 체스키크룸로프성이 한눈에 들어오는 전망이 펼쳐지는 곳이다.

헝가리

❶ 부다페스트

부다페스트는 대체로 가성비 좋은 숙소가 많다. 데악 페렌츠 광장Deák Ferenc Tér 주변으로 호텔, 호스텔이 밀집되어 있다. 부다페스트의 자랑 중 하나인 야경 스폿 인근에 있는 숙소도 인기가 많으나 교통이 불편하다.

숙소명	종류	위치	특징
힐튼 부다페스트 Hilton Budapest	5성급 호텔	어부의 요새 주변	부다페스트 베스트 전망 중 하나인 국회의사당 야경이 보인다.
호텔 모멘츠 부다페스트 Hotel Moments Budapest	4성급 호텔	안드라시 거리 주변	부다페스트의 명품 거리에 있으며 모던하고 세련된 스타일이다.
D8 호텔 D8 Hotel	3성급 호텔	세체니 다리 주변	객실에서 강가 전망이 보이는 것은 아니지만 야경 스폿과 가깝다.
매버릭 시티 로지 Maverick City Lodge	호스텔	시나고그 주변	2층 침대임에도 개인 전등과 커튼을 갖춰 아늑하고 편리하다.

슬로베니아

❶ 류블랴나

중앙역과 구시가지가 조금 떨어져 있는데 그 중간쯤에 숙소를 잡는 것이 무난하다. 구시가지 쪽으로 갈수록 가격이 올라가지만 걸어서 다니기 편리하다.

숙소명	종류	위치	특징
시티 호텔 류블랴나 City Hotel Ljubljana	3성급 호텔	구시가지 근처	중앙역에서 구시가지로 가는 길에 있으며 가격도 저렴한 편이다.
그랜드 호텔 유니언 Grand Hotel Union	4성급 호텔	구시가지 근처	구시가지 초입에 있어 도보로 이동하기 편리하다.
인터컨티넨탈 류블랴나 InterContinental Ljubljana	5성급 호텔	중앙역 근처	현대적 시설에 비해 가격이 합리적인 편이다.

크로아티아

❶ 자그레브

크로아티아의 수도이기는 해도 도시 규모가 작아 어느 숙소를 선택해도 상관없다. 그러나 반옐라치치 광장 Ban Josip Jelačić 주변이 여행하기에는 편리하다. 호텔과 호스텔보다는 아파트가 가성비는 더 좋은 편이다.

숙소명	종류	위치	특징
호텔 두브로브니크 Hotel Dubrovnik	4성급 호텔	구시가지 주변	자그레브 중심부에 있는 숙소로 규모가 크고 시설이 현대적이다.
호텔 야게호른 Hotel Jagerhorn	3성급 호텔	구시가지 주변	규모는 작지만 중심 광장과 가깝다. 전반적으로 앤티크한 느낌이다.
메인 스퀘어 호스텔 Main Square Hostel	호스텔	구시가지 주변	도미토리 내 침실이 캡슐 호텔처럼 구분되어 있어 아늑하다.

❷ 스플리트

스플리트의 주요 명소인 디오클레티아누스 궁전 안에 많은 숙소가 있다. 오래된 건물 외관과 달리 내부는 현대적으로 리모델링한 곳이 많다. 호텔과 호스텔보다 아파트가 더 많은데 비교적 저렴하고 시설도 좋다.

숙소명	종류	위치	특징
빌라 스플리트 헤리티지 호텔 Villa Split Heritage Hotel	4성급 호텔	구시가지	전통적인 분위기와 현대의 가구가 조화를 이룬 중심부 호텔이다.
호스텔 골리 & 보시 Hostel Goli & Bosi	호스텔	구시가지	현대적인 부티크 호스텔로 조식이 제공된다.
룸스 스탐북 Rooms Stambuk	3성급 아파트	구시가지 주변	터미널이 가까우며 좋은 시설을 저렴한 가격에 이용할 수 있다.

❸ 두브로브니크

유명 휴양 도시답게 성수기에는 빈 객실을 찾기 어려울 정도이며 숙박비도 많이 오른다. 명소가 밀집된 구시가지 주변이 여행하기 편리하며, 버스 터미널 주변은 다음 도시로 이동할 때 머물기 좋다.

숙소명	종류	위치	특징
힐튼 임피리얼 두브로브니크 Hilton Imperial Dubrovnik	5성급 호텔	구시가지 주변	구시가지 초입과는 도보 2분 거리이며 시설 역시 5성급답다.
호스텔 솔 Hostel Sol	호스텔	항구 주변	호스텔이지만 시설은 3성급 호텔 수준. 위치, 조식, 전망이 좋다.
러브 두브로브니크 호스텔 Love Dubrovnik Hostel	호스텔	구시가지 주변	1층은 한인 민박, 2층은 호스텔로 운영한다.

GET READY ④

입장권 예매하기(빈 오페라 공연)

'음악의 도시' 빈에서 오페라나 발레, 음악회 등 공연을 관람하고 싶다면 티켓을 예매하고 가는 것이 좋다. 현지에서 구할 수도 있지만 원하는 공연을 원하는 날짜에 원하는 좌석에서 보고 싶다면 예약해야 한다. 공연에 따라 인터넷을 이용해 좌석을 선택하고 파일로 티켓을 받아 직접 프린트할 수 있어 집에서 편리하게 예매가 가능하다. 다만 인기 있는 공연은 일찍 매진되기 때문에 수개월 전부터 예매해야 한다.

여행 전, 온라인 사전 예매하기

빈에서 오페라 공연 스케줄은 보통 6개월 전부터 확인할 수 있고 3개월 전쯤이면 좌석도 나온다. 좌석이 정해지지 않은 상태에서도 예매가 가능하지만 좌석 지정은 할 수 없고 간단한 조건만 선택할 수 있다. 사전 예매는 빈 국립 오페라 극장 공식 홈페이지에서 하며 가격은 공연과 날짜, 좌석에 따라 €6~295 사이로 다양하다.

빈 국립 오페라 극장 공식 홈페이지에서 예매

공식 홈페이지에는 빈 국립 오페라 극장의 공연 계획이 상세히 나와 있어 공연 스케줄을 검색하기에 편리하다. 검색 도중 마음에 드는 공연이 있다면 온라인에서 바로 티켓을 구매해 결제할 수 있다. 결제 바로 전 단계에서 티켓 수령 방법을 선택하라는 창이 나오는데, 이때 파일로 내려 받으면 바로 인쇄해 입장권으로 사용할 수 있다. 인쇄가 어려울 경우 현장 수령을 선택해 예약 번호가 있는 바우처를 받으면 매표소에서 티켓으로 교환할 수 있다.

빈 국립 오페라 극장 공식 홈페이지
www.wiener-staatsoper.at(영어 제공)

매표소 할인 티켓 예매

일반 티켓을 구매한다면 굳이 매표소에 갈 필요가 없다. 하지만 공연 전날 마지막 할인 티켓을 사고 싶다면 가볼 만하다. 먼저 오스트리아 국립 극장 홈페이지에 회원 가입을 하고 분데스테아터 카드 BundestheaterCARD 멤버로 가입한다. 전날까지 남아 있는 티켓은 극장 로비 매표소에서 좌석과 상관없이 무조건 €49에 판매한다. 분데스테아터 카드 회원으로 가입하려면 홈페이지에서 신청 양식(BundestheaterCard application form)을 다운받아 작성한 후 아래 이메일 주소로 파일을 첨부해 보낸다.

홈페이지 www.bundestheater.at
이메일 tickets@bundestheater.at

• **매표소**
주소 Opernring 2 / Herbert-von-Karajan-Platz, 1010 Wien
문의 +43 1 514 44 7880
운영 월~토요일 10:00~18:00, 일요일 · 공휴일 10:00~13:00

TIP

파격 할인 티켓은 없다

빈 국립 오페라 극장 공연 티켓은 일찍 예매한다고 저렴하거나 다른 루트를 통해 저렴하게 살 수 있는 것이 아니다. 공연 전날 할인이나 당일 저렴하게 구입할 수 있는 입석표를 제외하면 특별한 할인이 없으니, 만약 업체에서 너무 저렴한 티켓을 판다면 조심할 필요가 있다.

공연 당일, 저렴한 입석표 구하기

빈 국립 오페라 극장에서는 주머니가 가벼운 사람이라도 오페라를 감상할 수 있도록 아주 저렴한 입석표를 판매하고 있다. 3~4시간이나 되는 공연 내내 서 있는 것이 힘들기는 하지만 저렴하게 오페라를 보고 싶다면 시도해볼 만한 방법이다. 2019년 가을부터 온라인과 오프라인에서 모두 예매할 수 있게 되었는데 당연히 온라인이 편리하고 예매 성공률이 높다.

TIP

입석표 좌석 종류

❶ **파르테르Parterre**
1층 중앙 맨 뒤쪽으로 무대 조명과 음향이 다른 곳보다 좋아 가장 인기다.

❷ **발콘Balkon**
3층의 양옆 발코니로 자신이 서 있는 쪽의 무대 끝이 잘 안 보이지만 구역에 따라 무난한 편이다.

❸ **갈레리Galerie**
맨 위층 좌석 뒤쪽으로 무대에서 멀어 잘 안 보인다.

입석표 관람 요령

극장 안으로 입장하면 직원의 안내에 따라 자신의 자리로 향한다. 입석표는 지정석이 없기 때문에 가장 먼저 해야 할 일은 자기 자리를 확보하는 것이다. 보통 스카프나 손수건 등을 묶어서 표시해 놓으면 잠시 자리를 비워도 맡아 놓았다는 의미다. 공연 시작 전에는 반드시 자기 자리로 돌아와야 한다.

온라인 입석표 구매

빈 국립 오페라 극장 홈페이지에서 공연 당일 오전 10시부터 입석표를 판매한다. 인기 공연은 빨리 매진되므로 미리 극장 홈페이지에 회원 가입을 해두는 것이 좋다. 한 아이디당 2매까지 살 수 있다.
가격 좌석별 €13~18(분데스테아터 카드 회원 €4~5)

오프라인 입석표 구매

직접 매표소Stehplatz-Kasse에 가서 구입하는 것으로, 온라인 구매가 가능해지면서 현장에서는 표를 구하기가 더 어려워졌다. 입석표는 공연 당일 80분 전부터 판매하지만 사람이 많이 몰리기 때문에 보통 2~3시간 전부터 줄을 서야 한다. 매표소는 빈 국립 오페라 극장 건물 뒤편에 있다. 1인 1매만 살 수 있으며 잔돈을 미리 준비해야 한다.

- **매표소**

주소 Operngasse 1, 1010 Wien **가격** 좌석별 €13~18

동유럽의 주요 공연장

동유럽에서 공연 문화가 가장 발달한 곳은 빈과 프라하이지만 그 외 도시에서도 공연을 즐길 수 있는 곳이 많다.

빈 국립 오페라 극장 Wiener Staatsoper
세계 3대 오페라 극장 중 하나. 오스트리아 빈 오페라와 발레의 중심지라 할 수 있는 대규모 공연장이다.
홈페이지 www.wiener-staatsoper.at

루돌피눔 Rudolfinum
체코 최고의 예술의 전당이자 '체코 필하모닉 오케스트라'라는 이름으로 역사가 시작된 곳이다.
홈페이지 www.rudolfinum.cz

국립 오페라 극장 Magyar Állami Operaház
헝가리 부다페스트에 개관 당시 유럽에서 가장 현대적이었으며 현재도 최고 수준으로 평가받는다.
홈페이지 www.opera.hu

국립 극장 Slovenské Národné Divadlo
슬로바키아 브라티슬라바에 위치하며 1886년 신르네상스 양식으로 설계한 구극장과 2007년에 완공한 신극장으로 나뉜다.
홈페이지 www.snd.sk

FOLLOW UP

빈 오페라 공연 예매 그대로 따라 하기(빈 국립 오페라 극장 공식 홈페이지에서 예매 시)

빈 국립 오페라 극장 홈페이지 'www.wiener-staatsoper.at'에 접속, 가운데 메뉴를 클릭한다.

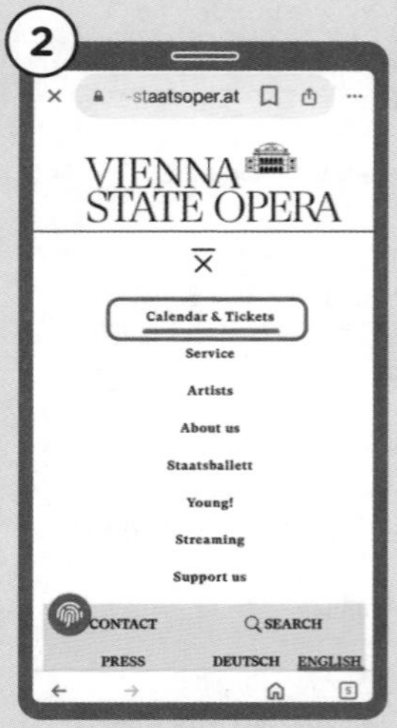

언어를 영어로 바꾼 다음 'Calendar & Ticket'을 누른다.

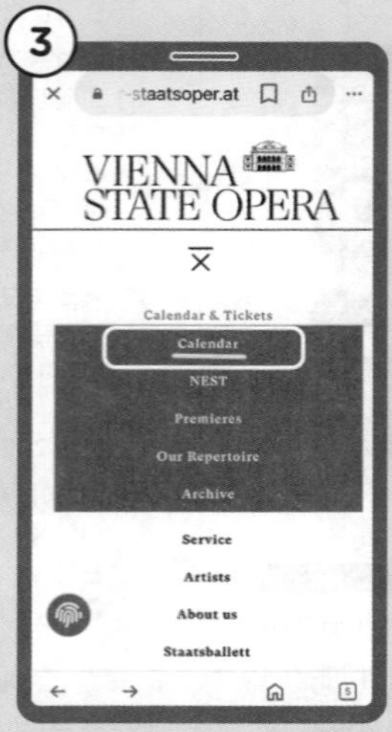

다시 'Calendar'를 누르면 스케줄이 뜬다.

메뉴에서 원하는 달을 선택한다.

원하는 날짜와 공연을 선택하고 'Tickets'을 누른다.

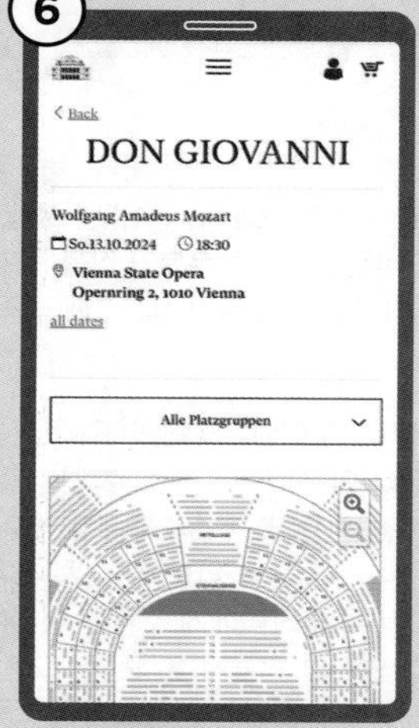

좌석창에 남아 있는 좌석이 표시된다.

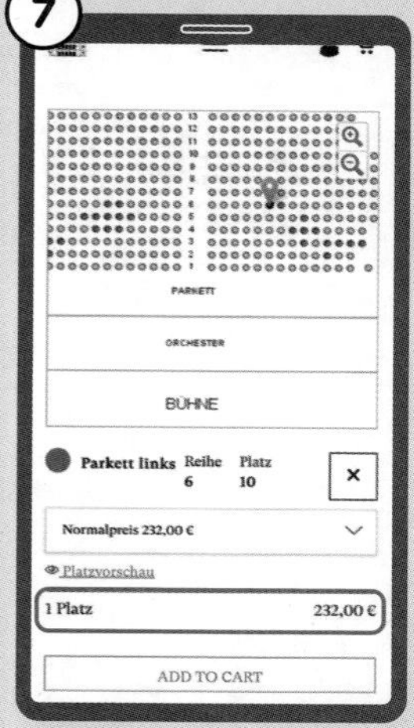

+ 버튼 또는 손으로 화면을 확대해 좌석을 누르면 가격이 표시된다.

원하는 좌석을 선택하면 'Ticket option'이 나온다. 'E-Ticket'(티켓을 휴대폰으로 받거나) 또는 'Pick up'(티켓 부스에서 직접 수령) 중에 선택한다.

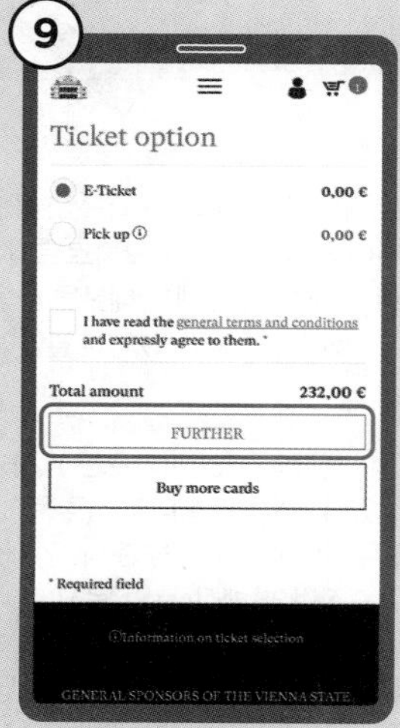

약관에 동의하고 'Further'를 누른다.

자신의 이메일 주소로 계정을 만들고 카드 결제를 마치면 이메일로 영수증과 티켓 정보를 보내준다.

FOLLOW UP

추천 오페라 공연

천재 음악가라 불리는 모차르트의 흔적이 오스트리아와 체코에 짙게 남아 있듯 그의 단골 작품도 쉽게 접할 수 있다. 특히 모차르트가 사랑한 프라하를 위해 작곡한 전설의 오페라 관람은 프라하에 대한 또 다른 감동과 여운으로 남을 것이다.

돈 조반니
Don Giovanni

추천 평

2막으로 구성된 오페라. 1787년 로렌초 다 폰테Lorenzo Da Ponte의 대본을 바탕으로 모차르트가 작곡했으며, 같은 해 10월 프라하에서 초연되었다. 모차르트의 4대 오페라 중 하나로 인정받는 명작이다.

스토리

전설의 바람둥이인 스페인의 귀족 돈 조반니(돈 후안)는 약혼자가 있는 돈나 안나를 유혹했다. 자신의 딸을 농락했단 사실을 안 아버지 기사장은 돈 조반니와 결투를 벌이다 목숨을 잃는다. 이후에도 돈 조반니는 결혼을 앞둔 시골 처녀 체를리나, 그에게 배신당했던 여자 엘비라의 하녀에게 추파를 던진다. 이를 안 마을 사람들과 함께 돈나 안나와 약혼자 돈 오타비오는 돈 조반니와 그의 시종 레포렐로를 쫓았고 도망친 공동묘지에서 죽은 기사장의 석상을 보게 된다. 저녁 식사에 초대되어 온 돈 조반니는 석상을 보고도 회개와 반성이 없자 지옥으로 떨어진다.

피가로의 결혼
Le Nozze di Figaro

추천 평

4막으로 구성된 오페라. 귀족을 조롱하는 내용을 담고 있어 빈에서는 공연이 금지되었지만 모차르트의 가장 유명한 작품이 되었다. 1784년 로렌츠 다 폰테의 대본을 바탕으로 1786년 모차르트가 작곡했다. 〈세비야의 이발사〉의 후일담이 〈피가로의 결혼〉이다.

스토리

알마비바 백작의 하인 피가로는 백작 부인의 하녀 수잔나와 결혼을 앞두고 있다. 백작은 희대의 바람둥이로 아름다운 로시나와 결혼하고서도 수잔나에게 관심을 둔다. 낌새를 알아챈 피가로는 복수를 결심하고 수잔나와 백작 부인 로시나, 백작의 어린 시종 케루비노를 끌어들여 계략을 꾸민다. 어두운 밤 수잔나의 옷을 입고 약속 장소에 나간 백작 부인을 몰라본 백작은 달콤한 말로 속삭이게 된다. 이후 백작 부인을 알아보지만 애써 얻은 여인이 그의 부인이란 사실에 변명하지 못하고 결국 진심으로 용서를 구한다. 부인은 죄를 용서하고 흥겨운 분위기 속에 막이 내린다.

추천 발레 공연

발레 자체가 낯선 사람도 아래 두 작품에 대해서는 들어본 적이 있을 것이다. 세계적으로 유명한 작품을 동유럽의 극장에서 볼 수 있는 기회가 많다. 낯설지만 음악과 춤의 언어로 표현하는 발레의 예술적 감흥에 젖게 될 것이다.

호두까기 인형
The Nutcracker

추천 평

호프만의 동화 『호두까기 인형과 생쥐 임금』을 바탕으로 마리우스 프티파가 대본을 썼다. 1892년에 초연한 차이콥스키의 3대 발레곡 중 하나로 매년 크리스마스 시즌이 되면 유럽 곳곳에서 공연이 열린다.

스토리

크리스마스이브에 소녀 클라라가 그녀의 대부이자 마법사인 드로셀마이어에게 호두까기 인형을 선물 받았다. 그날 밤 꿈에서 거대한 쥐 떼의 습격을 받게 되고 호두까기 인형을 대장으로 병정들이 전투를 벌인다. 소녀가 호두까기 인형을 도운 덕분에 인형은 마법이 풀리며 왕자로 변했고 클라라를 과자의 나라로 안내한다. 가는 길에 눈송이들과 춤을 추고 그들의 만남을 축하하는 연회가 이어진다. 꿈에서 깨어난 클라라는 행복한 크리스마스를 맞는다.

백조의 호수
Le Lac des Cygne

추천 평

차이콥스키의 3대 발레곡 중 맨 처음 작곡한 곡으로 러시아 전래 동화를 기반으로 한 작품이다. 1877년 초연 당시에는 호응을 얻지 못했으나 그가 세상을 떠난 후 진가를 인정받았다.

스토리

성년식 전날 밤 왕자 지그프리트가 백조 사냥을 위해 숲으로 떠났다가, 악마 로트바르트의 저주로 낮에는 백조가 되는 오데트 공주를 만나 사랑에 빠진다. 영원한 사랑의 맹세를 한 왕자는 성년식에서 결혼 발표를 하는데 악마의 계략으로 공주와 닮은 악마의 딸 흑조 오딜을 오데트로 착각해 고백한다. 악마와 오딜은 사라지고 영원히 백조로 살게 된 오데트에게 용서를 구하기 위해 왕자는 호수에 몸을 던진다. 이로 인해 저주는 사라지고 원래의 모습으로 돌아간 오데트와 왕자가 맺어진다.

GET READY ⑤

환전하기

동유럽은 유로를 사용하는 나라도 있고 체코, 헝가리 등 자국 화폐를 사용하는 나라도 있다. 현금을 이용할 경우 유로로 환전한 다음 현지에서 해당 국가의 화폐로 환전하거나 ATM에서 인출하면 된다. 요즘은 해외 결제에 특화된 카드가 많아 현금을 사용할 일이 많지 않으니 현금과 카드 사용을 적절히 배분하는 것이 좋다.

트래블월렛 Travel Wallet vs 트래블로그 Travelog

은행이나 환전소를 거치지 않고 바로 환전할 수 있고, 앱으로 연결된 내 계좌에서 원하는 시간에, 원하는 외화로 바로 환전해 체크카드처럼 사용할 수 있어 무척 편리하다. 또한 현지 ATM 출금 수수료가 없고 여행 후 환불받을 수 있다.

	트래블월렛	트래블로그
발행처	트래블월렛	하나카드
브랜드	비자카드	마스터카드
연결 계좌	본인 계좌	하나금융그룹
최소 충전	$10	$1
충전 한도	최대 200만 원	통화별 500만 원
결제 수수료	없음	없음
환전 수수료	없음	없음
ATM 수수료	비자카드 없음	없음
환급 수수료	없음	1%

※환급 수수료: 실시간 환율 적용
※ATM 수수료: 현지 운영사가 부과하는 수수료 별도
※그 밖에 신한 SOL 트래블 체크카드, 토스 외화통장 체크카드, 코나 트래블제로, 한패스 트리플 등 카드사마다 해외여행에 특화된 카드가 있다.

TIP

ATM 이용 시 주의 사항

수수료가 저렴한 카드라도 ATM에 따라 수수료가 많이 붙을 수 있다. 되도록 사설 ATM보다는 현지 은행 ATM을 이용하는 것이 좋다. 사설 ATM은 해당 브랜드가 정한 높은 환율을 적용해 수수료가 높은 경우가 있다. 출국 전 해외 인출 비밀번호(PIN 번호)는 반드시 확인해야 한다.

GET READY ❻

휴대폰 데이터 선택하기

이제 해외에서 데이터를 사용하는 것은 너무나 당연하다. 필요한 여행 정보를 검색하고, 구글맵을 보기 위해서 데이터 사용은 필수다. 동유럽에서 데이터를 이용하는 방법은 세 가지다. 각각 장단점이 있고 개인의 상황에 따라 유용한 방법이 다를 수 있으므로 비교해 보고 선택하면 된다.

	유심 USIM	이심 eSIM	로밍
방법	• 현지 통신사의 유심 사용	• QR스캔 등을 통해 이심을 설치하고 설정에서 셀룰러 데이터를 여행용 이심회선으로 바꿔서 사용 가능	• 국내에서 사용하던 번호 그대로 사용
장점	• 저렴하고 빠른 속도 • 현지 통화와 문자 가능 • 다양한 요금제 선택	• 국내 번호 그대로 사용 가능 • 저렴하고 빠른 속도 • 현지 통화와 문자 가능 • 유심 교체 번거로움 없음	• 한국에서 오는 전화와 문자 수신 가능 • 심 카드 교체 등 번거로운 과정 없음
단점	• 기존 번호 사용 불가 (착신 전환 서비스 필요) • 유심 교체 번거로움	• 사용 가능한 단말기 제한 (아이폰 11 이후, 갤럭시S23 이후 기종)	• 요금이 비싸 장기 여행 시 비용 부담 • 현지 번호가 없음

내게 맞는 데이터 이용법 찾기

혼자 여행하거나 여행 기간이 길다면
유심, 이심

일정이 짧고 국내 번호를 사용해야 한다면
이심, 로밍

유심, 이심을 많이 선택하는데 정답은 없다. 통신사마다 다르지만 로밍에도 유심처럼 저렴한 상품이 나오기도 한다. 유심을 사용하더라도 인터넷 전화 앱을 이용해 착신이 가능하기 때문에 여행 기간, 인원, 가격 등을 고려해 선택하는 것이 좋다.

TIP
동유럽의 인터넷 사정

지역과 장소에 따라 다르지만 대도시일수록 인터넷 환경이 좋다. 또 작은 마을일수록 인터넷 사용이 불편하지만 관광지에서는 별문제 없다. 공항이나 박물관, 식당, 카페 등 공공장소에서 무료 와이파이를 제공하는 곳도 많다.

GET READY ❼

동유럽 여행에 유용한 앱 다운받기

여행 준비를 하다 보면 많은 앱을 접하게 된다. 여행을 떠나기 전에 유용한 앱이 있고, 현지에서 편리하게 사용할 수 있는 앱도 많다. 그중에는 필수라고 할 수 있는 앱도 있는데 자유 여행자라면 더 도움이 될 것이다.

구글맵 Google Maps

해외여행 앱 중에서 1순위에 속한다. 이동 경로 및 대중교통, 주변 맛집 검색도 가능하다. 지도를 미리 다운받아 두면 오프라인에서도 데이터 없이 사용할 수 있다.

엑스커런시 xCurrency

유로가 아닌 자국 화폐를 사용하는 동유럽 국가를 여행한다면 반드시 하나는 있어야 하는 환율 계산기 앱이다. 실시간 환율을 확인할 수 있다.

스카이스캐너 Skyscanner

실시간으로 전 세계 항공권을 비교 검색할 수 있는 앱. 편도/왕복, 인원, 구간 등 원하는 조건의 항공권을 검색하고 한눈에 가격을 비교 분석하기 좋다.

오미오 Omio

출발지, 목적지를 설정하면 비행기, 열차, 버스 등 이용할 수 있는 교통수단을 한눈에 파악할 수 있다. 또한 중개 시스템을 통해 교통수단 예약도 가능하다.

플릭스버스 FlixBus

열차보다 버스를 더 많이 이용하는 동유럽에서 거의 필수인 앱. 손쉽게 구간권을 예약할 수 있고, 프린트된 티켓 없이 앱의 QR코드 스캔으로도 탑승이 가능하다.

오스트리아 철도청 OBB

동유럽의 여러 열차 구간 티켓과 빈 등 오스트리아의 일부 시내 교통 티켓도 살 수 있어 편리하다. 종이로 출력하지 않고 앱 QR코드로도 탑승 가능하다.

호텔스 컴바인 Hotels Combined

전 세계 호텔을 비교할 수 있는 앱. 조건을 설정할 수 있으며 부킹닷컴, 아고다, 익스피디아 등 사이트를 연결하여 예약을 돕는다.

우버 Uber

각국의 언어로 설명할 필요도 없으며, 바가지요금을 피해 저렴하고 신속하게 목적지까지 도착할 수 있도록 해주는 택시 앱.

해외안전여행

외교부에서 제공하는 앱. 사건·사고 발생 시 대처할 수 있는 방법을 제시한다. 영사관에 전화 연결도 가능하다.

FAQ

알아두면 쓸모 있는 동유럽 여행 팁

FAQ 1

동유럽 여행은 언제 가는 것이 가장 좋을까요? 겨울에도 괜찮나요?

➡ 베스트는 6~9월, 겨울에는 해가 일찍 져 관광에 불리

대체로 6~9월이 최적기다. 이 시기에는 맑은 날이 많고 해가 길어서 저녁에도 돌아다니기 좋다. 7~8월에는 무더위가 찾아오지만 우리나라와 달리 건조한 여름이라서 끈적이는 불쾌감이 별로 없고 그늘진 곳으로 들어가면 시원하다. 단, 에어컨을 갖추고 있지 않은 시설이 꽤 많다는 점도 알아두자. 크로아티아는 아드리아해 연안에 자리해 동유럽의 다른 국가들보다 기후가 따뜻한 편이라 5~10월에 여행하기 좋다. 겨울에는 크로아티아의 아름다운 해변 도시들에 먹구름이 드리우고 쌀쌀한 날씨가 이어지지만, 기온이 영하로 떨어지는 날은 거의 없다.

동유럽의 겨울은 우리나라보다 평균 기온이 조금 높고 습한 날씨가 계속된다. 눈비가 자주 내리고 흐린 날이 많다. 또한 유럽은 우리나라보다 위도가 높아서 겨울에 해가 일찍 진다는 점을 감안해야 한다. 평균 오후 4시부터 어두워지기 시작한다. 그만큼 문을 일찍 닫는 곳도 많고 마음도 조급해진다. 따라서 낮에는 식사를 간단히 하고 최대한 부지런히 움직여 관광을 마치고, 저녁에는 여유 있게 식사와 오페라 공연 등을 즐기며 시간을 잘 활용하는 것이 좋다. 동유럽의 겨울이 그래도 매력적인 이유는 화려한 크리스마스 마켓이 열리기 때문이다. 보통 11월 말~12월 초에 시작해 12월 말~1월 초까지 이어진다.

TIP

계절별 옷차림

동유럽은 여름에 건조하고 겨울에 습하다. 여름에는 낮에 무더워도 저녁에 꽤 서늘하니 얇은 긴팔 옷을 가져가자. 겨울에는 비가 오거나 흐린 날이 많아 방한 · 방수 기능이 있는 옷을 준비해야 한다. 봄가을에는 얇은 옷을 여러 벌 겹쳐 입고 가벼운 외투, 머플러 등을 가지고 다니는 것이 좋다.

FAQ 2

비자가 필요한가요?

➡ 90일 무비자

이 책에서 소개하는 동유럽 6개국은 모두 우리나라와 비자 면제 협정이 체결되어 무비자로 입국 가능하며 최장 90일까지 체류가 가능하다. 단, 오스트리아, 체코, 헝가리, 슬로바키아, 슬로베니아, 크로아티아는 솅겐 협약 가입국이기 때문에 6개국 모두 합쳐서 90일 이상 체류할 수 없으니 주의하자. 재입국하려면 최초 입국일로부터 180일이 지나야 한다.

FAQ 3

동유럽에서 하루 예산은 얼마나 드나요?

지역에 따라 다르지만 최소 8만~15만 원

동유럽 안에서도 국가와 도시에 따라 물가 차이가 크다. 또한 항목에 따라서도 우리나라와 차이가 많이 난다. 오스트리아와 슬로베니아는 대부분 도시 물가가 비싸고 체코, 헝가리, 크로아티아는 관광 도시와 일반 지방 도시의 물가 차이가 꽤 큰 편이다. 하루 평균 예산은 동유럽에서 물가가 가장 비싼 오스트리아의 경우 숙박비를 제외하고 €100~130(약 15만~20만 원) 정도 잡으면 된다. 식비와 시내 이동 시 교통비, 기본 입장료 등을 포함한 것이다. 여행 중 식당 대신 슈퍼마켓을 이용해 식사를 해결한다면 비용을 꽤 줄일 수 있다.

한국과 물가 비교

대부분의 관광 도시는 우리나라보다 식당 음식값과 교통비가 비싼 편이지만 장바구니 물가는 저렴하다. 특히 유제품, 빵, 고기, 과일, 채소, 와인, 맥주는 마켓에서 저렴하게 판매한다.

FAQ 4

동유럽에서 세금 환급은 어떻게 받나요?

출국 당일 공항의 부가세 환급 사무소에서 환급

Global Blue
TAX FREE

세금을 환급받을 때는 최소 구매액이라는 조건이 따른다. 하루 한 곳의 매장에서 일정 금액을 소비해야 하는데 해당 매장은 글로벌 블루Global Blue, 프리미어 택스 프리Premier Tax Free, 택스 프리 쇼핑Tax Free Shopping 등 택스 리펀 가맹점에 가입되어 있어야 한다. 결제 시 택스 리펀 서류와 영수증을 받아야 하며 여권도 제시해야 한다. 공항에서 세금 환급 절차는 다음과 같다.

❶ 한국으로 돌아가는 출국 당일, 탑승하게 될 항공사 카운터에서 탑승권을 발권한다. 이때 환급받을 물건이 캐리어 안에 있다면 수하물 위탁은 잠시 보류한다.

❷ 출국장 부가세 환급 사무소(VAT Office)에서 세관원의 지시에 따라 구입 물품을 보이고 서류에 출국 증명 스탬프를 받는다. 서류에는 개인 정보를 미리 기재해 두어야 한다.

❸ 항공사 카운터로 이동해 수하물을 위탁한다.

❹ 카드 환급 시, 출국 심사 전에 스탬프를 받은 서류 봉투를 택스 리펀 대행사 우체통에 넣는다. 현금 환급 시에는 출국 수속 후 택스 리펀 대행사에서 서류를 제시하고 현금으로 돌려받는다.

※카드 환급은 수수료가 낮지만 1개월 이상 소요되고, 현금 환급은 수수료가 높지만 바로 환급이 가능하다는 장점이 있다.

TIP

국가별 세금 환급률과 최소 구매액

오스트리아 20%, €75.01
체코 21%, 2,001Kč
헝가리 27%, 63,001Ft
슬로바키아 20%, €100
슬로베니아 22%, €50.01
크로아티아 25%, €100

FAQ 5

인기 명소 입장권이나 투어 예약은 미리 해야 하나요?

성수기에는 1~2주 전 예약하는 것이 안전

동유럽은 주요 도시라 해도 사전 예약 경쟁이 그리 치열한 편은 아니다. 특별 할인 행사를 제외하면 조기 예약이 더 저렴한 것도 아니고, 예약 시 방문 날짜와 시간까지 확정해야 하는 경우가 많으니 서두르기보다는 구체적인 여행 일정이 잡힌 후에 예약하는 것이 좋다. 단, 부다페스트의 국회의사당, 프라하 근교 플젠에 있는 필스너 우르켈 양조장 투어, 오페라 공연 입장권(공연과 좌석 등급에 따라 일찍 매진될 수 있음) 등은 성수기에는 최소 1~2주 전 예약을 권한다.

FAQ 6

미술관을 딱 한 곳만 간다면 추천하는 곳은?

빈의 미술사 박물관 또는 벨베데레 궁전

동유럽에서 미술관이 가장 많은 도시는 오스트리아 빈이다. 빈에 있는 수많은 미술관 중에서도 가장 유명한 곳은 미술사 박물관이다. 세계적인 수준의 명작이 가득해 미술에 큰 관심이 없는 사람이라도 한번 방문해 보길 권한다. 그리고 오스트리아가 자랑하는 화가 클림트의 명작을 보고 싶다면 벨베데레 궁전을 방문해보면 좋다. 클림트의 가장 유명한 작품을 볼 수 있을 뿐만 아니라 아름다운 궁전 자체도 볼거리라서 누구나 즐겁게 시간을 보낼 만한 곳이다.

FAQ 7

부다페스트 온천 어디가 좋을까요? 래시가드 입어도 되나요?

세체니 · 겔레르트 · 루다스 온천(래시가드 No)

부다페스트는 유럽의 대표적인 온천 도시다. 치료, 문화, 수질, 전망 등 온천마다 내세우는 특장점이 다르니 목적에 맞게 선택해 방문해보자. 규모가 크고 시설이 좋은 곳에 사람이 많은데 세체니 온천, 겔레르트 온천, 루다스 온천이 가장 유명하다. 래시가드 착용은 규정상 금지다. 입장이 불가한 곳도 있고 실제로는 규제하지 않는 곳도 있지만, 다른 이용객들에게 주목받을 수 있다. 피부 건강에 좋은 온천인 만큼 온몸을 꽁꽁 싸매기보다는 마음 편히 즐겨보자. 부끄러움은 찰나일 뿐이다. ▶ 온천 정보 3권 P.048

FAQ 8

우리나라와 다른 식당 예절을 알려 주세요.

종업원을 대할 때 세심한 예절 필요

직접 주문하고 음식을 가져오는 셀프서비스 식당의 경우 우리나라와 비슷하지만, 종업원이 서비스하는 식당에서는 몇 가지 유의할 점이 있다. 먼저 식당 입구로 들어서면 종업원의 안내에 따라 지정 좌석에 앉아야 한다. 그리고 종업원을 부를 때는 소리를 높여 부르지 말고 눈이 마주치면 손을 들어 의사를 표시한다. 만약 너무 시끄럽고 복잡한 상황이라면 "Excuse Me!"라고 종업원에게 들릴 정도로 불러도 되지만 되도록 주의하는 것이 좋다. 식사를 마친 후에는 테이블에 앉은 채 계산서를 달라고 해서 결제한다.

FAQ 9

식당에서 팁은 꼭 내야 하나요?

팁은 결제 금액의 5~10%

국가마다 조금 차이는 있지만 보통 계산서 금액의 5~10% 정도를 팁으로 낸다. 물론 서비스가 훌륭했다면 팁을 더 줄 수도 있지만 서비스가 만족스럽지 못했다고 해서 너무 인색하게 구는 것도 바람직하지 않다. 팁 문화에 익숙하지 않은 동양인들이 팁을 내지 않으면 동양인에게만 유독 서비스가 나빠지는 악순환이 이어질 수 있다. 사실 손님이 밀려드는 성수기에는 친절한 서비스를 기대하기 어렵지만 팁을 내는 것이 일반적이다. 단, 정말 불쾌할 정도로 서비스가 나빴다면 팁을 내야 할 의무는 없다.

TIP

영수증을 꼭 확인

고급 식당이라면 이미 팁이 포함된 경우가 있으니 반드시 확인하자. 영수증에는 팁이라고 쓰지 않고 Service Charge, SVC, 또는 Gratuity 등으로 표시된다.

FAQ 10

동유럽 음식은 한국인 입맛에 잘 맞나요?

주요 도시에서 한국 컵라면은 구입 가능

개개인에 따라 만족도는 다르겠지만 동유럽 음식은 대체로 무난하다. 강한 향신료를 사용하거나 낯선 재료를 쓰는 경우가 드물고 특히 동유럽 전반에 퍼져 있는 굴라시나 슈니첼은 우리 입맛에도 잘 맞는 편이다. 입맛이 까다로운 편이라면 한국에서 간단한 먹을거리를 준비해 가도 좋지만, 동유럽은 오스트리아를 제외하면 한국보다 물가가 저렴한 편이라서 굳이 음식을 준비해 가는 것은 권하지 않는다. 현지 슈퍼마켓에서 한국 컵라면을 비싸지 않게 파는 곳이 종종 있다.

FAQ ⑪

동유럽의 루인 펍에 혼자 가도 괜찮을까요?

➡ 루인 펍은 세계 각국 여행자들이 어울리는 곳

부다페스트의 핫 플레이스인 '루인 펍'은 폐건물을 개조한 다양한 테마가 있는 이색 공간으로 수많은 여행자들이 찾는 곳이다. 우리나라 클럽과 비교되기도 하지만 분위기가 조금 다르다. 무엇보다 입장 시 복장과 연령에 크게 제한을 두지 않아 누구나 자유롭게 즐길 수 있다. 맥주를 마시며 디제잉을 즐길 수 있는 한편, 조용한 음악을 들으며 이야기를 나눌 수 있는 공간이 마련되어 있기도 한다. 이성 간의 추근거림보다는 세계 각국의 여행자를 만나 어울릴 수 있는 곳이기 때문에 혼자 가도 충분히 즐길 수 있다. 여러 곳의 펍이 새벽까지 영업한다. 단, 밤늦은 시간이라면 혼자보다는 일행과 함께 가는 것이 좋다.

TIP

동유럽 치안은 어떤가요?

우리나라와 크게 다르지 않다. 어디서든지 늦은 시간에 외진 지역을 돌아다니는 것은 삼가고, 낯선 사람의 과도한 친절은 경계해야 한다. 안전한 여행을 위한 국가별 주의 사항을 참고하자.

FAQ ⑫

대중교통 이용 시 특별히 주의할 점이 있나요?

➡ 승차 전 반드시 티켓을 펀칭기에 넣어 개시

동유럽의 대중교통 시스템은 대부분 우리나라와 비슷하지만 검표 방식만큼은 우리와 달라서 주의해야 한다. 도시마다 차이가 있지만 실물 티켓의 경우 승차 직전 펀칭기에 직접 티켓을 넣어 개시하고, 앱으로 구입한 티켓은 탑승 전 QR코드를 인식해야 한다. 만약 검표원이 불심 검문을 했을 때 티켓을 소지하고 있지 않거나 이용 시간이 지났거나, 티켓에 시간이 찍혀 있지 않으면 무임승차로 간주해 벌금을 부과한다.

FAQ ⑬

열차나 버스 요금이 수시로 변동되나요?

➡ 변동 폭이 크니 일찍 예매할수록 유리

수시로 변동된다. 열차의 경우 일반 요금이 있고 조건에 따라 단계적 할인이 적용된다. 일찍 예매하면 할인 티켓이 많이 남아 있고 늦게 예매하면 일반 요금을 내거나 티켓이 없을 수도 있다. 버스는 회사마다 요금 차이가 크다. 조기 예매 시 파격가에서 시작하는 경우도 있고 적정가에서 시작하는 경우도 있다. 그리고 출발일이 다가오면 좌석이 줄어드는 노선이나 스케줄에는 요금이 점차 올라가며 잔여 티켓이 없을 수도 있다. 열차와 버스 모두 오버부킹을 받지는 않기 때문에 항공권처럼 가격이 치솟지는 않지만 일찍 예매할수록 유리하다.

FAQ 14

프라하에서 대중교통 이용할 때 수하물 티켓 구입이 필수인가요?

대형 캐리어 소지 시 수하물 티켓 별도 구입

프라하의 지하철, 트램, 버스 탑승 시에 캐리어를 소지하고 있다면 주의할 점이 있다. 바로 수하물 티켓을 구입해야 한다는 것인데, 모든 캐리어에 해당하지는 않는다. 25×45×70cm 사이즈까지는 무료이며 그 이상일 때 티켓을 구입해야 한다(요금 20Kč). 구입 후 일반 티켓과 마찬가지로 펀칭을 해야 하며 300분간 유효하다. 참고로 1일권 이상의 티켓을 소지하고 있거나 공항버스 탑승 시에는 수하물 티켓을 별도 구입하지 않아도 된다.

FAQ 15

프라하에서 가짜 검표원 사기가 있다던데요?

문제없는데도 고액 벌금을 요구하는 경우

관광객이 늘면서 프라하 내 무임승차 단속이 강화되었다. 대중교통에서 불심검문을 하는 것은 예삿일인데, 티켓을 소지하고 있더라도 펀칭하지 않은 티켓이거나 유효시간이 지난 티켓을 가지고 있다면 벌금 부과 대상이다. 그런데 관광객을 속이는 검표원이 있다. 정당한 승차권을 제시했는데 최대 벌금액(1,500Kč)이 넘는 금액을 요구한다면 의심해 봐야 한다. 이런 경우 주변 교통경찰이나 교통국 사무실로 인도해 확인하는 것이 좋다. 단, 오해가 생길 수 있으니 정중하게 이야기하는 것이 중요하다.

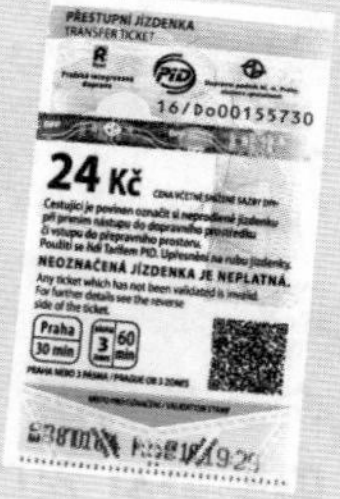

TIP

승차권 관련 벌금은 굳이 현장에서 내지 않아도 된다. 검표원이 대중교통 검사 기록장Record of Transport Inspetion(ROTI)에 승객의 여권 정보를 기록하고 청구서를 작성해 주면 청구서를 소지하고 교통국 사무실을 찾아가 벌금을 내는 것이 일반적이다.

FAQ 16

동유럽 갈 때 여행자 보험에 꼭 가입해야 하나요?

체코 여행 시 여행자 보험은 선택이 아닌 필수

외국인 체류법 개정 후 체코에 가려면 여행자 보험에 가입해야 한다. 정확히는 본국 송환 비용을 포함하여 총 €3,000(한화 17만 5,000원) 이상 보장하는 보험이어야 한다. 실제로 검문했다는 이야기는 잘 들리지 않지만 체코 여행 중에는 체코어나 영어로 된 보험 증서를 소지하는 것이 원칙이다. 이와 더불어 서명한 여권을 소지해야 하며 이는 여권 사본, 국제 운전면허증 등 다른 신분증으로 대체할 수 없다.

FAQ 17

여행 중 빨래는 어떻게 해결하나요?

숙소에 세탁기가 없다면 근처 코인 세탁소 이용

에어비앤비나 호스텔에 묵는다면 숙소에 비치된 세탁기를 무료 또는 유료로 이용할 수 있다. 호텔이라면 세탁 서비스를 맡기면 되지만 비용이 만만치 않다. 우리나라와 달리 유럽은 코인 세탁기 사용이 보편적이고 대도시라면 숙소 인근에서 코인 세탁소를 어렵지 않게 찾을 수 있다. 코인 세탁소에는 세제 자판기도 있지만 비싼 편이다. 장기 여행을 계획한다면 마트에서 작은 캡슐형 세제를 구입해 사용하는 것이 경제적이다.

FAQ 18

동유럽에서 영어가 잘 통하나요?

주요 도시의 관광지와 호텔에서는 OK

영어 소통 수준은 여행 지역에 따라 차이가 크다. 같은 오스트리아라고 해도 빈에서는 영어가 잘 통하지만 소도시는 다르다. 여행자들이 주로 방문하는 관광지나 호텔에서는 영어로 의사소통이 매끄러운 편이다. 단, 작은 상점이나 중심가에서 떨어진 식당에서는 영어가 잘 통하지 않을 수 있다.

FAQ 19

숙소 바닥이 따뜻하지 않다던데, 온열 매트를 가져갈까요?

추위를 많이 탄다면 소형 온열 매트 준비

바닥이 따뜻한 온돌은 우리나라 고유의 난방 시스템으로 유럽에서는 찾아볼 수 없다. 추운 날씨에 온종일 바깥을 돌아다니다 숙소로 돌아오면 따뜻한 바닥이 그리워지기 마련이지만 히터를 켜서 공기를 데우는 방법밖에 없다. 어르신이나 유난히 추위를 타는 사람이라면 온열 매트를 준비해 가는 것도 좋다. 짐을 줄이려면 부피가 작은 것이 좋다. 국가별 콘센트 타입을 미리 확인하고 비상용 멀티플러그를 챙기는 것도 잊지 말자.

FAQ 20

미리 보고 가면 좋은 영화를 추천해 주세요.

동유럽 배경 영화를 보고 가면 즐거움이 두 배!

오스트리아의 잘츠부르크와 잘츠카머구트 지역을 여행한다면 영화 〈사운드 오브 뮤직〉을 꼭 보고 가자. 영화의 주요 배경지라서 여행 중 이 영화 이야기를 자주 접하게 된다. 크로아티아에 간다면 미국 드라마 〈왕좌의 게임〉을 보고 가는 것이 좋다. 영화 배경은 CG 처리가 많아 실제 모습과는 조금 다르지만, 〈왕좌의 게임〉 팬들의 발길이 끊이지 않으며 관련 투어도 있다. 체코의 프라하는 수많은 영화의 단골 무대다. 〈아마데우스〉, 〈007 카지노 로얄〉, 〈스파이더맨〉, 〈미션 임파서블〉 등이 유명하다.

FAQ 21

소매치기는 어떻게 예방할 수 있나요?

알고 가면 안 당한다! 가장 흔한 사건 · 사고 유형과 주의 사항

동유럽은 범죄율이 낮은 편이라 크게 걱정할 필요는 없지만 사람들이 많이 붐비는 관광지에서는 종종 도난 사고가 일어난다. 흉기를 들이대는 강력 범죄는 흔치 않으며 대체로 부주의로 인한 소매치기나 날치기 수준의 범죄다. 따라서 어디서든 정신을 바짝 차리고 다닌다면 무사히 여행을 마칠 수 있다. 자주 일어나는 사건 · 사고 유형을 미리 알아두고 항상 조심하자.

사건 · 사고 유형

- 식당과 카페에서 주문하러 갈 때나 화장실에 가는 등 잠시 자리를 비운 사이 물건을 가져간다.
- 화장실, 지하철 등에 깜빡 잊고 두고 나온 가방이나 소지품을 가져간다.
- 여러 명이 여행자 한 명에게 접근해 말을 걸어 시선을 분산시킨 후 소매치기
- 자동 발매기에서 헤매고 있을 때 도움을 준다며 다가와 잔돈을 훔치거나 소매치기
- 지하철 등에서 갑자기 넘어지는 척하며 신체 접촉을 시도하고 소매치기
- 물건을 들어 달라는 등 도움을 요청하면서 손을 못 쓰게 하고 소매치기
- 옷에 이물질을 묻히고 털어 주는 척하며 소매치기
- 호객 행위를 해서 택시, 숙박 등을 제공하고 바가지요금을 청구한다.
- 돈을 거슬러 줄 때 계산 실수인 척하며 적게 준다.
- 브라티슬라바, 프라하 등 일부 도시에서 검표원을 사칭해 금품을 요구하거나 압수한다.
- 문을 열어 주거나 짐을 들어 주는 등 친절을 베풀고 돈을 요구한다.

주의 사항

- 가방을 어깨에 살짝 걸치거나 배낭을 뒤로 메는 것은 소매치기의 표적이 될 수 있다. 항상 크로스로 메고, 가방 지퍼가 내 시선에 가까이 있도록 한다.
- 클럽 등에서 낯선 사람이 마개가 열려 있는 음료를 주더라도 마시지 않는다.
- 지나치게 친절한 사람은 경계해야 한다.
- 늦은 시간 혼자 외진 곳에 다니지 않는다.
- ATM에서 현금을 꺼낼 때는 주변에 수상한 사람이 없는지 살펴본다.

TIP

만약 소매치기를 당했다면?

사건 발생 장소에서 가까운 경찰서에 가서 신고해야 하는데 소지품을 찾을 수 있는 확률은 낮다. 다만 여행자 보험에 가입되어 있다면 보험사에 보험금을 청구할 수 있으니 경찰서 확인증 police report를 받아 두자.

소매치기가 빈번한 지역 알아두기

체코 프라하

- 프라하성, 카를교, 틴 성당, 천문 시계 등 구시가지 광장 일대
- 바츨라프 광장 인근 KFC, 맥도날드, 식당, 호텔 등
- 프라하 중앙역, 시외버스 터미널, 지하철역 (Mustek역, Muzeum역, Florenc역 등)
- 트램, 버스, 지하철 등 대중교통 이용 시 매표소 부근이나 차량 안

헝가리 부다페스트

- 바치 거리, 겔레르트 언덕, 세체니 다리, 부다 왕궁, 영웅 광장, 세체니 온천, 성 이슈트반 대성당, 기차역 주변
- 빈-부다페스트 구간 열차 안

슬로바키아 브라티슬라바

- 구시가지, 테스코(대형 마트)
- 트램 정류장, 버스 정류장

크로아티아 자그레브

- 트램 안, 버스 터미널 주변

FAQ 22

동유럽 사람들은 불친절하다던데 그게 사실인가요?

'오버투어리즘overtourism'이라는 말이 나올 정도로 관광객이 홍수처럼 밀려드는 상황에서 동유럽의 서비스업 종사자들은 굳이 친절하려고 애쓰지 않는다. 시끄럽게 떠들거나 팁에 인색한 동양인 손님들을 겪었다면 더욱 그렇다. 피해 사례 및 현지 문화를 알아두면 불친절한 서비스에 대처하는 데 도움이 된다.

불친절한 서비스 사례

- 식당이나 카페에서 빈자리가 많이 있는데 좋지 않은 자리로 안내한다.
- 사람이 많은 식당에서 종업원을 불렀을 때 일부러 모르는 척하거나 잘 오지 않는다.
- 드레스 코드를 유난히 까다롭게 체크한다.
- 돈을 거슬러 줄 때 일부러 적게 준다.

주의 사항

- 동유럽의 식당 예절을 숙지한다. 원하는 자리에 스스로 앉지 않고 입구에서 종업원이 다가오면 인원수를 말하고 안내에 따라 자리에 앉는다.
- 실내에서 큰 소리로 떠들지 않는다.
- 종업원을 큰 소리로 부르거나, 지나갈 때 붙잡아서도 안 된다. 손을 들거나 조용히 부른다.

FAQ 23

약국에서 약을 사야 하는 경우에는?

구글맵 앱을 이용해 주변 약국을 찾는다. 간단한 의약품은 드러그스토어에서도 구입 가능하다. 약국은 보통 평일에만 운영하며 역 주변은 운영 시간이 좀 더 길고, 대도시에는 24시간 운영하는 약국도 있다.

알아두면 좋은 현지어 표기

우리말	오스트리아어	체코어	헝가리어	슬로바키아어	크로아티아	슬로베니아어
병원	Apotheke	Lékárna	Gyógyszertár	Lekáreň	Bolnica	Lekáreň
약국	Krankenhaus	Nemocnice	Kórház	Kórház	Ljekarna	Kórház
감기	Grippe	Chřipka	Influenza	Chrípka	Gripa	Chrípka
두통	Kopfschmerzen	Bolest Hlavy	Fejfájás	Bolesť Hlavy	Glavobolja	Bolesť Hlavy
복통	Magenschmerzen	Bolení Břicha	Hasfájás	Bolesť Brucha	Bol U Trbuhu	Bolesť Brucha
열	Fieber	Horečka	Láz	Horúčka	Groznica	Horúčka
통증	Schmerzen	Bolest	Fájdalom	Bolesť	Bol	Bolesť

FAQ 24

공항에서 짐을 분실했다면?

먼저 수하물 신고소baggage claim(보통 짐 찾는 곳 옆에 있다)에 가서 분실 접수를 한다. 탑승권, 수하물 확인표를 제시하고 신고서를 제출한 뒤 접수 번호를 받으면 항공사 안내 데스크에 가서 보상을 요구한다. 당장 사용할 생필품에 대한 보상은 항공사마다 규정이 다르다. 소정의 현금을 주거나 물품으로 주기도 하고 아예 안 주는 곳도 있으며, 직접 물품 구입 후 영수증을 제출하면 보상해 주는 곳도 있다. 일단 접수를 하고 숙소로 가서 기다리면 수하물을 찾아 숙소로 보내 준다. 보통은 24시간 내에 해결되지만 그렇지 않은 경우 지속적으로 문의한다. 추후 항공사와 보험사에 보상 신청을 한다.

FAQ 25 신용카드를 잃어버렸다면?

먼저 한국의 카드사로 전화하거나 홈페이지에서 분실 신고를 한다. 시차와 상관없이 24시간 통화 가능하다. 신고가 늦어져 부정 사용되었을 가능성이 있다면, 현지에서 경찰서 확인증을 받아 두었다가 귀국 후 제출해야 보상받기 수월하다. 임시로 쓸 카드가 필요하다면 긴급 대체 카드emergency replacement card를 발급받는 방법도 있다. 국내 카드사가 아닌 해외 카드사 브랜드의 글로벌 서비스 센터에서 신청하며 1~3일 정도 걸린다.

주요 카드사 문의처

카드 발급사	분실 신고 번호	홈페이지	카드 발급사	분실 신고 번호	홈페이지
신한카드	+82-2-3420-7000	www.shinhancard.com	롯데카드	+82-2-2280-2400	www.lottecard.co.kr
KB국민카드	+82-2-6300-7300	card.kbcard.com	우리카드	+82-2-6958-9000	www.wooricard.com
삼성카드	+82-2-2000-8100	www.samsungcard.com	BC카드	+82-2-950-8510	www.bccard.com
현대카드	+82-2-3015-9000	www.hyundaicard.com	NH농협카드	+82-2-6942-6478	card.nonghyup.com
하나카드	+82-2-1800-1111	www.hanacard.com	씨티카드	+82-2-3704-7000	www.citicard.co.kr

FAQ 26 여권을 잃어버렸다면?

영사관에 가서 여권을 재발급받아야 한다. 동유럽의 영사관은 슬로베니아를 제외하면 모두 수도에 있다(슬로베니아는 오스트리아의 빈 영사관에서 업무 대행). 영사관에 따라서는 경찰서 확인증을 반드시 준비할 것을 요구하는 곳이 있으니 경찰서에 먼저 들러야 할 수도 있다. 영사관은 주말에 운영하지 않으며 여권 업무는 근무 시간에만 수행한다. 영사관에 여권 재발급 신청 서류를 제출하면 단수 여권(한국 귀국 시 효력 상실)의 경우 1~2시간 안에 발급된다(공휴일 제외).

여권 재발급 시 준비물

- 신분 증명 서류(주민등록증, 운전면허증, 여권 사본, 한국행 전자 항공권e-ticket 등)
- 분실 신고서 (경찰서나 영사관)
- 여권 사진 2매
- 발급 수수료 $15

FAQ 27 급히 현금이 필요하다면?

외교부 영사콜센터의 '신속해외송금 지원 서비스'나 '웨스턴 유니언 서비스'를 이용할 수 있다.

영사콜센터 서비스 이용 시

1. 24시간 운영하는 영사콜센터(+82-2-3210-0404)에 전화해 긴급 경비 지원을 신청한다.
2. 승인을 받은 후 국내의 가족, 친구 등에게 알려 영사콜센터에 송금 절차를 문의하게 한다.
3. 영사콜센터에서 입금 계좌 정보를 안내해 준다.
4. 외교부 협력 은행(우리, 농협, 수협) 계좌로 입금한다. 최대 $3,000까지 가능하다.
5. 입금이 완료되면 영사관에서 현금을 지급한다(근무 시간 중 내방하여 직접 수령).

웨스턴 유니언 서비스 이용 시

1. 가까운 웨스턴 유니언 송금 센터를 찾아간다. 빈, 프라하, 부다페스트, 자그레브 등에는 주말에도 영업하는 곳이 있다(가맹점 위치 조회 www.westernunion.com).
2. 국내의 가족, 친구 등에게 웨스턴 유니언 취급 은행(카카오뱅크, 국민, 기업, 하나, NH농협, 부산, 대구)을 통해 송금을 부탁한다.
3. 송금 정보(인증 번호, 금액 등)와 신분증을 제시하면 현지 가맹점에서 바로 현금을 받을 수 있다.

동유럽 여행 준비물 체크 리스트

현지에서 요긴하게 사용할 준비물

☐ **스프링 스트랩**

휴대전화와 같은 귀중품을 분실하거나 도난당하는 경우를 방지하기 위해 준비해 가면 좋은 아이템. 실리콘 재질의 목걸이형 스트랩도 있다.

☐ **와이어 케이블 및 자물쇠**

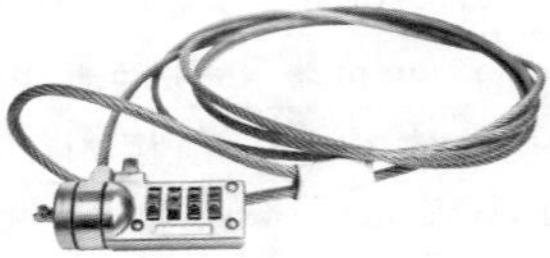

기차 안에서 캐리어를 도난당하는 일을 방지하기 위해 가져가면 든든하다. 케이블은 숙소에서 빨랫줄로 활용할 수도 있다.

☐ **동전 지갑**

동유럽에서는 우리나라보다 동전의 사용 빈도가 높다. 또한 국가를 이동할 때마다 통화가 자주 바뀌니 동전 지갑을 따로 준비하면 유용하다.

☐ **멀티포트 충전기**

콘센트가 몇 개 없는 호텔이나 도미토리 객실을 이용할 때 유용하다. 휴대전화, 카메라, 배터리 등을 동시에 충전할 수 있다.

☐ **세탁망**

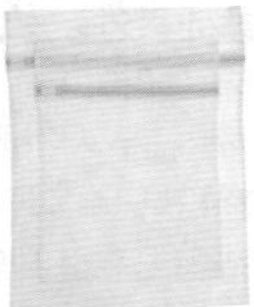

호스텔에서 여럿이 빨래를 하게 될 경우, 세탁망이 있으면 내 빨래를 구분할 수 있어 편리하다. 빨래를 담아 두기에도 좋다.

☐ **컵라면**

대도시의 큰 슈퍼마켓에서는 한국 라면을 파는 곳이 많지만 중소 도시에서는 찾아보기 어렵다. 특히 겨울에는 매콤한 라면 국물이 부쩍 그리워진다.

☐ **손톱깎이**

일주일이 넘는 중장기 일정이라면 한 번은 꼭 찾게 된다. 기내용 휴대 수하물에도 넣을 수 있다.

☐ **슬리퍼**

동유럽의 호텔에는 슬리퍼가 없는 경우가 많다. 방수가 되고 가벼운 슬리퍼를 준비하면 좋다.

☐ **보조 가방**

동유럽을 여행하다 보면 사고 싶은 게 참 많다. 크고 가벼운 보조 가방이 있으면 든든하다.

꼭 챙겨야 하는 필수 준비물

항목	준비물	체크
필수품	여권	☐
	전자 항공권(종이 또는 e-ticket)	☐
	여행자 보험 (영문 종이 증서 또는 PDF 파일)	☐
	숙소 바우처 (프린트물 또는 예약 번호나 영수증)	☐
	여권 사본(비상용)	☐
	여권용 사진 2매(비상용)	☐
	현금(유로화/방문국 통화)	☐
	신용카드/체크카드	☐
	국제 운전면허증(렌터카 이용 시)	☐
	국제 학생증(26세 이하 학생)	☐
전자 제품	휴대전화	☐
	휴대용 보조 배터리	☐
	휴대전화 고속 충전기	☐
	멀티어댑터	☐
	카메라	☐
	카메라 충전기	☐
	카메라 보조 메모리	☐
	이어폰	☐
	심카드	☐
	태블릿/노트북	☐
	드라이어 또는 면도기	☐
미용 용품	세면도구	☐
	화장품	☐
	위생용품	☐
	머리끈/면봉	☐
	손톱깎이	☐
	손거울	☐

항목	준비물	체크
계절 용품	휴대용 선풍기	☐
	자외선 차단제	☐
	선글라스	☐
	모자	☐
	우산	☐
	휴대용 핫팩	☐
의류 · 신발	속옷	☐
	양말	☐
	상의	☐
	하의	☐
	잠옷	☐
	신발(운동화, 샌들)	☐
	실내용 슬리퍼	☐
비상약	소화제	☐
	지사제	☐
	종합 감기약	☐
	항생 연고	☐
	진통제	☐
	밴드	☐
기타	지퍼백/비닐봉지	☐
	자물쇠	☐
	목 베개/수면 안대/귀마개	☐
	필기도구	☐
	셀카봉/삼각대	☐
	여행용 티슈/물티슈	☐

2024–2025
NEW EDITION

팔로우 동유럽 핵심 6개국

팔로우 동유럽 핵심 6개국

1판 1쇄 발행　2024년 4월 26일
1판 2쇄 발행　2024년 11월 15일

지은이 | 이주은·박주미
발행인 | 홍영태
발행처 | 트래블라이크
등　록 | 제2020-000176호(2020년 6월 24일)
주　소 | 03991 서울시 마포구 월드컵북로6길 3 이노베이스빌딩 7층
전　화 | (02)338-9449
팩　스 | (02)338-6543
대표메일 | bb@businessbooks.co.kr
홈페이지 | http://www.businessbooks.co.kr
블로그 | http://blog.naver.com/travelike1
ISBN　979-11-982694-9-2　14980
　　　979-11-982694-0-9　14980(세트)

* 잘못된 책은 구입하신 서점에서 바꾸어 드립니다.
* 책값은 뒤표지에 있습니다.
* 트래블라이크는 ㈜비즈니스북스의 임프린트입니다.
* 비즈니스북스에 대한 더 많은 정보가 필요하신 분은 홈페이지를 방문해 주시기 바랍니다.

비즈니스북스는 독자 여러분의 소중한 아이디어와 원고 투고를 기다리고 있습니다.
원고가 있으신 분은 ms3@businessbooks.co.kr로 간단한 개요와 취지, 연락처 등을 보내 주세요.

팔로우
동유럽
핵심 6개국

이주은 · 박주미 지음

follow
EASTERN
EUROPE

Travelike

책 속 여행지를 스마트폰에 쏙!

《팔로우 동유럽》 지도 QR코드 활용법

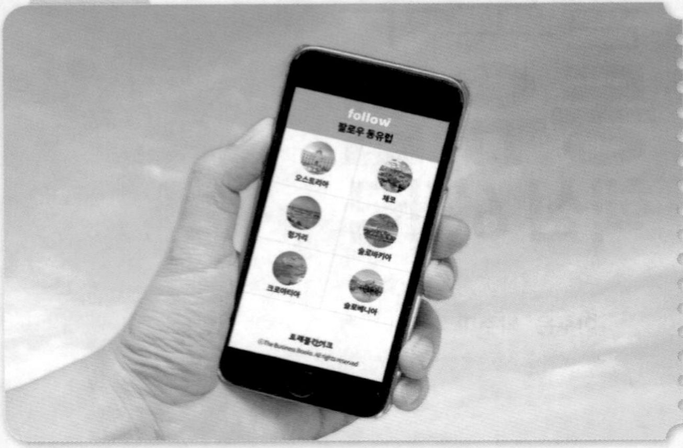

QR코드를 스캔하세요.
구글맵 앱 '메뉴-저장됨-지도'로 들어가면 언제든지 열어볼 수 있습니다.

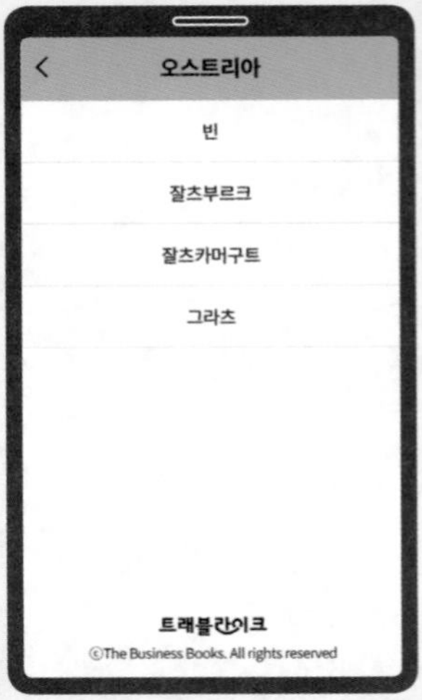

1
스마트폰으로 오른쪽 상단의 QR코드를 스캔합니다. 연결된 페이지에서 원하는 지역을 선택합니다.

2
선택한 지역의 지도로 페이지가 이동됩니다. 화면 우측 상단에 있는 ⛶아이콘을 클릭합니다.

3
지도가 구글맵 앱으로 연동되고, 내 구글 계정에 저장됩니다. 본문에 소개된 장소들의 위치를 확인할 수 있습니다.

#《팔로우 동유럽》본문 보는 법

HOW TO FOLLOW EASTERN EUROPE

동유럽의 핵심 여행지인 오스트리아, 체코의 최신 정보를 중심으로 구성했습니다.

※이 책에 실린 정보는 2024년 3월까지 수집한 자료를 바탕으로 하며 이후 변동될 가능성이 있습니다.

- **대도시는 존(ZONE)으로 구분**
  볼거리가 많은 대도시는 존으로 나눠 핵심 명소를 중심으로 주변 명소를 연계해 여행자의 동선이 편리하도록 안내했습니다. 핵심 볼거리는 매력적인 테마 여행법으로 세분화하고 풍부한 읽을거리, 사진, 지도 등을 함께 소개해 알찬 여행을 할 수 있습니다.

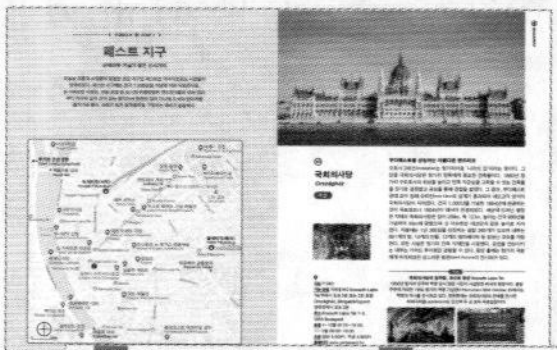

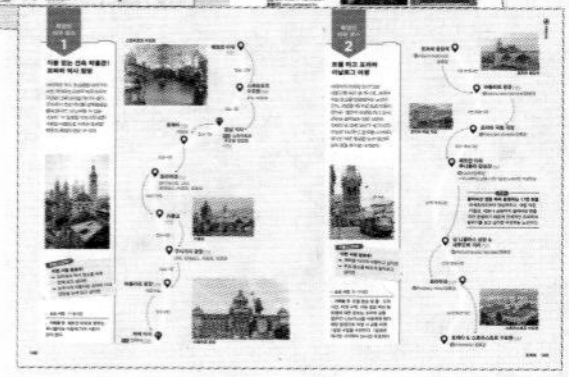

- **일자별 · 테마별로 완벽한 추천 코스**
  추천 코스는 일자별 평균 소요 시간은 물론 아침부터 저녁까지의 이동 동선과 식사 장소, 꼭 기억해야 할 여행 팁을 꼼꼼하게 기록했습니다. 어떻게 여행해야 할지 고민하는 초보 여행자를 위한 맞춤 일정으로 참고하기 좋으며 효율적인 여행이 가능하도록 도와줍니다.

- **실패 없는 현지 맛집 정보**
  한국인의 입맛에 맞춘 대표 맛집부터 현지인의 단골 맛집, 인기 카페 정보와 이용법, 대표 메뉴, 장·단점 등을 한눈에 보기 쉽게 정리했습니다. 동유럽 각국의 식문화를 다채롭게 파악할 수 있는 지역별 특색 요리와 미식 정보도 다양하게 실었습니다.

  위치 해당 장소와 가까운 명소 또는 랜드마크
  유형 유명 맛집, 로컬 맛집, 신규 맛집 등으로 분류
  주메뉴 대표 메뉴나 인기 메뉴
  🙂 😑 좋은 점과 아쉬운 점에 대한 작가의 견해

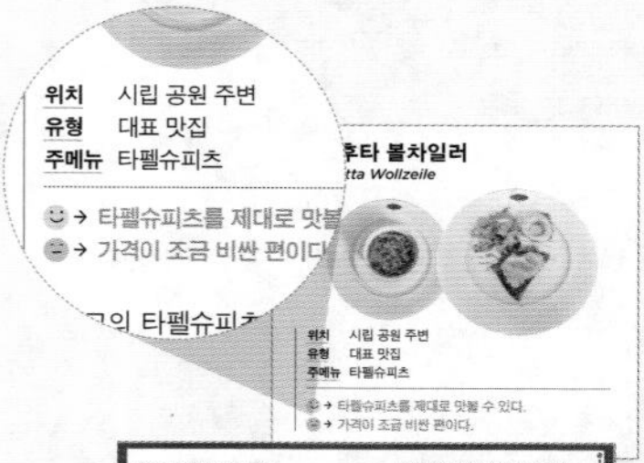

- **흥미진진한 동유럽 문화 이야기 대방출**
  도시의 매력에 푹 빠지게 되는 관광 명소와 각 도시의 건축물, 거리에 얽힌 재미있고 풍부한 이야깃거리는 물론 역사 속 인물과 관련한 스토리를 페이지 곳곳에 실어 읽는 즐거움을 더합니다. 또한 여행 전 알아두면 좋은 여행 꿀팁도 콕콕 찍어 알려줍니다.

지도에 사용한 기호 종류

관광 명소	공항	기차역	버스 터미널	페리 터미널	지하철역	버스 정류장	트램 정류장
케이블카	푸니쿨라	관광안내소	우체국	분수	병원	공원	산

동유럽 전도
N
W
E
S
0
200km
북해
North Sea
영국
United Kingdom
런던
London
네덜란드
Nederland
벨기에
Belgium
독일
Germany
프랑크푸르트
Frankfurt
룩셈부르크
Luxembourg
파리
Paris
프랑스
France
베른
Bern
스위스
Switzerland
밀라노
Milano
이탈리아
Italy
모나코
Monaco
니스
Nice
피렌체
Firenze
스페인
Spain
바르셀로나
Barcelona
발레아레스해
Valeares
마드리드
Madrid

발트해
Baltic Sea
리투아니아
Lithuania
벨라루스
Belarus
폴란드
Poland
바르샤바
Warszawa
프라하
Praha
체코
Czech
크라쿠프
Kraków
올로모우츠
Olomouc
체스키 크룸로프
Český Krumlov
슬로바키아
Slovakia
우크라이나
Ukraine
빈
Wien
브라티슬라바
Bratislava
잘츠카머구트
Salzkammergut
두나카냐르
Dunakanyar
부다페스트
Budapest
몰도바
Moldova
그라츠
Graz
루마니아
Romania
헝가리
Hungary
블레드
Bled
류블랴나
Ljubljana
Slovenia
시기쇼아라
Sighişoara
자그레브
Zagreb
브라쇼브
Braşov
시나이아
Sinaia
Croatia
보스니아
헤르체고비나
Bosnia And
Herzegovina
부쿠레슈티
Bucharest
세르비아
Serbia
자다르
Zadar
흑해
Black Sea
벨리코 투르노보
Veliko Tarnovo
스플리트
Split
몬테네그로
Montenegro
불가리아
Bulgaria
소피아
Sofia
두브로브니크
Dubrovnik
코소보
Kosovo
플로브디프
Plovdiv
아드리아해
Adriatic Sea
북마케도니아
Macedonia
알바니아
Albania
그리스
Greece
튀르키예
Türkiye

잘츠부르크
SALZBURG
P.084
P.108
잘츠카머구트
SALZKAMMERGUT
P.122
그라츠
GRAZ

FOLLOW

오스트리아
AUSTRIA

유럽의 중앙 내륙에 위치한 오스트리아는 13세기 합스부르크 왕가에서 신성 로마 제국의 황제가 선출되면서 역사의 중심에 등장해 20세기 초까지 중부 유럽을 지배하며 번영을 누렸다. 오늘날에는 평화로운 영세 중립국으로 거듭나 600년이 넘는 왕조의 역사와 아름다운 자연경관을 간직한 동유럽 최고의 여행지 중 하나로 손꼽힌다.

AUSTRIA INFO ❶

오스트리아 국가 정보

오스트리아로 떠나기 전 알아두면 좋은 기초적인 정보들을 모았다. 국가 정보와 더불어 여행 시 유용한 정보를 중심으로 수록했으니, 이미 알고 있는 기본적인 내용이라도 여행에 앞서 복습해 두자. 미리 알아 둔다면 여행 시 돌발 상황을 줄일 수 있을 것이다.

국명

오스트리아 공화국
Republik Österreich

수도

빈
Wien (Vienna)

면적

83,879km²
우리나라의 5분의 4

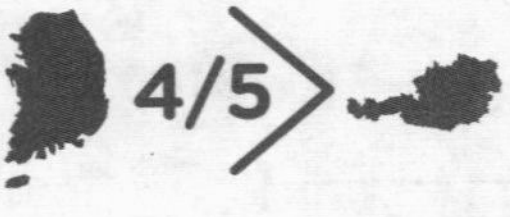

정치 체제
의원내각제

언어
독일어

시차
한국보다
8시간 느림
서머타임 시
7시간 느림

비자
관광 **90일** 무비자

인구
약 **900만** 명

환율
€1 = 약 1,460원
※2024년 4월 기준

통화
유로 EURO

종교

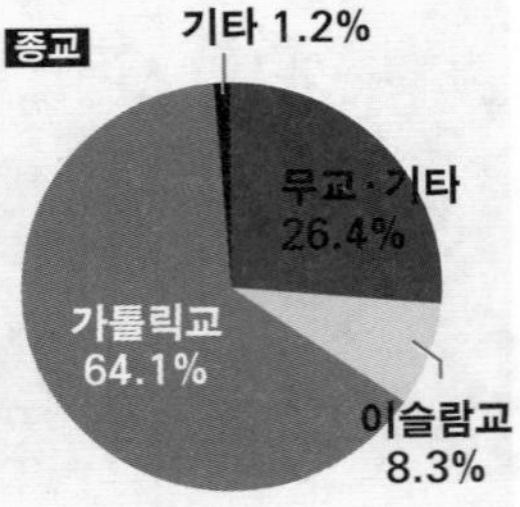

비행시간
인천-빈 직항편
12시간 50분

전압
230V,
50Hz(C/F)
우리나라와 모양은 같지만
비상용 멀티플러그 준비

물가

우리나라보다 전반적으로 물가가 높다. 식비, 숙박비, 입장료, 교통비는 물론 기념품과 간식도 비싼 편이다.

빈 vs 서울 물가 비교

생수(1500ml)
€1(약 1,500원) vs 약 1,500원
빅맥 세트 €9.70(약 1만 4,000원) vs 8,000원
카푸치노(일반 카페) €3.63(약 5,300원) vs 5,200원
대중교통(1회권) €2.40(약 3,500원) vs 1,400원
택시(기본요금) €4(약 5,800원) vs 4,800원
저렴한 식당(1인) €15(약 2만 2,000원) vs 1만 원
중급 식당(2인) €70(약 10만 원) vs 6만 5,000원

팁 문화

중급 이상의 식당에서는 팁을 기대하는 경우가 많고 고급 식당에서는 거의 필수다. 전체 금액의 5~10%를 팁으로 주는 것이 관례이며 호텔에서 서비스를 받은 경우에는 €1~2 정도가 적당하다.

운영시간

역 안에 있는 일부 상점을 제외하고 대부분 일요일과 공휴일에 쉰다. 카페와 식당은 보통 금 · 토요일에 늦게까지 운영하며 일요일에는 일찍 닫는다. 식당은 정오를 전후로 운영을 시작하고, 점심과 저녁 사이에 브레이크 타임이 있다.

상점 월~토요일 10:00~18:00
식당 11:00~22:00

인터넷

대도시는 공공장소에서 무료 와이파이를 제공하는 곳이 많고 속도도 빠르다. 여행자들이 주로 찾는 소도시의 인터넷 사정도 나쁘지 않은 편이다. 오스트리아의 주요 통신사는 에이원A1, 티모바일T-Mobil, 스리(드라이)3(drei) 등이 있다. 이이EE, 보다폰Vodafone, 오렌지Orange 등 다른 유럽 심카드도 이용된다.

전화

오스트리아의 국가 번호는 43번이다.

한국 → 오스트리아 001 등(국제 전화 식별 번호)+43(오스트리아 국가 번호)+0을 뺀 오스트리아 전화번호
오스트리아 → 한국 00(유럽 국제 전화 식별 번호)+82(우리나라 국가 번호)+0을 뺀 우리나라 지역 번호+전화번호

주의 사항

성수기에 인기 있는 식당이나 카페에 가면 종업원이 동양인 손님에게 더 불친절한 경우가 있다. 서비스가 느리거나 구석 자리로 안내하는 경우도 있으니 붐빌 때를 조금 피해서 가자.

긴급 연락처

구급차(응급 의료) 144
경찰 133

주 오스트리아 대한민국 대사관
주소 Gregor-Mendel-Strasse 25, 1180 Wien, Austria
문의 근무 시간 +43 1 478 1991 / 24시간 긴급 +43 664 5270743
운영 영사과 민원실 월~금요일 09:00~12:00, 14:00~16:00 / 대사관(영사과 외) 09:00~12:30, 13:30~17:00 **휴무** 토 · 일요일

공휴일 (2024년)

1월 1일 신년
1월 6일 주현절
4월 1일 부활절 월요일★
5월 1일 노동절
5월 9일 예수승천대축일★
5월 20일 성령강림절(오순절) 월요일★
5월 30일 성체축일★
8월 15일 성모승천일
10월 26일 건국기념일
11월 1일 만성절
12월 8일 성모수태일
12월 25일 크리스마스
12월 26일 성 슈테판의 날
※★매년 날짜가 바뀌는 공휴일

축제 (2024년)

6월 쇤브룬 궁전 여름 음악회
Sommernachtskonzert

빈의 아름다운 궁전 쇤브룬에서 빈 필하모닉 오케스트라의 연주를 들을 수 있다.

7~8월 시청사 광장 필름 페스티벌
Film Festival

빈 시청사 앞에서 펼쳐지는 축제. 영화, 음악회, 오페라 등을 대형 스크린으로 무료 감상할 수 있으며 노천 테이블에서 길거리 음식도 즐길 수 있다.

홈페이지 filmfestival-rathausplatz.at

7~8월 잘츠부르크 음악제
Salzburger Festspiele

유럽 3대 음악 축제 중 하나로 도시 전역에서 음악이 울려 퍼진다.

홈페이지 www.salzburgerfestspiele.at

10월 빈 국제 영화제(비엔날레)
Das Filmfestival Viennale

오스트리아는 물론 전 세계에서 선정된 다양한 장르의 영화를 선보이는 영화제다.

홈페이지 www.viennale.at

날씨와 옷차림

Best Season 6·9월

3~5월 쌀쌀하고 일교차가 큰 봄에는 긴소매 옷과 겉옷, 머플러 등을 준비해야 한다. 여행 중 비가 올 때를 대비해 우산도 챙기자.

6~8월 여름에는 기온이 높지만 건조한 편이라 여행하기 좋은 때다. 하지만 일교차가 커서 아침저녁으로는 약간 쌀쌀할 수 있으니 긴소매 옷을 챙긴다. 특히 잘츠카머구트 등 산악 지역에 간다면 외투도 가져가는 것이 좋다.

9~11월 낮에는 여행하기 좋은 날씨지만, 일교차가 커서 밤에는 쌀쌀하고 가끔 비가 오기도 한다. 껴입을 수 있는 옷들과 적당한 두께의 외투를 준비하는 것이 좋다.

12~2월 겨울철에는 습하고 평균 기온이 영하를 유지한다. 서울에 비하면 기온은 높지만 눈비가 잦고 날이 흐려서 미끄럽지 않은 방수 신발을 준비하는 것이 좋다. 두툼한 외투와 장갑, 우산도 필요하다.

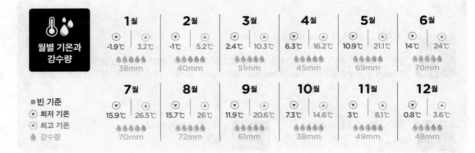

월별 기온과 강수량

※빈 기준

월	최저 기온	최고 기온	강수량
1월	-1.9℃	3.2℃	38mm
2월	-1℃	5.2℃	40mm
3월	2.4℃	10.3℃	51mm
4월	6.3℃	16.2℃	45mm
5월	10.9℃	21.1℃	69mm
6월	14℃	24℃	70mm
7월	15.9℃	26.5℃	70mm
8월	15.7℃	26℃	72mm
9월	11.9℃	20.6℃	61mm
10월	7.3℃	14.6℃	38mm
11월	3℃	8.1℃	49mm
12월	0.8℃	3.6℃	48mm

여행 오스트리아어

인사말

Hallo / Gutten Tag
할로 / 구텐 탁 ▸ 안녕하세요?

Auf Wiedersehen
아우프 비더젠 ▸ 안녕히 계세요.

Danke(Schön) 당케(쉔) ▸ 고맙습니다(매우).

Entschuldigung 엔출디궁 ▸ 실례합니다.

Wie Viel Kostet Es?
비 필 코스테트 에스? ▸ 얼마예요?

Ich Möchte Zahlen
이히 뫼히테 찰렌 ▸ 계산할게요.

Ja 야 ▸ 네.

Nein 나인 ▸ 아니오.

단어장

Toilette 토알레터 ▸ 화장실
Damen 다멘 ▸ 여성/숙녀
Herren 헤렌 ▸ 남성/신사
Empfohlen 엠폴렌 ▸ 추천
Bahnhof 반호프 ▸ 역
Busbahnhof 부스반호프 ▸ 버스 터미널
Abfahrt 압파르트 ▸ 출발
Ankunft 안쿤프트 ▸ 도착
Öffnen 외프넨 ▸ 운영 중
Geschlossen 게슐로센 ▸ 운영 종료
Eingang 아인강 ▸ 입구
Ausgang 아우스강 ▸ 출구

교통 수단

오스트리아의 주요 교통수단은 비행기, 열차, 버스로 나눌 수 있다. 비행기는 유럽 내 국가 간 이동 시에 주로 이용하고, 오스트리아 국내에서 도시 간 이동 시에는 열차와 버스를 골고루 이용하게 된다. 열차와 버스 모두 운행 시스템이 잘 갖추어져 편리하다.

비행기

유럽 각지에서 빈과 잘츠부르크를 오가는 항공편이 많다. 오스트리아 국내 이동 시에는 이용할 일이 별로 없다. 국적기인 오스트리아항공Austria Airlines은 빈을 중심으로 유럽의 주요 도시는 물론 전 세계 55개국에 취항한다.

오스트리아항공 www.austrian.com

열차

오스트리아 국내와 인접 국가는 물론 장거리 이동 시에도 이용된다. 오스트리아 철도청에서 체계적으로 관리하는 홈페이지는 스케줄 검색이나 예약이 편리하다. 국제 노선에 주로 운행되는 고속 열차는 레일제트RailJet(RJ)를 비롯해 유로시티Eurocity(EU), 인터시티Intercity(IC)가 이용된다. 소도시 간 연결은 지방열차인 레지오날 익스프레스Regional Express(REX)와 완행 열차인 레지오날추크Regionalzug(R) 등이 있다. 빈-잘츠부르크 구간은 사철인 베스트반Westbahn도 종종 이용된다. 국내선의 경우 대체로 좌석 예약이 필요 없지만 성수기라면 미리 좌석을 예약해 두는 것이 안전하다(예약비 별도 약 €3).

오스트리아 철도청(OBB) www.oebb.at **베스트반** westbahn.at

> **TIP**
> **열차 저렴하게 이용하기**
>
> 철도청 홈페이지에서 예약할 때 슈파르시네Sparschiene 티켓을 선택하면 환불이나 변경이 불가능한 대신 가격이 저렴하다. 슈파르시네 콤포르트Sparschiene Komfort 티켓도 있는데, 출발 15일 전까지 무료 취소가 가능하다. 할인율은 조금 낮지만 일반 티켓보다는 저렴하다. 티켓 예매는 출발 6개월 전부터 가능하다.

버스

체코, 헝가리, 슬로바키아, 슬로베니아 등 주변국과 오스트리아 국내 주요 도시 간 이동 시 이용된다. 이용 빈도와 편의성은 열차와 비슷한 편이지만 요금이 좀 더 저렴하다. 무엇보다 열차가 닿지 않는 오스트리아의 작은 마을들을 구석구석 연결해 소도시를 중심으로 여행할 때 편리하다.

플릭스버스 Flixbus www.flixbus.com **레지오젯 Regiojet** www.regiojet.com
블라구스 Blaguss www.blaguss.at

오스트리아 국내외 주요 도시 간 이동

빈 → 프라하
- **열차** 3시간 57분
- **버스** 4시간 5분
- **비행기** 50분

빈 → 잘츠부르크
- **열차** 2시간 25분
- **버스** 3시간 35분
- **비행기** 50분

빈 → 그라츠
- **열차** 2시간 55분
- **버스** 2시간 15분

빈 → 브라티슬라바
- **열차** 1시간 6분
- **버스** 1시간 10분

빈 → 부다페스트
- **열차** 2시간 20분
- **버스** 2시간 45분

잘츠부르크 → 할슈타트
- **열차** 2시간 50분
- **버스** 2시간 36분

그라츠 → 류블랴나
- **열차** 3시간 35분
- **버스** 3시간

AUSTRIA INFO ❷

오스트리아 여행 미리 보기

오랫동안 동유럽의 문화적 · 역사적 중심지였던 오스트리아에서는 다채로운 여행을 즐길 수 있다. 볼거리가 풍부한 빈을 비롯해 아름다운 자연을 품은 휴양지 그리고 개성 있는 소도시에 이르기까지, 각 지역의 특성과 대표 명소를 기억해 두면 오스트리아 여행이 더 즐겁게 다가올 것이다.

빈 Wien

오스트리아 제국의 수도로 합스부르크 왕조가 600여 년간 거주했던 곳인 만큼 화려한 궁전과 유물로 가득하다. 우아한 예술의 도시답게 볼거리가 많아 연중 관광객이 끊이지 않는다.

BEST ATTRACTION

슈테판 대성당 / 호프부르크(왕궁) / 미술사 박물관 / 벨베데레 궁전 / 쇤브룬 궁전

잘츠부르크 Salzburg

모차르트의 고향이자 음악의 도시로 매년 세계적인 음악 축제가 열린다. 중세의 모습을 고스란히 간직한 구시가지의 풍경이 아름답고, 도시를 둘러싼 산에 올라가면 멋진 전망을 즐길 수 있다.

BEST ATTRACTION

미라벨 정원 / 게트라이데 거리 / 모차르트 생가 / 호엔잘츠부르크성 / 묀히스베르크

잘츠카머구트 Salzkammergut

오스트리아 중부의 아름다운 알프스와 호수를 품은 휴양지. 평화로운 풍경 속에 아기자기한 마을들이 옹기종기 모여 있어 자연을 배경으로 힐링 여행을 즐길 수 있다. 빈과 잘츠부르크 중간에 위치해 함께 여행하기 좋다.

BEST ATTRACTION

츠뵐퍼호른 / 볼프강 호수 / 샤프베르크 / 할슈타트

그라츠 Graz

오스트리아 제2의 도시로 마을을 굽어보는 오래된 시계탑과 초현대적인 건축물이 공존하는 곳이다. 구시가지의 규모는 작지만 우아한 중세 분위기를 느낄 수 있으며 구시가지에서 조금 떨어진 곳에 바로크 성도 있다.

BEST ATTRACTION

에겐베르크 궁전 / 무기 박물관 / 무어섬 / 슐로스베르크 / 쿤스트하우스

오스트리아 핵심 여행 키워드

Keyword ❶ 궁전

빈에는 화려한 궁전이 유난히 많다. 합스부르크 왕조가 남긴 최고의 왕궁과 별궁은 물론 클림트의 작품이 걸린 궁전도 있다. 잘츠부르크, 그라츠 역시 유서 깊은 궁전이 남아 있는 오래된 도시다.

Keyword ❷ 음악

'음악의 도시' 빈에 자리한 국립 오페라 극장에서는 세계적인 오케스트라 연주회와 오페라, 발레 공연이 열린다. 모차르트의 고향에서 개최되는 '잘츠부르크 음악제'는 유럽 3대 음악제 중 하나다.

Keyword ❸ 미술

오스트리아 하면 빼놓을 수 없는 두 화가가 있으니 바로 클림트와 에곤 실레. 19세기에서 20세기로 넘어가는 혼돈의 시기에 오스트리아를 무대로 활동하며 수많은 작품을 남겼다.

Keyword ❹ 중세 도시

도시 전체가 세계문화유산으로 지정된 잘츠부르크와 그라츠는 오랜 전통과 유럽의 옛 모습을 잘 간직한 도시로 꼽힌다. 구시가지의 골목길을 걷다 보면 어느새 중세 유럽의 정취에 빠져든다.

Keyword ❺ 자연

알프스의 아름다운 자연을 간직한 오스트리아에는 산과 호수로 가득한 최고의 휴양지, 잘츠카머구트가 있다. 산으로 올라가면 고요한 호수와 마을이 어우러진 그림 같은 풍경이 펼쳐진다.

WIEN

빈

오스트리아 제국(1848~1867년), 오스트리아-헝가리 제국(1867~1916년)의 수도였던 찬란한 역사를 간직한 도시. 영어식 표기인 비엔나Vienna로도 널리 알려져 있다. 해마다 세계에서 가장 살기 좋은 도시 중 하나로 꼽힐 만큼 평화롭고 안전하며, 유서 깊은 도시 곳곳에서 풍요로운 문화를 느낄 수 있다. 빈은 중립국 오스트리아의 수도이자 국제연합(UN)의 중심 도시 중 하나로 동유럽과 서유럽의 가교 역할을 하기도 한다. 빈에는 과거의 영광을 실감할 수 있는 궁전이 27채나 남아 있다. 그중에서도 600년이 넘는 세월 동안 합스부르크가의 거주지였던 왕궁과 별궁이 최고의 관광 명소로서 화려함을 뽐낸다. 또한 많은 음악인들의 본거지이자 세기말 미술과 건축을 꽃피운 '예술의 도시'답게 30개가 넘는 박물관이 전 세계 관람객들을 맞이한다. 100년이 넘은 클래식 카페들은 아직도 현대식 편리함을 거부하며 옛 시절의 향취를 고스란히 머금고 있다.

빈 들어가기

우리나라에서 빈으로 가는 직항편은 대한항공이 유일하며, 유럽의 주요 도시에서 1회 경유해 빈으로 들어가는 노선도 많이 이용된다. 유럽 내에서는 저가 항공, 열차, 버스 등 다양한 교통수단으로 연결되고 운행 편수도 많다.

비행기

인천국제공항에서 대한항공이 빈 직항편을 운항하며 12시간 50분 정도 걸린다. 1회 경유편은 루프트한자, 폴란드항공, KLM 등을 이용하면 15~17시간 정도 소요되고 다른 경유편보다 빠른 편이다. 빈 도심에서 18km 떨어진 빈 슈베하트 국제공항Flughafen Wien-Schwechat(VIE)은 터미널 3개로 이루어져 있고 규모가 크지 않아 모두 도보로 연결된다.

홈페이지 www.viennaairport.com

빈 슈베하트 국제공항 터미널별 주요 항공사

터미널	항공사
터미널 1	에어프랑스, 영국항공, 에어링구스, 위즈 에어, 핀에어, KLM, 터키항공, 라이언에어
터미널 1A	중국국제항공, 부엘링
터미널 3	대한항공, 루프트한자, 오스트리아항공, 에미레이트항공, 에티하드항공, 카타르항공, 스위스항공, 크로아티아항공, 탑포르투갈, 폴란드항공

공항에서 시내로 들어가기

● 근교 열차 S-Bahn

시내로 들어가는 가장 저렴한 방법으로 공항 철도와 비교하면 시설은 조금 떨어지지만, 시내까지 소요 시간은 비슷하다. 연결 지역은 두 곳인데 빈 미테역까지 25분, 중앙역까지 15분이면 갈 수 있다.

요금 편도 €4.40 ※유효한 날짜의 유레일 패스로 무료
운행 30분 간격
홈페이지 www.oebb.at/fahrplan

● 공항 철도 City Airport Train(CAT)

빈 미테역의 시티 에어 터미널City Air Terminal까지 왕복 운행하는 공항 철도는 16분 만에 시내로 들어가는 가장 빠른 방법이며 그만큼 요금도 비싸다. 시티 에어 터미널에서 지하철 U3·U4호선이 연결된다.

요금 편도 €14.90, 왕복 €24.90
운행 30분 간격
홈페이지 www.cityairporttrain.com

● 공항버스 Airport Lines

공항버스 노선 3개 중에 1번과 2번을 많이 이용한다. 1번 노선은 중앙역(25분 소요)을 거쳐 서역(40분 소요)까지 운행한다. 2번 노선은 시내 중심의 슈베덴플라츠Schwedenplatz까지 22분 정도 소요된다.

요금 편도 €10.50, 왕복 €17.50
운행 30분 간격
홈페이지 www.viennaairportlines.at

● 택시 Taxi

원하는 목적지까지 한 번에 갈 수 있기 때문에 짐이 많을 때 이용하기 가장 편리한 방법이다. 일행이 있다면 요금 부담을 덜 수 있어 고려할 만하다.

요금 공항에서 시내까지 €35~50
※목적지나 교통 체증에 따라 다름

열차

교통의 중심지인 빈은 국제선과 국내선 철도망이 모두 발달했다. 대부분의 노선이 중앙역을 지나가지만 행선지에 따라 다른 역을 이용해야 하는 경우가 있으니 티켓 예매 시 확인하자. 모든 역은 지하철과 연결된다.

● 빈 중앙역 Wien Hauptbahnhof

가장 중심이 되는 역으로 장거리 국제 열차와 수많은 지방 열차가 오간다. 현대적인 시설에 상점과 대형 슈퍼마켓, 관광안내소가 있으며 공항버스와 근교 열차가 공항을 연결한다. 또한 여러 버스 회사들이 이용하는 터미널이 역 바로 옆에 있다. 역 주변에는 가성비 좋은 숙소도 많다.

가는 방법 지하철 U1 Hauptbahnhof역에서 연결
주소 Alfred-Adler-Straße 107, 1100 Wien
홈페이지 www.hauptbahnhofcity.wien

● 빈 미테역 Wien Mitte

도심에서 가장 가까운 역으로 대형 쇼핑몰인 몰The Mall과 연결되어 있다. 공항 철도와 근교 열차가 공항을 연결하며, 오스트리아항공 등 일부 항공사는 도심 공항 터미널에서 바로 체크인이 가능하다.

가는 방법 지하철 U3 · U4 Landstraße역에서 연결
주소 Landstraßer Hauptstraße 1b, 1030 Wien

● 빈 서역 Wien Westbahnhof

오스트리아 서부, 특히 잘츠부르크를 왕복하는 사철 베스트반Westbahn이 있다. 공항버스가 연결되며 쇼핑몰 반호프시티BahnhofCtiy가 있다.

가는 방법 지하철 U3 · U6 Westbahnhof역에서 연결
주소 Europaplatz 2, 1150 Wien

● 빈 마이들링역 Wien Meidling Bahnhof

빈 남서쪽 끝에 자리 잡은 역으로 잘츠부르크, 체코, 독일, 크로아티아 등을 오가는 열차가 지나는데 종착역은 중앙역이기 때문에 이용할 일이 별로 없다.

가는 방법 지하철 U6 Meidling역에서 연결
주소 Eichenstraße 25, 1120 Wien

● 프란츠 요제프역 Wien Franz-Josefs-Bahnhof

지방 열차들이 오가는 작은 역이다. 여행자들은 크렘스Krems를 거쳐 바하우 계곡을 오갈 때 이용한다.

가는 방법 트램 1 · 33 · D Franz-Josefs-Bahnhof정류장 앞
주소 Julius-Tandler-Platz, 1090 Wien

버스

열차와 마찬가지로 많은 버스 노선이 운행한다. 버스는 회사마다 정류장이 다른데, 중앙역 바로 옆에 위치한 쥐티롤러 플라츠Südtiroler Platz를 많이 이용하며 공항 등 다른 정류장도 들른다. 예약 시 반드시 정류장을 확인하자.

플릭스버스 Flixbus www.flixbus.com
레지오젯 Regiojet www.regiojet.com
블라구스 Blaguss www.blaguss.at

● 주요 버스 정류장

Südtiroler Platz / Wiedner Gürtel Busbahnhof
주소 Wiedner Gürtel 3, 1040 Wien
VIB Terminal Busbahnhof
주소 Erdbergstraße 200 A, 1030 Wien
Stadion Center Busbahnhof
주소 Engerthstrasse 242-244, 1020 Wien

빈 – 주요 도시 간 이동 시간

출발지	이동 수단	소요 시간	출발지	이동 수단	소요 시간
잘츠부르크	열차	2시간 25분	브라티슬라바	열차	1시간 6분
	버스	3시간 35분		버스	1시간 10분
그라츠	열차	2시간 55분	부다페스트	열차	2시간 20분
	버스	2시간 15분		버스	2시간 45분

빈 시내 교통

지하철 5개 노선이 빈 시내를 관통하며 트램도 링을 둘러싸고 시내 곳곳을 연결한다.
버스는 주로 교외에 갈 때 이용하므로 시내 관광 중에는 별로 탈 일이 없다.

빈 교통국 홈페이지 www.wienerlinien.at

대중교통 요금

지하철, 근교 열차, 트램, 버스를 공용 티켓 1장으로 이용할 수 있다. 티켓은 온라인이나 앱, 자동 발매기(영어 메뉴 가능)에서 구입하거나, OBB 또는 Wien Mobil 앱을 다운받아 회원가입 후 구입할 수도 있다. 승차 후 운전기사에게 사는 경우에는 요금이 더 비싸다.

TIP

편칭을 잊지 마세요!
승차권 구입 후 꼭 편칭기에 넣어 개시해야 한다. 개시하지 않았거나 유효 시간이 지난 티켓은 검문 시 무임승차로 간주해 벌금이 부과된다.

지하철 U-Bahn

빈에서는 지하철을 '우반U-Bahn'이라 부른다. 총 5개의 노선 중 시내를 오가는 U1 · U2 · U3 · U4를 주로 이용하고 U6는 관광지에서 떨어져 있어 이용 빈도가 적다(U5는 없다). 지하철을 탈 때 주의할 점은 개찰구가 따로 없어 티켓을 반드시 스스로 펀칭기에 찍어야 한다는 것이다. 펀칭기는 자동 발매기 근처 또는 플랫폼에 있다. 펀칭을 하지 않으면 티켓에 개시 날짜와 시간이 찍히지 않아 검표원에게 적발될 경우 벌금을 내야 한다.

운행 05:00~24:00 ※금 · 토요일 밤과 공휴일 전날 밤에는 24시간

승차권 종류

종류	영어	현지어(독일어)	용도	요금(1존)
1회권	Single Trip	1 Fahrt	80분 내 환승 가능한 1회용 편도 티켓	€2.40*
24시간권	24 Hours	24 Stunden	개시한 시점에서 24시간 유효	€8.00
48시간권	48 Hours	48 Stunden	개시한 시점에서 48시간 유효	€14.10
72시간권	72 Hours	72 Stunden	개시한 시점에서 72시간 유효	€17.10
7일권	7 Days	7 Tage	개시한 시점에서 7일간 유효	€19.70
31일권	31 Days	31 Tage	개시한 시점에서 31일간 유효	€51.00

*버스나 트램 승차 후 운전기사에게 직접 구입 시 €2.60

근교 열차 S-bahn

'에스반'이라 부르는 근교 열차는 빈 외곽을 연결하는 노선으로 공항에 갈 때 외에는 탈 일이 없다. 유효한 유레일 패스가 있다면 무료로 이용할 수 있다.

운행 05:00~24:00 ※노선별 상이

트램 Straßenbahn

빈에서는 트램을 '트람Tram' 또는 '슈트라센반'이라 부른다. 여행자들에게는 버스나 지하철보다 더 자주 이용하게 되는 편리한 교통수단으로 도심 곳곳의 관광 명소들을 이어 준다. 30여 개 노선이 있으나 여행자들이 주로 이용하는 노선은 4~5개 정도다.

운행 05:00~24:00 ※노선별 상이

버스 Bus

빈은 규모가 큰 도시지만 관광 명소가 모여 있는 도심에서는 지하철과 트램만 타도 충분하고 버스를 이용할 일은 별로 없다.

운행 05:00~24:00, 야간 버스가 운행되는 일부 노선 00:30~05:00 ※노선별 상이

! 2024년 12월 말까지 주의 사항

지하철 U2 일부 노선이 2024년 12월 말까지 공사 중으로 정차하지 않는다. 다음의 관광지로 갈 때는 다른 지하철 호선이나 트램으로 대체하여 대중교통을 이용해야 한다.

▶▶ P.022 빈 지하철·근교 열차 노선도 참고

- **왕궁 정원, 미술사 박물관:** 지하철 U2 Museumsquartier역 대신 트램 1·2·71·D번 Burgring정류장 하차
- **무제움스크바티어, 무목, 레오폴트 미술관:** 지하철 U2 Museumsquartier역 대신 U3 Volkstheater역 하차
- **시청사:** 지하철 U2 Rathaus역 대신 트램 2번 Rathaus정류장 하차

관광안내소

관광객들의 편의를 위해 다양한 관광 정보를 안내하고 예약을 대행해 준다. 공항에 작은 부스가 있으며 중앙역에도 관광안내소가 있다. 시내 중심의 빈 국립 오페라 극장 바로 뒤편에 있는 관광안내소가 가장 크고 자료도 많다.

홈페이지 www.wien.info

● 시내 중심

주소 Albertinaplatz / Maysedergasse 1010 Vienna
운영 09:00~18:00

환전 Geldwechsel

오스트리아는 유로화를 사용하기 때문에 보통 한국에서 미리 환전한다. 그렇지 않은 경우 공항, 기차역, 시내 곳곳에서 환전소나 ATM을 쉽게 찾을 수 있다. 사용하고 남은 유로화는 한국에서 다시 환전할 수 있지만, 동전은 환율이 불리하고 은행에서 아예 받지 않는 지점도 많으니 현지에서 다 쓰고 가거나 귀국 시 공항 기부함에 넣는 편이 낫다.

빈 지하철 · 근교 열차 노선도

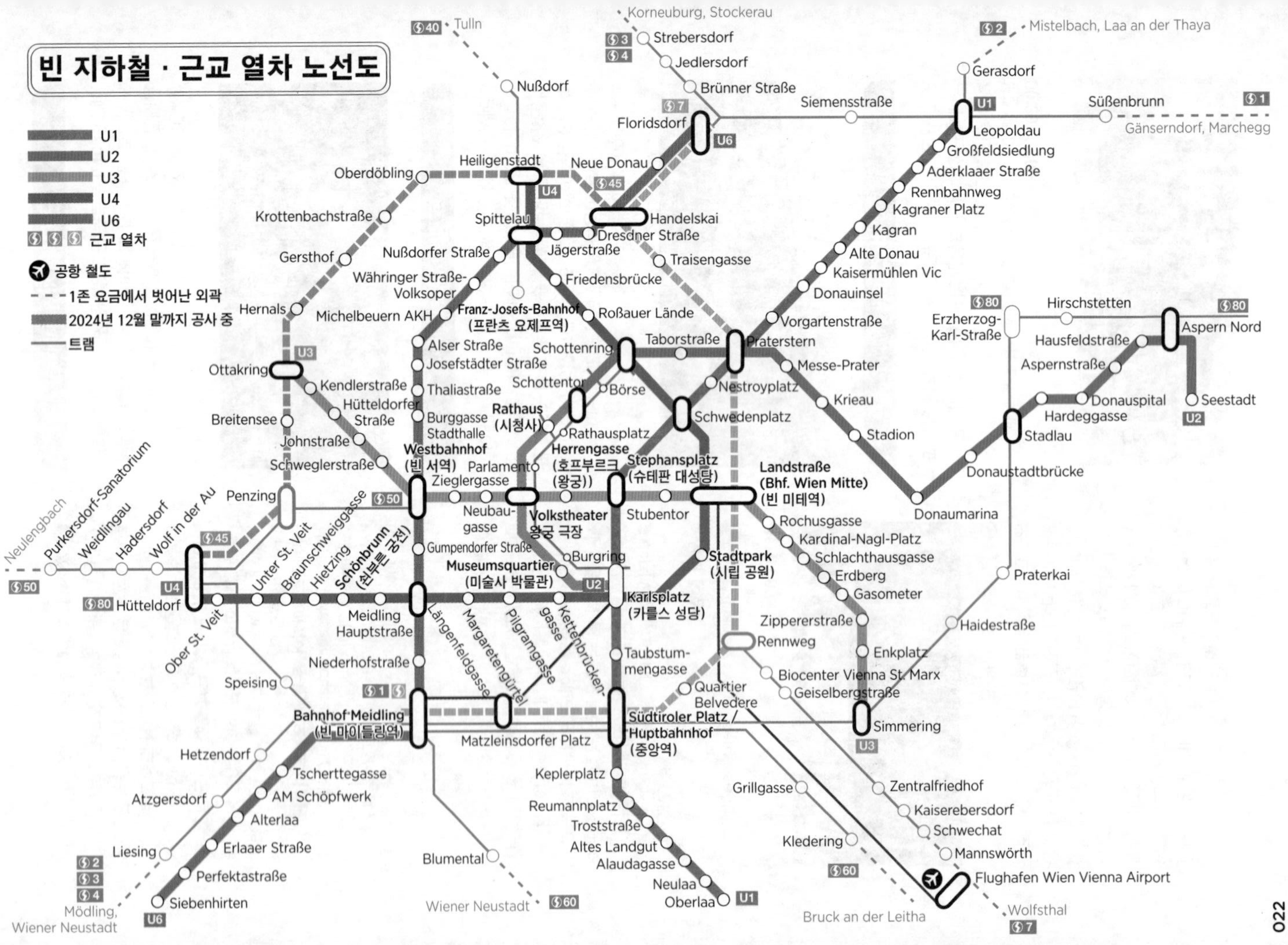

FOLLOW UP

비엔나 시티카드 vs 비엔나 패스, 꼭 구입해야 할까?

빈 관광객을 위한 할인권은 비엔나 시티카드와 비엔나 패스가 있는데, 비엔나 패스는 두 정류로 나뉜다. 할인권이 유용할지는 각자의 여행 스타일에 따라 다르지만, 박물관과 궁전 등 명소 방문이 많다면 입장료와 할인권 가격을 비교해 본 뒤 구입 여부를 결정하자.

	비엔나 시티카드 Vienna Citycard	비엔나 패스 Vienna Pass
내용	시내 대중교통을 무제한 이용할 수 있는 카드로 명소 입장, 투어, 카페, 공연 등에 약간의 할인 혜택이 있다.	주요 명소나 투어 버스 등이 포함된 패스로 기간별, 횟수별 패스가 있다.
유의점	일반 교통권만 사면 더 저렴하기 때문에 할인 혜택을 충분히 활용할 경우에만 유리하다.	날짜 단위는 저녁에 시작하면 얼마 사용할 수 없다. 휴무일도 확인하자.
장점	시간 단위라서 오후 늦게 개시하면 다음 날 오후까지 사용할 수 있다.	명소에 따라 매표소에서 줄을 서지 않고 바로 입장 가능한 곳도 있고, 짧은 대기줄이 따로 있는 경우도 있다.
단점	명소 할인이 보통 €1~3 정도라 할인 폭이 작고, 학생 할인과 중복이 안 된다.	대중교통을 이용하려면 옵션을 추가하거나 티켓을 따로 끊어야 한다.
요금	24시간 €17 48시간 €25 72시간 €29 	비엔나 패스: 1일권 €89 / 2일권 €127 / 3일권 €159 / 6일권 €199 플렉시 패스: 2곳 €49 / 3곳 €67 / 4곳 €85 / 5곳 €99 
할인	온라인 예매 10% 할인, 15세 이하 동반 아동 1명 무료 (옵션 추가 시 2명까지 무료)	온라인 예매 10% 할인, 6~18세 50% 할인 각종 여행 앱에서 할인하기도 한다.
구입처	온라인, 앱, 관광안내소, 역 매표소 (발매기는 불가)	온라인, 관광안내소, 빈 국립 오페라 극장 부근 사무소
옵션	투어 버스나 공항버스를 추가할 수 있다.	교통권 24 · 48 · 72시간권을 추가할 수 있다.
홈페이지	www.viennacitycard.at	www.viennapass.com

TIP

명소를 많이 보고 싶다면 패스권을 구입하자!

만약 빈에 3일 이상 머물면서 명소를 최대한 많이 보고 싶은 사람이라면 비엔나 패스 2일권을 구입하는 것이 좋다. 이틀간 쇤브룬 궁전, 벨베데레 궁전, 미술사 박물관 등 입장료가 비싼 곳 위주로 돌아다니고 투어 버스까지 이용하면 패스를 최대한 활용할 수 있다. 나머지 하루는 슈테판 대성당, 성 페터 성당 등 패스에 포함되지 않은 곳을 방문하자. 자신이 가고자 하는 명소들이 패스에 포함되어 있는지 미리 확인하고, 명소의 휴무일도 고려해야 한다.

Wien **Best Course**

빈 추천 코스

체력은 자신 있다!
관광에 집중한 2박 3일

빈의 주요 명소만 둘러본다고 해도 2~3일 이상 걸린다. 첫날은 빈의 역사가 보존된 구시가지에서 하루를 보내고 다음 날은 합스부르크가의 화려한 궁전들에서 시간을 보내자. 그리고 하루 더 여유가 있다면 빈의 근현대 문화를 품은 전시 공간들을 둘러보면 좋다.

TRAVEL POINT

- **이런 사람 팔로우!** 빈을 알차게 여행하고 싶다면, 역사와 예술에 관심이 많다면
- **여행 적정 일수** 꽉 채운 3일
- **여행 준비물과 팁** 편한 신발, 공연 관람 예정이라면 적절한 드레스 코드
- **사전 예약 필수** 음악회나 오페라

DAY 1

걸어서 둘러보는 빈 구시가지

- **소요 시간** 10~11시간(오페라 관람 제외)
- **점심 식사는 어디서 할까?** 조금 빡빡한 일정이니 동선 내에서 식사를 해결하자.
- **기억할 것** 시내 중심은 걸어서 충분히 둘러볼 수 있다.

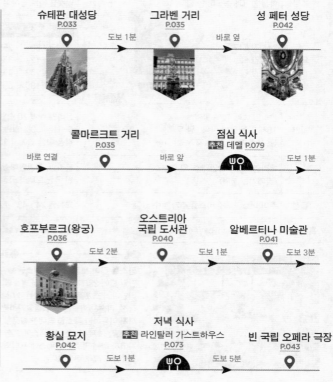

슈테판 대성당 P.033

→ 도보 1분

그라벤 거리 P.035

→ 바로 옆

성 페터 성당 P.042

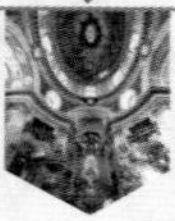

→ 바로 연결

콜마르크트 거리 P.035

→ 바로 앞

점심 식사
추천 데멜 P.079

→ 도보 1분

호프부르크(왕궁) P.036

→ 도보 2분

오스트리아 국립 도서관 P.040

→ 도보 1분

알베르티나 미술관 P.041

→ 도보 3분

황실 묘지 P.042

→ 도보 1분

저녁 식사
추천 라인탈러 가스트하우스 P.073

→ 도보 5분

빈 국립 오페라 극장 P.043

DAY 2

어제는 본궁, 오늘은 별궁!

소요 시간 9~10시간

점심 식사는 어디서 할까? 쇤부른 궁전 관람이 오래 걸리므로 궁전 안의 식당을 이용하는 것이 편하다.

기억할 것 쇤부른 궁전은 규모가 커서 건물 내부뿐 아니라 정원까지 둘러보려면 시간을 여유 있게 잡는 것이 좋다.

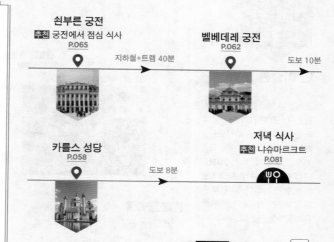

쇤부른 궁전
추천 궁전에서 점심 식사
P.065

지하철+트램 40분

벨베데레 궁전
P.062

도보 10분

카를스 성당
P.058

도보 8분

저녁 식사
추천 나슈마르크트
P.081

DAY 3

문화 예술의 도시 빈 즐기기

소요 시간 10~11시간

점심 식사는 어디서 할까? 박물관 안에서 간단히 끼니를 때우거나 무제움스크바티어의 카페나 식당을 이용할 수도 있다.

기억할 것 미술사 박물관, 국회의사당, 시청사 등이 자리 잡은 링 도로에는 수시로 버스와 트램이 지나가니 걷다가 힘들 땐 교통수단을 이용하자.

미술사 박물관
P.045

바로 앞

자연사 박물관
P.050

도보 6분

도보 1분

점심 식사
추천 글라시 바이즐 P.074

도보 10분

무제움스크바티어
P.051

도보 10분

국회의사당
P.054

도보 7분

시청사
P.054

도보 12분

저녁 식사
추천 카페 첸트랄
P.078

TIP

요일별 특징을 기억하세요!

월요일 휴무 미술사 박물관(비수기), 무목, 빈 분리파 전시관, 카를스플라츠역, 오스트리아 국립 도서관(10~5월만), 벨트 뮤지엄
화요일 휴무 황실 보물관, 자연사 박물관, 레오폴트 미술관
일요일 휴무 대부분의 상점과 아웃렛
수요일 연장 운영 자연사 박물관, 알베르티나 미술관
목요일 연장 운영 미술사 박물관, 오스트리아 국립 도서관
금요일 연장 운영 알베르티나 미술관
일요일 휴무 대부분의 상점과 아웃렛

※연장 운영은 보통 21:00까지이며 마지막 입장은 20:00 또는 20:30이다.

특별한
하루 코스
1

빈 미술관 산책

화려했던 역사를 품은 빈에서는 합스부르크 왕가가 수집한 수십만 점의 미술 작품을 시작으로, 다양한 시대를 넘나드는 작품을 감상할 수 있다. 특히 20세기 전후 근대 미술의 걸작들을 감상할 수 있는 좋은 기회다. 너무 빠듯한 일정보다는 여유롭게 하루를 투자하기를 권한다.

소요 시간 8시간

기억할 것 좀 더 욕심을 낸다면 뒤러의 작품이 있는 알베르티나 미술관이나 클림트 작품을 볼 수 있는 빈 분리파 전시관을 일정에 추가한다. 미술관마다 폐관 시간과 휴무일이 다르므로 가기 전 꼭 확인하고, 목요일에 늦게까지 운영하는 곳이 많다는 점도 참고하자.

FOLLOW

이런 사람 팔로우!

- 여유로운 여행을 즐기고 싶다면
- 하루쯤 미술에 심취하고 싶다면

미술사 박물관
P.045

16세기 브뤼헐
17세기 루벤스, 페르메이르, 렘브란트, 벨라스케스

브뤼헐 〈바벨탑〉

도보 5분

레오폴트 미술관
P.052

20세기 초 클림트, 실레

클림트 〈삶과 죽음〉

트램 15분

벨베데레 궁전
P.062

19세기 초 다비드
20세기 초 클림트

클림트 〈키스〉

특별한 하루 코스 2

빈 건축 기행

오래된 도시인 빈이 오늘날에도 구태의연하게 느껴지지 않는 이유는 19세기에 새롭게 정비된 링 도로 덕분일 것이다. 도시의 자부심이 느껴지는 대로에 웅장한 근대 건축물들이 늘어서 있으며, 링 도로를 조금만 벗어나면 현대 건축의 원동력이 된 20세기의 선구적인 건물들을 찾아볼 수 있다.

FOLLOW

이런 사람 팔로우!

- 시대를 넘나드는 건축 양식에 관심이 있다면
- 하루쯤 빈의 건축에 빠져 보고 싶다면

소요 시간 8시간

기억할 것 건물 내부 가이드 투어를 하거나 부설 박물관 등을 관람한다면 하루에 다 둘러보기는 무리다.

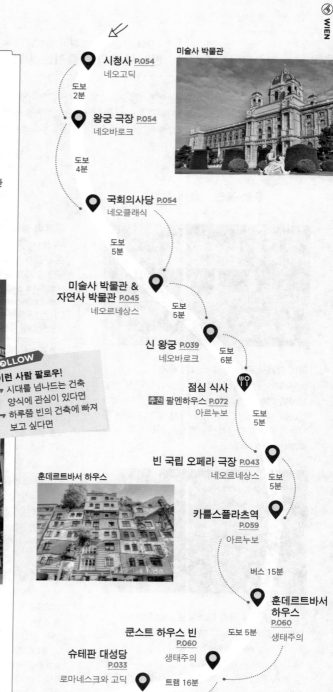

시청사 P.054
네오고딕

도보 2분

왕궁 극장 P.054
네오바로크

도보 4분

국회의사당 P.054
네오클래식

도보 5분

미술사 박물관 & 자연사 박물관 P.045
네오르네상스

도보 5분

신 왕궁 P.039
네오바로크

도보 6분

점심 식사
추천 팔멘하우스 P.072
아르누보

도보 5분

빈 국립 오페라 극장 P.043
네오르네상스

도보 5분

카를스플라츠역 P.059
아르누보

버스 15분

훈데르트바서 하우스 P.060
생태주의

도보 5분

쿤스트 하우스 빈 P.060
생태주의

트램 16분

슈테판 대성당 P.033
로마네스크와 고딕

미술사 박물관

훈데르트바서 하우스

무료 공연에서 빈 필하모닉까지

빈에서 음악을 즐기는 방법

연중 음악이 끊이지 않는 빈에서는 연간 1만 5,000회가 넘는 공연이 펼쳐진다. 전용 연주회장도 많지만 성당이나 궁전 등 다양한 장소에서 음악회가 열려 더욱 다채로운 분위기를 즐길 수 있다. 시민들 누구나 음악을 접할 수 있는 무료 공연이 많은 한편, 세계적인 오케스트라의 공연으로 호사를 누릴 수도 있는 빈은 진정한 음악의 도시다.

무료 공연 · 축제 정보

국립 오페라 공연 무료 스크린 중계

매년 4·5·6·9월에는 빈 국립 오페라 극장 건물 외벽에 대형 스크린을 설치해 공연 중인 오페라나 발레가 생중계된다. 간이 의자에 앉거나 서서 자유롭게 음악을 감상하는 사람들로 가득하다.

홈페이지 www.staatsoper.at

©Marco Verch

시청사 앞 광장 필름 페스티벌 Film Festival

오페라 공연이 쉬는 7·8월에 빈에 간다면 필름 페스티벌에 참여해 보자. 시청사 건물 앞에 설치된 대형 스크린에 유명 오페라, 발레, 클래식 연주, 각종 공연 영상이 상영돼 무료로 즐길 수 있다.

홈페이지 www.filmfestival-rathausplatz.at

성당 음악회 정보

성 페터 성당 연주회

구시가지 중심에 위치한 성 페터 성당에서는 파이프 오르간 무료 공연, 모차르트 피아노 소나타, 소규모 오페라 등 다양한 연주회가 열린다.

무료 콘서트 스케줄 정보
www.peterskirche.at/musik-kirche
모차르트 피아노 소나타 www.agenturorpheus.at
클래식 앙상블 콘서트
www.classicensembLevienna.com
지하 오페라 www.inhoechstentoenen.com

카를스 성당 연주회

오리지널 악기로 연주되는 모차르트의 〈레퀴엠〉과 비발디의 〈사계〉 공연이 유명하다.

요금 일반 공연과 좌석에 따라 €12~48
예매 www.konzert-wien.info

슈테판 대성당 연주회

7~10월 토요일마다 비발디의 〈사계〉, 그 외 다양한 연주회가 수시로 열린다.

요금 일반 공연과 좌석에 따라 €20~50
예매 www.kunstkultur.com

빈 소년 합창단 Wiener SängerKnaben

합스부르크 왕가의 막시밀리안 1세의 명으로 1498년 조직된 빈 소년 합창단은 수백 년간 빈 궁정악단의 명성을 이어 오고 있다. 가장 유명한 공연은 일요일(여름 제외) 아침 왕궁 예배당(호프부르크 내)에서 펼쳐지는 합창 미사다.

요금 왕궁 예배당의 합창 미사 좌석에 따라 €12~38
홈페이지 https://wsk.at
예매 www.culturall.com

왈츠 콘서트 · 오케스트라 연주회 정보

©Victor Wong

빈 쿠어살롱 왈츠 콘서트

요한 슈트라우스 2세가 1868년에 공연을 하면서 유명해진 빈 쿠어살롱은 오늘날에도 밤마다 왈츠의 선율이 울려 퍼진다. 요한 슈트라우스의 음악에 맞춰 오페레타, 발레 등의 공연이 이어지는 이곳은 1년 내내 흥겨운 왈츠가 멈추지 않는다.

TIP
주로 관광객이 많다.

요금 일반 공연의 경우 좌석에 따라 €45~99
(CD, 와인, 식사 등이 추가된 것은 €99~133,
특별 공연 €58~125, 갈라 패키지 €225~345 수준)
예매 www.kursalonwien.at

빈 심포니 오케스트라 Wiener Symphoniker

빈 심포니는 1900년에 창단된 빈의 교향악단이다. 1948년 카라얀이 지휘를 맡으면서 세계적인 명성을 얻었고 번스타인, 주빈 메타 등 유명한 지휘자들도 객원 지휘자로 있었다. 주로 빈 콘체르트하우스와 빈 음악협회에서 공연하는데 빈에서만 1년에 100회 공연이 열릴 만큼 대중적으로 친숙한 오케스트라다. 매년 6월쯤 무제움스크바티어에서 무료 콘서트MQ Open-air Concert를 한다.
홈페이지 www.wienersymphoniker.at

©Superbass

빈 필하모닉 오케스트라 Wiener Philharmoniker

세계적 명성이 자자한 빈 필하모닉은 오스트리아를 대표하는 관현악단이다. 1842년 합스부르크 궁정 오페라의 오케스트라였으나 궁정 악장 니콜라이의 지휘로 관현악 연주회를 열면서 시작되었다. 빈 필하모닉의 풍성한 소리는 특유의 악기 지정과 주법, 오랜 연수를 통한 전통 연주법, 악기와 단원들의 고유 배치 방식에서 나온다고 한다. 1933년 상임 지휘자 제도가 폐지된 이후 시즌마다 단원들이 객원 지휘자를 선출하는데 카라얀, 번스타인, 주빈 메타 등 유명한 지휘자들이 이어졌으며 한국인으로는 정명훈이 있었다.
잘츠부르크 음악제를 비롯한 여러 연주회와 해외 공연이 열리며, 가장 유명한 것은 1941년부터 매년 1월 1일 전 세계가 주목하는 신년음악회다. 음반 시장까지 들썩이는 이 유명한 공연은 티켓을 구하기가 어렵지만 한국에서도 생중계로 볼 수 있다. 한편, 초여름에 빈을 방문한다면 빈 필하모닉의 연주를 무료로 즐길 수 있는 쇤브룬 여름밤 음악회 Sommernachtskonzert Schönbrunn를 놓치지 말자.
홈페이지 www.wienerphilharmoniker.at

빈 공연 예매 사이트

www.oeticket.com
www.wien-ticket.at
www.viennaticket.at
www.viennaticket.com

링 도로
RingStraße
Schottenring
Schottentor
Franz-Josefs-Kai
Schwedenplatz
Universitätsring
시청사
Rathaus
Rathaus
왕궁 극장
Burgtheater
Herrengasse
성 페터 성당
Katholische Kirche St. Peter
ATM
Stephansplatz
슈테판 대성당
Domkirche St. Stephan
Stubenring
Landstraß
국회의사당
Parlamentsgebäude
호프부르크(왕궁)
Hofburg
Kärntner Str.
빈 미테역
Wien Mitte
ATM
Volkstheater
Burgring
신 왕궁
Neue Burg
Parkring
미술사 박물관
Kunsthistorisches Museum
시립 공원
Stadtpark
빈 국립 오페라 극장
Wiener Staatsoper
Schubertring
Museumsquartier
Stadtpark
Karlsplatz
Karlsplatz
Mariahilfer Straße
구시가지 P.032
카를스 성당
Karlskirche
Rechte Wienzeile
하궁
Unteres Belvedere
Kettenbrückengasse
링 주변 P.044
Rennweg
Wiedner Hauptstraße
Taubstummengasse
Prinz Eugen-Straße
벨베데레 궁전
Schloss Belvede
Linke Wienzeile
Favoritenstraße
상궁
Oberes Belvedere
쇤부른 궁전 방향
Schloss Schönbrunn
Südtiroer Platz
빈 중앙역
Wien Hauptbahnhof
ATM

빈 중심부
N
W
E
S
0
400m
프라터 타워
Prater Turm
Krieau
쿤스트 하우스 빈
Kunst Haus Wien
Stadion
프라터 공원
Prater
훈데르트바서 빌리지
Hundertwasser Village
훈데르트바서 하우스
Hundertwasser Haus
도나우 운하
Donaukanal
Rochusgasse
프라터 공원
Prater
Landstraßer Hauptstraße
Kardinal-Nagl-Platz
Schlachthausgasse
도나우 운하
Donaukanal
Rennweg
Erdberg
Rennweg
Gasometer

구시가지

합스부르크 왕가의 숨결이 곳곳에!

과거에는 성벽으로 둘러싸여 있던 지역으로 합스부르크 왕가가 빈에 둥지를 틀고 오랜 세월 중부 유럽을 호령해 온 발판이었다. 19세기에 성벽을 허물면서 경계가 약간 모호해졌지만 링 도로를 기준으로 안쪽 구역을 말한다. 구시가지는 빈의 정신적 구심점 역할을 한 대교구 성당과 합스부르크 왕가의 궁전이 있는 곳이다. 당대 정치와 문화의 중심지였으며 현재는 빈 관광 일번지로 자리매김했다.

⓪① 슈테판 대성당 추천

Domkirche St. Stephan

지도 P.032 **가는 방법** 지하철 U1 · U3 Stephanplatz역에서 도보 2분
주소 Stephanplatz 3, 1010 Wien
운영 예배당 월~토요일 06:00~22:00(관람 09:00~11:30, 13:00~16:30), 일요일 · 공휴일 07:00~22:00(관람 13:00~16:30) / 남탑 09:00~17:30 / 북탑 09:00~17:30(4~10월 ~20:00)
요금 예배당 일반 €7, 6~14세 €2.50 ※한국어 오디오 가이드 포함 / 카타콤 가이드 투어 일반 €7, 6~14세 €2.50 / 남탑 일반 €6.50,15~18세 €3.50, 6~14세 €2 / 북탑 일반 €7, 15~18세 €4, 6~14세 €2.50 / 통합권(4곳 모두 포함) 일반 €25, 6~14세 €7
홈페이지 www.stephanskirche.at

구시가지의 중심에 자리한 빈의 랜드마크

모자이크 지붕이 인상적인 슈테판 대성당은 빈 구시가지의 상징이다. 12세기에 로마네스크 양식으로 지어진 작은 성당을 1395년 합스부르크 왕가에서 고딕 양식으로 증축하면서 탑은 르네상스 양식으로, 예배당은 18세기 바로크 양식으로 완성되었다. 높이 68.3m의 북탑Nordturm에는 오스트리아에서 가장 큰 종 푸메린Pummerin이 있는데 엘리베이터를 타고 쉽게 오를 수 있다. 슈테플Steffl이라고 불리는 남탑Südturm은 높이 136m의 전망대다. 좁은 계단 343개를 걸어서 올라가야 하지만 빈 시내뿐 아니라 성당 지붕에 새겨진 독수리 무늬의 모자이크를 가까이에서 볼 수 있으니 놓치지 말자.

아름다운 성당 내부를 자세히 보려면 티켓을 구입해야 한다. 무료입장이 가능한 곳은 입구 쪽이다. 안으로 들어서면 18개나 되는 제단과 여러 조각품이 눈길을 끈다. 지하에는 흑사병으로 사망한 2,000여 명의 유골과 합스부르크 왕가의 내장을 보관하는 카타콤Katakomben이 있다. 슈테판 대성당은 모차르트의 성대한 결혼식과 초라한 장례식을 치른 성당이자, 하이든과 슈베르트가 어릴 때 성가대를 했던 곳이기도 하다. 오랜 역사만큼 성당에 얽힌 다양한 이야기가 전해 내려온다.

TRAVEL TALK

합스부르크가의 독수리 문양을 찾아라!

슈테판 대성당의 개성이 가장 돋보이는 곳은 지붕의 모자이크입니다. 북쪽 지붕의 두 마리 독수리는 전망대에서 보입니다. 그런데 남동쪽의 쌍두 독수리는 탑에 가려져 슈테판 광장에서는 보이지 않지요. 탑 쪽으로 조금 걸어가서 오른쪽 쿠어하우스 골목Churhausgasse으로 들어가 뒤돌아보세요. 이곳에서 합스부르크가를 상징하는 쌍두 독수리 문양이 잘 보인답니다.

SPECIAL THEME

빈 중심가 도보 여행

슈테판 대성당 주변의 걷기 좋은 거리

슈테판 대성당은 빈의 중심 구역인 링 안에서 길 찾기의 기준점이 된다. 성당 주변에는 보행자 전용 거리 및 번화한 쇼핑가가 형성되어 있어 걸어 다니며 구경하기 좋다. 여름 성수기에는 관광객들로 인산인해를 이루기도 한다.

#빈 최고 번화가

골드네스 우

구시가지의 중심인 슈테판 대성당 주변에서 케른트너, 그라벤, 콜마르크트, 이렇게 세 도로가 만나는 지역을 '골드네스 우Goldenes U(황금의 U자)'라고 부른다. 구시가지에서 가장 번화한 곳이자 오스트리아에서 땅값이 비싸기로 유명한 곳이기도 하다. 유동인구가 많아 상점과 카페가 즐비하고 도시의 역사를 간직한 명소들도 자리하니 한 번쯤 둘러볼 만하다.

① 케른트너 거리
Kärntner Straße

빈의 대표적인 번화가로 슈테판 광장에서 빈 국립 오페라 극장까지 이르는 약 600m 길이의 보행자 전용 거리다. 과거 시내 중심과 성벽을 연결하는 중요한 역할을 한 길이었으나, 제2차 세계대전 당시에 대부분의 건물이 파괴되었다. 현재는 수많은 노천카페와 기념품점, 브랜드 매장들이 모여 있어 항상 많은 사람들로 북적인다. 1974년 보행자 전용 거리로 지정되면서 차들이 다니지 않아 더욱 활기를 띠게 되었다. 여행 성수기인 여름철에는 전통 복장을 하고 가발을 쓴 사람들이 음악회 티켓을 들고 관광객들에게 호객하는 모습도 볼 수 있다.

② 그라벤 거리 *Graben Straße*

케른트너 거리와 콜마르크트 거리를 잇는 거리로 상점과 식당들이 밀집해 있다. 그라벤은 독일어로 '구덩이'라는 뜻으로 이 거리에 과거 로마군이 군사용 구덩이를 파서 만든 해자가 있었다고 한다. 거리 한가운데 서 있는 화려한 기념비는 페스트 기둥Wiener Pestsäule이다. 중세 시절 수많은 생명을 앗아간 페스트(흑사병)가 사라진 것을 성모에게 감사하는 기념비로 1692년에 지어졌다. 기둥에는 천사들이 조각되어 있으며 맨 꼭대기에 삼위일체를 상징하는 황금빛 조각이 있어 '삼위일체 기둥'으로 불린다.

TIP

콜마르크트 거리에 간다면 음악가들의 흔적을 찾아보세요!

콜마르크트 9번지 명판. 쇼팽이 1810년부터 1849년까지 살았던 곳이다.

콜마르크트 11번지 명판. 하이든이 1750년부터 수년간 살았던 곳이다.

③ 콜마르크트 거리 *Kohlmarkt Straße*

그라벤 거리가 끝나는 곳에서 호프부르크(왕궁) 앞 미하엘 광장Michaelerplatz까지 이어지는 거리다. 과거에는 물건을 공급하던 가게들이 밀집해 있었다. 지금도 왕실에 케이크를 납품한 제과점 '데멜Demel'이 카페로 남아 있다. 고급 식료품점인 '율리우스 마이늘Julius Meinl'과 최고급 명품 매장들이 이어진 거리 끝에는 왕궁의 청동색 돔 지붕이 보인다. 왕궁 주변의 워너비 거주지였을까. 이 거리의 11번지에는 하이든이, 9번지에는 쇼팽이 잠시 살았던 집의 기념 명판이 남아 있다.

02

호프부르크 (왕궁) 추천

Hofburg

지도 P.032
가는 방법 지하철 U3 Herrengasse역에서 도보 4분
주소 Michaelerkuppel, 1010 Wien
요금

유럽 최고의 명문가였던 합스부르크 왕가의 오랜 거주지

빈을 본거지로 삼았던 합스부르크 왕가의 왕족들이 살았던 궁전이다. 16~18세기 전 유럽을 호령했던 합스부르크 왕가는 13세기 초반 이곳에 둥지를 틀어 1918년까지 600년이 넘는 세월 동안 파란만장한 유럽의 역사를 써 왔다. 호프부르크 건물은 1279년부터 시대별로 다양한 건축 양식을 선보이며 증·개축을 거듭해 왔는데, 13~18세기까지 지어진 부분을 구 왕궁Alte Burg, 19세기 이후에 지어진 부분을 신 왕궁Neue Burg으로 구분한다.

건물은 크게 별관 18개와 궁정 19개로 나뉘며 그 안에는 2,600개나 되는 방이 있다. 현재 건물의 일부는 오스트리아 대통령의 집무실로 쓰이며, 일부는 일반에게 공개되고 있다. 가장 인기 있는 명소는 황제의 아파트와 시시 박물관이다.

<table>
<tr><th>황제의 아파트</th><th>시시 박물관</th><th>황실 보물관</th><th>오스트리아 국립 도서관</th><th>알베르티나 미술관</th><th>신 왕궁</th><th>왕궁 정원</th><th>아우구스티너 성당</th></tr>
<tr><td colspan="2">통합권 €17.50</td><td>€14</td><td rowspan="2">€10</td><td rowspan="2">€18.9</td><td rowspan="2">벨트 뮤지엄과 통합권 €16</td><td colspan="2" rowspan="2">무료</td></tr>
<tr><td colspan="2">쇤부른 궁전이 포함된 시시 티켓 €49</td><td>시시 박물관과 통합권 €22, 미술사 박물관과 통합권 €27</td></tr>
</table>

TIP

호프부르크 감 잡기

호프부르크는 '왕궁'을 뜻하는 말이다. 13~20세기에 걸쳐 계속 늘어난 왕궁 건물들이 모여 있는 복합 단지다. 가장 오래된 구 왕궁부터 합스부르크 제국이 몰락하기 직전에 지어진 신 왕궁까지 10개가 넘는 건물군으로 이루어져 있다. 건물 주변과 궁정, 정원은 개방된 공간이어서 무료로 가볍게 돌아볼 수 있다. 왕족의 생활상이 궁금하다면 구 왕궁 내부를 관람해 보자. 그 외에 왕궁 도서관과 알베르티나 미술관에서도 왕궁의 분위기를 느낄 수 있다. 신 왕궁은 실제로 왕족이 살았던 공간은 아니며 현재 다양한 박물관으로 운영되고 있다.

호프부르크는 복합 건물로 이루어진 단지라서 입구가 여러 곳이에요. 내부로 들어가려면 미하엘 광장Michaelerplatz 쪽에서 들어가는 게 빨라요.

FOLLOW UP

합스부르크 왕가의 궁전
호프부르크 관람 하이라이트

호프부르크는 일부 구역을 일반에 개방하고 있다. 화려했던 왕가의 거주지를 보고 싶다면 미하엘 문으로 들어가 구 왕궁 안에 있는 황제의 아파트와 시시 박물관을 중심으로 관람하자. 좀 더 시간이 있다면 황실 보물관과 오스트리아 국립 도서관 등을 둘러본 뒤, 신 왕궁 주변과 왕궁 정원도 걸어 보기를 권한다.

구 왕궁 *Alte Burg*

황실 가족의 화려했던 거주 공간

미하엘 문Michaelertor을 통해 왕궁으로 들어서면 가장 먼저 나오는 곳이 왕궁의 궁정이다. 중앙에는 프란츠 1세 Franz I 황제의 동상이 있다. 동상 뒤에 시계탑이 있는 건물은 1575년 루돌프 2세 Rudolf II를 위해 지어진 아말리엔 궁전Amalienburg이며, 왼쪽 건물은 현재 대통령 집무실이 있는 레오폴트 구역Leopoldinischer Trakt이다. 오른쪽 건물은 제국의 관저ReichskanzLeitrakt였으나 지금은 아말리엔 궁전과 함께 일반에 공개되어 황제의 아파트와 시시 박물관, 은식기 컬렉션 등을 둘러볼 수 있다.

운영 7 · 8월 09:00~18:00, 9~6월 09:00~17:30 ※문 닫기 1시간 전 입장 마감 **요금** 황제의 아파트와 시시 박물관 일반 €17.50, 학생(국제학생증 소지한 25세 이하) €16.50, 6~18세 €11 **홈페이지** www.hofburg-wien.at

• 황제의 아파트 Kaiserappartements

프란츠 요제프 1세Francis Joseph I의 거주 공간과 집무실, 회의실, 알현실 등을 볼 수 있는 곳이다. 시시 황후가 장시간 몸단장을 했던 방과 침실, 욕실, 운동실 등 19세기 황실의 모습을 엿볼 수 있다.

©SKB_A. E. Koller.

• 시시 박물관 Sisi Museum

프란츠 요제프 1세의 부인이었던 엘리자베트 황후, 시시와 관련된 다양한 기록과 유품, 초상화 등을 전시한 곳으로 그녀의 파란만장한 일대기를 순차적으로 볼 수 있다.

• 황실 보물관
Kaiserliche Schatzkammer

프란츠 요제프 1세 동상 건너편에 있는 붉은색 문은 스위스 문Schweizertor으로 16세기에 지어진 왕궁에서 가장 오래되었다. 이 문으로 들어서면 작은 궁정을 지나 보물관이 나온다. 신성 로마 제국 황제의 관 등 중요하고 값진 유물들로 가득하다.

신성 로마 제국 황제의 관

• 은식기 컬렉션
Silberkammer

합스부르크 왕가가 대대로 사용했던 화려한 식기들을 전시한다. 도자기, 주방용품, 금촛대, 은식기 등 종류와 수량도 상당하지만 예술 작품처럼 정교한 장식들도 볼 만하다.

TIP

황실 보물관은 구 왕궁에 있지만 운영 주체가 달라서 입장권을 따로 구입해야 한다. 사진 촬영은 은식기 컬렉션과 황실 보물관에서만 가능하고, 황제의 아파트와 시시 박물관에서는 금지한다(2024년 기준).

운영 수~월요일 09:00~17:30 **휴무** 화요일
요금 일반 €14, 학생(국제학생증 소지한 25세 이하) €12
홈페이지 www.kaiserliche-schatzkammer.at

신 왕궁 *Neue Burg*

이루지 못한 황제의 꿈

19세기 말, 도시의 성벽을 허물고 도로를 재정비하면서 성벽 밖으로 왕궁을 거대하게 확장할 계획이 세워졌다. 이때 지어진 중심 건물이 신 왕궁이며 웅장한 규모를 자랑한다. 하지만 1916년 완공되고 얼마 되지 않아 합스부르크 왕가가 몰락하면서 시민들에게 개방되었다. 네오바로크 양식의 건물 정면 입구 꼭대기에는 합스부르크의 상징인 황금 독수리가 있다. 신 왕궁이 감싸고 있는 광장은 헬덴 광장Heldenplatz이다. 오이겐Eugen Franz공과 카를 대공Erzherzog Karl의 청동 기마상이 마주보고 서 있다. 건물 안에는 인류학 박물관인 벨트 뮤지엄Weltmuseum, 군사 박물관, 고전 악기 박물관, 에페소스 박물관 등이 있다.

가는 방법 호프부르크에서 도보 6분
주소 Heldenplatz, 1010 Wien
운영 화요일 10:00~21:00, 수~일요일 10:00~18:00
※박물관별 상이 **휴무** 월요일
요금 벨트 뮤지엄+군사 박물관+고전 악기 박물관
일반 €16, 학생 €12 **홈페이지** www.weltmuseumwien.at

왕궁 정원
Burggarten

모차르트 동상이 서 있는 황제의 정원

신 왕궁 뒤편에 자리 잡은 황제의 개인 정원이었다. 합스부르크 왕가가 막을 내리고 공화정이 들어서자 황제의 정원Kaisergarten, 궁정 정원Hofgarten이라는 명칭 대신 공화국 정원Garten der Republik으로 불리기도 했다. 지금은 왕궁 정원을 뜻하는 부르크가르텐Burggarten으로 불린다. 프란츠 1세와 프란츠 요제프 1세 등 여러 동상이 있지만 가장 인기 있는 것은 모차르트 동상이다. 제대로 된 묘지조차 없는 모차르트이기에, 이곳의 아름다운 조각 기념물과 그의 음악을 상징하는 붉은색 높은음자리표 화단이 많은 사람들을 찾게 만든다.

가는 방법 지하철 U2 Museumsquartier역에서 도보 3분
※2024년 12월 말까지 해당 역 폐쇄
주소 Josefsplatz 1, 1010 Wien
요금 무료

오스트리아 국립 도서관
Österreichische Nationalbibliothek

오스트리아에서 가장 아름다운 도서관

왕궁 건물 바깥쪽의 요제프 광장Josefsplatz에는 요제프 2세의 청동 기마상이 있는데 그 뒤에 자리한 건물이 도서관이다. 1722~1735년 카를 6세의 명에 따라 법원 도서관의 일부를 변경해 지었다. 당시에는 제국의 법원 도서관Kaiserliche Hofbibliothek이었으나 현재는 다른 부속 건물들을 거느린 오스트리아 국립 도서관이 되었다. 계단을 통해 위층으로 올라가면 중앙 홀인 프룽크잘Prunkssal이 눈길을 끄는데 실내 장식의 화려함을 보여 준다. 타원으로 이루어진 내부 길이가 80m에 달하며 높은 벽면의 서가에는 20만 권이 넘는 고서들이 가득하다.

가는 방법 호프부르크 입구에서 도보 2분
주소 Josefsplatz 1, 1015 Wien
운영 10:00~18:00(목요일 10:00~21:00)
휴무 10~5월 월요일
요금 일반 €10
홈페이지 onb.ac.at

아우구스티너 성당
Augustinerkirche Wien

합스부르크 왕가의 심장이 묻힌 곳

호프부르크(왕궁) 건물 끝에 자리 잡은 아우구스티너 성당은 소박한 외관과 달리 왕실의 중요한 역할을 하던 곳이다. 합스부르크 군주가 사망하면 왕가의 장례 절차에 따라 심장은 은으로 만든 용기에 담겨 아우구스티너 성당에 안치되었다. 또한 이곳은 왕실의 중요한 행사들이 열리던 곳으로 프란츠 요제프 1세와 엘리자베트의 결혼식이 거행되기도 했다. 지금은 화려한 샹들리에가 가득하지만 당시에는 1만 5,000개의 촛불이 밝혀졌다고 한다.

가는 방법 호프부르크 입구에서 도보 3분
주소 Augustinerstraße 3, 1010 Wien
운영 월·수·금요일 08:00~17:30,
화·목요일 08:00~19:15, 토·일요일 09:00~19:30
요금 무료
홈페이지 erzdioezese-wien.at

알베르티나 미술관
Albertina

뒤러의 작품을 감상할 수 있는 궁전

마리아 테레지아 여제의 사위였던 알베르트 카시미르Albert Casimir 대공 부부가 거주했던 왕궁이다. 합스부르크가의 몰락으로 소유권을 갖게 된 오스트리아 공화국이 1921년 대공의 이름을 따 알베르티나라는 이름으로 미술관을 개관했다. 제2차 세계대전 때 손상되어 재건축을 거듭했다. 2008년에 한스 홀라인Hans HolLein이 설계한 지붕이 추가되면서 건축학적으로도 뛰어난 가치를 자랑한다. 새로이 복원된 합스부르크 왕궁의 호화롭고 화려한 20개의 스테이트룸은 미술관 관람의 또 다른 즐거움이다.

가는 방법 빈 국립 오페라 극장에서 도보 3분(극장 건물 뒤)
주소 Albertinaplatz 1, 1015 Wien
운영 10:00~18:00(수·금요일 10:00~21:00)
요금 일반 €19.90, 학생 €15.90
홈페이지 www.albertina.at

⓪③ 성 페터 성당
Katholische Kirche St. Peter

모차르트가 미사곡을 연주했던 화려한 성당

관광객들로 북적이는 그라벤 거리를 지나다 보면 골목 사이로 얼굴을 삐죽 내민 성당이 보인다. 12세기부터 자리를 지켰던 성당이 철거되고 18세기 초에 로마의 성 베드로(독일어로는 페터Peter) 성당을 모델로 새로이 건축되었다. 수많은 건축가, 미술가들이 디자인에 참여해 화려한 바로크 양식의 현재 모습을 갖추었다. 성모 마리아의 승천을 묘사한 거대한 돔 천장의 프레스코화, 눈길을 사로잡는 설교단, 제대 아래에는 로마의 카타콤에서 옮겨온 두 순교자의 유해가 있으며 성당 안 곳곳에서 아름다운 조각들을 볼 수 있다. 모차르트가 미사곡을 연주했던 곳으로 현재도 오르간 연주가 유명하다.

지도 P.032 **가는 방법** 슈테판 대성당에서 도보 3분
주소 Petersplatz 1, 1010 Wien **운영** 월~금요일 08:00~19:00, 토 · 일요일 · 공휴일 09:00~19:00
요금 무료 **홈페이지** www.peterskirche.at

⓪④ 황실 묘지
Kaisergruft

황실 가족들의 유골이 안치된 곳

합스부르크가의 장례식이 치러지는 카푸친 성당Kapuzinerkirche의 지하에 자리 잡은 묘지다. 12명의 황제와 22명의 황후나 왕비 등 150명에 달하는 사람들의 유골이 안치되어 있다. 1633년 완공된 것으로 이 전 세대의 관도 이장되었다. 예술품에 가까운 관들 중 가장 눈길을 끄는 것은 마리아 테레지아 여제의 관이다. 가장 많은 사람들이 추모하는 곳은 프란츠 요제프 1세 황제와 엘리자베트 황후, 루돌프 황태자가 안치된 곳이다. 황제의 관을 쓰고 있는 해골이 '메멘토 모리Memonto Mori(죽음을 기억하라)'라는 말을 연상시키는 카를 6세의 관도 놓치지 말자.

지도 P.032 **가는 방법** 슈테판 대성당에서 도보 3분
주소 Tegetthoffstraße 2, 1010 Wien
운영 10:00~18:00
요금 일반 €8.50, 학생 €7.50
홈페이지 kaisergruft.at

TRAVEL TALK

여러 곳에 안치된 황제의 시신

슈테판 대성당의 납골당을 방문해 본 사람이라면 황실 묘지에서 의문이 들었을 거예요. 슈테판 대성당에도 황제들이 묻혀 있다던데 이곳에도? 이유인 즉, 합스부르크 군주의 시신은 당시 장례 관습에 따라 심장과 내장을 분리해 안치되었다고 해요. 그래서 황제의 심장은 아우구스티너 성당에, 내장은 슈테판 대성당에, 유골은 화려한 관에 넣어 황실 묘지에 모셔졌답니다.

05

빈 국립 오페라 극장

Wiener Staatsoper

세계적인 오페라를 감상할 수 있는 극장

빈 국립 오페라 극장은 세계 3대 오페라 극장 중 하나로 꼽힌다. 2,200석이 넘는 객석과 100명의 단원이 들어가는 오케스트라석을 갖춘 대규모 극장이며 빈 오페라와 발레의 중심지라고 할 수 있다. 합스부르크 왕가가 마지막 영광을 누리던 1860년대 후반에 지어져 1869년 모차르트의 〈돈 조반니Don Giovanni〉로 막을 올리며 개장을 알렸고, 1897년 총감독 구스타프 말러Gustav Mahler의 활약으로 유럽 최고의 오페라 극장이 되었다. 하지만 제2차 세계대전 당시 폭격을 입어 크게 파괴되었으며 이후 10년간 보수를 거쳐 1955년 공연을 재개했다. 빈 국립 오페라 극장의 전속 관현악단인 빈 필하모닉 역시 이곳이 세계적인 명성을 얻는 데 한몫했다. 명지휘자 헤르베르트 폰 카라얀Herbert von Karajan도 1956년부터 1964년까지 지휘를 역임한 바 있다. 오페라와 발레 공연은 매년 9월 1일부터 시작해 다음 다음해 6월 30일까지 이어지며 이 기간에 매일 밤 약 60개 공연이 300회가 넘게 펼쳐진다. 여름철에는 공연이 없어 가이드 투어를 통해 건물 내부만 관람할 수 있다.

지도 P.032 **가는 방법** 지하철 U1·2·4 Karlsplatz역에서 도보 3분
주소 Opernring 2, 1010 Wien
운영 가이드 투어 스케줄은 날짜별로 매일 다르니 홈페이지를 참조하자(투어가 없는 날도 있고 1~6회까지 진행되는 날도 있다).
요금 일반 €13, 학생 €7
홈페이지 www.staatsoper.at

TIP
7~8월 여름철에는 휴가 기간이라 공연이 없다.

링 주변

빈 문화 예술의 중심지

링은 구시가지의 경계가 되는 도로이자 웅장하고 아름다운 건축물들이 늘어선 지역이다. 이 도로를 따라 미술사 박물관, 자연사 박물관, 국회의사당, 시청사, 시립 공원 등 근대 명소들이 모여 있다. 링 바깥쪽으로는 무제움스크바티어, 빈 분리파 전시관, 카를스 성당, 벨베데레 궁전에 이르기까지 다양한 시대를 아우르는 문화 명소들이 자리한다.

01

미술사 박물관

Kunsthistorisches Museum

추천

지도 P.044 **가는 방법** 지하철 U2 Museumsquartier역에서 도보 3분
※2024년 12월 말까지 해당 역 폐쇄
주소 Maria-Theresien-Platz, 1010 Wien **운영** 09:00~18:00(목요일 09:00~21:00) ※문 닫기 30분 전 입장 마감
휴무 비수기 월요일 **요금** (특별전 제외) 일반 €21, 학생 €18 / 왕실 보물관과 통합권 €27 **홈페이지** www.khm.at

위대한 명작들로 가득한 동유럽 최고의 미술관

합스부르크 왕가가 수백 년 동안 수집한 예술 작품들을 대중에게 공개하기 위해 1891년 문을 연 미술관이다. 마리아 테레지아 광장Maria-Theresien-Platz에 쌍둥이 건물로 지어진 자연사 박물관과 마주보고 있다. 브뤼헐, 루벤스, 벨라스케스, 라파엘로, 티치아노 등 합스부르크 왕가가 번성했던 르네상스와 바로크 시대의 미술 작품들과 왕궁의 보물, 조각, 판화 등 하루에 다 보기 힘들 만큼 방대한 컬렉션을 소장하고 있다. 특히 이 미술관이 소장한 브뤼헐의 작품은 양적으로나 질적으로나 세계 최고로 꼽힌다.

이집트 유물, 그리스·로마 시대의 예술품 컬렉션도 충실하다. 특히 1층 이집트관의 인기가 높은데 고대 이집트 유물 1만 7,000여 점이 주제별로 나뉜 4개 구역에 알차게 전시되어 있다. 자수를 놓은 천으로 쌓인 미라와 악어, 고양이, 물고기 등의 동물 미라, 다양한 그림과 상형문자가 새겨진 석판 등 흥미를 끄는 유물이 많다.

TIP

미술관 카페

미술관 건물 중앙 계단으로 올라가는 2층(Level 1)의 돔홀Kuppelhalle에는 대리석으로 지어진 화려한 인테리어의 카페 겸 레스토랑이 있다. 커피와 디저트도 있지만 장시간 관람을 요하는 미술관인 만큼 이곳에서 간단한 식사를 하는 것도 좋다. 창문 너머로는 건너편의 자연사 박물관 건물이 보인다.

FOLLOW UP

놓치면 아쉬운 미술사 박물관 주요 작품

방대한 전시품을 자랑하는 미술사 박물관은 총 3개 층으로 이루어져 있다. 1층(Level 0.5)은 이집트관 등 고대 유물 갤러리가 대부분이며 2층(Level 1)은 시대별, 지역별 유럽 회화 작품이 가득하다. 3층(Level 2)은 작은 공간에 강의실, 이벤트실과 코인 갤러리가 있다.

1층(Level 0.5) ~중앙 홀 계단

• 이집트관

Ägyptisch-Orientalische Sammlung

Egyptian and Near Eastern Collection

고대 이집트의 유물 1만 7,000여 점이 주제별로 나뉜 4개 구역에 전시되어 있다. 메소포타미아, 이집트, 누비아 등에서 발굴된 다양한 미라의 관, 미라, 조각, 벽화, 가면, 기둥, 그림과 상형문자가 새겨진 석판 등 중요한 유물들을 전시한다. 자수를 놓은 천으로 쌓인 미라 등 볼 만한 전시품이 많다. 인테리어도 이집트 분위기를 물씬 느낄 수 있도록 꾸며 놓아 더욱 흥미진진하다.

• 중앙 홀 계단 위 클림트 벽화 1890~1891년, 구스타프 클림트 Gustav Klimt

미술사 박물관 입구의 중앙 홀 계단을 올라가면 화려하게 장식된 천장화와 벽화, 조각이 눈길을 끈다. 시대별 미술 사조를 그린 이 벽화들은 구스타프 클림트와 그의 동생인 에른스트 클림트 Ernst Klimt, 프란츠 마치Franz Matsch가 그렸는데 그중 북쪽 벽면에 있는 그림이 구스타프 클림트의 작품이다. 천장 바로 아래 아찔한 높이의 기둥 사이에 5개 주제로 그림이 그려져 있는데, 당시 28세였던 클림트의 아르누보 이전 작품이다.

2층(Level 1) ~ 회화관

• 눈 속의 사냥꾼 Hunters in the Snow

1565년, 피터르 브뤼헐 Pieter Bruegel

플랑드르 화가 브뤼헐은 네덜란드에서 순수 풍경화를 새로운 장르로 이끈 화가다. 이 작품은 브뤼헐이 그린 계절과 달의 연작 중에서 첫 번째에 해당하는 작품으로, 추운 겨울 농사를 지을 수 없는 농부들이 사냥을 마치고 돌아가는 모습을 그린 것이다. 돼지 털을 태우는 모습이나 얼음 위에서 컬링을 하는 사람, 스케이트를 타는 사람 등 디테일이 살아 있는 겨울 풍경을 묘사했다.

• 여름 Summer

1573년, 주세페 아르침볼도 Giuseppe Arcimboldo

독특하고 기발한 그림을 많이 그린 합스부르크 왕가의 궁정 화가 주세페가 당시 황제였던 막시밀리안 2세의 명으로 그린 사계절 연작 중 하나다. 여름을 상징하는 과일과 채소들로 얼굴을 그려 독특함을 더한다. 이 그림은 자세히 보면 세밀한 여러 개의 정물화 같지만 전체를 보면 인물이 되는 작품으로 작가의 상상력이 돋보인다. 그림 속 인물의 목에는 작가의 이름도 새겨져 있다.

• 자화상 Self Portrait

1652년, 렘브란트 반 레인 Rembrandt Harmenszoon van Rijn

네덜란드를 대표하는 화가 렘브란트는 자신의 청년 시절부터 노년에 이르기까지 많은 자화상을 그렸다. '빛의 마술사'라고도 불리는 그는 섬세하고 탁월한 묘사로 초상화에서 인물의 내면과 개성을 잘 나타낸 것으로 유명하다. 이곳에 전시된 자화상은 렘브란트의 40대 모습으로 예술가의 고뇌가 느껴진다.

• 제인 시모어 Jane Seymour

1536년, 한스 홀바인 Hans Holbein

한스 홀바인은 왕족과 귀족들의 초상화를 그리던 영국 궁정 화가였으며 인물의 지위와 심리를 사실적으로 잘 묘사한 화가로 유명하다. 그림 속의 제인 시모어는 영국 헨리 8세의 세 번째 부인으로 기품 있는 자세와 화려한 의상을 입고 장신구를 두른 모습이 인상적이다. 그녀는 헨리 8세에게 끝까지 총애를 받았으나 아들 에드워드 6세를 낳고 산후병으로 27세의 나이에 사망했다.

● 왕녀 마르가리타 Infanta Margarita Teresa 초상화 시리즈

1653 · 1656 · 1659년, 디에고 벨라스케스 Diego Velázquez

스페인 국왕 펠리페 4세의 딸인 마르가리타는 15세의 나이에 외숙부였던 신성 로마 제국 황제 레오폴트 1세와 정략결혼을 했다. 세 살의 어린 나이에 신부로 내정되면서 펠리페 4세는 궁정 화가 벨라스케스에게 딸의 초상화를 그리게 해 세 살, 여섯 살, 아홉 살 때 모습을 레오폴트 1세에게 보냈다. 그녀는 결혼 후 자녀를 네 명 낳았으나 한 명만이 살아남았고 그녀 자신도 21세의 젊은 나이에 세상을 떠났다.

● 화가의 아틀리에 The Artist's Studio

1665~1666년, 요하네스 페르메이르 Johannes Vermeer

주로 성서, 신화 등 역사적인 주제를 다루었던 중세 시대에 페르메이르는 일상의 정적인 순간들을 그렸다. 이 작품은 빛과 색의 조화로 신비로운 분위기를 자아내는 그의 대표작 중 하나다. 두꺼운 커튼 앞으로 화가의 뒷모습과 빛이 들어오는 곳에서 눈앞의 테이블을 응시하며 가만히 고개를 돌린 모델의 모습을 통해 부드러움과 고요함을 느낄 수 있다.

• 모피를 두른 엘렌 푸르망 Hélène Fourment in a Fur Wrap

1635~1640년, 페테르 파울 루벤스 Pieter Paul Rubens

나체의 여인이 부의 상징인 모피로 중요한 부분만 가리고 서 있는 이 그림은 루벤스가 53세에 재혼한 어린 부인, 엘렌 푸르망을 그린 것이다. 루벤스는 청춘의 열정을 되살려 준 엘렌을 자신의 그림 속에 여러 여신으로 그려 낼 만큼 애정이 각별했다. 에로티시즘이 극대화된 이 작품은 앳된 여인의 풍만한 몸매와 흰 피부가 어두운 배경과 대조를 이루며 더욱 빛난다.

• 바벨탑 Hunters in the Snow

1563년, 피티르 브뤼헐 Pieter Bruegel

성서에 등장하는 바벨탑은 고대 바빌로니아 사람들이 건설했다는 전설의 탑으로, 하늘에 닿으려는 인간들의 오만함을 상징하는 건물이다. 브뤼헐은 두 점의 바벨탑을 그렸는데 이 작품 속 바벨탑은 콜로세움을 떠올리게 하며 기울어진 모습이 어딘가 불안하게 보인다. 그림을 자세히 들여다보면 바벨탑 주변에 왕의 일행으로 보이는 사람들과 노동자들, 항구에 들어오는 건설 자재와 배, 각종 기계들이 자세히 묘사되어 흥미롭다.

미술사 박물관의 인기 기념품

※1층 기념품 숍에서 구입 가능

이집트 무덤에서 발견된 푸른색의 세라믹 하마는 기원전 2,000년경의 것으로 추정되는 유물로 미술관의 귀여운 마스코트다.

미술사 박물관에 있는 작품이 아니더라도 다양한 명화로 만든 머그잔은 인기 기념품이다.

합스부르크 왕가의 초상화를 소재로 한 그림을 프린팅한 쿠션 등이 있다.

이집트의 미라는 언제나 신비로운 소재로 열쇠고리나 자석, 장식품 등이 인기다.

전설의 바벨탑을 생동감 있게 묘사한 브뤼헐의 작품은 미술관 기념품의 하이라이트다. 손수건, 파우치, 필통, 스카프 등 다양한 기념품에 이 그림이 담겼다.

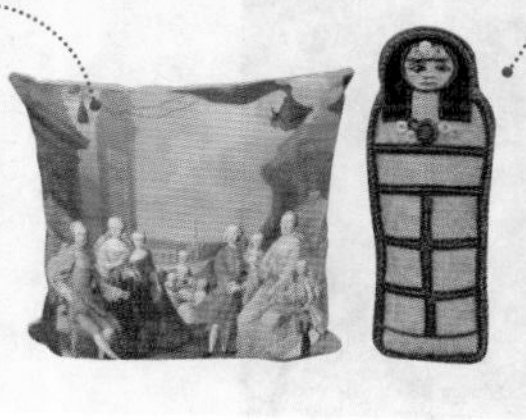

02

자연사 박물관

Naturthistorisches Museum

미술사 박물관과 마주보고 있는 자연사의 보고

마리아 테레지아 여제의 남편 프란츠 1세 슈테판Franz I Stephan이 수집한 방대한 소장품들을 기반으로 1889년 문을 연 세계적인 규모의 박물관이다. 건물 외관은 웅장하고 기품이 넘치며 중앙 계단이 있는 입구의 메인 홀도 초상화, 천장화, 조각 등으로 화려하게 장식돼 있다. 선사 시대부터 현대에 이르는 동물, 광물, 미생물, 공룡, 화석 등의 전시품이 2개 층에 나뉘어 전시된다. 이 박물관에서 가장 유명한 것은 나체 여인상 〈빌렌도르프의 비너스Venus von Willendorf〉다. 2만 9,500년이라는 역사를 거슬러 올라가는 구석기 시대의 걸작으로 평가받는다.

지도 P.044 **가는 방법** 미술사 박물관 건너편 또는 지하철 U2 · U3 Volkstheater역에서 도보 3분 **주소** Maria-Theresien-Platz, 1010 Wien
운영 목~월요일 09:00~18:00, 수요일 09:00~20:00 ※문 닫기 30분 전 입장 마감
휴무 화요일 **요금** 일반 €18, 학생 €14, 19세 미만 무료
홈페이지 www.nhm-wien.ac.at

빌렌도르프의 비너스

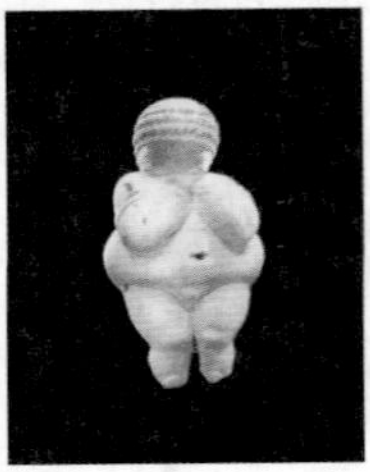

(03)

무제움스크바티어

MuseumsQuartier (MQ)

오스트리아 최고의 복합 문화 공간

미술사 박물관과 자연사 박물관이 마주한 마리아 테레지아 광장의 건너편에 조성된 대규모 복합 문화 공간이다. 문화와 예술의 다양성을 보여 주기 위한 사업의 일환으로 1998년 오래된 건물들을 개축하면서 3년간의 공사 끝에 2001년 개관했다. 다양한 주제를 가진 미술관, 박물관과 문화 행사를 위한 공간들이 모여 있어 빈이 문화 예술의 도시임을 증명하는 상징적인 장소로 자리매김했다.

무제움스크바티어 입구는 여러 곳이 있지만 중앙 입구에 해당하는 박물관 광장Museumsplatz 쪽으로 가 보자. 붉은 지붕의 바로크 양식 건물이 길게 이어져 있다. 궁정 마구간이었던 이 건물을 통해 안으로 들어서면 박물관들로 둘러싸인 너른 안뜰이 나온다. 정면에 보이는 건물은 왕실의 겨울 승마 연습장이었던 곳으로 주변에는 마차들을 위한 차고도 있었다. 현재는 각종 콘서트, 연극, 춤 등이 공연되는 이벤트 홀 할레 에+게Halle E+G와 현대 미술의 전시장인 쿤스트할레Kunsthalle가 들어서 있다. 바로 왼쪽의 하얀 건물은 레오폴트 미술관Leopold Museum이며 오른쪽의 회색 건물은 현대 미술관 무목MUMOK이다. 이 외에도 어린이 박물관, 건축 센터 등 10여 개의 박물관이 있다. 안락한 의자들이 놓인 중앙 안뜰의 광장은 시민들을 위한 축제와 야외 공연이 펼쳐지는 문화 공간이다.

지도 P.044
가는 방법 지하철 U2 Museumsquartier역에서 도보 2분
※2024년 12월 말까지 해당 역 폐쇄
주소 Museumsplatz 1, 1070 Wien
홈페이지 mqw.at

④ 무목
MUMOK

동유럽에서 가장 큰 현대 미술관

무제움스크바티어에서 레오폴트 미술관과 함께 가장 주목받는 미술관이다. 흔히 '무목'이라 불리며 정식 명칭은 루드비히 재단 현대 미술관 Museum Moderner Kunst Stiftung Ludwig Wien이다. 1962년에 처음 설립됐으며 2001년 현재 건물에 다시 문을 열었다. 앤디 워홀Andy Warhol, 파블로 피카소Pablo Picasso, 로이 리히텐슈타인Roy Lichtenstein, 백남준 등 유명한 현대 작가들의 작품 1만여 점을 소장하고 있으며 테마에 따라 순환 전시한다. 또한 동시대 작품으로는 회화뿐 아니라 사진, 비디오, 조각, 설치 미술 등을 아우르고 있다. 회색 현무암으로 덮인 건물 외관이 현대적이고 독특한 인상을 준다.

지도 P.044
가는 방법 지하철 U2 Museumsquartier역에서 도보 4분
※2024년 12월 말까지 해당 역 폐쇄
주소 Museumsplatz 1, 1070 Wien
운영 화~일요일 10:00~18:00 **휴무** 월요일
요금 일반 €10, 학생 €8
홈페이지 www.mumok.at

⑤ 레오폴트 미술관
Leopold Museum

오스트리아 근현대 미술을 대표하는 미술관

무제움스크바티어에서 가장 인기 있는 미술관이다. 주로 19세기 후반과 20세기의 오스트리아 작품들을 전시한다. 미술품 수집가였던 루돌프와 엘리자베트 레오폴트 부부Rudolf and Elisabeth Leopold가 모은 미술품들을 전시하기 위해 2001년에 개관했으며 현재 6,000여 점의 작품이 있다. 외관은 하얀 직육면체의 심플하고 현대적인 모습이다. 빈 아르누보와 표현주의 작품들이 많은데 빈 분리파 구스타프 클림트와 표현주의의 대가 에곤 실레의 작품이 대표적이다. 특히 220점이 넘는 에곤 실레의 컬렉션은 세계 최대 규모이며 미술관 4층에 그의 일대기와 작품을 감상할 수 있는 전시실을 따로 두고 있으니 꼭 둘러 보자.

지도 P.044
가는 방법 지하철 U2 Museumsquartier역에서 도보 4분
※2024년 12월 말까지 해당 역 폐쇄
주소 Museumsplatz 1, 1070 Wien
운영 수~월요일 10:00~18:00 **휴무** 화요일
요금 일반 €17, 학생 €14
홈페이지 www.leopoldmuseum.org

FOLLOW UP

레오폴트 미술관의 투 톱! 클림트와 실레의 명작 만나기

오스트리아 근현대 미술을 대표하는 작품들이 많은 레오폴트 미술관에서 가장 중요한 두 작품을 고른다면 구스타프 클림트의 〈죽음과 삶〉, 에곤 실레의 〈자화상〉을 꼽을 수 있다. 이 외에도 실레의 수많은 작품들을 만날 수 있다.

구스타프 클림트

Gustav Klimt 1862~1918년

전통만을 고수하는 기존 풍토에서 탈피해 새로운 예술 세계를 만들고자 결성된 빈 분리파의 선구자이자, 오스트리아의 근대 미술을 대표하는 화가다. 성과 사랑, 인간의 내면, 죽음 등에 관한 작품을 많이 남겼다. 청년 시절에는 주로 역사화를 그렸으나 동생의 죽음 이후 상징주의자로 거듭났다. 그가 세상을 떠난 후 50년이 지나고서야 재평가되어 세계적인 화가의 반열에 올랐다.

• 죽음과 삶 Death and Life 1910~1915년

〈키스Der Kuss〉와 함께 클림트를 대표하는 작품 중 하나다. 클림트가 말년에 공을 들인 작품이며 죽음과 가까이 있는 다양한 인간 군상을 표현했다. 그림 안에 남자, 여자, 아이가 뒤엉켜 있고 죽음을 상징하는 해골이 그들을 지켜보고 있다. 20세기 초 유럽 지역에는 비관론이 팽배했는데 클림트만의 표현법으로 시대상을 잘 나타낸 작품이다.

에곤 실레

Egon Schiele 1890~1918년

오스트리아의 대표적인 표현주의 화가. 인간의 내면이 강조된 누드, 죽음, 부활에 관한 작품을 많이 남겼다. 대표작으로 발리의 초상과 수많은 자화상이 있으며 빈에서는 레오폴트 미술관과 함께 알베르티나 미술관, 벨베데레 궁전에서 그의 작품을 감상할 수 있다.

• 자화상 Self-Portrait with Chinese Lantern Plant 1912년

약간은 반항적이고 얽매이는 것을 싫어한 실레는 클림트와 달리 자신의 내면 세계를 표현한 자화상을 많이 남겼다. 레오폴트 미술관에 전시된 여러 자화상 중에서도, 꽈리 열매가 있는 자화상으로 알려져 있는 이 작품은 20대 초반 젊은 남자의 세상을 불신하는 듯한 시선이 눈길을 사로잡는다. 붉은색 꽈리 열매와 검은색 옷이 강렬한 대조를 이루며 깊은 인상을 남긴다.

SPECIAL THEME

링 도로를 따라 빈 근대 건축 산책하기

빈 구시가지를 동그랗게 둘러싼 도로를 '링슈트라세Ringstraße(링 도로)'라고 부른다. 폭 57m, 길이 4km에 이르는 대로변에는 웅장한 근대 건축물들이 들어서 도시의 품격을 더한다. 1857년 오스트리아 제국의 황제였던 프란츠 요제프 1세가 13세기에 지어졌던 도시의 성벽을 허물고 대로를 내면서 주변에 합스부르크의 영광을 재현하고자 이에 걸맞은 건물들이 지어진 것이다.

1

시청사
Rathaus

1883년 네오고딕 양식으로 지은 건물이다. 외관도 아름답지만 시청으로서 빈 시민들의 다양한 문화 행사가 열리는 장소로도 친근한 곳이다. 매년 여름이면 시청 앞 넓은 광장에서 필름 페스티벌이 펼쳐져 영화와 음악회를 자유롭게 감상할 수 있다. 12월에는 크리스마스 마켓, 1·2월에는 스케이트장으로 변모해 늘 사람들의 발걸음이 끊이지 않는 곳이다.

가는 방법 지하철 U2 Rathaus역에서 도보 2분
※2024년 12월 말까지 해당 역 폐쇄
주소 Friedrich Schmidt Platz 1, 1010 Wien
홈페이지 www.wien.gv.at

2

왕궁 극장
Burgtheater

오페라와 연극을 상연하는 국립 극장으로 독일어 공연을 대표하는 곳이다. 1741년 마리아 테레지아 여제에 의해 설립됐으며 지금의 건물은 1888년 네오바로크 양식으로 개축됐다. 모차르트의 오페라와 베토벤의 교향곡 1번 등이 초연됐으며 셰익스피어, 괴테 등 대문호의 작품들이 지금까지 공연된다. 건물 내부는 가이드 투어를 통해 둘러볼 수 있으며 클림트의 천장화가 유명하다.

가는 방법 시청사 건너편
주소 Universitätsring 2, 1010 Wien **운영** 가이드 투어 목·금요일 15:00, 토·일요일·공휴일 11:00(독일어로 진행하고 영어로 된 자료를 준다)
요금 일반 €10, 학생 €5
홈페이지 burgtheater.at

3

국회의사당
Parlamentsgebäude (Parlament)

시청사 옆에 자리잡은 웅장한 건물로 그리스 신전을 본떠 만든 네오클래식 양식의 건축물이다. 입구에 코린트 양식 기둥이 있으며 정면 앞쪽의 분수대에 있는 동상은 지혜의 여신 아테나다. 아테나는 머리에 황금 투구를 쓰고 오른손에는 황금의 날개가 달린 승리의 여신 니케를, 왼손에는 창을 들고 있다. 1883년에 제국 의회로 지어졌다가 1919년 공화국이 되면서 건물 이름도 국회의사당으로 바뀌었다.

가는 방법 지하철 U2 · U3 Volkstheater역에서 도보 4분
주소 Dr-Karl-Renner-Ring 3, 1010 Wien **운영** 월~수·금요일 08:00~18:00(목요일 ~21:00), 토요일 09:00~17:00
휴무 일요일
홈페이지 www.parlament.gv.at

✓ 링 주변을 지나는 교통수단

트램 Straßenbahn 1·2·71·D번
일반 트램 1·2·71·D번 노선이 링 주변 주요 명소를 지난다.
요금 1회권 €2.40, 1일권 €5.80

링 도로 주변의 건축물들은 19세기에 지어져 건축 양식에 모두 '네오Neo-'가 붙습니다. 네오고딕, 네오바로크, 네오클래식, 네오르네상스!

4

법원
Justizpalast

국회의사당 옆, 링 도로에서 한 블록 안쪽에 자리한 건물이다. 오스트리아의 대법원 건물로 1875~1881년에 지어진 네오르네상스 양식의 우아한 외관이 눈길을 끈다. 외부 조각도 아름답지만 건물 내부의 높은 유리 천장과 계단 위로는 칼과 법전을 들고 있는 정의의 여신 유스티티아Justitia 조각상이 엄숙한 분위기를 준다.

가는 방법 지하철 U2·U3 Volkstheater역에서 도보 2분
주소 Schmerlingpl. 10-11, 1010 Wien
홈페이지 justiz.gv.at

5

자연사 박물관 & 미술사 박물관
Naturthistorisches & Kunsthistorisches Museum

마리아 테레지아 광장의 양쪽에 데칼코마니처럼 똑같은 모습으로 마주보는 두 건물이다. 공원처럼 조성된 광장을 지키듯 웅장하면서도 아름다운 네오르네상스 양식으로 지어졌다.

▶ P.045·050

6

신 왕궁
Neue Burg

링 도로를 재정비할 때 지어졌으며 영웅 광장을 감싼 웅장한 네오바로크 양식 건물이다. 마리아 테레지아 광장에서 링 도로 건너편 헬덴 광장Heldenplatz에 있다.

▶ P.039

7

빈 국립 오페라 극장
Wiener Staatsoper

1869년에 지어진 건물은 제2차 세계대전 당시 파괴되었으나 상당 부분 복원되었다. 정면 파사드는 네오르네상스 양식의 아치로 아름답게 장식되어 있다.

▶ P.043

06 시립 공원
Stadtpark

요한 슈트라우스 2세 동상이 있는 빈 최초의 시민 공원

1862년에 개장한 빈 최초의 시민 공원으로 링 도로를 정비할 때 조성되었다. 영국식 정원으로 만들어졌으며 도심에 위치해 빈 시민들의 평화로운 휴식처로 이용된다. 이곳이 관광객들에게도 인기 있는 이유는 아늑하고 예쁜 공원이기도 하지만 슈베르트, 브루크너, 요한 슈트라우스 2세 등 음악가들의 동상이 있기 때문이다. 특히 바이올린을 연주하는 요한 슈트라우스 2세의 동상은 시립 공원을 대표하는 동상이다. 공원 주변으로 비엔나 커피를 즐길 수 있는 노천카페들도 자리해 잠시 쉬어 가기 좋다.

지도 P.044
가는 방법 지하철 U4 Stadtpark역에서 바로
주소 Johannesgasse 33, 1010 Wien

07 빈 쿠어살롱
Kursalon Wien

밤마다 왈츠 선율이 울려 퍼지는 우아하고 고풍스러운 콘서트홀

시립 공원 남서쪽에 자리한 콘서트홀이다. 1867년 이탈리아 르네상스 양식으로 지어졌고 1868년 요한 슈트라우스 2세가 공연을 하면서 유명해졌다. 내부에는 슈트라우스 홀Strauss Hall, 레하르 홀Lehar Hall, 슈베르트 홀Schubert Hall 등이 있으며 주로 슈트라우스 & 모차르트 콘서트Strauss & Mozart Concerts를 연다. 연간 500회에 달하는 연주회가 있을 만큼 활발히 운영된다. 무대가 크지 않아 관객과 연주자가 가깝게 호흡하고 교감할 수 있다. 빈 쿠어살롱은 공연장뿐 아니라 컨퍼런스, 결혼식 등 다양한 이벤트 홀로도 이용된다.

지도 P.044 **가는 방법** 지하철 U4 Stadtpark역에서 도보 2분 **주소** Johannesgasse 33, 1010 Wien
홈페이지 www.kursalonwien.at

TRAVEL TALK

왈츠의 왕, 요한 슈트라우스 2세

요한 슈트라우스 2세Johann Strauss II는 '왈츠의 아버지'라 불리는 요한 슈트라우스 1세의 아들입니다. 아버지보다 더 많은 명곡을 탄생시켜 '왈츠의 왕'이라 불리죠. 〈봄의 소리 왈츠〉, 〈아름답고 푸른 도나우〉 등 우리에게도 익숙한 작품들을 많이 남겼고 빈 쿠어살롱에서 첫 공연을 했던 것으로 유명합니다. 빈 쿠어살롱 부근에 그의 황금빛 동상이 있습니다, 시립 공원의 상징인 이 동상은 포토존으로 인기랍니다.

⑧ 빈 콘체르트하우스
Wiener Konzerthaus

빈 심포니 오케스트라의 정기 공연을 비롯해 다양한 공연이 열리는 콘서트홀

프란츠 요제프 1세가 세운 아르누보 양식의 콘서트홀로 1913년에 문을 열었다. 실내악, 교향악 등 클래식 음악뿐 아니라 모던, 재즈, 팝 등 연중 다양한 공연이 열리는 곳이다. 빈 심포니 오케스트라Wiener Symphoniker, 빈 필하모닉 오케스트라Wiener Philharmoniker 등 세계 유수의 연주자들이 무대에 선다. 1,800석 규모의 대형 홀Großer Saal, 700석 규모의 모차르트 홀Mozart-Saal, 320석 규모의 슈베르트 홀Schubert-Saal, 현대 음악 공연을 위해 지어진 베리오 홀Berio-Saal 등이 있다. 1945년에 지어진 베리오 홀은 전자음악 장치를 갖추고 있으며 지금까지 1,600회가 넘는 공연이 열렸다. 음악 공연 외에 각종 행사장으로도 이용된다.

지도 P.044
가는 방법 지하철 U4 Statdpark역에서 도보 3분
주소 Lothringerstraße 20, 1030 Wien
홈페이지 www.konzerthaus.at

⑨ 빈 음악협회
Musikverein Wien

© Li Sun

빈 필하모닉 오케스트라의 본거지인 아름다운 콘서트홀

1812년에 설립됐으며 현재 건물은 1870년에 지어졌다. 빈 필하모닉 오케스트라의 신년 음악회가 열리는 장소로 유명하다. 내부의 홀 중 가장 크고 화려한 곳은 황금 홀Goldener Saal이라 불리는 대강당Großer Saal이다. 홀 전체가 황금 조각과 장식으로 가득한 이곳은 최고의 음향 수준을 자랑한다. 나무로 지어진 홀은 어디에서나 고른 공명을 내 어느 좌석이든 동일한 음향 효과를 감상할 수 있다. 또한 바닥 밑에는 좌석을 보관하는 창고가 있는데, 공연이 있을 때는 좌석을 올려 비어 있는 상태가 돼 울림을 더욱 좋게 한다고 한다. 가이드 투어를 통해 내부를 관람할 수 있다.

지도 P.044
가는 방법 지하철 U1 · U4 Karlsplatz역에서 도보 3분
주소 Musikvereinsplatz 1, 1010 Wien
운영 가이드 투어는 일요일을 제외하고 오후에 보통 2회 정도 있다. 매일 스케줄이 다르니 홈페이지 참조(공연 스케줄이나 리허설에 따라 투어가 연기되거나 취소될 수 있다).
요금 가이드 투어 일반 €10
홈페이지 www.musikverein.at

⑩ 카를스 성당
Karlskirche

바로크 양식이 돋보이는 웅장한 성당

카를스 광장Karlsplatz 남쪽의 공원 안에 자리한 웅장하면서도 아름다운 성당으로 청동 돔이 멀리서도 눈에 띈다. 빈을 휩쓴 흑사병의 재앙이 지난 뒤 1713년 신성 로마 제국의 황제 카를 6세가 역병의 수호성인 성 카를로 보로메오Carlo Borromeo에게 헌정하기 위해 지었다. 정문의 맨 위쪽에 성 보로메오의 조각상이 세워져 있다. 당시 설계 공모전에 당선된 요한 베른하르트 피셔 폰 에를라흐Johann Bernhard Fischer von Erlach가 감독을 맡아 짓기 시작해 그의 아들이 1737년에 완성하기까지 약 25년이 걸렸다. 바로크 양식으로 지어졌지만 곳곳에 개성 있는 건축으로 화려함을 더했다.

양쪽에 높이 솟은 원기둥 2개는 로마의 트라야누스 기념비에서 영감을 받은 것이다. 자세히 살펴보면 성 보로메오의 일생이 조각되어 있다. 내부 돔의 천장 역시 성인의 신화를 표현하는 프레스코화로 채워져 있다. 섬세한 제단과 화려한 벽면 조각들로 가득해 성당 전체가 화사한 분위기다. 위층에는 작은 박물관도 있으며 엘리베이터를 타고 쿠폴라에 오르면 돔 창문을 통해 바깥 전경을 볼 수도 있다.

카를스 성당를 등지고
오른편에 자리한 공원에는
큰길과 가까운 쪽에 브람스
동상이 있어요. 지나가는
길에 꼭 들러 보세요.

지도 P.044 **가는 방법** 지하철 U1 · U2 · U3 Karlsplatz역에서 도보 5분
주소 Karlsplatz, 1040 Wien
운영 월~토요일 09:00~18:00, 일요일 · 공휴일 11:00~19:00
요금 일반 €9.50, 학생 €5, 10세 이하 무료
홈페이지 www.karlskirche.eu

⑪ 빈 분리파 전시관
Wiener Secessionsgebäude

세기말 미술을 이끈 빈 분리파들의 전시장

빈 분리파의 창시자 중 한 사람인 오스트리아 건축가 요제프 마리아 올브리히Joseph Maria Olbrich가 설계한 건물 자체만으로도 볼거리다. 19세기말, 빈 주류 미술계의 보수성에 대한 반발로 생겨난 빈 분리파는 1898년 이 건물이 완성된 후 이곳에서 작품들을 전시하며 활동 거점으로 삼았다. 1986년에는 둥근 돔을 황금색으로 도금해 지금의 모습을 갖추었다. 빈 분리파의 대표 주자인 클림트가 1902년 베토벤의 〈환희의 송가〉를 그린 프레스코화 〈베토벤프리즈Beethovenfries〉가 지하에 전시되어 있다.

지도 P.044 **가는 방법** 지하철 U1 · U2 · U3 Karlsplatz역에서 도보 3분
주소 FriedrichStraße 12, 1010 Wien
운영 화~일요일 10:00~18:00 **휴무** 월요일
요금 일반 €12, 학생 €7.50
홈페이지 www.secession.at

⑫ 카를스플라츠역
Stadtbahnpavillons Karlsplatz

바그너가 완성한 빈 아르누보 건축의 대표작

빈의 근대 건축을 대표하는 건축가인 오토 바그너Otto Wagner가 1894~1899년에 지은 역이다. 바그너는 고전주의 건축 양식에서 탈피해 기능적이고 실용적인 건축물을 짓는 데 중점을 두었다. 그는 1890년부터 빈의 도시 계획을 이끌며 시내의 많은 역을 설계하는 등 근대 도시화에 기여했다. 이후 그의 건축물들은 아르누보 양식을 띠는데 우아하고 아름다운 카를스플라츠역도 그중 하나다. 이 역은 두 건물이 마주보고 있는데 한 곳은 카페이고, 다른 한 곳은 바그너와 관련된 자료를 전시하는 작은 전시실이다.

지도 P.044 **가는 방법** 지하철 U1 · U2 · U3 Karlsplatz역에서 도보 1분
주소 Karlsplatz 13, 1040 Wien
운영 4~10월 화~금요일 09:00~18:00, 토 · 일요일 10:00~18:00 **휴무** 4~10월 월요일, 겨울철
요금 일반 €5, 학생 €4 **홈페이지** wienmuseum.at

TRAVEL TALK

빈 분리파란? 빈 건축과 미술에 종종 언급되는 빈 분리Wiener Secession는 주류 미술계를 탈피해 스스로를 분리되고자 했던 20여 명의 화가와 건축가들을 말합니다. 1897년 탄생한 빈 분리파는 '분리'를 뜻하는 원어 그대로 제체시온Secession이라 불렀습니다. 클림트, 실레, 코코슈카, 요제프 마리아 올브리히, 요제프 호프만 등이 활동하며 세기말 빈 예술을 이끌었지요. 당시 유럽 예술계에 유행하던 혁신적인 예술 운동의 일환으로 아르누보와 같은 새로운 시도를 추구한 예술가들입니다.

SPECIAL THEME

오스트리아의 가우디

훈데르트바서 건축 투어

19세기 말 빈 건축을 이끌었던 대표적인 건축가가 오토 바그너라면, 20세기 빈 건축에 새로운 바람을 일으킨 건축가 중 한 사람이 프리덴스라이히 훈데르트바서Friedensreich Hundertwasser다. 자연과 인간의 조화를 중시하며 집을 '제3의 피부'라 칭했던 그는 삭막한 직선의 콘크리트 건축에서 벗어나, 자연의 선인 곡선의 형태를 최대한 살리고 공기와 물을 정화하는 나무를 활용했다. 그가 지은 건물들은 빈 외곽에 더 많지만 시내에도 일부 남아 있다.

① 쿤스트 하우스 빈 *Kunst Haus Wien*

과거에 가구 공장이었던 건물을 하나의 예술 작품으로 탈바꿈시킨 미술관이다. 훈데르트바서는 100년이나 된 오래된 건물을 완전히 개조해 1991년 지금의 모습을 탄생시켰다. 독특하고 개성 넘치는 외관은 훈데르트바서의 특징을 잘 나타내며 불규칙적인 창문과 바닥, 컬러풀한 모자이크가 눈길을 끈다. 건물 안으로 들어가면 1층에는 카페와 기념품점이 있다. 갤러리는 2층부터 시작하는데 훈데르트바서가 그린 여러 회화 작품들과 태피스트리 그리고 그가 설계한 친환경 건축 단지들의 모형 등을 전시하고 있다.

가는 방법 트램 1번 Radetzkyplatz정류장에서 도보 4분
주소 Untere Weißgerberstraße 13, 1030 Wien
운영 10:00~18:00
요금 일반 €15, 학생 €6 ※특별전은 추가 요금
홈페이지 www.kunsthauswien.com

TIP
박물관 내부는 사진 촬영이 금지되어 있다.

② 훈데르트바서 하우스 *Hundertwasser Haus*

쿤스트 하우스 빈 근처에 자리 잡은 이 건물은 사람들이 실제로 살고 있는 집이다. 역시 컬러풀한 색감과 곡선을 잘 살린 그의 독특한 건축 세계를 엿볼 수 있다. 1986년에 완공된 이 건물은 빈 시 정부에서 의뢰한 임대 주택을 지은 것으로 52개 가구가 모두 각기 다른 모습을 하고 있다. 현재 입주민들이 살고 있어 안으로 들어갈 순 없지만 건물의 외관과 입구의 분수 등을 볼 수 있다.

가는 방법 1번 트램 Hetzgasse정류장에서 도보 2분
주소 Kegelgasse 36-38, 1030 Wien
홈페이지 www.hundertwasser-haus.info

③ 훈데르트바서 빌리지
Hundertwasser Village

내부 입장이 안 되는 훈데르트바서 하우스 바로 앞에 관광객들의 아쉬움을 달래 주는 작은 단지가 있다. 건물 내부를 볼 수 없기에 밖에서 서성이는 사람들을 위한 카페와 간이식당, 기념품을 판매하는 여러 상점이 있다. 외관은 허름하지만 내부는 알록달록한 색깔과 곡선으로 훈데르트바서의 건축 양식을 흉내내 꾸며졌다.

가는 방법 훈데르트바서 하우스 바로 맞은편
주소 Kegelgasse 37-39, 1030 Wien
운영 09:00~18:00
홈페이지 www.hundertwasser-village.com

④ 슈피텔라우 쓰레기 소각장
MülLverbrennungsanlage Spittelau

쓰레기 소각장을 관광 명소로 탈바꿈시킨 건물로, 훈데르트바서의 환경운동가로서의 면모가 여실히 드러나는 작품이다. 처음에 쓰레기 소각 자체를 반대했으나 시에서 친환경적인 건물로 짓겠다고 설득하자, 열에너지를 난방으로 바꾸고 공기 정화 시스템을 갖춘 신개념 소각장을 1992년에 탄생시켰다.
쓰레기 소각장이라는 사실이 믿기지 않을 만큼 예쁘고 독특한 건물인 동시에, 공해 물질을 줄이는 훌륭한 기능까지 갖춰 모범적인 건축으로 꼽힌다. 학교에서는 단체로 학생들을 견학시켜 재활용 교육의 장으로도 활용하고 있다.

가는 방법 지하철 U4 · U6 Spittelau역에서 도보 10분
주소 Spittelauer Lände 45,1090 Wien
홈페이지 www.wienenergie.at

TRAVEL TALK

훈데르트바서의 발자취 (1928~2000년)

훈데르트바서는 '오스트리아의 가우디'로 불리는 건축가이자 화가, 환경운동가이며 자연주의자, 평화주의자입니다. 색을 조합하는 능력이 뛰어나 상식을 뛰어넘는 대담한 색깔을 사용했고 네모난 건축에서 탈피해 독특한 형태를 추구했던 것으로 유명합니다. 자연을 화폭에 담는 데 열정적이었으며, 인간은 자연과 평화롭게 공존하며 살아가야 한다는 원칙이 그의 건축물에 고스란히 남아 있답니다.

⑬

벨베데레 궁전

Schloss Belvedere

추천

지도 P.044
가는 방법 트램 71번 Unteres Belvedere정류장에서 도보 2분
주소 Prinz Eugen-Straße 27, 1030 Wien
운영 상궁 09:00~18:00 / 하궁 10:00~18:00
요금 (온라인/매표소) 상궁 일반 €16.70/€19, 학생 €13.40/15.50, 하궁 일반 €14.60/€17, 학생 €10.90/12.50, 통합권(온라인) 일반 €24, 학생 €19.90
홈페이지 www.belvedere.at

클림트 그림으로 유명한 여름 별궁

사보이 왕가의 오이겐Eugen Franz 공을 위한 별궁으로 지은 바로크 양식 궁전이다. 2개의 궁 사이에 프랑스식 정원이 넓게 펼쳐져 있다. 오스트리아 건축가 요한 루카스 폰 힐데브란트Johann Lukas von Hildebrandt가 설계했으며 북쪽의 하궁은 1716년에, 남쪽의 상궁은 1723년에 지어졌다. 오이겐 공이 세상을 떠난 후 합스부르크 왕가가 궁전을 매입해 증축을 거듭했고 미술품들을 전시하는 공간으로 사용했다. 현재 상궁에는 19~20세기 오스트리아 미술 작품이, 하궁에는 바로크 시대 미술품이 전시되어 있다. 궁전 내부에는 화려한 방들과 많은 예술 작품이 있다. 입장권은 상궁 · 하궁 옆에 위치한 매표소 또는 온라인으로 구입 가능하며 한국어 오디오 가이드를 대여할 수 있다.

TIP

상궁과 하궁, 헷갈리지 마세요!

스마트폰으로 벨베데레 궁전의 구글맵을 보면 남쪽에 있는 것이 상궁, 북쪽에 있는 것이 하궁으로 나와 의아하게 생각하는 사람들이 있지만 막상 궁전에 가보면 이유를 알게 된다. 상궁이 좀 더 높은 곳에 자리해 하궁을 내려다보는 구조다. 시간이 없어 한 곳만 봐야 한다면 명작들이 많은 상궁을 택하자.

FOLLOW UP

예술 작품으로 가득한 벨베데레 궁전의 하이라이트

벨베데레 궁전은 서로 다른 모습의 두 궁전이 마주보고 있는 구조다. 높은 곳에 자리한 청동 지붕의 상궁이 중심 궁전이며, 정원 계단을 내려가면 붉은 지붕의 하궁으로 이어진다. 궁전 내부의 명작들이 전시된 갤러리까지 관람해야 벨베데레 궁전을 제대로 보았다고 할 수 있다.

상궁 *Oberes Belvedere(OB)*

클림트 작품 24점이 전시된 곳으로 유명한 상궁은 제2차 세계대전 당시 많은 부분이 파괴되어 복원 공사를 통해 2008년 새롭게 문을 열었다. 클림트 외에도 실레, 코코슈카, 모네, 고흐 등 거장들의 작품을 다수 전시 중이다. 1955년 미국, 영국, 프랑스, 소련이 모여 오스트리아 주권 회복을 위한 조약을 체결했던 역사적인 장소이기도 하다.

상궁에서 꼭 봐야 할 작품

키스 Der Kuss

1907~1908년, 구스타프 클림트 Gustav Klimt

별빛이 쏟아지는 절벽 위 아름다운 초원에서 키스를 하는 두 남녀가 묘사된 클림트의 대표작이다. 아름다운 구성과 화려한 색감, 신비감을 더하는 대조적이고 기하학적인 무늬와 금장식이 아르누보의 절정을 보여 준다. 클림트가 빈 분리파를 떠난 후 그린 작품으로 많은 상징을 내포하고 있으나, 그가 추구하던 이상적인 사랑을 표현하고자 했을 것이라는 데는 이견이 없다.

유디트 Judith

1901년, 구스타프 클림트 Gustav Klimt

구약 성서에 나오는 유디트Judith는 적장 홀로페르네스Holofernes를 죽이고 이스라엘 민족을 해방시킨 영웅이다. 화가들의 단골 소재이지만 클림트는 다른 화가들과 달리 유디트를 홀로페르네스의 머리를 들고 가슴과 배꼽을 드러낸 채 황홀한 표정을 짓는 관능적인 모습으로 그렸다. 이 작품도 화려한 금장식과 독특한 무늬가 돋보인다.

알프스산맥을 넘는 나폴레옹
Napoleon Crossing the Alps

1801년, 자크 루이 다비드 Jacques-Louis David

다비드는 프랑스 혁명 당시 급진파에 속했던 진보적 인사였으나 나폴레옹이 정권을 잡은 이후 그의 영웅화 작업에 일조했던 프랑스 화가다. 다비드가 그린, 말을 타고 알프스산맥을 넘는 위풍당당한 모습의 나폴레옹 그림은 총 5점이 있으며 작품마다 망토와 말의 색깔만 조금씩 다르다. 그림 속 왼쪽 아래 바위에는 앞서 알프스 산맥을 넘었던 한니발과 샤를마뉴 대제의 이름은 희미하게 새겨져 있고 나폴레옹의 사인 '보나파르트'는 선명하다.

TIP

쉬어 가기 좋은 상궁
상궁 바로 옆에 있는 작은 카페에서 음료나 디저트, 간단한 스낵을 즐기며 잠시 쉬어 갈 수 있다. 붉은 벽과 화려한 샹들리에로 궁전의 분위기를 잘 살린 공간이다. 날씨가 좋은 날에는 볕이 좋은 야외 테이블도 인기다.

하궁 *Unteres Belvedere(UB)*

오이겐 공의 여름 별궁으로 사용된 하궁과 그 옆에 위치한 오랑제리 건물은 주로 오스트리아 화가들의 작품과 18세기 회화, 조각을 전시하는 바로크 미술관이었다. 지금은 매번 주제가 바뀌는 테마전, 특별전 위주의 기획 전시관으로 운영된다. 상설 전시 작품은 거의 상궁으로 옮겨 가고 과거 궁전의 모습을 재현한 화려한 방들을 일부 볼 수 있다.

오랑제리 기획 전시관 Orangerie

그로테스크 홀 Groteskensaal

골드캐비닛 Goldkabinett

⑭

쇤브룬 궁전

Schloss Schönbrunn

추천

TIP

한국어 오디오 가이드가 포함되어 자세한 설명을 들을 수 있다. 궁전 내부는 사진 촬영 금지다.

합스부르크 왕가의 아름다운 로코코 궁전

'아름다운 샘Schöner Brunn'을 뜻하는 쇤브룬 궁전은 1569년 막시밀리안 2세가 사냥터로 쓰기 위해 동물원과 정원을 만들었던 것이 시작이다. 1696년 레오폴트 1세의 명으로 프랑스 베르사유 궁전에 비견될 만한 궁전을 지었고, 마리아 테레지아 여제 때 로코코 양식으로 증·개축했다. 노란 외벽과 프랑스식 정원, 조각, 분수가 아름다운 조화를 이룬 궁전은 방이 1,441개, 부엌이 130개에 달하는 엄청난 규모를 자랑한다. 궁전 건물보다 훨씬 더 넓은 정원에는 유럽에서 가장 오래된 동물원Tiergarten, 유럽에서 가장 큰 온실Palmenhaus, 미로 정원Irrgarten, 궁정 마차 박물관Wagenburg 등이 있다. 합스부르크 왕가의 여름 궁전이었으며, 황제 요제프 2세가 태어나고 결혼한 곳이기도 하고, 나폴레옹이 점령했을 당시 사령부를 세워 머물기도 했다. 많은 방 중 일반에게 공개하는 방은 40개 정도다. 모차르트가 마리아 테레지아 여제 앞에서 연주했던 거울의 방, 마리 앙투아네트의 방, 마리아 테레지아의 침실 등을 관람할 수 있다. 300년 역사를 품은 이 아름다운 궁전과 정원은 1996년 유네스코 세계문화유산으로 지정되었다.

지도 P.044 **가는 방법** 지하철 U4 Schönbrunn역에서 도보 5분 또는 10 · 52 · 60번 트램이나 10A번 버스로 Schloss Schönbrunn정류장에서 도보 3분 **주소** Schönbrunner Schloßstraße 47, 1130 Wien **운영** 궁전 08:30~17:30 (11~3월 ~17:00) / 공원 5~7월 06:30~21:00, 3·10월 06:30~19:00, 4·8·9월 06:30~20:00, 11~2월 06:30~17:30 ※그 외 건물이나 정원은 계절마다 조금씩 다르니 홈페이지 참조 **홈페이지** www.schoenbrunn.at

요금

입장권 종류	포함 내역	일반	학생*	6~18세	소요 시간
그랜드 투어Grand Tour	궁전 내 40개 방 셀프 오디오가이드	€32	€27	€23	50분
임피리얼 투어Imperial Tour	궁전 내 22개 방 셀프 오디오가이드	€27	€22	€19	35분
스테이트 아파트먼츠 State Apartments	궁전 내 일부 방 셀프 오디오가이드	€22	€20	€14	25분
시시 티켓Sisi Ticket	쇤부른 궁전+호프부르크(왕궁)+황실 가구 컬렉션	€49	€45	€33	

*학생 요금은 학생증이 있는 25세 이하만 가능

**황태자 정원, 오랑제리 정원, 미로 정원, 글로리에테 등 궁전 외부는 각각 티켓이 따로 있다.

FOLLOW UP

아름다운 방과 정원으로 꾸민
쇤브룬 궁전의 하이라이트 9

쇤부른 궁전은 건물 내부뿐 아니라 거대한 정원에도 볼거리가 많아서 전부 둘러보려면 온종일 걸린다. 궁전 내부 투어는 크게 두 가지로 나뉘며, 정원 곳곳을 둘러보려면 통합권을 사거나 원하는 곳만 따로 티켓을 살 수도 있다. 현장 매표는 대기줄이 길기 때문에 온라인으로 예매를 하는 것이 좋다.

쇤브룬 궁전 내부는 어떻게 볼까?

임피리얼 투어 Imperial Tour

궁전 내부의 22개 방을 관람할 수 있다. 오디오 가이드를 들으며 둘러보면 30~40분 정도 소요된다. 하이라이트가 대부분 포함되어 시간을 절약하려는 사람들에게 권할 만하다.

그랜드 투어 Grand Tour

궁전 내부의 40개 방을 관람할 수 있다. 오디오 가이드를 들으며 둘러보면 50~60분 정도 소요된다. 기본적으로 둘러보는 코스는 임피리얼 투어와 동일하며 '풍요의 방', '나폴레옹의 방' 등 마리아 테레지아가 사용했던 화려한 방들을 좀 더 볼 수 있다.

1 대연회장 Große Galerie

궁전의 중앙에 위치한 거대한 홀로 길이가 40m나 된다. 주로 큰 행사나 회의에 사용되었다. 천장에 그려진 화려한 프레스코화 중앙에는 마리아 테레지아와 프란츠 1세가 묘사되어 있다. 흰 벽에 금색 로코코 양식으로 장식되어 있으며 수많은 조명과 함께 높은 창문과 거울이 서로를 반사해 화려함을 더한다.

©SKB_Agentur Zolles

② 황제 부부의 침실 Gemeinsames Schlafzimmer

1854년 프란츠 요제프 1세와 엘리자베트(시시)가 결혼해 침실로 사용한 방이다. 진청색 벽에 로즈우드로 만든 가구, 로코코 복고풍으로 꾸며 차분하면서도 고상한 분위기를 풍긴다.

③ 풍요의 방 Reiches Zimmer

그랜드 투어

최근까지도 1830년 프란츠 요제프 황제가 태어났던 방으로 알려져 있었다. 그러나 최근 연구에 따르면 이 방은 1835년까지 페르디난트 1세가 사용했던 것이라고 한다. 이 방에 전시된 침대는 다산의 여왕으로 불렸던 마리아 테레지아가 사용하던 것이다. 붉은색 벨벳 위에 금실로 수놓은 이 화려한 침대는 현재 왕궁에서 유일하게 남아 있는 침대다.

④ 거울의 방 Spiegelsaal

흰 벽에 금색 장식 그리고 붉은색 커튼으로 꾸며져 아름다운 이 방은 크리스털 거울로 가득하다. 1762년에 6세의 어린 모차르트가 아버지 레오폴트의 손에 이끌려 와서 마리아 테레지아 앞에서 연주했던 방으로 알려져 있다.

⑤ 마리 앙투아네트의 방 Marie Antoinette Zimmer

마리아 테레지아의 막내딸이었던 마리 앙투아네트가 루이 16세와 결혼하기 전 사용했던 방이다. 프란츠 요제프 1세 시대에는 식당으로 사용되었다. 궁정의 식당에서는 매우 엄격한 식사 예절을 지켜야 했지만 황실 가족들이 이곳에서 식사할 때는 조금 편안한 분위기였다고 한다.

TIP

정원을 순환하는 미니 열차

쇤부른 정원은 규모가 상당히 커서 걸어서 다 보는 것은 무리다. 글로리에테까지는 걸어 다닐 만하고 그 외 지역까지 가려면 미니 열차Panoramatrain를 이용하는 것이 편하다. 9개 정류장에 정차하기 때문에 한 바퀴 돌려면 50분 정도 소요된다.

운행 3월 중순~10월 10:00~18:00 ※악천후 시 변경

휴무 11~3월 중순 **요금** 1일권 일반 €12, 16세 이하 €8

⑥ 나폴레옹의 방 Napoleonzimmer 그랜드 투어

1746년부터 마리아 테레지아와 그의 남편 프란츠 1세가 침실로 사용했던 방이었다. 1805년 나폴레옹이 빈을 점령한 뒤 쇤브룬 궁전을 차지하고 이 방을 침실로 사용했다. 1810년 나폴레옹은 조세핀과 이혼하고 프란츠 2세의 딸 마리 루이즈와 결혼한다.

---

⑦ 글로리에테 Gloriette

글로리에테는 정원 건축에서 주변보다 높게 세운 작은 건물을 뜻한다. 쇤부른 궁전에서 유난히 돋보이는 글로리에테는 넓은 정원이 펼쳐진 언덕 끝에 자리해 본궁이 한눈에 내려다보인다. 오스트리아 왕위 계승 전쟁과 7년 전쟁에서 승리한 것을 기념하기 위해 1775년 마리아 테레지아 여제가 짓게 했다. 중앙 꼭대기에는 합스부르크의 상징인 독수리가 조각되어 있고, 그 아래 요제프 2세와 마리아 테레지아의 이름이 새겨져 있다. 신고전주의 양식의 아치형 개선문 같은 모습으로 지어졌으며 이곳에서의 조망이 아름다워 마리아 테레지아 여제도 즐겨 찾았다고 한다. 현재 건물 안은 카페로 사용하고 있다. 입장권을 구입하면 건물 옥상까지 올라갈 수 있다.

이런 곳도 있어요!

글로리에테 건물 안에 조성된 카페Café Gloriette에서 간단한 커피나 음료, 디저트를 즐기거나 식사를 할 수 있다. 관광지인 만큼 가격이 조금 비싼 편이지만 음식 맛은 나쁘지 않다. 이곳 외에도 궁전 곳곳에 카페와 식당이 있으니 중간에 식사를 하고 궁전을 여유 있게 둘러보아도 좋다.

⑧ 오랑제리 정원 Orangeriegarten

오래전부터 시트러스 나무들을 키우던 곳으로 1754년에 프란츠 1세가 건물을 지으면서 지금의 모습을 갖추었다. 길이가 198m나 되는 큰 정원으로 베르사유 궁전 정원과 함께 세계에서 가장 큰 바로크 오랑제리로 꼽힌다. 겨울에도 볕이 잘 들도록 남향으로 창을 냈고 따뜻한 온도를 위해 온돌 시스템도 있었다. 프란츠 요제프 2세는 이곳을 연회장으로 사용했으며 현재도 전시회와 음악회가 열린다.

⑨ 황태자 정원

Kronprinzengarten

프란츠 요제프 1세가 자신의 유일한 아들인 루돌프 황태자를 위해 만든 정원으로 1865년에 지어졌다. 궁전 동쪽의 바람이 덜 부는 낮은 지대에 자리해 온대 식물들이 자랄 수 있던 곳으로 온실 안에 희귀 식물들이 많았다고 전해진다.

TRAVEL TALK

마리아 테레지아의 생애 (1717~1780년)

1717년 빈의 호프부르크 왕궁에서 태어난 마리아 테레지아Maria Theresia는 신성 로마 제국의 황제였던 카를 6세의 장녀로, 공식적으로는 프란츠 1세의 황후였으나 사실상 합스부르크의 여제였습니다. 그녀의 아버지 카를 6세는 형 요제프 1세가 아들이 없이 요절해 자신이 제위를 물려받자, 역시 아들이 없던 자신의 후사를 위해 법을 바꾸기도 했답니다. 그러나 주변국에서는 남자만 왕위를 계승할 수 있다는 '살리카법'을 빌미 삼아 오스트리아 왕위 계승 전쟁을 일으켰습니다. 결국 1748년 아헨 조약을 체결해 마리아 테레지아는 왕위 상속을 인정받았고 국정과 군사력을 장악해 강력한 군주로 떠올랐습니다. 그녀는 아름다운 외모로도 잘 알려져 있으며 당시에는 보기 드문 연애 결혼을 했다고 합니다. 남편 프란츠 1세는 명목상 황제로서 정치와 거리를 두고 과학, 건축, 예술 분야에 몰두했으며 부부 사이가 좋아서 슬하에 16명의 자녀를 두었습니다. 그중 막내딸은 프랑스의 루이 16세와 결혼해 프랑스 혁명 당시 단두대의 이슬로 사라진, 그 유명한 마리 앙투아네트입니다.

SPECIAL THEME

전망 좋은 바 & 레스토랑 4곳

슈테판 대성당이 한눈에 보이는 명당

구시가지 주변 어디든 조금만 높이 올라가면 빈의 상징인 슈테판 대성당의 뾰족한 첨탑과 모자이크 지붕을 볼 수 있다. 빈의 도심은 고도제한지구로, 높은 건물들이 없다 보니 스카이라인이라고 할 만한 것이 슈테판 대성당뿐이다. 쾌적하고 세련된 카페에서 식사나 음료를 즐기며 슈테판 대성당으로 대표되는 빈의 풍경을 만나 보자.

① 다스 로프트 *Das Loft*

도나우강 건너편의 소피텔 호텔 꼭대기 층에 마련된 전망 좋은 레스토랑이다. 전면 통유리 창 너머로 빈 시내 전경이 한눈에 펼쳐진다. 바에서 간단한 음료를 마실 수도 있지만 창가 쪽에 앉으려면 레스토랑을 이용해야 하며 좌석을 예약하고 가는 것이 좋다. 음식도 깔끔하고 맛있는 편이라 점심 코스를 이용해 볼 만하다. 드레스 코드가 있으니 단정한 옷차림을 하고 가자.

가는 방법 지하철 U1 · U4 Schwedenplatz역에서 도보 3분
주소 Praterstraße 1, 1020 Wien
운영 레스토랑 아침 월~금요일 06:30~10:30, 토·일요일 07:00~11:00, 브런치 일요일 13:00~15:00, 저녁 월~토요일 18:00~22:00, 일요일 19:00~22:00 / 바 16:00~01:00
예산 아침 €42, 테이스팅 메뉴 €130, 단품 €24~53, 브런치 €115
홈페이지 www.dasloftwien.at

② 라미 루프톱 *Lamée Rooftop*

슈테판 대성당에서 가까운 곳에 위치해 성당 지붕이 잘 보이는 루프톱 바다. 대형 호텔은 아니지만 유니크한 분위기의 부티크 호텔인 라미 호텔 꼭대기 층에 자리한다. 바 음료 위주로 판매하기 때문에 가격 부담이 적은 편이라 젊은이들도 자주 모여든다. 좌석은 좁지만 활기찬 분위기로 주말 저녁에는 테라스가 가득 찰 만큼 많은 사람이 몰린다. 시원한 주스나 아이스커피를 마시며 야경을 즐기기 좋다.

가는 방법 슈테판 대성당에서 도보 3분
주소 Rotenturmstraße 15, 1010 Wien
문의 +43 1 532 22 40
운영 월~금요일 12:00~23:00, 토·일요일 10:00~23:00
휴무 겨울철 **예산** 음료 €5~8
홈페이지 lameerooftop.com

③ 스카이 엣 슈테플 *SKY @ STEFFL*

케른트너 거리 한복판에 자리한 슈테플 백화점의 루프톱 카페 겸 레스토랑이다. 백화점이 함께 있어 쇼핑하다 들르기 좋다. 커피와 맥주, 가벼운 식사와 디저트까지 여러 가지 메뉴가 있다. 날씨가 좋을 때는 야외 테라스에 사람이 많아 자리를 잡기 어렵다. 사실 주변에 비슷한 높이의 건물이 많아서 전망이 시원하게 펼쳐지는 것은 아니지만 슈테판 대성당만큼은 잘 보인다.

가는 방법 슈테판 대성당에서 도보 4분
주소 Kärntner Straße 19, 1010 Wien
문의 +43 1 513 17 120
운영 월~토요일 10:00~24:00,
일요일 · 공휴일 12:00~22:00
예산 음료 €5~11, 슈니첼 €24
홈페이지 https://skybox.at

④ 도 & 코 레스토랑 *Do & Co Restaurant*

슈테판 대성당 바로 맞은편에 자리 잡은 하스 하우스의 꼭대기 층에 위치한 레스토랑 겸 바다. 엘리베이터에서 내리면 바로 바가 나오며, 계단으로 한층 더 올라가면 루프톱에 레스토랑이 있다. 간단하게 전망을 즐기려면 바도 좋지만 루프톱에 자리한 레스토랑은 음식이 훌륭한 곳으로도 유명하니 경치와 음식을 함께 즐기는 것도 좋다. 특히 날씨가 좋은 날이면 루프톱 레스토랑의 야외 테라스는 금세 만석이 되어 예약하기 어렵다.

가는 방법 슈테판 대성당 맞은편
주소 Stephansplatz 12, 1010 Wien
문의 +43 1 535 39 69
운영 점심 12:00~15:00, 저녁 18:00~24:00
예산 슈니첼 €29, 타펠슈피츠 €32
홈페이지 docohotel.com

TRAVEL TALK

슈테판 대성당을 비추는 하스 하우스

도 & 코 레스토랑은 음식과 전망뿐 아니라 하스 하우스Haas Haus 건물 자체도 볼거리랍니다. 빈의 유명한 포스트모더니즘 건축가 한스 홀라인Hans Hollein이 건물을 완공했던 1990년에는 구시가지 중심에 어울리지 않는 건물이라는 비판도 있었죠. 하지만 지금은 슈테판 대성당과 대비되어 서로를 더욱 빛내 주는 건물로 인정받고 있어요. 광장을 자연스럽게 연결하는 원통형 대리석 건물에 계단식으로 유리벽이 설계된 독특한 모습이 인상적입니다. 또한 둥근 유리창은 성당의 첨탑을 반사해 신비로움을 더합니다.

빈 맛집

동유럽에서도 내륙에 위치한 빈은 해산물보다는 육류 요리가 더 발달했고 세계적인 도시답게 식당의 종류도 다양하다. 바쁜 일정 사이에 가볍게 들를 만한 로컬 맛집부터 우아한 클래식 카페, 근사한 전망을 갖춘 레스토랑까지 취향에 따라 선택의 폭이 넓다.

플라후타 볼차일러
Plachutta Wollzeile

위치 시립 공원 주변
유형 대표 맛집
주메뉴 타펠슈피츠

☺→ 타펠슈피츠를 제대로 맛볼 수 있다.
☹→ 가격이 조금 비싼 편이다.

빈 최고의 타펠슈피츠 전문점이다. 프란츠 요제프 1세가 좋아했던 음식답게 전통 방식에 따라 고급스럽게 차려 낸다. 골수는 빵에 발라 먹고 고기는 건져 호스래디시 소스, 사과 소스를 찍어 먹는다. 따끈한 고기 국물도 일품이며 프리타텐Frittaten(면)을 추가할 수 있다.

가는 방법 지하철 U3 Stubentor역에서 도보 1분
주소 Wollzeile 38, 1010 Wien
문의 +43 1 512 15 77
운영 11:30~23:30
예산 타펠슈피츠 €35.80
홈페이지 www.plachutta-wollzeile.at

팔멘하우스
Palmenhaus

위치 왕궁 정원 주변
유형 카페
주메뉴 런치 스페셜

☺→ 왕궁 정원 뷰
☹→ 런치 스페셜 외에는 비싼 편

알베르티나 미술관과 왕궁 정원 사이에 위치한 이곳은 과거에 왕궁 정원의 온실이었다. 겨울이 추운 빈에서 아늑함을 느낄 수 있는 공간으로 인기가 많다. 아침에 노천 테이블에 앉아 정원을 바라보며 커피와 크루아상으로 간단히 끼니를 때우거나, 점심시간에 오늘의 런치 메뉴를 즐기는 사람들로 늘 붐빈다.

가는 방법 빈 국립 오페라 극장에서 도보 5분
주소 Burggarten 1, 1010 Wien
문의 +43 1 533 10 33 **운영** 월~금요일 10:00~23:00, 토 · 일요일 09:00~23:00 ※마지막 주문은 21:30
예산 아침 식사 €8.90~16, 커피 €3.50~6.40, 런치 스페셜 €16.40, 슈니첼 €32 **홈페이지** palmenhaus.at

프란치셰크 체스녜브스키

Franciszek Trześniewski

위치 슈테판 대성당 주변
유형 로컬 맛집
주메뉴 샌드위치

😊 → 저렴한 가격에 다양한 맛
😑 → 적은 좌석 수

현지인들도 발음하기 힘들어 하는 식당 이름의 정체는 폴란드어다. 폴란드 이민자였던 프란치셰크 체스녜브스키가 1902년에 오픈한 이래 꾸준히 인기를 끌면서 10곳이 넘는 지점이 생겨났다. 20가지가 넘는 미니 샌드위치(윗부분 빵이 없는 오픈 샌드위치)는 저렴하면서도 다양한 맛을 즐길 수 있어 인기다. 맥주와 함께 가볍게 즐기기도 좋다.

가는 방법 슈테판 대성당에서 도보 3분
주소 Dorotheergasse 1, 1010 Wien
문의 +43 1 512 32 91 **운영** 월~금요일 08:30~19:30, 토요일 09:00~18:00, 일요일 10:00~17:00
예산 샌드위치 1개 €1.70
홈페이지 www.trzesniewski.at

라인탈러 가스트하우스

Reinthaler Gasthaus

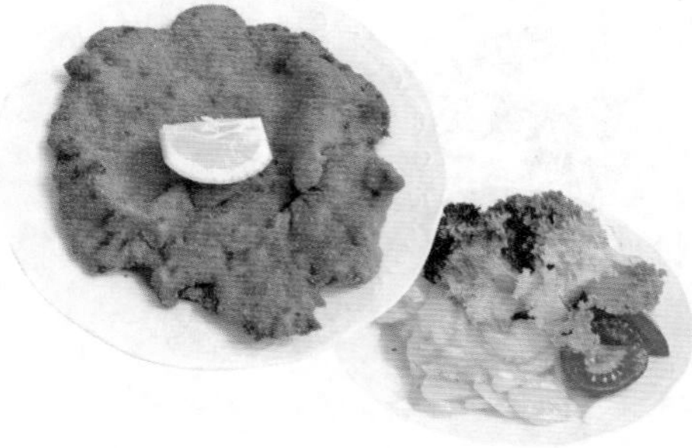

위치 빈 국립 오페라 극장 주변
유형 로컬 맛집
주메뉴 슈니첼 등 전통 음식

😊 → 가성비 좋은 한 끼 식사
😑 → 주말에는 운영하지 않는다.

가스트하우스Gasthaus란 서민적인 분위기의 대중 식당을 말한다. 이곳은 관광지 근처에 있지만 현지인들도 즐겨 찾는 식당으로, 무엇을 주문하든 맛과 가격이 무난해 한 끼 식사를 해결하기 좋다. 오스트리아의 집밥 같은 전통 음식을 주로 판다. 특히 고소한 돼지고기 슈니첼을 합리적인 가격에 선보여 맥주와 함께 즐기러 오는 사람들이 많다.

가는 방법 황실 묘지에서 도보 1분
주소 Gluckgasse 5, 1010 Wien
문의 +43 1 512 33 66
운영 월~금요일 11:00~23:00 **휴무** 토 · 일요일
예산 슈니첼 €15.60, 굴라시 €13.50
홈페이지 https://gasthausreinthaler.at

글라시 바이즐
Glacis Beisl

위치 무제움스크바티어
유형 로컬 맛집
주메뉴 빈 전통 음식

☺→ 좋은 분위기와 깔끔한 음식
☹→ 찾아가기 약간 불편한 위치

바이즐Beisl이란 오스트리아의 바Bar나 펍Pub 같은 곳을 말한다. 여러 사람들이 모여 식사와 음주를 함께 즐기는 곳으로 현지인들이 일상적으로 드나드는 대중 식당이다. 곳에 따라 분위기 차이가 큰 편인데 이곳 글라시 바이즐은 정원이 딸린 아늑한 분위기에 깔끔한 음식으로 인기가 많다. 단, 가격이 저렴하지는 않다.

가는 방법 지하철 U2 · U3 Volkstheater역에서 도보 4분
주소 Breite G. 4, 1070 Wien
문의 +43 1 526 56 60 **운영** 12:00~24:00
예산 굴라시 €10.50~13:80, 타펠슈피츠 €24.80, 슈니첼 €28.60
홈페이지 glacisbeisl.at

피그뮐러 베케르슈트라세
Figlmüller Bäckerstraße

위치 슈테판 대성당 주변
유형 대표 맛집
주메뉴 슈니첼

☺→ 푸짐한 양과 합리적인 가격
☹→ 대기줄을 오래 서야 한다.

빈에서 한국인들에게 특히 입소문 난 슈니첼 맛집으로 얼굴보다 더 큰 슈니첼이 유명하다. 인기 메뉴인 피그뮐러 슈니첼Figlmüller Schnitzel은 돼지고기로 만들기 때문에 저렴하며 우리에게 익숙한 돈가스 맛이다. 송아지 고기로 만든 비너 슈니첼Wiener Schnitzel도 있다. 바로 근처에 2호점이 있는데 두 곳 모두 붐비기 때문에 예약하는 것이 좋다.

가는 방법 슈테판 대성당에서 도보 4분
주소 Bäckerstraße 6, 1010 Wien
문의 +43 1 5121760
운영 11:30~23:00
예산 피그뮐러 슈니첼 €19.90, 비너 슈니첼 €24.90
홈페이지 figlmueller.at

1516 브루잉 컴퍼니
1516 Brewing Company

위치 빈 국립 오페라 극장 주변
유형 술집
주메뉴 수제 맥주

→ 신선하고 다양한 맥주
→ 손님이 많아 서비스가 느리다.

하루 일정을 마무리하는 저녁 때 시원한 맥주가 그립다면 바로 이곳에서 신선한 수제 맥주를 즐겨보자. 다양한 맥주는 물론 푸짐한 바비큐 립과 슈니첼이 인기다. 조금 덜 시끄러운 낮 시간에 방문하면 저렴한 런치 스페셜과 함께 즐길 수 있다.

TIP
노천 테이블과 1층에는 흡연자들이 많으니 담배 연기가 싫다면 2층 금연석을 요청하자.

가는 방법 빈 국립 오페라 극장에서 도보 5분
주소 Schwarzenbergstraße 2, 1010 Wien
문의 +43 1 961 1516 **운영** 10:00~02:00
예산 맥주 0.25L 기준 €3~4, 소시지 €11.20, 슈니첼 €13.90, 립 €27.90
홈페이지 www.1516brewingcompany.com

차노니 & 차노니
Zanoni & Zanoni

위치 슈테판 대성당 주변
유형 디저트
주메뉴 젤라토

→ 정통 이탈리아식 젤라토
→ 젤라토만 먹으면 테이블석에 앉을 수 없다.

케이크나 간단한 아침 식사도 팔지만 가장 유명한 것은 젤라토다. 이탈리아 이민자 출신인 차노니Zanoni가 정통 이탈리아식으로 만든 젤라토는 새콤달콤한 과일 맛부터 누텔라, 피스타치오 등 다채로운 맛을 자랑한다. 여름에는 줄을 한참 서야 할 정도로 인기다. 내부에 좌석이 많지만 스낵이나 케이크, 프라푸치노 등 테이블 메뉴를 시켜야 앉아서 먹을 수 있다.

가는 방법 슈테판 대성당에서 도보 2분
주소 Lugeck 7, 1010 Wien
문의 +431 512 79 79
운영 07:00~24:00
예산 아이스크림 €2~5
홈페이지 zanoni.co.at

FOLLOW UP

클래식 카페에서 비엔나 커피 제대로 즐기기

클래식 카페는 빈의 문화를 대표하는 사적이면서도 공적인 공간이다. 19세기 말부터 20세기 초까지 지식인들이 모여 열띤 토론을 펼쳤던 장소로 인기를 누렸고 지금도 당시의 인테리어와 분위기를 고수하는 카페들이 많이 남아 있다. 빈 시내에 1,000개가 넘는 카페들 중에서 옛 모습을 간직한 채 변함없는 명성을 이어 가고 있는 곳들을 찾아가 보자.

살롱 문화의 꽃, 빈 카페의 탄생

빈의 커피하우스Kaffeehaus 문화는 17세기 말부터 시작되었다. 18세기 초에는 신문을 제공하는 카페가 생겼고 점차 음식과 술을 팔게 되면서 19세기에 이르러 문화 공간으로 발전했다. 지금은 어딜 가나 카페가 눈에 띄지만 초창기 카페는 귀족 남성들의 전유물이었고, 1856년이 되어서야 여성들에게도 출입이 허용되었다. 1890년대부터는 문학가, 화가 등 예술가와 지식인들의 휴식처이자 교류의 장으로 활용되면서 많은 이야기를 남겼다. 20세기 중반에는 이탈리아 스타일의 '에스프레소 바'가 성행하면서 진부한 공간으로 치부되기도 했지만, 20세기 말에는 카페 탄생 300주년을 맞아 전통을 부활시키려는 움직임이 일어났다. 2011년에는 빈의 커피하우스 문화가 유네스코 무형문화유산에 등재되면서 다시금 세계인들의 주목을 받았다.

TIP

클래식 카페에서 물잔을 주는 이유

클래식 카페의 전통적인 서빙 방식은 은쟁반에 커피잔과 물잔을 함께 내는 것이다. 커피를 마시기 전에 물로 가볍게 입을 헹궈 커피를 제대로 즐기고, 커피를 마신 후에는 다시 한 번 텁텁한 입안을 정리하기 위해서다.

비엔나 커피의 종류

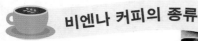

오스트리아 커피는 공인받은 종류만 해도 30종이 넘는다. 일반적으로 커피에 크림을 얹은 것을 '비엔나 커피'라고 총칭한다. 비엔나 커피는 특정 커피의 이름이 아니라 크림을 얹어 마시는 스타일을 말하며, 멜란지와 아인슈페너 등이 대표적인 비엔나 커피라고 할 수 있다. 따라서 주문할 때는 "비엔나 커피!"가 아니라 구체적인 커피 이름을 말해야 한다. 다음 메뉴명을 참고하자.

멜란지 Melange

빈 스타일 카페 라테에 해당한다. 에스프레소에 스팀 우유와 우유 거품을 올린 것이다. 아인슈페너가 휘핑크림을 올리는 것에 반해, 우유 거품을 올리는 것이 다른 점이다.

아인슈페너 Einspänner

일명 비엔나 커피. '한 마리 말이 끄는 마차'라는 뜻으로 마부가 주인을 기다리면서 마시던 커피다. 더블 에스프레소에 휘핑크림을 얹어 유리잔에 나온다.

카푸치너 Kapuziner

커피 위에 우유 거품을 내서 올리고 계핏가루나 코코아가루를 뿌린 것이다.

아이스카페 Eiskaffee

에스프레소 위에 바닐라 아이스크림과 휘핑크림을 얹은 것이다. 전통을 고수하는 카페에서는 팔지 않기도 한다.

브라우너 Brauner

에스프레소에 우유를 조금 넣은 것이다. 싱글 샷은 클라이너 브라우너KLeiner Brauner, 더블 샷은 그로서 브라우너Grosser Brauner이며 우유는 따로 주기도 한다.

슈바르처 Schwarzer

아무것도 섞지 않은 에스프레소이며 모카Mokka라고도 부른다. 싱글 샷은 클라이너 슈바르처KLeiner Schwarzer, 더블 샷은 그로서 슈바르처Grosser Schwarzer다.

프란치스카너 Franziskaner

멜란지 커피에 휘핑크림을 살짝 얹은 것으로 크림 위에 코코아 파우더를 살짝 뿌려 주기도 한다.

마리아 테레지아 Maria Theresia

오렌지 브랜디가 들어간 커피다. 대중들 앞에서 술을 마실 수 없던 마리아 테레지아가 커피에 술을 섞어 마셨던 데서 유래했다고 한다.

피아커 Fiaker

럼이나 브랜디가 들어간 커피. 럼을 넣고 휘핑크림을 얹기도 한다. 피아커(마부)들이 즐겨 마시던 데서 이름이 유래했다.

TIP

클래식 카페 이용 시 유의 사항

고상한 분위기가 흐르는 클래식 카페지만 방문 전 미리 알아 둘어야 할 유의점이 몇 가지 있다.

- 일부 클래식 카페는 에어컨이 없어 여름에 이용하기 불편하다. 최근 이상기후로 폭염이 찾아들면서 에어컨 시설이 없는 일부 클래식 카페들이 몸살을 앓고 있다. 무더운 낮시간에 카페 문이나 창문을 활짝 열어 두었다면 에어컨 유무를 의심해 볼 만하다.
- 클래식 카페에는 아이스 아메리카노를 팔지 않는 곳이 많다. 크림을 얹은 아이스카페만 있어 레모네이드나 탄산수로 갈증을 대신해야 할 수도 있다. 현대적인 카페나 스타벅스 같은 글로벌 체인점에 가야 아이스아메리카노를 마실 수 있다.
- 유명한 카페는 성수기에 관광객이 몰려 혼잡하다. 사람이 붐비는 시간대를 피해 가기를 권한다.

빈을 대표하는 클래식 카페 Best 4

카페 첸트랄 Café Central

클림트, 트로츠키 등 19세기 예술가와 사상가들이 모여 토론하고 문화를 공유했던 곳이다. 문학가 페터 알텐베르크Peter Altenberg의 밀랍 인형이 카페 입구에서 반긴다. 그는 당시 여러 인사들과 더불어 카페 첸트랄의 유명 단골손님이었다. 옛 모습을 간직한 인테리어가 인상적이며 저녁에는 피아노 연주도 들을 수 있다. 오래된 카페지만 여름에도 시원하고, 디저트와 식사 메뉴 모두 맛이 좋아서 항상 줄을 서야 할 정도로 인기다.

가는 방법 지하철 U3 Herrengasse역에서 도보 2분
주소 Herrengasse 14, 1010 Wien
문의 +43 1 533 37 63
운영 월~토요일 08:00~22:00, 일요일 · 공휴일 10:00~22:00
예산 커피 €6.20, 디저트 €6.20~11:00, 슈니첼 €26(샐러드 추가 €3.50)
홈페이지 www.cafecentral.wien

카페 무제움 Café Museum

클림트, 실레, 코코슈카 등 빈 분리파 예술가들의 아지트였던 곳으로 그들이 활동했던 빈 분리파 전시관에서도 가깝다. 오토 바그너가 인테리어를 한 것으로도 유명하지만 현재는 많이 변형되었다. 입구에는 아직도 당일 신문을 묶어서 진열해 놓고 있다. 내부 안쪽 깊숙한 곳에 자리한 방에서는 독서 토론이 열린다. 링 도로 바깥쪽에 위치하지만 빈 국립 오페라 극장 근처에서 지나가다 들르기 좋다.

가는 방법 지하철 U1 · U2 · U4 Karlsplatz역에서 도보 2분
주소 Operngasse 7, 1010 Wien
문의 +43 1 24 100 620
운영 08:00~21:00
예산 커피 €6.90~9.50, 디저트 €6.90~14, 슈니첼 €26(사이드 추가 €5.90)
홈페이지 www.cafemuseum.at

데멜 Demel

카페 자허와 함께 모차르트의 단골 가게로 알려진 200년 전통의 명물 카페다. 합스부르크 시절 그 맛을 인정받아 황실에 케이크를 납품하던 곳이며 위치도 호프부르크 근처에 있다. 토르테의 종류가 많고 아인슈페너와 멜란지 등 커피 맛도 일품이라 현지인과 관광객 모두에게 인기가 좋은 디저트 전문점이다. 노천 테이블도 갖추고 있으며 입구 바로 옆에는 선물용으로 포장된 케이크, 초콜릿, 캔디, 잼 등 다양한 제품을 팔고 있다.

가는 방법 지하철 Herrengasse역에서 도보 3분
주소 Kohlmarkt 14, 1010 Wien
문의 +431 535 17 17
운영 10:00~19:00
예산 커피 €6.20~9.50, 디저트 €6.50~11, 슈니첼 €27
홈페이지 www.demel.at

카페 자허 Café Sacher

오리지널 자허토르테Sachertorte로 유명한 집이다. 호텔 자허에 있는 카페이며, 10년에 걸쳐 데멜과 자허토르테 상표권 분쟁을 한 곳으로 알려져 있다. 결국 호텔 자허가 일부 승소함에 따라 오리지널 자허토르테Original Sacher Torte라는 간판을 사용하게 되었고, 이곳에서 파는 자허토르테에는 자허Sacher라고 쓴 둥근 초콜릿 인장 같은 것이 자랑스럽게 올려져 있다. 진한 초콜릿 맛을 확인하러 오는 관광객들로 붐벼 항상 줄을 서야 하며 1층은 좌석이 비좁다.

가는 방법 빈 국립 오페라 극장 바로 옆
주소 Philharmonikerstr. 4, 1010 Wien
문의 +43 1 514 56661 **운영** 08:00~24:00
예산 자허토르테 €8.90, 커피 €6.90,
세트(자허토르테+커피+물) €20
홈페이지 www.sacher.com

TRAVEL TALK

빈 토르테 분쟁 그것이 알고 싶다!

대체 무슨 사연이 있었길래 두 가게는 그리 긴 소송을 이어 갔을까요? 자허토르테는 1832년 프란츠 자허Franz Sacher가 처음 만들었는데, 그의 아들 에두아르트Eduard가 데멜에서 수습생 시절에 지금의 자허토르테를 완성해 판매했다고 합니다. 그 후, 호텔 자허는 카페를 오픈해 자허토르테로 인기를 누렸어요. 에두아르트가 세상을 떠난 후 호텔 자허가 경영난으로 주인이 바뀌었는데 그의 아들이 데멜에 자허토르테의 조리법을 넘기면서 분쟁이 시작되었답니다. 결국 기나긴 법정 다툼 끝에 1962년 법원 판결에 따라 두 곳 모두 자허토르테라는 단어는 쓸 수 있으나, 카페 자허가 '오리지널 자허토르테The Original Sachertorte', 데멜은 '에두아르트 자허토르테Eduard-Sacher-Torte'로 상표권을 정리했습니다. 빈 토르테 분쟁이라 불리는 이 유명한 소송은 오스트리아 전체를 떠들썩하게 한 사건이에요.

빈 쇼핑

오스트리아의 수도이자 세계적인 관광 도시인 빈에는 화려한 상점들이 많다.
물가가 비싼 것이 흠이지만 다양한 유럽 브랜드 제품은 우리나라에서 사는 것보다 저렴한 편이다.
특색 있는 가게와 전통 시장에서 소소한 기념품을 고르는 것도 즐겁다.

디자이너 아웃렛 판도르프
Designer Outlet Pandorf

위치 빈 근교 판도르프
유형 아웃렛 타운
특징 다양한 브랜드의 아웃렛 매장

동유럽 최대 아웃렛으로 꼽히는 곳으로 빈에서 50km 정도 떨어진 외곽의 시골 마을인 판도르프Pandorf에 위치한다. 슬로바키아 국경과도 가까워 렌터카로 여행 중이라면 빈에서 브라티슬라바를 오갈 때 들러도 좋다. 150개가 넘는 유명 브랜드 매장들이 입점해 있으며 최고 70%까지 할인된 가격에 물건을 살 수 있어 많은 사람들이 찾는다.
한국인 여행자들에게 가장 인기 있는 매장은 아르마니Armani, 구찌Gucci, 프라다Prada, 바버Barbour, 몽클레르Moncler, 보스Boss, 칼 라거펠트Karl Lagerfeld, 돌체앤가바나Dolce&Gabbana 등 유럽 명품 브랜드이다. 마너Manner, 린트Lindt 등 초콜릿 매장도 인기가 많고, 버거킹, 맥도날드, 스타벅스 등 편의 시설도 잘 갖추었다. 카페 자허에서 운영하는 자허 에크Sacher Eck에 들러 빈의 명물인 '자허토르테'를 맛보는 것도 좋다.

TIP
홈페이지에서 VIP 클럽 회원 가입을 하면 고객 센터에서 할인 쿠폰을 받을 수 있다. 그리고 매장당 €75.01 이상 쇼핑했다면 고객 센터의 글로벌 블루Global Blue나 프리미어Premier 택스 프리 센터에서 부가세 환급(택스 리펀드)을 신청할 수 있다(여권, 결제 카드, 구매 영수증 지참).

가는 방법 빈 시내에서 셔틀버스(Blaguss Touristik GmbH)를 이용한다. 약 50분 소요.
※셔틀버스 예약 홈페이지 https://blaguss.com/en/book-bus-online / 요금 일반 €21, 3~6세 €10.50 / 빈 국립 오페라 극장 건너편에서 버스 탑승
주소 Gewerbestraße 4, 7111 Parndorf
문의 +43 2166 20 805
운영 월~수요일 09:00~20:00, 목 · 금요일 09:00~21:00, 토요일 09:00~18:00 **휴무** 일요일
홈페이지 www.mcarthurglen.com

율리우스 마이늘
Julius Meinl

위치 성 페터 성당 주변
유형 식료품점
특징 고급 브랜드 식료품

1862년에 오픈해 150년이 넘도록 전통을 이어 온 고급 식료품점이다. 율리우스 마이늘 1세Julius Meinl I가 처음 가게 문을 열었을 때 로스팅한 커피를 팔았고, 지금도 터키 모자를 쓴 사람이 그려진 율리우스 마이늘 커피가 인기 상품으로 꼽힌다. 3층 건물에 빼곡하게 진열된 식료품들을 구경하다 보면 시간 가는 줄 모른다. 선물로 커피, 초콜릿, 쿠키, 잼 등이 인기다.

가는 방법 지하철 U3 Herrengasse역에서 도보 3분
주소 Graben 19, 1010 Wien
문의 +43 1 532 33 34
운영 월~금요일 08:00~19:30, 토요일 09:00~18:00
휴무 일요일 · 공휴일
홈페이지 meinlamgraben.at

마너
Manner

위치 슈테판 대성당 주변
유형 과자점
특징 남녀노소 무난한 선물

마너는 오스트리아의 국민 과자로 슈퍼마켓이나 공항 면세점 어디서든 쉽게 찾을 수 있다. 우리가 흔히 '웨하스'라고 부르는 웨이퍼Wafer 과자로 바삭한 과자 사이에 부드러운 헤이즐넛 코코아크림을 발라 고소한 맛이 특징이다. 요제프 마너Josef Manner가 1898년에 처음 선보여 지금까지도 사랑받는 제품으로 슈테판 대성당 바로 옆에 플래그십 스토어가 있다.

가는 방법 슈테판 대성당 바로 옆
주소 Stephansplatz 7, 1010 Wien
문의 +43 1 513 70 18
운영 10:00~21:00
홈페이지 manner.com

나슈마르크트
Naschmarkt

위치 빈 분리파 전시관 주변
유형 전통 시장
특징 식사와 쇼핑을 한 번에

빈에서 소박한 로컬 분위기를 느낄 수 있는 전통 시장이다. 16세기경 형성된 이 시장은 원래 유제품과 관련된 거래가 이루어지다가 18세기부터 과일, 채소 등 여러 영역으로 확대되면서 시장 규모도 커졌다. 현재는 식재료뿐 아니라 기념품까지 다양한 물품을 판매하며, 먹자골목처럼 작은 식당들이 모여 있어 시장 구경 중 간단한 식사를 즐기기 좋다.

가는 방법 지하철 U1 · U4 Karlsplatz역에서 도보 5분
주소 Naschmarkt, 1060 Wien
운영 월~금요일 06:00~19:00, 토요일 06:00~17:00 ※식당은 매장마다 상이하나 대체로 23:00까지
휴무 일요일 **홈페이지** www.naschmarkt-vienna.com

링슈트라센 갈레리엔
Ringstraßen-Galerien

위치 빈 국립 오페라 극장 주변
유형 쇼핑몰
특징 작지만 쾌적한 쇼핑

링 도로에 면해 있는 두 건물, 코르소궁Palais Corso과 케른트너링호프Kärntnerringhof를 유리 다리로 이어 만든 쇼핑몰이다. 각 건물에는 고급 호텔이 들어서 있고 아래층에는 상점들이 모여 있다. 외관과 달리 내부는 현대적인 인테리어로 쾌적한 분위기다. 50여 개 상점이 입점해 있는데 그중에서도 가장 인기 있는 곳은 화장품 편집 매장인 비파Bipa와 지하의 슈퍼마켓 빌라 코르소Billa Corso다.

가는 방법 지하철 U1 · U2 · U4 Karlsplatz역에서 도보 4분
주소 Kärntner Ring 5-7, 1010 Wien
문의 +43 1 512 51 81
운영 월~금요일 10:00~19:00, 토요일 10:00~18:00
휴무 일요일

슈테플
Steffl

위치 슈테판 대성당 주변
유형 백화점
특징 중고급 브랜드 위주

케른트너 거리 중간쯤에 자리한 백화점으로 7층 건물에 수많은 브랜드 매장이 입점해 있다. 버버리Burberry, 막스마라Max Mara 같은 명품 브랜드는 물론 알렉산더 왕Alexander Wang, 칼 라거펠트Karl Lagerfeld, 쿠플스The Kooples, 산드로Sandro 등 다양한 중고급 브랜드 쇼핑을 즐길 수 있다. 백화점 꼭대기 층에는 루프톱 바와 카페, 레스토랑이 마련돼 있어 쇼핑 중 잠시 쉬어 가기 좋다.

가는 방법 지하철 U1 · U3 Stephansplatz역에서 도보 3분
주소 Kärntner Straße 19, 1010 Wien **문의** +43 1 930 560
운영 월~금요일 10:00~20:00, 토요일 10:00~18:00
휴무 일요일 · 공휴일
홈페이지 www.steffl-vienna.at

피크 & 클로펜부르크
Peek & Cloppenburg

위치 슈테판 대성당 주변
유형 백화점
특징 의류와 잡화 위주

케른트너 거리에 자리한 패션 전문 백화점이다. 원래 독일 백화점으로 빈 시내에 다섯 곳의 지점이 있으며 간단히 피앤시P&C라 부르기도 한다. 이 백화점의 특징은 의류와 잡화 일부만을 취급한다는 점이다. 진열 방식도 색달라 비슷한 스타일의 옷들을 비교하기 편하다. 제법 넓은 매장이라 쾌적한 쇼핑을 즐길 수 있으며, 우리나라에 없는 유럽 브랜드가 많아서 구경하는 재미가 있다.

가는 방법 지하철 U1 · U3 Stephansplatz역에서 도보 4분
주소 Kärntner Str. 29, 1010 Wien
문의 +43 1 385 26 94
운영 월~금요일 10:00~20:00, 토요일 10:00~18:00
휴무 일요일 · 공휴일
홈페이지 peek-cloppenburg.at

케른트너 거리
Kärntner Straße

위치 슈테판 대성당 주변
유형 쇼핑 거리
특징 빈 최고 번화가

빈에서 가장 번화한 쇼핑가로 각종 브랜드 매장, 기념품점, 쇼핑몰이 모여 있다. 중저가 브랜드 매장이 많으며 오스트리아의 유명 크리스털 브랜드 스와로브스키Swarovski의 대형 플래그십 스토어가 있다.

가는 방법 지하철 U1 · U3 Stephansplatz역에서 바로
주소 Kärntner Straße 10, 1010 Wien

콜마르크트 거리
Kohlmarkt Straße

위치 구 왕궁 주변
유형 쇼핑 거리
특징 주로 명품 숍

티파니, 샤넬 등 명품 숍과 브라이틀링, 브레게 등 고급 시계 전문점이 즐비한다. 고급 식료품점 '율리우스 마이늘'과 왕실에 케이크를 납품하던 '데멜', 모차르트 쿠겔 전문점인 '하인들Heindl'도 있다.

가는 방법 지하철 U1 · U3 Stephansplatz역에서 도보 3분
주소 Kohlmarkt, 1010 Wien

투흘라우벤 거리
Tuchlauben Straße

위치 성 페터 성당 주변
유형 쇼핑 거리
특징 주로 명품 숍

콜마르크 거리에서 북쪽으로 이어지는 거리로 명품 숍이 많다. 초입에 루이 비통과 롤렉스 매장을 시작으로 보테가 베네타, 발렌티노, 아르마니 매장 등이 이어진다. 바로 뒷골목에도 프라다 매장 등이 있다.

가는 방법 지하철 U1 · U3 Stephansplatz역에서 도보 4분 또는 지하철 U3 Herrengasse역에서 도보 3분
주소 Tuchlauben, 1010 Wien

그라벤 거리
Graben Straße

위치 성 페터 성당 주변
유형 쇼핑 거리
특징 볼거리를 겸한 쇼핑가

슈테판 광장 옆 그라벤 거리는 케른트너 거리와 콜마르크트 거리를 연결한다. 캠퍼, 지미 추, 토즈 같은 신발 브랜드 매장과 카르티에, 아이더블유시IWC 등 보석 및 시계 전문점이 많다.

가는 방법 지하철 U1 · U3 Stephansplatz역에서 바로
주소 Graben, 1010 Wien

SALZBURG

잘츠부르크

잘츠부르크를 직역하면 '소금Salz 성Burg'이다. 과거에는 소금 무역의 중심지로 번영을 누렸고, 로마의 교회령으로 대주교가 다스리던 가톨릭의 도시이기도 하다. 잘츠부르크는 천재 음악가 모차르트의 고향이자, 베를린 필하모닉을 이끌었던 명지휘자 헤르베르트 폰 카라얀Herbert von Karajan이 태어난 곳으로도 유명하다. 영화 〈사운드 오브 뮤직〉의 무대가 되면서 음악의 도시로 한층 성장했고, 유럽 3대 음악제로 꼽히는 '잘츠부르크 음악제'가 열리는 시기에는 도시 곳곳에서 클래식 음악이 울려 퍼진다.

미라벨 정원

사운드 오브 뮤직

모차르트

모차르트 생가

잘츠부르크 음악제

예쁜 소도시 여행

잘츠부르크 들어가기

우리나라에서 직접 가는 직항 노선이 없어 빈 등을 경유해야 하며,
유럽 내에서는 다양한 항공 노선과 열차, 버스편이 있다. 잘츠부르크를 갈 때 가장
많이 이용하는 방법은 빈에서 열차로 이동하는 것이다.

비행기

인천국제공항에서 잘츠부르크를 연결하는 직항편은 없고 루프트한자 등 1회 경유편을 이용하는 것이 일반적이다. 경유 노선에 따라 잘츠부르크까지 14시간 30분~20시간 정도 소요된다. 잘츠부르크 공항Flughafen Salzburg은 시내에서 3km 정도 떨어져 있고 터미널은 2개로 나뉜다. 대부분의 비행기는 터미널1에서 발착하고, 스키 시즌에만 일부 항공사가 터미널 2를 이용한다.

홈페이지 www.salzburg-airport.com

공항에서 시내로 들어가기

시내로 들어가는 일반 버스 노선이 2개 있다. 공항에서 시내가 멀지 않아 택시도 이용할 만하다. 버스 티켓은 매점이나 자동 발매기를 이용하거나 운전기사에게 직접 구입할 수 있다.

요금 버스 €4, 택시 €20~30

버스 운행 정보

- 2번 버스: 공항 ↔ 잘츠부르크 중앙역, 15~20분 간격, 23분 소요
- 10번 버스: 공항 ↔ 잘츠부르크 시내, 15분 간격(일요일 휴무), 15분 소요

열차

가장 많은 사람들이 이용하는 것은 빈을 오가는 열차다. 국철인 OBB뿐 아니라 사철인 베스트반Westbahn도 있어 일찍 예약하면 가격 경쟁을 통해 저렴한 티켓을 살 수 있다. 오스트리아 국내는 물론 브라티슬라바, 부다페스트 등에서도 직행 노선이 있다. 린츠 등 여러 도시를 경유하면 더 많은 연결편이 있다. 시내 북쪽에 있는 잘츠부르크 중앙역Salzburg Hauptbahnhof에서 중심가까지 걸어가려면 20분 정도 걸리므로 버스를 이용하는 것이 편하다. 역에는 매표소, 짐 보관소, 관광안내소, 슈퍼마켓, 서점, 버거킹, 베이커리 등이 있다. 바로 옆에 맥도날드, 스타벅스 등이 입점한 쇼핑몰도 있어 편리하다.

홈페이지 www.oebb.at

버스

중앙역 바로 앞에 잘츠부르크 근교로 가는 포스트버스 정류장이 있다. 포스트버스는 잘츠부르크 근교 마을 곳곳을 연결하므로 잘츠카머구트 여행 시 편리하게 이용할 수 있다.

홈페이지 www.postbus.at

잘츠부르크 – 주요 도시 간 이동 시간

출발지	이동 수단	소요 시간
빈	열차	2시간 25분
	버스	3시간 35분
그라츠	열차	3시간 59분
	버스	3시간 50분
할슈타트	열차	2시간 50분
	버스	2시간 36분

잘츠부르크 시내 교통

잘츠부르크 여행의 중심인 구시가지 안에서는 걸어 다녀도 충분하다.
중앙역에서 중심가로 이동할 때나 헬브룬 궁전, 운터스베르크 등
구시가지 밖으로 나갈 때는 버스를 적절히 이용하자.

버스

숙소가 중심가에서 멀거나 중앙역 등으로 이동할 때 그리고 구시가지에서 벗어난 헬브룬 궁전이나 운터스베르크에 갈 때는 버스를 타야 한다. 티켓은 자동 발매기나 근처 매대Trafiken에서 구입할 수 있으며 승차 후 반드시 티켓을 펀칭기에 찍어야 한다.

요금 1회권 €2.40(미리 묶음으로 사면 €1.40~2.30), 24시간권 €4.70 **홈페이지** https://salzburg-verkehr.at

TIP

가성비 최고! 잘츠부르크 카드

잘츠부르크의 모든 대중교통 승차권과 대부분의 관광지 입장권이 포함된 카드로 일부 상점과 식당에서 할인 혜택까지 받을 수 있다. 다른 도시에 비해 포함 내역의 구성이 좋고 가격도 저렴한 편이라 2일 이상 머무는 사람이라면 구입하기를 권한다. 관광안내소와 호텔에서 구입 가능하며 시즌에 따라 요금이 조금 다르다. 자세한 포함 내역과 혜택은 홈페이지를 참조하자.

홈페이지 www.salzburg.info

요금표 (2024년)	1~4 · 11 · 12월		5~10월	
	일반	6~15세	일반	6~15세
24시간권	€28	€14	€31	€15.50
48시간권	€36	€18	€40	€20
72시간권	€41	€20.50	€46	€23

관광안내소

잘츠부르크 관광안내소는 중앙역에 하나, 구시가지의 모차르트 광장에 하나 있다. 잘츠부르크 여행안내 및 투어 신청, 그리고 잘츠부르크 카드를 구입할 수 있다.

홈페이지 www.salzburg.info

● 중앙역

주소 Südtiroler Pl. 1, 5020 Salzburg
문의 +43 662 889870 340
운영 6~9월 08:30~18:00, 10~5월 09:00~18:00
※크리스마스와 신년에는 단축 운영

● 모차르트 광장

주소 Mozartpl. 5, 5020 Salzburg
문의 +43 662 88987 330
운영 월~토요일 09:00~18:00 (4~9 · 12월은 일요일도 운영), 잘츠부르크 음악제 기간과 8월 09:00~19:00, 10월 중순~11월 월~토요일 09:00~18:00
휴무 일요일

Salzburg **Best Course**

잘츠부르크 추천 코스

모차르트로 가득한 구시가지부터 근교 여행까지 알찬 1박 2일

잘츠부르크 구시가지는 규모가 작은 편이라 걸어서 둘러볼 수 있다. 일정이 짧다면 구시가지를 중심으로 꽉 찬 하루를 보내는 것이 좋고, 여유 있는 일정이라면 다음 날은 구시가지를 벗어나 보자. 구시가지 주변에는 아름다운 초원과 산이 많다. 또는 잘츠부르크에서 호수가 많은 잘츠카머구트 지역까지 당일치기로 다녀올 수 있다.

TRAVEL POINT

- **이런 사람 팔로우!** 잘츠부르크를 처음 간다면, 소도시 여행을 꿈꾼다면
- **여행 적정 일수** 꽉 채운 1일 또는 여유 있는 2일
- **여행 준비물과 팁** 편한 신발
- **사전 예약 필수** 없음

DAY 1

낭만이 가득한 음악의 도시 산책하기

- **소요 시간** 8~10시간
- **점심 식사는 어디서 할까?** 호엔잘츠부르크성 안의 야외 식당도 좋고 성으로 올라가기 전에 자리한 슈티글켈러에 가는 것도 좋다.
- **기억할 것** 구시가지는 작아서 도보로 둘러볼 수 있다.

미라벨 정원 P.092

→ 도보 6분 →

모차르트 생가 P.093

→ 바로 앞 →

게트라이데 거리 P.093

→ 도보 4분 →

돔크바르티어 잘츠부르크 P.096

→ 바로 앞 →

대성당 P.097

→ 도보 5분 →

점심 식사
추천 슈티글켈러 또는 호엔잘츠부르크성 식당 P.105, 098

→ 도보 6분 또는 푸니쿨라 3분 →

호엔잘츠부르크성 P.098

→ 도보 6분 또는 푸니쿨라 3분 →

장크트페터 수도원 P.099

→ 도보 5분 →

모차르트 회관 P.099

→ 도보 6분 →

묀히스베르크 P.090

→ 도보 5분 →

저녁 식사
추천 버거리스타 P.105

DAY

2

구시가지를 벗어나 여유 있는 하루

소요 시간 8~9시간

점심 식사는 어디서 할까? 운터스베르크에서 머무는 시간에 따라 달라진다. 산 정상이나 산 아래에 간이 식당이 있고 헬브룬 궁전에도 식당이 있다.

기억할 것 구시가지 밖으로 나갈 때는 버스를 이용한다. 사운드 오브 뮤직 투어를 할 계획이라면 오전에 투어를 하고, 저녁에 카푸치너 성당 주변을 여행하는 것도 좋다.

운터스베르크 P.101

버스 30분

헬브룬 궁전 P.100

버스 30분

카푸치너베르크 P.091

바로 연결

카푸치너 산책로

어디가 더 전망이 좋을까?

잘츠부르크 최고의 뷰포인트

잘츠부르크 구시가지는 2개의 산으로 둘러싸여 있다. 남동쪽을 감싼 산이 묀히스베르크Mönchsberg, 잘자흐강 너머로 북동쪽을 감싼 산이 카푸치너베르크Kapuzinerberg다(베르크Berg는 독일어로 '산'을 뜻한다). 여행자들은 보통 구시가지에서 가장 높은 호엔잘츠부르크성에 올라 시내를 내려다보는 데 만족하지만, 시간 여유가 있다면 호엔잘츠부르크성을 배경으로 한 멋진 풍경을 즐겨 보자.

#성을 배경으로 잘츠부르크 전경이 한눈에

묀히스베르크 *Mönchsberg*

> 북적이는 관광객을 피해 현지인이 즐겨 찾는 산책로는 전망대 뒤쪽 길로 이어진 묀히스베르크 산길이랍니다. 이 길을 따라 걸어가면 방어용 성벽이 남아 있는 뷔르거베어Bürgerwehr가 있어요.

TIP

전망대에 오를 때는 엘리베이터를 타길 권한다. 걸어 올라가려면 모차르트 회관 뒤쪽의 토스카니니호프Toscaninihof 계단을 올라 묀히스베르크 산길로 15분 이상 가야 한다.

묀히스베르크는 잘츠부르크 구시가지의 남서쪽을 둘러싼 바위산이다. 엘리베이터MönchsbergAufzug를 타고 가파른 산 위로 올라가면 전망대가 나온다. 잘츠부르크에서 제일 높은 곳에 위치한 호엔잘츠부르크성에서 도시의 전경을 즐겼다면, 구시가지와 더불어 호엔잘츠부르크성까지 한눈에 들어오는 이곳 전망대에서 더욱 웅장한 풍경을 감상해 보자. 조명을 받은 성채의 야경도 볼거리다. 전망대 바로 옆에는 고급 카페 겸 레스토랑 엠32 카페M32 Café와 잘츠부르크 현대 미술관Museum der Moderne Salzburg(MdM)이 있다. 미술관은 작은 규모이며 주로 기간별 특별 전시를 한다.

▶ 카페 정보 P.106

가는 방법 게트라이데 거리에서 도보+엘리베이터 4분 **주소** Gatättengasse 13 5020, Salzburg **운영** 전망대 24시간 / 엘리베이터 7·8월 08:00~23:00, 9~6월 화~일요일 08:00~21:00, 월요일 08:00~19:00 **요금** 전망대 무료 / 엘리베이터 왕복 일반 €4.40, 6~14세 €2, 편도 일반 €3, 6~14세 €1.30 ※잘츠부르크 카드 소지 시 무료입장 **홈페이지** www.moenchsbergaufzug.at

#현지인들이 즐겨 찾는 숨은 뷰포인트

카푸치너베르크 *Kapuzinerberg*

잘츠부르크 구시가지 북쪽을 흐르는 잘자흐강 건너편에는 울창한 산, 카푸치너베르크가 마을의 북동쪽을 감싸고 있다. 현지인들의 산책로이자 휴식처인 이곳에는 뷰포인트가 여러 개 있다. 시간 여유가 있다면 천천히 산을 오르며 여러 각도에서 잘츠부르크의 아름다운 풍경을 감상해 보자. 가장 가깝고 유명한 곳은 카푸치너 수도원Kapuzinerkloster 주변이다. 잘자흐강 변 뒤쪽의 계단을 통해 산으로 올라가면 16세기에 성당을 지으면서 확장된 카푸치너 수도원이 나온다. 이 수도원 주변을 요새처럼 둘러싼 테라스에서 잘츠부르크 구시가지를 감상할 수 있다. 잘자흐강 변에 나란히 지어진 색색의 건물들 뒤편에 웅장한 돔이 인상적인 대성당이 보이고, 그 뒤로는 마을을 지키고 있는 호엔잘츠부르크 성이 한눈에 들어온다. 성 뒤로는 멀리 독일과 국경을 마주한 높은 산, 운터스베르크까지 보인다. 수도원 주변에는 성서를 모티브로 한 다양한 조각품과 모차르트 동상도 있다.

가는 방법 미라벨 정원에서 도보 10분
주소 Kapuzinerberg 6, 5020 Salzburg
홈페이지 kapuziner.org

TIP

카푸치너 수도원으로 올라가는 계단은 눈에 잘 띄지 않는다. 구시가지에서 잘자흐강을 건너는 슈타츠 다리Staatsbrücke 너머에 슈타인 호텔이 있다. 이 호텔 뒤쪽 골목으로 들어가면 산으로 올라가는 계단이 나온다. 꽤 걸어 올라가야 하지만 중간에도 작은 전망대가 있으니 여유있게 올라가 보자.

카푸치너베르크의 뷰포인트는 여러 개인데 현지인들이 즐겨 찾는 한산한 곳은 산속으로 더 들어가야 합니다. 하나는 수도원 성벽길을 따라 600m 정도 걸어간 곳에 있는 성벽 초소Basteiweg예요. 다른 하나는 모차르트 동상 옆의 산길을 따라 1km 정도 올라간 산 정상의 프란치스코 요새Franziskischlössl랍니다.

잘츠부르크 관광 명소

잘츠부르크는 작지만 알찬 도시다. 구시가지와 그 주변에 명소들이 모여 있고, 구시가지를 조금 벗어나면 아름다운 자연 풍경이 펼쳐진다. 모차르트와 음악의 도시일 뿐 아니라 중세의 역사를 품은 유서 깊은 도시로 다양한 명소를 만날 수 있다.

01

미라벨 정원 추천

Mirabellgarten

지도 P.089
가는 방법 잘츠부르크 중앙역에서 도보 15분
주소 Mirabellplatz, 5020 Salzburg
운영 정원 06:00~일몰 / 궁전 08:00~18:00 **요금** 무료

영화 〈사운드 오브 뮤직〉의 주 무대

잘자흐강 북쪽에 자리한 아름다운 저택과 정원은 영화 〈사운드 오브 뮤직〉의 배경이 되면서 유명해졌다. 17세기에 처음 조성되었다가 몇 차례 개조를 거쳤고 지금의 신고전주의 양식 건물은 1818년 화재로 파괴된 후 복원한 것이다. 북쪽 출입구에는 〈사운드 오브 뮤직〉에서 마리아가 아이들과 〈도레미송〉을 불렀던 계단이 있다. 이 계단에서 멀리 호엔잘츠부르크성이 보이는 풍경이 펼쳐져 촬영 명소로도 유명하다. 분수와 연못이 조화롭게 배치된 정원은 그리스·로마 신화 속 주인공들을 묘사한 대리석 조각과 꽃들로 아름답게 장식되어 있어 산책을 즐기기 좋다.

TRAVEL TALK

미라벨 궁전 비화

원래 미라벨 궁전은 1606년 볼프 디트리히 라이테나우Wolf Dietrich Raitenau 대주교가 사랑하는 연인 살로메 알트Salome Alt를 위해 지은 것입니다. 그는 결혼할 수 없는 성직자였으나 살로메와 15명이나 되는 자식을 낳았고, 대성당에서 조금 떨어진 구시가지 성곽 밖에 그녀를 살게 했지요. 그러나 1611년 그가 정치적 상황에 몰려 감옥에 가게 되자 후임 대주교가 그녀를 내쫓고 궁전을 개조해 궁전의 이름도 미라벨로 바꿨답니다.

⓪② 모차르트 생가 추천
Mozart Geburthaus

잘츠부르크의 슈퍼스타 모차르트가 태어난 곳

게트라이데 거리에 자리한 5층짜리 노란색 건물은 잘츠부르크가 사랑해 마지않는 모차르트가 태어나서 자란 집이다. 모차르트 가족은 1747년부터 이곳에 살았고 1756년 모차르트가 태어나 17년 동안 살았다. 모차르트가 사용했던 악기들, 친필 악보, 초상화, 편지 등 그의 흔적이 남아 있는 물건들이 자세한 설명과 함께 전시되어 있다. 오페라 〈마술 피리〉 초연 당시 소품들도 있으며 어린 시절 가족들과 생활하던 모습들도 볼 수 있다. 기념품점에서는 모차르트 관련 기념품과 CD 등을 판매한다.

> **TIP**
> 건물 내부는 사진 촬영이 금지되어 있다.

지도 P.089 **가는 방법** 미라벨 정원에서 도보 6분, 또는 버스 21 · 22 · 23 · 27 · 28 · A번 Salzburg Ferdinand-Hanusch-Platz정류장에서 도보 1분
주소 Getreidegasse 9 A-5020 Salzburg
운영 09:00~17:30(7 · 8월 연장 운영)
요금 일반 €13.50, 15~18세 €4.50, 6~14세 €4 / 통합권 일반 €20, 15~18세 €6.50, 6~14세 €5.50
※잘츠부르크 카드 소지 시 무료입장
홈페이지 www.mozarteum.at

⓪③ 게트라이데 거리 추천
Getreidegasse

잘츠부르크에서 가장 활기찬 거리

소도시인 잘츠부르크에서 가장 사람이 많이 모이는 번화가다. 의류 매장, 카페, 식당, 기념품점이 즐비한 짧고 좁은 골목이지만 중세풍 건물이 한데 어우러진 풍경이 유명하다. 글을 몰라도 문양만으로 무슨 가게인지 알 수 있도록 만든 중세 시대 철제 세공 간판들이 이 골목을 더욱 특색 있게 꾸며 준다. 글로벌 패스트푸드점의 상징인 맥도날드조차도 예외는 아니다. 철제 간판을 달아야 하는 이 골목의 규칙을 따르고 있다. 이색적인 간판을 내건 상점과 사람들 틈에서 거리를 따라 걷다 보면, 볼프강 아마데우스 모차르트의 생가를 만나게 되며 바로 근처에 카페 모차르트Café Mozart가 있다.

지도 P.089 **가는 방법** 미라벨 정원에서 도보 6분, 또는 버스 21 · 22 · 23 · 27 · 28 · A번 Salzburg Ferdinand-Hanusch-Platz정류장에서 도보 1분
주소 Getreidegasse 5020 Salzburg

FOLLOW UP

모차르트를 위한, 모차르트에 의한
모차르트의 향기를 느낄 수 있는 장소들

이토록 한 인물로 가득한 도시가 또 있을까. 모차르트가 연주한 방, 모차르트가 세례를 받은 성당 등 잘츠부르크는 어딜 가나 모차르트로 가득한 도시다. 사실 모차르트는 자신을 인정해 주지 않는 잘츠부르크를 떠나고 싶어 했고 빈을 동경하며 살았다는데, 그의 의지와는 상관없이 고향 잘츠부르크에서 상업적으로 이용되는 듯하다. 이에 대한 일각의 비판도 거세지만 천재 음악가 한 명이 후대에 남긴 유산이 얼마나 큰지 곳곳에서 느낄 수 있다.

볼프강 아마데우스 모차르트의 생애 *1756~1791년*

잘츠부르크에서 태어난 모차르트는 5세 때 이미 소곡을 작곡한 천재 음악가다. 그의 음악적 재능을 알아본 아버지가 유럽 연주 여행을 시키면서 음악가로 키워 냈다. 오페라, 교향곡, 실내악 등 여러 분야에서 천재적 능력을 보이며 작곡을 하던 그는 건강 악화, 재정 곤란으로 35세의 젊은 나이에 요절하고 말았다. 대표작으로 〈돈 조반니〉, 〈마술 피리〉, 〈피가로의 결혼〉 등이 있으며 그 외에도 600곡이 넘는 작품을 남겼다. 모차르트는 죽는 순간까지 〈레퀴엠〉을 작곡했으나 정작 그의 장례식은 초라했으며 아직도 유해를 찾지 못했다고 한다.

TIP

모차르트 주간
잘츠부르크는 여름철에 성대히 펼쳐지는 '잘츠부르크 음악제'로 워낙 유명하지만 겨울철에는 '모차르트 주간Mozartwoche'이라 불리는 또 다른 음악 축제가 있다. 모차르트가 태어난 1월 27일 즈음에 열리며 모차르트 음악이 주를 이룬다. 모차르트 회관, 모차르테움, 돔크바르티어 등 잘츠부르크의 여러 장소에서 공연이 펼쳐진다. 입장권 가격은 €12부터 €250에 이르기까지 다양하며 모차르트 광장과 모차르트 생가 앞에서 펼쳐지는 일부 야외 공연은 무료다.
공연 정보 https://mozarteum.at

관광객에게는 모차르트 광장의 동상이 유명하지만, 현지인들이 조용히 추모하기 위해 찾는 모차르트 동상은 카푸치너베르크의 숲속 산책로에 있어요. 1877년에 세워졌답니다.

• 모차르트 생가 Mozart Geburthaus

잘츠부르크에서 가장 유명한 명소 중 하나로 모차르트가 태어나 17세까지 살았던 집이다. 현재는 박물관으로 꾸며져 있다.

• 모차르트 하우스 Mozart Wohnhaus

마카르트 광장Makartplatz에 있는 모차르트의 집은 그가 17세이던 1773년 이사해 1781년까지 7년 동안 살았던 곳이다. 모차르트의 가족에 대한 전시가 많으며 그의 대표곡을 들어 볼 수도 있다. 모차르트의 아버지 레오폴트 모차르트Leopold Mozart는 작곡가이자 바이올린 연주자로서 아들의 음악 교육에 힘썼으며, 그의 누나이자 피아노와 하프시코드 연주자였던 마리아 안나 모차르트Maria Anna Mozart에 관한 전시도 있다.

가는 방법 미라벨 정원에서 도보 1분
주소 Makartplatz 8, 5020 Salzburg
운영 09:00~17:30(7 · 8월 연장 운영)
요금 일반 €13.50, 15~18세 €4.50, 6~14세 €4 / 통합권 일반 €20, 15~18세 €6.50, 6~14세 €5.50 ※잘츠부르크 카드 소지 시 무료입장 **홈페이지** www.mozarteum.at

• 모차르트 광장 Mozartplatz

레지덴츠 광장 옆에 모차르트 동상이 서 있는 작은 광장이 있고 바로 옆에 관광안내소도 있다. 이 광장의 8번가에 모차르트의 아내였던 콘스탄츠 모차르트-니센Constanze Mozart-Nissen이 살았다고 한다. 동상 옆의 큰 건물은 잘츠부르크 박물관이다.

가는 방법 대성당에서 도보 2분
주소 Mozartplatz, 5020 Salzburg

• 모차르트 다리 Mozartsteg

사실 모차르트와는 연관이 없는 다리였다. 1903년 민간 단체인 모차르트 클럽에서 이 다리를 짓고 통행료를 부과하기도 했는데, 1920년 잘츠부르크시에서 다리를 매입해 무료 보행자 도로와 자전거 전용 다리로 만들었다. 2011년 보수 공사를 마치고 오픈하면서 과거 통행료를 받던 작은 창구는 테이크아웃 카페로 변신했다. 아르누보 양식의 개성 있는 디자인이 다리의 운치를 더해 관광 명소가 되었다.

가는 방법 모차르트 광장에서 도보 1분
주소 Rudolfskai, 5020 Salzburg

④

돔크바르티어 잘츠부르크

DomQuartier Salzburg

지도 P.089 **가는 방법** 버스 A번 Salzburg Alter Markt정류장에서 도보 1분 **주소** Residenzplatz 1, Domplatz 1a, 5020 Salzburg **운영** 수~월요일 10:00~17:00 (7·8월 10:00~18:00) ※문 닫기 1시간 전 입장 마감 **휴무** 화요일, 12월 24일 **요금** €13, 학생 €5 ※잘츠부르크 카드 소지 시 무료입장 **홈페이지** www.domquartier.at

과거 잘츠부르크의 영화를 보여 주는 대주교의 궁

대주교의 권력이 막강했던 시절, 잘츠부르크의 중심이었던 대성당(돔Dom) 구역(크바르티어Quartier)에 자리했던 대주교의 화려한 궁전이 지금도 건재히 남아 있다. 역대 대주교들의 궁전인 레지덴츠Residenz는 12세기에 짓기 시작해 16세기 말, 볼프 디트리히 폰 라이테나우Wolf Deitrich von Raitenau 대주교가 확장했다. 이후에도 계속 재건되다가 대대적인 공사를 거쳐 2014년에 복합 구조 박물관인 돔크바르티어로 재탄생했다. 가톨릭 교회의 영향력이 막강했던 중세 시대에는 대주교가 절대적인 통치자였던 만큼 그들이 거주했던 궁도 웅장하고 화려했다. 현재는 오스트리아의 역사와 예술을 보여 주는 전시품이 가득하다.

대주교의 거처와 대성당 박물관을 둘러볼 수 있으며 복도처럼 연결된 레지덴츠 갤러리에서는 16세기부터 19세기에 이르는 유럽 회화 작품들을 감상할 수 있다. 대성당 내부를 볼 수 있는 파이프 오르간 갤러리와 레지덴츠 광장Residenzplatz이 내려다보이는 카페 테라스도 놓치지 말자. 레지덴츠 광장은 잘츠부르크 음악제의 개막 무대가 열리는 곳으로, 겨울에는 15세기부터 이어져 내려온 크리스마스 마켓이 열리는 잘츠부르크의 중심 광장이다. 음악회나 이벤트 등으로 일부 구역 관람이 제한될 수 있으니 홈페이지를 참조할 것.

05 대성당
Dom

모차르트가 세례를 받은 잘츠부르크 대주교 성당
17세기에 바로크 양식으로 지어진 성당으로 1756년 모차르트가 세례를 받아 더 유명해진 곳이다. 744년 최초로 건축되었고 1598년 화재로 소실된 후 1655년 재건되었다가 제2차 세계대전 중 일부 파괴된 것을 복원했다. 성당 내부에는 6,000개의 파이프로 이루어진 거대한 파이프 오르간이 있는데 모차르트가 어릴 때부터 연주했던 것이라고 한다. 성당 앞 철제 문 3개는 믿음, 소망, 사랑을 의미한다. 또한 문 위에 774, 1628, 1959라고 적힌 숫자는 각각 첫 봉헌 연도, 화재로 파괴된 후 첫 봉헌 연도, 전후 재건축하여 첫 미사를 드린 연도를 뜻한다.

지도 P.089
가는 방법 버스 A번 Salzburg Alter Markt정류장에서 도보 2분 **주소** Domplatz 1a, 5020 Salzburg
운영 3~10월 월~토요일 08:00~18:00, 일요일 · 공휴일 13:00~18:00(8월 매일 ~19:00)
요금 €5(월~토요일 09:00~11:40, 12:30~18:00, 일요일 13:00~18:00) ※콘서트나 점심식사, 가이드 투어 등이 포함된 프로그램이 있다.
홈페이지 salzburger-dom.at

06 카피텔 광장
Kapitelplatz

잘츠부르크에서 가장 아름다운 광장
레지덴츠 광장 바로 남쪽에 자리 잡은 광장이다. 레지덴츠 광장보다 규모는 작지만 대성당을 사이에 둔 아름다운 광장이다. 멀리 언덕 위로 호엔잘츠부르크성이 올려다보이며 한쪽에는 황금색 구체 위에 사람이 서 있는 모습의 조각품도 눈길을 끈다. 2007년 잘츠부르크 아트 프로젝트에서 만든 〈스파에라Sphaera〉라는 현대 미술 작품으로 골든 쿠겔Golden Kugel, 모차르트쿠겔Mozartkugel 등의 별명이 붙었다. 다른 한쪽에는 말들에게 물을 주던 넵튠의 분수Kapitelschwemme가 자리한다. 17세기에 지어진 것으로 영화 〈사운드 오브 뮤직〉에도 잠시 등장했다.

지도 P.089
가는 방법 대성당 바로 옆
주소 Kapitelpl, 5020 Salzburg

(07)

호엔잘츠부르크성

Festung Hohensalzburg

추천

잘츠부르크 시내 전망대 역할을 하는 중세 성채

잘츠부르크를 대표하는 랜드마크로 산 위에 자리해 구시가지 어디서든 보이는 성이다. 1077년 대주교였던 게브하르트 폰 헬펜슈타인Gebhard von Helfenstein이 짓게 해 1085년 완공했고, 16세기에 증개축을 반복해 1618년 지금의 모습을 갖추었다. 1,000년에 달하는 역사를 지녔지만 매우 견고한 덕에 원형이 잘 보존된 성채로 꼽힌다. 내부 성채 박물관에서는 대주교의 화려했던 생활이 엿보이는 '황금의 방'을 비롯해 중세 고문실, 무기, 각종 식기류들을 전시하고 있다. 오랜 세월 도시를 방어하며 주변을 감시하던 성이었던 만큼 사방으로 펼쳐진 전망대에서 잘츠부르크를 내려다볼 수 있다. 남쪽 테라스에서는 잘츠부르크 구시가지가 한눈에 보이고, 북쪽 테라스에서는 도시를 둘러싼 초록빛 평지와 알프스의 멋진 풍경이 펼쳐진다.

TIP

성에 오를 때 걸어 갈 수도 있지만 오르막길이기 때문에 푸니쿨라를 타고 가는 것이 더 수월하다. 입장권에 푸니쿨라 요금이 포함되어 있다.

지도 P.089
가는 방법 대성당에서 도보 5분
주소 Mönchsberg 34, 5020 Salzburg **운영** 5~9월 08:30~20:00, 10~4월 09:30~17:00, 12월 24일 09:30~14:00
요금 일반 €11.20~18, 6~14세 €4.60~6.80
※티켓 종류에 따라 다름, 잘츠부르크 카드 소지 시 무료입장
홈페이지 salzburg-burgen.at

TRAVEL TALK

전망 좋은 테라스에서 시원한 맥주 한잔!

호엔잘츠부르크성은 구시가지를 내려다보기 딱 좋은 장소입니다. 특히 성의 서쪽과 남쪽 테라스에는 비어 가든과 식당이 자리해 커피나 맥주, 식사를 즐기며 주변 풍경을 감상하기 좋습니다. 서쪽 테라스에서는 구시가지 전경이 펼쳐지고, 남쪽 테라스에서는 멀리 알프스 산자락인 운터스베르크까지 조망할 수 있답니다.

08 장크트페터 수도원
Erzabtel St. Peter & Friedhof

산기슭에 세워진 오래된 성당

696년 성 루페르트Rupert가 세운 오스트리아에서 가장 오래된 베네딕트파 수도원이다. 묀히스베르크 산기슭에 지어진 이 수도원은 처음에는 로마네스크 양식으로 지어졌다가 17~18세기에 바로크 양식으로 보수되었다. 1783년 모차르트가 〈다단조 미사곡〉을 이 성당에서 초연했다고 알려져 있다. 수도원에서 유명한 곳은 아름다운 철제 세공 장식들이 있는 묘지다. 비석과 화단 등으로 잘 꾸며져 공원 같은 분위기이니 한번 둘러볼 만하다.

TIP
호엔잘츠부르크성을 연결하는 푸니쿨라 정류장 바로 아래 수도원의 작은 입구가 있다. 성을 오가는 길에 잠시 들러 보자.

지도 P.089
가는 방법 대성당에서 도보 2분
주소 Sankt-Peter-Bezirk 1, 5010 Salzburg
운영 08:00~18:00 **요금** 무료
홈페이지 www.stift-stpeter.at

09 모차르트 회관
Haus für Mozart

잘츠부르크 음악제로 유명한 극장

과거에는 '축제 극장Festspidhauser'이라고 불렸던 이곳은 유럽 3대 음악 축제로 꼽히는 '잘츠부르크 음악제'의 메인 콘서트홀이다. 1960년에 완공되었으며, 무대 길이 100m에 2,400명을 수용할 수 있는 대극장Grosses Festspielhaus, 마구간을 개조해 만든 모차르트 홀Haus für Mozart, 묀히스베르크의 바위를 뚫어 만든 펠젠라이트슐레Felsenreitschule 등 극장 3개로 이루어져 있다. 영화 〈사운드 오브 뮤직〉에서 폰 트랩 가족이 합창 공연을 했던 곳이 펠젠라이트슐레이며 동굴처럼 지어진 것이 흥미롭다. 극장 내부는 가이드 투어로 볼 수 있는데, 극장의 역사나 음향 기술에 관한 설명을 듣고 무대 뒤쪽과 분장실 등을 둘러본다.

지도 P.089 **가는 방법** 대성당에서 도보 3분
주소 Hofstallgasse 1, 5020 Salzburg **운영** 50분 투어 7~8월 09:00, 14:00, 9~6월 14:00 ※음악제 등 행사 시 제외 **요금** €7 ※잘츠부르크 카드 소지 시 무료입장
홈페이지 www.salzburg.info

잘츠부르크 음악제

모차르트의 고향, 잘츠부르크에 여름이 찾아오면 구시가지 전체가 들썩이기 시작한다. 수준 높은 공연으로 도시 전체가 음악으로 물드는 잘츠부르크 음악제Salzburger Festspiele가 시작되기 때문이다. 1920년에 시작해 100여 년의 역사를 자랑하는 이 축제는 대성당 앞에서 〈예더만Jedermann〉이라는 연극으로 첫 공연이 시작된 뒤 지금까지 클래식과 오페라 공연이 매년 같은 장소에서 상연되고 있다. 잘츠부르크가 고향인 지휘자 카라얀은 33년이나 음악제 총감독을 맡았다.
홈페이지 www.salzburgerfestspiele.at

⑩

헬브룬 궁전

Schloss Hellbrunn

TIP

물의 정원은 인기가 많아 투어 순서를 오래 기다리거나 매진되는 경우가 있으니, 궁전에 도착하면 내부 관람을 하기 전에 먼저 물의 정원 입구로 가서 투어 예약을 하자. 트릭 분수에서는 물벼락을 맞을 수도 있으니 잘 마르는 가벼운 옷차림이 좋다.

대주교의 짓궂은 장난이 숨어 있는 여름 별궁

잘츠부르크 구시가지 중심부 남쪽에 위치한 이곳은 1616년 마르쿠스 지티쿠스Markus Sittikus 대주교가 지은 여름 별궁이다. 당시 권력과 부의 중심에 있던 대주교의 궁전치고 화려하다고 할 수는 없지만 르네상스 매너리즘 건축의 특성을 살린 심플함이 돋보인다. 또한 헬브룬이라는 이름이 의미하듯 '치유의 봄'을 느낄 수 있는 거대한 공원과 지나가는 사람들을 깜짝 놀라게 하는 '물의 정원'이 볼 만하다. 113개 석상이 음악에 맞춰 동시에 움직이다가 어느 순간 물줄기를 뿜어 내는 등 유머 감각이 돋보이는 트릭 분수, 조각상들로 꾸며진 바서슈필레 분수Wasserspiele는 관광객들에게 특히 많은 사랑을 받는다. 건물 내부는 자유롭게 볼 수 있지만 물의 정원은 가이드 투어로만 입장이 가능하다. 헬브룬 궁전은 미라벨 궁전과 더불어 특별하고 낭만적인 결혼식 장소로도 유명하다. 궁전 안에는 영화 〈사운드 오브 뮤직〉에서 폰 트랩 대령의 저택 정원에 있던 로맨틱한 유리 정자도 볼 수 있다.

가는 방법 잘츠부르크 시청Salzburg Rathaus 앞에서 25번 버스 Salzburg Schloss Hellbrunn정류장에서 도보 4분
주소 Fürstenweg 37, 5020 Salzburg
운영 4 · 10월 09:30~16:30, 5 · 6 · 9월 09:30~17:30, 7 · 8월 09:30~18:30 **요금** 일반 €15, 19~26세 학생 €9.50, 4~18세 €6.50
※잘츠부르크 카드 소지 시 무료입장
홈페이지 hellbrunn.at

(11)

운터스베르크
Untersberg

TIP

운터스베르크반Untersbergbahn이라 불리는 케이블카역에 작은 식당이 있다. 산 위에도 산장에서 운영하는 식당 카이저 카를Kaiser Karl이 있어 커피나 맥주, 간단한 식사를 할 수 있다. 날이 흐리면 앞이 잘 보이지 않으므로 당일 아침에 날씨를 확인하는 것이 좋다. 봄가을에도 눈이 녹지 않는 곳이니 긴소매 옷과 편한 신발을 준비하자.

가는 방법 840번 버스 Grödig Untersbergbahn정류장에서 도보 1분, 또는 25번 버스 Grödig Gartenauer Platz정류장에서 도보 3분(구시가지에서 25~30분 소요)
주소 케이블카역 Dr.-Friedrich-Oedl-Weg 2, 5083 Gartenau
운영 1·2·11·12월 09:00~16:00, 3~6·10월 08:30~17:00, 7~9월 08:30~17:30 **요금** 일반 €32, 학생 €22.50, 6~14세 €16.50
※잘츠부르크 카드 소지 시 무료입장
홈페이지 untersbergbahn.at

독일과 오스트리아를 가르는 잘츠부르크의 알프스

운터스베르크는 독일과 오스트리아의 경계에 위치한 산이다. 독일이 3분의 2 지역을 차지하고 있지만 잘츠부르크에서 16km 정도 거리라서 당일치기 코스로 다녀오는 사람이 많다. 잘츠부르크 남쪽의 작은 마을인 가르테나우Gartenau에서 출발하는 케이블카를 타고 올라가면 해발 1,776m 정상에 도착한다. 케이블카가 올라가는 동안 잘츠부르크에서 가장 높은 지대에 위치한 호엔잘츠부르크성이 먼발치로 보인다. 케이블카에서 내리면 바로 옆에 산장과 카페가 있고 주변에 가까운 해발 1,806m의 봉우리 가이어레크Geiereck까지 어렵지 않게 오를 수 있다. 십자가와 전망대가 있는 봉우리에 서면 바로 남쪽으로 독일의 산악 마을이 보이며 북쪽으로 잘츠부르크 주변과 멀리 잘츠카머구트 지역의 호수까지 보인다. 좀 더 멀리 걸어가면 해발 1,853m의 봉우리 호흐트론Hochthron이 나온다. 주변에 수많은 하이킹 코스가 이어지며 가을부터 봄까지는 설경도 볼 수 있다. 운터스베르크는 영화 〈사운드 오브 뮤직〉 첫 장면에서 마리아가 수녀원 시절 노래를 부르던 초원으로 종종 언급되기도 하는데, 같은 산이긴 하지만 실제 촬영지는 독일 쪽 사유지라서 들어가기 어렵다.

《 Another Trip 》

잘츠부르크 시네마 산책

영화 〈사운드 오브 뮤직〉 촬영지를 찾아서

잘츠부르크로 떠나기 전 꼭 봐야 할 영화가 바로 〈사운드 오브 뮤직The Sound of Music〉이다. 오늘날 잘츠부르크가 눈부신 관광지로 발전하게 된 일등 공신이라고 할 수 있는 영화다. 주인공 마리아와 트랩 대령의 가족이 살고 있을 것만 같은 도시 곳곳의 숨은 촬영 명소들을 찾아가 보자.

❶ 미라벨 정원

극중 마리아와 아이들이 〈도레미송〉을 불렀던 정원의 페가수스 분수와 계단이 있다. 짧은 장면이지만 스틸 컷이 여러 번 등장하면서 영화를 대표하는 장소로 유명해졌다. ▶ P.092

❷ 헬브룬 궁전

폰 트랩 대령의 첫째 딸 리즐이 남자친구와 비를 피해 들어가 노래한 곳이자, 마리아와 폰 트랩 대령이 첫 키스를 한 장소가 바로 헬브룬 궁전 정원 한쪽에 있는 흰색 정자다. 영화에서는 대령의 저택 정원 안에 있는 정자로 묘사되었다. ▶ P.100

〈사운드 오브 뮤직〉은 잘츠부르크가 주요 배경이 된 뮤지컬 영화로 1965년 제작된 이후 50년 이상 지난 지금까지도 꾸준히 사랑받고 회자되는 작품이다. 로버트 와이스Robert Wise가 연출을 맡고 줄리 앤드류스Julie Andrews가 마리아 역을, 크리스토퍼 플러머Christopher Plummer가 폰 트랩 대령 역을 맡았다. 아카데미상을 5개나 휩쓸었으며 그해 최우수 영화로 선정되었다. 오스트리아 출신의 마리아 폰 트랩Maria von Trapp이 쓴 《트랩 가문의 가수 이야기The Story of the Trapp Family Singers》라는 자서전을 바탕으로 제작되었으며 미국에 정착해 살게 된 트랩 가문의 실화를 바탕으로 한 이야기다. 영화 속 주옥같은 명곡들이 실린 OST 앨범은 1,100만 장이나 팔리는 기록을 세웠다.

❸ 묀히스베르크

마리아가 아이들과 돌아다니며 노래하는 장소 중 하나다. 뒤편으로 호엔잘츠부르크성이 보인다. ▶ P.090

❹ 샤프베르크

마리아가 아이들에게 커튼으로 만든 옷을 입히고 피크닉을 떠나는 장면에서 샤프베르크가 잠깐 나온다. 아이들과 함께 노래하던 초원은 잘츠부르크 남쪽의 베르펜Wefen이라는 마을이다. ▶ P.116

❺ 장크트페터 수도원

폰 트랩 가족들이 나치를 피해 숨어든 교회 묘지 장면에 영감을 받은 곳이라 내부가 비슷하다. 영화 막바지의 긴장된 순간이라 기억하는 사람들이 많다.

▶▶ P.099

❻ 프론부르크 궁전 Schloss Frohnburg

©Sumit Surai

레오폴트 궁전과 함께 폰 트랩 대령의 저택으로 나왔던 곳이며, 현재는 기숙사로 사용되고 있다.

❼ 레오폴트 궁전 Schloss Leopoldskron

폰 트랩 가족의 저택으로 나온 곳이다. 바로 앞 호수에서 마리아와 아이들이 조각배를 타다가 물에 빠지기도 한다. 현재 호텔로 운영되어 투숙객이 아니면 멀리서 봐야 한다.

❽ 모차르트 회관

폰 트랩 가족의 합창 공연과 폰 트랩 대령이 부른 〈에델바이스〉에 관객들이 호응하는 감동적인 장면 뒤, 시상식 중에 동굴 극장의 뒷문으로 탈출했던 곳이다. 펠젠라이트슐레 극장의 독특한 구조가 더욱 실감난다.

▶▶ P.099

❾ 성 미하엘 대성당 Basilika St. Michael

폰 트랩 대령과 마리아의 결혼식 장소. '몬트제 대성당'으로도 불린다. 8세기에 처음 지어져 17세기에 고딕 양식으로 재건축했다. 잘츠부르크에서 1시간 거리인 몬트제 마을에 있다.

❿ 논베르크 수녀원 Stift Nonnberg

마리아의 수녀 시절 배경이자 나중에 피신처가 된 곳이다. 철문이 달린 입구는 아이들이 원장수녀를 만나러 온 장면에 나왔다. 수녀원은 출입할 수 없지만 예배당은 볼 수 있다.

TIP

사운드 오브 뮤직 투어

영화 속 배경이 된 아름다운 명소들을 둘러보는 투어다. 잘츠부르크는 물론 근교의 잘츠카머구트까지 다녀온다. 미라벨 정원 앞에서 출발해 레오폴트 궁전 건너편, 헬브룬 궁전, 마리아가 결혼식을 올린 성 미하엘 대성당 등을 볼 수 있다. 가이드는 영어로만 진행되며 투어 내내 〈사운드 오브 뮤직〉의 주제곡이 흘러나오고 가이드도 재미있게 진행한다. 예약은 홈페이지나 미라벨 정원 앞에 있는 파노라마 투어 매표소에서 할 수 있고, 투어 버스도 미라벨 정원 앞에서 탑승한다.

운영 09:15, 14:00 ※약 4시간 소요 **요금** €60 **홈페이지** www.panoramatours.com

《 🍴 》

잘츠부르크 맛집

잘츠부르크는 관광 도시답게 식당 선택의 폭이 넓다. 음식은 빈과 마찬가지로 슈니첼과 굴라시 등 고기 요리가 주를 이룬다. 잘츠부르크를 대표하는 디저트인 잘츠부르크 노케를Salzburger Nockerl은 일반 노케를과 다르니 한 번쯤 맛보도록 하자.

비어츠하우스 엘레판트
Wirtshaus Elefant

위치 모차르트 생가 근처
유형 대표 맛집
주메뉴 노케를

😊→ 잘츠부르크 노케를을 제대로 맛볼 수 있다.
😐→ 가격이 조금 비싼 편이다.

'잘츠부르크 노케를'은 구시가지를 둘러싼 산 3개를 표현한 전통 디저트로, 맨 위에 슈거 파우더를 뿌려 흰 눈이 쌓인 산봉우리를 형상화한다. 엘레판트 호텔 안에 자리한 이 식당은 잘츠부르크 최고의 노케를 맛집이다. 슈니첼과 굴라시 등 식사 메뉴도 있다.

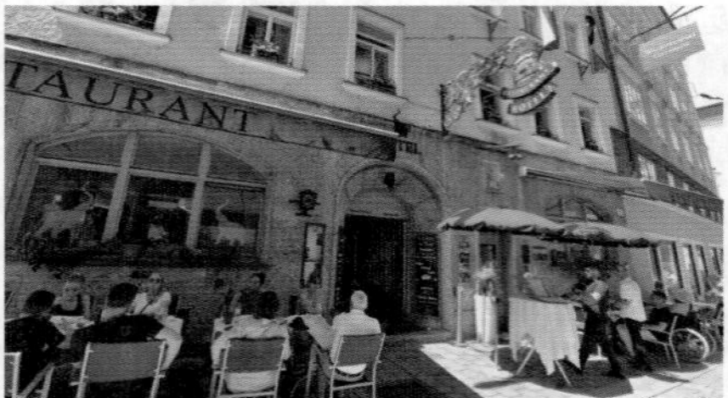

가는 방법 모차르트 생가에서 도보 1분
주소 Sigmund-Haffner-Gasse 4, 5020 Salzburg
문의 +43 662 843397 17 **운영** 화~토요일 11:30~24:00 **휴무** 일 · 월요일
예산 노케를 €12~20, 슈니첼 €17.50~28
홈페이지 www.wirtshauselefant.com

바이어버트
WeiherWirt

위치 레오폴트 궁전 주변
유형 로컬 맛집
주메뉴 생선과 고기 요리

😊→ 야외에서 레오폴트 궁전이 보이고 음식도 맛있다.
😐→ 대중교통으로 가기 불편하다.

영화 〈사운드 오브 뮤직〉에 등장했던 레오폴트 궁전은 현재 호텔이 들어서 투숙객 외에는 들어갈 수 없다. 하지만 이 식당의 야외석에 앉으면 바로 앞에 펼쳐진 근사한 호수 위로 레오폴트 궁전이 보인다. 멋진 전망에 음식 맛도 좋아 현지인들이 즐겨 찾는 곳이다.

가는 방법 버스 22번 Salzburg Wartbergweg정류장에서 도보 6분 **주소** 2, König-Ludwig-Straße, 5020 Salzburg **문의** +43 662 829324 **운영** 화~일요일 12:00~14:30, 18:00~23:00 ※겨울철 월~금요일은 저녁에만 운영 **휴무** 월요일 **예산** 스테이크 €23~36
홈페이지 www.weiherwirt.com

버거리스타
Burgerista

위치 잘자흐강 변
유형 로컬 맛집
주메뉴 버거

☺→ 토핑 가능한 수제 버거
☹→ 시끄럽고 북적인다.

잘자흐강에서 모차르트 생가로 가는 길에 있는 수제 버거 전문점이다. 다양한 재료와 소스로 인기가 많다. 원하는 대로 토핑해 만드는 버거, 미니 버거, 채소 버거 그리고 빵 대신 상추로 번을 사용하는 저칼로리 버거까지 특이한 버거가 많아 메뉴를 고르는 재미가 있다. 홈메이드 레모네이드도 인기다. 테이블마다 종류별 소스가 비치되어 입맛대로 골라 먹기도 좋다.

가는 방법 모차르트 생가에서 도보 1분 **주소** Griesgasse 15, 5020 Salzburg **문의** +43 50 666 666 **운영** 월~목요일 10:30~22:00, 금~일요일 12:00~22:00 **예산** 햄버거 €6.90~11.50 **홈페이지** burgerista.com

슈티글켈러
Restaurant Stieglkeller

위치 호엔잘츠부르크성 주변
유형 술집
주메뉴 맥주와 전통 음식

☺→ 테라스석의 전망이 좋다.
☹→ 시끄럽고 북적인다.

오스트리아의 대표 맥주인 슈티글을 다양하게 맛볼 수 있는 곳이다. 호엔잘츠부르크성으로 올라가는 언덕길 초입에 자리 잡은 유명 비어 가든으로 높은 곳에 위치해 전망 또한 뛰어나다. 좌석은 실내와 야외 그리고 서비스 구역과 셀프서비스 구역으로 나뉜다. 셀프서비스 구역은 직접 음식을 주문해 쟁반에 담아 가는 것이고 서비스 구역은 서버의 도움을 받는 대신 팁을 내야 한다.

가는 방법 대성당에서 도보 4분 **주소** Festungsgasse 10, 5020 Salzburg **문의** +43 662 842681 **운영** 월~금요일 11:30~22:00, 토·일요일 11:00~22:00 **예산** 슈니첼 €18.50~26, 크뇌델 €17.90 **홈페이지** restaurant-stieglkeller.at

아프로 카페
Afro Café

위치 게트라이데 거리 주변
유형 카페
주메뉴 아프리카 커피와 음식

☺→ 아프리카 콘셉트 인테리어
☹→ 위치가 조금 애매하다.

컬러풀한 디자인이 돋보이는 아프리카 콘셉트 카페다. 아프리카에서 공정무역으로 가져온 커피와 차를 판매한다. 아프리카 예술가들의 작품과 아프리카 전통 패턴이 돋보이는 접시, 원단 등으로 실내를 꾸며 이색적인 분위기를 즐길 수 있다. 진한 커피와 수제 케이크 그리고 아프리카 스타일의 스튜, 쿠스쿠스, 볼, 샌드위치, 랩 등이 있는데 특히 점심 메뉴가 인기다.

가는 방법 모차르트 생가에서 도보 4분 **주소** Bürgerspitalplatz 5, 5020 Salzburg **문의** +43 662 8448880 **운영** 월~토요일 09:00~20:00(7·8월은 ~22:00) **휴무** 9~6월 일요일 **예산** 커피 €3.80~4.90, 랩 €13.90, 스튜 €16.90 **홈페이지** afrocafe.at

SPECIAL THEME

커피 한 잔 값으로 최고의 전망을!

그림 같은 풍경이 펼쳐지는 뷰 맛집

잘츠부르크는 소도시지만 아름다운 풍광을 지닌 유명 관광지답게 물가가 비싼 편이다.
그만큼 경치 프리미엄이 붙은 곳들은 가격이 비싸도 사람들이 많이 찾는다.
식사가 부담스럽다면 가벼운 음료 한 잔을 주문해 놓고 잠시 눈 호강을 해 보자.

① 엠32 카페 *M32 Café*

잘츠부르크에서도 최고의 풍경을 자랑하는 묀히스베르크에 자리 잡은 카페 겸 레스토랑이다. 인테리어는 고급스럽고 깔끔하며 야외 테이블도 꽤 넓다. 또한 묀히스베르크 전망대보다 약간 위에 있어 전망도 좋다. 입구에서 종업원이 식사를 할 것인지 묻는데, 음료만 마신다고 말하면 테이블 세팅이 안 된 자리로 안내해 준다. 전망이 좋은 자리에 앉고 싶다면 사람이 붐비는 시간을 조금 피해서 가기를 권한다. 주말 저녁에 예약하는 것이 좋다.

가는 방법 게트라이데 거리에서 도보+엘리베이터 4분
주소 Mönchsberg 32, 5020 Salzburg
문의 +43 662 841000
운영 화~금요일 10:00~24:00, 토·일요일 09:00~23:00
휴무 월요일 ※페스티벌 기간에는 무휴
예산 요리 €22~46
홈페이지 m32.at

② 슈타인테라세 *Steinterrasse*

구시가지 북쪽 잘자흐강 변에 자리한 고급 호텔 슈타인 Hotel Stein의 7층 루프톱 카페 겸 레스토랑이다. 호엔잘츠부르크성과 잘자흐강이 가깝게 보이는 멋진 풍경을 지닌 곳으로 아침 일찍 오픈해 밤늦게까지 운영한다. 강 건너편에는 시계탑이 있는 시청사 건물이 보이고, 양쪽으로 수많은 교회의 첨탑과 돔이 보인다. 오른쪽 뒤편으로는 묀히스베르크 전망대도 보인다. 호텔이기 때문에 아침 일찍 문을 열어 호텔 조식은 물론 밤늦게 맥주를 즐기기 좋다.

가는 방법 모차르트 생가에서 도보 3분
주소 Giselakai 3-5, 5020 Salzburg
문의 +43 662 877277 **운영** 07:00~24:00 ※음식 주문은 22:00까지, 겨울철 월~목요일 12:00~17:00 브레이크 타임
예산 커피 €4.20~5.50, 아침 뷔페 €34.80, 점심 메뉴 €20
홈페이지 www.steinterrasse.com

잘츠부르크 쇼핑

모차르트의 도시답게 모차르트 관련 상품들이 대세다. 가장 유명하고 쉽게 볼 수 있는 것은 모차르트쿠겔이다. 오스트리아 어디서든 모차르트쿠겔을 찾을 수 있지만 잘츠부르크에는 원조 퓌르스트가 있어 더욱 반갑다.

카페 콘디토라이 퓌르스트
Café Konditorei Fürst

위치 대성당 주변
유형 제과점
특징 원조 모차르트쿠겔점

제과사였던 파울 퓌르스트Paul Fürst가 1890년에 처음 만든 모차르트쿠겔을 파는 곳으로 지점 세 곳이 더 있다. 평소 모차르트를 존경하던 그가 직접 개발한 초콜릿에 모차르트의 이름을 붙인 것이 모차르트쿠겔의 시작이다. 전통 제조법을 고수한다는 이 모차르트쿠겔은 잘츠부르크에서만 구입할 수 있다. 수제 초콜릿이라 가격은 조금 비싸다.

퓌르스트가 1985년 바흐 탄생 300주년에 만든 한정판 바흐뷔르펠Bachwürfel도 지금까지 판매되고 있어요. 맛은 모차르트쿠겔과 비슷한데 커피 향이 가미되었답니다.

가는 방법 대성당에서 도보 2분
주소 Brodgasse 13, 5020 Salzburg **문의** +43 662 843759
운영 월~토요일 09:00~19:00, 일요일 · 공휴일 10:00~17:00
가격 모차르트쿠겔 1개 €1.80, 바흐뷔르펠 1개 €2.20
홈페이지 www.original-mozartkugel.com

TRAVEL TALK

모차르트쿠겔 1890년 잘츠부르크에서 처음 만들어진 모차르트쿠겔Mozartkugel은 파리 박람회에서 금메달을 수상한 후 세계적인 초콜릿으로 부상한 상품입니다. 다크 초콜릿이나 밀크 초콜릿 안에 설탕, 아몬드 가루, 누가 등으로 속을 채운 것으로 동그란 볼 모양에 모차르트 얼굴이 그려진 포장을 씌웠어요. 오리지널은 은박 포장이고 금박 포장은 이후에 여러 회사에서 대량 생산으로 나온 것이에요. 현재 10가지 정도 브랜드가 있는데 가장 널리 유통되는 것은 미라벨Mirabell, 빅토르 슈미트Victor Schmidt, 레버Reber, 하인들Heindl이며 모두 금박 포장이고 원조는 퓌르스트Fürst에서 만든 은박 포장입니다.

SALZKAMMERGUT

잘츠카머구트

'소금의 영지'라는 뜻을 지닌 잘츠카머구트는 과거 소금이 나는 땅으로 중요한 지역이었으며 19세기에는 합스부르크 왕가의 여름 휴양지로 사랑받았던 곳이다. 오늘날에는 오스트리아의 대표적인 관광지 중 하나이며 알프스의 산들로 둘러싸인 수십 개의 호수가 이루는 절경을 간직한 지역이다. 지리적으로도 오스트리아의 중앙에 위치해 빈에서 잘츠부르크를 오갈 때 들르기 좋다. 아기자기하고 평화로운 유럽 휴양지의 전형적인 분위기를 느낄 수 있다.

잘츠카머구트 들어가기

잘츠카머구트 지역은 잘츠부르크와 가까울 뿐 아니라 교통편도 많으니
잘츠부르크에서 다녀오는 것이 편리하다. 물론 빈에서도 열차로 연결된다.
이동 시간을 절약하고 싶다면 빈과 잘츠부르크를 오가는 길에 들러도 좋다.

열차

산과 호수로 이루어진 잘츠카머구트에는 철도가 닿지 않는 마을도 있어 곳에 따라 버스로 환승해야 한다. 열차가 지나는 곳은 바트이슐, 할슈타트, 오버트라운이다. 할슈타트에 갈 경우 역에서 마을까지 다시 배를 타고 들어가야 한다. 소도시 간 이동하는 단거리 로컬 열차는 티켓을 미리 예약하지 않아도 대부분 당일에 역 매표소나 발매기에서 구입할 수 있으며, 인터넷을 이용하면 약간 저렴하게 살 수 있다. 홈페이지에서 구입한 티켓을 이메일로 받았다면 검표 시 스마트폰으로 바로 보여 주면 된다.

홈페이지 www.oebb.at

버스

오스트리아의 소도시들을 잇는 포스트버스Postbus가 잘츠카머구트의 작은 마을들도 구석구석 연결해 편리하게 이동할 수 있다. 잘츠부르크는 물론 대부분의 마을에 버스 정류장이 있다. 장크트길겐, 장크트볼프강과 같이 열차가 닿지 않는 마을로 갈 때 유용한 수단이다. 버스 역시 단거리 노선이라 미리 예약하지 않아도 되지만 사람이 많은 성수기에는 정류장에 조금 일찍 나가서 줄을 서 있는 것이 좋다. 버스 티켓은 승차 시 운전기사에게 구입할 수 있으며 현금을 준비해야 한다.

홈페이지 www.postbus.at

잘츠카머구트 – 주요 도시 간 이동 시간

출발지	도착지	이동 수단	소요 시간
빈	바트이슐	열차	2시간 56분
		렌터카	2시간 50분
	할슈타트	열차	3시간 18분
		렌터카	3시간 5분
잘츠부르크	장크트길겐	버스	45분
		렌터카	30분
	장크트볼프강	버스	1시간 30분
		렌터카	45분
	바트이슐	열차	2시간 15분
		버스	1시간 23분
		렌터카	50분

출발지	도착지	이동 수단	소요 시간
잘츠부르크	할슈타트	열차	2시간 50분
		버스	2시간 36분
		렌터카	1시간
바트이슐	장크트볼프강	버스	35분
		렌터카	16분
	할슈타트	열차	27분+배 15분
		버스	1시간
		렌터카	20분
	오버트라운 (크리펜슈타인산)	열차	31분
		버스	1시간 15분
		렌터카	26분

Salzkammergut **Best Course**

잘츠카머구트 추천 코스

예쁜 소도시에서 힐링! 짧지만 여운이 긴 1박 2일

보석 같은 풍경을 자랑하는 잘츠카머구트는 욕심을 내면 1주일 이상 머물며 봐야 할 정도로 구석구석 아름다운 곳이 많다. 잘츠카머구트를 찾는 관광객들은 대부분 장기간 머물면서 여유 있는 휴식 시간을 보내지만 바쁜 여행자라면 핵심만 뽑아 모은 일정을 추천한다.

TRAVEL POINT

- **이런 사람 팔로우!** 짧은 일정에 잘츠카머구트 핵심 지역을 돌아보고 싶다면, 자연을 좋아한다면
- **여행 적정 일수** 여유 있는 2일
- **여행 준비물과 팁** 편한 신발
- **사전 예약 필수** 할슈타트로 들어가는 교통편은 예약을 서두르자.

TIP

대중교통을 이용한다면 교통이 편리한 바트이슐에 묵는 것이 좋고, 렌터카로 여행한다면 숙박지가 어디든 크게 상관없다. 오히려 마을 중심에서 조금 떨어지면 숙박료가 덜 들고 주차도 편리하다.

DAY 1

산과 호수를 여유 있게 즐기는 하루

잘츠부르크 → 버스 50분 → 장크트길겐 P.112 → 유람선 50분 → 장크트볼프강 P.114

산악 열차 35분 → 샤프베르크 P.116 → 산악 열차 35분 → 장크트볼프강 P.114 → 버스 35분 → 바트이슐 숙박 P.117

소요 시간 10~11시간

점심 식사는 어디서 할까? 장크트길겐이나 장크트볼프강 또는 샤프베르크 산장에도 식당이 있다.

기억할 것 샤프베르크에서 너무 늦게 내려오면 바트이슐로 가는 버스가 끊긴다. 장크트볼프강에 숙박해도 좋지만 대신 다음 날 일찍 출발해야 한다.

DAY 2

그림 같은 풍경의 할슈타트 다녀오기

바트이슐 P.117 → 열차 20분+배 10분 → 할슈타트 P.118 → 도보 15분

소금 광산 P.120 → 버스 1시간 → 바트이슐

소요 시간 9~10시간

점심 식사는 어디서 할까? 할슈타트 마을 곳곳에 식당이 많다.

기억할 것 할슈타트에서 숙박해도 좋지만 짐을 들고 이동해야 하기 때문에 다음 일정도 고려해 결정하자.

TIP

잘츠카머구트 카드

잘츠카머구트 지역의 명소 입장권을 할인해 주는 카드로 잘츠카머구트 지역에서 3박 이상 숙박하면 숙소에서 무료로 제공한다. 할인율이 높지 않아 유료로 사는 것보다는 무료로 받을 때 유용하다. **요금** €4.90

잘츠카머구트 관광 명소

잘츠카머구트는 넓은 지역이지만 여행자들에게 잘 알려진 곳들은 대부분 볼프강 호수를 중심으로 분포한다. 호수 주변에 아기자기한 마을들이 모여 있고, 아름다운 주변 산들을 쉽게 오를 수 있다. 산과 호수를 번갈아 누비며 힐링 여행을 즐겨 보자.

01

장크트길겐
Sankt Gilgen

소도시

산과 호수에 둘러싸인 아기자기한 마을

볼프강 호수의 북서쪽에 위치한 조용하고 아늑한 마을이다. 모차르트의 어머니인 안나 마리아 모차르트Anna Maria Mozart가 태어나 살았던 곳이자 모차르트의 누이였던 난넬Maria Anna Walburga Ignatia Mozart, Nannerl이 결혼 후에 이사 와서 살았던 곳으로, 마을 중앙에 모차르트 광장이 있다. 호수를 끼고 있는 작은 시골 마을답게 평화로운 분위기다. 이 마을에서 올라갈 수 있는 츠뵐퍼호른Zwölferhorn은 주변의 아름다운 풍경을 한눈에 담을 수 있는 산이다.

가는 방법 장크트길겐은 열차가 지나가지 않는 작은 마을이라 버스로 가야 한다. 잘츠부르크에서 150번 버스로 45분 소요된다. 볼프강 호수의 유람선을 이용하면 장크트볼프강에서 40분 소요된다.

모차르트 광장 *Mozartplatz*

장크트길겐의 중심 광장

장크트길겐의 중심이 되는 광장으로 아기자기한 분위기를 간직한 곳이다. 광장의 배경이 되는 건물은 시청이며 앞에는 분수와 함께 어린 시절의 모차르트가 바이올린을 켜는 모습을 형상화한 동상이 있다. 빈의 아르누보 조각가가 1926년에 만든 것이다. 바로 근처에는 모차르트의 조부모가 결혼식을 올렸던 성 에기디우스 성당Pfarrkirche Heiliger Ägidius이 있다.

가는 방법 장크트길겐 버스 정류장에서 도보 4분
주소 Mozartplatz 1, 5340 St. Gilgen

츠뵐퍼호른 *Zwölferhorn*

장크트길겐이 한눈에 보이는 봉우리

장크트길겐에서 올라갈 수 있는 해발 1,552m의 산이다. 볼프강 호수가 바로 눈앞에 펼쳐지는 아름다운 전망으로 유명하다. 케이블카를 타고 정상에 오르면 산책로가 이어진다. 정상까지는 길이 완만해서 누구나 어렵지 않게 오를 수 있다. 샤프베르크에서 보이는 전경과는 또 다른 분위기로 마을을 가까이 느끼기 좋다. 내려갈 때는 난이도에 따라 다양한 루트의 하이킹 코스가 있다.

가는 방법 모차르트 광장에서 케이블카 승강장까지 도보 4분 또는 장크트길겐 버스 정류장에서 도보 1분
주소 Konrad-Lesiak-Platz 3, 5340 St. Gilgen
운영 4~10월 09:00~17:00, 11~3월 09:00~16:00
요금 왕복 일반 €34, 어린이 €20
홈페이지 12erhorn.at

TIP

츠뵐퍼호른 정상에서 즐기는 별미

케이블카를 타고 올라가면 간이식당이 나온다. 야외 테이블은 넓은 편이지만 내부는 좁다. 볼프강 호수가 내려다보이는 곳에서 커피, 맥주, 라면 등을 즐길 수 있다. 쌀쌀한 날씨에는 역시 따끈한 신라면이 최고! 여행자들의 사랑을 한 몸에 받아 자주 품절되는 것이 흠이다.

⑫

장크트볼프강
St. Wolfgang

소도시

샤프베르크의 베이스캠프 마을

샤프베르크 산자락 아래 볼프강 호수의 북쪽 기슭에 위치한 아름다운 휴양지다. 마을은 10세기 호숫가에 첫 번째 순례 성당을 지은 성인 볼프강의 이름을 딴 것이다. 11세기부터 이 성당은 순례자들이 찾는 곳이 되었으며 고요한 호수의 풍경과 어우러져 평화로운 휴양 마을의 분위기를 더하고 있다. 겨울이면 주변을 둘러싼 산 전체가 눈으로 뒤덮여 스키 리조트로 변모하며 긴 겨울밤을 밝혀 주는 예쁜 크리스마스 마켓이 열린다.

가는 방법 바트이슐에서 포스트버스로 35분 소요된다. 정류장은 마을 곳곳에 있는데, 유람선 선착장이자 포스트버스 정류장인 St.Wolfgang im Salzk. Schafbergbf 또는 ATO St.Wolfgang im Salzk. Markt이 관광지가 모여 있는 곳이니 숙소에서 가까운 정류장을 확인하자.
잘츠부르크에서 이동한다면 150번 버스로 슈트로블Strobl까지 가서 546번 버스로 환승한다. 1시간 40분 정도 소요된다. 장크트길겐에서는 유람선으로 40분 소요된다.
홈페이지 www.postbus.at

볼프강 호수 *Wolfgangsee*

아름다운 마을들을 품은 호수

잘츠카머구트 지역의 대표적인 호수로 길이 10.5km, 최대 수심 114m에 달하는 빙하 호수다. 산으로 둘러싸인 주변 경관이 빼어나고 장크트볼프강, 장크트길겐 같은 예쁜 마을들이 호숫가에 자리한다. 이 마을에서 산에 오를 수 있는 산악 열차나 산악 케이블카도 잘 갖추어져 일찍부터 휴양지로 발달했다. 장크트볼프강 마을에는 산악 열차 승강장이 연결되는 샤프베르크반 선착장St.Wolfgang im Salzk. Schafbergbf과 마을 광장과 가까운 마르크트 선착장ATO St.Wolfgang im Salzk. Markt이 있다. 어디서든 유람선을 타고 볼프강 호수 여행을 즐길 수 있다.

주소 5360 St Wolfgang im Salzkammergut
운영 여름 성수기(2024년 6월 15일~9월 8일)에는 선착장마다 상이하나 보통 09:00~18:00 사이에 약 1시간 간격으로 운행 ※월별, 시즌별로 다르니 홈페이지 참조 **요금** 편도(장크트길겐–장크트볼프강 기준) 일반 €10, 4~14세 €5.10 **홈페이지** www.5schaetze-reise.at(유람선 메뉴 선택)

장크트볼프강 교회 *St. Wolfgang Kirche*

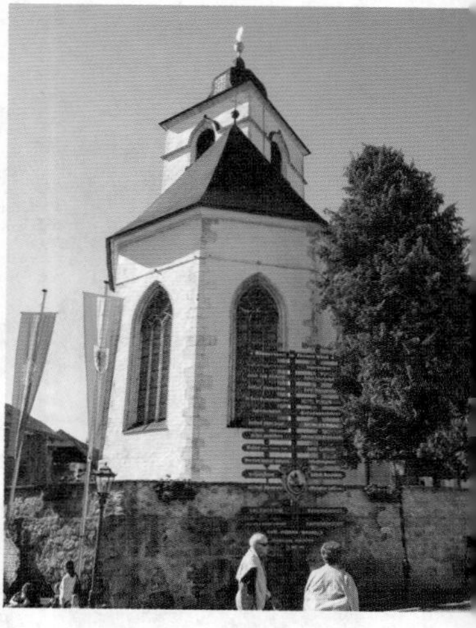

예술적 가치가 높은 교회

마을의 이정표가 되는 하얀 건물로 선착장에서 가까워 찾아가기도 편리하다. 전설에 따르면 10세기에 볼프강 주교가 신의 계시를 받아 세웠다고 하며 문서상으로는 12세기에 세운 것으로 기록되어 있다. 당시에는 순례 교회로 알려져 이 마을을 방문하는 사람이 많았다. 하지만 지금의 건물은 15세기경에 화재로 파괴된 것을 복원한 것이며 이 교회가 다시 유명해진 것은 황금 제단 덕분이다. 오스트리아 최고의 조각가로 알려진 미하엘 파허의 작품으로 예술적 가치가 높아 관광객도 많이 찾는다.

주소 Markt 78, 5360 St. Wolfgang im Salzkammergut
운영 여름 08:00~18:00, 겨울 08:00~16:00
요금 무료
홈페이지 www.dioezese-linz.at/stwolfgang

TRAVEL TALK

오페레타의 배경이 된 호텔

장크트볼프강 교회 옆에 눈에 띄는 빨간 건물이 있는데, 바이센 뢰슬Weissen Rössl 호텔이에요. 랄프 베나츠키의 오페레타 〈볼프강 호수의 백마 호텔에서Im Weissen Rössl am Wolfgangsee〉의 배경이 된 곳이랍니다. 지금까지도 이어지는 공연의 인기 덕분에 많은 팬들이 찾아와 묵고 간다고 합니다.

샤프베르크 *Schafberg*

잘츠카머구트의 절경을 한눈에 담을 수 있는 산

볼프강 호수 기슭부터 거슬러 올라가는 해발 1,783m의 석회암 산이다. 잘츠카머구트 지역에서 가장 인기 있는 이 산에 오르면 주변에 호수 수십 개가 펼쳐지는 전경을 감상할 수 있다. 산악 열차를 타고 정상까지 어렵지 않게 오를 수 있다. 장크트볼프강의 명물인 샤프베르크 산악 열차는 1893년에 처음 운행되기 시작해 지금도 빨간색 차량으로 단선을 달리고 있다. 능선을 따라 5.85km를 천천히 오르면 Dorneralpe역, Schafbergalpe역 등 2개의 정류장을 지나 정상에 위치한 샤프베르크슈피츠Schafbergspitze역에 도착한다. 이 역은 해발 1,732m에 자리하며 작은 박물관이 딸려 있고 주변에 숙박 시설, 식당 등 편의 시설을 갖추고 있다. 지대가 완만한 편이라 하이킹을 하기 좋다. 멀리 볼프강 호수는 물론 잘츠카머구트를 둘러싼 아름다운 알프스의 풍경이 한눈에 펼쳐진다.

가는 방법 유람선 선착장에서 산악 열차 승강장까지 도보 1분 **주소** Markt 123/12, 5360 St. Wolfgang
운영 여름 성수기에는 보통 08:55~16:30 (약 1시간 간격) ※시즌별로 다르니 홈페이지 참조
요금 왕복 일반 €51.40, 4~14세 €25.70
홈페이지 schafbergbahn.at

TIP

등반 전에 웹캠 확인!

비싼 요금과 시간을 들여 산에 올랐는데 구름이 잔뜩 끼어 아무것도 볼 수 없다면 속상할 수밖에 없다. 홈페이지에서 웹캠을 통해 산꼭대기의 시야를 확인할 수 있으니 열차에 오르기 전에 미리 확인하자. 구름이 자주 끼기도 하지만 날씨가 변화무쌍하다는 것도 알아 두자.

03

바트이슐
Bad Ischl

소도시

황제가 사랑했던 온천 도시

트라운강과 이슐강 사이에 위치한 잘츠카머구트 지방의 중심 도시로 수많은 열차와 버스가 지나는 교통의 요지다. 바트Bad란 온천을 뜻하는데 이곳은 오래전부터 염천 온수로 유명해 온천 리조트도 있다. 프란츠 요제프 1세 황제가 특별히 사랑한 여름 휴가지로 그가 엘리자베트 황후를 처음 만난 곳이기도 하다. 아담하고 조용한 마을이지만 우아한 분위기를 품고 있다. 역사적으로는 1914년 오스트리아-헝가리 제국이 이곳에서 세르비아 왕국에 선전 포고를 하면서 제1차 세계대전이 발발했다.

가는 방법 잘츠부르크나 빈에서 열차로 쉽게 연결된다. 잘츠카머구트에는 할슈타트, 오버트라운으로 이어지는 열차편이 있다. 또한 잘츠부르크, 장크트길겐, 장크트볼프강, 할슈타트 등 대부분의 마을과 포스트버스로 잘 연결되어 함께 둘러보기 편리하다. 역과 버스 정류장은 모두 마을의 동쪽 끝에 있으며 걸어서 시내까지 이동할 수 있다.

카이저빌라
Kaiservilla

황제가 아끼던 휴양지 별궁

프란츠 요제프 1세 황제가 사랑했던 휴양지인 바트이슐에 자리 잡은 여름 별궁이다. 그가 엘리자베트 황후를 처음 보고 첫눈에 반한 곳으로도 알려져 있다. 대공비 소피가 아들 프란츠 요제프 1세 부부에게 선물한 별궁이며 1855년부터 별장과 정원, 주변 확장 공사를 시작해 현재 모습을 갖추었다. 건물 자체는 그리 크지 않으며 낭만적인 분위기의 방들을 볼 수 있다. 사냥을 즐겼던 황제의 기념 박제들이 입구부터 벽면에 가득하다. 빌라를 품고 있는 넓은 정원도 산책하듯 둘러볼 수 있다. 건물 내부는 가이드 투어로 관람할 수 있다.

가는 방법 바트이슐 중앙역에서 내려서 Vogelhuberstraße를 따라 도보 10분 **주소** Jainzen 38, 4820 Bad Ischl **운영** 5~9월 09:30~17:00, 4 · 10~12월 10:00~16:00, 1~3월 기간별로 수~토요일 단축 운영 ※빌라 내부는 가이드 투어만 가능(1시간 간격) **요금** 공원 일반 €6.50, 7~17세 €5 / 공원과 빌라 통합권 일반 €23, 7~17세 €10 **홈페이지** www.kaiservilla.at

04

할슈타트
Hallstatt

소도시

동화 속 한 장면 같은 풍경이 펼쳐지는 호수 마을

잘츠카머구트 지역 남쪽의 할슈테터 호수Hallstätter See에 자리 잡은 유명한 마을이다. 고요한 호수를 끼고 있지만 뒤편으로는 다흐슈타인산맥Dachstein Mountains이 병풍처럼 둘러싸고 있어 웅장하면서도 아기자기한 분위기가 운치 있다. 마을의 이름에 들어 있는 할Hall은 켈트어로 소금을 뜻한다. 기원전부터 소금을 생산했을 만큼 오래된 소금 광산이 있다. 소금 생산을 통해 얻은 경제적 기반을 바탕으로 형성된 초기 유럽 철기 문화의 흔적들도 찾아볼 수 있다.

가는 방법 할슈타트는 산속의 호수 마을로 잘츠부르크, 바트이슐 등에서 버스나 열차로 갈 수 있다. 열차는 버스보다 빠르지만 할슈타트역에서 내려 역 아래 선착장까지 걸어가 페리를 타고 마을로 들어가야 한다. 짐이 얼마 없다면 열차와 페리 이용을 병행하는 것도 운치 있는 여행 코스가 될 것이다.

바트이슐 ↔ 할슈타트: 541번 버스를 타고 Hallstatt Gosaumühle정류장 하차 후 543번 버스로 환승해 총 50분 소요, 열차는 27분 소요

할슈타트역 ↔ 마을: 페리로 15~20분 소요

요금 €3.50 **홈페이지** www.hallstattschifffahrt.at

마르크트 광장
Marktplatz

할슈타트 중심에 자리한 예쁜 광장

할슈타트 마을의 중심 광장으로 동화 속에 나올 법한 목조 건물들이 아담한 광장을 둘러싸고 있다. 중앙에는 성 삼위일체 분수가 있고 광장 바로 앞에는 마을의 랜드마크인 할슈타트 교회 Evangelische Pfarrkirche Hallstatt가 있다. 또 다른 볼거리는 광장 근처 언덕 위에 자리 잡은 마리아 성당Katholische Pfarrkirche Maria Am Berg이다. 규모는 작지만 아늑한 정원에서 할슈테터 호수가 아름답게 펼쳐지는 한편, 마당 안쪽 미하엘 예배당 Michaelskapelle의 납골당에는 1,000개가 넘는 해골이 가득 차 있다. 이는 묘지가 부족한 할슈타트의 장례 풍습으로, 매장 후 10~20년이 지나면 유골을 꺼내 장식을 해서 납골당으로 옮겨 놓는다고 한다.

가는 방법 할슈타트 마르크트Hallstatt Markt 페리 선착장에서 도보 2분
주소 Kirchenweg 40, 4830 Hallstatt

소금 광산 *Salzwelten Hallstatt*

할슈타트에 있는 세계 최초 소금 광산

세계에서 가장 오랜 역사를 지닌 소금 광산이다. 할슈타트 마을 남쪽에 있으며 산 중턱에 위치한 광산 입구까지 푸니쿨라를 타고 올라간다. 올라가는 내내 창문 너머로 할슈타트 마을과 호수가 한눈에 내려다보인다. 광산을 보려면 반드시 가이드 투어를 통해야만 입장이 가능하다. 입구에서 걸어 들어가다 아래층으로 내려갈 때 미끄럼을 타고 나서 본격적인 광산 견학이 시작된다. 소금 광산의 형성 과정 및 채취에 관한 흥미로운 설명은 물론 거의 부패하지 않고 온전한 상태로 발견된 선사시대 소금 인간 이야기까지 가이드의 자세한 설명을 들을 수 있다. 기념품점에는 조리용 소금, 목욕용 소금, 소금 비누 등 다양한 소금 제품이 있다.

가는 방법 마르크트 광장에서 푸니쿨라까지 도보 10분
주소 Salzbergstraße 21, 4830 Hallstatt
운영 09:00~15:30(10월 말~3월 말 14:00까지)
※투어는 30분 간격이며 푸니쿨라 하행선은 2시간 정도 늦게까지 운행
휴무 1월경 한 달간 비정기 휴무 ※해마다 휴무 기간이 바뀌니 홈페이지 참조
요금 광산+푸니쿨라 일반 €40, 4~15세 €20
※일반과 어린이 함께 구입 시 할인
홈페이지 www.salzwelten.at

시간이 여유롭다면
내려갈 때는 푸니쿨라
대신 하이킹을 해 보세요.
할슈타트 마을까지 50분
정도 걸려요.

스카이워크 *Skywalk Hallstatt*

할슈테터 호수의 눈부신 전경이 펼쳐지는 전망대

푸니쿨라를 타고 오르면 소금 광산에 가기 전 오른쪽으로 자리한 전망대다. 과거에는 전망 좋기로 유명한 레스토랑만 있었는데 노천 테이블에서 바깥쪽 허공으로 뾰족하게 튀어 나간 전망대가 생기면서 더욱 시원한 전경을 선사한다. 해발 360m 위에 자리한 이 전망대에서는 할슈타트 마을이 발치 아래 펼쳐지며 할슈테터 호수와 멀리 오버트라운Obertraun 마을이 보인다. 또한 병풍처럼 둘러싸인 다흐슈타인산맥이 파노라마로 펼쳐져 '유네스코 세계 유산 뷰포인트'라고도 불린다.

가는 방법 마르크트 광장에서 푸니쿨라까지 도보 10분
주소 Salzbergstraße 21, 4830 Hallstatt
운영 푸니쿨라 3월 말~10월 말 09:00~16:00,
10월 말~3월 말 09:00~16:30
휴무 12월 말~2월 초
요금 푸니쿨라 왕복 일반 €22, 4~15세 €11
※일반과 어린이 함께 구입 시 할인
홈페이지 www.salzwelten.at

⑮ 크리펜슈타인산
Hohe Krippenstein

할슈테터 호수를 둘러싼 아름다운 산

다흐슈타인산맥의 북쪽 끝자락에 자리한 해발 2,109m의 산이다. 주변 경관이 뛰어나고 볼거리가 많아 등산객은 물론 관광객도 많이 찾는 곳이다. 베이스캠프는 오버트라운Obertraun이라 불리는 작은 시골 마을이다. 여기서 다흐슈타인반Dachsteinbahn 산악 케이블카를 타고 크리펜슈타인산에 오를 수 있다. 이 일대에서 가장 높고 유명한 산은 해발 2,996m의 다흐슈타인산Hoher Dachstein이지만 케이블카로 오를 수 있는 가장 높은 산은 크리펜슈타인이다. 산 중턱에 고고학적으로 중요한 동굴들도 많다.

가는 방법 크리펜슈타인산에 오르려면 먼저 베이스캠프 마을인 오버트라운으로 가야 한다. 할슈테터 호수를 끼고 있는 마을이라 페리를 이용할 수도 있고, 열차나 포스트버스도 가능하다. 오버트라운에 도착했다면 다시 포스트버스 543번을 타고 산악케이블카 승강장이 있는 오버트라운 다흐슈타인자일반역 Obertraun Dachsteinseilbahn Talstation으로 간다. 할슈타트에서는 543번 버스로 바로 갈 수 있다.
주소 Winkl 34, 4831 Obertraun
운영 케이블카 시간은 매달 구역마다 다르니 홈페이지를 확인하자. 성수기인 7~8월은 보통 08:40~19:00 정도다. **요금** 파노라마 티켓 왕복(온라인) 일반 €43.80, 16~18세 €39.40, 6~15세 €24.10
※구역별로 요금 상이 **홈페이지** dachstein-salzkammergut.com

파이브 핑거스 *Five Fingers*

할슈테터 호수를 바라보는 또 하나의 방법

크리펜슈타인산에서 가장 인기 있는 전망대다. 벼랑 끝에 지어진 전망대에서 뻗어난 5개 철제 플랫폼이 마치 다섯 손가락과 비슷하다 하여 지어진 이름이다. 천 길 낭떠러지 위를 걷는 듯 짜릿함을 선사할뿐 아니라 할슈테터 호수가 내려다보여 기념 촬영 명소로 인기다. 전망대 끝에는 인물 사진용 액자까지 설치되어 대기줄이 생길 정도다. 호수를 끼고 있는 할슈타트 마을과 오버트라운 마을이 발 아래 아름답게 펼쳐진다. 파이브 핑거스로 가는 길에도 또 다른 전망대와 작은 예배당 등 소소한 볼거리가 있다.

가는 방법 크리펜슈타인역에서 산책로를 따라 도보 30분

TIP

크리펜슈타인산에도 식당이 있다. 커피와 맥주는 물론 크리펜슈타인의 명물인 파이브 핑거스 모양을 본떠 만든 치킨도 판다.

GRAZ

그라츠

구시가지 전체가 유네스코 세계문화유산에 등재된 우아한 도시인 그라츠는
오스트리아에서 빈 다음으로 큰 도시이자, 오랜 역사를 이어 온
교육과 문화의 도시다. 고풍스러운 중세 시대 건물과 포스트모던 양식의
초현대적인 유리 건물이 공존하는 곳이며, 수많은 전쟁 속에 도시를 지켜 온
요새의 일부가 지금은 랜드마크로 남아 관광객을 반기고 있다.
아담한 구시가지 안에 볼거리들이 모여 있어 여유 있게 도보 여행을 즐기기 좋다.

그라츠 들어가기 & 여행 방법

빈에서 2~3시간 거리인 그라츠까지 열차와 버스가 자주 운행된다.
인접국인 슬로베니아의 류블랴나에서 들어가기도 한다.

열차

그라츠 중앙역Graz Hauptbahnhof은 도시 전체로 보면 시내에 중심가에 있지만 구시가지에서는 조금 떨어져 있다. 중앙역에서 구시가지 중심까지 걸어서 가려면 20~30분 정도 걸리므로 트램을 이용하는 것이 편리하다. 중앙역 건물 안에는 매표소, 짐 보관소, 슈퍼마켓, 베이커리 등이 있다.

홈페이지 www.oebb.at

버스

중앙역 바로 옆에 버스 터미널Busbahnhof이 있다. 빈, 할슈타트, 잘츠부르크, 류블랴나 등 오스트리아 국내외 인접 도시들을 오가는 버스를 이용할 수 있다.

포스트버스 Postbus www.postbus.at

플릭스버스 Flixbus global.flixbus.com

그라츠 - 국내외 주요 도시 간 이동 시간

출발지	이동 수단	소요 시간
빈	열차	2시간 35분
	버스	2시간 15분
잘츠부르크	열차	3시간 59분
	버스	3시간 50분
할슈타트	열차	3시간 43분
	버스	5시간 10분
류블랴나	열차	2시간 55분
	버스	3시간 28분

도심 둘러보기

그라츠 여행의 중심은 구시가지이며 걸어서 둘러보아도 충분하다. 오르막길이 힘들다면 슐로스베르크로 갈 때는 엘리베이터나 푸니쿨라를 이용할 수 있다. 구시가지에서 떨어진 에겐베르크 궁전으로 갈 때는 트램을 이용해야 한다. 티켓은 자동 발매기나 운전기사에게 직접 구입할 수 있다.

요금 트램 일반 1회권 €3, 24시간권 €6.40

ℹ 관광안내소

구시가지의 중앙 광장Hauptplatz 근처 무기 박물관이 자리한 건물 안에 있다. 그라츠 지도를 얻거나 여행에 관련된 각종 안내를 받을 수 있고 짐 보관소도 있다.

주소 Herrengasse 16, 8010 Graz

문의 +43 316 80750 **운영** 10:00~17:00

홈페이지 graztourismus.at

Graz **Best Course**

그라츠 추천 코스

걸어서 중세 속으로!
오래된 도시에서 낭만 가득한 하루

그라츠 구시가지는 대부분 걸어서 둘러볼 수 있다. 주요 명소들이 밀집한 구시가지를 중심으로 여유 있게 하루를 보내거나, 아침 일찍 서둘러서 유네스코 세계문화유산인 에겐베르크 궁전까지 다녀오는 것도 좋다.

TRAVEL POINT

- **이런 사람 팔로우!** 역사와 자연이 어우러진 도시를 탐험하고 싶다면
- **여행 적정 일수** 꽉 채운 1일
- **여행 준비물과 팁** 편한 신발
- **사전 예약 필수** 없음

DAY 1

- **소요 시간** 8~10시간
- **점심 식사는 어디서 할까?** 시내 중심가의 인기 식당인 프란코비치에서 간단한 샌드위치와 맥주를 즐겨 보자. 에겐베르크 궁전 근처에서 점심 식사를 하고 싶다면 정원 안의 카페나 정문 매표소 근처 루돌프 레스토랑Restaurant Rudolf에서 먹는 것도 괜찮다.
- **기억할 것** 구시가지 중심에는 대중교통 무료 이용 구간이 있으니 숙소 위치에 따라 적절히 활용하자.

에겐베르크 궁전 P.125

→ 트램 15분

중앙 광장 P.126

→ 바로 옆

란트하우스 P.126

→ 바로 옆

무기 박물관 P.127

→ 도보 2분

점심 식사
추천 프란코비치 P.130

→ 도보 2분

쿤스트하우스 P.127

→ 도보 2분

무어섬 P.128

→ 도보 10분

슐로스베르크 P.129

→ 도보 1분

저녁 식사
추천 슐로스베르크 비어가르텐 P.131

그라츠 관광 명소

유네스코 세계문화유산으로 등재된 그라츠의 구시가지와 에겐베르크 궁전은 오랜 역사를 품은 곳으로 시내에서 조금 떨어져 있지만 꼭 다녀오기를 권한다. 구시가지의 랜드마크인 슐로스베르크와 외곽의 에겐베르크 궁전 모두 산과 정원이 있어 휴식 같은 하루를 보내기 좋다.

01

에겐베르크 궁전

Schloss Eggenberg

추천

가는 방법 트램 Schloss Eggenberg정류장에서 도보 4분
주소 Eggenberger Allee 90, 8020 Graz **운영** 정원 3월 중순~10월 08:00~19:00, 11~3월 중순 08:00~17:00 / 스테이트룸(가이드 투어만 가능) 4~10월 화~일요일 10:00~18:00
휴무 월요일
요금 정원 일반 €2, 학생 €1 / 스테이트룸 일반 €18, 학생 €8
홈페이지 museum-joanneum.at

천문학적 상상력이 가득한 바로크 궁전

구시가지에서 3km 떨어진 에겐베르크에 지어졌으며 바로크 양식이 잘 보존된 궁전이다. 16세기의 정치적 · 종교적 혼란 속에서 통치의 정당성을 조화로운 구조로 표현하고자 했던 한스 울리히 폰 에겐베르크Hans Ulrich von Eggenberg 대공의 소망에 따라 1635년에 지어졌다. 당시 새로운 그레고리력을 기반으로 정확히 계산된 설계가 돋보이는 이곳은 1년 365일을 뜻하는 창문 365개, 각 층에 1개월 31일을 뜻하는 객실 31개, 1년 52주를 뜻하는 52개의 문이 있다. 또한 하루 24시간을 뜻하는 스테이트룸 24개와 60분을 뜻하는 창문 60개, 1년 4계절을 뜻하는 코너 4개 등 상징적인 건축물과 예술 작품들을 융합시켰다. 24개의 스테이트룸은 신화, 성서, 역사 등과 관련된 500개가 넘은 천장화로 화려하게 장식되어 있는데, 이 중 1685년에 완성된 행성의 방Planetensaal이 유명하다. 바로크 양식의 궁전은 개조 과정에서 큰 변화가 있었는데 그 중 하나가 궁전 극장 자리에 로코코 양식으로 개조된 성당Schlosskirche이다. 다양한 주제로 꾸며진 넓은 정원도 볼 만하며 정원 한쪽에는 작은 카페가 있다.

⓪② 중앙 광장
Hauptplatz

시청이 자리한 구시가지의 중심

중세 시대 무역의 거점이었던 그라츠에서 시장이 열렸던 곳으로 현재도 크고 작은 행사와 시장이 열린다. 광장 남쪽을 지키고 서 있는 커다란 건물은 그라츠 시청사다. 원래 있었던 르네상스 양식의 작은 시청사를 대신해 1880년대에 네오르네상스 양식으로 재건축되었다. 광장 중앙에는 오스트리아 제국의 육군 원수였던 요한 폰 외스터라이히Johann von Österreich를 기념하는 동상과 분수가 있다. 그는 19세기 그라츠 지역을 발전시킨 대공으로 평가 받는다. 여름에 시원한 물줄기를 뿜어내던 광장은 겨울이면 크리스마스 마켓이 열려 아늑함을 더한다.

가는 방법 트램 1·3·6·7번 Hauptplatz정류장 바로 앞
주소 Hauptplatz 1, 8010 Graz

⓪③ 란트하우스
Landhaus

중부 유럽을 대표하는 르네상스 건물

1557년경 지어진 오스트리아 르네상스 양식의 대표적인 건축물이다. 슈타이어마르크Steiermark주의 주의회가 열리던 곳이며 현재도 주청사로 쓰인다. 아치형 출입구 위로 아치형 창문들이 나란히 배치된 안뜰로 들어가면 꽃으로 장식된 발코니가 나온다. 3층 높이의 아케이드와 청동 조각이 있는 우물이 눈길을 끈다. 건물 안뜰에서는 여름에 연극, 콘서트 등 공연이 펼쳐져 항상 많은 사람으로 붐비며, 겨울에는 35톤의 얼음으로 만든 조각들이 전시되는데 크리스마스를 주제로 한 얼음 조각들이 환상적인 조명을 받아 볼거리를 선사한다.

가는 방법 중앙 광장에서 도보 1분
주소 Herrengasse 16, 8010 Graz
운영 안뜰 월~금요일 08:00~18:00 ※행사에 따라 변동
휴무 토·일요일
홈페이지 landtag.steiermark.at

TRAVEL TALK

광장 앞 아름다운 건물들도 놓치지 마세요!

중앙 광장은 오래된 건물로 둘러싸여 있는데 특히 눈에 띄는 건물은 루에그 하우스Luegg Haus로, 초기 바로크 양식의 화려한 스투코 장식이 벽면을 가득 채우고 있답니다. 1690년에 지어진 역사적인 건물로 지금은 스와로브스키Swarovski 매장이 입점해 있지요. 여기서 시청 방향으로 조금 더 걸어가면 붉은색의 화사한 게말테스 하우스Gemaltes Haus가 나옵니다. 17~18세기에 그려진 아름다운 프레스코화에 그리스와 로마의 신들로 가득한 건물입니다.

루에그 하우스

게말테스 하우스

04 무기 박물관 추천
Landeszeughaus

세계에서 중세 무기와 갑옷을 가장 많이 소장한 박물관

그라츠는 예부터 지리적으로 중요한 방어 지역으로 발전해 왔다. 특히 15세기 말부터는 오스만 투르크의 침략에 대항하기 위한 중요 기지로서 1642년에 무기 비축을 위해 무기고를 세웠다. 현재는 중세 기사들이 사용한 대포, 총, 검, 갑옷 등을 전 세계에서 가장 방대하게 소장한 무기 박물관이 되었다. 15세기 후반부터 19세기 초반까지 병사들의 무기와 군사 장비는 물론 귀족들의 화려한 갑옷까지 약 3만 2,000개의 전시물이 있다. 원래 무기고였다는 것이 실감날 만큼 많은 양을 전시한다.

TIP

박물관은 란트하우스 건물 안에 있다.
큰 가방은 입구 바로 옆에 있는 관광안내소의
무료 보관함에 두고 입장해야 한다.

가는 방법 중앙 광장에서 도보 1분
주소 Herrengasse 16, 8010 Graz
운영 4~10월 10:00~18:00, 11~3월 11:00~15:00
휴무 월요일
요금 일반 €12, 학생 €5.50
홈페이지 museum-joanneum.at

05 쿤스트하우스 추천
Kunsthaus Graz

그라츠의 현대적인 면모를 보여 주는 독특한 미술관

2003년 그라츠가 유럽 문화 도시European Capital of Culture로 선정된 것을 기념해 지은 미술관이다. 런던의 건축가 피터 쿡Peter Cook과 콜린 푸르니에Colin Fournier는 푸른색 아크릴 지붕과 블랙박스 같은 내부를 가진 현대적인 건축물을 설계했다. 4층 규모의 유선형 건물 위로 거대한 노즐 채광창들이 삐죽삐죽 나와 있는 독특한 모습이다. 초기에는 흉물스럽다는 평이 많았지만 이제는 '친근한 외계인Friendly Alien'이라는 별명이 생길 만큼 편안한 문화 공간으로 자리매김했다. 밤이 되면 시시각각 변하는 조명을 받아 색다른 모습을 보여 준다. 내부 공간들은 다양한 현대 미술의 실험장으로 운영되며 꼭대기 층의 전망 창 너머로 무어강과 슐로스베르크가 바라다보인다.

가는 방법 중앙 광장에서 도보 5분
주소 Lendkai 1, 8020 Graz
운영 화~일요일 10:00~18:00
휴무 월요일
요금 일반 €12, 학생 €5.50
홈페이지 museum-joanneum.at

⑥

무어섬

Murinsel

추천

그라츠 야경 명소로 인기 있는 인공 섬

그라츠의 신시가지와 구시가지를 가르는 무어강의 가운데 떠 있는 인공 섬이다. 구시가지와 신시가지 양쪽에서 강철 다리로 연결되어 있다. 뉴욕 예술가 비토 아콘치Vito Acconci가 설계한 것으로 위에서 보면 반쯤 벌린 조가비의 형상을 하고 있다. 강수량에 따라 다리 높이가 조절되도록 설계되었다. 돔형 유리 지붕 아래에는 무린젤(무어섬) 카페가 있으며 오픈된 공간에는 콘서트 등 문화 행사가 열리는 소규모 원형 극장이 있다. 예술적이면서도 효율성이 높은 건축물로 밤에는 푸른 조명을 밝혀 아름다운 야경을 선사한다. 한여름 밤에는 무어강의 거센 물살을 바라보며 시원함을 느낄 수 있다.

가는 방법 중앙 광장에서 도보 7분 **주소** Mariahilferplatz 5, 8020 Graz
홈페이지 murinselgraz.at

TRAVEL TALK

무어강에서 쉬어 가기 좋은 카페

인공섬인 무어섬 안에는 카페가 있어 잠시 쉬어가기 좋아요. 카페 전체가 유리창으로 둘러싸여 있어 낮에는 무어강 주변의 밝은 풍경을 바라볼 수 있고, 밤에는 운치 있는 야경을 즐길 수 있는 도심 속 오아시스 같은 곳이에요.

07

슐로스베르크
Schlossberg

추천

가는 방법 중앙 광장에서 도보 12분
주소 Am Schlossberg, 8010 Graz

그라츠를 상징하는 시계탑이 자리한 산

유서 깊은 도시의 한복판에 우뚝 솟아 있는 해발 475m의 산이다. 16세기 중반 그라츠를 지키기 위해 이 언덕에 400m 길이의 요새가 세워졌으나 1809년 나폴레옹군에 의해 대부분 파괴되었다. 바위산을 뚫어 만든 우물, 전쟁에 사용되었던 대포, 시계탑, 종루 등이 남아 있다. 오늘날 이 언덕은 숲과 전망대가 있는 낭만적인 공원으로 시민들의 사랑을 받고 있다. 이곳에서 가장 존재감 있는 건축물인 시계탑Uhrturm은 요새가 재건축된 16세기 중반에 모습을 갖춘 것으로, 먼저 만든 시침이 분침보다 길어서 보는 이를 혼동시키곤 한다. 시계탑이 있는 테라스에서는 그라츠 시내가 한눈에 바라다보인다. 시계탑에서 더 올라가면 그라츠에서 가장 무겁다는 종이 걸린 종탑Glockenturm이 나온다. 주변에 비어 가든과 고급 식당도 있어 맥주나 식사를 즐겨도 좋다.

TIP

슐로스베르크를 오르는 세 가지 방법

❶ 슐로스베르크리프트Schlossberglift
도심에서 바로 올라가는 엘리베이터로 가장 가깝고 편리하다. 슐로스베르크 광장Schlossbergplatz에 승강장이 있다.
요금 일반 €2.20

❷ 슐로스베르크반Schlossbergbahn
슐로스베르크 광장에서 북쪽으로 3분 정도 걸어가면 승강장이 있다.
요금 일반 €3

❸ 계단
슐로스베르크 광장의 엘리베이터 승강장 옆에 산으로 올라가는 계단이 있다.

그라츠 맛집

오스트리아 제2의 도시이자 관광 도시인 그라츠에는 구시가지 전경을
즐길 수 있는 야외 테이블이나 전망대를 갖춘 카페와 식당이 많다.
중앙 광장을 중심으로 주변 맛집을 찾아 나서 보자.

프란코비치

Frankowitsch

위치 중앙 광장 근처
유형 로컬 맛집
주메뉴 샌드위치

😊→ 다양한 샌드위치를 저렴하게 판다.
😐→ 점심시간에는 대기 시간이 길다.

그라츠의 유명한 오픈 샌드위치 가게다. 바로 옆에 샐러드 바와 식료품점, 디저트점을 함께 운영한다. 이곳의 인기 메뉴는 단연 브뢰첸Brötchen(샌드위치)이다. 70년이 넘도록 주민들의 사랑을 받고 있는 다양한 브뢰첸을 직접 골라 먹을 수 있으며 미니 잔에 나오는 맥주 피프Pfiff도 인기다.

가는 방법 중앙 광장에서 도보 3분 **주소** Stempfergaße 2, 8010 Graz **문의** +43 316 82 22 12 **운영** 월~금요일 08:00~19:00, 토요일 09:00~18:00 **휴무** 일요일
예산 미니 샌드위치 1개 €2.85~4.15, 피프(작은 맥주) €2.80 **홈페이지** frankowitsch.at

데어 슈타이러

Der Steirer

위치 쿤스트하우스 근처
유형 대표 맛집
주메뉴 타펠슈피츠 등 오스트리아 전통 음식

😊→ 깔끔한 인테리어와 훌륭한 음식
😐→ 가격대가 저렴하지는 않다.

오스트리아 전통 음식을 맛깔스럽게 요리하는 곳이다. 식당 옆에 와인 숍이 있을 정도로 와인 컬렉션에 신경 쓰며 매월 다양한 지역 와인을 선정해 추천한다. 깔끔한 인테리어와 서빙으로 인기가 많아 주말에는 예약하지 않으면 자리를 얻기 어렵다. 평일에는 런치 메뉴도 인기다.

가는 방법 쿤스트하우스에서 도보 3분, 또는 중앙 광장에서 도보 5분 **주소** Belgiergaße 1, 8020 Graz
문의 +43 316 70 36 54 **운영** 11:00~24:00
예산 굴라시 €14.50, 타펠슈피츠 €29.90
홈페이지 der-steirer.at

프라이블리크 타게스카페
Freiblick Tagescafé

위치 중앙 광장 근처
유형 카페
주메뉴 브런치, 디저트, 음료

😊→ 슐로스베르크의 시계탑이 보이는 멋진 전망
😟→ 저녁과 일요일은 쉰다.

K&O 백화점 꼭대기 층에 자리한 브런치 카페다. 전형적인 브런치 메뉴도 있지만 버거, 샌드위치, 슈니첼, 파스타, 쌀국수 등 다양한 메뉴를 판매한다. 식사는 아침과 점심만 가능하며 나머지 시간에는 디저트나 커피를 즐기기 좋다. 루프톱 테라스에서 슐로스베르크의 시계탑이 가까이 보인다.

가는 방법 중앙 광장에서 도보 2분
주소 Sackstraße 7-13, 8010 Graz
문의 +43 316 83 53 02
운영 월~금요일 09:30~18:30, 토요일 09:30~18:00 **휴무** 일요일
예산 커피 · 음료 €3.40~6.20, 버거 · 샌드위치 €14~18
홈페이지 freiblick.co.at

무린젤(무어섬) 카페
Murinsel Café

위치 무어섬
유형 카페
주메뉴 음료, 케이크

😊→ 현대적인 시설로 여름에도 쾌적하며 전망이 좋다.
😟→ 메뉴가 다양하지 않다.

무어강 한가운데 유유히 떠 있는 무어섬 카페다. 전면이 유리창으로 둘러싸인 밝은 인테리어로 낮에는 무어강 주변 풍경을 바라볼 수 있고, 밤이면 강 건너 아름다운 조명을 감상할 수 있다. 여름에는 시원하고 겨울에는 아늑한 휴식 공간으로, 커피나 맥주를 마시며 잠시 쉬어 가기에 그만이다.

가는 방법 중앙 광장에서 도보 7분
주소 Lendkai 19, 8020 Graz
문의 +43 316 82 26 60
운영 화~일요일 10:00~20:00
휴무 월요일 **예산** 케이크 €4~5, 음료 €3.90~5.50
홈페이지 murinselgraz.at

슐로스베르크 비어가르텐
Schlossberg Biergarten

위치 슐로스베스크
유형 술집
주메뉴 맥주, 스낵

😊→ 서늘한 그늘 아래서 멋진 풍경을 즐길 수 있다.
😟→ 메뉴가 다양하지 않다.

그라츠의 전망대 역할을 하는 슐로스베르크에는 고급 레스토랑도 있지만 대중적인 분위기의 비어 가든도 인기다. 시원한 바람을 즐길 수 있도록 마련된 야외 테이블에서 맥주와 함께 가벼운 스낵으로 끼니를 때우기 좋은 곳이다. 발치 아래로 그라츠 시내의 멋진 풍경이 펼쳐져 항상 사람들로 붐빈다.

가는 방법 중앙 광장에서 도보 12분
주소 Schlossberg 6a, 8010 Graz
문의 +43 316 84 00 00
운영 여름 11:00~23:00
※그 외 시즌에는 날씨에 따라 변동
예산 맥주 €3~5
홈페이지 schlossberggraz.at

P.202
카를로비바리
KARLOVY VARY
P.140
프라하
PRAHA
P.194
체스키크룸로프
ČESKÝ KRUMLOV

FOLLOW

체코
CZECH

동유럽의 중심 국가인 체코는 나치 독일의 점령과 공산주의 체제,
1968년 '프라하의 봄', 1993년 슬로바키아의 분리 독립으로 이어지는 격동의 현대사를 거쳤다.
지금은 중세 모습을 잘 간직한 도시의 낭만과 천년 위용을 자랑하는 건축물들,
평화로운 보헤미안 평원의 풍경이 여행자의 사랑을 한몸에 받고 있다.

P.210
올로모우츠
OLOMOUC

CZECH INFO ❶

체코 국가 정보

체코로 떠나기 전 알아 두면 좋은 기초적인 정보들을 모았다. 국가 정보와 더불어 여행 시 유용한 정보를 중심으로 수록했으니, 이미 알고 있는 기본적인 내용이라도 여행에 앞서 복습해 두자. 미리 알아 둔다면 여행 시 돌발 상황을 줄일 수 있을 것이다.

국명
체코 공화국
Česká Republika

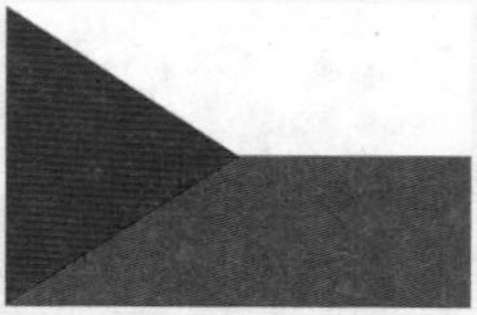

수도
프라하
Praha (Prague)

면적
78,866km²
우리나라의 5분의 4

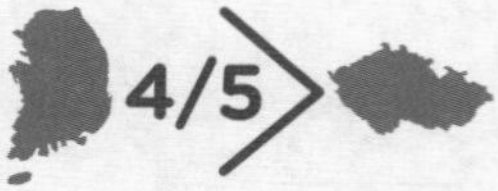

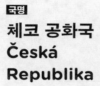

정치 체제
의원내각제

언어
체코어

시차
한국보다 8시간 느림
서머타임 시 7시간 느림

비자
관광 90일 무비자

인구
약 1,065만 명

환율
1Kč = 약 57원
※2024년 4월 기준

통화
코루나 CZK(Kč)

종교

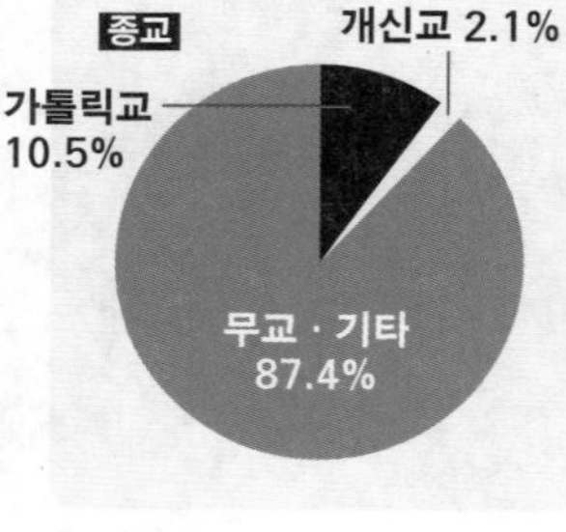

비행시간
인천-프라하 직항편
13시간

전압
230V, 50Hz(C/E)
우리나라와 모양은 같지만 비상용 멀티플러그 준비

물가

체코는 유럽에서도 비교적 물가가 저렴한 나라로 알려졌다. 하지만 관광지 주변의 숙소, 식당은 우리나라와 크게 차이가 없거나 약간 저렴할 뿐이다. 단, 마트에서 판매하는 식자재는 저렴한 편이고, 프라하에서 떨어진 소도시로 이동할수록 저렴해지는 물가를 체감할 수 있다. 특히 전 세계에서 개인 맥주 소비량이 가장 많은 나라답게 맥주 값은 저렴하다.

프라하 vs 서울 물가 비교
생수(1500ml) 16Kč(약 912원) vs 약 1,500원
빅맥 세트 200Kč(약 1만 1,400원) vs 8,000원
카푸치노(일반 카페) 71Kč(약 4,047원) vs 5,200원
대중교통(1회권) 30Kč(약 1,710원) vs 1,400원
택시(기본요금) 50Kč(약 2,850원) vs 4,800원
저렴한 식당(1인) 200Kč(약 1만 1,400원) vs 1만 원
중급 식당(2인) 1,200Kč(약 6만 8,400원) vs 6만 5,000원

운영시간

관광지를 비롯한 대부분의 상점은 일요일에도 운영한다. 평일보다 1시간 늦게 열거나 닫는 곳이 많다. 아침 식사가 가능한 카페는 이른 시간에 문을 열기도 하고, 바가 있는 레스토랑은 새벽까지 운영하는 곳도 있다. 식당에 따라 브레이크 타임이 있으니 미리 확인해야 한다.

상점 09:00~20:00 **식당** 10:00~20:00

팁 문화

프라하 같은 대도시에서는 북미와 유럽 관광객이 증가하면서 팁을 요구하는 곳이 늘어났다. 현지인들에게는 낯선 문화이기도 하고, 소도시에서는 팁을 받지 않기도 한다. 팁은 음식 값의 5~10% 정도가 적당하다. 반강제적으로 과한 팁을 요구한다면 분명히 거부 의사를 전달해도 된다.

긴급 연락처

구급차(응급 의료) 155 **경찰** 158

주 체코 대한민국 대사관
주소 Slavickova 5, 160 00 Praha 6-Bubenec, Czech Republic
문의 근무 시간 +420 234 090 411 / 24시간 긴급 +420 725 352 420
운영 월~금요일 08:00~12:00, 13:00~17:00 **휴무** 토 · 일요일

인터넷

식당, 카페, 숙소에서는 대체로 무료 와이파이를 제공한다. 외부에서 데이터를 사용하려면 유심이 필요하다. 체코 통신사 티 모바일T Mobile, 보다폰Vodafone, 오투O2 등 매장에서 심카드를 구입할 수 있다. 체코 현지의 데이터 유심은 다른 국가와 비교할 때 그다지 저렴하지 않아 한국에서 미리 준비해 가는 것이 이득일 수 있다. 단, PIN 번호는 반드시 기억해야 한다.

전화

체코의 국가 번호는 420번이다.

한국 → 체코 001 등(국제 전화 식별 번호)+420(체코 국가 번호)+0을 뺀 체코 전화번호
체코 → 한국 00(유럽 국제 전화 식별 번호)+82(우리나라 국가 번호)+0을 뺀 우리나라 지역 번호+전화번호

공휴일 (2024년)

1월 1일 신년
3월 29일 부활절★
4월 1일 부활절 월요일★
5월 1일 노동절
5월 8일 해방 기념일
7월 5일 치릴과 메토디오스 기념일
7월 6일 얀 후스의 날
9월 28일 성 바츨라프의 날
10월 28일 독립기념일
11월 17일 자유민주주의 기념일
12월 24일 크리스마스이브
12월 25일 크리스마스
12월 26일 성 슈테판의 날
※★매년 날짜가 바뀌는 공휴일

축제 (2024년)

4월 12~13일

프라하 맥주 축제 Pražský Festival Piva

프라하에서 가장 인기 있는 축제 중 하나로 체코의 대표적인 맥주를 비롯해 크고 작은 양조장에서 만든 약 50가지의 수제 맥주를 맛볼 수 있다.

홈페이지 www.pbfest.cz

5월 12일~6월 3일

프라하 봄 국제 음악제

Mezinárodní hudební festival Pražské jaro

'프라하의 봄Pražské Jaro'이라 불리는 클래식 음악 축제. 체코에서 가장 규모가 크고 중요한 행사로 프라하 전역에서 펼쳐진다.

홈페이지 festival.cz

6월 21~23일

장미 축제 Slavnosti pětilisté růže

체스키크룸로프에서 3일 동안 르네상스 시대를 재현하는 전통 축제다. 중세 복장을 한 기사들의 거리 행진이 가장 큰 볼거리다.

홈페이지 www.slavnostipetilisteruze.eu

날씨와 옷차림

Best Season 6 · 9월

3~4월 일교차가 크고 쌀쌀한 날씨이기 때문에 긴소매 옷 위주로 준비해야 한다. 얇은 카디건보다는 경량 패딩이 좋고, 두꺼운 옷보다는 겹겹이 입을 수 있는 옷을 챙기자.

5~8월 한여름에는 기온이 치솟기도 하지만 습하지 않아 그늘에만 들어가도 시원하다. 하지만 일교차가 크기 때문에 가볍게 걸칠 수 있는 긴소매 옷을 준비하면 좋다.

9~11월 낮에는 여행하기 좋지만, 일교차가 크게 벌어지며 점점 추위를 느끼는 시기다. 가볍게 걸칠 수 있는 외투 또는 두툼한 외투가 필요할 수도 있다.

12~2월 서유럽만큼 칼바람이 부는 것도 아니고 우리나라보다 평균기온은 높지만 겨울이다. 두툼한 옷차림은 필수이며, 비와 눈이 종종 오므로 우산이 필요하다.

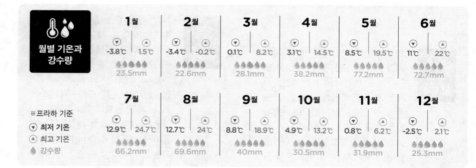

월별 기온과 강수량

※프라하 기준

월	최저 기온	최고 기온	강수량
1월	-3.8℃	1.5℃	23.5mm
2월	-3.4℃	-0.2℃	22.6mm
3월	0.1℃	8.2℃	28.1mm
4월	3.1℃	14.5℃	38.2mm
5월	8.5℃	19.5℃	77.2mm
6월	11℃	22℃	72.7mm
7월	12.9℃	24.7℃	66.2mm
8월	12.7℃	24℃	69.6mm
9월	8.8℃	18.9℃	40mm
10월	4.9℃	13.2℃	30.5mm
11월	0.8℃	6.2℃	31.9mm
12월	-2.5℃	2.1℃	25.3mm

여행 체코어

인사말

Dobry Den 도브리 덴 ▸ 안녕하세요?
Nashledanou 나스홀레다노우 ▸ 안녕히 계세요.
Dekuju 데쿠유 ▸ 고맙습니다.
Pardon 파르돈 ▸ 죄송합니다.
S Dovolenin 즈 도볼레닌 ▸ 실례합니다.
Prosim 프로심 ▸ 천만에요.
Kolik to Stoji 콜릭 토 스토이 ▸ 얼마예요?
Zaplatim/Prosim 자플라팀/프로심 ▸ 계산할게요.
Ano 아노 ▸ 네.
Ne 네 ▸ 아니오.

단어장

Toaleta 토알레타 ▸ 화장실
Doporučení 도포루체니 ▸ 추천
Nádraží 나드라지 ▸ 역
Autobusove Nadrazi 아우토부소베 나드라지 ▸ 버스 터미널
Odjezd 오드예즈드 ▸ 출발
Příjezd 프리예즈드 ▸ 도착
Otevřeno 오테브르제노 ▸ 운영 중
Zavřeno 자브르제노 ▸ 운영 종료
Vchod 브호드 ▸ 입구
Východ 비호드 ▸ 출구

교통 수단

비행기는 체코에서 유럽 주요 도시로 빠르게 이동할 때 이용한다. 체코 국내에서 도시 간 이동 시에는 열차와 버스 모두 편리한데, 최근에는 소요 시간이 적고 쾌적하며 요금이 저렴한 버스를 더 많이 이용하는 추세다.

비행기

프라하, 카를로비바리 등 체코의 주요 도시와 유럽 각지를 연결하는 항공편이 많다. 국내선은 거의 이용할 일이 없다. 체코항공은 프라하를 허브 공항으로 전 세계 50개국에 취항한다.

체코항공 Czech Airlines www.csa.cz

열차

체코 국내는 물론 독일, 폴란드, 슬로바키아, 오스트리아 등 인접 국가로 이동 시에도 이용할 수 있다. 체코 철도청에서 시간표 검색, 티켓 예매를 할 수 있으며 국내선의 경우 대부분 예약하지 않아도 당일 구매가 가능하다. 체코의 열차는 초고속 열차 슈퍼시티 펜돌리노SuperCity Pendolino, 고속 열차 레일젯Railjet, 장거리 열차 인터시티InterCity와 유로시티EuroCity, 급행 장거리 열차 익스프레스Express와 리슐리크Rychlík 등이 있다. 완행열차 오소브니Osobní와 슈페슈니Spěšný는 국내선 구간에 이용된다.

체코 철도청 České Dráhy www.cd.cz

버스

체코 국내는 물론 인접 국가로 이동 시 많이 이용된다. 열차보다 빠르고 시설이 좋다. 특히 프라하에서 당일치기로 많이 가는 체스키크룸로프, 카를로비바리 노선이 가장 인기 있다. 성수기에는 반드시 사전 예약을 권장한다. 버스 회사마다 탑승 장소가 다르다는 것도 기억해 둬야 한다.

레지오젯 RegioJet www.regiojet.com
플릭스버스 Flixbus www.flixbus.com
레오 익스프레스 LEO Express www.leoexpress.com

체코 국내외 주요 도시 간 이동

프라하 → 체스키크룸로프
- 열차 2시간 30분
- 버스 2시간 35분

프라하 → 브라티슬라바
- 열차 4시간
- 버스 4시간 30분

프라하 → 카를로비바리
- 열차 3시간 20분
- 버스 1시간 35분

프라하 → 빈
- 열차 4시간
- 버스 4시간
- 비행기 50분

프라하 → 올로모우츠
- 열차 2시간 20분
- 버스 4시간 30분

프라하 → 부다페스트
- 열차 6시간 50분
- 버스 6시간 50분
- 비행기 1시간 10분

주의 사항

● 영문 여행자 보험 증서와 여권 소지 필수

체코 여행 시 외국인은 사고 시 보험 처리가 가능함을 입증하는 영문 여행자 보험 증서와 여권을 항상 소지해야 한다. 현지 경찰이 신분 확인을 위해 여권을 요구할 때 제시하지 못하면 최대 3,000Kč(한화 약 17만 원)까지 벌금이 부과된다.

● 신호가 짧거나 신호등이 없는 횡단보도

프라하 시내에서 길을 건널 때 조심하자. 도로에 승용차와 트램이 같이 다녀 복잡하고, 횡단보도 신호가 짧거나 신호등이 없는 경우도 있다. 무단횡단은 현장에서 과태료가 부과된다.

CZECH INFO ❷

체코 여행 미리 보기

찬란한 체코 역사의 중심에 있는 프라하뿐 아니라 동화 속 풍경처럼 아기자기한 마을, 온천 휴양지 등 각기 다른 매력을 만끽할 수 있는 근교 소도시로 여행을 떠나 보면 진정한 동유럽의 정취를 만끽할 수 있다. 체코의 대표 도시와 명소들을 미리 알아두자.

프라하 Praha

100여 개의 첨탑과 주황색 지붕, 작은 돌이 촘촘하게 박힌 돌길, 시대별 건축 양식을 한눈에 볼 수 있는 광장 등 천년 고도의 멋이 그대로 남아 있는 동유럽 최대 관광지이자 가장 로맨틱한 여행지다.

BEST ATTRACTION

바츨라프 광장 / 구시가지 광장 / 구 시청사와 천문 시계 / 카를교 / 유대인 거리 / 프라하성

체스키크룸로프 Český Krumlov

언덕에 자리한 예쁜 고성 아래로 블타바강이 S자로 도시를 휘감아 흐르는 보헤미안의 작은 도시. 체스키크룸로프는 마을 전체가 세계문화유산으로 지정될 정도로 아름다운 풍경을 자랑한다.

BEST ATTRACTION

스보르노스티 광장 / 체스키크룸로프성 / 에곤 실레 아트 센터

카를로비바리 Karlovy Vary

'카를의 샘'을 뜻하는 도시 이름에서 알 수 있듯 예부터 유럽 각국의 왕족과 귀족, 저명 인사들이 치유를 목적으로 즐겨 찾았다는 휴양 도시다. 특별한 온천수를 맛보며 힐링할 수 있는 곳이다.

BEST ATTRACTION

콜로나다 / 베헤로브카 박물관 / 디아나 전망대

올로모우츠 Olomouc

약 700년간 모라비아 왕국의 수도였던 도시로 체코에서 두 번째로 많은 문화재를 보유하고 있다. 역사적으로 중요한 의미를 품고 있지만, 그 무게와 달리 도시 분위기는 여유롭고 따뜻한 느낌이다.

BEST ATTRACTION

성 삼위일체 석주 / 시청사 & 천문 시계 / 성 바츨라프 대성당

TIP

체코 여행 전에 알아 둘 명칭

보헤미아Bohemia는 체코의 옛 왕국 이름이자 체코어 체히Čechy의 라틴어 버전으로 체코 서부 지역을 뜻한다. 여행자들에게 친숙한 플젠, 체스키크룸로프, 카를로비바리가 모두 보헤미아에 속한다. 체코 동부 지역은 영어로 모라비아Moravia(체코어로 모라바Morava)라고 하며 올로모우츠가 이에 속한다. 비옥한 토지와 풍부한 지하자원을 보유한 보헤미아 지역에 체코 사회의 무게중심이 쏠려 있다.

체코 핵심 여행 키워드

Keyword ❶ 중세 도시

오랜 역사를 간직한 프라하 구시가지에는 로마네스크부터 바로크까지 다양한 건축 양식의 건물들이 곳곳에 자리해 고풍스러운 느낌을 준다. 예쁜 성과 아기자기한 골목길도 마음을 설레게 한다.

Keyword ❷ 맥주

체코는 1인당 맥주 소비량 1위에 빛나는, 세계에서 맥주를 가장 많이 마시는 나라다. 필스너의 본고장이기도 한 체코는 맛있는 맥주가 저렴하기까지 하니 1일 1맥주를 실천하기 좋다.

Keyword ❸ 예술가

'동유럽의 파리'라고 불리는 체코는 세계적인 예술가들을 많이 배출했다. 소설가 프란츠 카프카와 밀란 쿤데라, 민족주의 음악가 스메타나와 드보르작까지 체코 출신 예술가들의 흔적을 찾아보자.

Keyword ❹ 야경

프라하의 야경은 유럽 3대 야경 중 하나로 꼽힌다. 해가 지고 나면 도시 곳곳의 명소들이 조명에 물들며 낭만적인 분위기가 고조된다. 특히 카를교에서 바라본 프라하성의 야경이 아름답기로 유명하다.

Keyword ❺ 소도시

프라하 근교 소도시들은 맥주, 온천, 동화 마을 등 저마다 개성이 뚜렷하다. 규모는 작아도 현지인의 삶을 더욱 가까이에서 깊숙하게 들여다볼 수 있는 기회이니 소도시 한두 곳쯤은 꼭 가 보자.

PRAHA

프라하

유럽에서 중세의 모습을 가장 잘 간직한 도시 중 하나로 알려진 프라하. 과거 신성 로마 제국의 수도였던 곳답게 화려하고 웅장한 명소들이 가득하다. 도시 전체가 박물관이라 해도 과언이 아닐 만큼 곳곳에 유서 깊은 볼거리가 많아 매년 전 세계 관광객 수백만 명이 프라하를 찾는다. 각양각색 물건을 펼쳐 놓은 기념품 노점은 여행자의 눈을 즐겁게 하고, 고풍스러운 골목길 어귀에서 들려 오는 바이올린 연주 소리가 프라하를 음악과 낭만이 흐르는 도시로 만든다. 해 질 무렵에는 눈부신 조명이 도시 전체를 물들이며 낮과는 또 다른 드라마틱한 풍경이 펼쳐진다.

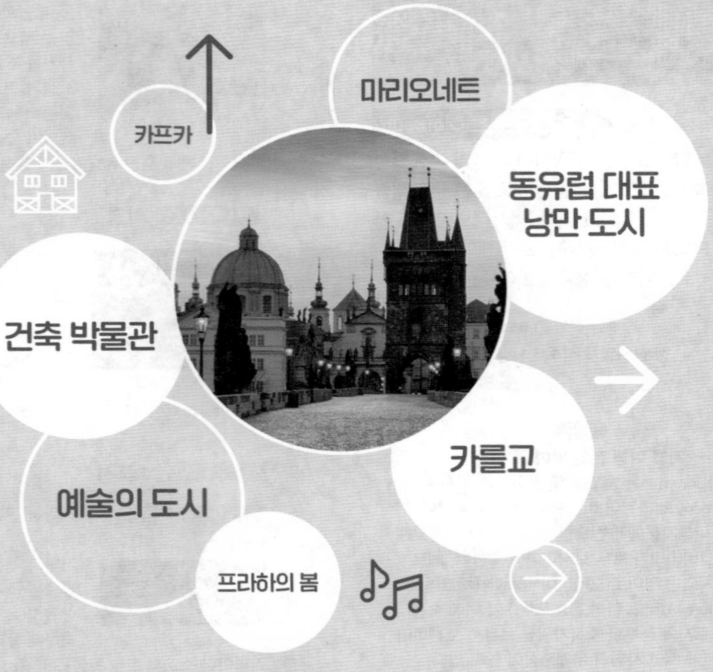

프라하 들어가기

우리나라에서 출발하는 직항편이 있고 유럽 주요 도시와 프라하 간의 저가 항공도 많아 항공 이용 빈도가 높다. 또한 프라하 중앙역은 많은 국제선과 국내선 열차가 발착한다. 버스는 유럽 주요 도시와 연결하고 있어 프라하를 드나들 때도 선택의 폭이 넓다.

비행기

대한항공에서 직항편을 운항하며 인천국제공항에서 프라하까지 13시간 소요된다. 1회 경유하는 폴란드항공, 루프트한자를 이용하면 14~16시간 걸린다. 프라하를 연결하는 유럽 내 저가 항공의 운항 편수도 많은 편이다.

프라하 바츨라프 하벨 국제공항Letiště Václava Havla Praha(PRG)은 프라하 도심에서 북서쪽으로 약 18km 떨어져 있다. 체코항공과 저가 항공사 스마트 윙즈Smart Wings의 허브 공항이다. 2012년 10월까지는 루지네 공항Mezinárodní letiště Praha-Ruzyn으로 사용되다가 체코의 극작가이자 인권 운동가였던 바츨라프 하벨 대통령의 이름을 따서 지금의 명칭으로 변경되었다.

공항은 터미널 3개 동으로 나뉘며 터미널 1은 솅겐 협약 비가입국, 터미널 2는 솅겐 협약 가입국이 이용한다(터미널 3은 전세기). 터미널 1, 2는 연결되어 있어 도보 이동 가능하며 시내로 가는 교통편은 양쪽에서 모두 이용할 수 있다.

홈페이지 www.prg.aero

TIP

만 15세 이상의 전자여권을 소지한 대한민국 국민은 인천-프라하 구간을 직항 노선으로 입국 시 자동 입국 심사를 거쳐 편리하게 입국 수속을 할 수 있다.

공항에서 시내로 들어가기

● 공항버스 Airport Express(AE)

공항에서 시내로 들어가는 가장 편리한 방법이다. 터미널 2-터미널 1-프라하 중앙역 순서로 30분 간격으로 운행하고 약 40분 소요된다. 별도의 수하물 티켓을 구입할 필요 없이 이용할 수 있다.

요금 편도 100Kč **운행** 공항 출발 05:30~21:00, 시내 출발 05:30~22:00 **홈페이지** www.dpp.cz/en/travelling/transport-to-airport/ae-line

● 일반 버스 Autobus

프라하 도심까지 한 번에 가는 버스가 없어 종점에서 지하철로 환승해야 한다는 번거로움이 있지만, 가장 저렴하게 이동할 수 있는 방법이다. 티켓은 공항 내 매표소, 정류장의 자동 발매기에서 구입할 수 있고 버스 내에서 구입 시 수수료가 부과된다.

요금 90분 환승 티켓 40Kč, 수하물 티켓(25×45×70cm 이상) 20Kč ※일반 버스는 수하물 개수에 맞게 티켓을 구입해야 한다(1일권은 제외). **홈페이지** www.dpp.cz

일반 버스 운행 정보

노선	운행 시간	배차 간격	소요 시간	행선지
100번	05:40 ~23:16	10~20분	18분	메트로 B선 Zličín
191번	04:57 ~23:31	5~30분	50분	메트로 B선 Anděl
907번	23:09 ~04:03	30~60분	40분	메트로 B선 Anděl
910번	21:54 ~03:54	30분	50분	메트로 C선 I. P. Pavlova

● 사설 셔틀 Shuttles

늦은 밤에 도착하거나 짐이 많을 때, 또는 많은 인원이 이동할 때 이용하기 좋다. 한국어가 지원되는 홈페이지에서 예약 가능하다. 공항 입국장에 운전기사가 예약자 이름이 적힌 피켓을 들고 마중 나온다.

요금 4인 750Kč(합승 차량 1인 188Kč)
홈페이지 www.prague-airport-shuttle.cz/ko

● 택시 Taxi

우버Uber는 프라하 국제공항과 협약된 공식 인증 택시 회사다. 앱이나 현장 키오스크, 우버 부스 등 세 가지 방법을 통해 예약할 수 있다. 시내까지 약 30분 소요되며 요금은 400~500Kč 정도 예상하면 된다. 교통 사정에 따라 요금이 더 부과될 수도 있다.

열차

독일, 오스트리아, 슬로바키아, 헝가리, 폴란드 등 체코와 인접한 국가 간 이동 시 보편적으로 이용되며 그중 독일 베를린 노선이 가장 편리하다. 프라하로 들어오는 대부분의 열차는 프라하 중앙역에 도착한다.

홈페이지 www.cd.cz

● 프라하 중앙역 Praha Hlavní Nádraží

유럽의 주요 도시와 프라하를 연결하는 열차가 발착한다. 0층에는 매표소, 환전소, ATM, 수하물 보관소, 슈퍼마켓, 패스트푸드점이 있다. 버스 회사 레지오젯RegioJet과 레오 익스프레스LEO Express의 사무실도 있어 버스 티켓도 구입할 수 있다. 바츨라프 광장까지 도보 10분, 구시가지 광장까지 도보 20분 소요된다.

가는 방법 지하철 C선 Praha Hlavní Nádraží역 연결
주소 Wilsonova 8, 120 00 Praha

버스

국경을 접한 유럽 국가들로 이동할 때는 물론이고 프라하에서 소도시로 들어갈 때 열차보다 버스가 더 편리하다. 연착이 없고 가격이 저렴하며 시설이 좋다. 무엇보다 운행 편수도 많고 스케줄이 편리해 많이 이용된다.

● 플로렌츠 터미널 Autobusové Nádraží Praha-Florenc

프라하의 메인 버스 터미널이다. 플릭스버스, 레지오젯, 유로라인 등 버스 회사를 중심으로 운영된다. 단, 당일치기 여행으로 많이 가는 체스키크룸로프로 출발하는 레지오젯은 지하철 B선 안델Anděl역 주변의 나 크니제치Na Knížecí 버스 터미널을 이용하기도 한다. 성수기에는 당일 승차권 예약이 어려울 수 있으니 온라인 사전 예매를 추천한다.

가는 방법 지하철 B · C선 Florenc역 연결
주소 Křižíkova 279/8, 186 00 Praha
홈페이지 florenc.cz

프라하 - 주요 도시 간 이동 시간

출발지	이동 수단	소요 시간
체스키크룸로프	열차	2시간 30분
	버스	2시간 35분
올로모우츠	열차	2시간 20분
	버스	4시간 30분
카를로비바리	열차	3시간 20분
	버스	1시간 35분
빈	열차	4시간
	버스	4시간
브라티슬라바	열차	4시간
	버스	4시간 30분
부다페스트	열차	6시간 50분
	버스	6시간 50분

프라하 시내 교통

프라하에는 지하철, 트램, 버스 등 다양한 교통수단이 있다. 구시가지 내 명소들은 모두 도보로 둘러볼 수 있지만, 그 외 지역을 오갈 때는 대중교통을 적절하게 이용하는 것이 좋다. 트램과 버스는 시내 중심부에서 지하철이 닿지 않는 곳까지 구석구석 운행되어 편리하다.

프라하 교통국 홈페이지 www.dpp.cz

대중교통 요금

공용 승차권 1장으로 지하철, 트램, 버스를 모두 이용할 수 있다. 티켓은 지하철역, 정류장의 자동 발매기에서 구입하거나 프라하 교통 앱(PID LÍTAČKA)에서 구입하면 된다. 앱으로 구입 시 활성화를 해야 티켓 사용이 가능하다. 검표 시 펀칭하지 않은 티켓을 소지하고 있으면 무임승차로 간주해 많은 벌금이 부과된다. 캐리어 같은 큰 짐을 소지할 경우 별도 티켓을 추가로 구입해야 한다(짐 값 20Kč).

지하철 Metro

프라하의 지하철은 A · B · C 3개 노선이 운행되며 각각 초록색과 노란색, 붉은색으로 구분된다. 시내 중심가에 지하철역이 곳곳에 있어 편리하게 이용 가능하다.

운행 04:30~00:30

TIP

티켓 구입 후 펀칭은 필수!

프라하는 불심 검문이 엄격하니 무임승차 금지!
실물 티켓은 펀칭기에 넣어 개시하고,
앱 티켓은 탑승 전 활성화해야 한다.

승차권 종류

종류	영어	체코어	용도	요금
30분 티켓	30 Minutes	Krátkodobá	이동 거리와 시간 제약이 있다. 탑승 후 30분을 초과하면 티켓을 다시 구입해야 한다. 지하철끼리 환승할 수 있지만 지하철에서 트램, 또는 버스로 환승할 수 없다.	30Kč
90분 티켓	90 Minutes	Základní	펀칭 후 90분 동안 유효한 티켓으로 환승이 가능하다.	40Kč
1일권	24 Hours	1 Den	24시간 동안 유효한 티켓이다. 지하철, 트램, 버스 무제한 사용 및 환승이 가능하다.	120Kč
3일권	72 Hours	3 Dny	72시간 동안 유효한 티켓이다. 지하철, 트램, 버스 무제한 사용 및 환승이 가능하다.	330Kč

트램 Tramvaj

프라하 시내에서 지하철만큼 편리한 교통수단이다. 새벽부터 자정까지 운행하는 24개 노선과 9개 심야 노선이 있어 24시간 트램을 탈 수 있다. 특히 프라하성과 페트린 타워 푸니쿨라 정류장을 잇는 22번 트램은 여행자들이 많이 이용하는 노선이다. 트램 탑승 후 티켓을 꼭 펀칭해야 하며 티켓에 표시된 화살표 방향으로 펀칭기 끝까지 잘 넣어야 한다. 최초 개시부터 유효시간이 발생하고 해당 시간 내에 환승이 가능하다. 중복으로 펀칭하지 않도록 유의하자.

운행 주간 04:40~00:40, 야간 23:40~05:20

주요 노선

17번 트램 비셰흐라드 ▸ 카를교 ▸ 루돌피눔 ▸ 레트나 공원

22번·23번 트램 국립 극장 ▸ 페트린 타워 푸니쿨라 정류장 ▸ 성 니콜라스 성당 ▸ 프라하성 ▸ 스트라호프 수도원

버스 Autobus

프라하 공항과 시내를 오갈 때를 제외하면 버스를 이용할 일이 거의 없다. 지하철이나 트램처럼 티켓 펀칭은 필수이며 1일권을 이미 펀칭했다면 다시 할 필요는 없다.

운행 주간 04:30~24:00, 야간 00:40~04:50

택시 Taxi

택시를 꼭 타야 할 때는 대표적인 콜택시 회사인 AAA를 이용하거나 택시 앱 우버Uber와 볼트Bolt를 통하는 것이 그나마 안전하다. 바가지요금 예방 차원에서 영수증을 받아 두거나 택시 고유 번호를 확인해 둘 필요가 있다.

프라하 지하철 노선도

관광안내소

관광 명소가 표시된 무료 지도와 프라하 여행에 도움이 되는 정보를 얻을 수 있다. 투어나 공연 정보를 제공하고 대중교통 티켓도 판다.

● 구 시청사

주소 Staroměstské Nám. 1, Staroměstské Nám. 1/4, Staré Město 110 00 Praha

운영 09:00~20:00 ※홈페이지 참고

홈페이지 www.prague.eu

환전 Smnarna

체코는 유로가 아닌 자국 화폐 코루나(Kč)를 사용한다. 한국에서 환전해 가거나 준비해 간 유로를 현지에서 코루나로 환전하는 방법도 있다. 다만 공항과 기차역은 수수료가 비싸니 소액만 환전하는 것이 낫다. 대부분 장소에서 카드 결제가 가능하니 해외 결제 자체에 특화된 카드를 사용하는 것도 방법이다.

Praha **Best Course**

프라하 추천 코스

프라하에서 꼭 봐야 할 핵심 명소만 엄선한 1박 2일

프라하에서 놓치면 안 되는 관광 명소들은 구시가지와 프라하성을 중심으로 모여 있다. 핵심만 가볍게 둘러본다 해도 이틀은 걸린다. 하루는 구시가지 광장 일대를 둘러보고 다음 날은 프라하성 주변에서 보내자. 하루 더 여유가 된다면 느긋하게 프라하를 보거나 당일치기로 체스키크룸로프에 다녀오는 것을 추천한다.

TRAVEL POINT

- **이런 사람 팔로우!** 프라하의 명소를 알차게 둘러보고 싶다면
- **여행 적정 일수** 꽉 채운 2일
- **여행 준비물과 팁** 영문 여행자 보험증서를 준비해야 한다.
- **사전 예약 필수** 클래식 공연을 보고 싶다면 예매해 두는 것이 좋다.

DAY 1

낭만 가득한 구시가지 도보 산책

- 소요 시간 5~7시간
- **점심 식사는 어디서 할까?** 구시가지 광장, 유대인 지구 주변
- **기억할 것** 프라하 구시가지 일대는 충분히 걸어서 둘러볼 수 있다.

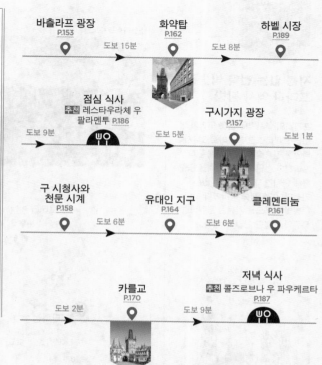

바츨라프 광장 P.153 → 도보 15분 → 화약탑 P.162

→ 도보 8분 → 하벨 시장 P.189 → 도보 9분 → 점심 식사 추천 레스타우라체 우 팔라멘투 P.186 → 도보 5분 → 구시가지 광장 P.157

→ 도보 1분 → 구 시청사와 천문 시계 P.158 → 도보 6분 → 유대인 지구 P.164 → 도보 6분 → 클레멘티눔 P.161 → 도보 2분 → 카를교 P.170

→ 도보 9분 → 저녁 식사 추천 콜즈로브나 우 파우케르타 P.187

DAY 2

프라하성을 중심으로 타임 슬립 여행

- 소요 시간 7~9시간
- **점심 식사는 어디서 할까?** 프라하성 주변
- **기억할 것** 프라하성 입장권 구입 후 꼼꼼하게 본다면 반나절 이상 소요될 수 있다.

프라하성 P.177

→ 도보 4분 → 네루도바 거리 P.173 → 도보 이동 → 점심 식사 추천 프라하성 주변 → 도보 이동 → 성 니콜라스 성당 P.173

→ 도보 6분 → 카프카 박물관 P.172 → 도보 5분 → 캄파섬 P.169 → 도보 6분 → 저녁 식사 추천 카페 사보이 P.188

특별한 하루 코스 1

지붕 없는 건축 박물관! 프라하 역사 탐방

프라하의 역사 명소들을 따라가다 보면 로마네스크부터 바로크까지 다양한 건축 양식을 만나게 된다. 프라하의 천년 역사를 건축물들을 통해 단시간 내 느껴볼 수 있는 기회다. 이 일정을 따라가다 보면 주황빛 지붕으로 가득한 동유럽 특유의 풍경도 만날 수 있다.

FOLLOW

이런 사람 팔로우!

- 프라하의 역사 명소를 하루만에 보고 싶다면
- 눈부시게 아름다운 프라하 시내 전망을 눈에 담고 싶다면

소요 시간 7~9시간

기억할 것 페트린 타워로 향하는 푸니쿨라는 아침에 가야 사람이 많지 않다.

스트라호프 수도원

페트린 타워 P.183

도보 13분

스트라호프 수도원 P.182
고딕, 바로크

도보 1분

점심 식사
추천 스트라호프 수도원 양조장 P.188

도보 7분

로레타 P.182
바로크

도보 8분

프라하성 P.177
로마네스크, 고딕, 르네상스, 바로크, 로코코

도보 13분

카를교 P.170

카를교

도보 8분

구시가지 광장 P.157
고딕, 르네상스, 바로크, 로코코

도보 7분

바츨라프 광장 P.153
아르누보

바츨라프 광장

도보 6분

저녁 식사
추천 칸티나 P.184

특별한 하루 코스 2

트램 타고 프라하 아날로그 여행

프라하의 트램은 인기 있는 대중교통 수단 중 하나로, 프라하 핵심 명소를 연결해주는 노선이 있다. 관광할 때 주로 도보 이동이 많지만, 빨간색 트램을 타고 도시 곳곳을 둘러보는 것도 프라하 여행의 또 다른 묘미가 될 것이다. 무심코 지나쳤던 골목들 사이에서 보이는 예쁜 풍경을 눈에 담으며 잊지 못할 추억을 새겨보자.

FOLLOW

이런 사람 팔로우!

- 체력을 아끼며 여행하고 싶다면
- 주요 명소를 빠르게 둘러보고 싶다면

소요 시간 5~7시간

기억할 것 트램 환승 및 출·도착 시간, 티켓 구매, 이동 경로 확인 등 트램에 대한 정보는 프라하 교통 앱(PID Litačka)을 이용하면 된다. 해당 일정으로 여행 시 교통 티켓 1일권 구입을 추천한다. 1일권은 개시한 시각부터 24시간 유효하다.

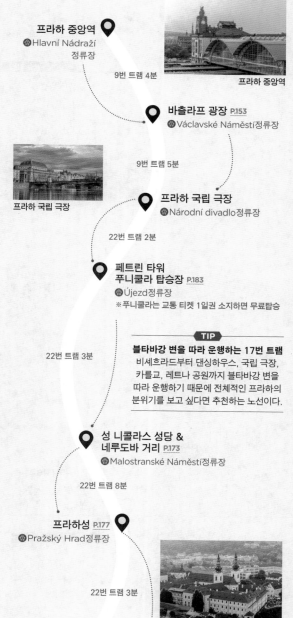

프라하 중앙역
Hlavní Nádraží 정류장

프라하 중앙역

9번 트램 4분

바츨라프 광장 P.153
Václavské Náměstí정류장

9번 트램 5분

프라하 국립 극장

프라하 국립 극장
Národní divadlo정류장

22번 트램 2분

페트린 타워 푸니쿨라 탑승장 P.183
Újezd정류장
※푸니쿨라는 교통 티켓 1일권 소지하면 무료탑승

22번 트램 3분

TIP

블타바강 변을 따라 운행하는 17번 트램
비셰흐라드부터 댄싱하우스, 국립 극장, 카를교, 레트나 공원까지 블타바강 변을 따라 운행하기 때문에 전체적인 프라하의 분위기를 보고 싶다면 추천하는 노선이다.

성 니콜라스 성당 & 네루도바 거리 P.173
Malostranské Náměstí정류장

22번 트램 8분

프라하성 P.177
Pražský Hrad정류장

22번 트램 3분

스트라스호프 수도원

로레타 & 스트라스호프 수도원 P.182
Pohořelec정류장

흐라드차니 지구 P.176
Mariánské Hradby
Chotkova
왕궁 정원
Královská Zahrada
Nábřeží Edvarda Beneše
프라하성
Pražský Hrad
Malostranská
Klárov
마네수프 다리
Mánesův Most
네루도바 거리
Nerudova Ulice
성 니콜라스 성당
Kostel Svatého Mikuláše
카프카 박물관
Muzeum Franze Kafky
카를교
Karlův Most
로레타 Loreta,
스트라호프 수도원 방향
Strahovský Klášter
Karmelitská
Anens
블타바강
Vltava
페트린 타워
Petřínská Rozhledna
캄파섬
Na Kampě
Smetanovo Nábř.
푸니쿨라 탑승장
페트린 공원
Petřínské Sady
Újezd
레기이 다리
Most Legií
말라스트라나 지구 P.168
스트르젤레츠키섬
Střelecký Ostrov
Janáčkovo Nábř.
Masarykovo Nábř.
킨스케호 공원
Kinského Zahrada
슬로반스키섬
Slovanský Ostov

프라하 중심부
N
W
E
S
0
200m
레텐스카 공원
Letenská Pláň
ábřeží Edvarda Beneše
슈테파니크프 다리
Štefánikův Most
Nábřeží Ludvíka Svobody
ㅋ프 다리
nův Most
Dvořákovo Nábř.
Klimentská
구시가지 광장 주변 P.156
Wilsonova
Těšnov
Revoluční
Truhlářská
Florenc
성 니콜라스 성당
Kostel Svatého
Mikuláše
Kozí
골즈 킨스키 궁전
Palác Golz-Kinských
Náměstí Republiky
플로렌츠 터미널
Praha ÚAN Florenc
화약탑
Prašná Brána
Hybernská
구 시청사와
천문 시계
Staroměstská
Radnice
s Orlojem
구시가지 광장
Staroměstské Náměstí
Senovážná
Husova
Panská
브르흘리츠케호 공원
Vrchlického Sady
Wilsonova
무하 박물관
Mucha Museum
Můstek
Perlová
Jindřišská
Růžová
Hlavní Nádraží
프라하 중앙역
Praha Hlavní Nádraží
Národní třída
Opletalova
Vodičkova
바츨라프 광장
Václavské Náměstí
Washingtonova
Spálená
Vladislavova
Jungmannova
Štěpánská
Legerova
Muzeum
리에그로비 공원
Riegrovy Sady
Ve Smečkách
Krakovská
Vinohradská
국립 박물관
Národní Museum
Mezibranská
바츨라프 광장 주변 P.152

바츨라프 광장 주변

프라하 민주자유화 운동의 근거지인 신시가지

전 세계 여행자들이 프라하에 첫발을 내딛는 시작점인 바츨라프 광장에 들어서면 프라하의 과거와 현대가 공존하는 모습을 한눈에 볼 수 있다. 일상의 활기로 가득한 이곳은 격동의 시대들 지나온 과거 체코인들의 민주화를 향한 외침이 시작된 무대이자, 시민들과 소련의 탱크가 충돌했던 장소였다. 지금은 광장 양옆으로 유명 호텔과 백화점, 식당과 카페가 늘어선 프라하 최대의 번화가다.

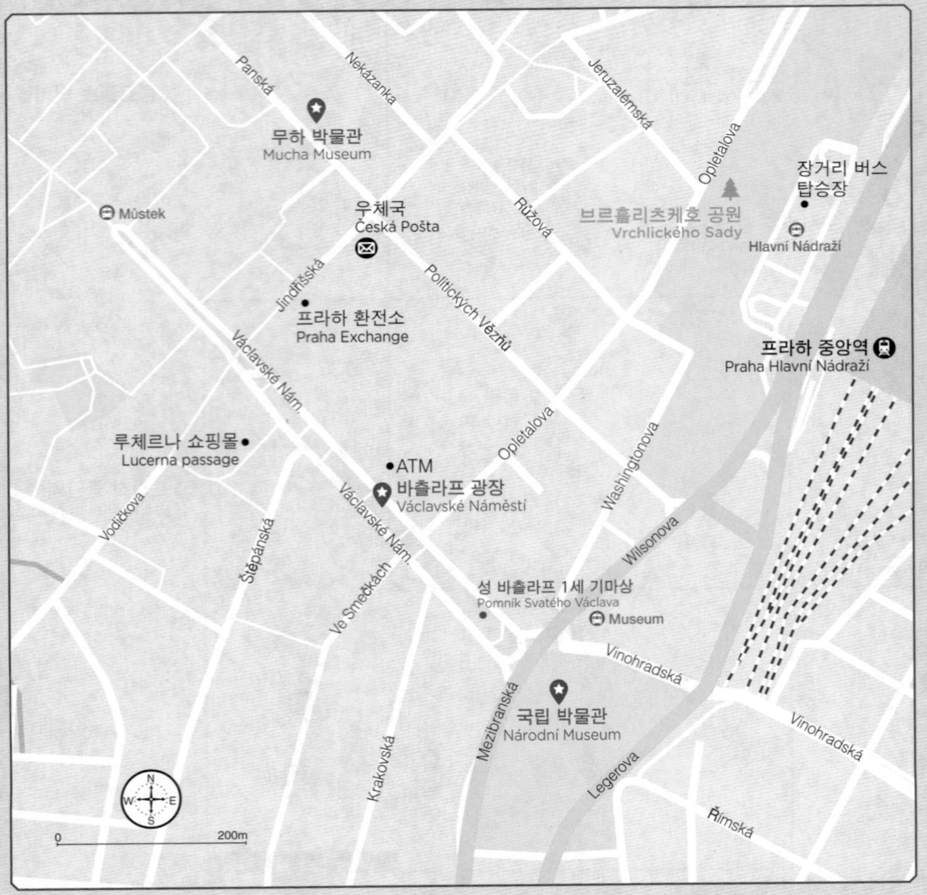

01

바츨라프 광장

Václavské Náměstí

추천

프라하 신시가지의 중심

흔히 생각하는 네모반듯한 광장이라기보다는 길쭉한 대로에 가깝다. 광장 남쪽의 웅장한 국립 박물관부터 무스텍Můstek역까지 길이 750m의 대로 양쪽으로 호텔과 백화점, 식당이 늘어서 있다. 14세기 카를 4세Karel IV의 신시가지 조성 계획 중 하나였던 이곳은 말을 사고파는 말 시장Koňský Trh으로 상업의 중심지였다. 광장 중앙에는 성 바츨라프 1세Václav I가 긴 창을 들고 말을 탄 채 위용을 자랑하는 기마상이 있다. 성 바츨라프는 체코 최초의 왕조인 프로셰미슬 왕가의 왕으로 성 비타 대성당을 지은 기독교 군주였다. '잔혹 왕'이라 불리는 그의 동생 볼레슬라프 1세Boleslav I에게 살해당한 이후 체코의 수호성인으로 추대되었다.

지도 P.152
가는 방법 지하철 A · C선 Muzeum역에서 도보 1분
주소 Nové Město 110 00 Praha

TRAVEL TALK

100만 체코인의 함성이 느껴지나요?

바츨라프 광장은 체코 역사상 가장 중요한 사건이 일어났던 곳이자 민주화를 상징하는 장소입니다. 1918년에는 체코슬로바키아 독립 선언이 선포되었고, 1968년에는 체코인의 민주자유화 운동 '프라하의 봄'이 시작된 곳이기도 합니다. 당시 소련군 탱크가 비무장 시민들을 짓밟아 많은 희생자가 나왔습니다. 다음 해인 1969년에는 얀 팔라흐Jan Palach라는 학생이 소련 침공에 맞서 분신자살을 하게 됩니다. 이러한 큰 희생을 치른 후, 1989년 민주 세력인 '시민 포럼'의 주도 하에 공산 정권의 몰락을 이끈 '벨벳 혁명'이 일어나면서 체코인들은 민주화를 쟁취하게 되었습니다.

⑫ 국립 박물관
Národní Museum

세계 10대 박물관 중 하나로 손꼽히는 곳

바츨라프 광장 남쪽 끝에 있는 네오르네상스 양식 건물로 화려한 외관만큼이나 내부 역시 웅장하고 섬세하게 꾸며져 있다. 1818년에 개관한 체코에서 가장 오래된 박물관이며 전시물의 규모도 방대하다. 선사 시대부터 현대까지의 유물이 전시된 역사 박물관, 1,500만 점의 화석 · 광물이 전시된 자연사 박물관, 체코 최대 장서를 소장한 도서관, 안토닌 레오폴트 드보르작과 베드르지흐 스메타나 등 체코 음악가의 컬렉션을 전시한 음악 박물관 등을 둘러볼 수 있다.

TIP

박물관 옆에는 주식 거래소와 의회로 사용되었던 신 국립 박물관Nová Budova Národního Muzea이 있다. 특별 기획 전시가 열린다.

지도 P.152
가는 방법 지하철 A · C선 Muzeum역에서 도보 1분
주소 Václavské Nám. 68, Nové Město 110 00 Praha
운영 10:00~18:00
요금 일반 280Kč, 학생 180Kč
홈페이지 www.nm.cz

⑬ 무하 박물관
Mucha Museum

체코를 대표하는 아르누보 화가를 만나다

화려한 색채가 특징인 아르누보의 거장 알폰스 무하Alfons Mucha의 작품을 만날 수 있는 곳으로 1998년 개관했다. 무하는 현대 미술에 큰 영향을 미친 인물이자 체코를 대표하는 예술가 중 한 명이다. 박물관은 장식 패널, 파리 포스터, 체코 포스터, 유화, 문서, 소묘화, 파스텔화, 개인 소장품 등 7개 테마로 나뉜다. 화려한 꽃에 둘러싸인 여인들을 표현한 연작과 무하의 대표작 중 하나인 사라 베르나르Sarah Bernhardt(19세기 프랑스 배우)의 연극 포스터, 무하가 말년에 그린 〈슬라브 서사시〉, 무하의 삶과 작품에 관련된 다큐멘터리 영상 등을 감상할 수 있다. 박물관 0층 기념품 숍에서는 무하의 그림이 담긴 포스터, 우산, 엽서, 컵, 책갈피 등 다양한 굿즈를 만나 볼 수 있다.

지도 P.152
가는 방법 지하철 A · B선 Můstek역에서 도보 4분
주소 Panská 7, 110 00 Praha
운영 10:00~18:00 **요금** 일반 350Kč, 학생 280Kč
홈페이지 www.mucha.cz

작품으로 애국심을 표현하다
체코를 사랑한 예술가

체코의 민족주의 운동, 제1 · 2차 세계대전과 체코슬로바키아 공화국의 탄생 등 19~20세기에 체코에서 태어난 예술가들은 온몸으로 정치 · 사회의 혼돈에 맞서며 작품 활동을 했다. 그러한 배경 속에서 독창적이고 다양한 경향을 낳은 작품들이 탄생했다.

● 베드르지흐 스메타나 Bedřich Smetana 1824~1884년

체코 민족 음악의 창시자이자 지휘자, 비평가로 활동했던 위대한 작곡가다. 합스부르크 제국이 지배하던 시기, 민중 저항 운동이 확산되었다. 프라하에서 6월 혁명 운동이 일어나자 민족의식에 눈뜬 그는 자신의 역할을 자각하게 된다. 그의 대표작 〈나의 조국〉(1874~1879년)은 체코인의 애국심과 긍지를 심어 준 교향시로, 청력을 잃은 상태에서 작곡한 에피소드가 유명하다. 카를교 옆에는 스메타나 박물관Muzeum Bedřicha Smetana이 있다.

● 안토닌 레오폴트 드보르작 Antonín Leopold Dvořák 1841~1904년

체코의 민족 음악은 스메타나가 개척하고 드보르작이 국제화했다. 드보르작은 체코 가설 극장의 오케스트라 단원이 되면서 지휘자 스메타나를 만났다. 이후 성당 오르간 연주자로 일하다 오스트리아 정부에서 주최한 공모전에서 수상한다. 이때 심사위원이던 브람스Brahms의 후원을 받아 국제적 명성을 얻게 된다. 1892년 뉴욕 내셔널 음악원 원장직을 맡던 당시 교향곡 제9번 〈신세계로부터〉를 탄생시켰고 이후 슬라브 음악 흑인 · 인디언 음악의 결합에 큰 성공을 거뒀다.

● 알폰스 무하 Alfons Mucha 1860~1939년

아르누보의 아이콘과 같은 예술가로 누구보다 조국을 사랑했다. 삽화를 그리며 생계를 꾸려 나가던 그는 프랑스 파리에서 연극배우 사라 베르나르가 출연하는 〈지스몽다Gismonda〉 포스터를 제작해 큰 호평을 받았고 인생의 전환점을 맞는다. 파리와 미국을 오가며 최고의 명성을 쌓은 그는 조국으로 돌아와 체코의 독립을 염원하는 작품 활동을 시작했고, 슬라브족의 고통과 영광을 표현한 기념비적 작품 〈슬라브 서사시〉를 완성했다. 또한 새로운 국가 탄생을 위해 우표, 지폐, 국가 휘장을 무상으로 디자인했다.

● 밀란 쿤데라 Milan Kundera 1923~2023년

체코슬로바키아 브루노 출신의 세계적인 작가. 음악 학교 교장을 지낸 아버지의 영향을 받아 어려서부터 음악을 공부했고 문학과 영화 연출을 전공했다. 대학교수 재직 당시인 1986년 '프라하의 봄'에 참여해 모든 공직에서 해직당하고 저서가 압수당하는 고초를 겪었다. 결국 공산당의 탄압을 피해 프랑스로 망명했으며 1979년 국적을 박탈당했다. 이후 파리 대학에서 교편을 잡았으며 1984년 《참을 수 없는 존재의 가벼움》으로 명실공히 세계적인 작가로 인정받는다. 2019년 12월, 40년 만에 체코 국적을 회복했다.

©Elisa Cabot

구시가지 광장 주변

아름다운 중세 건축물이 가득한 프라하 관광 1번지

좁고 구불구불한 프라하 구시가지의 돌길을 따라 걷다 보면 그 중심에 천년 세월의 흐름을 직접 눈으로 볼 수 있는 광장에 도달하게 된다. 수많은 역사적 건물 가운데 정시마다 짧은 퍼포먼스로 시선을 끄는 천문 시계가 있고, 광장 곳곳에 울려 퍼지는 아름다운 선율에 여행자의 마음은 들뜬다. 시대를 초월한 건축물들이 빼곡히 자리해 마치 시간 여행을 떠나온 듯한 느낌을 주는 구시가지 광장 일대는 프라하 여행의 하이라이트다.

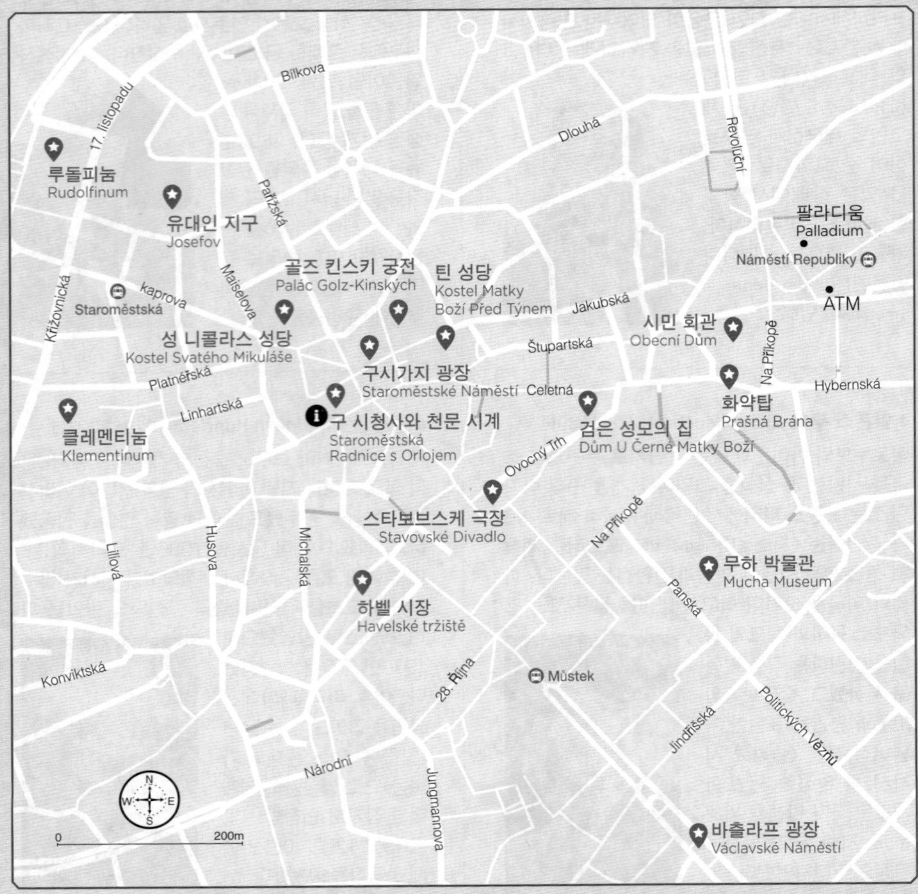

(01)

구시가지 광장

Staroměstské Náměstí

추천

유네스코 세계문화유산에 등재된 건축 박물관

고딕 · 르네상스 · 바로크 · 로코코 등 각기 다른 시대에 다양한 양식으로 지어진 건물들이 광장을 둘러싼 풍경에 수많은 관광객이 일제히 카메라 셔터를 누르는 곳이다. 11세기부터 형성된 구시가지 광장은 천년 역사가 깃든 장소로 15세기에는 체코의 종교 개혁가 얀 후스Jan Hus와 그의 추종자가 이곳에서 처형되었으며, 제2차 세계대전 때는 광장에서 시가전이 벌어져 일부 건물이 파괴되고 많은 희생이 잇따랐다. 1968년 '프라하의 봄' 당시에는 소련군의 탱크가 구시가지 광장에 들어오기도 했다.

지도 P.156 **가는 방법** 지하철 A · B선 Můstek역에서 도보 6분
주소 Staroměstské Nám. 110 00 Josefov Praha

TRAVEL TALK

서로 사랑하고, 모든 이들 앞에서 진실을 부정하지 마라!

구시가지 광장 한가운데 있는 얀 후스 기념비Pomník Mistra Jana Husa 아래에 적힌 문구입니다. 얀 후스는 체코에서 가장 존경받는 위인으로 카를 대학의 신학 교수와 성직자를 역임했고, 15세기 종교 개혁가 마틴 루터보다 100년이나 앞서 초기 기독교 정신의 회복을 주장한 인물입니다. 그는 라틴어가 아닌 체코어로 예배를 볼 수 있도록 설교하기도 했습니다. 게다가 당시 부패한 로마 교황청과 면죄부 판매를 비난했는데 뜻을 굽히지 않던 그는 결국 1415년 이단으로 몰려 화형당합니다. 그 후 체코는 오랫동안 합스부르크가의 통치를 받고 모국어도 사용할 수 없었다고 합니다.

02

구 시청사와 천문 시계

Staroměstská Radnice s Orlojem

추천

매시 정각이면 천문 시계 앞은 수많은 사람으로 붐벼요. 구시가지의 가장 큰 볼거리인 만큼 인파가 몰리기 때문에 소매치기도 많으니 주의하세요.

구시가지 광장의 랜드마크

구 시청사는 1338년 보헤미아의 국왕 얀 루첸부르스키Jan Lucembursky의 명으로 건설되었다. 처음에는 고딕 양식 건물이었으나 수세기에 걸쳐 증·개축한 결과 5채로 이루어진 복합 건물이 되었다. 공원이 조성된 구 시청사 북쪽도 구 시청사의 일부였는데 제2차 세계대전 당시 폭격으로 파괴되어 지금은 천문 시계가 있는 탑 부분만 남았다. 구 시청사 한쪽 벽면에 있는 천문 시계는 1410년에 최초로 설치되었으며 여전히 작동하는 천문 시계로는 전 세계에서 가장 오래되었다. 오전 9시부터 오후 11시까지 매시 정각마다 종이 울리며 12사도들이 한 명씩 모습을 드러낸다. 이 유명한 퍼포먼스를 보기 위해 수많은 관광객이 시간에 맞춰 천문 시계 앞으로 모여든다. 구 시청사 내부 계단 또는 엘리베이터를 이용해 높이 70m의 전망대에 올라가 볼 수도 있다. 주황빛 지붕으로 물든 프라하 시내를 전체적으로 조망할 수 있는 곳이니 놓치지 말자. 성모 마리아 예배당, 공회당, 고대 의회 회관 등도 둘러볼 수 있다. 내부 관람 시 한국어 팸플릿이 제공되어 유용하다.

지도 P.156 **가는 방법** 구시가지 광장 안 **주소** Staroměstské Náměstí 1/3 110 00 Praha **운영** 1~3월 월요일 11:00~19:00, 화~일요일 10:00~19:00, 4~12월 월요일 11:00~20:00, 화~일요일 09:00~20:00 **요금** 일반 300Kč, 학생 200Kč **홈페이지** www.prague.eu

TRAVEL TALK

천문 시계에 담긴 전설

천문 시계는 1552년 시계 장인 얀 타보르스키Jan Táborský에 의해 수리되었는데, 비슷한 시기에 활동한 하누슈Hanuš라는 시계공을 문서에 제작인으로 잘못 올린 일이 있었어요. 이를 본 시장과 원로들은 하누슈가 다른 곳에도 이처럼 아름다운 시계를 만들지 모른다는 생각에 그의 눈을 멀게 했고, 이에 분노한 하누슈가 천문 시계의 작동을 멈추게 했다는 이야기가 전해집니다.

FOLLOW UP

프라하 구시가지의 명물
천문 시계 속 의미 살펴보기

천동설에 따라 제작된 천문 시계는 상하 2개의 원으로 구성되어 있는데 정확한 시간을 알려 주기보다는 지구를 중심으로 도는 태양과 달의 궤도를 나타내고자 했다. 과학적이면서도 아름다운 이 시계는 1410년 미쿨라시Mikuláš와 얀 신델Jan Šindel이라는 시계공의 작품이다.

사도 Apoštolové

매시 정각마다 작은 창을 통해 보이는 12사도 모형은 구 시청사 2층의 예배당에서 가까이 볼 수 있다. 1410년에 일부 손상되어 1945년 이후 새롭게 조각되었다.

아스트롤라베 Astroláb

천문 시계의 위쪽에 있는 원이다. 천동설의 원리에 따라 해와 달, 천체의 움직임을 표현한다. 숫자판의 파란색 부분은 낮을 나타내는 하늘이며, 1년에 1회 회전하면서 연 · 월 · 일을 나타낸다.

조각상 Sochy a Plastiky

매시 정각마다 해골(죽음)이 종을 울리면 손에 거울(허영), 돈(탐욕), 악기(쾌락)를 든 인형들은 두려움에 고개를 흔든다. 죽음 앞에서는 시간의 흐름을 멈출 수 없다는 것을 의미한다.

칼렌다리움 Kalendárium

천문 시계 아래쪽에 있는 원이다. 보헤미아의 농경 생활을 12개월로 나눠 구체적으로 묘사하고 있다.

⓪③ 틴 성당
Kostel Matky Boží Před Týnem

80m 높이의 첨탑이 돋보이는 성당

고딕 양식의 뾰족한 첨탑 2개가 우뚝 솟아 구시가지를 압도하는 건물이 바로 틴 성당이다. 정식 명칭은 '틴 앞의 성모 마리아 성당'으로 성당 중앙에는 성모 마리아 금제 초상화가 있다. 1365년에 세워진 성당은 15세기까지 후스파의 본거지로 사용되었다. 그러나 종교 전쟁에서 패한 후 내부는 바로크 양식으로 바뀌었고 보헤미아 왕의 조각도 성모 마리아로 변경되었다. 외관은 고딕 양식이고 내부는 바로크 양식을 띤다. 특히 카렐 샤크레타Karel Škréta의 화려한 제단화와 1673년에 제작된 프라하에서 가장 오래된 파이프 오르간이 볼 만하다.

지도 P.156
가는 방법 구시가지 광장 안
주소 Staroměstské Nám. 110 00 Staré Město Praha
운영 화~토요일 10:00~13:00, 15:00~17:00, 일요일 10:00~12:00 **휴무** 월요일
홈페이지 www.tyn.cz

⓪④ 골즈 킨스키 궁전
Palác Golz-Kinských

국립 미술관으로 거듭난 로코코 궁전

우아하고 정교한 장식이 돋보이는 로코코 양식의 이 궁전은 1765년 건축을 의뢰한 '골즈' 가문과 1768년 궁전을 사들인 '킨스키' 가문을 합친 명칭으로 불린다. 궁전은 1905년 최초의 여성 노벨 평화상을 수상한 베르타 폰 주트너Bertha Von Suttne가 태어난 곳이자, 1893년 프란츠 카프카가 독일어를 배우던 장소였다. 1948년에는 체코의 공산주의 지도자 클레멘트 고트발트Klement Gottwald가 궁전 발코니에서 국민을 향해 연설한 후 공산주의 체제로 편입하게 되는 역사적 순간을 맞이했다. 현재는 국립 미술관Národní Galerie Praha으로 개방하고 있다.

지도 P.156
가는 방법 구시가지 광장 안
주소 Staroměstské Náměstí 12 11000 Praha
운영 화~일요일 10:00~18:00 **휴무** 월요일
홈페이지 www.ngprague.cz

05 성 니콜라스 성당
Kostel Svatého Mikuláše

클래식 공연이 열리는 바로크 건축물

옥색 지붕이 인상적인 성 니콜라스 성당은 틴 성당이 건축되기 전까지 구시가지 교구 성당이자 회합 장소였다. 12세기에 건축된 이래 한때는 베네딕트 수도원의 일부가 되기도 했으며 1735년 지금의 모습으로 완공되었다. 제1차 세계대전 당시에는 프라하 주둔군의 부대로 쓰였고 당시 상당 부분 파괴된 건물을 바로크 양식으로 재건했다. 내부의 장엄한 돔 천장은 성 니콜라스의 삶을 묘사한 프레스코화로 장식되어 있다. 지금은 매일 저녁 클래식 공연 장소로 사용되고 있다. 관광객이 좋아할 만한 서정적이고 대중적인 작품을 선보인다.

지도 P.156
가는 방법 구시가지 광장 안
주소 Staroměstské Nám. 1101, 110 00 Staré Město Praha **운영** 10:00~17:00
홈페이지 www.svmikulas.cz

06 클레멘티눔
Klementinum

아름다운 도서관이 있는 역사적 복합 건물 단지

1556년 합스부르크 왕가의 페르디난트 1세 Ferdinand I가 후스파에 의한 종교 개혁 확대를 견제하기 위해 예수회를 불러들이고, 이들을 보헤미아에 정착시키기 위한 본부로 설치한 것이 시초다. 이후 대학, 성당, 천문 관측소 등 여러 시설이 들어섰으며 18세기까지 예수회 세력이 이어졌다. 현재 건물의 일부는 국립 도서관Narodni Knihovna으로 이용되며 약 600만 권의 책과 희귀 장서를 소장하고 있어 2005년 유네스코 세계기록유산에 등재되었다. 도서관은 거울 예배당Zrcadlová Kaple과 함께 가이드 투어로 둘러볼 수 있다.

지도 P.156
가는 방법 지하철 A선 Staroměstská역에서 도보 5분
주소 Mariánské Nám. 5, 110 00 Josefov Praha
운영 09:00~20:00 ※시즌마다 운영 시간이 다르니 홈페이지 참고 **요금** 일반 380Kč, 학생 230Kč
홈페이지 www.prague.eu/klementinum

⑦ 화약탑

Prašná Brána

프라하성까지 이르는 '왕의 길'의 시작점

18세기 화약을 보관하던 탑에서 유래한 건축물이자 구시가지로 통하는 출입문이었다. 도시를 둘러싸고 있던 13개의 성문 중 유일하게 남아 있는 것으로 지금의 건축물은 15세기에 재건했다. 이후 도시 규모가 커지자 문의 기능은 잃고 화약고로 이용되었으며 1757년에 프로이센의 점령으로 파괴되었다가 19세기에 다시 복원되었다. 지금은 화약탑의 역사를 소개하는 전시관으로 이용되며 탑 위에 오르면 프라하를 조망할 수 있는 전망대도 마련되어 있다. 15~19세기에는 보헤미아 왕의 대관식 행렬을 시작하던 곳이자 외국 사신들이 드나드는 장소로 중요한 역할을 했다.

지도 P.156
가는 방법 지하철 B선 Náměstí Republiky역에서 도보 2분
주소 Nám. Republiky 5, 110 00 Staré Město Praha
운영 09:00~20:30 ※시즌마다 운영 시간이 다르니 홈페이지 참고
요금 일반 190Kč, 학생 130Kč
홈페이지 www.prague.eu/prasnabrana

⑧ 검은 성모의 집

Dům U Černé Matky Boží

프라하의 대표적인 큐비즘 건축물

건물 모퉁이에 검은 성모상이 장식되어 '검은 성모의 집'이라 불린다. 20세기 초 체코의 큐비즘 건축가로 유명한 요세프 고차르Josef Gočár의 설계로 1912년 세워졌다. 각진 창문과 물결치는 철제 난간, 인테리어까지 모두 큐비즘 양식으로 장식되어 있다. 과거에 백화점으로 사용되었으며 현재는 그랜드 카페 오리엔트Grand Café Orient와 체코 입체파 예술가들의 작품을 전시한 체코 큐비즘 박물관Muzeum Českého Kubismu으로 이용되고 있다.

TIP

큐비즘은 20세기 초 피카소를 중심으로 회화를 비롯해 조각, 건축, 공예로 퍼져 나간 미술 운동을 말한다. 사물을 3차원적인 시각으로 바라보고 입체적으로 표현하는 것이 특징이다.

지도 P.156 **가는 방법** 지하철 B선 Náměstí Republiky역에서 도보 3분 **주소** Ovocný Trh 19, 110 00 Staré Město Praha **운영** 화요일 10:00~20:00, 수~일요일 10:00~18:00 **휴무** 월요일
요금 일반 150Kč, 학생 80Kč
홈페이지 www.upm.cz

SPECIAL THEME

음악을 사랑한다면 한번쯤 가볼 만한

프라하의 대표 클래식 공연장

위대한 작곡가 스메타나와 드보르작의 고향이 바로 체코다. 특히 프라하에는 수준 높은 클래식 연주회와 오페라, 발레 등을 감상할 수 있는 공연장이 곳곳에 자리한다. 꼭 공연을 보지 않더라도 투어를 통해 유서 깊고 아름다운 공연장 내부를 둘러보며 분위기만 느껴 보아도 좋다.

• 시민 회관 *Obecní Dům*

균형 잡힌 외관과 섬세하고 고급스러운 장식이 돋보이는 시민 회관은 당대 최고 체코 예술가들의 설계로 지어졌다. 15세기까지 체코 왕조의 궁전이 있었으나 건물을 헐고 화려한 아르누보 양식의 건물로 1912년에 완공되었다. 알폰스 무하의 작품이 있는 시장 의전실과 오리엔탈 살롱이 볼 만하며 그중 핵심은 스메타나 홀Smetanova Síň이다. 1918년 체코슬로바키아 공화국의 독립을 선포한 장소이자 매년 5월 12일 음악 축제 '프라하의 봄Pražské Jaro'의 개막식과 폐막식 장소로 이용되는 곳이다. 스메타나의 대표작 〈나의 조국〉이 연주된다.

가는 방법 지하철 B선 Náměstí Republiky역에서 도보 3분 **주소** Nám. Republiky 5, 111 21 Staré Město Praha
요금 투어 일반 320Kč, 학생 270Kč **홈페이지** www.obecnidum.cz

• 루돌피눔 *Rudolfinum*

체코 필하모닉 오케스트라의 본거지로 1984년에 완공된 네오르네상스 양식이 돋보이는 공연장이다. 오스트리아의 왕세자 루돌프Rudolf에서 이름을 따와 루돌피눔이란 이름으로 불린다. 체코, 오스트리아, 독일에서 활동한 유명한 작곡가들의 조각상으로 건물 외벽이 장식되어 있다. 1896년 드보르작의 지휘로 공개된 드보르작 홀Dvořákova Síň을 비롯해 크고 작은 공연장이 있으며 '프라하의 봄' 음악 축제 기간에 많은 공연이 열린다.

가는 방법 지하철 B선 Náměstí Republiky역에서 도보 3분
주소 Alšovo Nábř. 79/12, 110 00 Staré mesto Praha
요금 투어 일반 250Kč, 학생 125Kč **홈페이지** www.rudolfinum.cz

• 스타보브스케 극장 *Stavovské Divadlo*

유럽에서 원래 형태가 그대로 보존된 몇 안 되는 극장 중 하나로 1783년에 문을 열었다. 천재 음악가 모차르트의 삶을 그린 영화 〈아마데우스〉의 촬영지이기도 한데, 실제로 1787년 10월 모차르트의 오페라 〈돈 조반니Don Giovanni〉가 초연된 장소로 유명하다. 극장 입구에는 작품에 등장하는 돈나 안나의 아버지인 일 코멘다토레Il Commendatore의 동상이 자리하고 있다. 황금빛으로 화려하게 꾸며진 극장에서 오페라와 발레, 클래식 공연을 관람할 수 있다.

가는 방법 지하철 A · B선 Můstek역에서 도보 3분
주소 Železná, 110 00 Staré Město Praha **홈페이지** www.narodni-divadlo.cz

⑨ 유대인 지구
Josefov

추천

유대인의 역사와 삶의 애환이 녹아 있는 거주 지역

유럽 서부와 비잔틴 제국에서 온 유대인들은 8세기경부터 프라하 블타바 강의 동북쪽에 정착했다. 하지만 이들의 역사는 순탄하지 못했다. 13세기부터 유대인은 기독교인과 격리되어야 한다는 로마 제국의 법령에 따라 게토Ghetto라는 일종의 거주 제한 구역에서 강제로 모여 살았다. 16세기에 유대인들은 노란색 원으로 된 숫자 표시를 달고 다니는 등 법적 제한 장치에 의해 자유를 박탈당하고 차별받았다. 18세기 요제프 2세 Joseph II 때는 유대인들에게 엄격했던 통제가 완화되었는데 유대인 지구를 요제포프Josefov라 불렀던 것도 황제의 이름에서 유래했다.

그러나 20세기에 들어서 제2차 세계대전이 일어나고 이곳에 거주하던 대부분의 유대인이 나치에 끌려가는 등 수난의 역사가 계속되었다. 아이러니하게도 현재 프라하의 유대인 지구는 잘 보존되어 있다. 유대인 말살이 자신들의 업적인 듯 유대인 박물관을 만들어 기록하고자 했던 나치의 계획이 있었기 때문이다. 덕분에 19세기 재개발을 거쳐 아르누보 양식의 건물들과 함께 유대인 지구의 역사도 보존될 수 있었다.

지도 P.156
가는 방법 지하철 A선 Staroměstská역에서 도보 1분
주소 110 00 Praha **요금** 일반 500Kč, 학생 370Kč(유대인 박물관Židovské Muzeum에서 유대인 지구의 명소들을 관리한다. 유대인 지구를 둘러보려면 입장권을 구입해야 한다. 티켓은 3일 동안 유효하고 각각 1회 입장만 가능하다. 티켓은 6곳의 매표소에서 구입할 수 있다.)
홈페이지 www.jewishmuseum.cz

TRAVEL TALK

유대교의 상징인 '다윗의 별'

다윗의 별은 정삼각형 2개를 위아래로 겹친 육각형 별 모양으로 프라하 유대인 지구에서 쉽게 볼 수 있어요. 이스라엘 왕이었던 다윗 왕의 방패라는 뜻의 히브리어에서 비롯되었지만 어디서 유래했는지 정확히 알 수는 없고 다윗 왕과의 관계성도 찾아볼 수 없다고 해요. 놀랍게도 17세기 프라하의 유대인 사회에서 가장 먼저 다윗의 별을 공식 상징으로 사용하면서 널리 퍼지게 되었고 오늘날 유대교의 일반적 표식이 되었다고 합니다.

FOLLOW UP

아름다운 도시 이면의 슬픈 역사 현장
유대인 지구 산책하기

폴란드와 더불어 많은 유대인이 살았던 체코에는 오랫동안 핍박받은 그들의 삶을 가늠할 수 있는 지역이 여럿 있다. 그중에서도 프라하의 유대인 지구는 낭만적인 관광 도시의 이미지와 대비되는 유대인의 비극적 역사와 공동체 문화를 엿볼 수 있는 공간으로서 울림을 준다.

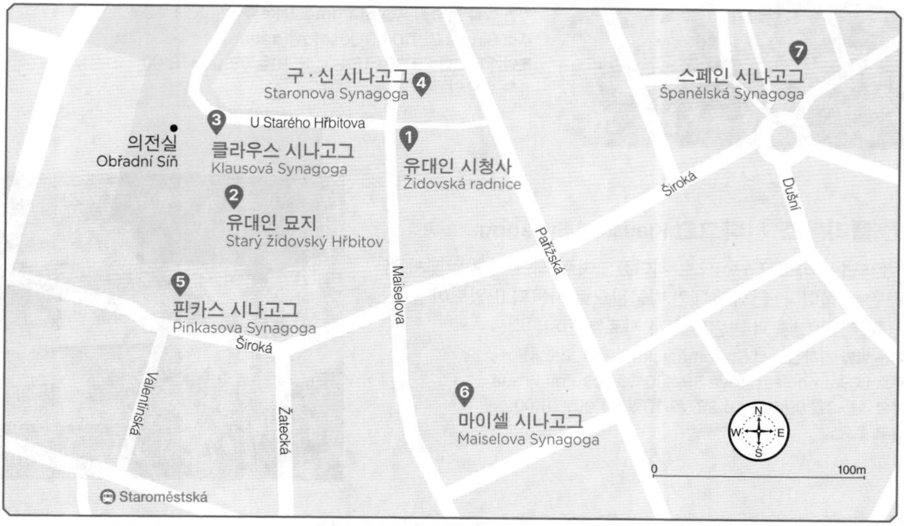

1 유대인 시청사 Židovská Radnice

16세기에 르네상스 양식으로 지었다가 18세기 대화재 후 로코코 양식으로 개조했다. 유대인의 화합을 위한 장소였으며 지금도 프라하 유대인 공동체의 사교 행사에 이용한다. 당시 유대인 건물에는 허용하지 않던 탑과 시계가 설치된 것이 이 건물의 특징이다.

가는 방법 지하철 A선 Staroměstská역에서 도보 3분
주소 Široká, 110 00 Josefov Praha

건물 외벽에 히브리어로 된 시계가 있어요. 오른쪽에서 왼쪽으로 읽는 히브리어처럼 시곗바늘도 반대 방향으로 움직인답니다.

② 유대인 묘지 Starý židovský Hřbitov

15세기 말에 조성된 곳으로 유대인들에게 주어진 유일한 매장 장소였다. 4세기란 오랜 시간 동안 좁은 공간에 매장되다 보니 시신이 10층까지 쌓였다고 한다. 비석의 개수는 1만 2,000여 개로 추산되지만 실제 이곳에 안치된 이들의 수는 파악할 수 없다. 유대인의 역사와 영혼이 숨쉬는 공동묘지를 돌아보며 묘비에 새겨진 특이한 문양을 살펴보는 것도 좋다. 랍비(유대교의 율법학자) 로우Loew도 이곳에 묻혀 있다고 전해진다.

가는 방법 지하철 A선 Staroměstská역에서 도보 4분
주소 Široká 3, 110 00 Josefov Praha
운영 11~3월 09:00~16:30, 4~10월 09:00~18:00
휴무 토요일

③ 클라우스 시나고그 Klausová Synagoga

1694년에 바로크 양식으로 지어졌으며 유대인 지구 안에서 가장 큰 건물이다. 현재 유대인 박물관으로 사용되고 있으며 종교, 전통, 문화, 생활과 관련된 역사 자료를 전시한다.

가는 방법 지하철 A선 Staroměstská역에서 도보 4분
주소 U Starého Hřbitova 39, 110 00 Josefov Praha
운영 11~3월 09:00~16:30, 4~10월 09:00~18:00
휴무 토요일

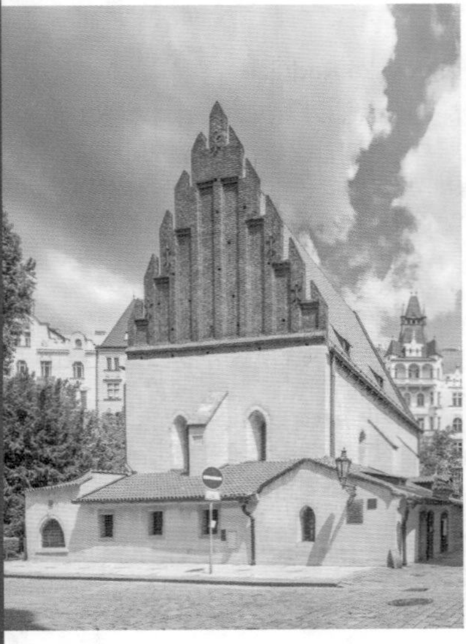

④ 구·신 시나고그 Staronová Synagoga

유럽에서 가장 오래된 유대교 회당이다. 이름에서 알 수 있듯 13세기경에 초기 고딕 양식으로 조성된 구 시나고그에 새로운 시나고그가 연결되어 건축되었다. 여러 차례 고난과 위기를 겪으면서도 옛 모습을 간직하고 있으며 체코 내 유대인들의 종교적 구심점으로 자리 잡았다. 외관은 별다른 치장 없이 단조로운 형태이며 내부 역시 나무 의자만 소박하게 늘어서 있다.

이곳에는 진흙 인간 골렘Golem이 묻혀 있다는 이야기가 전해진다. 유대교의 랍비(율법 학자) 로우Loew는 유대인들을 보호하기 위해 골렘을 빚고 생명을 불어넣은 양피지를 붙여 사람들의 충실한 하인이 되도록 했다. 하지만 오히려 사람들을 해하는 존재가 되자 로우는 양피지를 떼고 구 · 신 시나고그에 묻어버렸다는 전설이 내려온다.

가는 방법 지하철 A선 Staroměstská역에서 도보 3분
주소 Červená, 110 01 Josefov Praha
운영 11~3월 09:00~17:00, 4~10월 09:00~18:00
휴무 토요일

⑤ 핀카스 시나고그 Pinkasova Synagoga

프라하에서 두 번째로 오래된 시나고그이며 1535년 후기 고딕 양식으로 지어졌다. 회당 한쪽 벽면에는 제2차 세계대전 당시 나치 수용소에 수감된 후 고향으로 돌아오지 못한 유대인 7만 7,297명의 이름이 새겨져 있다. 현대사에서 가장 큰 비극인 유대인 대학살의 흔적을 찾아볼 수 있는 곳이다. 2층에는 수용소에 수감된 아이들이 고향에서의 삶을 그리워하며 그린 그림들이 전시되어 있다.

가는 방법 지하철 A선 Staroměstská역에서 도보 1분
주소 Široká 23/3, 110 00 Josefov, Praha
운영 11~3월 09:00~16:30, 4~10월 09:00~18:00
휴무 토요일

⑥ 마이셀 시나고그 Maiselova Synagoga

루돌프 2세가 부여한 특권으로 1592년에 건립되었다. 르네상스 양식으로 지은 회당은 화재가 발생해 소실되었으나 이후 여러 번 재건을 거쳐 지금의 네오고딕 양식으로 완성되었다. 유대인 역사에 관한 상설 전시가 열린다.

가는 방법 지하철 A선 Staroměstská역에서 도보 3분
주소 Maiselova 10, 110 00 Praha
운영 11~3월 09:00~16:30, 4~10월 09:00~18:00
휴무 토요일

⑦ 스페인 시나고그 Španělská Synagoga

19세기 말에 지어진 유대교 회당이다. 스페인 그라나다의 알람브라 궁전의 영향을 받아 무어 양식으로 지어졌다. 유대인의 역사를 다룬 박물관으로 사용되며 유대인이 수집한 은 공예품 200여 점도 볼 수 있다.

가는 방법 지하철 A선 Staroměstská역에서 도보 5분
주소 Vězeňská 1, 110 00 Staré Město Praha
운영 11~3월 09:00~16:30, 4~10월 09:00~18:00
휴무 토요일

스페인 시나고그 앞에는 2003년 체코의 조각가 자로슬라프 로나Jaroslav Rona가 카프카의 소설 《어느 투쟁의 기록》에서 영감을 받아 제작한 얼굴 없는 독특한 형상의 동상이 있어요. 카프카의 캐릭터 중 한 명을 묘사한 것이자 유대인인 카프카를 기리는 기념비입니다.

말라스트라나 지구

프라하의 옛 모습을 간직한 성 아랫마을

프라하성 아래 자리한 작은 지구로 1257년 보헤미아의 국왕 오타카르 2세에 의해 형성되었다. 신도시로 불리던 이 지역은 15~16세기에 화재로 대부분 소실되었는데 17세기 오스트리아 귀족들이 이주하면서 바로크 양식의 궁전과 성당 등 화려한 건축물이 들어서며 재건되었다. '소지구'를 뜻하는 말라스트라나Malá Strana의 명칭도 이때 붙여졌다. 경사진 길이 많아 체력 안배에 신경 써야 하지만 각양각색의 건물과 특색 있는 상점이 가득해 즐겁게 둘러볼 수 있다.

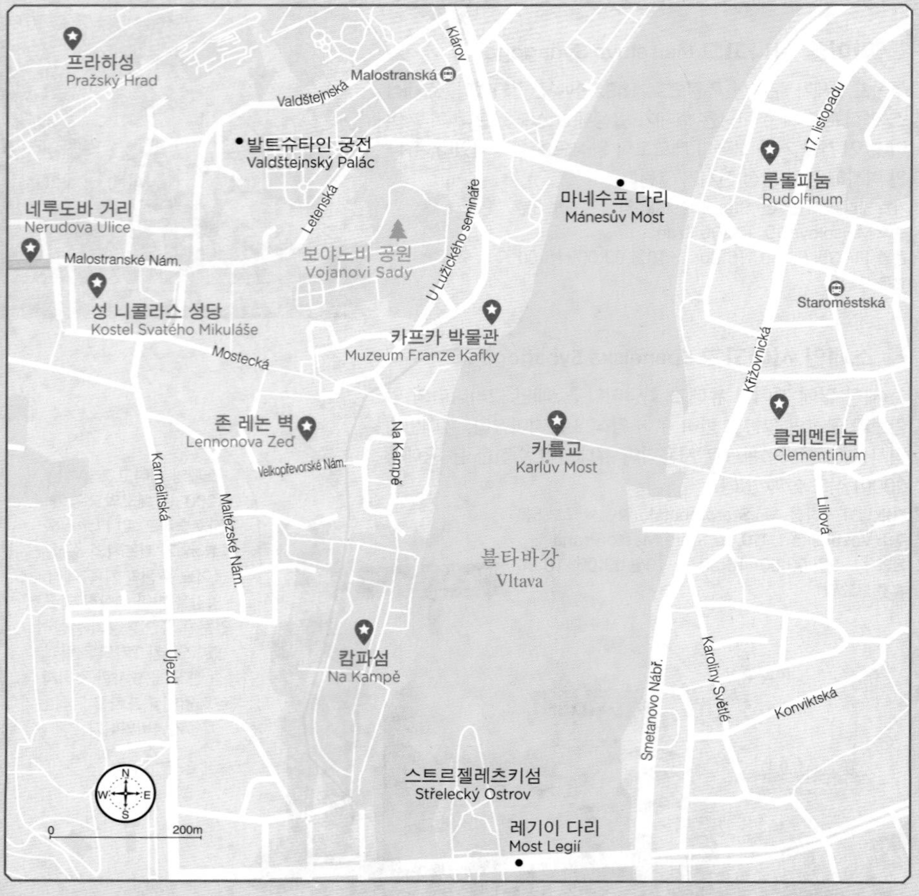

01 캄파섬
Na Kampě

주택 사이로 운하가 흐르는 '프라하의 베네치아'

오랜 시간 이름 없이 버려져 있던 섬을 18세기 후반부터 캄파라고 부르기 시작했다. 라틴어로 평원을 뜻하는 캠퍼스Campus에서 유래한 것인데 예전에는 텅 비어 있었기 때문이다. 오늘날 말라스트라나 지구에는 체르토프카Čertovka라는 좁은 인공 운하가 흐르고, 캄파섬을 상징하는 물레방아도 볼 수 있다. 게다가 수로 주변에 옹기종기 모여 있는 주택까지 있으니 왜 캄파섬을 '프라하의 베네치아'라고 불리는지 알만하다. 북적이는 카를교 바로 옆에 있지만 관광객이 적어 여유로운 오후를 보내기 좋다.

지도 P.168
가는 방법 지하철 A선 Malostranská역에서 도보 4분
주소 Na Kampě 118 00 Malá Strana Praha

02 존 레논 벽
Lennonova Zeď

공산주의에 대항하는 자유의 상징

원래는 사랑에 관한 글귀가 적힌 평범한 벽이었다. 그러나 1980년 영국의 세계적인 록 밴드 비틀스의 멤버 존 레논John Lennon이 암살당했을 때 그를 추모하기 위해 초상화와 비틀스 노래 가사를 벽면에 가득 메우면서 존 레논 벽이 되었다. 세계 평화를 기원하며 노래를 부르던 존 레논은 체코인들에게 강한 인상을 남겼다. 이에 영향을 받은 시민들이 공산 정권 하에서 민주화를 열망하는 자신들의 생각을 벽에 그려낸 것이다. 당시 몰타 대사관이 이 벽의 소유권을 갖고 있었고 그래피티를 보호한 덕분에 지금까지 보존될 수 있었다.

지도 P.168 **가는 방법** 지하철 A선 Malostranská역에서 도보 10분 **주소** Velkopřevorské Nám., 118 00 Malá Strana Praha

(03)

카를교

Karlův Most

추천

프라하를 상징하는 낭만적인 다리

블타바강을 가로지르는 다리 중 가장 오래된 다리로 1357년 카를 4세Karel IV가 건설했다. 1342년 발생한 홍수로 원래 있던 다리가 소실된 이후 당시의 최고 기술을 동원해 지어졌다. 제2차 세계대전 이전까지는 다리 위로 마차, 버스, 트램이 오가며 프라하성과 구시가지를 연결하는 역할을 했으나 다리의 안전 문제가 불거지자 차량 출입을 통제하고 보행자 전용 다리가 되었다.

길이 516m, 폭 9.5m의 다리 양쪽에는 30개 성상이 줄지어 있다. 그중 '예수 수난 십자가Kalvárie-Sv. Kříž'는 1361년 목재로 세워진 카를교 최초의 조각상으로 17세기에 금속으로 대체되었다. 신성 모독죄로 처형된 유대인들에게 경고하기 위해 히브리어로 '거룩, 거룩, 거룩한 주여'라는 문구가 새겨져 있다. 이 성상은 약 200년 동안 다리의 유일한 장식품이었으며 1683년부터 나머지 성상들도 놓이기 시작했다. 예수의 상처에 입맞춤하는 수녀의 모습을 담은 '성 루트가르트Sv. Luitgarda' 성상은 당대 뛰어난 보헤미아 조각가였던 마티아스 브라운이 1710년 제작한 것으로 카를교의 성상들 중에서도 예술적 가치를 높이 평가받는다. 페르디난트 브로코프가 1714년 제작한 '성 비타Svatý Vít'는 프라하의 수호성인 성 비타의 순교 장면을 묘사한 것이다.

예수 수난 십자가

성 루트가르트

성 비타

지도 P.168
가는 방법 지하철 A선 Staroměstská역에서 도보 4분
주소 Karlův Most, 110 00 Praha

TIP

카를교 교탑

14세기에 건설된 카를교 양끝의 탑은 망루이자 통행료를 징수하던 곳이었다. 현재는 전망대로 개방되어 최고의 카를교 전망을 볼 수 있는 장소로 유명하다.
운영 1~3 · 10 · 11월 10:00~18:00, 4 · 5월 10:00~19:00, 6~9월 09:00~20:30, 12월 10:00~19:30 **요금** 일반 190Kč, 학생 130Kč
※개장 후 1시간 이내 50% 할인

TRAVEL TALK

소원을 이뤄 주는 얀 네포무츠키

얀 네포무츠키Jan Nepomucký는 카를교를 장식하는 30개의 성상 중에서 가장 사랑받는 인물입니다. 바츨라프 4세Václav IV가 블타바강에 내던져 순교한 성인이죠. 그는 왕비의 고해성사를 밝히라는 왕의 요구를 거부했죠. 결국 고문을 당하고 혀가 잘려 강에 떨어지는 순간까지 발설하지 않았다고 합니다. 1729년 성인으로 추대된 그는 비방받은 사람, 익사자 등 위기에 처한 사람들을 지키는 체코의 수호성인이 되었습니다.
성인의 부조를 만지면 소원이 이루어진다고 하는데 특별한 절차가 있습니다. 그가 순교한 자리에 5개의 별이 그려진 십자가 동판이 있는데 ❶오른발을 동판 바로 앞 아래에 갖다 댑니다. ❷왼손은 십자가 동판에 있는 5개의 별을 하나하나 만진 후 ❸강을 바라보고 소원을 빌며 얀 네포무츠키 동상 앞으로 갑니다. ❹순교 장면을 묘사한 오른쪽 부조에 왼손을 대고 소원을 빈 다음 ❺왼쪽 부조의 개를 쓰다듬으면 됩니다. 전해지는 방법도 많고 절차도 복잡하지만 간절히 이루고 싶은 소원이 있다면 한번 따라해 보세요.

1

2

3

4

5

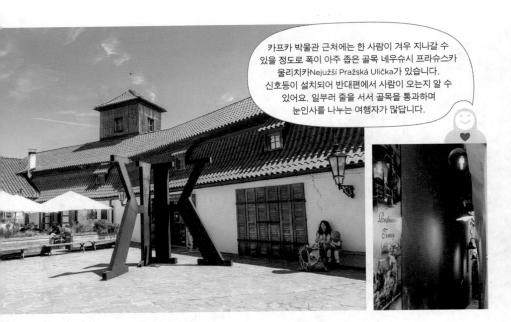

카프카 박물관 근처에는 한 사람이 겨우 지나갈 수 있을 정도로 폭이 아주 좁은 골목 네우슈시 프라슈스카 울리치카Nejužší Pražská Ulička가 있습니다. 신호등이 설치되어 반대편에서 사람이 오는지 알 수 있어요. 일부러 줄을 서서 골목을 통과하며 눈인사를 나누는 여행자가 많답니다.

04

카프카 박물관

Muzeum Franze Kafky

프란츠 카프카의 흔적을 찾아서

실존주의 문학의 선구자인 소설가 프란츠 카프카Franz Kafka의 일대기를 살펴볼 수 있는 박물관이다. 지금은 체코 문학을 대표하는 인물이지만 카프카는 생전에 크게 주목받지 못했다. 자신의 작품을 스스로 파기하거나 불태워 미완으로 남은 작품도 많다. 죽기 전 유언도 원고를 모두 파기해 달라는 것이었으나, 그의 친구가 카프카의 원고를 모아 출간했고 큰 호평을 받았다. 박물관에는 실존주의 문학의 시초인 《변신Die Verwandlung》의 초판을 비롯한 그의 작품과 친필 편지, 일기장, 가족 사진 등이 전시되어 있다. 박물관 입구에는 체코의 설치미술가 다비드 체르니의 조형물이 설치되어 있다.

지도 P.168 **가는 방법** 지하철 A선 Malostranská역에서 도보 4분
주소 Cihelná 635, 118 00 Malá Strana Praha **운영** 10:00~18:00
요금 일반 300Kč, 학생 220Kč **홈페이지** kafkamuseum.cz

TRAVEL TALK

체코가 낳은 세계적인 문학가, 프란츠 카프카 (1883~1924년)

프라하에서 태어난 유대계 독일인인 그는 일생 대부분을 프라하에서 보냈습니다. 1893년부터 9년간 골즈 킨스키 궁전에서 공부했고, 이후 프라하 대학에서 법률을 공부했으며 졸업 후에는 노동자 재해 보험국에서 평범한 회사원으로 근무했습니다. 하지만 대학 시절부터 1917년 폐결핵 진단을 받은 41세까지 많은 작품을 남겼죠. 인간의 부조리성, 인간 존재의 불안과 무근저성을 날카롭게 통찰하여 현대 인간의 실존적 체험이 극한에 이르는 것을 작품에 표현했습니다. 오랜 시간을 프라하에서 살았던 만큼 구시가지 곳곳에 그의 흔적이 남아 있는데요, 구시가지의 성 니콜라스 성당 바로 옆 건물이 그의 생가이며, 바츨라프 광장의 그랜드 호텔 유로파Grand Hotel Europa는 최초로 공개 낭독회를 했던 곳입니다.

05 성 니콜라스 성당
Kostel Svatého Mikuláše

프라하 바로크 건축의 정수

성 니콜라스를 기리기 위해 세워진 성당으로 13세기에 고딕 양식으로 처음 지어졌고 18세기에 바로크 양식으로 재건되었다. 당대 바로크 건축의 거장이라 불린 킬리안 이그나스 디엔첸호페르Kilian Ignaz Dientzenhofer의 설계로 완공된 성당은 높이 80m의 첨탑이 어우러져 웅장하면서도 고풍스러운 느낌을 준다. 내부는 성 니콜라스의 승천을 묘사한 천장의 대형 프레스코화와 화려한 조각상으로 장식되어 있다. 1787년 모차르트가 실제로 연주했던 4,000개 파이프가 달린 파이프 오르간도 있다.

지도 P.168
가는 방법 지하철 A선 Malostranská역에서 도보 10분
주소 Malostranské Nám. 118 00 Malá Strana Praha
운영 09:00~18:00
※시즌마다 운영 시간이 다르니 홈페이지 참고
요금 성당 일반 140Kč
홈페이지 www.stnicholas.cz

06 네루도바 거리
Nerudova Ulice

독특한 문패가 내걸린 아름다운 거리

보헤미아 왕의 대관식 행렬이 이어지던 왕의 길의 일부로 프라하성까지 연결된다. 19세기의 유명 시인 얀 네루다Jan Neruda의 이름에서 따온 길로 거리 양쪽에 늘어선 바로크 양식의 건물 입구마다 독특한 문패가 내걸린 것이 특징이다. 19세기 중반까지 정확한 주소 체계가 없었기에 집을 구분하기 위해 집주인의 직업이나 특징을 표시해 두었다고 한다. 얀 네루다가 살던 47번지에는 '2개의 태양'을 비롯해 열쇠, 백조, 사슴, 메두사, 랍스터, 바이올린 등 다양한 모양의 문패가 걸려 있다.

지도 P.168
가는 방법 트램 22번 Malostranské Náměstí 정류장에서 도보 3분
주소 118 00 Malá Strana, Praha

SPECIAL THEME

프라하 시내 곳곳에 숨어 있는

괴짜 예술가 다비드 체르니의 작품

세계적인 설치 미술가 다비드 체르니의 독특한 작품을 프라하 시내 곳곳에서 만날 수 있다. 고풍스러운 중세 도시 프라하와 어울리지 않은 듯하지만, 이는 곧 프라하가 전통과 역사의 중심지일 뿐 아니라 체코 현대 예술의 거점임을 뜻한다. 숨은그림찾기를 하듯 그의 독특한 조형물을 도시 곳곳에서 발견해 보자.

● 오줌 누는 동상 *Čůrající Postavy* 2004년

카프카 박물관 앞에는 체코 지도 모양의 웅덩이 안에서 210cm 키의 두 남자가 마주 보며 소변을 보고 있는 동상이 있다. 마치 3D 프린트를 보는 듯한 모습의 이 조각은 엉덩이가 좌우로 회전하고 성기를 위아래로 움직여 물줄기로 물 표면에 메시지를 쓰고 있어 관람객의 흥미를 끈다.

위치 카프카 박물관 안뜰
가는 방법 지하철 A선 Malostranska역에서 도보 4분
주소 Cihelná, 118 00 Malá Strana Praha

● 매달린 사람 *Viselec* 1997년

지붕에서 거리 위로 뻗어 있는 기다란 봉에 정신분석학자 지그문트 프로이트가 매달려 있는 모습을 묘사했다. 한 손을 바지 주머니에 넣어 여유와 위태로움 사이에서 줄다리기하는 듯 보인다. 실제 사람이 자살을 기도하는 줄 알고 신고해 경찰이 출동하는 일도 있었다.

위치 레스토랑 우 베이보두U Vejvodů 근처
가는 방법 지하철 B선 Narodni Tida역에서 도보 4분
주소 Husova, 110 00 Staré Město Praha

● 아기들 *Miminka* 2000년

프라하에서 가장 높은 지슈코프 TV 타워에 아기 10명의 조각상이 꼭대기를 향해 오르고 있다. 아기 얼굴에 바코드가 새겨져 있으며 비슷한 동상이 캄파섬에도 있다. 작품에 대한 긍정적 평가도 있었으나 2009년에 버추얼 투어 리스트 사이트에서 '세계에서 두 번째로 추악한 건물'로 선정되기도 했다.

위치 프라하 지슈코프 TV 타워Žižkovská Televizní Věž
가는 방법 지하철 A선 Jiřího z Poděbrad역에서 도보 7분
주소 Mahlerovy Sady 1, 130 00 Žižkov Praha 3

● 말 ***Kůň*** **1999년**

한 남성이 거꾸로 매달려 죽은 말 위에 앉아 있다. 바츨라프 광장의 성 바츨라프 기마상과는 대조되는 우스꽝스러운 모습이다. 직접적인 언급은 없지만 체코의 제2대 대통령 바츨라프 클라우스를 풍자한 작품이라고 전해진다.

위치 루체르나Lucerna 쇼핑몰 안

가는 방법 지하철 A·B선 Můstek역에서 도보 4분

주소 Pasáž Lucerna, 110 00 Nové Město Praha

● 카프카 ***Kafka*** **2014년**

높이 11m, 무게 39톤에 달하는 조형물로 수평 레이어로 된 패널 42개가 시간이 지남에 따라 회전하다가 원래 위치에 왔을 때 온전한 카프카의 얼굴이 보인다. 현대 기술과 체코의 장인 정신이 결합된 독특한 창작물이다.

위치 콰트리오Quadrio 쇼핑몰 앞

가는 방법 지하철 B선 Národní Třída역에서 도보 1분

주소 Charvátova, 110 00 Nové Město Praha

● 배아 ***Embryo*** **2008년**

카를교 부근의 나 자브라들리 극장Na Zábradlí Theatre의 건립 50주년을 기념하는 작품으로 배수관 중앙에 자리하고 있다. 저녁에는 조명이 켜져 상상력을 더욱 자극한다.

위치 나 자브라들리 극장Divadla Na Zábradlí

가는 방법 트램 2·6·14·17·18·93번 Karlovy Lázně 정류장에서 도보 1분

주소 Anenské Nám. 209, 110 00 Staré Město Praha

TRAVEL TALK

다비드 체르니 (1967년~)

1967년 프라하에서 태어난 다비드 체르니David Černý는 사회의 통념을 깨는 파격적인 작품을 선보이며 전 세계를 무대로 활약 중인 조각가입니다. 정치적 이슈와 같이 민감한 소재를 작품에 반영하고 사회를 풍자하는 메시지를 담아 괴짜 예술가, 문제아라는 수식어가 그를 따라다니기도 하죠. 독특한 작품만큼 체르니가 유명해진 계기도 평범하지 않습니다. 1991년 프라하에서 소련의 탱크를 분홍색으로 칠하는 게릴라 아트 퍼포먼스를 선보이며 체포된 후 세상에 이름을 알리게 된 것이죠. 그 밖의 대표작은 2009년 체코가 EU 의장국을 맡은 것을 기념해 제작한 〈엔트로파Entropa〉, 2012 런던 올림픽이 열린 해에 탄생한 〈런던 부스터London Booster〉 등이 있습니다.

홈페이지 www.davidcerny.cz

흐라드차니 지구

프라하성이 자리한 시내 서쪽 고지대

프라하성부터 서쪽의 로레타와 스트라호프 수도원을 포함한 지역을 일컫는다. 흐라드차니Hradčany는 1784년까지 프라하에서 독립된 자치구로, 합스부르크 귀족에 의해 많은 궁전이 지어지기도 했다. 덕분에 다수의 문화재가 남아 있어 볼거리가 많고 높은 지대에서 최고의 전망을 즐길 수 있는 곳이기도 하다. 프라하성 이외에도 즐길 수 있는 요소가 많은 흐라드차니 지구는 프라하 여행 중 꼭 방문해야 할 곳 중 하나다.

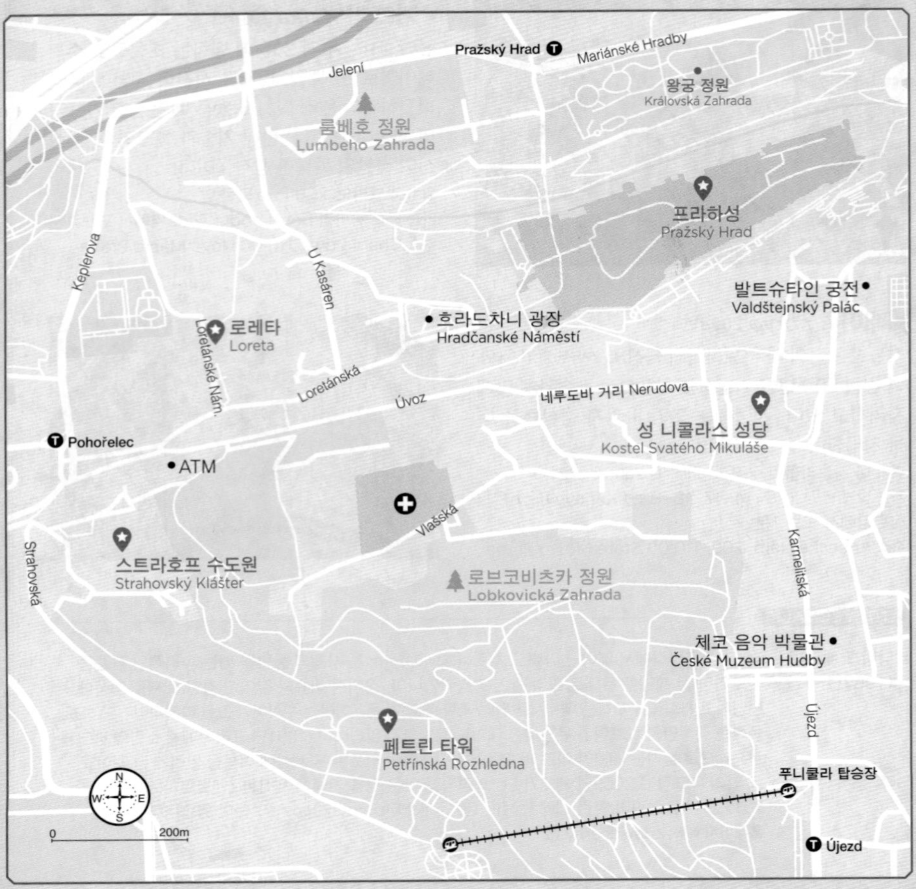

(01)

프라하성

Pražský Hrad

추천

다양한 건축 양식이 아름답게 어우러진 고성

9세기 중엽에 처음 건립된 프라하성은 지금까지도 통치의 중심지로 자리 잡고 있다. 카를 4세Karel IV가 집권하던 14세기에는 프라하성의 대대적인 공사가 이루어졌고, 1541년 대화재 이후 개축되는 등 세월이 흐르면서 로마네스크 · 고딕 · 르네상스 등 다양한 건축 양식이 더해졌다. 궁전, 성당, 정원 등 복합 단지로 이루어진 성은 길이 570m, 폭 130m에 달한다. 유네스코 세계문화유산에 세계 최대 고성으로 등재될 만큼 압도적인 규모다. 매시 정각에 정문에서 근위병 교대식을 볼 수 있으며 특히 정오에는 군악대까지 더해진 화려한 퍼포먼스가 펼쳐진다. 프라하성은 높은 언덕 위에 자리해 프라하 시내를 한눈에 담을 수 있는 전망대로도 유명하다.

지도 P.176 **가는 방법** 트램 22번 Pražský Hrad정류장에서 도보 5분
주소 Hradčany, 119 08 Praha
운영 11~3월 09:00~16:00, 4~10월 09:00~17:00
요금 ①메인 티켓(성 비타 대성당, 구 왕궁, 황금 소로, 성 이르지 성당) 일반 450Kč, 학생 300Kč
②상설 전시(프라하성 이야기, 달리보르카 탑, 프라하성 회화관, 로젠베르크 궁전) 일반 300Kč, 학생 200Kč
③프라하 성 미술관 일반 200Kč, 학생 150Kč
④성 비타 대성당 남쪽 탑 일반 200Kč, 학생 150Kč
※한국어 오디오 가이드 300Kč(보증금 500Kč) **홈페이지** www.hrad.cz/kr

TIP

프라하성 입장은 무료지만 내부를 둘러보려면 입장권을 구입해야 한다. 현재 대통령 관저로 이용되는 곳인 만큼 입장 시 간단한 검문을 한다.

FOLLOW UP

세계 최대 성채 단지
프라하성의 주요 볼거리

블타바강이 내려다보이는 언덕 위에 자리한 프라하성은 멀리서 보면 하나의 독립된 건물 같지만 실제로는 궁전, 성당, 정원 등 여러 곳을 포함한다. 9세기부터 18세기에 이르기까지 긴 세월에 걸쳐 완성된 거대한 성인 만큼 내부를 꼼꼼하게 둘러보려면 반나절가량 소요된다.

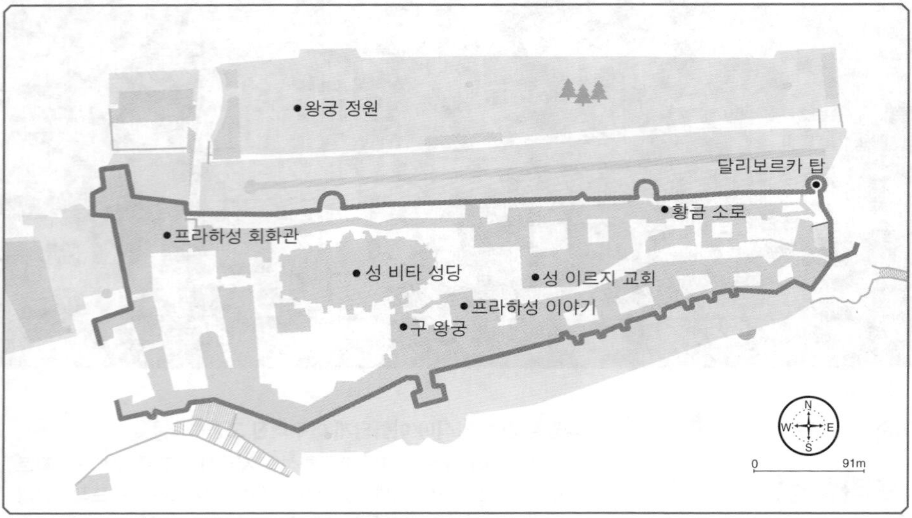

❶ 왕궁 정원
Královská Zahrada

1534년 르네상스 양식으로 조성된 정원. 프라하성에 있는 6개의 정원 가운데 가장 크다. 합스부르크 왕가의 페르디난트 1세Ferdinand I가 조성한 이곳은 왕실 정원이라는 이름에 걸맞게 독특하고 이국적인 식물로 가득했다. 지금도 잘 다듬어진 수목들 사이로 산책을 즐길 수 있고 왕실의 아름다운 여름 궁전Královský Letohrádek도 만날 수 있다.

운영 4~6 · 9월 10:00~19:00, 7 · 8월 10:00~20:00, 3 · 10월 10:00~17:00, 11월 10:00~16:00
휴무 12~2월

② 성 비타 대성당
Katedrála Svatého Víta

프라하 최고의 고딕 양식 성당

프라하성의 상징과 같은 건물로 역대 왕의 대관식이 거행된 곳이다. 1344년 카를 4세가 건축을 시작한 이후 여러 번의 증축을 거쳐 1929년에 완공되었다. 정면의 장미창과 서쪽의 쌍둥이 첨탑, 중앙에 우뚝 솟은 종탑 그리고 남쪽에 있는 황금 문 등 곳곳이 600년이란 오랜 시간에 걸쳐 완공되었음을 보여 준다. 내부로 들어서면 어떤 성당보다도 화려한 스테인드글라스가 눈에 들어온다. 그중에는 체코의 천년 역사를 담은 알폰스 무하의 작품도 있다. 대부분의 스테인드글라스는 성서에 나오는 내용을 묘사했지만 무하의 작품은 슬라브 민족에게 기독교를 전파한 선교사 치릴Cyril과 메토디오스Methodius의 일대기를 담았다. 성당 지하에는 카를 4세를 비롯한 역대 체코 왕들의 석관묘가 있다.

운영 11~3월 월~토요일 09:00~16:00, 일요일 12:00~16:00, 4~10월 월~토요일 09:00~17:00, 일요일 12:00~17:00

성 비타 대성당에서 꼭 봐야 할 곳

얀 네포무츠키의 무덤
Hrob sv. Jana Nepomuckého

보헤미아 왕비의 고해성사 내용을 함구했던 체코의 수호성인 얀 네포무츠키의 무덤이다. 주변에는 천사들이 무덤을 떠받치고 가운데에는 십자가를 든 성인의 조각상이 있다. 바로크 양식의 무덤은 무려 3톤의 순은으로 제작됐다.

성 바츨라프 예배당 Kaple sv. Václava

체코 기독교의 상징적 인물이자 가장 중요한 수호성인 성 바츨라프를 모신 예배당이다. 크고 작은 보석들로 꾸며져 있으며 그리스도의 수난과 바츨라프의 일생을 담은 장면이 벽화에 묘사되어 있다.

③ 프라하성 회화관
Obrazárna Pražského hradu

정치보다 예술과 문학을 사랑했던 신성 로마 제국의 황제 루돌프 2세의 수집품이 소장된 곳이다. 유럽 전역에서 수집한 작품의 수가 급격히 증가하자 이를 보관하기 위해 마구간을 개조한 것이 지금의 장소다. 약 4,000여 점에 달하는 예술품을 전시하고 있으며 이탈리아, 네덜란드, 독일 거장의 작품이 다수 포함되어 있다.

운영 11~3월 09:00~16:00, 4~10월 09:00~17:00

④ 구 왕궁
Starý Královský Palác

구 왕궁은 9세기경 건립된 후 오랫동안 왕자들의 거처로 사용되었다. 구 왕궁 중심에 있는 블라디슬라프 홀Vladislavský Sál은 가로 62m, 세로 16m, 높이 13m의 거대한 규모로 국가의 중요 행사 때 이용되던 곳이며 기둥이 없는 방으로 알려져 있다. 홀 오른쪽은 체코 종교 갈등의 큰 파장을 일으킨 '창문 투척 사건'이 일어난 장소다. 16세기에는 개신교와 가톨릭 사이의 분쟁이 끊이지 않았다. 종교 개혁에 반대하던 페르디난트 2세가 보헤미아 왕으로 임명되자 이에 반발한 신교도 귀족들이 왕의 고문관 두 명을 창밖으로 던져 30년 전쟁의 시발점이 되었다.

운영 11~3월 09:00~16:00,
4~10월 09:00~17:00

⑤ 프라하성 이야기
Pražského hradu

프라하성의 천년 역사를 소개한 전시관으로 2004년에 개관했다. 크게 2개의 전시실로 나뉘며 첫 번째 전시실은 선사 시대부터 20세기까지 연대순으로 체코의 주요 역사를 설명한다. 두 번째 전시실은 체코의 수호성인이나 대관식 등 프라하성과 관련된 다양한 주제를 흥미롭게 풀어 놓았다.

운영 11~3월 09:00~16:00, 4~10월 09:00~17:00

⑥ 성 이르지 성당 Bazilika sv. Jiří

브라티슬라프 1세의 명에 따라 921년 건립한 목조 성당으로 성 비타 대성당이 들어서기 이전에 건립되었다. 이후 화재가 잇따라 발생해 1142년에 로마네스크 양식으로 재건되었다. 2개의 첨탑은 각각 아담과 이브를 상징한다. 다양한 건축 양식은 지속적으로 개축된 성당의 오랜 역사를 보여 준다. 지금은 종교 관련 미술품을 소장한 전시관으로 운영된다.

운영 11~3월 09:00~16:00, 4~10월 09:00~17:00

⑦ 황금 소로 Zlatá Ulička

좁은 골목에 작은 집들이 줄지어 있다. 원래는 성을 지키는 병사들을 위한 공간이었으나 합스부르크 왕가의 루돌프 2세Rudolf II가 불러들인 연금술사가 모여 살았다고 해서 이러한 이름이 붙었다. 한때 이 골목의 22번지에 작가 프란츠 카프카가 머물렀다고 전해진다. 현재 이 골목의 몇몇 집은 전시장과 기념품 상점으로 이용되고 있다.

운영 11~3월 09:00~16:00, 4~10월 09:00~17:00

⑧ 달리보르카 탑 Daliborka

1496년 프라하성의 일부로 세워진 탑이다. 농민 반란에 가담한 죄로 처음 수감되어 사형선고를 받은 보헤미아의 기사, 달리보르카의 이름에서 따왔다. 그는 스메타나의 오페라 〈달리보르카〉의 주인공이기도 하다. 협소한 감옥에는 각종 고문 기구와 단두대 등이 남아 있어 당시의 힘든 감옥 생활을 엿볼 수 있다.

운영 11~3월 09:00~16:00, 4~10월 09:00~17:00

02 로레타
Loreta

가톨릭 세력 확장의 목적으로 지어진 성당

대천사 가브리엘이 성모 마리아 앞에 나타나 예수 잉태를 예언한 곳이라 전해지는 산타 카사Santa Casa를 그대로 재현한 바로크 양식 성당으로 1626년에 완공되었다. 외벽은 성모 마리아의 일생을 부조로 장식해 두었고, 안쪽에는 은으로 된 제단과 성모상이 있다. 성당 2층 성물 전시실에 있는 6,222개의 다이아몬드로 장식된 성체 안치기도 중요한 볼거리다. 성당 정면의 탑 안에는 27개의 종이 있는데 매시 정각이 되면 성모 마리아를 찬양하는 아름다운 종소리가 울려 퍼진다.

지도 P.176
가는 방법 트램 22번 Pohořelec정류장에서 도보 5분
주소 Loretánské Nám. 7, 118 00 Hradčany Praha
운영 10:00~17:00
요금 일반 230Kč, 학생 160Kč
홈페이지 www.loreta.cz

03 스트라호프 수도원
Strahovský Klášter

세상에서 가장 아름다운 도서관이 있는 곳

블라디슬라프 2세Vladislav II가 프레몽트레 수도회를 위해 세운 것으로 1140년에 건립되었다. 이후 전쟁과 화재로 소실되고 파괴되어 17~18세기에 걸쳐 바로크 양식을 혼재한 수도원으로 재건했다. 스트라호프 수도원은 성당, 도서관, 미술관, 양조장으로 이루어진 복합 단지다. 특히 르네상스 양식의 화려한 천장 프레스코화로 꾸며진 도서관이 핵심 볼거리다. 15만 권에 달하는 진귀한 장서는 종류에 따라 철학의 방Filosofický Sál과 신학의 방Teologický Sál에 보관되어 있다. 도서관 바로 옆의 성모 승천 성당은 모차르트가 연주한 파이프 오르간이 있는 장소로 유명하다.

지도 P.176
가는 방법 트램 22번 Pohořelec정류장에서 도보 5분
주소 Strahovské Nádvoří 1/132, 118 00 Strahov Praha **운영** 09:00~17:00
요금 일반 150Kč, 학생 80Kč
홈페이지 www.strahovskyklaster.cz

04

페트린 타워

Petřínská Rozhledna

'프라하의 에펠탑'으로 불리는 전망대

1891년 프라하 국제 박람회를 기념해 세워진 타워로 관측탑뿐 아니라 송전탑으로도 사용되었다. 페트린 타워는 파리의 에펠탑을 모델로 만들어졌는데 규모는 에펠탑보다 작지만, 프라하의 가장 높은 언덕에 있어 높이는 크게 차이 나지 않는다. 정상인 63.5m 지점까지는 엘리베이터나 299개 나선형 계단을 이용해 오를 수 있으며 주황빛 지붕으로 가득한 프라하의 구시가지 전경이 한눈에 들어온다. 타워 주변은 공원이 조성되어 있어 현지인들의 주말 나들이 장소로 이용된다.

지도 P.176
가는 방법 트램 22번 Újezd정류장에서 도보 4분 거리의 푸니쿨라 탑승
주소 Petřínské Sady 633, 118 00 Malá Strana Praha
운영 1~3 · 10 · 11월 10:00~18:00, 4 · 5 · 12월 09:00~19:30, 6~9월 09:00~20:30 **요금** 일반 220Kč, 학생 150Kč
홈페이지 www.prague.eu/petrinskarozhledna

TRAVEL TALK

공산주의 희생자 추모비

페트린 타워로 이어지는 푸니쿨라 정류장 주변은 평온한 공원처럼 보입니다. 그런데 이곳에 조금은 특별한 동상이 있죠. 기괴한 동상 같지만 사실은 1948년부터 1989년까지 공산 정권 하에 희생된 사람들을 기리는 추모비입니다. 체코 조각가 올브람 조우벡Olbram Zoubek의 작품으로 실제 사람과 비슷한 크기의 청동 조형물입니다. 가까이 다가가면 신체가 부패한 것처럼 보이는데 공산 체제에서 상처 입은 체코인의 마음을 조금은 알 수 있을 것 같습니다.

프라하 맛집

바츨라프 광장 일대부터 구시가지 광장과 말라스트라나 지구까지 프라하에는 이름난 식당이 너무나도 많다. 우연히 발견한 식당은 큰 기쁨을 주기도 하지만 자칫 여행을 망칠 수도 있다. 만족스러운 한 끼를 즐길 수 있도록 꼼꼼한 사전 조사는 필수다.

브레도브스키 드부르
Bredovský Dvůr

위치 바츨라프 광장 주변
유형 대표 맛집
주메뉴 콜레뇨

☺ → 한국어 메뉴판이 있어 편리하게 주문 가능
☹ → 혼자라면 많은 양

정통 체코 요리를 맛보고 싶을 때 찾아가면 좋은 식당이다. 동굴 속에 들어온 듯한 인테리어에 관광객을 상대로 하는 곳 같은 느낌도 들지만, 바에 걸터앉아 가볍게 맥주 한잔하는 현지인의 모습도 심심찮게 볼 수 있다. 전반적으로 체코를 대표하는 음식들이 주메뉴를 이룬다.

가는 방법 지하철 A · C선 Muzeum역에서 도보 1분
주소 Politických Vězňů 935/13, 110 00 Nové Město Praha **문의** +420 224 215 427 **운영** 월~토요일 11:00~24:00, 일요일 11:00~23:00
예산 콜레뇨 350Kč **홈페이지** www.restauracebredovskydvur.cz

칸티나
Kantýna

위치 바츨라프 광장 주변
유형 대표 맛집
주메뉴 스테이크

☺ → 원하는 고기의 부위, 소스 등을 직접 고를 수 있다.
☹ → 다소 복잡한 주문 방법

직접 고기 상태를 보고 고르는 우리나라 정육 식당과 같다. 계산원에게 주문서를 받고 정육점에서 원하는 고기, 사이드 메뉴와 소스를 고르면 주문 번호 역할을 하는 뼈다귀를 받는다. 안쪽으로 들어가 그 외 필요한 음식을 주문하고 원하는 자리에 앉으면 된다. 계산은 후불제다.

가는 방법 지하철 A · C선 Muzeum역에서 도보 1분
주소 Politických Vězňů 1511/5, 110 00 Nové Město Praha
문의 +420 605 593 328 **운영** 월~토요일 11:30~23:00, 일요일 11:00~22:00 **예산** 100g당 140Kč~
홈페이지 www.kantyna.ambi.cz

페르디난다
Ferdinanda

위치 국립 박물관 주변
유형 술집
주메뉴 체코 요리와 맥주

☺ → 깔끔한 인테리어와 저렴한 오늘의 메뉴
☹ → 음식이 좀 짠 편이다.

프라하 중앙역과 국립 박물관 중간에 있다. 밝고 캐주얼한 분위기이며 현지인과 관광객 모두 즐겨 찾는다. 낮에는 가성비 좋은 메뉴를 선보이는 카페로, 저녁에는 시끌벅적한 펍으로 운영한다. 주말 저녁에는 예약하는 것이 안전하다. 말라스트라나 지구에도 지점이 있다.

가는 방법 지하철 A · C선 Museum역에서 도보 2분
주소 Politických Vězňů 1597/19, 110 00 Nové Město Praha
문의 +420 775 135 575 **운영** 월~토요일 11:00~23:00 **휴무** 일요일
예산 오늘의 메뉴 150Kč~
홈페이지 www.ferdinanda.cz

비토프나 기차 레스토랑
Výtopna Railway Restaurant

위치 바츨라프 광장 주변
유형 대표 맛집
주메뉴 돼지 스테이크

😊→ 독특한 분위기
😑→ 가격대가 조금 높다.

'난방 발전소'라는 뜻의 비토프나는 다양한 연령대를 대상으로 한 패밀리 레스토랑이다. 기차 콘셉트 레스토랑답게 테이블마다 레일이 깔려 있어 주방에서 실린 음료가 테이블까지 배달된다. 메뉴가 다양하고 양도 푸짐한데 소소한 즐거움도 선사한다. 라거 맥주와 흑맥주의 농도 차를 이용해 섞어 만든 커트 비어Cut Beer가 인기다.

가는 방법 지하철 A · C선 Museum역에서 도보 2분 **주소** Václavské Nám. 802/56, 110 00 Nové Město Praha **문의** +420 775 444 554 **운영** 11:00~24:00 **예산** 맥주 115Kč, 메인 요리 490Kč~ **홈페이지** vytopna.cz

워크인
Wokin

위치 바츨라프 광장 주변
유형 로컬 맛집
주메뉴 누들박스

😊→ 원하는 재료를 직접 선택
😑→ 무난한 맛

유럽 여행 중 지속된 느끼함을 달래고 익숙한 맛이 그리울 때 추천하는 곳이다. 흔히 누들 박스라고 부르는 태국 음식 팟타이 전문점으로 프라하에 두 곳의 매장이 있다. 인테리어도 깔끔하고 세련된 편이다. 면이나 밥 중 하나를 선택하고 토핑과 소스도 직접 고르는 시스템이다. 개인의 취향대로 먹을 수 있어 좋다.

가는 방법 지하철 A · C선 Muzeum역에서 도보 1분 **주소** Jindřišská 832/3, 110 00 Nové Město Praha **문의** +420 725 523 570 **운영** 월~금요일 10:30~21:30, 토 · 일요일 11:00~21:30 **예산** 누들 박스 120Kč~ **홈페이지** www.wokin.cz

카페 넘버 3
Cafe No. 3

위치 화약탑 주변
유형 카페
주메뉴 커피

😊→ 도심 속 여유로운 분위기
😑→ 비좁은 실내 공간

화약탑에서 구시가지 광장까지 이어지는 번화한 거리에서 불과 한 블록 떨어져 있는데도 한적한 동네 카페 느낌이 든다. 여행자는 물론 현지인에게도 인기 있는 곳이다. 테이블이 적은 아담한 규모의 카페는 전체적으로 앤티크한 인테리어로 꾸며져 있다. 친절한 사장님이 내려 주는 맛있는 커피와 디저트, 분위기까지 두루 만족스럽다.

가는 방법 지하철 B선 Náměstí Republiky역에서 도보 2분 **주소** Jakubská 676/3, 110 00 Staré Město Praha **문의** +420 602 255 918 **운영** 월~토요일 10:00~20:00, 일요일 10:00~18:00 **예산** 커피 68Kč

안젤라토
Angelato

위치 하벨 시장 주변
유형 디저트
주메뉴 젤라토

😊→ 재료 본연의 맛을 살린 젤라토를 맛볼 수 있다.
😐→ 내부가 협소하다.

화학 첨가물 없이 오로지 재료 본연의 맛을 살린 프라하의 유명 젤라토 집이다. 우예즈드Újezd에도 지점이 있으나 구시가지 매장이 접근성이 좋다. 젤라토와 셔벗류의 아이스크림이 있으며 평균 이상의 맛을 내기에 무엇을 선택해도 성공적이다. 간혹 생강 맛이나 시금치 맛과 같은 독특한 메뉴도 선보인다.

가는 방법 지하철 A · B선 Můstek역에서 도보 3분 **주소** Rytířská 27, 110 00 Staré Město Praha **문의** +420 777 787 622 **운영** 11:00~20:00 **예산** 1스쿱 59Kč **홈페이지** angelato.cz

레스타우라체 우 팔라멘투
Restaurace U Parlamentu

위치 유대인 지구
유형 대표 맛집
주메뉴 체코 전통 요리

😊→ 합리적인 가격대
😐→ 늘 손님이 많아 줄을 서는 경우가 많다.

프라하성 또는 유대인 지구를 보고 나서 시내로 들어갈 때 들르기 좋은 곳에 있다. 관광객보다는 현지인들에게 더 인기 있는 맛집으로 아늑한 분위기다. 굴라시, 스비치코바, 콜레뇨 등 체코 전통 요리 중에서도 우리 입맛에 잘 맞는 음식들을 무난한 가격에 즐길 수 있으며 맥주 맛도 좋다.

가는 방법 지하철 A선 Staromestská역에서 도보 1분 **주소** Valentinská 52/8, 110 00 Staré Město Praha **문의** +420 721 415 747 **운영** 11:00~23:00 **예산** 굴라시 265Kč **홈페이지** www.uparlamentu.cz

파스타카페
Pastacaffé

위치 스페인 시나고그 주변
유형 로컬 맛집
주메뉴 파스타

😊→ 산뜻하고 모던한 인테리어가 돋보이는 곳
😐→ 중심가에서 조금 멀다.

유대인 지구에 있는 이탈리안 레스토랑. 구시가지 광장에서 400m 떨어져 있다 보니 관광객이 적어 한층 여유롭게 식사할 수 있다. 오전 11시 30분까지는 신선한 커피 또는 생과일 주스를 포함한 아침 메뉴를 제공한다. 가장 인기 있는 메뉴는 파스타이며 선뜻 고르기 어렵다면 오늘의 메뉴를 추천한다.

가는 방법 스페인 시나고그에서 도보 1분 **주소** Vězeňská 141/1, 110 00 Josefov Praha **문의** +420 603 529 965 **운영** 08:00~21:00 **예산** 파스타 285Kč~ **홈페이지** pastacaffe-vezenska.ambi.cz

베이크숍
Bakeshop

위치 유대인 지구
유형 디저트
주메뉴 베이커리류

☺ → 다양한 종류의 갓 구운 빵
☹ → 브런치로 유명한 곳인 만큼 오전에는 붐빈다.

부드러운 크루아상과 폭신한 머핀을 비롯한 각종 빵부터 파이, 타르트, 케이크, 쿠키까지 매일같이 다양한 디저트로 진열장이 꽉 찬다. 오후 3시까지는 브런치 메뉴를 선택할 수 있다. 스크램블드에그, 프라이, 오믈렛 중 하나를 고르고 안에 들어갈 재료를 선택한다. 유럽 감성을 즐기며 아침 식사를 하기에 좋다.

가는 방법 스페인 시나고그에서 도보 3분 **주소** Kozí 1, 110 00 Staré Město Praha
문의 +420 222 316 823
운영 07:00~21:00
예산 샌드위치 150Kč~
홈페이지 www.bakeshop.cz

카페 에벨
Café Ebel

위치 구시가지 광장 주변
유형 카페
주메뉴 커피

☺ → 프라하에서 맛있다고 소문난 커피를 즐길 수 있다.
☹ → 작은 규모, 화장실이 없음

1996년에 문을 연 오래된 카페로 온두라스 산타 바바라에 있는 150년 전통의 소규모 농장에서 생산된 원두로 직접 내리는 신선한 커피를 맛볼 수 있다. 카페 규모는 작지만 전문점의 느낌이 강하게 풍긴다. 커피와 함께 먹기 좋은 베이커리류도 있어 식후 디저트를 즐기면서 쉬어 가기 좋다.

가는 방법 스페인 시나고그에서 도보 1분 **주소** Kaprova 15/11, 110 00 Staré Město Praha
문의 +420 604 265 125
운영 월~금요일 08:30~17:00, 토 · 일요일 10:00~17:00
예산 카푸치노 60Kč~
홈페이지 www.ebelcoffee.com

콜즈로브나 우 파우케르타
Kozlovna U Paukerta

위치 국립 극장 주변
유형 술집
주메뉴 코젤 생맥주

☺ → 코젤 맥주의 다양한 종류를 즐길 수 있다.
☹ → 관광지와 떨어져 있다.

코젤 직영점으로 체코 전통 음식과 다양한 코젤 맥주를 접할 수 있는 곳이다. 입구에서부터 맥주 탱크가 눈에 띈다. 내부는 굉장히 넓고 현대적으로 꾸며져 있다. 코젤 직영점답게 평상시 쉽게 접하던 흑맥주뿐 아니라 필터링되지 않은 신선한 생맥주를 즐길 수 있어 맥주 마니아라면 꼭 한번 가볼 만하다.

가는 방법 지하철 B선 Národní Třída역에서 도보 3분 **주소** Národní 981/17, 110 00 Staré Město Praha **문의** +420 222 212 144 **운영** 월~금요일 11:00~24:00, 토 · 일요일 12:00~24:00 **예산** 메인 요리 255Kč~
홈페이지 www.kozlovnaupaukerta.cz

카바르나 슬라비아
Kavárna Slavia

위치 국립 극장 주변
유형 카페
주메뉴 팔라친키

😊 → 블타바강과 프라하성 풍경
😑 → 창가석은 예약 필요

1884년에 문을 연 체코 전통 카페로 바츨라프 하벨 전 대통령의 단골 카페이자 힐러리 클린턴과 같은 유명 인사들도 방문한 곳이다. 시그너처 메뉴는 헝가리 전통 크레페인 팔라친키Palačinky로 다채로운 토핑이 특징이다. 오후 5시부터 오후 11시까지는 피아노 연주를 들을 수 있어 멋진 전망을 감상하며 여유로운 시간을 보내기 좋다.

가는 방법 지하철 B선 Národní Třída역에서 도보 7분
주소 Smetanovo Nábř., 1012/2, 110 00 Staré Město Praha
문의 +420 777 709 145
운영 월~금요일 10:00~23:00, 토·일요일 10:00~22:00
예산 팔라친키 195Kč~
홈페이지 www.cafeslavia.cz

카페 사보이
Café Savoy

위치 캄파섬 주변
유형 카페
주메뉴 아침 식사와 커피

😊 → 고급스러운 아침 메뉴
😑 → 가격이 비싸다.

프라하에서 가장 유명한 클래식 카페로 100년이 넘는 역사를 자랑한다. 위치가 좋은 편이 아닌데도 항상 많은 사람들로 붐비는 곳으로 바쁜 시간대에는 친절한 서비스를 기대하기 어렵다. 가격대가 높은 편이지만 푸짐한 아침 식사가 유명하며 현지인들은 간단히 크루아상과 커피로 아침 식사를 대신하기도 한다.

가는 방법 트램 1·9·22·23·97·98·99번 Újezd정류장에서 도보 2분 **주소** Vítězná 124/5, 150 00 Malá Strana Praha
문의 +420 731 136 144
운영 월~금요일 08:00~22:00, 토·일요일 09:00~22:00
예산 아침 식사 448Kč~, 커피 85Kč~
홈페이지 cafesavoy.ambi.cz

스트라호프 수도원 양조장
Klášterní Pivovar Strahov

위치 스트라호프 수도원 주변
유형 술집
주메뉴 크래프트 비어

😊 → 갓 뽑아낸 신선한 수제 맥주
😑 → 식사 시간에는 항상 붐빈다.

지금의 양조장은 1628년에 들어섰지만, 그보다 오래전에도 수도원 안에 양조장이 있었다는 사실이 13~14세기 문헌을 통해 드러났다. 연중 판매하는 세 가지 맥주와 부활절이나 크리스마스에 판매되는 시즌 맥주로 종류가 나뉘어 있다. 가장 많이 팔리는 맥주는 앰버 라거Amber Lager로 향이 깊고 목 넘김이 부드럽다.

가는 방법 트램 22번 Pohořelec 정류장에서 도보 5분
주소 Strahovské Nádvoří 301/10, 118 00 Praha-Hradčany-Praha
문의 +420 734 852 382
운영 10:00~22:00
예산 맥주 53Kč~, 메인 요리 210Kč~
홈페이지 www.klasterni-pivovar.cz

프라하 쇼핑

체코 최대의 관광 도시답게 시내 중심에 대형 쇼핑몰이 있고 구시가지의
수많은 상점에는 쇼핑 욕구를 자극하는 기념품으로 가득하다.
체코를 여행하는 사람이라면 꼭 한 번은 들른다는 3대 천연 화장품 브랜드
매장도 구시가지 곳곳에 자리하니 놓치지 말고 들러 보자.

하벨 시장
Havelské Tržiště

위치 구시가지 광장 주변
유형 재래 시장
특징 13세기에 문을 연 시장

체코 전 대통령 바츨라프 하벨의 이름을 딴 노천 시장으로 구시가지에 자리한다. 프라하의 대표적인 시장답게 각종 기념품과 과일, 채소, 꽃 등을 판매한다. 관광객을 대상으로 하기에 가격이 저렴하다고는 할 수 없다. 구시가지 광장 가는 길에 있으니 체코의 특산품과 다양한 기념품들을 가볍게 구경하는 마음으로 둘러보면 좋다.

가는 방법 지하철 A · B선 Můstek역에서 도보 4분 **주소** Havelská 13, 110 00 Staré Město Praha **문의** +420 602 962 166 **운영** 월~토요일 07:00~19:00, 일요일 08:00~18:30

마누팍투라
Manufaktura

위치 프라하 시내 곳곳에 위치
유형 화장품 브랜드 매장
특징 체코 천연 화장품

1991년에 설립된 체코 화장품 브랜드로 식물 원료를 사용해 제품을 만든다. 맥주와 와인으로 만든 제품들도 인기가 많으며 특히 맥주 샴푸는 필수 쇼핑 리스트로 꼽힌다. 구시가지를 걷다 보면 마누팍투라 매장을 쉽게 볼 수 있다.

가는 방법 구시가지 광장에서 도보 2분 **주소** Melantrichova 970/17, 110 00 Staré Město Praha **문의** +420 601 310 611 **운영** 10:00~20:00 **홈페이지** www.manufaktura.cz

보타니쿠스
Botanicus

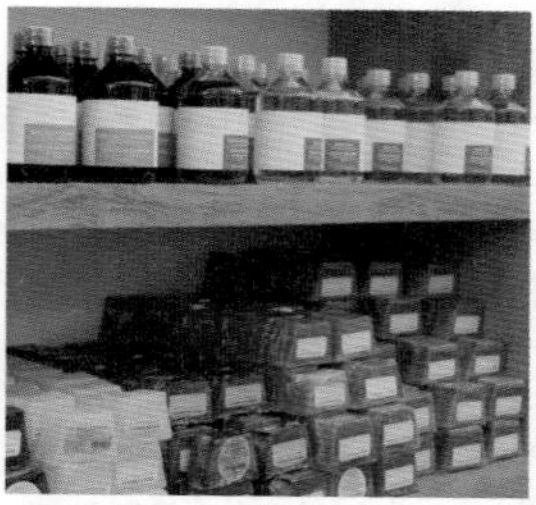

위치 틴 성당 주변
유형 화장품 브랜드 매장
특징 체코 천연 화장품

체코의 유명 유기농 화장품 전문 브랜드다. 프라하에서 북동쪽으로 약 40km 떨어진 오스트라Ostrá에 자사 농장이 있다. 이곳에서 생산된 최상의 허브와 과실, 화초로 600년 전통 제조법에 따라 제품을 만든다. 가장 유명한 것은 '전지현 오일'로 알려진 장미 오일이며 수제 비누, 샴푸, 보디 워시, 핸드크림 등 다양한 제품이 있다.

가는 방법 구시가지 광장에서 도보 2분 **주소** Týnský dvůr - Ungelt, Týn 3/1049, 110 00 Staré Město Praha **문의** +420 702 207 096 **운영** 10:00~20:00 **홈페이지** www.botanicus.cz

하블리코 아포테카
Havlíkova Přírodní Apotéka

위치 하벨 시장 주변
유형 화장품 브랜드 매장
특징 천연 화장품

마누팍투라, 보타니쿠스와 더불어 체코 3대 천연 화장품으로 불린다. 1928년에 탄생한 브랜드로 유기농 성분을 고집한다. 매장의 규모는 작지만 다양한 제품으로 채워져 있고 테스팅해 볼 수 있는 곳도 있다. 아기자기한 한국어 설명서는 쇼핑할 때 큰 도움이 된다. 가장 유명한 제품은 '아침 3분 팩Pečující a Čistící Ranní Maska'이다. 아침에 바르고 3분 뒤에 헹구면 노폐물이 제거된다고 한다. 이 외에도 샴푸, 오일, 바스 솔트, 비누 등이 있다. 팔라디움에도 매장이 있다.

가는 방법 하벨 시장에서 도보 2분
주소 1, Jilská 361, Staré Město, 110 00 Praha
문의 +420 775 154 055
운영 09:00~21:00
홈페이지 havlikovaapoteka.cz

블루 프라하
Blue Prague

위치 구 시청사 주변
유형 기념품점
특징 품질이 우수한 크리스털

1992년에 문을 열었으며 체코의 유명한 특산품 중 하나인 크리스털 제품이 주를 이룬다. 가격은 비싸지만 그만큼 품질이 좋다. 그 외에도 프라하 관련 서적과 마그넷, 마리오네트, 엽서, 스노볼과 같은 기념품과 현지 예술가들이 직접 디자인한 티셔츠도 있다. 프라하 시내 곳곳에서 쉽게 볼 수 있으며 공항 면세점에서도 구입할 수 있다.

가는 방법 구 시청사에서 도보 1분
주소 Malé Nám. 14, 110 00 Staré Město Praha
문의 +420 257 533 716
운영 일~목요일 10:30~23:00, 금 · 토요일 10:30~23:30

팔라디움
Palladium

위치 화약탑 주변
유형 쇼핑몰
특징 프라하 시내 최대 쇼핑몰

핑크색의 사랑스러운 외관이 돋보이는 팔라디움은 프라하 시내에서 가장 인기 있는 쇼핑몰이다. 2007년에 개장한 팔라디움에는 약 200여 개 글로벌 브랜드와 유명 레스토랑이 입점해 있다. 규모가 크기 때문에 주어진 시간이 짧다면 쇼핑몰에서 지도를 챙겨 다니는 것이 좋다. 고풍스러운 외관에 현대적인 인테리어가 조화를 이루는 건물 자체만으로도 볼거리이므로 근처를 지난다면 한 번쯤 들르는 것도 좋다.

가는 방법 지하철 B선 Náměstí Republiky역에서 도보 1분
주소 Nám. Republiky 1078/1, 110 00 Petrská Čtvrť Praha
문의 +420 225 770 250
운영 09:00~21:00
홈페이지 www.palladiumpraha.cz

Another Trip

세계 최초의 라거 맥주 탄생지

필스너 우르켈 양조장

플젠은 체코에서 네 번째로 큰 도시임에도 특별한 볼거리가 없지만 애주가들에게는 '맥주의 성지'로 통한다. 체코의 자랑인 세계적인 맥주 필스너 우르켈을 생산하는 양조장Pivovar Plzeňský Prazdroj이 있기 때문이다. 청량하면서도 홉의 쌉싸래한 맛이 느껴지는 황금빛 라거 맥주의 시초인 필스너를 현지에서 직접 맛보는 것도 특별한 추억이 된다. 2016년 일본 아사히그룹이 필스너 우르켈을 인수했지만 필스너의 원조는 플젠에서 시작된 체코 맥주라는 점은 이곳으로부터 영원히 기억될 것이다.

가는 방법

● 열차

프라하 중앙역에서 플젠 중앙역Plzeň hl.n.까지 매일 1시간에 1~3대의 열차가 운행한다. 플젠 중앙역에서 필스너 우르켈 양조장까지는 도보 10분 걸린다.

소요 시간 약 1시간 30분

홈페이지 www.cd.cz

● 버스

프라하 플로렌츠 터미널과 프라하 지하철 B선의 종착역 즐리친Zličín 터미널에서 버스가 출발한다. 플젠 버스 터미널에서 양조장까지는 28번 버스나 2번 트램을 이용한다.

소요 시간 플로렌츠 터미널에서 1시간 40분, 즐리친 터미널에서 1시간 **홈페이지** flixbus.com

황금빛 라거 맥주의 원조 맛집에서 맥주 시음

세계 최초의 라거 맥주로 알려진 체코의 필스너 우르켈Pilsner Urguell은 1842년 플젠에서 탄생했다. 플젠은 맥주의 고향으로 알려졌지만 처음부터 유명했던 것은 아니다. 1295년 바츨라프 2세Václav II에 의해 형성된 플젠은 양조권을 가지고 있었으나 19세기까지 맥주의 품질이 우수하지 못했다. 1838년에는 맛없는 맥주에 성난 시민들이 36통(5,700L)의 맥주를 시청 앞 광장에 버리는 사건이 발생했다. 이를 계기로 플젠 맥주의 명성과 생업을 지키기 위해 시민 맥주 양조장이 설립되었고, 독일 바이에른 지역 출신인 맥주 양조사 요제프 그롤Josef Groll을 초빙해 새로운 공법의 맥주를 탄생시켰다. 그것이 바로 필스너 우르켈이다. 연간 25만 명의 관광객이 찾는 양조장은 세계 53개국으로 맥주를 수출하는 실제 공장이며 맥주의 양조 과정을 관람할 수 있다.

주소 U Prazdroje 7, 301 00 Plzeň
운영 5~9월 09:00~18:00, 10~4월 10:00~18:00
요금 가이드 투어 380Kč
홈페이지 www.prazdrojvisit.cz

TIP

양조장 관람은 최대 45명씩 110분간 가이드 투어로 진행된다. 영어, 체코어, 독일어, 러시아어, 프랑스어로 진행되며 언어별 투어 시간은 홈페이지를 통해 확인할 수 있다. 성수기에는 미리 예약하고 가기를 추천한다.

맥주 제대로 마시는 법

10년간 묵은 오크 통에서 직접 따라낸 맥주는 시판 맥주와 다른 특별한 맛을 선사한다. 오직 양조장에서만 맛볼 수 있는, 여과 되지 않은 맥주를 제대로 마시기 위한 방법이 따로 있다.

1. **관찰하기** 시판 맥주에서는 볼 수 없는 불투명한 호박빛 또는 연한 황금빛을 띤다.
2. **잔 돌리기** 화합물 증발을 위해 잔을 돌린다.
3. **향 맡아 보기** 맥주 향도 중요한 시음 요소다. 부드럽고 풍부한 필스너 우르켈 특유의 홉 향을 느낄 수 있다.
4. **마시기** 마시기 전 입안에 머금고 혀를 감싸는 맛을 음미한 후 부드럽고 조화로운 목 넘김을 느끼는 것이 맥주를 마시는 가장 완벽한 방법이다.

양조장 투어 과정

체코 맥주 시장을 장악하는 필스너 우르켈의 매력을 알아보려면 탄생 과정을 살펴볼 필요가 있다. 약 100분 동안 투어 버스를 타고 이동하며 원료부터 유통까지의 과정을 알아본다. 마지막 순서로 지하 저장고 오크 통에서 막 따라 여과 과정을 거치지 않은, 양조장에서만 마실 수 있는 특별한 맥주 한 잔이 제공된다.

1

양조장 마당

공장 설립 50주년을 기념하는 정문과 네덜란드 등대 모양으로 완성된 급수탑에 관한 설명을 듣는다. 급수탑은 1907년에 세워졌으며 샘물과 강물을 탱크로 양수한 후 양조장에 공급하는 역할을 했다.

2

용기 주입 제조소

높은 수요로 설비 용량 확대가 요구되자 2006년 새로운 용기 주입 제조소를 열었다. 세척을 마친 초록 병 수천 개가 컨베이어벨트로 이동하는 모습이 펼쳐진다.

3

원료 전시관

보리와 맥아, 물, 효모 등 맥주 원료를 전시한다. 모두 최고 품질의 체코산이며 직접 만져 보고 맛볼 수 있다.

4

옛 양조장과 새 양조장

맥주 제조에서 가장 중요한 단계! 분쇄된 맥아를 물에 풀고 가열하면서 홉을 첨가하는 공정을 세 번 반복해 단맛 맥아즙을 만드는 과정을 볼 수 있다.

5

인물 전시관

원료와 제조 공법도 중요하지만 만드는 사람의 의지와 열정이 필스너 우르켈을 탄생시켰음을 알게 되는 공간이다.

6

지하 저장고

한여름에도 서늘한 5℃ 안팎의 지하 저장고에서는 오크 통에서 맥주가 발효·숙성되는 과정을 볼 수 있다. 투어의 하이라이트인 시음도 이곳에서 이뤄진다. 오크 통에서 직접 따라 주는 맥주는 여과 과정을 거치지 않아 효모가 살아 있어 시판 맥주와 다른 특별한 맛을 느낄 수 있다.

ČESKÝ KRUMLOV

체스키크룸로프

프라하에서 출발해 보헤미아 평원을 세 시간쯤 지나면 체스키크룸로프라는 예쁜 마을에 닿는다. '리틀 프라하'라는 별칭이 있는 체스키크룸로프는 프라하와 많은 점이 닮았다. 언덕 위에는 마을의 상징인 성이 있고 블타바강이 마을을 휘감아 흐른다. 주황빛 지붕의 오래된 집들, 걷고 싶은 아름다운 골목과 그 중심에 있는 구시가지 광장도 프라하의 축소판 같다. 체스키크룸로프는 1992년 체코에서 가장 먼저 유네스코 세계문화유산으로 지정되어 보호받고 있다.

체스키크룸로프 들어가기 & 여행 방법

프라하에서 버스, 열차가 자주 운행되어 편리하게 다녀올 수 있다.
정류장과 구시가지까지의 거리를 고려하면 기차보다는 버스를 이용하는 것이 좋다.

버스

프라하에서 당일치기로 이동할 때 버스를 가장 많이 이용한다. 대표적인 두 곳의 버스 회사가 있고 탑승 장소, 하차 장소, 소요 시간, 가격에 따라 조금씩 차이가 있다. 탑승 장소는 각자 동선을 고려한 후 선택하는 것이 좋다. 체스키크룸로프에는 두 곳의 정류장이 있으며 Český Krumlov, Autobusové Nádraží(AN)정류장이 구시가지에서 가장 가깝다. 모든 버스 회사의 홈페이지나 현지의 버스 회사 사무소에서 예매할 수 있다. 프라하 출발편은 인기 구간이기 때문에 비수기에도 예매는 필수다.

• 레지오젯 RegioJet
탑승 장소 Prague-Na Knížecí
하차 장소 Český Krumlov-AN
운행 매시 정각 출발, 2시간 50분 소요
요금 €7.70
홈페이지 www.regiojet.com

• 플릭스버스 Flixbus
탑승 장소 Prague-Na Knížecí, Prague-ÚAN Florenc, Praha hl.n., Prague Roztyly
하차 장소 Český Krumlov-AN, Český Krumlov-Špičák
운행 수시로 운행, 2시간 40분~3시간 10분 소요
요금 €8~15
홈페이지 www.flixbus.de

열차

프라하 중앙역과 체스키크룸로프역을 연결하는 직행 열차가 1일 1회 운행한다. 소요 시간은 버스와 크게 차이가 없지만, 역에서 구시가지까지 도보로 20분가량 소요된다. 구시가지에서 북쪽으로 1.5km 떨어져 있는 역은 거리상 멀지 않은 것처럼 보이지만 경사가 제법 가파르고 돌길이어서 짐을 가지고 이동하기에는 무리다.
홈페이지 www.cd.cz

시내 교통

중세 모습이 그대로 보존된 울퉁불퉁한 길에서 캐리어를 끌기 쉽지 않다. 구시가지 내에는 따로 버스가 운행하지 않으니 숙소 픽업 서비스나 택시(우버)를 이용해야 한다. 잔돈 때문에 사기를 당할 수 있으니 동전을 미리 준비하자. 다른 도시로 이동 전 들른다면 버스 터미널의 코인 로커를 이용하면 된다.

체스키크룸로프 – 주요 도시 간 이동 시간

출발지	이동 수단	소요 시간
프라하	열차	2시간 30분
	버스	2시간 35분
잘츠부르크	버스	3시간

ⓘ 관광안내소

숙박, 교통, 투어, 환전 등 체스키크룸로프 여행을 하기 전 다양한 정보를 얻을 수 있는 곳이다. 유료 수하물 보관소도 운영한다.

● 스보르노스티 광장
주소 Nám. Svornosti 2, 381 01 Český Krumlov
운영 화~토요일 09:00~17:00,
일·월요일 09:00~16:00
홈페이지 www.ckrumlov.info

Český Krumlov **Best Course**

체스키크룸로프 추천 코스

프라하 근교의 동화 마을 체스키크룸로프 당일치기 코스

체스키크룸로프는 프라하에서 당일치기로 많이 가는 여행지다. 근교 여행지로 인기가 높지만 오가는 데 시간이 꽤 걸린다. 아침 일찍 출발해 하루를 온전히 투자하거나 오스트리아 잘츠부르크로 이동하면서 들르기도 한다.

TRAVEL POINT

- **이런 사람 팔로우!** 동유럽 감성이 가득한 소도시를 여행하고 싶다면
- **여행 적정 일수** 여유로운 1일
- **여행 준비물과 팁** 편한 신발
- **사전 예약 필수** 없음

DAY 1

- **소요 시간** 4~6시간
- **점심 식사는 어디서 할까?** 블타강 강변
- **기억할 것** 미국 버드와이저의 오리지널 맥주 부데요비츠키 부드바르Budějovický Budvar는 원래 체코 브랜드다. 이 맥주의 본고장인 '체스케부데요비치'가 체스키크룸로프의 옆 동네에 있어 이곳에서도 원조 생맥주를 마실 수 있다.

스보르노스티 광장 P.197

→ 도보 3분

점심 식사 추천 우 갈레리에 P.201

→ 도보 5분

이발사의 다리 P.197

→ 도보 5분

체스키크룸로프성 P.198

→ 도보 7분

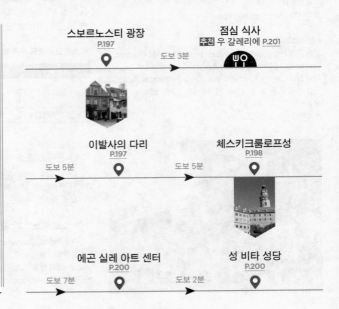

에곤 실레 아트 센터 P.200

→ 도보 2분

성 비타 성당 P.200

체스키크룸로프 관광 명소

체스키크룸로프에 도착하면 우선 마을 중심가인의 스보르노스티 광장으로 이동한다.
마을 규모는 워낙 작지만 체스키크룸로프성 내부 투어까지 한다면 꼭 찬 하루가 필요하다.
성에 올라 풍경을 감상하는 것도 좋고 좁은 골목 구석구석을 탐방해도 재미있다.

01 스보르노스티 광장

Náměstí Svornosti

마을의 중심이자 상징적인 공간

체스키크룸로프가 형성된 13세기부터 지금까지 구시가지의 중심지 역할을 하는 광장이다. 직사각형 광장은 중세 시대 지어진 파스텔 톤의 아름다운 건물로 둘러싸여 있다. 오래된 건물에 호텔, 식당, 카페, 상점 등이 들어서 있다. 그중에서도 건물 두 채를 연결한 시청사 건물이 가장 독특한데 고딕과 르네상스 양식을 모두 엿볼 수 있다. 시청사 1층에는 관광안내소가 자리한다. 광장 한쪽에는 흑사병 퇴치 기념으로 프라하 조각가 마테이 바츨라프 야켈Matěj Václav Jäckel이 1716년에 세운 흑사병 기념비Kašna a Morový Sloup가 있다. 성모 마리아를 둘러싼 수호성인 8명이 분수를 받치고 있는 형상이다.

가는 방법 버스 터미널에서 도보 10분
주소 381 01 Český Krumlov

TRAVEL TALK

이발사 다리에서 들려오는 세 가지 이야기

블타바강을 사이에 두고 구시가지와 성을 연결하는 다리의 이름이 독특합니다. 이발사의 다리Lazebnický Most라는 명칭에 얽힌 이야기가 여럿 있는데요. 첫 번째, 다리 북쪽 라트란Latrán 거리 1번지에 이발사의 집이 있었기 때문이라는 것이 가장 평범한 이유입니다. 두 번째, 합스부르크가의 루돌프 2세Rudolf II 황제는 정신질환이 있는 왕자를 이 마을에 보냈어요. 왕자는 이발사의 딸과 사랑에 빠졌지만 사랑이 이루어지지 않자 그녀를 살해했다고 합니다. 세 번째, 이발사의 딸이 살해된 채 발견되자 마을 사람들은 왕자의 짓이라 수군거렸어요. 왕자가 범인이 나올 때까지 마을 사람들을 죽이겠다고 하자 이에 견디지 못한 이발사가 거짓 자백을 해 처형당했다고 합니다.

02

체스키크룸로프성

Státní Hrad a Zámek Český Krumlov

추천

마을의 전망대 역할을 하는 고성

프라하성 다음으로 큰 규모를 자랑하며 체코의 중요한 건축물 중 하나로 꼽힌다. 13세기 중반 고딕 양식으로 지어진 이후 지배자와 시기에 따라 르네상스, 바로크, 로코코 양식으로 모습이 조금씩 바뀌었다. 특히 14~16세기에 이곳을 지배한 로줌베르카Rožmberka 가문은 르네상스 양식으로 성을 증 · 개축해 화려함을 더했다. 17세기 이후부터 합스부르크 왕가의 사유지가 되었다. 바로크와 로코코 양식의 새로운 건물들도 늘어나 현재 약 40채의 건물이 성 안에 자리한다. 도료를 바르고 표면이 굳기 전 긁어내 입체감을 준 스그라피토Sgraffito 기법을 활용한 외관도 눈여겨볼 만하다. 체스키크룸로프성은 1992년 유네스코 세계문화유산으로 등재되었다.

가는 방법 이발사의 다리에서 도보 5분
주소 Zámek 59, 381 01 Český Krumlov
홈페이지 www.zamek-ceskykrumlov.cz

TIP

체스키크룸로프성 내부 가이드 투어

가이드 투어를 통해 성 내부의 핵심 볼거리를 관람할 수 있다. 영어, 독일어, 체코어로 진행된다. 사진 촬영은 금지된다.

❶ **투어 1** 성 이르지 예배당Zámecká Kaple Sv. Jiří, 에겐베르크 홀Eggenberský Sál, 무도회장Maškarní Sál 등 르네상스와 바로크 양식으로 꾸며진 내부를 둘러본다(55분 소요).

❷ **투어 2** 슈바르첸베르크Schwarzenberská 가문이 사용했던 공간과 초상화 갤러리를 둘러본다(55분 소요).

❸ **바로크 양식의 극장Zámecké Barokní Divadlo 투어**(40분 소요)

운영 투어 1·2 9~5월 09:00~16:00, 6~8월 09:00~17:00 / 바로크 양식의 극장 투어 5~10월 10:00~15:00
요금 투어 1 일반 300Kč, 학생 240Kč / 투어 2 일반 260Kč, 학생 210Kč /
바로크 양식의 극장 투어 일반 360Kč, 학생 290Kč

FOLLOW UP

체스키크룸로프성에서 놓쳐서는 안 될 볼거리 BEST 4

마을의 가장 높은 성에 오르면 중세 모습을 간직한 마을 경관에 감동해 한참을 내려다보게 된다. 그렇다고 풍경 때문에 정작 내부 구경을 놓칠 수는 없는 법. 시간이 없어 가이드 투어는 하지 않더라도 건물 40채로 이루어진 성채의 하이라이트는 꼭 보고 오자.

① 곰 해자 Medvědí Příkop

적의 침입을 막기 위해 성 주변에 조성한 방어 시설에 1707년부터 곰이 사육되고 있다. 로줌베르카 가문은 이탈리아 귀족 오르시니Orsini를 뿌리로 여기며 스스로 고대 로마 제국의 정통성을 부여했다. 이탈리아어 오르사Orsa는 '암컷 곰'을 뜻하며 오르시니와 이름이 유사한 것을 이용해 두 가문의 이어짐을 드러내고자 했다.

② 탑 Zámecká Věž

높이 86m의 전망대에 오르면 굽이치는 블타바강과 주황빛 지붕으로 가득한 마을 풍경이 파노라마로 펼쳐진다. 탑은 16세기에 지어졌으며 고딕 양식과 르네상스 양식이 혼재되어 있다. 탑 하단부에는 가구, 의류, 악기, 무기 등을 전시한 과거 귀족들의 생활상을 엿볼 수 있는 성 박물관Hradní Museum이 있다.

운영 11~3월 화~일요일 09:00~15:30,
4·5·9·10월 09:00~16:30, 6~8월 09:00~17:30
휴무 11~3월 월요일 **요금** 탑 일반 280Kč, 학생 220Kč

③ 망토 다리 Plášťový Most

성을 보호하는 요새 역할을 한 다리로 성 안의 바로크 양식 극장과 정원을 연결한다. 석조 기둥 위에 3층 아치를 덮은 구조물 형태가 망토 같다고 해서 '망토 다리'라고 부른다. 초기에는 목조 다리로 지어졌으며 17세기부터 지금의 모습을 갖추었다. 다리에서 바라본 마을 풍경이 아름답기로 유명하다.

④ 자메츠카 정원 Zámecká Zahrada

17세기 후반에 바로크 양식으로 조성된 넓은 정원이다. 화단과 분수, 조각상이 어우러져 하나의 문양을 만들어 낸 아름다운 정원이다. 성을 둘러본 뒤 깔끔하게 조성된 정원을 산책하며 여유를 즐기기 좋다.

운영 4·10월 08:00~17:00, 5~9월 08:00~19:00

⓪③ 에곤 실레 아트 센터
Egon Schiele Art Centrum

에로티시즘의 거장을 만나다

오스트리아 출신의 에곤 실레는 천재적인 드로잉 실력을 지닌 화가이자 클림트의 제자로도 알려져 있다. 1911년 에곤 실레는 어머니의 고향 체스키 크룸로프에 잠시 머무르며 마을 풍경을 그렸다. 불안한 인간의 심리와 육체를 거칠게 묘사하는 그를 마을 사람들은 이해할 수 없었고 결국 실레는 쫓겨나듯 이곳을 떠났다고 한다. 1993년에 개관한 아트 센터는 그의 작품 세계를 보여 주는 자료를 전시하고 있으며 젊은 예술가들을 위한 공간으로도 이용된다.

가는 방법 스보르노스티 광장에서 도보 2분
주소 Široká 71, 381 01 Český Krumlov
운영 화~일요일 10:00~18:00 **휴무** 월요일
요금 일반 220Kč, 학생 150Kč
홈페이지 www.esac.cz

⓪④ 성 비타 성당
Kostel Svatého Víta

붉은 지붕들 사이에 자리 잡은 거대한 성당

1309년에 지은 후기 고딕 양식의 성당으로 성 비타에게 봉헌되었다. 마을 인구가 증가하자 더 많은 인원을 수용할 수 있는 성당이 필요했고, 1438년 지금의 성당이 완공되었다. 여러 차례 개축을 거듭한 결과 고딕 · 바로크 · 르네상스 양식이 혼재되었으며 역사적 가치를 인정받아 1995년 체코의 국립 문화재로 지정되었다. 내부는 아치형의 천장과 화려한 제단이 어우러져 웅장한 느낌이 든다. 성인 얀 네포무츠키를 기리는 예배당을 비롯해 많은 성화와 조각, 대형 오르간이 있다.

가는 방법 스보르노스티 광장에서 도보 1분
주소 Kostelní, 381 01 Český Krumlov
운영 월요일 09:00~16:30, 화 · 토요일 09:00~17:00, 수~금요일 09:00~16:30, 일요일 11:00~17:00
홈페이지 www.farnostck.bcb.cz

체스키크룸로프 맛집

작은 마을이다 보니 중심가에는 사람들로 붐비는 식당이 정해져 있다. 게다가 단체 관광객이라도 몰리면 자리가 없어 발길을 돌려야 할 수도 있다. 다리를 한 번만 건너면 한적하고 아늑한 분위기의 식당이 의외로 많으니 복잡한 중심가에서 조금 걸어나가 보자.

우 갈레리에
U Galerie

위치 블타바 다리 주변
유형 로컬 맛집
주메뉴 체코 전통 음식

☺→ 저렴하면서도 정갈한 음식
☹→ 중심가에서 살짝 벗어난 위치

펜션과 함께 운영되는 곳으로 강변에 자리한다. 화려함과는 거리가 있으나 아늑한 가정집 분위기가 나는 로컬 식당이다. 관광객으로 북적거리는 마을 중심가의 식당과 달리 한적하고 정겨움도 느껴진다. 가장 인기 있는 메뉴는 슈니첼과 연어 스테이크이며, 별도로 주문하는 사이드 메뉴도 두루 괜찮다.

가는 방법 스보르노스티 광장에서 도보 3분
주소 Rybářská 40, 381 01 Český Krumlov
문의 +420 380 711 829
운영 월~목요일 12:00~22:00, 금~일요일 12:00~23:00
예산 메인 요리 150Kč~

아이디얼 커피
Ideal Coffee

위치 블타바 다리 주변
유형 카페
주메뉴 커피

☺→ 좋은 원두로 내린 커피
☹→ 화장실이 없다.

중심 광장에서 멀리 떨어져 있고 주변 전망이 훌륭한 것도 아니다. 많은 이들이 수고로움을 감수하고 이 작은 카페를 방문하는 이유는 체스키크룸로프에서 맛있기로 소문난 커피를 즐기기 위해서다. 신선하고 질 좋은 원두로 내린 커피는 멀리서 찾아온 손님을 실망시키는 법이 없다.

가는 방법 스보르노스티 광장에서 도보 5분
주소 Horská 70, 381 01 Český Krumlov
문의 +420 737 748 897
운영 월~토요일 09:30~18:00, 일요일 09:30~17:00
예산 48Kč

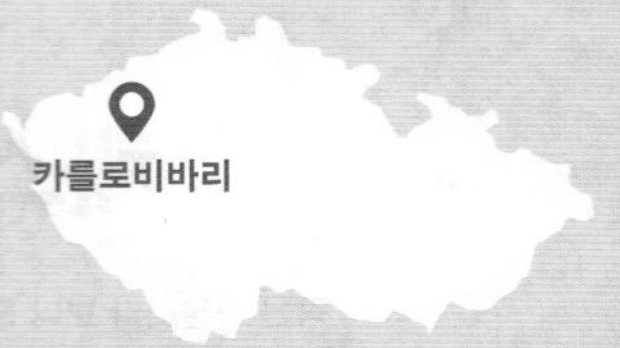

KARLOVY VARY

카를로비바리

프라하에서 서쪽으로 약 130km를 달리면 독일과의 국경 부근에 유명한 온천 도시 카를로비바리가 있다. 14세기에 신성 로마 제국의 황제 카를 4세가 사냥을 하다가 발견했다는 이곳은 각종 미네랄이 풍부한 온천수가 솟아나 휴양지로 주목을 받았다. 1522년에 첫 번째 스파가 생긴 이래로 수많은 유명 인사들이 이곳을 방문했다. 실제 의사들의 추천으로 카를로비바리를 찾는 현지인들이 많으며 스파와 더불어 관절염 등을 치료하는 클리닉도 많다.

휴양

마시는 온천

콜로나다

007 카지노 로얄

베헤로브카의 본고장

카를로비바리 들어가기

대부분 프라하에서 당일치기로 방문하는 것이 일반적이다. 열차는 노선이 열악하고 연결편이 좋지 않아 편도 3시간 이상 소요되므로 버스를 이용하는 것이 훨씬 편리하다.

버스

프라하 플로렌츠 터미널Prague ÚAN Florenc에서 플릭스버스와 레지오젯 두 회사가 카를로비바리 노선을 운행한다. 2개의 노선 모두 카를로비바리 시내와 가까운 트르니체Karlovy Vary-Tržnice정류장에 정차한 후, 돌니 나드라지 터미널Terminál Dolní Nádraží에 도착한다. 트르니체 정류장은 잠시 정차하는 곳이니 프라하로 돌아갈 때는 버스 터미널에서만 버스를 탑승해야 한다. 플릭스버스는 프라하 출발 시 플로렌츠 터미널 외의 장소에서도 탈 수 있다.

- **레지오젯 RegioJet**

탑승 장소 Prague ÚAN Florenc
하차 장소 Karlovy Vary – Tržnice, Terminál Dolní Nádraží
운행 매시 30분 출발, 2시간 15분 소요
요금 €8~13
홈페이지 www.regiojet.com

- **플릭스버스 Flixbus**

탑승 장소 Prague ÚAN Florenc, Prague Hradčanská
하차 장소 Karlovy Vary-Tržnice, Terminál Dolní Nádraží
운행 수시로 운행, 1시간 45분~2시간 10분 소요
요금 €13 **홈페이지** www.flixbus.de

열차

카를로비바리의 기차역은 중앙역에 해당하는 카를로비바리Karlovy Vary역과 시내와 비교적 가까운 카를로비바리 돌니 나드라지Karlovy Vary's Dolní Nádrazí역으로 나뉜다. 카를로비바리 돌니 나드라지역은 버스 터미널 옆에 있다. 시내에서 도보로 이동이 가능하다는 지리적 이점이 있지만 프라하에서 최소 2회 이상 환승해야 하며, 스케줄도 좋지 않아 열차 이동은 추천하지 않는다.
홈페이지 www.cd.cz

TIP

카를로비바리역에서 시내까지는 도보 15분 이상 소요된다. 역 앞에 정차하는 1·12·13·51번 버스가 트르니체Karlovy Vary-Tržnice정류장을 지난다.
요금 20Kč

카를로비바리 – 프라하 간 이동 시간

출발지	이동 수단	소요 시간
프라하	열차	3시간 20분
	버스	1시간 35분

Karlovy Vary **Best Course**

카를로비바리 추천 코스

마시는 온천을 찾아서!
카를로비바리 당일치기 코스

대부분의 여행자들은 프라하에서 가볍게 당일치기로 다녀오는 코스를 선택한다. 치료 효과가 있다는 온천을 제대로 이용할 목적이라면 온천을 갖춘 호텔에 숙박하며 하루 이상 머물기를 권한다.

TRAVEL POINT

- **이런 사람 팔로우!** 체코의 대표적인 온천 도시에서 힐링하고 싶다면
- **여행 적정 일수** 여유로운 1일
- **여행 준비물과 팁** 스파에 간다면 수영복과 세면도구
- **사전 예약 필수** 없음

DAY 1

- **소요 시간** 4~6시간
- **점심 식사는 어디서 할까?** 버스 터미널 주변
- **기억할 것** 카를로비바리의 여행 포인트는 온천수 맛보기. 온천수를 마시기 위해 개인 컵을 챙겨 가는 것도 좋지만 거리 곳곳에서 다양한 디자인의 전용 컵을 판매하고 있으니 기념 삼아 구입할 만하다.

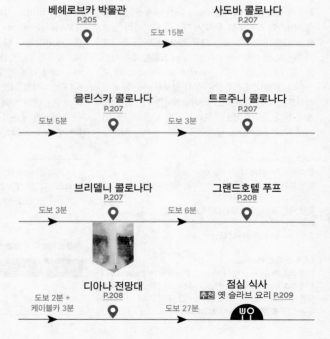

베헤로브카 박물관 P.205
→ 도보 15분 →
사도바 콜로나다 P.207
→ 도보 5분 →
믈린스카 콜로나다 P.207
→ 도보 3분 →
트르주니 콜로나다 P.207
→ 도보 3분 →
브리델니 콜로나다 P.207

→ 도보 6분 →
그랜드호텔 푸프 P.208
→ 도보 2분 + 케이블카 3분 →
디아나 전망대 P.208
→ 도보 27분 →
점심 식사
추천 옛 슬라브 요리 P.209

카를로비바리 관광 명소

카를로비바리를 남북으로 관통하는 테플라Teplá강을 중심으로 양쪽에 호텔과 식당, 각종 상점이 줄지어 있으며 강을 따라 걷다 보면 마을 전체를 간편히 둘러볼 수 있다. 특별한 볼거리를 찾기보다는 강변을 따라 거닐면서 다양한 콜로나다에 들러 온천수를 즐겨 보자.

01 베헤로브카 박물관 추천
Jan Becher Museum

온천수와 약초로 만든 전통주의 모든 것

체코의 3대 명주에 속하는 베헤로브카Becherovka에 관한 다양한 전시물을 볼 수 있는 박물관이다. 1867년부터 100년 이상 베헤로브카를 생산한 공장을 박물관으로 운영 중이다. 술의 원료가 되는 약초와 향신료의 향을 직접 맡아 볼 수 있으며 베헤로브카를 처음 만든 약사 요세프 베헤르Josef Becher가 아들 얀 베헤르Jan Becher에게만 남긴 조리법을 둘러싼 비밀에 대해서도 살펴볼 수 있다. 내부 관람은 가이드 투어로 진행되며 시음도 가능하다.

가는 방법 돌니 나드라지 버스 터미널에서 도보 3분
주소 T. G. Masaryka 282/57, 360 01 Karlovy Vary
운영 화~일요일 09:00~12:00, 12:30~17:00
휴무 월요일 **요금** 일반 180Kč **홈페이지** becherovka.com

02 성 페트라와 파블라 성당
Pravoslavný Kostel Sv. Petra a Pavla

카를로비바리에서 가장 이국적인 건축물

체코에서 가장 큰 러시아 정교회 성당으로 1898년에 완공되었다. 황금빛 돔 5개가 돋보이는 이 성당은 체코에서 보기 드문 비잔틴 양식으로 지어졌다. 휴양을 위해 카를로비바리를 찾은 세르비아와 러시아 귀족들의 후원을 받아 모스크바 근처 오스탄키노Ostankin에 있는 정교회 성당을 모델로 건축되었다. 내부 역시 외관만큼이나 화려하다. 제2차 세계대전 당시에는 창고로 사용되는 수모를 겪기도 했다. 내부 사진 촬영은 금지되어 있다.

가는 방법 사도바 콜로나다에서 도보 10분
주소 Krále Jiřího 2c, 360 01 Karlovy Vary
운영 09:00~18:00 **홈페이지** podvorie.cz

⓪③ 콜로나다
Kolonáda

추천

카를로비바리의 명물인 마시는 온천을 찾아서

'콜로나다'란 기둥이 나란히 늘어선 열주를 뜻한다. 카를로비바리에서는 온천수가 나오는 자리에 열주들 위로 지붕을 올려 정자 모양을 만들어 놓고, 그 아래 온천수를 사람들이 마실 수 있게 했다. 당시 최고의 건축가들이 설계를 맡았다. 콜로나다는 단순히 물을 마시는 장소일 뿐만 아니라 분위기 있는 사교의 장이기도 했다. 카를로비바리 온천은 몸을 담그고 피로를 푸는 개념이 아니라 마시는 온천수라는 점이 특별하다. 이 도시에는 40가지 이상의 성분이 함유된 15개의 원천이 있고 온천수는 위장질환, 관절, 성인병 등에 도움이 된다고 한다.

19세기에 약사 요세프 베헤르Josef Becher가 식이요법, 산책을 병행한 온천수 치료법을 개발해 지금도 치료 목적으로 콜로나다를 찾는 사람들이 많다. 온천수를 마시려면 전용 컵을 사거나 미리 준비해 가면 좋다. 물맛이 짭짤해 마시기 쉽지 않지만, 건강에 좋은 각종 미네랄이 가득 들어 있다고 하니 한 번쯤 경험해 볼 만하다.

카를로비바리 온천 기념품 BEST 3

❶ 베헤로브카 Becherovka
수십 가지의 약초를 재료로 만들어 약술이라고도 불리며 특히 위장에 좋다고 한다. 1807년 약사 출신의 요세프 베헤르가 처음 만들었다. 스트레이트로 마시기에는 약초 향이 강해 토닉과 오렌지 주스 등을 섞어 칵테일로 많이 마신다.

❷ 라젠스키 포하레크 Lázeňský Pohárek
뜨거운 온천수를 받아 마실 수 있도록 손잡이에 빨대처럼 구멍을 뚫은 도자기 컵이다. 거리 상점에서 쉽게 볼 수 있으며 디자인과 크기가 다양해 기념품으로 인기다.

❸ 오플라트키 Oplatky
얇고 둥근 웨이퍼(웨하스) 안에 바닐라, 초콜릿, 커피, 아몬드, 시나몬 등 크림을 넣어 만든 과자. 헤이즐넛 맛이 오리지널이다. 맛과 냄새가 묘한 온천수를 마실 때 곁들여 먹으면 좋다.

FOLLOW UP

각종 미네랄이 함유된 온천수 마시기 카를로비바리의 콜로나다 BEST 4

온천의 의학적 효과가 알려지면서 유럽 각국의 왕족과 귀족, 저명 인사들이 치유를 위해 자주 찾았다는 카를로비바리에는 15개의 주요 원천과 300여 개에 이르는 작은 온천이 있다. 각각 다른 온도의 온천수를 도자기 컵에 담아 마셔 보고 산책하며 맑은 공기도 쐬면 없던 병도 낫는 기분이 든다.

● 사도바 콜로나다 Sadová Kolonáda 28.7°C

사도바는 체코어로 '공원'이라는 뜻이다. 드보라코비 공원Dvořákovy Sady 안에 자리한 아름다운 아치형 터널의 콜로나다로, 1880년 오스트리아 건축가 펠너Fellner와 헬머Helmer의 설계로 지어졌다.

가는 방법 베헤로브카 박물관에서 도보 12분

주소 Zahradní, 360 01 Karlovy Vary

● 믈린스카 콜로나다 Mlýnská Kolonáda 46.9~65°C

가장 크고 아름다운 콜로나다 중 하나다. 1881년 체코의 유명한 건축가 요세프 지테크Josef Zítek의 설계로 지어진 네오르네상스 양식 건물로 124개의 코린트식 기둥이 떠받친 공간에 6개의 샘이 있다.

가는 방법 사도바 콜로나다에서 도보 4분

주소 Mlýnské Nábř. 360 01 Karlovy Vary

● 트르주니 콜로나다 Tržní Kolonáda 55~65.2°C

카를로비바리의 지명이 유래한 '카를의 샘'이 나오는 곳이다. 카를 4세Karel IV가 사냥하던 중 다친 사슴이 원천에 들어갔다가 상처를 치유해 나오는 것을 보고 이곳을 '카를의 샘'이라 이름 지었다. 그는 이곳에서 병을 치료하기 위해 온천수를 마셨다고 한다.

가는 방법 믈린스카 콜로나다에서 도보 4분

주소 Tržiště 30/11, 360 01 Karlovy Vary

● 브리델니 콜로나다 Vřídelní Kolonáda 73°C

19세기 말에 지어진 콜로나다가 부식되자 1975년 유리로 둘러싸인 현대적인 스타일로 레노베이션했다. 지하 2,500m에서 뿜어져 나온 온천수가 12m 높이로 솟구친다. 간헐천을 위해 높게 지어졌다는 것이 특징이다.

가는 방법 트르주니 콜로나다에서 도보 2분

주소 Divadelní Nám. 2036/2, 360 01 Karlovy Vary

④ 그랜드호텔 푸프
Grandhotel Pupp

영화 촬영지로 자주 등장하는 호텔

성처럼 웅장한 연노란색 건물 내 288개 객실을 갖춘 고급 호텔이다. 처음 봤지만 왠지 낯이 익다면 아마 영화 때문일 것이다. 로맨틱 코미디 〈라스트 홀리데이Last Holiday〉(2006년)와 007 제임스 본드 시리즈 〈007 카지노 로얄Casino Royale〉(2006년)에서 영화의 배경으로 등장했다. 화려한 영상미를 자랑하는 영화 〈그랜드 부다페스트 호텔The Grand Budapest Hotel〉(2014년)의 모티브가 된 장소로도 알려져 있다. 또한 매년 여름 이 호텔에서 세계 5대 영화제 중 하나인 카를로비바리 국제 영화제가 개최된다.

가는 방법 디아나 전망대에서 도보 3분
주소 Mírové Nám. 2, 360 01 Karlovy Vary
홈페이지 www.pupp.cz

⑤ 디아나 전망대 추천
Rozhledna Diana

카를로비바리 전경이 한눈에 내려다보이는 곳

도시 서쪽에 위치한 해발 556m의 산은 19세기 초반부터 트레킹을 하고 휴식을 취할 수 있는 장소로 유명했던 곳이다. 방문객이 점점 늘어나자 1914년 케이블카와 높이 40m의 전망대가 설치되었다. 전망대까지는 150개 계단을 오르거나 엘리베이터를 이용할 수 있으며 입장료는 없다. 주변에는 식당과 버터플라이 하우스, 무료로 이용할 수 있는 미니 동물원 등이 있다.

TIP
푸니쿨라를 이용하지 않고 트레킹을 한다면 약 40분 소요된다.

가는 방법 브리델니 콜로나다에서 도보 8분
주소 Vrch Přátelství 360 01, 360 01 Karlovy Vary
운영 푸니쿨라 11~3월 09:00~17:00,
4 · 10월 09:00~18:00, 5~9월 09:00~19:00
휴무 12~2월 **요금** 푸니쿨라 편도 100Kč, 왕복 150Kč
홈페이지 dianakv.cz

카를로비바리 맛집

카를로비바리 여행의 핵심인 콜로나다 주변에는 식당과 카페가 없고 버스 터미널과 베헤로브카 박물관 주변에 맛집이 밀집해 있다. 동선이 꼬일 수 있으니 콜로나다 주변에서는 오플라트키Oplatky와 같은 전통 간식을 먹고 버스 터미널로 돌아가는 길에 식사하는 것을 추천한다.

옛 슬라브 요리
Staroslovanská Kuchyně

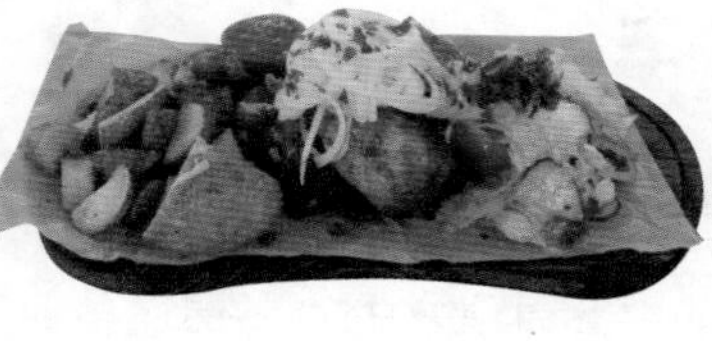

위치 베헤로브카 박물관 주변
유형 로컬 맛집
주메뉴 슬라브 전통 음식

😊 → 합리적인 가격, 푸짐한 양
😐 → 콜로나다가 밀집한 거리에서 떨어져 있다.

슬라브 전통 음식을 맛볼 수 있는 식당으로 관광지와는 거리가 떨어져 있다. 이곳의 메인 요리는 큰 원목 접시에 나오는 슬라브 음식이다. 돼지 · 송아지 · 사슴 · 송어고기를 직접 화덕에 구워 푸짐한 사이드 메뉴까지 함께 나온다. 자체 양조장에서 생산한 맥주도 맛있다.

가는 방법 베헤로브카 박물관에서 도보 3분
주소 Moskevská 1010/18, 360 01 Karlovy Vary
문의 +420 727 833 307 **운영** 일~목요일 10:30~21:00, 금 · 토요일 10:30~22:00 **예산** 메인 요리 300Kč~
홈페이지 www.staroslovanska-kuchyne.cz

카페 카바
Café Kava

위치 베헤로브카 박물관 주변
유형 카페
주메뉴 커피, 디저트

😊 → 수제 디저트를 맛볼 수 있다.
😐 → 지하에 있어 입구를 찾기 어렵다.

친절한 부부가 운영하는 아늑한 분위기의 카페다. 이곳의 모든 메뉴는 부부의 손으로 완성된다. 그만큼 커피와 디저트에 자부심이 있다는 뜻이기도 하다. 커피 원두는 미국에 본사를 둔 더블샷DoubleShot을 사용하며 수제 디저트 종류도 다양해서 고르는 즐거움이 있다.

가는 방법 베헤로브카 박물관에서 도보 5분
주소 Krále Jiřího 977/35, 360 01 Karlovy Vary
문의 +420 728 223 454 **운영** 월~금요일 10:00~18:00, 토요일 12:00~18:00 **휴무** 일요일
예산 아메리카노 50Kč **홈페이지** cafekava.cz

OLOMOUC

올로모우츠

약 700년 동안 모라비아 지방의 수도 역할을 했던 곳답게 체코에서 두 번째로 많은 문화재를 보유하고 있어 유네스코 세계문화유산에 등재돼 가치를 인정받는 도시다. 올로모우츠가 자랑하는 7개의 분수를 보며 중세 모습이 보존된 거리를 걷다 보면 마치 시간 여행을 하는 듯하다. 프라하와 종종 비교될 만큼 유서 깊은 명소가 많은 도시이지만, 여행자가 많지 않아 여유롭게 둘러볼 수 있다.

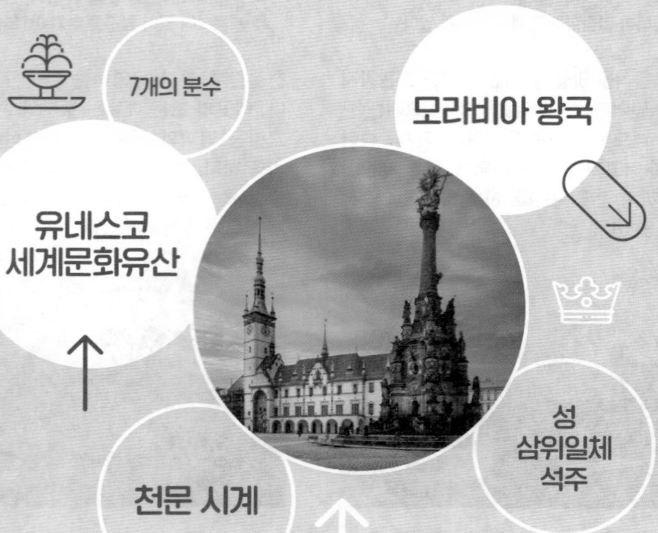

올로모우츠 들어가기 & 여행 방법

프라하에서 당일치기 여행이 가능하며 열차로 들어가는 것이 편하다.
버스는 터무니없이 시간이 오래 걸리고 1회 환승이 필요하다.

열차

프라하에서 올로모우츠까지 열차로 이동하는 것이 일반적이다. 1시간에 2~3대씩 자주 운행된다. 열차 종류에 따라 소요 시간은 다르지만 큰 차이가 없다. 올로모우츠 중앙역Olomouc Hlavní Nádraží은 구시가지에서 동쪽으로 2km 떨어져 있다.

올로모우츠 - 주요 도시 간 이동 시간

출발지	이동 수단	소요 시간
프라하	열차	2시간 20분
	버스	4시간 30분
빈	열차	2시간 30분
	버스	2시간 55분
브라티슬라바	열차	2시간 40분
	버스	4시간 20분

TIP

올로모우츠 카드

정해진 시간 동안 대중교통, 박물관, 동물원 등을 무료로 이용할 수 있으며 호텔, 식당에서 할인 혜택도 받을 수 있다. 중앙 모라비아 지방에서도 사용할 수 있지만 2일 이상 머물 경우에만 경제적이다. 관광안내소에서 구입할 수 있다.

요금 48시간 240Kč, 5일 480Kč
홈페이지 www.olomoucregioncard.cz

시내 교통

중앙역에서 구시가지까지는 도보로 약 30분 거리다. 트램을 이용해 구시가지로 이동하는 것이 일반적이다. 성 삼위일체 석주와 성 바츨라프 대성당 등이 있는 구시가지 내에서는 모두 걸어 다닐 수 있다.

요금 1회권 20Kč
운행 04:40~23:25 **홈페이지** www.dpmo.cz

관광안내소

올로모우츠의 숙소, 시내 투어, 행사에 관한 정보를 제공하며 무료 지도를 배포한다. 큰 짐이 있다면 관광안내소에 유료로 보관할 수 있다.

● 시청사

주소 Horní nám. 583, 779 00 Olomouc
운영 월~토요일 09:00~19:00, 일요일 09:00~17:00
홈페이지 tourism.olomouc.eu

일곱 빛깔 이야기가 담긴

숨은 올로모우츠 분수 찾기

올로모우츠 구시가지를 걷다 보면 곳곳에서 시원한 물소리가 쉴 새 없이 들린다.
올로모우츠에는 크고 작은 바로크 양식의 분수가 많은데 과거에는 식수를 공급하는 데 쓰였다.
지금은 그 기능을 상실했지만 여행자에게는 고대 신화가 담긴 분수들을
하나씩 찾아보는 즐거움을 선사한다.

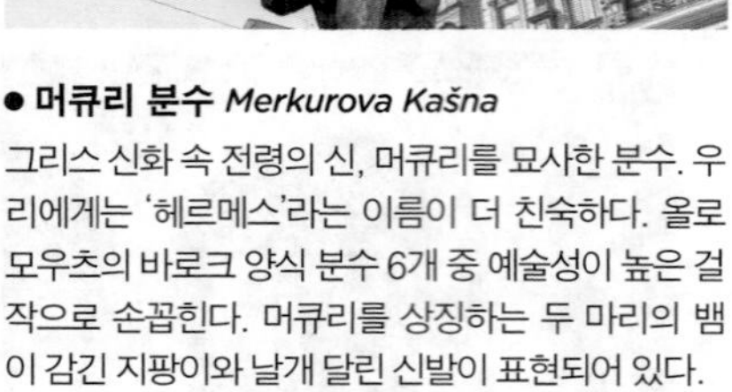

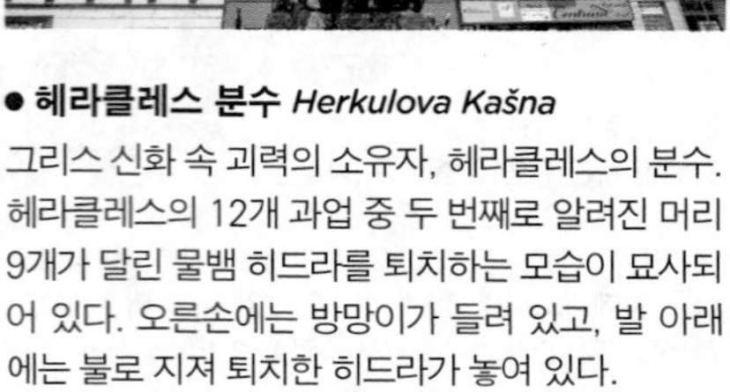

● 머큐리 분수 ***Merkurova Kašna***

그리스 신화 속 전령의 신, 머큐리를 묘사한 분수. 우리에게는 '헤르메스'라는 이름이 더 친숙하다. 올로모우츠의 바로크 양식 분수 6개 중 예술성이 높은 걸작으로 손꼽힌다. 머큐리를 상징하는 두 마리의 뱀이 감긴 지팡이와 날개 달린 신발이 표현되어 있다.

● 헤라클레스 분수 ***Herkulova Kašna***

그리스 신화 속 괴력의 소유자, 헤라클레스의 분수. 헤라클레스의 12개 과업 중 두 번째로 알려진 머리 9개가 달린 물뱀 히드라를 퇴치하는 모습이 묘사되어 있다. 오른손에는 방망이가 들려 있고, 발 아래에는 불로 지져 퇴치한 히드라가 놓여 있다.

● 카이사르 분수 ***Caesarova Kašna***

7개의 분수 중 유일하게 그리스 신화의 인물이 아닌 실제 생존했던 인물을 묘사한 분수다. 올로모우츠를 설립한 황제인 가이우스 율리우스 카이사르를 기리기 위해 만들었다. 분수 가운데에는 말을 탄 카이사르 황제와 비스듬히 기댄 두 명의 남자가 있다. 각각 모라바강과 도나우강을 의미한다.

● 넵튠 분수 ***Neptunova Kašna***

바다의 신 포세이돈의 분수. 1683년 시내에 물을 공급하기 위해 올로모우츠에서 가장 먼저 만든 분수다. 중앙에는 삼지창을 든 넵튠이 있고, 발 아래에는 네 마리의 해마가 시원하게 물을 내뿜고 있다. 설립 당시 올로모우츠를 보호한다는 의미가 있었기에 시민들의 특별한 사랑을 받았다.

● 아리온 분수 ***Ariónova Kašna***

그리스 신화 속 음악가인 아리온이 경연에서 상을 받고 돌아오던 길에 마주친 뱃사람들이 상금을 노리고 그를 죽이려 하자, 그는 마지막 소원으로 노래를 부르게 해달라고 한다. 애절하고 아름다운 노래에 감동한 돌고래 덕분에 위기에서 구출된다는 내용이 분수에 담겨 있다.

● 주피터 분수 ***Jupiterova Kašna***

천공을 지배하는 그리스 신화 최고의 신, 제우스의 분수. 주피터와 함께 등장하는 독수리는 그의 발 아래 놓여 있고, 오른손에 번개를 쥐고 내리치려는 모습을 하고 있다. 위엄 있고 강인함이 느껴지는 동작에서 신들과 인간을 통치한 최고의 신다운 면모를 볼 수 있다.

● 트리톤 분수 ***Kašna Tritonů***

트리톤은 상반신은 인간, 하반신은 인어인 그리스 신화 속 해신을 말한다. 이 분수는 이탈리아 조각가이자 바로크 예술의 거장인 베르니니의 작품을 모티브로 만들어졌다. 두 남자와 두 돌고래는 타원형 껍데기를 받치고 있고, 그 위로 한 소년이 사슬로 연결된 두 마리의 물개를 잡고 있다.

Olomouc **Best Course**

올로모우츠 추천 코스

모라비아 지방의 대표 도시 올로모우츠 당일치기 코스

프라하에서 당일치기로 다녀오거나 체코에서 슬로바키아의 브라티슬라바로 이동할 때 잠시 들르기 좋다. 짐이 있다면 역내 물품 보관소에 맡겨 두면 된다. 모라비아 지방에서 가장 유서 깊은 도시를 여유롭게 산책하듯 둘러보자.

TRAVEL POINT

- **이런 사람 팔로우!** 한적하지만 볼거리가 많은 도시를 여행하고 싶다면
- **여행 적정 일수** 여유로운 1일
- **여행 준비물과 팁** 편한 신발
- **사전 예약 필수** 없음

DAY 1

- **소요 시간** 3~4시간
- **점심 식사는 어디서 할까?** 호르니 광장 주변
- **기억할 것** 구시가지는 넓지 않아 빠른 시간 내에 둘러볼 수 있지만 박물관 · 미술관 관람까지 계획한다면 소요 시간을 넉넉히 잡는 것이 좋다.

성 모리스 성당 P.215

→ 도보 3분

호르니 광장 P.215

→ 도보 1분

성 삼위일체 석주 P.216

→ 도보 1분

시청사 & 천문 시계 P.216

→ 도보 1분

도르니 광장 P.217

→ 도보 1분

마리아 기념비 P.217

→ 도보 15분

성 바츨라프 대성당 P.218

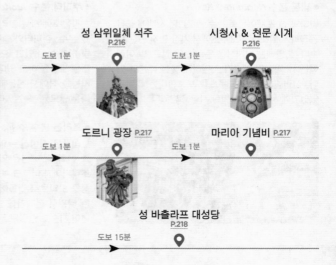

올로모우츠 관광 명소

올로모우츠 구시가지의 두 광장을 중심으로 명소가 모여 있고 반나절이면 충분히 다 돌아볼 수 있다. 구시가지에서는 별다른 교통수단이 필요 없이 도보 이동이 가능하지만 기차역까지는 트램을 타야 한다.

01 성 모리스 성당
Kostel Sv. Mořice

모라비아 지방의 후기 고딕 양식 건축물

정확히 언제 지어졌는지 밝혀지지 않았지만 1492년에 완공된 성당으로 추정된다. 남쪽 탑은 성당에서 가장 오래된 건축물로 1403년부터 존재했다고 알려졌으며 북쪽 탑은 1412년에 지어졌다. 내부로 들어서면 네오고딕 양식의 중앙 제단, 화려한 스테인드글라스, 파이프 오르간이 시선을 사로잡는다. 특히 1745년에 제작된 파이프 오르간은 유럽에서 여덟 번째로 크다. 성당에서 매년 국제 음악회가 열리기도 한다.

TIP

올로모우츠의 전경을 볼 수 있는 전망 탑은 날씨가 좋은 날에만 개방한다.

가는 방법 올로모우츠역에서 2·3·4·6번 트램 탑승 후 U Sv. Mořice정류장에서 도보 1분
주소 8. Května 517/15, 779 00 Olomouc
홈페이지 www.moric-olomouc.cz

02 호르니 광장
Horní Náměstí

올로모우츠 여행의 시작점

로마네스크, 고딕, 바로크, 로코코 등 다양한 건축 양식으로 지어진 건물들이 화려하게 주변을 둘러싼 광장이다. 올로모우츠가 공식적으로 설립된 13세기 무렵부터 호르니 광장도 형성되기 시작했다. 광장 주변에 부유한 상인과 귀족의 저택이 지어졌고 광장의 역할도 더욱 중요해졌다. 광장에 비치된 동판 입체 지도를 보면 알 수 있듯 유네스코 세계문화유산인 성 삼위일체 석주, 모라비아 왕실의 정치·경제를 담당했던 시청사, 그리스 신화 이야기를 담은 7개의 분수 등 주요 명소들이 광장을 중심으로 모여 있다. 올로모우츠 구시가지 역시 유명 관광지이지만 프라하와는 달리 차분하고 아늑한 분위기를 느낄 수 있다.

가는 방법 성 모리스 성당에서 도보 3분
주소 779 00 Olomouc

⓪③ 성 삼위일체 석주 추천
Sloup Nejsvětější Trojice

바로크 양식의 걸작

흑사병이 사라진 것을 기념하기 위한 바로크 양식의 기념비다. 1716~1754년에 걸쳐 세워진 높이 35m의 기념비는 올로모우츠를 비롯한 모라비아 지방을 상징한다. 중부 유럽에서 가장 크고 정교하며, 예술적인 표현이 뛰어나 2000년 유네스코 세계문화유산에 등재되었다. 3층으로 구성된 기념비 꼭대기에는 하느님과 예수, 대천사 미카엘이 금동으로 조각되어 있고, 그 아래에 성모 승천상이 있다. 1758년 프로이센군의 공격을 막은 것을 기념하기 위해 포탄 복제본을 황금 구로 만들었다. 1층과 2층에는 12사도를 포함한 성인들의 조각상과 믿음 · 희망 · 사랑을 상징하는 석조 장식이 새겨져 있다.

가는 방법 호르니 광장 내 위치
주소 Horní Nám. 779 00 Olomouc
운영 예배당 4~9월 09:00~14:00
휴무 10~3월

⓪④ 시청사 & 천문 시계 추천
Radnice & Olomoucký Orloj

모라비아 왕실의 600년 역사

14세기 초반부터 15세기 중반까지 오랜 세월에 걸쳐 조성된 시청사는 안뜰이 있는 직사각형 구조의 석조 건물로 완공되었다. 시청사는 내부 홀과 예배당을 둘러볼 수 있는데, 정면의 남쪽 퇴창이 1488년에 완공된 고딕 양식의 성 제롬 성당이다. 작은 예배당에는 합스부르크가 루돌프 1세의 스테인드글라스가 있다. 높이 75m의 탑에 오르면 호르니 광장을 비롯해 탁 트인 올로모우츠의 전경을 바라다볼 수 있다. 시청사 북쪽에는 천문 시계가 있다. 초기에는 종교 색채가 짙었지만 제2차 세계대전 이후 사회주의 사상을 반영했고, 성직자 대신 임금 노동자와 과학자를 그려 놓는 등 공산주의 흔적이 남아 있다. 매일 정오가 되면 음악에 맞춰 춤을 추는 인형 퍼포먼스를 볼 수 있다.

가는 방법 호르니 광장 내 위치
주소 Radnice, Horní Nám. 583, 779 11 Olomouc
운영 타워 11:00~15:00 ※시청사는 가이드 투어로 관람 가능

05 도르니 광장
Dolní Náměstí

구시가지의 하부 광장

호르니 광장 아래쪽에 자리 잡은 또 다른 광장이다. 호르니 광장이 상부 광장이라면 도르니 광장은 하부 광장이다. 이곳에는 올로모우츠를 대표하는 분수 중 '넵튠 분수'와 '주피터 분수'가 있고 광장 중앙에는 마리아 기념비가 우뚝 서 있다. 여행자의 발길이 자주 닿지 않아 한적해 보이지만 주말에는 작은 시장이 열려 활기찬 분위기를 느낄 수 있다. 마리아 기념비 맞은편에 있는 하우엔쉴드 궁전Hauenschildův Palác은 광장에서 가장 보존이 잘된 건축물 중 하나다. 1767년 모차르트 가족이 빈에 창궐한 전염병을 피하기 위해 이 궁전에 잠시 머물렀다는 일화가 전해진다.

가는 방법 호르니 광장에서 도보 1분
주소 779 00 Olomouc

06 마리아 기념비
Mariánský Sloup

도르니 광장의 랜드마크

흑사병이 올로모우츠를 휩쓸고 지나간 후 세워진 기념비다. 호르니 광장의 성 삼위일체 석주를 설계한 석공 바츨라프 렌더Václav Render의 지휘 하에 1723년 완공되었다. 흑사병이 소멸된 데 감사하는 뜻을 담아 기념비를 세우기로 한 시민들의 기부금을 밑바탕으로 건립 비용이 마련되었다. 기둥 상단에는 성모 마리아 동상이 있고 그 아래로 성 바울, 성녀 바르바라, 성녀 캐서린, 성녀 로사리아의 모습이 묘사되어 있다. 가장 하단부에는 성 로츠, 성 프란시스코 사비에르, 성 찰스 보로메오, 성 세바스틴 등 수호성인들의 동상이 기둥을 둘러싸고 있다.

가는 방법 도르니 광장 내 위치
주소 Dolní Nám. 779 00 Olomouc

07

성 바츨라프 대성당

Katedrála Svatého Václava

추천

올로모우츠를 상징하는 랜드마크

하늘을 찌를 듯 솟은 2개의 첨탑은 올로모우츠의 스카이라인을 대표한다. 높이 102m의 남쪽 탑은 모라비아에서 가장 높고, 체코에서 두 번째로 높은 탑이다. 성당은 1107년 스바토플루크Svatopluk 왕자에 의해 로마네스크 양식으로 지어졌다가 1265년에 화재 발생 이후 고딕 양식으로 재건되었다. 19세기 말에 바로크와 네오고딕 양식이 혼재되어 지금의 모습이 되었다. 성당 내부에는 낭만주의 시대의 체코 최고 악기라 불리던 파이프 오르간이 있다. 지하에는 16~17세기 주교들의 묘석, 예배당, 유물 등이 있다. 성당의 남쪽에는 올로모우츠의 가장 높은 곳에서 구시가지를 조망할 수 있는 전망대가 있어 여행자에게 인기가 많다. 대성당 옆 프르제미슬 궁전Přemyslovský Palác은 현재 대주교 박물관Arcidiecézní Muzeum으로 사용되고 있다.

TIP

12~18세기 종교 예술을 보여 주는 대주교 박물관에는 진귀한 보물이 가득하다. 한국어가 지원되는 태블릿이 비치되어 관람 시 큰 도움이 된다.

가는 방법 도르니 광장에서 도보 15분 **주소** Václavské Nám. 779 00 Olomouc **운영** 대성당 월 · 화 · 목~토요일 06:30~18:00, 수요일 06:30~16:00, 일요일 07:30~18:00 / 박물관 화~일요일 10:00~18:00 **휴무** 박물관 월요일 **요금** 박물관 일반 70Kč, 학생 35Kč ※일요일 무료입장 **홈페이지** www.katedralaolomouc.cz

올로모우츠 맛집

구시가지의 두 광장 주변으로 분위기가 괜찮고 체코 전통 음식을 즐길 수 있는 식당이 많다.
게다가 골목마다 홈메이드 케이크와 커피를 즐길 수 있는 카페도 많다.
중앙역으로 돌아가기 전 잠깐의 여유를 찾아 들러 보자.

모리스 레스토랑
Restaurant U Mořice

위치 호르니 광장 주변
유형 대표 맛집
주메뉴 전통 음식

😊→ 가성비 좋은 점심 메뉴
😑→ 메뉴판에 사진이 없다.

분홍빛이 감도는 예쁜 건물에 자리한 식당이다. 호르니 광장에서 가까운데도 관광객보다는 현지인을 더 많이 볼 수 있는 곳이다. 체코 전통 음식을 기본으로 하지만 현대식으로 해석한 메뉴가 더 많다. 가격 대비 음식과 서비스가 훌륭하다.

가는 방법 호르니 광장에서 도보 1분
주소 Opletalova 364/1, 779 00 Olomouc **문의** +420 581 222 888
운영 월요일 11:00~23:00, 화~토요일 11:00~24:00, 일요일 12:00~23:00
예산 목살 스테이크 235Kč
홈페이지 www.umorice.cz

카페 라 피
Café La Fée

위치 호르니 광장 주변
유형 카페
주메뉴 커피

😊→ 예쁜 테이블 세팅
😑→ 외관이 눈에 잘 안 띈다.

올로모우츠 현대 미술관 부근의 카페. 밖에서 보면 건물 폭이 좁아 카페 규모가 작은 듯하지만 안으로 들어가면 작은 정원도 있다. 커피도 맛있지만 깨진 세라믹 파편을 모자이크로 붙여 만든 테이블과 식기가 예뻐 사진을 찍기 좋은 카페이기도 하다.

가는 방법 호르니 광장에서 도보 1분
주소 Ostružnická 13, 779 00 Olomouc
문의 +420 737 147 006
운영 월~금요일 08:30~21:00, 토요일 09:00~21:00, 일요일 08:00~19:00
예산 레모네이드 60Kč

카페 나 커키
Café Na Cucky

위치 도르니 광장 주변
유형 카페
주메뉴 커피

😊→ 창밖으로 보이는 광장 풍경
😑→ 테이블 간격이 좁다.

고풍스러운 외관과 달리 안으로 들어서면 심플하고 모던한 인테리어로 꾸며졌다. 이와 상반되게 디저트가 담겨 나오는 식기는 앤티크하다. 타르트, 수제 케이크, 샌드위치 등 디저트를 맛볼 수 있으며 정오까지는 아침 식사 메뉴도 판매한다.

가는 방법 도르니 광장 내 위치
주소 Dolní Nám. 23/42, 779 00 Olomouc **문의** +420 732 260 300
운영 월요일 13:00~21:00, 화~금요일 08:00~21:00, 토요일 09:00~21:00, 일요일 09:00~19:00
예산 레모네이드 70Kč
홈페이지 www.cafenacucky.cz

INDEX

☑ 가고 싶은 도시와 관광 명소를 미리 체크해보세요.

도시명

1

ㄱ

ㅂ

ㅅ

ㅍ

ㅎ

2024-2025
NEW EDITION

팔로우 동유럽 핵심 6개국

팔로우 동유럽 핵심 6개국

1판 1쇄 발행 2024년 4월 26일
1판 2쇄 발행 2024년 11월 15일

지은이 | 이주은·박주미
발행인 | 홍영태
발행처 | 트래블라이크
등 록 | 제2020-000176호(2020년 6월 24일)
주 소 | 03991 서울시 마포구 월드컵북로6길 3 이노베이스빌딩 7층
전 화 | (02)338-9449
팩 스 | (02)338-6543
대표메일 | bb@businessbooks.co.kr
홈페이지 | http://www.businessbooks.co.kr
블로그 | http://blog.naver.com/travelike1
ISBN 979-11-982694-9-2 14980
979-11-982694-0-9 14980(세트)

팔로우
동유럽
핵심 6개국

이주은·박주미 지음

follow
EASTERN
EUROPE

Travelike

책 속 여행지를 스마트폰에 쏙!

《팔로우 동유럽》 지도 QR코드 활용법

QR코드를 스캔하세요.
구글맵 앱 '메뉴–저장됨–지도'로 들어가면 언제든지 열어볼 수 있습니다.

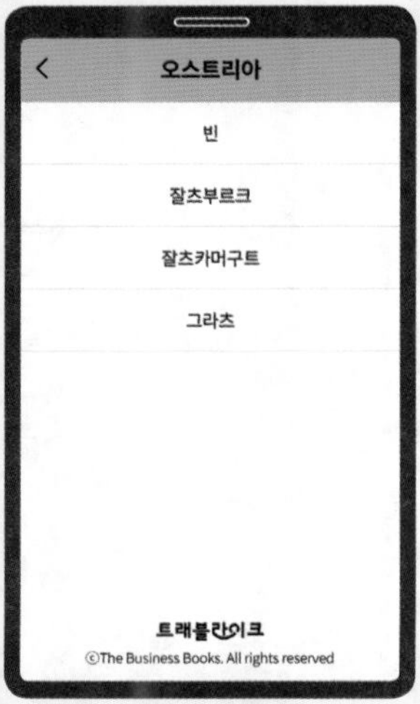

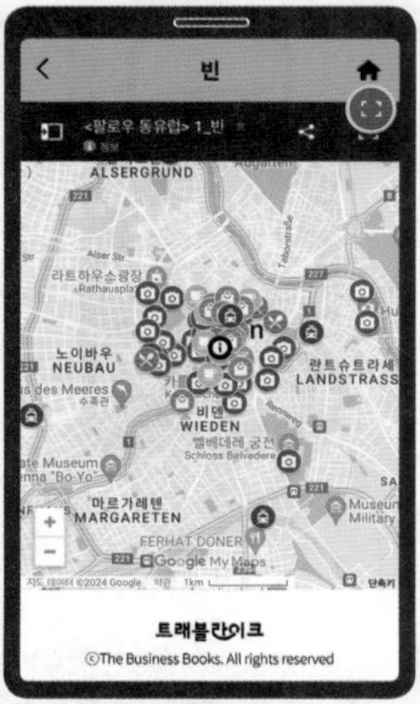

1

스마트폰으로 오른쪽 상단의 QR코드를 스캔합니다. 연결된 페이지에서 원하는 지역을 선택합니다.

2

선택한 지역의 지도로 페이지가 이동됩니다. 화면 우측 상단에 있는 [아이콘]아이콘을 클릭합니다.

3

지도가 구글맵 앱으로 연동되고, 내 구글 계정에 저장됩니다. 본문에 소개된 장소들의 위치를 확인할 수 있습니다.

《팔로우 동유럽》 본문 보는 법
HOW TO FOLLOW EASTERN EUROPE

동유럽의 헝가리, 슬로바키아, 크로아티아, 슬로베니아의 최신 정보를 중심으로 구성했습니다.

※이 책에 실린 정보는 2024년 3월까지 수집한 자료를 바탕으로 하며 이후 변동될 가능성이 있습니다.

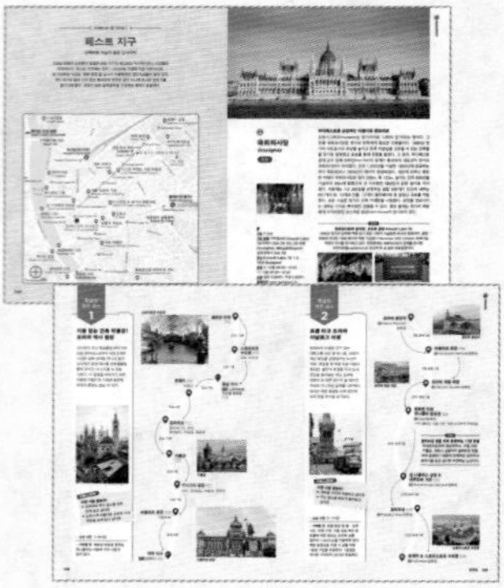

- **대도시는 존(ZONE)으로 구분**
  불거리가 많은 대도시는 존으로 나눠 핵심 명소를 중심으로 주변 명소를 연계해 여행자의 동선이 편리하도록 안내했습니다. 핵심 볼거리는 매력적인 테마 여행법으로 세분화하고 풍부한 읽을거리, 사진, 지도 등을 함께 소개해 알찬 여행을 할 수 있습니다.

- **일자별 · 테마별로 완벽한 추천 코스**
  추천 코스는 일자별 평균 소요 시간은 물론 아침부터 저녁까지의 이동 동선과 식사 장소, 꼭 기억해야 할 여행 팁을 꼼꼼하게 기록했습니다. 어떻게 여행해야 할지 고민하는 초보 여행자를 위한 맞춤 일정으로 참고하기 좋으며 효율적인 여행이 가능하도록 도와줍니다.

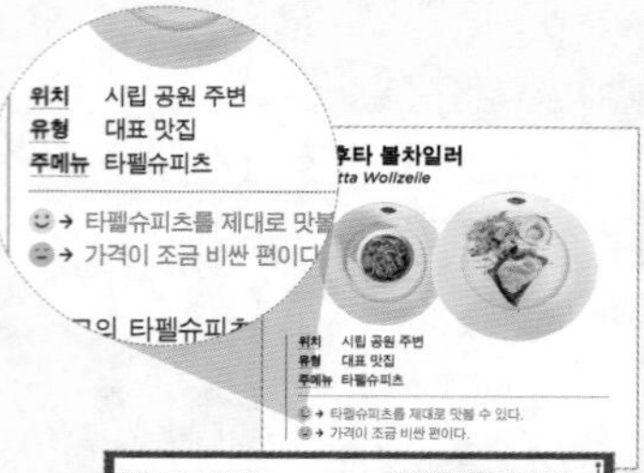

- **실패 없는 현지 맛집 정보**
  한국인의 입맛에 맞춘 대표 맛집부터 현지인의 단골 맛집, 인기 카페 정보와 이용법, 대표 메뉴, 장·단점 등을 한눈에 보기 쉽게 정리했습니다. 동유럽 각국의 식문화를 다채롭게 파악할 수 있는 지역별 특색 요리와 미식 정보도 다양하게 실었습니다.

  위치 해당 장소와 가까운 명소 또는 랜드마크
  유형 유명 맛집, 로컬 맛집, 신규 맛집 등으로 분류
  주메뉴 대표 메뉴나 인기 메뉴
  😊 😞 좋은 점과 아쉬운 점에 대한 작가의 견해

- **흥미진진한 동유럽 문화 이야기 대방출**
  도시의 매력에 푹 빠지게 되는 관광 명소와 각 도시의 건축물, 거리에 얽힌 재미있고 풍부한 이야깃거리는 물론 역사 속 인물과 관련한 스토리를 페이지 곳곳에 실어 읽는 즐거움을 더합니다. 또한 여행 전 알아두면 좋은 여행 꿀팁도 콕콕 찍어 알려줍니다.

지도에 사용한 기호 종류

관광 명소	공항	기차역	버스 터미널	페리 터미널	지하철역	버스 정류장	트램 정류장
케이블카	푸니쿨라	관광안내소	우체국	분수	병원	공원	산

동유럽 전도

N
W
E
S
0
200km
북해
North Sea
영국
United Kingdom
런던
London
네덜란드
Nederland
독일
Germany
벨기에
Belgium
프랑크푸르트
Frankfurt
룩셈부르크
Luxembourg
파리
Paris
베른
Bern
스위스
Switzerland
프랑스
France
밀라노
Milano
이탈리아
Italy
모나코
Monaco
니스
Nice
피렌체
Firenz
바르셀로나
Barcelona
발레아레스해
Valeares
스페인
Spain
마드리드
Madrid

발트해
Baltic Sea
리투아니아
Lithuania
벨라루스
Belarus
폴란드
Poland
바르샤바
Warszawa
프라하
Praha
체코
Czech
크라쿠프
Kraków
올로모우츠
Olomouc
체스키 크룸로프
Český Krumlov
슬로바키아
Slovakia
우크라이나
Ukraine
빈
Wien
브라티슬라바
Bratislava
잘츠카머구트
Salzkammergut
두나카냐르
Dunakanyar
부다페스트
Budapest
몰도바
Moldova
그라츠
Graz
루마니아
Romania
헝가리
Hungary
블레드
Bled
류블랴나
Ljubljana
시기쇼아라
Sighişoara
자그레브
Zagreb
브라쇼브
Braşov
시나이아
Sinaia
Croatia
보스니아
헤르체고비나
Bosnia And
Herzegovina
부쿠레슈티
Bucharest
자다르
Zadar
세르비아
Serbia
흑해
Black Sea
스플리트
Split
벨리코 투르노보
Veliko Tarnovo
몬테네그로
Montenegro
불가리아
Bulgaria
두브로브니크
Dubrovnik
코소보
Kosovo
소피아
Sofia
플로브디프
Plovdiv
아드리아해
Adriatic Sea
북마케도니아
Macedonia
알바니아
Albania
그리스
Greece
튀르키예
Türkiye

P.056
두나카냐르
DUNAKANYAR
P.016
부다페스트
BUDAPEST

FOLLOW

헝가리
HUNGARY

헝가리는 천년 역사의 주인이 되기까지 숱한 이민족의 침략과 지배를 당하며 고난을 겪었다. 그럼에도 독자적인 문화와 언어를 굳건히 지켜 온 한편, 동유럽에서 가장 먼저 개방화하여 눈부신 발전을 이뤘다. 여느 서유럽 국가 못지않게 편리한 인프라를 갖춘 동시에 중세 유럽의 모습을 만날 수 있는 근사한 명소로 가득한 여행지다.

HUNGARY INFO ❶

헝가리 국가 정보

헝가리로 떠나기 전 알아두면 좋은 기초적인 정보들을 모았다. 국가 정보와 더불어 여행 시 유용한 정보 중심으로 수록했으니, 이미 알고 있는 기본적인 내용이라도 여행에 앞서 복습해 두자. 미리 알아 둔다면 여행 시 돌발 상황을 줄일 수 있을 것이다.

국명
헝가리
Magyarország

수도
부다페스트
Budapest

면적
93,030km²
우리나라보다 조금 작음

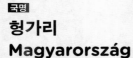

정치 체제
의원내각제

언어
헝가리어

시차
한국보다 **8시간** 느림
서머타임 시 7시간 느림

비자
관광 **90일** 무비자

인구
약 **959만** 명

환율
1Ft = 약 3.7원
※2024년 4월 기준

통화
포린트 HUF(Ft)

종교

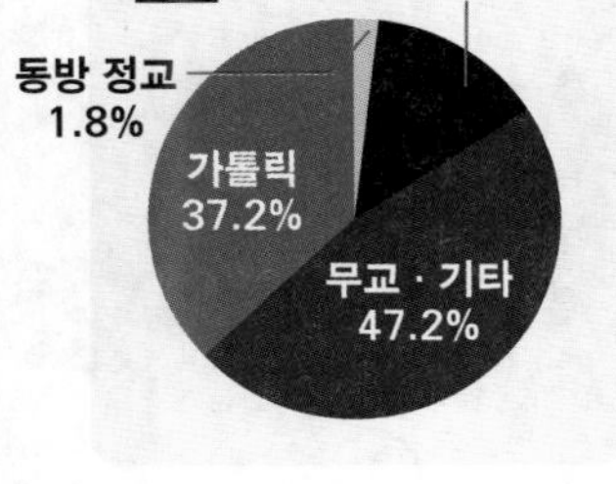

비행시간
인천-부다페스트 직항편
12시간 40분

전압
230V,
50Hz(C/F)
우리나라와 모양은 같지만 비상용 멀티플러그 준비

물가

헝가리는 체코, 오스트리아 등 인접 국가들보다 상대적으로 물가가 저렴하다. 하지만 현지인의 생활 물가와는 달리 관광객이 주로 이용하는 중심가의 식당과 숙소는 가격이 비싸다. 특히 수도이자 관광객이 집중되는 부다페스트의 물가가 꽤 높은 편이다.

부다페스트 vs 서울 물가 비교
생수(1500ml) 172Ft(약 636원) vs 약 1,500원
빅맥 세트 3,000Ft(약 1만 1,100원) vs 8,000원
카푸치노(일반 카페) 829Ft(약 3,067원) vs 5,200원
대중교통(1회권) 450Ft(약 1,665원) vs 1,400원
택시(기본 요금) 1,100Ft(약 4,070원) vs 4,800원
저렴한 식당(1인)
4,000Ft(약 1만 4,800원) vs 1만 원
중급 식당(2인)
2만 Ft(약 7만 4,000원) vs 6만 5,000원

운영시간

관광지 인근 식당과 상점은 대부분 휴일 없이 문을 연다. 다만, 식당은 보통 점심부터 운영을 시작하는데 아침 식사가 가능한 일부 식당과 카페는 그보다 더 이른 시간에 문을 열기도 한다. 루인 펍은 매일 새벽 4시까지 운영한다. 브레이크 타임이 있는 식당도 있으니 방문 전 확인이 필요하다.

상점 10:00~20:00 **식당** 12:00~22:00

전화

헝가리의 국가 번호는 36번이다.

한국 → 헝가리
001 등(국제 전화 식별 번호)+
36(헝가리 국가 번호)+
0을 뺀 헝가리 전화번호
헝가리 → 한국
00(유럽 국제 전화 식별 번호)+
82(우리나라 국가 번호)+
0을 뺀 우리나라 지역 번호+전화번호

팁 문화

필수는 아니지만 관광객이 많은 부다페스트에서는 팁 문화가 어느 정도 정착되어 있다. 식당에서는 전체 금액의 10% 정도 팁을 주는 것이 관례이며, 계산서에 팁이 포함되어 있기도 하다. 택시와 호텔 이용 시에도 팁을 주는 것이 일반적이다. 호텔에서는 로비에서 객실까지 짐을 옮겨 준 벨보이에게 팁 500Ft를 주는 것이 적당하다. 객실 청소를 원할 때도 베개 위에 소정의 팁을 놓아 두면 된다.

긴급 연락처

구급차(응급 의료) 107
경찰 438 8080
(외국인 여행자 전담 부서 08:00~20:00)

주 헝가리 대한민국 대사관
주소 1062 Andrassy Ut. 109. Budapest
문의 근무 시간 +36 1 462 3080 /
24시간 긴급 +36 30 550 9922
운영 월~목요일 09:00~16:30 /
금요일 09:00~15:30(점심시간 11:30~13:30) **휴무** 토 · 일요일

인터넷

우리나라만큼 인터넷 속도가 빠른 것은 아니지만 비교적 빠른 편이다. 여행자가 주로 이용하는 숙소, 식당, 공항 등에서는 무료 와이파이 접속이 가능하며, 일부 관광지에서도 이용 가능하다. 헝가리의 주요 통신사는 텔레노어Telenor, 보다폰Vodafone, 티모바일T-mobile 등이 있다. 관광객은 보다폰을 선호하지만 텔레노어가 가격 대비 우수하다.

공휴일 (2024년)

1월 1일 신년
3월 15일 혁명기념일
3월 29일 부활절★
4월 1일 부활절 월요일★
5월 1일 노동절
5월 20일 성령강림절(오순절) 월요일★
8월 20일 헝가리 건국기념일 (성 이슈트반 기념일)
10월 23일 1956년 혁명기념일
11월 1일 만성절
12월 24일 크리스마스이브
12월 25~26일 크리스마스 연휴
※★매년 날짜가 바뀌는 공휴일

축제 (2024년)

4월 29일~5월 12일 부다페스트 봄 축제
Budapesti Tavaszi Fesztivál
부다페스트에서 가장 큰 축제 중 하나로 클래식 음악, 오페라, 발레, 콘서트 등 많은 예술 행사는 물론 거리 공연이 시내 곳곳에서 펼쳐진다.
홈페이지 budapestitavaszifesztival.hu

8월 7~12일 시겟 페스티벌 Sziget Fesztivál
두나강의 오부더이-시게트섬Óbudai-Sziget에서 약 7일간 진행된다. 유럽에서 가장 큰 규모의 음악 축제로 50만 명의 관객이 모인다.
홈페이지 szigetfestival.com

8~9월 부다페스트 민속 공예 축제
Festival of Folk Arts In Budapest
자수, 도자기, 악기 등 헝가리 장인들의 작품을 한자리에서 볼 수 있으며 부다 왕궁에서 열린다.
홈페이지 hungarianfolk.com

9월 12~15일 부다페스트 와인 축제
Budapest Borfesztivál
부다 왕궁에서 열리는 와인 축제. 와인잔을 들고 다니며 다양한 와인을 시음해 볼 수 있다.
홈페이지 aborfesztival.hu

날씨와 옷차림

Best Season 6 · 9월

3~4월 우리나라 봄 날씨와 비슷하며 일교차가 크기 때문에 긴소매 옷 위주로 준비해야 한다. 낮에는 비교적 온화해 두꺼운 옷보다는 껴입을 수 있는 옷이 좋다.

5~8월 우리나라 초여름 날씨와 비슷하다. 밤이 되면 기온이 떨어지므로 얇은 카디건을 준비한다. 강수량은 적지만 가벼운 우산을 휴대하는 것이 좋다.

9~11월 늦가을과 초겨울 사이로 낮에는 여행하기 좋지만 일교차가 크게 벌어지는 시기다. 두툼한 점퍼를 챙겨 가면 좋다. 우산이 필요할 수 있다.

12~2월 우리나라 겨울보다 평균 기온이 높아 덜 춥다고 생각할 수 있지만 두툼한 옷차림과 방한 용품 준비는 필수다. 적은 양이지만 눈이 내리는 날이 일주일 정도 된다.

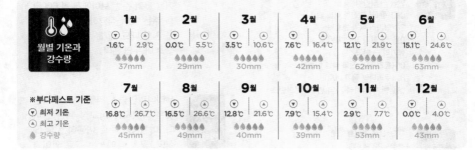

월별 기온과 강수량

월	최저 기온	최고 기온	강수량
1월	-1.6℃	2.9℃	37mm
2월	0.0℃	5.5℃	29mm
3월	3.5℃	10.6℃	30mm
4월	7.6℃	16.4℃	42mm
5월	12.1℃	21.9℃	62mm
6월	15.1℃	24.6℃	63mm
7월	16.8℃	26.7℃	45mm
8월	16.5℃	26.6℃	49mm
9월	12.8℃	21.6℃	40mm
10월	7.9℃	15.4℃	39mm
11월	2.9℃	7.7℃	53mm
12월	0.0℃	4.0℃	43mm

※부다페스트 기준
▼ 최저 기온
▲ 최고 기온
강수량

여행 헝가리어

인사말
Jó Reggelt Kívánok 요 렉겔트 키바노크 ▸ 안녕하세요?(아침)
Jó Napot Kívánok 요 너포트 키바노크 ▸ 안녕하세요?(점심)
Jó Estét Kívánok 요 에슈티트 키바노크 ▸ 안녕하세요?(저녁)
Viszontlátásra 비손틀라타슈러 ▸ 안녕히 계세요.
Köszönöm 쾨쇠뇜 ▸ 고맙습니다.
Bocsánat 보차너트 ▸ 죄송합니다.
Elnézést 엘니제슈트 ▸ 실례합니다.
Szívesen 시베센 ▸ 천만에요.
Ez Mennyibe Kerül? 에즈 멘니베 케륄? ▸ 얼마예요?
Kérem a Számlát 케렘 어 쌈럿 ▸ 계산할게요.
Igen 이겐 ▸ 네.
Nem 넴 ▸ 아니오.

단어장
Mosd 모슈드 ▸ 화장실
Ajánlás 어얀라시 ▸ 추천
Állomás 알로마시 ▸ 역
Buszpályaudvar 부스파이아우드버르 ▸ 버스 터미널
Indulás 인둘라시 ▸ 출발
Érkezés 이르케제스 ▸ 도착
Nyisd 니슈드 ▸ 운영 중
Zárva 자르바 ▸ 운영 종료
Bejárat 베야러트 ▸ 입구
Kijárat 키야러트 ▸ 출구

교통 수단

헝가리의 교통수단은 비행기, 열차, 버스로 나뉜다. 유럽 전역의 주요 도시로 이동할 때 비행기를 이용하고, 헝가리 국내 및 인접국으로 이동할 때는 열차와 버스가 모두 이용된다. 열차도 편리하지만 최근에는 시설이 좋고 가격이 저렴한 버스가 더 인기다.

비행기

유럽 각지에서 부다페스트를 오가는 항공편이 운항되며 헝가리 내에서는 비행기로 이동할 일이 많지 않다. 헝가리 국적기는 저가 항공사 위즈 에어뿐이며 97개 도시에 취항한다. 장거리 노선은 폴란드항공이 담당하고 있다.

위즈 에어 Wizz Air wizzair.com **폴란드항공 LOT Polish Airlines** www.lot.com

열차

인접 국가는 물론 국내 장거리 이동 시에 이용한다. 헝가리 국제선에 이용되는 고속 열차는 유로시티EuroCity, 인터시티InterCity, 레일젯Railjet 등이 있고 야간 열차는 유로나이트EuroNight가 있다. 국제선의 경우, 헝가리에서 출발한다면 여러 변수를 감안해 헝가리 철도청에서 예약하는 것이 안전하다. 티켓은 보통 2개월 전부터 예매 가능하며 26세 이하는 할인 요금이 적용된다. 국제선 이용 시 여권 소지는 필수이며, 실물 티켓이나 앱의 QR코드를 소지하면 탑승 가능하다.

헝가리 철도청 MÁV www.mavcsoport.hu

버스

헝가리와 국경을 접한 국가로 이동 시 여행자들이 주로 이용하는 교통수단이다. 열차보다 저렴하고 소요 시간도 크게 차이가 없을뿐더러 시설도 좋아 최근 들어 많이 선호한다. 게다가 선택할 수 있는 시간대의 폭도 넓어 장점이 더 많다.

플릭스버스 Flixbus www.flixbus.com **유로라인 Eurolines** www.eurolines.eu

헝가리 국내외 주요 도시 간 이동

부다페스트 → 빈
- **열차** 2시간 20분
- **버스** 2시간 45분

부다페스트 → 프라하
- **열차** 6시간 36분
- **버스** 6시간 50분

부다페스트 → 자그레브
- **열차** 5시간 46분
- **버스** 4시간 50분

부다페스트 → 브라티슬라바
- **열차** 2시간 23분
- **버스** 2시간 20분

부다페스트 → 류블랴나
- **열차** 7시간 35분
- **버스** 6시간 5분

주의 사항

● 소매치기

치안이 안전한 국가로 알려져 있지만 관광객이 많은 장소에는 소매치기가 많다. 특히 교통수단 내에서 자주 발생하는데 다른 도시로 이동하는 열차 안에서 관광객이 타깃이 된다.

● 불심 검문

대중교통 이용 시 소지한 티켓의 유효 기간을 확인하고, 반드시 펀칭해야 한다. 불심 검문으로 적발 시 무임승차로 간주되면 벌금 1만 2,000Ft를 징수한다.

● 인종 차별

식당에서 주문을 늦게 받거나 잔돈을 동전으로 주는가 하면, 택시의 미터기 조작 등으로 바가지요금을 부과하는 등 인종 차별 사례가 있다. 택시는 공인된 앱을 이용해 사건을 미연에 방지하고, 식당 역시 인종 차별 관련 후기가 보이는 곳은 피하는 것이 좋다.

HUNGARY INFO ❷

헝가리 여행 미리 보기

헝가리에는 동유럽의 대표적인 관광 도시로 손꼽히는 부다페스트 외에도 가볼 만한 여행지가 많다. 하루쯤 시간을 내어 부다페스트 근교 소도시 여행을 떠나도 좋다. 두나강을 따라 오랜 세월 한자리를 지켜 온 아름다운 문화유산들이 자리하고 있으며 특색 있는 음식과 훌륭한 와인도 맛볼 수 있다.

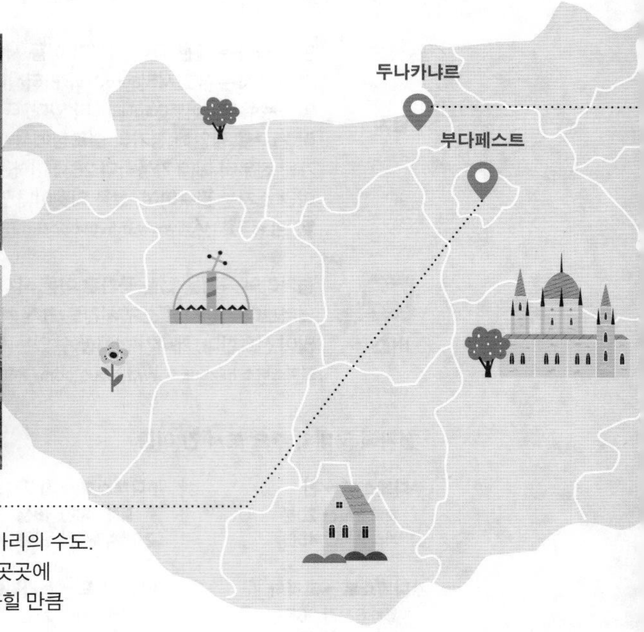

부다페스트 Budapest

'두나강의 진주'라 불릴 만큼 아름다운 헝가리의 수도. 건국 1,000년을 기념하는 도시 건축물이 곳곳에 자리한다. 밤이 되면 유럽 3대 야경으로 꼽힐 만큼 황홀한 풍경을 선사한다.

BEST ATTRACTION

세체니 다리 / 부다 왕궁 / 마차시 성당 / 어부의 요새 / 국회의사당

TIP

여행 전, 부다페스트가 배경이 된 영화를 보고 싶다면?

글루미 선데이 Gloomy Sunday, 1999

많은 이들의 뇌리에 부다페스트를 강렬히 각인시킨 영화다. 한 여자를 사랑한 세 남자의 비극적인 사랑을 담은 작품으로, 동명의 노래인 〈글루미 선데이〉에 얽힌 실화를 소재로 한다. 제2차 세계대전 당시 우울한 시대상과 맞물려 세체니 다리, 겔레르트 언덕 등 부다페스트의 주요 명소가 영화 속에 등장한다.

스파이 Spy, 2015

현장 요원의 임무 수행을 돕는 CIA 내근 요원이 현장에 직접 투입되면서 펼쳐지는 코믹 액션 영화로 부다페스트에서 촬영되었다. 웅장하고 아름다운 부다페스트의 건물들이 배경으로 등장하는 가운데 화려한 액션과 볼거리를 선사한다.

헝가리 핵심 여행 키워드

Keyword ❶ 야경

유럽 3대 야경으로 손꼽히는 부다페스트 밤 풍경은 아름답기로 정평이 나 있다. 해가 지고 나면 웅장하고 오래된 건축물에 주황빛 조명이 하나둘씩 물들어 연출되는 황홀한 장관을 놓치지 말자.

Keyword ❷ 온천

전국 각지에 온천 500여 곳이 있는 헝가리의 온천 역사는 약 2,000년 전으로 거슬러 올라갈 만큼 유서 깊다. 피로를 풀 수 있는 공간뿐 아니라 공연이 열리고 파티를 할 수 있는 야간 온천도 있다.

Keyword ❸ 와인

헝가리는 풍부한 일조량과 큰 일교차 덕분에 예부터 가격 대비 좋은 품질의 와인을 생산해 온 나라다. 지금도 전통을 계승하려는 노력을 바탕으로 세계적인 와인 산지의 명성을 이어가고 있다.

Keyword ❹ 헝가리쿰

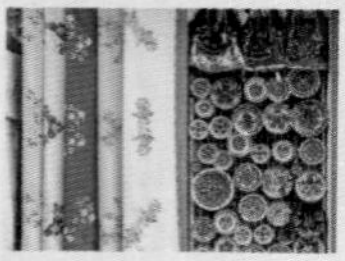

헝가리쿰Hungarikum은 정신과 물질을 통틀어 헝가리 민족의 특성을 대표하는 '가장 헝가리적인 것'을 의미한다. 시장이나 기념품 상점에서도 헝가리만의 개성을 담은 아이템을 쉽게 찾아볼 수 있다.

Keyword ❺ 1896년

헝가리 건국 1,000년을 맞이한 1896년은 특별한 해였다. 과거 식민 지배의 역사를 뛰어넘어 민족의 자긍심을 표현하는 웅장한 건축물이 도심 곳곳에 세워졌고, 그 결과 오늘날의 부다페스트가 탄생했다.

두나카냐르 Dunakanyar

두나강이 구부러져 흐르는 곳에 도시들이 있다. 헝가리의 옛 수도이자 요새 도시였고, 수많은 예술가들이 사랑한 도시에서 평화로운 분위기를 느낄 수 있다.

BEST ATTRACTION

에스테르곰 / 비셰그라드 / 센텐드레

에스테르곰

비셰그라드

센텐드레

BUDAPEST

부다페스트

'동유럽의 파리', '두나강의 진주'라는 찬사가 아깝지 않을 만큼 매혹적인 경관을 자랑하는 도시다. 원래 이곳은 도시 중심에 흐르는 두나강을 기준으로 서쪽의 부다와 동쪽의 페스트로 나뉘었는데, 19세기 후반에 통합되어 지금의 부다페스트에 이른다. 비슷한 시기에 건국 1,000년을 기념하는 건축물들이 생기며 현재 부다페스트를 대표하는 랜드마크로 자리 잡았고 도시는 더욱 웅장해졌다. 여행자들이 부다페스트를 찾는 가장 큰 이유는 야경이다. 은은하게 도시를 물들이던 오래된 건축물들은 어둠이 내리면 조명을 받아 보석처럼 찬란하게 빛난다. 부다페스트가 유럽 3대 야경 명소로 꼽히는 이유를 단번에 실감하게 되는 순간이 펼쳐진다. 또한 온천 도시로도 유명한 부다페스트에서는 금빛 야경을 감상하며 야외 온천에 몸을 담그고 피로도 풀 수 있다. 우리나라와는 다른 유럽식 온천 문화를 경험해 볼 기회를 놓치지 말자.

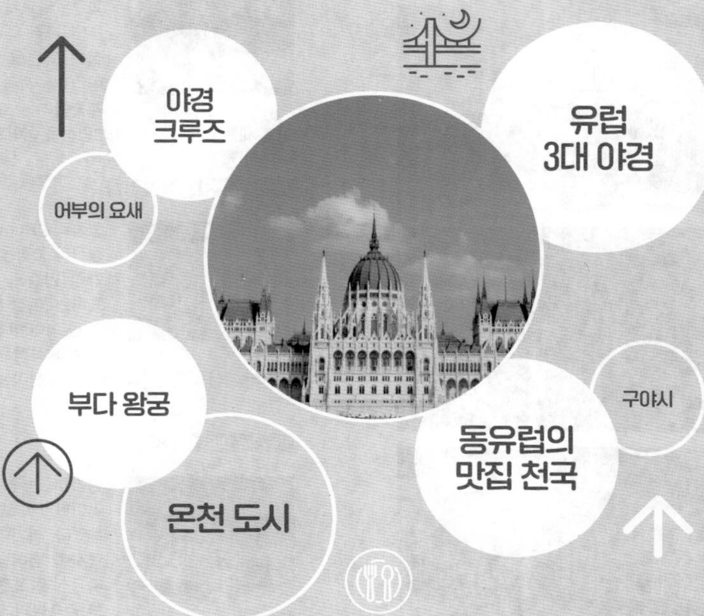

부다페스트 들어가기

인천국제공항에서 부다페스트까지 연결하는 직항편이 있으며, 1회 경유하는 유럽계 항공사도 많은 편이다. 또한 부다페스트 도심에만 주요 기차역이 세 곳 있으며, 버스도 국내선과 국제선 모두 발달했다. 교통수단의 선택의 폭은 넓지만 이동 시간은 대체로 오래 걸린다.

비행기

인천국제공항에서 부다페스트까지 대한항공과 폴란드항공이 직항편을 운항하며 약 12시간 40분 소요된다. 그밖에 최소 1회 경유하는 항공사를 이용해야 하는데 루프트한자, 핀에어, 에어프랑스 등 유럽계 항공사가 비교적 소요 시간이 길지 않은 편이다.
부다페스트 시내에서 남동쪽으로 약 21km 떨어진 부다페스트 리스트 페렌츠 국제공항Budapest Liszt Ferenc Nemzetközi RepülőTér(BUD)은 헝가리 저가 항공사 위즈 에어Wizz Air의 허브 공항으로, 터미널 1과 터미널 2로 나뉜다. 현재 터미널 2만 2A, 2B로 나뉘어 운영하며, 두 터미널은 도보로 연결된다.
홈페이지 www.bud.hu

공항에서 시내로 들어가기

● 시내버스 Busz

100E Airport Express

공항과 시내를 바로 연결하는 노선은 100E번 버스가 있다. 종점은 부다페스트 여행의 중심인 데악 광장Deák Ferenc Tér이다. 공항에서 시내로 들어갈 때 가장 보편적으로 이용하는 방법이다.

100E Airport Express 버스 운행 정보

	운행 시간	배차 간격	소요 시간	요금 (편도)
공항 ↔ 시내	00:00 ~24:00	6~15분 (야간 20~40분)	30~40분	2,200Ft

● 미니버드 MiniBUD

공항에서 원하는 목적지까지 바로 이동할 수 있는 방법으로 늦은 밤에 도착하거나 짐이 많을 때 유용하다. 공식 공항 셔틀버스이며 시내 버스보다는 비싸지만 택시보다 저렴하고, 일행이 많다면 할인된 금액으로 이용할 수 있다. 인터넷으로 예약 가능하며 공항 도착 후 미니버드 부스에서 티켓을 바로 구입할 수도 있다. 목적지를 말하면 금액이 적힌 영수증을 주는데 영수증에는 티켓 일련번호도 적혀 있다. 전광판에 탑승해야 할 버스 번호가 표시되면 승차장으로 이동한다. 목적지가 비슷한 6~8명을 모아 출발하기 때문에 대기해야 한다는 것이 단점이다.
요금 1인 €10~20 **홈페이지** www.minibud.hu

● 택시

포택시Fötaxi는 부다페스트 공항과 협약된 공식 인증 택시 회사다. 도착 층의 부스에서 예약 후 바로 탑승할 수 있는데, 목적지를 말하면 탑승할 차량 번호와 예상 금액이 적힌 티켓을 준다. 교통 상황에 따라 약간의 요금 차이는 있다. 기본요금은 1,100Ft이며, 시간 거리 병산제로 요금이 계산된다. 예약 시 받은 티켓은 탑승 시 운전기사에게 내면 된다.
홈페이지 www.fotaxi.hu

열차

국경을 접한 슬로바키아, 오스트리아, 슬로베니아, 크로아티아, 세르비아, 루마니아는 물론이고 동·서유럽을 잇는 국제선 열차도 자주 운행된다. 부다페스트에는 기차역이 3개로 나뉘며 목적지에 따라 이용하는 역이 다르다.

홈페이지 www.mavcsoport.hu

● 켈레티역 Keleti Pályaudvar(동역)

부다페스트의 중앙역을 담당하며, 시내 중심부에서 동쪽에 위치한다. 유럽의 주요 도시를 연결하는 많은 열차가 발착한다. 켈레티역에서 출발하는 국제선은 빈·그라츠·잘츠부르크·뮌헨·취리히·자그레브·부쿠레슈티·브라쇼브 등이 있다.

가는 방법 지하철 M2·4호선 Keleti Pályaudvar역 연결
주소 Kerepesi Út 2-4, 1087 Budapest

● 뉴가티역 Nyugati Pályaudvar(서역)

헝가리 국내선 및 일부 동유럽 국가들을 연결하는 열차가 발착한다. 영화 〈미션 임파서블〉의 촬영지로 잘 알려진 곳이다. 1877년 10월 파리 에펠 사무소의 설계를 통해 지어졌다. 철골과 유리로 지어진 아름다운 외관이 유명하다.

가는 방법 지하철 M3호선 Nyugati Pályaudvar역 연결
주소 Budapest-Nyugati, 1062 Budapest

● 델리역 Déli Pályaudvar(남역)

1861년에 지어진 역으로 남쪽의 부다 지구에 위치한다. 고풍스러운 켈레티역이나 뉴가티역과 달리 현대적인 외관임에도 가장 먼저 지어진 역이다. 헝가리 남서부 지방을 잇는 열차가 발착한다.

가는 방법 지하철 M2호선 Déli Pályaudvar역 연결
주소 Budapest-Déli, 1012 Budapest

버스

헝가리 국내와 인접국은 물론 동유럽과 서유럽을 잇는 버스가 운행한다. 버스 터미널은 장거리 국제선을 운행하는 네플리게트 버스 터미널과 두나카냐르 지역을 연결하는 아르파드히드 버스 터미널Árpád Híd Autóbusz-állomás이 있다.

장거리 노선을 운영하는 버스 회사 중 플릭스버스FlixBus, 레지오젯Regio Jet은 켈렌폴드Kelenföld역 맞은편 정류장에 정차한다.

● 네플리게트 버스 터미널 Népliget Autóbusz-Állomás

체코, 오스트리아, 슬로바키아, 크로아티아, 폴란드 등 유럽 주요 국가를 연결하는 버스가 발착한다. 부다페스트에서 가장 시설이 좋고 규모가 큰 터미널이다. 버스 회사마다 차이가 있으나 플릭스버스Flixbus 중심으로 운행된다.

가는 방법 지하철 M3호선 Népliget역 연결
주소 Nepliget buszvegallomas, 1098 Budapest

부다페스트 - 주요 도시 간 이동 시간

출발지	이동 수단	소요 시간
브라티슬라바	열차	2시간 25분
	버스	2시간 30분
빈	열차	2시간 40분
	버스	2시간 50분
자그레브	열차	6시간 25분
	버스	4시간 5분
프라하	열차	6시간 40분
	버스	7시간 10분
류블랴나	열차	7시간 45분
	버스	6시간 5분

부다페스트 시내 교통

지하철, 트램, 버스, 트롤리버스, 푸니쿨라, 교외 전차, 택시 등 교통수단이 다양하며 가장 많이 이용되는 것은 지하철이다. 4개 노선이 부다페스트 곳곳을 연결하고, 트램과 버스는 지하철이 닿지 않는 곳까지 운행한다. 부다페스트 근교 여행을 돕는 교외 전차도 있어 교통이 편리하다. 빠른 시간 내에 둘러보고자 한다면 시티 투어 버스를 이용하는 것도 좋다.

부다페스트 교통국 www.bkk.hu

대중교통 요금

공용 승차권 1장으로 지하철, 트램, 버스 등 주요 대중교통을 편리하게 이용할 수 있다(푸니쿨라, 교외 전차, 택시는 제외). 티켓은 지하철역과 버스·트램 정류장의 자동 발매기에서 구입하거나 부다페스트 교통 앱인 부다페스트 고Budapest Go에서 구입하면 된다. 실물 티켓은 펀칭기에 넣어 반드시 직접 개시하고, 앱으로 구입한 티켓은 탑승 전 QR코드를 인식해야 한다. 부다페스트에서는 검표가 매우 엄격하니 주의하자. 검표 시 펀칭하지 않은 티켓을 소지하고 있으면 무임승차로 간주해 벌금 1만 2,000Ft가 부과된다.

BUDAPESTGO

TIP

박물관에 관심이 많다면 유용한
부다페스트 카드 Budapest Card

부다페스트 카드 소지자는 부다페스트의 대중교통을 자유롭게 이용할 수 있고 국립 박물관, 국립 미술관, 부다페스트 역사 박물관, 루카츠 온천 등을 갈 때 무료입장 및 할인 혜택을 받을 수 있다. 일부 극장과 식당에서 할인도 가능하다. 카드 뒷면에 개시 날짜, 영문명을 적고 서명한 후 사용한다. 카드는 관광안내소와 시내 곳곳의 판매 부스에서 구입할 수 있다.

요금 24시간권 1만 1,490Ft, 48시간권 1만 9,990Ft, 72시간권 2만 5,990Ft, 96시간권 3만 2,990Ft, 120시간권 3만 6,990Ft
홈페이지 www.budapestinfo.hu

승차권 종류

종류	영어	헝가리어	용도	요금(1존)
1회권	Single Ticket	Vonaljegy	1회용 편도 티켓(환승 불가)	450Ft*
30분권	30-Minute Ticket	30 Perces Jegy	개시한 시점에서 30분 동안 유효(환승 가능)	530Ft
90분권	90-Minute Ticket	90 Perces Jegy	개시한 시점에서 90분 동안 유효(환승 가능)	750Ft
10회권	Block of 10 Single Tickets	10 Db-os Gyűjtőjegy	1회권 10장 묶음. 여러 명이 사용할 수 있으며 탑승할 때마다 펀칭해야 한다.(실물 티켓만 구입 가능)	4,000Ft
24시간권	24 Hour Budapest Travelcard	Budapest 24 Órás Jegy	개시한 시점에서 24시간 무제한	2,500Ft
72시간권	72 Hour Budapest Travelcard	Budapest 72 Órás Jegy	개시한 시점에서 72시간 무제한	5,500Ft

*버스나 트램에서 운전기사에게 1회권 직접 구입 시 600Ft

지하철 Metro

부다페스트는 1896년 영국에 이어 유럽에서 두 번째로 지하철이 개통된 곳이다. 지하철 총 4개 노선이 부다페스트 곳곳을 연결한다. 티켓은 역에서 구입할 수 있다. 개찰구 앞에서 사복 경찰이 엄격히 검표를 하므로 티켓 소지 및 펀칭은 필수다. 참고로 지하철역에 설치된 에스컬레이터는 상당히 길고 빨리 움직여 사고가 자주 발생하니 주의하자.

운행 04:00~23:00

교외 전차 HÉV

부다페스트 근교를 연결하는 총 5개 노선이 운행되며 가장 많이 이용하는 노선은 지하철 2호선 바차니 광장Batthyány Tér역에서 출발하는 센텐드레Szentendre행이다. 공용 승차권이 아닌 별도의 티켓을 자동 발매기로 구입해야 한다.

운행 04:00~24:00(배차 간격 10~30분)
요금 센텐드레행 310Ft

트램·버스·트롤리버스 Villamos·Busz·Trolibusz

지하철이 닿지 않는 구석구석까지 연결한다. 정류장 및 차량 안에도 목적지와 환승 가능한 지하철역, 트램, 버스 번호가 적혀 있어 쉽게 이용할 수 있다. 실물 티켓은 펀칭기에 티켓을 넣어 개시하고, 모바일 티켓은 QR코드를 인식해야 한다. 불심 검문이 잦은 편이니 무임승차로 간주되지 않도록 주의한다.

운행 04:00~24:00

주요 노선

2번 트램 중앙 시장 ▸ 두나 강변 산책로 ▸ 세체니 다리 ▸ 국회의사당 ▸ 머르기트 다리
19번 · 41번 트램 머르기트 다리 ▸ 에르제베트 다리
16번 버스 데악 광장 ▸ 세체니 다리 ▸ 부다 왕궁 ▸ 마차시 성당
27번 버스 지하철 M4 Móricz Zsigmond Körtér역 ▸ 겔레르트 언덕

관광안내소 Tourist-Info Budapest

관광안내소는 공항에 두 곳, 데악 광장 근처인 시청 공원에 한 곳이 있다. 시청 공원의 관광안내소는 공항버스 100E 탑승장과 가까워 접근성이 좋다. 부다페스트에 머무는 동안 도움이 되는 다양하고 유익한 정보를 얻을 수 있다. 부다페스트 카드도 구입할 수 있다.

● 시청 공원 Városháza Park

주소 Városháza Park, Károly Krt., 1052 Budapest **운영** 09:00~19:00
홈페이지 www.budapestinfo.hu

환전 Penzvaltas

헝가리는 유로가 아닌 자국 화폐 포린트Forint를 사용하고 있어 한국에서 환전이 어렵다. 유로를 준비해 간 다음 현지에서 포린트로 다시 환전해야 하는데 공항, 열차역, 시내 곳곳의 환전소나 ATM을 이용할 수 있다. 관광객이 많은 시청 공원의 환전소가 그나마 수수료가 낮은 편이다. 간혹 환율을 속이는 사기도 있으니 주의해야 한다. 인출 수수료가 저렴한 카드를 소지하고 있다면 ATM을 이용하는 것이 이득일 수도 있다.

부다페스트 지하철 노선도

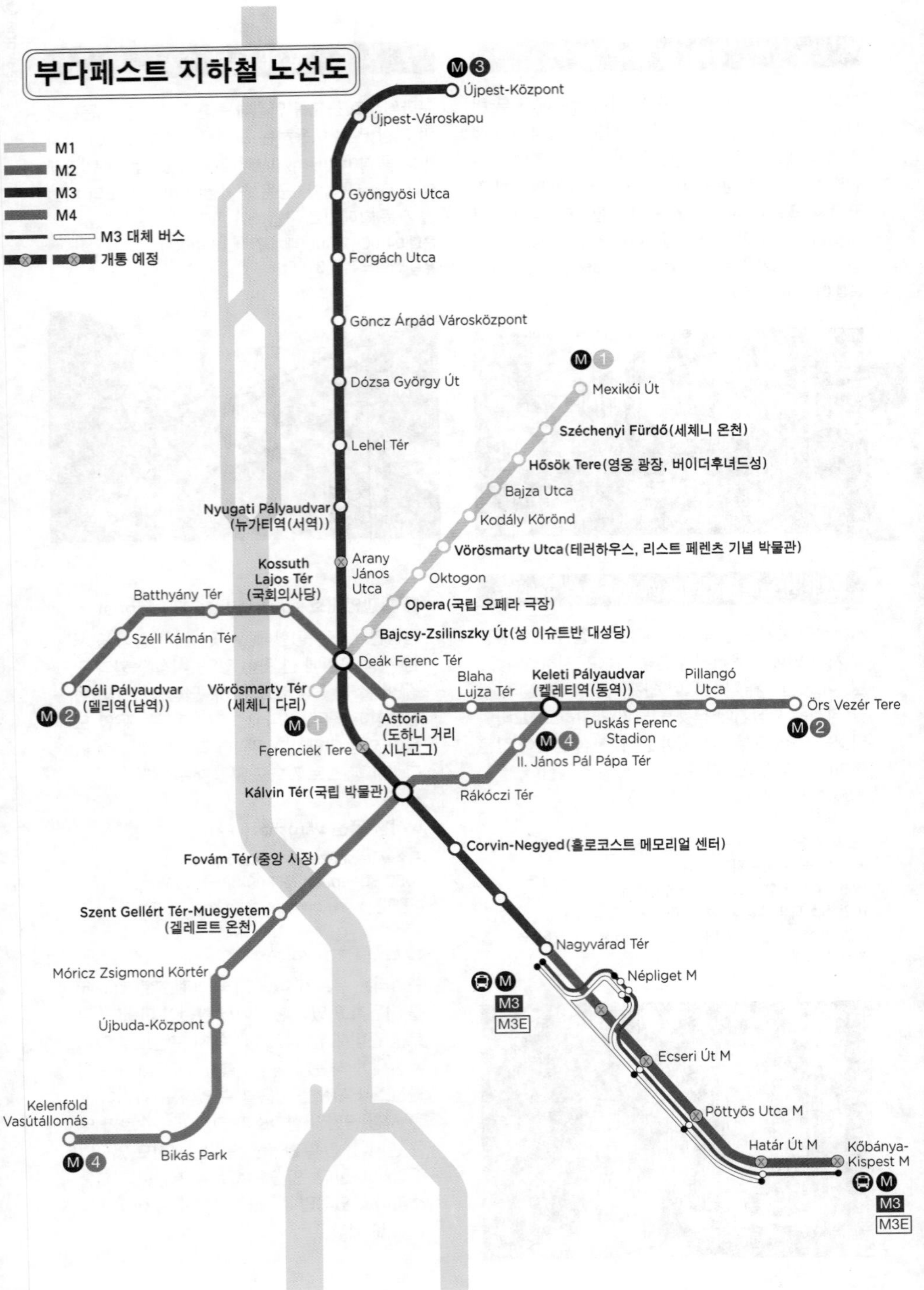

M1
M2
M3
M4
M3 대체 버스
개통 예정
M3
Újpest-Központ
Újpest-Városkapu
Gyöngyösi Utca
Forgách Utca
Göncz Árpád Városközpont
Dózsa György Út
Lehel Tér
Nyugati Pályaudvar (뉴가티역(서역))
Arany János Utca
Deák Ferenc Tér
Ferenciek Tere
Kálvin Tér(국립 박물관)
Corvin-Negyed(홀로코스트 메모리얼 센터)
Nagyvárad Tér
Népliget M
Ecseri Út M
Pöttyös Utca M
Határ Út M
Kőbánya-Kispest M
M3
M3E
M1
Mexikói Út
Széchenyi Fürdő(세체니 온천)
Hősök Tere(영웅 광장, 버이더후녀드성)
Bajza Utca
Kodály Körönd
Vörösmarty Utca(테러하우스, 리스트 페렌츠 기념 박물관)
Oktogon
Opera(국립 오페라 극장)
Bajcsy-Zsilinszky Út(성 이슈트반 대성당)
Vörösmarty Tér (세체니 다리)
M2
Déli Pályaudvar (델리역(남역))
Széll Kálmán Tér
Batthyány Tér
Kossuth Lajos Tér (국회의사당)
Astoria (도하니 거리 시나고그)
Blaha Lujza Tér
Keleti Pályaudvar (켈레티역(동역))
Puskás Ferenc Stadion
Pillangó Utca
Örs Vezér Tere
M4
II. János Pál Pápa Tér
Rákóczi Tér
Fővám Tér(중앙 시장)
Szent Gellért Tér-Muegyetem (겔레르트 온천)
Móricz Zsigmond Körtér
Újbuda-Központ
Bikás Park
Kelenföld Vasútállomás

Budapest **Best Course**

부다페스트 추천 코스

부다페스트 핵심 명소를 알차게 둘러보는 2박 3일

일정이 짧다면 하루 만에 핵심 명소만 콕콕 집어 볼 수 있지만 최소 2~3일은 집중해서 둘러봐야 제대로 부다페스트 여행을 할 수 있다. 하루쯤 시간을 더 낼 수 있다면 부다페스트 근교 여행지인 두나카냐르에 다녀와도 좋다.

TRAVEL POINT

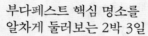

- **이런 사람 팔로우!** 부다페스트를 처음 여행한다면, 볼거리 많은 도시를 좋아한다면
- **여행 적정 일수** 여유로운 3일
- **여행 준비물과 팁** 온천에 가려면 수영복과 수영모, 수건, 세면도구를 준비하자.
- **사전 예약 필수** 성수기에 국립 오페라 극장에서 공연을 보고 싶다면 미리 예매하는 것이 좋다.

DAY 1

전망이 아름다운 부다 지구에서 보내는 하루

- **소요 시간** 5~7시간
- **점심 식사는 어디서 할까?** 마차시 성당과 어부의 요새 근처
- **기억할 것** 세체니 다리에서 부다 왕궁까지 연결되는 산책로는 잘 정비되어 있지만, 겔레르트 언덕까지는 비교적 멀기 때문에 대중교통을 이용하는 것이 좋다.

세체니 다리 P.031

도보 15분

부다 왕궁 P.032

도보 15분

마차시 성당 P.035

도보 1분

어부의 요새 P.036

도보 이동

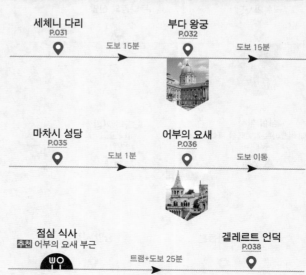

점심 식사
추천 어부의 요새 부근

트램+도보 25분

겔레르트 언덕 P.038

DAY
2

부다페스트의 샹젤리제! 안드라시 거리를 따라 걷는 날

소요 시간 4~6시간

점심 식사는 어디서 할까?
안드라시 거리 주변

기억할 것 이른 아침 세체니 온천에서 온천을 하지 않는다면 반나절만 투자해도 둘러볼 수 있다.

세체니 온천 P.048

도보 10분

버이더후녀드성 P.046

도보 7분

영웅 광장 P.045

지하철 9분

테러 하우스 P.044

도보 5분

점심 식사
추천 멘자 P.050

도보 1분

안드라시 거리 P.055

도보 14분

성 이슈트반 대성당 P.042

DAY
3

페스트 지구의 역사 명소를 찾아서

소요 시간 5~7시간

점심 식사는 어디서 할까?
데악 광장 주변

기억할 것 시나고그와 박물관 관람에 흥미가 없다면 오후 일정은 부다페스트 근교 센텐드레에 가는 것도 좋다.

▶▶ 센텐드레 정보 P.062

국회의사당 P.041

도보 7분

두나강의 신발 P.044

도보+지하철 13분

점심 식사
추천 바크바르주 에테렘 페스트 P.050

도보 10분

도하니 거리 시나고그 P.047

도보 9분

국립 박물관 P.046

도보 6분

중앙 시장 P.055

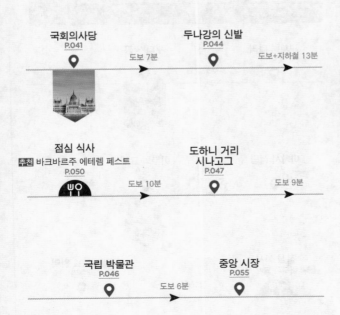

특별한 하루 코스 1

부다페스트 여행의 완성 야경 투어!

프랑스 파리, 체코 프라하와 더불어 유럽 3대 야경에 꼽힐 정도로 부다페스트의 야경은 황홀하다. 낮에 본 명소들은 밤이 되면 더욱 매혹적으로 변모한다. 야간에는 치안이 걱정될 수 있지만 성수기에는 어딜 가나 관광객도 많고 대중교통을 이용해 다니면 크게 문제는 없다.

FOLLOW

이런 사람 팔로우!

- 낭만적인 부다페스트 야경을 즐기고 싶다면

- **소요 시간** 2~3시간
- **기억할 것** 겔레르트 언덕도 야경 명소로 유명하지만 다른 명소보다는 인적이 드물어 비수기에는 안전상 피하는 것이 좋다.

영웅 광장 P.045

버스 15분

세체니 다리 P.031

도보 15분

부다 왕궁 P.032

도보 15분

마차시 성당 P.035

도보 1분

어부의 요새 P.036

도보 15분

국회의사당 P.041

부다 왕궁

국회의사당

TIP

유람선 타고 부다페스트 야경 즐기기

부다페스트는 유럽에서도 아름다운 야경으로 손꼽히는 도시다. 두나강을 따라 유람선을 타고 바라보는 도시 경관은 몇 배 더 큰 황홀함을 안겨 준다. 국회의사당과 부다 왕궁 등 짙은 어둠 속에서 빛나는 부다페스트의 랜드마크는 라이브 음악과 와인이 함께할 때 한층 특별한 여행의 추억을 선사한다. 배의 종류와 옵션에 따라 가격은 천차만별이며, 세체니 다리부터 에르제베트 다리까지 이어진 선착장에서 유람선을 쉽게 골라 탈 수 있다.

주요 유람선 회사

두나 크루즈 DUNA CRUISES dunacruises.com

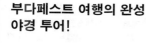

레젠다 Legenda legenda.hu

SPECIAL THEME

밤이면 더욱 화려해지는 유럽 3대 명소

부다페스트 야경 포인트

부다페스트는 파리, 프라하와 함께 유럽 3대 야경 도시로 꼽힌다. 그중에서도 부다페스트 야경이 단연 최고라고 말하는 이들이 많다. 해가 지고 도시 전체가 황금빛으로 물드는 풍경은 가히 눈을 뗄 수 없을 정도다. 부다페스트에 머무는 동안 야경을 제대로 감상하고 싶다면 다음 장소들을 찾아가 보자.

#두나강에서 바라본

세체니 다리와 부다 왕궁

두나강을 가로지르는 세체니 다리와 그 뒤편으로 보이는 부다 왕궁의 야경은 황홀함 그 자체다. 웅장한 건축물들이 조명을 받아 한층 우아하게 빛나며 긴 여운을 남길 장관을 선사한다.

#부다 왕궁에서 바라본

페스트 지구

부다페스트에 다녀온 사람이라면 모두 입을 모아 추천하는 야경 명소다. 낮의 풍광도 아름답지만 석양이 물드는 시간과 조명이 켜지는 밤 풍경을 바라보고 있으면 유럽 최고 야경이라 칭송받는 이유를 알 수 있다.

#겔레르트 언덕에서 바라본

부다페스트 시내

부다 지구와 페스트 지구가 한눈에 들어오는 장소는 이곳뿐! 언덕을 오르기가 힘들더라도 평생 잊지 못할 장면을 눈에 담고 싶다면 가봐야 한다.

#바치아니 광장에서 바라본

국회의사당

잔잔하게 흐르는 두나강 너머로 웅장한 자태의 국회의사당이 보인다. 난간에 걸터앉아 포즈를 취하기만 해도 모델이 된다. 낮과는 또 다른 모습의 야경은 감동 그 자체다.

#머르기트 다리에서 바라본

두나강 전경

겔레르트 언덕의 반대편 모습을 볼 수 있다. 시내에는 두나강 전경을 볼 수 있는 뷰포인트가 많아 머르기트 다리를 찾아가는 사람은 적지만 색다른 부다페스트를 만날 수 있다.

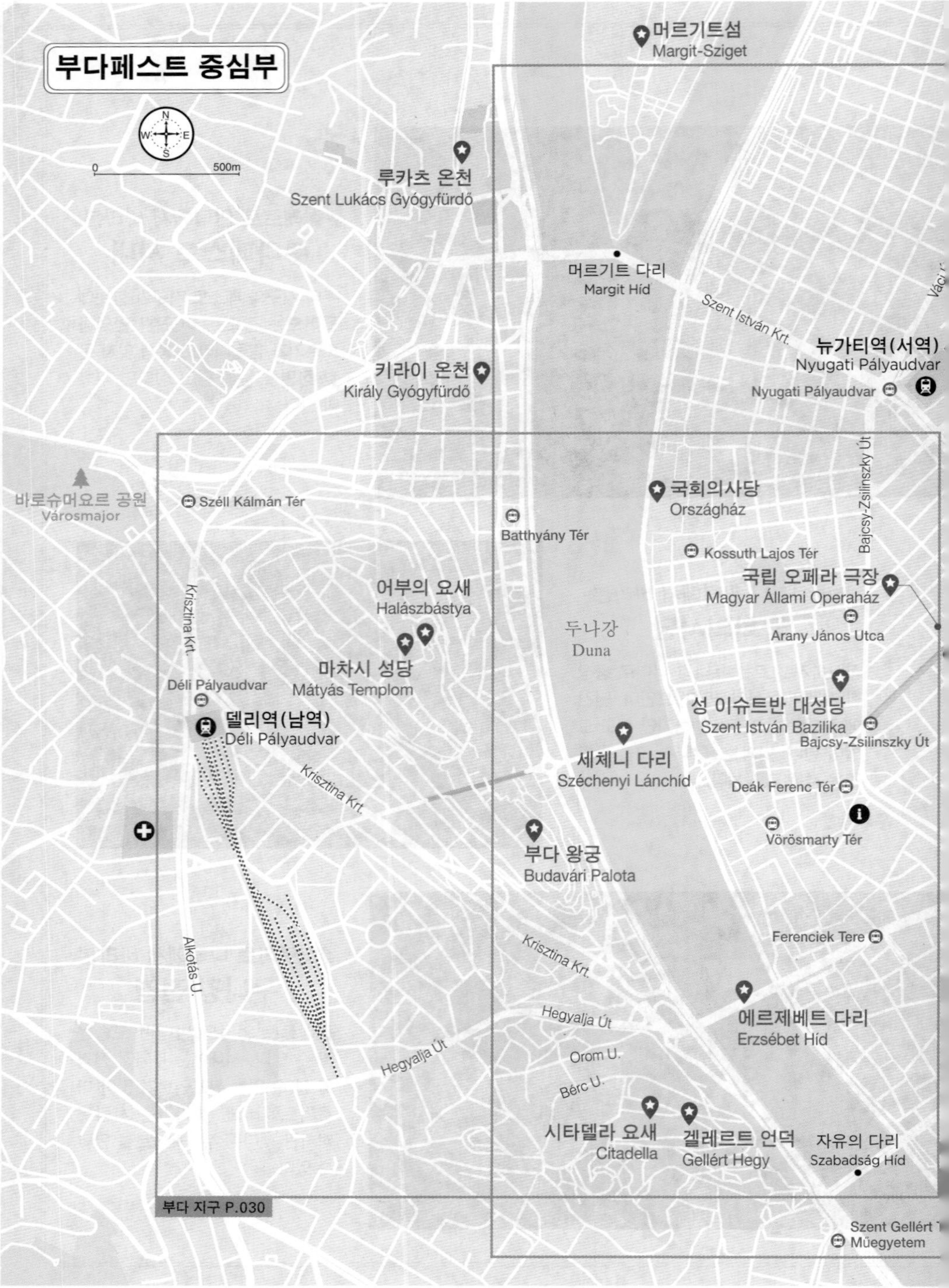

부다페스트 중심부
N
W
E
S
0
500m
머르기트섬
Margit-Sziget
루카츠 온천
Szent Lukács Gyógyfürdő
머르기트 다리
Margit Híd
Szent István Krt.
Váci
뉴가티역(서역)
Nyugati Pályaudvar
Nyugati Pályaudvar
키라이 온천
Király Gyógyfürdő
바로슈머요르 공원
Városmajor
Széll Kálmán Tér
Batthyány Tér
국회의사당
Országház
Bajcsy-Zsilinszky Út
Kossuth Lajos Tér
국립 오페라 극장
Magyar Állami Operaház
Arany János Utca
Krisztina Krt.
어부의 요새
Halászbástya
두나강
Duna
마챠시 성당
Mátyás Templom
Déli Pályaudvar
델리역(남역)
Déli Pályaudvar
성 이슈트반 대성당
Szent István Bazilika
Bajcsy-Zsilinszky Út
Krisztina Krt.
세체니 다리
Széchenyi Lánchíd
Deák Ferenc Tér
Vörösmarty Tér
부다 왕궁
Budavári Palota
Ferenciek Tere
Krisztina Krt.
Alkotás U.
Hegyalja Út
에르제베트 다리
Erzsébet Híd
Hegyalja Út
Orom U.
Bérc U.
시타델라 요새
Citadella
겔레르트 언덕
Gellért Hegy
자유의 다리
Szabadság Híd
Szent Gellért
Műegyetem

부다 지구 P.030

페스트 지구 P.040
Lehel U.
Dózsa György Út
Mexikói Út
세체니 온천
Széchenyi Gyógyfürdő
Széchenyi Fürdő
Hermina Út
안드라시 거리
Andrássy Út
영웅 광장
Hősök Tere
Hősök Tere
버이더후녀드성
Vajdahunyad Vára
Podmaniczky U.
Munkácsy Mihály U.
Bajza U.
Szinyei Merse U.
Szív U.
주 헝가리 대한민국 대사관
Bajza Utca
시민 공원
Városliget
Dózsa György Út
테러 하우스
Terror Háza
Kodály Körönd
Vörösmarty Utca
리스트 페렌츠 박물관
Liszt Ferenc Emlékmúzeum
Oktogon
Rottenbiller U.
Thököly Út
푸슈카스 아레나
Puskás Aréna
Erzsébet Krt.
Keleti Pályaudvar
켈레티역(동역)
Keleti Pályaudvar
Blaha Lujza Tér
Rákóczi Út
피우메이 공동묘지
Fiumei Úti Sírkert
II. János Pál Pápa Tér
Népszínház U.
Fiumei Út
Rákóczi Tér
Baross U.
Kőbányai Út
József Krt.
Corvin-Negyed
홀로코스트 메모리얼 센터
Holokauszt Emlékközpont
Semmelweis Klinikák

부다 지구

부다페스트 여행의 하이라이트가 모여 있는 곳

부다 지구는 15세기 헝가리의 수도였다. 두나강을 사이에 두고 나뉘는 부다 지구와 페스트 지구는 서로 다른 도시였는데 19세기 후반에 하나의 도시로 통합되었다. 왕과 부호들의 영역이었던 부다 지구는 그만큼 지켜야 할 것이 많았고 마차시 성당과 부다 왕궁 등 귀중한 유적과 유물들이 온전히 남아 전해진다. 부다 지구의 또 다른 매력은 두나강 너머 페스트 지구가 한눈에 담기는 전망이다. 지대가 높은 부다 지구에서 내려다본 풍광은 여행자들의 마음을 사로잡기에 충분하다. 낮에도 아름답지만 밤에는 더욱 환상적인 야경이 오래도록 잊지 못할 감동을 선사한다.

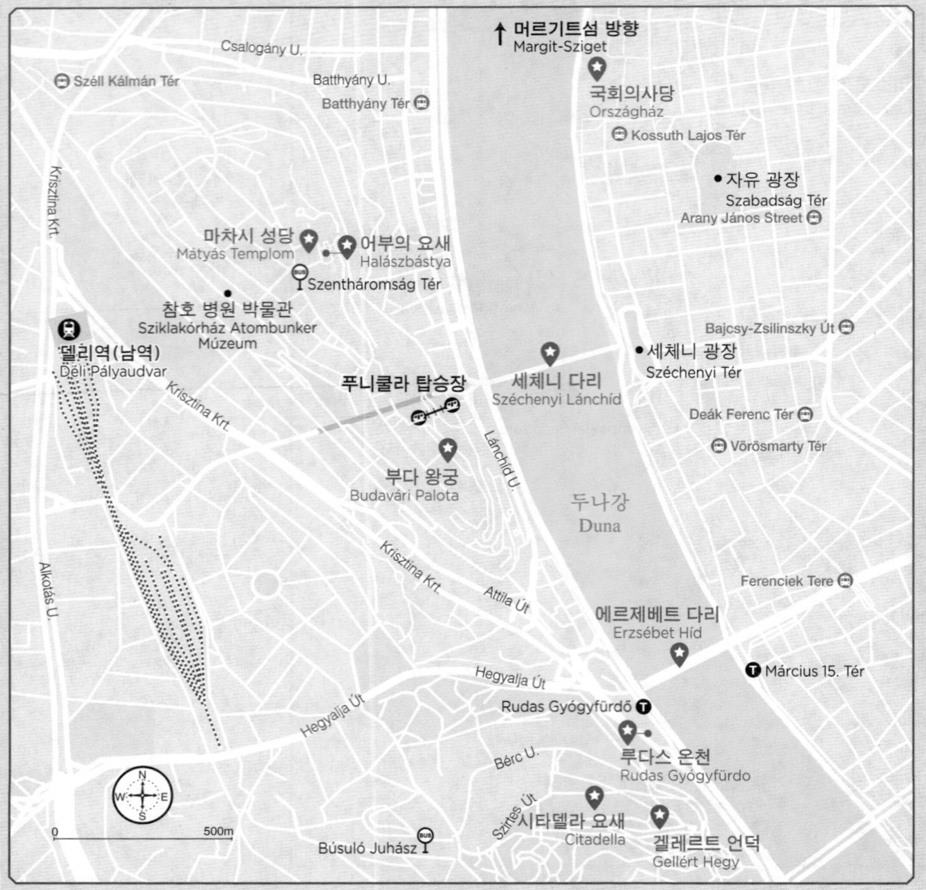

01

세체니 다리

Széchenyi Lánchíd

지도 P.030
가는 방법 지하철 M1 Vörösmarty Tér역에서 도보 7분
주소 Széchenyi Lánchíd, 1051 Budapest

두나강을 가로지르는 가장 아름다운 다리

부다 지구와 페스트 지구를 연결하는 세체니 다리는 두나강에 놓인 최초의 다리로 1849년에 건설되었다. 헝가리의 위대한 정치인으로 추앙받는 세체니 이슈트반Széchenyi István은 아버지 부음에도 기상 악화로 배를 띄우지 못한 자신의 경험을 토대로, 영국의 윌리엄 티어니 클라크William Tierney Clark와 스코틀랜드의 애덤 클라크Adam Clark를 초빙해 현수교를 짓게 했다. 그 결과 세체니 다리는 오늘날 헝가리 경제와 사회 문화 발전을 상징하게 되었다. 제2차 세계대전에는 독일 나치군이 부다페스트의 모든 다리를 폭파해 지금의 다리는 1949년에 재건된 것이다. 잔잔한 기품이 느껴지는 세체니 다리는 세계에서 가장 아름다운 다리 중 하나로 꼽히며 부다페스트 야경 명소로도 유명하다. 비극적인 사랑 이야기를 담은 영화 〈글루미 선데이〉의 배경이 되기도 했다.

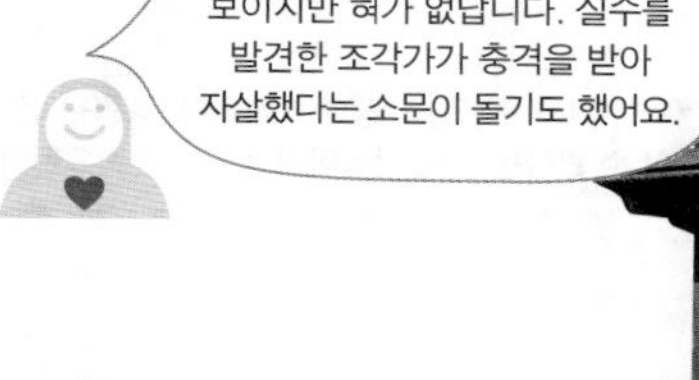
다리 끝에 놓인 네 마리의
사자상은 흠잡을 데가 없이 완벽해
보이지만 혀가 없답니다. 실수를
발견한 조각가가 충격을 받아
자살했다는 소문이 돌기도 했어요.

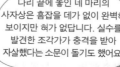

02

부다 왕궁

Budavári Palota

추천

지도 P.030
주소 Szentháromság Tér 2, 1014 Budapest
홈페이지 www.budavar.hu

부다페스트의 유구한 역사를 상징하는 건축물

역사의 부침 속에서 파괴와 재건이 반복되어 현존하는 왕궁 건물 자체는 오래되지 않았지만, 건립 역사는 13세기로 거슬러 올라간다. 성 이슈트반 1세가 세운 왕국의 수도 에스테르곰이 몽골의 침략을 받자 벨라 4세는 부다 지구로 수도를 옮기게 된다. 15세기 마차시 1세 때는 이탈리아 예술가들이 왕궁에 모여들었고 이때 헝가리 르네상스의 막이 올랐다. 16세기에 오스만 제국에 의해 파괴되었고 17~18세기에는 합스부르크 왕가의 지배를 받아 바로크 양식이 더해지고 마리아 테레지아 여제의 명으로 지금의 규모를 갖추었다. 이후 두 차례의 세계대전으로 파괴되었다가 1950년에 재건했다. 현재는 박물관과 미술관 그리고 도서관으로 사용되고 있다.

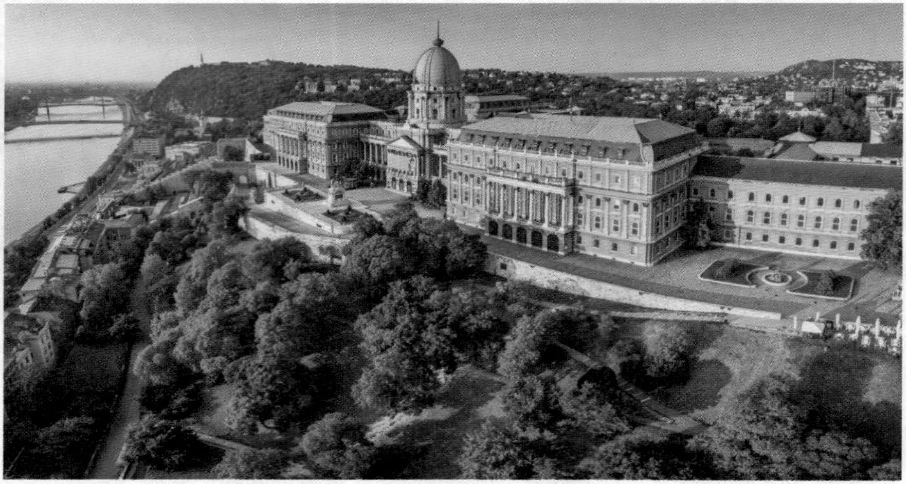

TIP

부다 왕궁을 오르는 세 가지 방법

❶ 부다바리 시클로 Budavári Sikló
세체니 다리 앞 애덤 클라크 광장Clark Ádám Tér에는 왕궁을 연결하는 푸니쿨라가 있다. 1870년부터 운행했으며 왕궁으로 가는 빠르고 편한 방법이지만 요금이 비싸다.
운행 08:00~22:00 **요금** 왕복 4,000Ft

❷ 16번 버스
데악 광장Deák Ferenc Tér에서 출발한 버스는 애덤 클라크 광장Clark Ádám Tér을 지나 디스 광장Dísz Tér에 정차한다. 도보 5분 거리에 왕궁이 있다.
※디스 광장 다음 정류장은 마차시 성당 · 어부의 요새다.
운행 04:00~23:00 **요금** 450Ft

❸ 도보
푸니쿨라 탑승장 옆으로 이어진 언덕을 따라 오르면 왕궁에 도착한다. 성벽을 따라 오르며 반대편 페스트 지구의 풍경을 감상할 수 있다는 것이 장점이다. 약 10분 소요된다.

FOLLOW UP

부다페스트의 역사를 간직한 **부다 왕궁 관람 포인트**

역사적인 건축물이 많은 부다 지구에서도 하이라이트는 단연 부다 왕궁이다. 파괴와 재건이 반복된 아픈 역사가 있는 만큼 이야깃거리도 많고 볼거리도 많은 한편, 부다페스트 시내를 조망하는 전망대 역할도 한다. 놓치지 말아야 할 부다 왕궁의 관람 포인트를 소개한다.

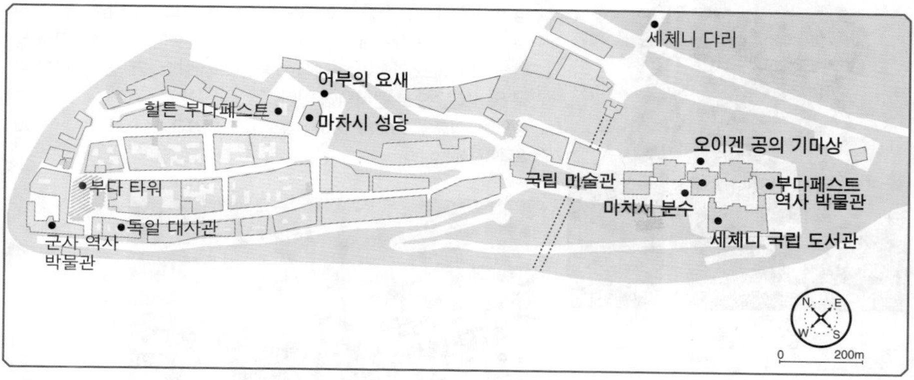

• 마차시 분수 Mátyás-kút

헝가리의 번영을 이룬 마차시 1세I. Mátyás가 사냥하는 모습을 형상화한 분수다. 오른쪽에는 마차시 1세를 애달프게 쳐다보는 일로카Ilonka가 보인다. 농부의 딸인 일로카는 마차시 1세와 사랑에 빠졌지만 그녀는 그의 신분을 알고 이루어질 수 없는 사랑에 절망해 자살했다는 일화가 전해진다.

• 투룰 Turul

마자르인의 상징인 전설의 새. 투룰은 헝가리 첫 왕조인 아르파드Árpád 왕조의 알모시Álmos 탄생과 관련되어 있으며 그의 어머니 태몽에 등장해 장차 훌륭한 왕이 될 것이라 예언했다고 한다. 이후 투룰은 헝가리 민족 마자르인의 오랜 숭배 대상으로 여겨져 왔다.

• 오이겐 공의 기마상
Savoyai Jenő herceg lovasszobra

사보이 공국의 왕자였던 오이겐Savoyai Jenő의 기마상이 부다 왕궁 정면에 있다. 합스부르크 왕가에 충성한 인물로 오스만 제국의 헝가리 침략을 물리친 전쟁 영웅이다. 같은 시기에 부다 왕궁은 바로크 양식이 더해진 지금의 크기로 증축되었다.

• 국립 미술관 Magyar Nemzeti Galéria

헝가리 왕가의 수집품을 토대로 헝가리를 대표하는 작품들을 전시하고 있다. 1975년에 개관한 국립 미술관은 헝가리 전체 미술을 다룬다고 해도 과언이 아니다. 1층은 르네상스, 2층은 19세기 작품 등 시대순으로 전시되어 있다.

운영 화~일요일 10:00~18:00 **휴무** 월요일 **요금** 4,800Ft
홈페이지 mng.hu

• 부다페스트 역사 박물관
Budapesti Történeti Múzeum

고대 로마부터 근대에 이르기까지 헝가리 역사를 한눈에 볼 수 있는 박물관으로 1907년에 설립되었다. 제2차 세계대전 당시 파괴된 왕궁을 복원하면서 발견된 수많은 유물들을 소장, 전시하고 있다.

운영 화~일요일 10:00~18:00
휴무 월요일 **요금** 3,800Ft
홈페이지 www.btm.hu

• 세체니 국립 도서관
Országos Széchényi Könyvtár

1802년 세체니 페렌츠Széchényi Ferenc가 자신의 수집품을 국가에 기증하면서 탄생한 국립 박물관의 서적 코너에서 분리되어 나온 국립 도서관이다. 약 2만 권의 장서를 자랑하며 부다 왕궁으로 이전한 것은 비교적 최근인 1985년이다.

운영 화~목요일 10:00~17:00, 금 · 토요일 09:00~18:00
휴무 일·월요일 **요금** 무료 **홈페이지** www.oszk.hu

③ 마차시 성당 추천
Mátyás Templom

지도 P.030
가는 방법 16 · 16A · 116번 버스 탑승 후 Szentháromság Tér 정류장에서 도보 1분
주소 Szentháromság Tér 2, 1014 Budapest
운영 월~금요일 09:00~17:00, 토요일 09:00~12:00, 일요일 13:00~17:00
요금 성당 일반 2,900Ft, 학생 2,300Ft / 탑 일반 3,400Ft, 학생 2,900Ft
홈페이지 www.matyas-templom.hu

화려한 모자이크 지붕이 돋보이는 성당

11세기 성 이슈트반 1세가 지은 성당이 몽골에 의해 파괴된 후 벨라 4세Béla IV가 13세기에 고딕 양식으로 다시 지었다. 1470년에는 마차시 1세I. Mátyás가 첨탑을 증축하면서 왕의 이름이 성당에 붙여졌다. 오스만 제국 시기에는 모스크로 사용되기도 했고 지배에 벗어났을 땐 바로크 양식으로 재건되었다가 19세기에는 원래의 고딕 양식으로 개축되었다. 마차시 성당은 헝가리 역대 왕들의 대관식이 거행되었던 곳인데 1867년 프란츠 요제프 1세 황제와 엘리자베트 황후의 대관식도 이곳에서 열렸다. 내부는 스테인드글라스와 프레스코화로 화려하게 장식되어 있다. 성당 앞에는 흑사병이 물러간 것에 감사하며 세운 바로크 양식의 성 삼위일체 기념비Szentháromság Szobor가 서 있다.

TRAVEL TALK

헝가리가 낳은 음악가

마차시 성당은 헝가리의 작곡가이자 피아니스트인 프란츠 리스트와도 깊은 연관이 있는 곳입니다. 가톨릭에 귀의하여 성직자가 된 그는 그리운 고국 헝가리로 돌아와 오라토리오 〈그리스도Christus〉와 〈대관식 미사Ungarische Krönungamesse S.11〉를 작곡했고 마차시 성당에서 이 곡을 초연했습니다. 〈대관식 미사〉는 프란츠 요제프 1세 황제와 엘리자베트 황후의 대관식에 사용한 바로 그 작품입니다.

④ 어부의 요새
Halászbástya

추천

지도 P.030
가는 방법 16 · 16A · 116번 버스 탑승 후 Szentháromság Tér정류장에서 도보 1분
주소 Szentháromság Tér, 1014 Budapest
운영 탑 10~5월 09:00~19:00, 6~9월 09:00~21:00
요금 탑 일반 1,200Ft, 학생 600Ft
※탑을 제외한 모든 구역 무료입장
홈페이지 www.fishermansbastion.com

두나강이 내려다보이는 부다페스트 최고의 전망대

긴 회랑으로 연결된 하얀색 고풍스러운 외벽 위로 원뿔 모양 탑 7개가 세워진 모습이 동화 속 한 장면을 연상시킨다. 1899년에 착공해 1905년에 완공한 성곽으로 네오로마네스크와 네오고딕 양식이 혼합된 독특한 형태이며, 마차시 성당을 재건축한 프리제시 슈출레크Frigyes Schulek의 작품이다. 7개의 탑은 헝가리에 정착한 마자르족 일곱 부족장을 상징한다. 중세부터 이 부근에 어부가 많이 살았고 큰 어시장이 있었다고 하는데, 19세기 헝가리 전쟁 당시 이곳에서 어부들이 강을 건너려는 적의 침입을 방어했다고 해서 어부의 요새라는 명칭이 붙었다. 오늘날에는 두나강 풍경을 감상할 수 있는 전망대로 소문나 부다페스트 최고의 명소 중 하나가 되었다. 1906년 요새 앞에 세운 동상은 헝가리 최초의 국왕인 성 이슈트반Szent Istvan Szobra의 기마상이다. 기마상 아래에는 기독교 전파, 법에 의한 통치 등 왕의 주요 업적이 부조로 묘사되어 있다.

어부의 요새는 건축물 자체도 볼거리지만 이곳에서 바라본 풍경이 무척 아름다운 곳입니다. 낮과 밤의 풍경이 서로 다른 매력을 가지고 있으니 하루에 두 번 방문해도 좋아요.

05 에르제베트 다리

Erzsébet Híd

에르제베트 황후를 위한 다리

헝가리어로 에르제베트Erzsébet는 합스부르크 제국의 프란츠 요제프 1세 황제의 황후인 엘리자베트를 말한다. 그녀는 헝가리에 머물면서 언어를 배우고 전통 의상을 입는 등 헝가리에 대한 사랑이 남달랐다고 한다. 헝가리가 오스트리아와 동등한 지위를 누릴 수 있게 공헌한 그녀를 기념하기 위해 엘리자베트의 이름을 따서 다리 이름을 지었다. 부다 지구 다리 부근의 녹지대에는 그녀의 동상도 세워져 있다. 다리는 19세기 말에 지어졌으며 제2차 세계대전 당시 후퇴하던 독일군에 의해 파괴되었다. 이후 복원에 들어갔지만 원래 모습으로 재건하기가 힘들어 새롭게 설계되었다.

지도 P.030 **가는 방법** 2번 트램 Március 15. Tér 정류장에서 도보 2분 또는 19 · 41 · 56번 트램 Rudas Gyógyfürdő정류장에서 도보 1분
주소 Erzsébet Híd, 1013 Budapest

06 겔레르트 언덕
Gellért Hegy

부다 지구와 페스트 지구가 한눈에

이탈리아 수도사 성 겔레르트Szent Gellért는 성 이슈트반 1세를 도와 마자르인에게 가톨릭을 전파하기 위해 힘썼던 인물이다. 1046년 이교도들의 반란으로 못이 박힌 오크 통에 갇혀 언덕에서 두나강으로 떨어져 순교했다. 그의 순교를 기리며 죽임을 당한 장소에 동상을 세우고, 언덕에 그의 이름을 붙여 겔레르트 언덕이 되었다. 꼭대기에는 1947년 소련이 헝가리를 해방시켜 자유를 얻게 해줬다는 목적으로 세운 자유의 여신상Szabadság Szobor이 있다. 헝가리가 민주주의로 전환되었을 때 동상을 파괴하는 대신 과거를 잊지 말자는 의미로 보존하고 있다. 지금은 여행자를 위한 전망대로 이용된다.

지도 P.030
가는 방법 에르제베트 다리에서 연결된 산책로를 따라 도보 20분 또는 27번 버스 Búsuló Juhász정류장에서 도보 10분
주소 Gellért Hegy, 1016 Budapest

TIP

겔레르트 언덕은 불꽃놀이 명당

매년 8월 20일에는 헝가리 건국기념일(성 이슈트반 기념일)을 맞아 두나강 가에서 화려한 불꽃놀이가 펼쳐진다. 두나강 인근이라면 어디서든 잘 보일 테지만, 가장 유명한 장소는 바로 이곳! 어둠이 내리면 하늘을 아름답게 수놓는 불꽃과 황금빛 도시 풍경을 감상하려고 인파가 몰린다.

07 시타델라 요새
Citadella

독립운동을 감시하기 위해 지은 요새

겔레르트 언덕 정상에 있는 요새로 부다페스트 최고의 전망을 자랑한다. 19세기 중반 헝가리인을 감시하기 위한 목적으로 짓기 시작해 오스트리아 사령관 율리우스 야곱 폰 하이나우Julius Jacob von Haynau의 지휘하에 헝가리인이 강제 노역에 동원되었다. 요새는 동서 220m, 남북 60m 규모이며 높이가 4m에 달하는 벽으로 둘러싸여 있다. 1867년 오스트리아와 헝가리 왕국 사이의 화해 협정이 체결되면서 군사적 목적을 상실하게 되었다. 시민들은 요새 해체를 요구했으나 이후에도 30년간 군대가 주둔했다. 1897년이 되어서야 군대가 철수했으며 상징적인 의미로 정문만 파괴하고 요새는 남겨 두었다.

지도 P.030
가는 방법 겔레르트 언덕 자유의 여신상 옆에 위치
주소 Citadella Stny. 1, 1118 Budapest

08 머르기트섬
Margit-sziget

부다페스트 시민들의 휴식 공간

두나강 한가운데 떠 있는 넓은 섬이다. 13세기 헝가리 왕 벨라 4세는 몽골과의 전쟁에서 승리하면 태어날 아이를 하느님의 아이로 바칠 것이라 맹세했다. 그녀의 딸인 센트 머르기트Szent Margit는 아버지의 맹세를 따라 이 섬의 수녀원에서 살았는데 지금은 수녀원의 흔적을 찾아볼 수 없다. 현재는 각종 스포츠 시설과 야외 공연장 그리고 부다페스트 시민들의 산책 공간으로 사랑받고 있다. 섬을 연결하는 다리 역시 그녀의 이름을 딴 머르기트 다리Margit Híd이며 1869년 개통되었다가 제2차 세계대전 때 파괴된 후 1948년에 복원되었다.

지도 P.028
가는 방법 4 · 6번 트램 Margit Híd정류장 하차 또는 26번 버스가 머르기트섬을 횡단(Margit Híd정류장~Árpád Híd정류장)
주소 Margit-sziget, 1138 Budapest

페스트 지구

산책하듯 거닐기 좋은 신시가지

오늘날 호텔과 쇼핑몰이 밀집한 상업 지구인 페스트는 역사적으로도 서민들의 영역이었다. 페스트 지구에는 건국 1,000년을 기념해 지은 국회의사당, 성 이슈트반 대성당, 영웅 광장 등 도시의 위풍당당한 랜드마크들이 모여 있다. 부다 지구와 달리 산이 없는 평지여서 천천히 걸어 다니며 도시의 분위기를 즐기기에 좋다. 상점이 많은 골목골목을 구경하는 재미가 쏠쏠하다.

(01)

국회의사당
Országház

추천

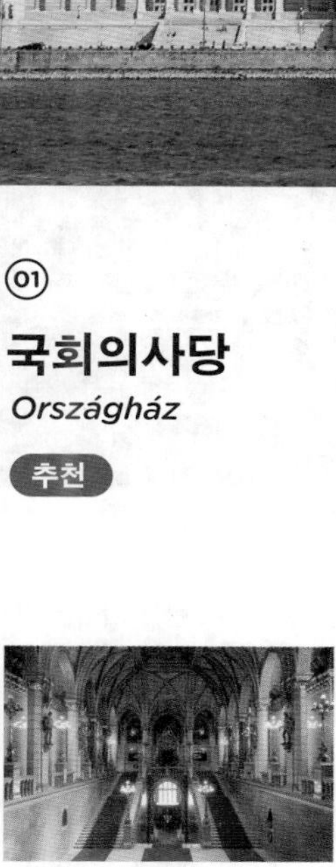

부다페스트를 상징하는 아름다운 랜드마크

오르사그하즈Országház는 헝가리어로 '나라의 집'이라는 뜻이다. 그만큼 국회의사당은 헝가리 민족에게 중요한 건축물이다. 1880년 헝가리 수도로서의 위상을 높이고 민족 자긍심을 고취할 수 있는 건축물을 짓기로 결정했고 공모를 통해 경합을 벌였다. 그 결과, 부다페스트 공대 교수 임레 슈타인Imre Stein의 설계가 통과되어 네오고딕 양식의 국회의사당이 지어졌다. 건국 1,000년을 기념한 1894년에 완공하는 것이 목표였으나 1904년이 돼서야 완공되었다. 세상에 드러난 웅장한 자태의 국회의사당은 길이 268m, 폭 123m, 높이는 건국 896년을 기념하여 96m에 맞췄으며 성 이슈트반 대성당과 같은 높이로 지어졌다. 지붕에는 1년 365일을 상징하는 첨탑 365개가 있으며 내부는 691개의 방, 10개의 안뜰, 13개의 엘리베이터 등 엄청난 규모를 자랑한다. 모든 시설은 헝가리 건축 자재만을 사용했다. 궁전을 연상시키는 내부는 가이드 투어로만 관람할 수 있다. 중앙 홀에는 헝가리 국왕에게 수여되었던 성스러운 왕관Szent Korona이 전시되어 있다.

지도 P.040
가는 방법 지하철 M2 Kossuth Lajos Tér역에서 도보 2분 또는 2번 트램 Országház, látogatóközpont 정류장에서 도보 2분
주소 Kossuth Lajos Tér 1-3, 1055 Budapest
운영 4~10월 08:00~18:00, 11~3월 08:00~16:00
요금 일반 9,600Ft, 학생 4,800Ft
홈페이지 www.parlament.hu

TIP

국회의사당의 앞마당, 코슈트 광장 Kossuth Lajos Tér

1956년 헝가리 민주화 혁명 당시 많은 시민이 사살당한 비극의 현장이다. 광장 주변에 자리한 1956 헝가리 혁명 기념관In Memoriam 1956 Október 25에서는 혁명의 역사를 전시하고 있다. 맞은편에는 국회의사당의 잔해를 전시한 라피다리움Lapidarium도 있으며 두 곳 모두 무료입장이다.

⓪② 성 이슈트반 대성당

Szent István Bazilika

지도 P.040
가는 방법 지하철 M1 Bajcsy-Zsilinszky Út역에서 도보 4분
주소 Szent István Tér 1, 1051 Budapest
운영 성당 월~토요일 09:00~17:45, 일요일 13:00~17:45 / 보물관 · 전망대 09:00~19:00
요금 통합권 6,000Ft, 성당 2,300Ft, 보물관 · 전망대 4,300Ft
홈페이지 www.bazilika.biz

부다페스트 최대 규모의 성당

헝가리 초대 국왕이자 가톨릭의 수호성인 성 이슈트반을 기리는 한편, 건국 1,000년을 기념하기 위해 지은 로마네스크 양식의 성당이다. 1848년에 공사를 시작했으나 헝가리 독립 전쟁과 불어닥친 태풍으로 우여곡절 끝에 1905년 완공되었다. 성당 내부는 그리스 십자가를 형상화했으며 화려하게 치장되어 있다. 성당의 핵심은 '신성한 오른손 예배당'으로 성 이슈트반의 오른손이 보존되어 있어 순례자들의 발길이 끊이질 않는다. 그 외 성당의 중요한 보물은 유료로 전시하고 있다. 거대한 중앙 돔은 국회의사당과 같은 96m 높이로 이 또한 건국 원년 896년을 의미한다. 전망대에 오르면 페스트 지구의 도시 전망을 즐길 수 있다.

TRAVEL TALK

1만 Ft 지폐 초상화의 주인공

헝가리 역사를 이야기할 때 빼놓을 수 없는 인물이 있습니다. 바로 헝가리 최초의 국왕 성 이슈트반Szent István(975~1038년)입니다. 그는 법에 의한 통치와 왕권 계승을 명문화해 국가의 틀을 마련했고 동유럽 최초로 기독교를 국교로 받아들인 인물입니다. 기독교를 수용함으로써 주변국과 동화되었고 많은 업적을 남겼지요. 세상을 떠난 후에는 헝가리의 수호성인이 되었고 성 이슈트반 1세가 국가 지위를 획득한 8월 20일은 국경일로 지정되어 매년 성대한 축제가 열린답니다.

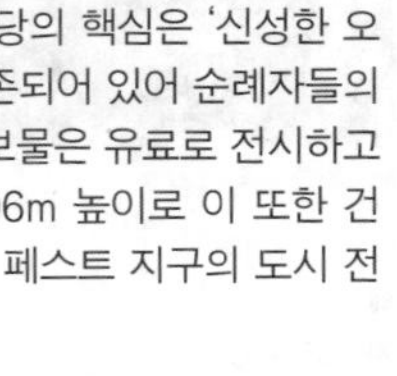

03 국립 오페라 극장
Magyar Állami Operaház

지도 P.040
가는 방법 지하철 M1 Opera역에서 도보 1분
주소 Andrássy Út 22, 1061 Budapest
운영 투어 13:00, 15:00, 16:30
요금 9,000Ft(헝가리어 5,000Ft)
홈페이지 www.opera.hu

헝가리에서 두 번째로 큰 극장

파리 샹젤리제 거리를 본떠 만든 안드라시 거리Andrássy Út에 있는 국립 오페라 극장으로 1884년에 완공되었다. 오스트리아-헝가리 제국의 황제 프란츠 요제프 1세의 지원으로 건설되었기에 본래 명칭은 헝가리 왕립 오페라 극장Magyar Királyi Operaház이었다. 극장 앞에는 헝가리 국민 음악의 아버지인 페렌츠 에르켈Ferenc Erkel과 리스트 페렌츠Liszt Ferenc의 동상이 있다. 약 1,300명을 수용할 수 있는 내부의 천장에는 그리스 신들을 묘사한 프레스코화와 약 3톤짜리 청동 샹들리에가 장식되어 있다. 가이드 투어를 통해 내부를 둘러볼 수 있다.

TIP

발레, 오페라, 오케스트라 공연이 자주 열린다. 음악의 도시로 유명한 빈, 프라하 못지않게 다양하고 수준 높은 공연을 더 저렴하게 볼 수 있다. 공연 티켓은 국립 오페라 극장 홈페이지를 통해 사전 예매를 하는 것이 좋다.

④ 두나강의 신발
Cipők a Duna-parton

홀로코스트 역사를 증언하는 강변 조형물

가지런히 놓인 신발, 흩어진 신발, 한 짝만 남은 신발 등 아이 것부터 어른 것까지 사이즈와 모양이 다양한 신발들이 놓여 있다. 제2차 세계대전 당시 파시스트 민병대에 의해 사살당한 시민들을 추모하는 조형물이다. 영화감독 칸 토가이Can Togay와 조각가 줄라 파우어Gyula Pauer의 공동 작품으로, 홀로코스트 60주기가 되던 2005년에 60켤레의 신발 조형물을 세웠다. 당시 민병대는 무고한 시민들을 두나강에 서서 신발을 벗게 한 뒤 총으로 쏴 3,500명을 사살했다. 아름다운 두나강 풍경과 대비되는 잔혹한 역사의 현장이 슬프게 다가오는 장소다. 지금도 낮과 밤을 가리지 않고 유대인 희생자를 추모하는 헌화의 발길이 끊이지 않는다.

지도 P.040
가는 방법 국회의사당에서 도보 7분
주소 Id. Antall József Rkp., 1054 Budapest

⑤ 테러 하우스
Terror Háza

참혹한 과거를 기록한 장소

'TERROR'라는 큰 문구와 헝가리 나치를 상징하는 화살 십자당 그리고 공산당을 상징하는 별이 그려진 건물 외관이 눈에 띈다. 제2차 세계대전 중 나치가 자행한 유대인 대학살을 잊지 말자는 취지로 2002년에 개관했다. 1880년에 지어진 네오르네상스 양식의 건물은 20세기 초 실제 나치당이 사용했던 곳이다. 내부로 들어서면 분위기를 압도하는 멜로디가 흘러나온다. 집무실, 군복, 학살 영상, 희생자의 인터뷰, 감옥을 둘러볼 수 있고 홀로코스트와 종전 이후 헝가리 역사도 전시하고 있다. 내부 사진 촬영은 금지되어 있다.

지도 P.040
가는 방법 지하철 M1 Vörösmarty Utca역에서 도보 1분 **주소** Andrássy Út 60, 1062 Budapest
운영 화~일요일 10:00~18:00 **휴무** 월요일
요금 일반 4,000Ft, 학생 2,000Ft
홈페이지 www.terrorhaza.hu

06 리스트 페렌츠 박물관
Liszt Ferenc Emlékmúzeum

19세기 유럽을 대표하는 피아니스트를 만나다

프란츠 리스트Franz Liszt라는 독일식 이름이 더 친숙한, 헝가리 출신의 피아니스트이자 작곡가인 리스트 페렌츠. 그가 1881년부터 1886년까지 부다페스트에 머물던 집을 박물관으로 개조해 1986년에 개관했다. 그는 브라티슬라바, 빈, 파리, 런던 등 유럽의 주요 도시는 물론 스페인, 포르투갈, 독일 그리고 러시아까지 휩쓴 당대 최고의 피아니스트였다. 박물관 내부는 거실, 침실, 서재, 부엌 등으로 나뉘며 리스트와 관련된 피아노와 초상화, 악보와 가구 등을 전시한다.

TIP

매주 토요일 오전 11시에는 유료 콘서트가 열린다.

지도 P.040
가는 방법 지하철 M1 Vörösmarty Utca역에서 도보 1분 **주소** Vörösmarty U. 35, 1064 Budapest
운영 월~금요일 10:00~18:00, 토요일 09:00~17:00
휴무 일요일 **요금** 일반 3,000Ft(한국어 오디오 가이드 1,000Ft) **홈페이지** lisztmuseum.hu

07 영웅 광장
Hősök Tere

중요한 국가 행사가 열리는 장소

헝가리 건국 1,000년을 기념하는 밀레니엄 프로젝트의 일환으로 1896년에 조성된 광장이다. 광장 한가운데에는 높이 36m의 밀레니엄 기념비Millenniumi Emlékmű가 있다. 성 이슈트반에게 왕권을 부여한 대천사 가브리엘이 있고, 그 아래에는 건국의 주역인 마자르 일곱 부족장의 기마상이 있다. 기념비 앞에는 헝가리의 독립을 위해 목숨을 바친 무명 용사의 묘비가 있다. 뒤쪽 회랑에는 헝가리 위인 14명의 동상이 자리한다. 오스트리아-헝가리 제국 시절에는 페르디난드 1세를 포함한 오스트리아인 5명의 지도자가 포함되어 있었으나 제2차 세계대전 이후 모두 헝가리인으로 바뀌었다.

TIP

광장 양옆에는 현대 미술관Műcsarnok과 부다페스트 미술관Szépművészeti Múzeum이 있다.

지도 P.040
가는 방법 지하철 M1 Hősök Tere역에서 도보 3분
주소 Hősök Tere, 1146 Budapest

⑧ 버이더후녀드성
Vajdahunyad Vára

동화적 상상력을 자극하는 고성

과거에는 헝가리 영토였던 루마니아 트란실바니아의 후네도아라성Castelul Huniazilor에서 모티브를 얻어 지은 성으로 1896년 만국 박람회가 열릴 당시 지어졌다. 로마네스크, 고딕, 르네상스, 바로크 등 다양한 양식이 혼재되어 있다. 헝가리 영토에 세워진 다양한 건물을 표현하며 과거 위상을 입증하기 위해 세워졌다. 박람회 이후 철거될 예정이었으나 인기가 좋아 재건되었고 현재는 농업 박물관 Mezőgazdasági Múzeum으로 사용되고 있다.

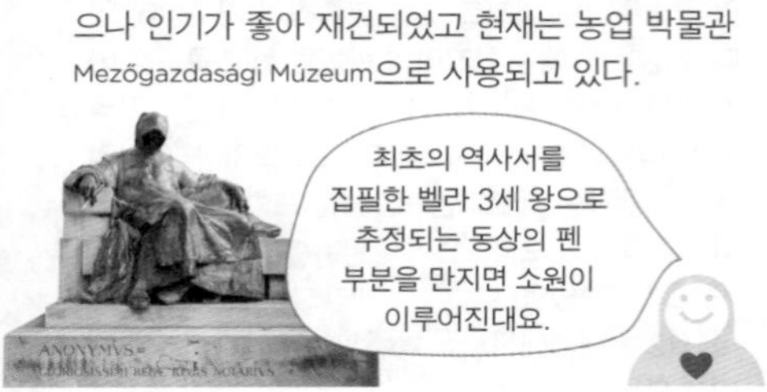
최초의 역사서를 집필한 벨라 3세 왕으로 추정되는 동상의 펜 부분을 만지면 소원이 이루어진대요.
ANONYMVS

지도 P.040 **가는 방법** 영웅 광장에서 도보 7분
주소 Vajdahunyad Stny., 1146 Budapest
운영 화~일요일 10:00~17:00 **휴무** 월요일
요금 농업 박물관 2,500Ft, 탑 400Ft
홈페이지 www.mezogazdasagimuzeum.hu

⑨ 국립 박물관
Magyar Nemzeti Múzeum

한자리에서 살펴보는 헝가리의 역사

헝가리 정치인 세체니 페렌츠Széchényi Ferenc가 자신의 수집품을 국가에 기증하면서 1802년에 개관했다. 1만 1,884권의 도서를 비롯해 1,156권의 필사본, 142개의 지도, 2,019개의 동전 및 골동품 등 수많은 기증 물건이 토대가 되어 지금은 헝가리 역사를 한눈에 볼 수 있는 박물관이 되었다. 현재 박물관 건물은 건축가 미하이 폴라크 Mihály Pollack에 의해 재건된 것으로 고대 그리스 신전을 연상시키는 고전주의 양식으로 지어져 웅장한 외관이 눈길을 끈다. 총 7개 전시실이 있으며 고대부터 현대까지 헝가리 문화재를 흥미롭게 전시하고 있다.

지도 P.040
가는 방법 지하철 M3 · 4 Kálvin Tér역에서 도보 1분
주소 Múzeum Krt. 14-16, 1088 Budapest
운영 화~일요일 10:00~18:00 **휴무** 월요일
요금 3,500Ft **홈페이지** mnm.hu

⑩ 도하니 거리 시나고그
Dohány Utcai Zsinagóga

유럽 최대의 유대교 회당

1859년에 무어 양식을 토대로 건설된 유대교 회당이다. 비잔틴 양식의 높이 43m 양파 모양의 돔과 고딕 양식의 장미창을 볼 수 있다. 회당 내부에는 약 3,000명을 수용할 수 있는 신도석이 있고 리스트 페렌츠Liszt Ferenc와 카미유 생상스Camille Saint-Saëns가 연주했던 파이프 오르간도 볼 수 있다. 제2차 세계대전 당시 유대인 수용소로 사용되었고 게토에서 숨진 약 2,000명의 유대인이 안뜰에 묻혀 있다. 정원에는 조각가 버르거 임레Varga Imre가 제작한 은으로 만든 버드나무가 있다. 은빛 나뭇잎에는 수용소에서 희생된 유대인의 이름이 적혀 있다.

TIP

노출이 심한 옷차림으로는 입장할 수 없다. 남성은 입장 시 나눠 주는 유대교 모자인 키퍼흐Kippah를 착용해야 한다.

지도 P.040 **가는 방법** 지하철 M2 Astoria역에서 도보 3분 **주소** Dohány U. 2, 1074 Budapest
운영 일~목요일 10:00~20:00, 금요일 10:00~16:00
휴무 토요일 **요금** 일반 1만 800Ft, 학생 8,600Ft
홈페이지 www.dohany-zsinagoga.hu

⑪ 홀로코스트 기념관
Holokauszt Emlékközpont

헝가리 유대인의 비극적인 역사를 전시

인류 역사상 가장 끔찍한 비극의 역사인 홀로코스트를 기억하고자 2004년 부다페스트에서 두 번째로 큰 유대교 회당인 파바 시나고그Pava Synagogue 자리에 세운 기념관이다. 1938년부터 나치는 유대인의 토지와 가옥 등 재산을 박탈하기 시작했고 1944년부터는 유대인들을 빈민가와 수용소에 가두었다. 특히 부다페스트는 유대인이 많이 정착한 도시 중 하나여서 희생자가 헤아릴 수 없을 만큼 많았다. 유대인들이 고통받고 죽음에 이르렀던 과정을 다양한 시청각 자료와 실제 희생당한 유대인들의 소지품을 통해 공개한다. 잔혹한 장면을 담은 사진과 영상이 많아 다소 충격적일 수 있으나 헝가리 역사의 중요한 맥락을 이해하려면 방문해 보기를 권한다.

지도 P.040
가는 방법 지하철 M3 Corvin-Negyed역에서 도보 5분
주소 Páva U., 1094 Budapest
운영 화~일요일 10:00~18:00 **휴무** 월요일
요금 일반 3,600Ft, 학생 1,600Ft
홈페이지 www.hdke.hu

SPECIAL THEME

유럽의 온천 문화 경험해 보기

부다페스트 온천 BEST 4

부다페스트 온천의 역사는 무려 2,000년 전으로 거슬러 올라갈 만큼 오래되었으며 오스만 제국 지배 당시 뿌리를 내렸다. 현재도 도시 곳곳에 약 120개가 넘는 온천에서 매일 많은 양의 온천수가 뿜어져 나와 세계적인 온천 도시로 자리매김했다.

#부다페스트 최고의 온천

세체니 온천 *Széchenyi Gyógyfürdő*

1913년에 건축한 세체니 온천은 부다페스트에서 가장 큰 규모를 자랑한다. 74°C의 뜨거운 온천수를 끌어 올려 한겨울에도 야외 온천을 즐길 수 있는데 뜨거운 김이 올라와 환상적 분위기를 연출한다. 온천탕만 총 15개이며 물 온도는 18°C에서 40°C까지 다양해 남녀노소 각자 취향에 맞게 온천을 즐길 수 있다. 온천 이외에도 다양한 부대시설이 있다. 실내와 야외 어디서든 온천을 즐길 수 있는 것은 물론이고 사우나, 피트니스, 마사지, 식당, 비어 스파 등의 서비스를 제공한다. 매주 토요일 밤이면 클럽으로 변신해 스파티sparty(스파spa와 파티party를 합친 신조어)가 열리는데 화려한 조명 아래 다양한 퍼포먼스가 펼쳐진다.

가는 방법 지하철 M1 Széchenyi Fürdő역에서 도보 2분
주소 Állatkerti Krt. 9-11, 1146 Budapest
운영 평일 07:00~20:00, 주말 08:00~20:00
요금 월~목요일 1만 500Ft, 금~일요일 1만 2,000Ft
※평일 오전 9시 이전까지 입장 할인 가능
홈페이지 www.szechenyifurdo.hu

TIP

온천 이용 시 주의 사항

☑ 수영복, 수영모, 슬리퍼, 수건 등을 직접 준비해 가는 것이 좋다. 대여도 가능하지만 비싸고 품질이 좋지 않다. 참고로 래시가드 착용을 금지하는 곳이 많다.
☑ 로커는 말 그대로 사물함, 캐빈은 탈의실을 말한다. 탈의실이 따로 있지만 남녀 구분이 없는 경우가 대부분이다.
☑ 세안용품 준비는 필수! 가볍게 샤워하고 숙소에 가서 다시 씻어야 할 정도로 장소가 협소한 곳이 많다.
☑ 요일별로 남녀 입장을 구분하는 온천이 있다.
☑ 온천으로 유명한 곳이다 보니 관광객이 많이 몰려 수질 문제가 종종 언급된다. 오전에 가면 비교적 깨끗한 온천수를 즐길 수 있다.

#가장 수질 좋기로 유명한 온천

루다스 온천 *Rudas Gyógyfürdő*

1550년에 지어진 터키식 온천이다. 온천과 수영장 그리고 웰니스Wellness 구역으로 나뉜다. 10°C부터 42°C까지 6개의 탕이 있고 요일별 남녀 입장을 구분하고 있다. 웰니스의 루프톱 풀장에서는 두나강을 바라보며 온천을 즐길 수 있다.

가는 방법 19·41·56·56A번 트램 탑승 후 Rudas Gyógyfürdő 정류장에서 도보 2분
주소 Döbrentei Tér 9, 1013 Budapest
운영 06:00~20:00 ※요일별 남녀 입장 가능 시간이 다름
요금 온천 평일 6,400Ft / 통합권 평일 9,300Ft, 주말 1만 2,200Ft **홈페이지** www.rudasfurdo.hu

#치유 효과로 유명한 온천

겔레르트 온천 *Gellért Gyógyfürdő*

아르누보 양식의 화려한 건물이며 부다페스트에서 가장 아름다운 온천으로 손꼽힌다. 2008년 대규모 레노베이션을 거쳐 다양한 온도의 온천탕과 사우나, 파도 풀이 생기는 등 깔끔하게 재정비되었다. 온천 치료 전문가가 상주해 치료를 목적으로 찾는 사람들이 많다.

가는 방법 지하철 M4 Szent Gellért tér-Műegyetem역에서 도보 3분
주소 Kelenhegyi Út 4, 1118 Budapest **운영** 09:00~19:00
요금 월~목요일 1만 500Ft, 금~일요일 1만 2,000Ft, 공휴일 1만 3,000Ft **홈페이지** www.gellertfurdo.hu

#현지인이 즐겨 찾는 온천

루카츠 온천 *Szent Lukács Gyógyfürdő*

병원이 딸린 약용 온천으로 유명하며 치료를 목적으로 방문하는 사람들이 꽤 많다. 2012년 레노베이션을 거쳐 시설이 깔끔한 편이다. 머르기트섬 부근이라 위치가 좋지 않지만 부다페스트 카드 소지자는 무료로 이용할 수 있다.

가는 방법 17·19·41번 트램 탑승 후 Szent Lukács Gyógyfürdő 정류장에서 도보 1분
주소 Frankel Leó Út 25-29, 1023 Budapest
운영 07:00~19:00
요금 평일 4,800Ft, 주말 5,200Ft ※오후 5시 이후 입장 할인 가능
홈페이지 www.lukacsfurdo.hu

부다페스트 맛집

어디서 식사를 해야 할지 고민될 만큼 부다페스트에는 매력적인 식당이 많다.
가볍게 식사할 수 있는 브런치 카페와 길거리 음식을 한곳에서 파는 푸드 트럭,
버려진 건물을 부다페스트의 핫 플레이스로 탈바꿈한 루인 펍까지 선택하는 재미가 있다.

멘자
Menza

위치 안드라시 거리 주변
유형 대표 맛집
주메뉴 리소토, 스테이크

→ 무엇을 주문해도 평균 이상의 맛
→ 입소문이 자자해 손님이 항상 많다.

맛과 분위기 모두 호평받는 곳으로 헝가리 대표 음식인 구야시Gulyás를 비롯해 버거, 파스타, 슈니첼 등 다양한 메인 요리가 있다. 양파와 감자튀김이 함께 나오는 스테이크Hagymás Rostélyos Steak도 괜찮은 편이다. 인기가 많은 곳이니 식사 시간을 피하거나 일찍 가기를 추천한다.

가는 방법 지하철 M1 Oktogon역에서 도보 2분
주소 Liszt Ferenc Tér 2, 1061 Budapest
문의 +36 30 145 4242
운영 11:00~23:00
예산 메인 요리 4,290Ft~
홈페이지 www.menzaetterem.hu

바크바르주 에테렘 페스트
VakVarjú Étterem Pest

위치 데악 광장 주변
유형 대표 맛집
주메뉴 스테이크

→ 힙한 분위기와 합리적인 가격
→ 호불호가 갈린다.

한국인 여행자들에게는 '까마귀 식당'이라고 알려진 곳이다. 유니폼을 갖춰 입은 직원들이 유쾌하고 매너 있게 응대하며 내부 인테리어도 깔끔하다. 한국인이 많이 찾는 곳답게 우리 입맛에 잘 맞는다. 구야시가 유명하며 메인 요리는 바비큐 립, 오리 스테이크, 트러플 파스타도 맛있다.

가는 방법 지하철 M1 Bajcsy-Zsilinszky Út역에서 도보 2분
주소 Paulay Ede U. 7, 1061 Budapest
문의 +36 1 268 0888
운영 11:00~23:30 **예산** 메인 요리 4,690Ft~
홈페이지 pest.vakvarju.com

페케테
Fekete

위치 아스토리아역 주변
유형 카페
주메뉴 브런치

→ 안뜰이 예쁘다.
→ 찾기 힘든 위치

카페 이름은 헝가리어로 검은 색 혹은 블랙커피를 뜻한다. 입구에 들어서면 작은 중정이 눈길을 끄는데, 날씨가 좋은 날이면 늘 만석이다. 아늑한 내부는 SNS 감성을 자극하는 인테리어로 꾸며져 있다. 유명한 브런치 카페답게 오믈렛, 샐러드, 샌드위치, 팬케이크 등의 메뉴가 있다.

가는 방법 지하철 M2 Astoria역에서 도보 2분 **주소** Budapest, Múzeum krt. 5, 1053 Budapest
문의 +36 30 117 8807
운영 08:00~19:00
예산 오믈렛 3,950Ft
홈페이지 feketekv.hu

젤라토 로사
Gelarto Rosa

위치 성 이슈트반 대성당 주변
유형 카페
주메뉴 젤라토

→ 특색 있는 젤라토 경험
→ 기다림은 필수

모든 젤라토를 장미 모양으로 만들어준다. 기본 맛으로는 바닐라, 초콜릿, 피스타치오 등이 있고 계절마다 맛이 추가된다. 꾸덕꾸덕한 식감의 젤라토가 아니고 셔벗처럼 부드럽게 사르르 녹는 게 특징이다. 예쁜 장미 아이스크림을 받으려면 색감을 고려해서 신중하게 맛을 선택해야 한다.

가는 방법 지하철 M2 Astoria역에서 도보 2분 **주소** Budapest, Hercegprímás u. 9, 1051 Budapest **문의** +36 70 383 1071
운영 11:00~22:00
예산 세 가지 맛 1,700Ft
홈페이지 gelartorosa.com

트라토리아 토스카나
Trattoria Toscana

위치 중앙 시장 주변
유형 로컬 맛집
주메뉴 이탈리안 요리

→ 정성스러운 이탈리안 요리
→ 페스트 지구에서 떨어져 있다.

겔레르트 언덕 맞은편인 에르제베트 다리와 자유의 다리 중간쯤에 있는 이탈리안 식당이다. 토스카나 지방의 정통 요리를 선보이며 피자, 파스타, 리소토, 그릴 요리 등 약 100가지 메뉴가 있다. 주요 식자재는 이탈리아에서 공수해 사용한다. 약 200가지 와인을 보유한 와인 바도 이곳의 자랑거리다.

가는 방법 지하철 M4 Fővám Tér역에서 도보 5분 **주소** Belgrád Rkp. 13, 1056 Budapest **문의** +36 1 327 0045 **운영** 일~수요일 12:00~23:00, 목~토요일 12:00~24:00 **예산** 파스타 4,590Ft~
홈페이지 www.toscana.hu

카페 제르보
Café Gerbeaud

위치 데악 광장 주변
유형 카페
주메뉴 커피

☺ → 동유럽을 대표하는 클래식 카페에서 고급스러운 티타임을 즐길 수 있다.
☹ → 워낙 유명한데다 전통을 자랑하는 곳인 만큼 가격대가 높은 편이다.

유서 깊은 역사를 자랑하는 카페로 1858년에 문을 열었다. 고급스러운 목재와 대리석 테이블, 화려한 샹들리에로 장식된 인테리어는 중후하고 클래식한 분위기를 연출한다. 약 160년 전에 문을 열었지만 전통 디저트에 안주하지 않고 새로운 맛을 끊임없이 추구하는 것으로 유명하다.

가는 방법 지하철 M1 Vörösmarty Tér역에서 도보 1분
주소 Vörösmarty Tér 7-8, 1051 Budapest
문의 +36 1 429 9000
운영 일~목요일 09:00~20:00, 금 · 토요일 09:00~21:00 **예산** 아메리카노 2,190Ft
홈페이지 gerbeaud.hu

시르쿠스 카페
Cirkusz Café

위치 도하니 거리 시나고그 주변
유형 카페
주메뉴 브런치

☺ → 브런치 전문점답게 보통 카페에 비해서 다양한 메뉴를 판매한다.
☹ → 워낙 유명한 곳이라 식사 시간을 피해 가야 여유롭게 분위기를 즐길 수 있다.

서커스를 뜻하는 카페 이름처럼 벽면 가득 장식된 그림과 소품이 서커스장을 연상시킨다. 이곳은 유대인 공동체 주거 구역의 유명한 브런치 카페로 오픈 시간보다 늦게 가면 자리가 없을 만큼 명성이 자자하다. 브런치 메뉴는 하나같이 호평을 얻고 있다. 직접 짜서 주는 오렌지 주스도 유명하다.

가는 방법 지하철 M2 Astoria역에서 도보 7분
주소 Dob u. 25, 1074 Budapest
운영 07:30~16:00
예산 에그 베네딕트 3,400Ft
홈페이지 www.cirkuszbp.hu

바이닐 & 우드
Vinyl & Wood

위치 도하니 거리 시나고그 주변
유형 카페
주메뉴 브런치

- → 관광객으로 북적이지 않는 현지인들을 위한 카페
- → 근처에 숙소가 있지 않다면 찾아가기 번거로울 수 있다.

카페에 온 것인지 편집 숍에 들어온 것인지 헷갈릴 법하다. 커피와 함께 소품들도 판매하고 있기 때문이다. 작은 공간을 심플하면서도 감각적으로 꾸민 인테리어가 돋보인다. 이곳만의 독특한 개성을 담은 다양한 브런치 메뉴는 물론 팬케이크, 요거트와 같은 달콤한 디저트도 메뉴에 있다.

가는 방법 지하철 M2 Astoria역에서 도보 10분 **주소** Wesselényi U. 23, 1077 Budapest **문의** +36 70 432 6070 **운영** 08:00~17:00 **예산** 브런치 2,500Ft~ **홈페이지** www.vinylandwood.com

몰나르스 퀴르퇴스칼라치
Molnár's Kürtőskalács

위치 바치 거리
유형 베이커리
주메뉴 굴뚝 빵

- → 갓 만들어 따끈한 빵을 맛볼 수 있다.
- → 항상 사람이 많고 가격도 헝가리 물가치고 비싸다.

체코에서 '트르델닉'이라고 불리는 굴뚝 빵은 헝가리에서 퀴르퇴스칼라치Kürtőskalács라고 불리며 헝가리의 전통 빵이기도 하다. 부다페스트에서 굴뚝 빵으로 가장 유명한 곳이다. 초콜릿, 바닐라, 시나몬, 양귀비씨, 호두, 코코넛, 코코아 등 8가지 맛이 있으며 아이스크림을 채운 메뉴도 있다.

가는 방법 지하철 M3 Ferenciek Tere역에서 도보 2분
주소 Váci U. 31, 1052 Budapest
문의 +36 1 407 2314
운영 09:00~20:00 **예산** 2,000Ft~
홈페이지 www.kurtoskalacs.com

스트리트 푸드 카라반
Street Food Karavan

위치 도하니 거리 시나고그 주변
유형 로컬 맛집
주메뉴 길거리 음식

- → 가볍게 먹을 수 있는 음식들을 늦은 시각까지 판매한다.
- → 중심가인 데악 광장에서는 거리가 있는 편이다.

길거리 음식을 파는 푸드 트럭이 모여 있다. 헝가리 음식은 물론 버거, 스파게티, 핫도그, 팟타이, 커피, 맥주 등을 즐길 수 있다. 양이 굉장히 많은 편이며 늦은 시간까지 문을 열어 활기찬 분위기 속에서 가볍게 한잔하기에도 좋다. 주문 후 가운데 테이블에 서서 먹거나 안쪽에 마련된 좌석에서 즐길 수 있다.

가는 방법 지하철 M2 Astoria역에서 도보 7분 **주소** Kazinczy U. 18, 1075 Budapest **운영** 일~수요일 11:30~23:00, 목~토요일 11:30~24:00 **홈페이지** www.facebook.com/streetfoodkaravan

SPECIAL THEME

페공장을 개조한 복합 문화 공간

야경 보고 한잔하러 간다면, 루인 펍

부다페스트의 핫 플레이스로 자리 잡은 루인 펍Ruin Pub은 스물여섯 살인 청년 넷이 영화를 보고 음악을 들으며, 맥주를 마시며 즐겁게 놀 수 있는 공간을 찾다 폐건물을 개조한 것이 시초다. 루인 펍의 원조인 '심플라 케르트' 주변으로 유사한 펍이 많이 생겼고 젊은 층의 아지트가 되었다.

유대인 공동체 주거 구역이었던 7구역에 루인 펍이 모여 있다. 성별 · 연령 · 인종 제한이나 입장료, 드레스 코드가 없으며 밤에만 즐길 수 있는 것도 아니다. 매주 일요일에는 파머스 마켓을 열거나 음악 공연을 하는 등 복합 문화 공간으로 활용된다.

대표 루인 펍

• 심플라 케르트 *Szimpla Kert*

루인 펍 열풍이 시작된 곳으로 성인을 위한 복합 문화 공간이다.
주소 Kazinczy U. 14, 107 Budapest **운영** 월~금요일 15:00~04:00, 토요일 12:00~04:00, 일요일 09:00~16:00 **홈페이지** szimpla.hu

• 도보즈 *Doboz*

시내 중심에 있으며 독창적인 디자인 감성이 돋보이는 클럽이다.
주소 Klauzál U. 10, 1072 Budapest **운영** 화~토요일 18:00~06:00
휴무 월·일요일 **홈페이지** doboz.co.hu

• 인스턴트 & 포가스 콤플렉숨 *Instant & Fogas Komplexum*

가장 큰 파티를 즐기기 위해 전 세계 클러버들이 모이는 곳이다.
주소 Akácfa U. 51, 1073 Budapest **운영** 18:00~06:00
홈페이지 instant-fogas.com

부다페스트 쇼핑

부다페스트에서의 쇼핑은 페스트 지구의 바치 거리와 안드라시 거리가 중심이다. 바치 거리 주변으로 기념품 숍과 드러그스토어, 의류 매장이 많고 거리 끝에는 중앙 시장이 있다. 안드라시 거리는 주로 명품 브랜드 매장이 즐비하다.

안드라시 거리
Andrássy Út

위치 데악 광장~영웅 광장 사이
유형 거리
특징 명품 브랜드 매장 밀집

데악 광장에서 영웅 광장까지 북동쪽으로 뻗어 있는 거리로 1800년대 후반 파리에 다녀온 안드라시 백작이 도시 계획의 일환으로 조성한 거리다. 유네스코 세계문화유산에 등재된 이 거리에는 200년 된 건물들이 줄지어 서 있고 식당, 카페, 대사관, 의류 매장이 들어서 있다. 세계적인 명품 브랜드와 부티크가 즐비해 '부다페스트의 샹젤리제'라고 불린다.

가는 방법 지하철 M1 Bajcsy-Zsilinszky Út역부터 Hősök Tere역 사이

중앙 시장
Nagy Vásárcsarnok

위치 자유의 다리 주변
유형 재래시장
특징 특산품이 한자리에

부다페스트에서 가장 큰 재래시장으로 1897년에 오픈했다. 식자재를 판매하던 곳이었지만 지금은 관광객들을 위한 특산품 매장이 주를 이룬다. 지하는 슈퍼마켓, 1층은 채소 · 과일 · 고기 · 토속품 판매점, 2층은 기념품과 공예품 그리고 푸드 코트가 입점해 있다. 관광객을 상대로 하는 곳이 많다 보니 가격이 아주 저렴하지는 않지만 활기찬 분위기를 느끼며 구경하기만 해도 재미있는 곳이다.

가는 방법 지하철 M4 Fővám Tér역에서 도보 2분 **주소** Vámház Krt. 1-3, 1093 Budapest
문의 +36 1 366 3300 2314
운영 월요일 06:00~17:00 / 화~금요일 06:00~18:00, 토요일 06:00~15:00 **휴무** 일요일
홈페이지 www.piaconline.hu

월드 오브 수버니어
World of Souvenir

위치 바치 거리 주변
유형 잡화점
특징 기념품 쇼핑의 모든 것

부다페스트 필수 쇼핑 리스트에 해당할 많은 품목들이 한자리에 모여 있다. 마그넷과 스노볼과 같은 기념품부터 파프리카 · 푸아그라 · 꿀 · 와인 등 다양한 특산품이 있어 편리하게 쇼핑할 수 있는 곳이다. 규모도 크고 진열도 잘되어 있지만 단점이라면 가격대가 비싸다는 것이다. 시간이 없다면 손쉽게 쇼핑을 하고, 여유로운 사람이라면 이곳에 들러 무엇이 유명한지 파악할 겸 둘러봐도 좋다.

가는 방법 지하철 M1 Vörösmarty Tér역 도보 2분
주소 Deák Ferenc U. 10, 1052 Budapest
문의 +36 30 924 4917
운영 10:00~20:00
홈페이지 www.worldofsouvenir.hu

DUNAKANYAR

두나카냐르

독일에서 시작된 두나강은 슬로바키아를 따라 흘러가다가 급격하게 강의 물줄기가 헝가리로 구부러진다. '두나강이 휘어진다'고 해 이 지역에는 두나카냐르라는 이름이 붙었다. 이름 그대로라면 S자로 크게 굽이쳐 흐르는 비셰그라드가 그 표현에 가장 적합한 도시지만, 부다페스트부터 에스테르곰까지 두나강이 흐르는 지역을 통칭하는 말이 되었다. 사람들로 북적대는 번잡한 대도시에서 벗어나 잠시나마 소박하고 아름다운 마을들의 정취를 만끽하고 싶다면 두나카냐르 여행을 추천한다.

중세 고성

헝가리 왕국의 고도

두나강

예술가 마을

부다페스트 근교

소도시 여행

Dunakanyar **Best Course**

두나카냐르 추천 코스

두나강을 따라 세 도시를 하루 만에!
부다페스트 근교 소도시 여행

두나카냐르는 부다페스트에서 당일치기 근교 여행으로 다녀오기에 좋다. 교외 전차, 버스를 이용해 다녀오는 것이 일반적이다. 세 도시를 하루 만에 다 둘러보는 것은 시간이 빠듯하다. 하루에 2곳 정도 여행하는 것이 적당하다.

홈페이지 버스 www.volanbusz.hu / 페리 www.mahartpassnave.hu

TRAVEL POINT

- **이런 사람 팔로우!** 동유럽 색다른 소도시 여행을 꿈꾼다면
- **여행 적정 일수** 꽉 채운 1일
- **여행 준비물과 팁** 편한 신발
- **사전 예약 필수** 없음

DAY 1

소요 시간 8~10시간

점심 식사는 어디서 할까? 일정상 비셰그라드에 도착하면 점심시간이다. 작은 마을이어서 식당이 많지 않다. 간식으로 요기를 하고 맛집이 많은 센텐드레 구시가지에서 늦은 점심을 먹는 것도 괜찮다.

기억할 것 버스가 1시간에 1대 정도 운행되어 대중교통을 이용하기가 쉽지 않다. 미리 시간표를 확인해야 한다.

부다페스트

버스 1시간 15분 — 아르파드 히드 버스 터미널Arpad Hid Autobusz-allomas에서 800번 버스 탑승, Esztergom, Erzsébet Királyné Utca 정류장 하차

에스테르곰 P.058

버스 40분 — 에스테르곰 대성당 Esztergom, Béke Tér정류장에서 880번 버스 탑승, Visegrád Nagymarosi Rév정류장 하차

비셰그라드 P.060

버스 40분 — 비셰그라드 Visegrád Nagymarosi Rév정류장에서 880번 버스 탑승, Szentendre Autóbusz-Állomás정류장 하차

센텐드레 P.062

교외 전차 40분 — 센텐드레Szentendre역에서 출발하는 교외 전차HÉV 탑승, 지하철 M2 바치아니 광장Batthyány Tér역 도착

부다페스트

두나카냐르 관광 명소

헝가리 왕국 최초의 수도로 1,000년 전의 영광을 간직한 에스테르곰, 산 위에 우뚝 선 중세 고성이 있는 비셰그라드, 아기자기한 매력이 넘치는 센텐드레까지, 두나카냐르라는 이름 아래 세 도시가 묶여 있다. 저마다 각기 다른 매력을 뽐내는 만큼 취향에 맞는 곳으로 떠나 보자.

01

에스테르곰
Esztergom

소도시

헝가리 왕조의 출발지

헝가리에서 가장 유서 깊은 도시로 13세기까지 헝가리의 수도 역할을 했던 곳이다. 또한 이곳은 가톨릭 전파에 크게 기여해 성인 반열에 오른 초대 국왕, 성 이슈트반 1세의 대관식이 치러진 곳이기도 하다. 이는 곧 에스테르곰이 헝가리 가톨릭의 중심이었음을 의미한다. 오랜 시간 헝가리의 수도였고, 가톨릭의 성지이기는 하지만 풍경은 의외로 소박하다. 그럼에도 헝가리 가톨릭의 본산인 대성당을 방문하기 위한 여행자들의 발걸음이 이어지고 있다.

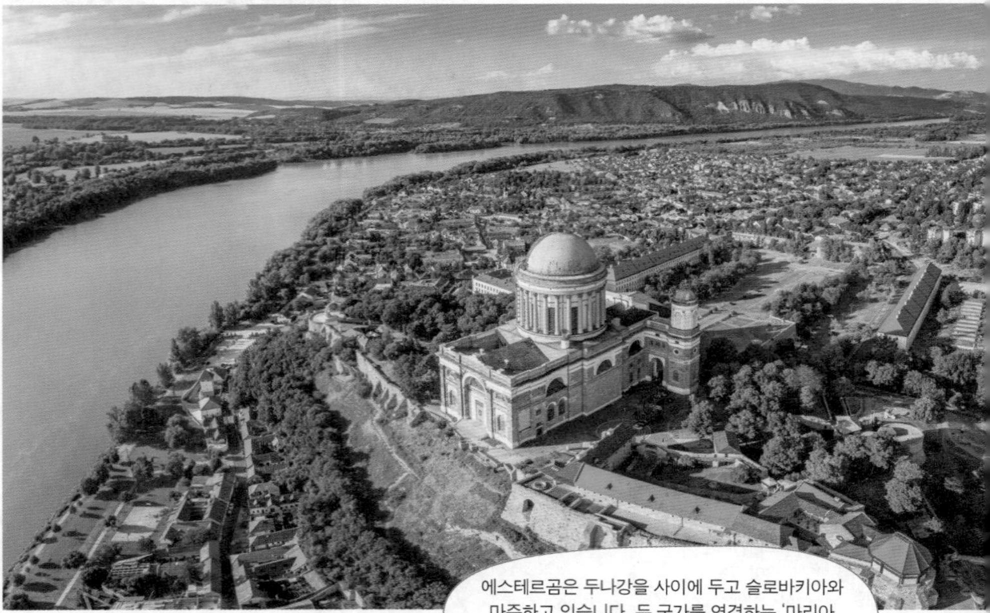

에스테르곰은 두나강을 사이에 두고 슬로바키아와 마주하고 있습니다. 두 국가를 연결하는 '마리아 발레리아 다리'를 건너 보세요. 여권 검사 없이 걸어서 국경을 건너는 경험을 할 수 있어요.

부다페스트에서 가는 방법

① **버스** 지하철 M3 Árpád Híd역 아르파드 히드 버스 터미널Arpad Hid Autobusz-allomas에서 800번 버스 탑승 → Esztergom, Erzsébet Királyné Utca정류장에서 하차(1시간 15분 소요)
② **열차** 뉴가티Budapest-Nyugati역에서 열차 탑승 → Esztergom역에서 하차(1시간 5분 소요)

에스테르곰 대성당
Bazilika Esztergom

주소 Szent István Tér 1, 2500 Esztergom
운영 성당 · 전망대 08:00~19:00 / 보물관 · 지하 성당 09:00~18:00
※시즌마다 운영 시간이 달라 홈페이지 확인 필요
요금 통합권 3,900Ft / 전망대 2,400Ft / 보물관 1,800Ft / 지하 성당 600Ft
홈페이지 www.bazilika-esztergom.hu

헝가리 가톨릭의 총본산지

에스테르곰 대성당은 1001년부터 1010년까지 헝가리 초대 국왕 성 이슈트반 1세에 의해 세워졌다. 12~18세기에는 오스만 제국의 지배 하에 소실과 복구의 과정이 반복되었고, 1859년에 이르러 건축가 요제프 힐드József Hild에 의해 현재 모습을 갖추었다. 신고전주의 양식의 대성당은 길이 117m, 폭 47m, 높이 100m로 헝가리 최대 규모다운 면모를 보인다. 성당 안으로 들어서면 중앙 제단 뒤로 〈성모 마리아 승천〉이 시선을 사로잡는다. 가로 6.6m, 세로 13.5m의 거대한 프레스코화는 이탈리아 화가 미켈란젤로 그리골레티Michelangelo Grigoletti의 작품이다. 제단 위 천장화는 독일 화가 루트비히 모랄트Ludwig Moralt가 그린 〈성 삼위일체〉다. 헝가리 성인들이 안치된 묘석과 주교들의 유물이 전시된 보물관과 두나강을 조망할 수 있는 전망대는 유료로 입장 가능하다. 대성당 주변으로는 산책하기 좋은 드넓은 정원이 펼쳐져 있는데, 성 이슈트반 1세가 교황으로부터 작위를 얻는 모습을 묘사한 조각상도 볼 수 있다. 화려하진 않지만 두나강과 어우러진 에스테르곰의 풍경도 놓치지 말자.

에스테르곰 여행 포인트

에스테르곰의 가장 큰 볼거리는 언덕 위의 에스테르곰 대성당으로, 버스 터미널에서 도보로 약 20분 소요된다. 헝가리 가톨릭의 본산지라는 타이틀만 보면 번듯한 도시일 것 같지만 시골과 다름없다. 낡고 허름한 건물들이 늘어선 거리가 낯섦에서 익숙함으로 바뀔 때쯤 거대한 돔 지붕이 인상적인 대성당과 마주하게 된다. 대성당을 둘러본 후 슬로바키아와 헝가리 사이를 가로지르는 두나강 풍경도 놓치지 말자. 시간 여유가 있다면 그 옆에 자리한 성 박물관Vármúzeum도 둘러보자. 성 박물관에서는 옛 왕궁을 재현한 전시품을 볼 수 있다.

02

비셰그라드
Visegrád

소도시

헝가리의 요새 도시

부다페스트에서 약 43km 떨어져 있으며 센텐드레와 에스테르곰 사이에 자리한 요새 도시다. 신성 로마 제국의 지기스문트 황제의 통치 아래 가장 번영을 누렸다. 하지만 그 찬란했던 시절도 오스만 제국의 지배가 시작되면서 끝나고 만다. 지금은 황폐한 유적들만이 자리를 지키고 있다. 그런데도 수많은 관광객이 이곳을 찾는 이유는 요새에서 바라본 두나강의 절경 덕분이다. 두나강이 에스테르곰을 지나 아름답게 곡선을 그리며 비셰그라드까지 흘러 들어오는 풍경은 가파른 오르막으로 쉽지 않았던 산행을 잊게 해준다.

부다페스트에서 가는 방법

① **버스** 지하철 M3 Újpest-Városkapu역 Újpest-Városkapu XIII. Ker. 정류장에서 880번 버스 탑승 → Visegrád, Nagymarosi Rév정류장에서 하차(1시간 15분 소요)
② **열차** 뉴가티Budapest-Nyugati역에서 열차 탑승 → Nagymaros-Visegrád역에서 하차(1시간 소요) ※열차역 앞 선착장에서 페리로 이동
③ **페리** 비거도 광장Vigadó Tér에서 페리 탑승 → Visegrád정류장에서 하선(3시간 45분 소요, 5~9월만 운항)

비셰그라드 여행 포인트

요새를 제외하면 별다른 볼거리가 없지만, 에스테르곰에서 센텐드레로 이동할 때 잠시 들르면 좋다. 요새로 올라가는 방법은 두 가지다. 첫 번째는 요새까지 약 40분간 걸어서 가는 방법으로 체력 소모가 심한 편이다. 두 번째는 Nagymarosi Rév정류장에서 883번 버스를 타고 Visegrád, Fellegvár정류장에서 하차(약 10분 소요)하는 것인데 1시간에 한 대만 운행하기 때문에 시간 맞추기가 어렵다.

비셰그라드 요새
Fellegvár

주소 Várhegy, 2025 Visegrád
운영 09:00~18:00
※시즌마다 운영 시간이 달라 홈페이지 확인 필요
요금 일반 2,500Ft, 학생 1,250Ft

두나카냐르 제1의 경승지

두나강이 내려다보이는 수려한 경치를 자랑하는 요새다. 1242년 헝가리 국왕 벨라 4세Béla IV가 높은 언덕을 이용해 몽골을 비롯한 외적의 침입을 방어하기 위해 축성했다. 상부와 하부로 나뉘며 상부 요새는 모퉁이에 탑 3개를 세운 삼각형 구조로 이루어져 있다. 전성기에는 왕족의 처소로 사용했으나 오스만 제국의 지배를 받고 연이어 합스부르크 왕가의 통치가 시작된 지 단 5일 만에 파괴되기도 했다.

지금은 약 80년에 걸쳐 재건된 상태다. 내부는 당시 생활상을 알 수 있는 식기, 무기, 휘장, 밀랍 인형 등을 전시하는 박물관으로 쓰인다. 요새의 하이라이트는 높은 전망대에서 바라다보는 두나강의 풍경이다. 유유히 아름다운 곡선을 따라 흘러 관광객의 발걸음이 끊이지 않는다. 언덕 아래 보이는 큰 육각형 탑은 하부 요새의 살라몬 탑Salamon Torony으로 부다페스트까지 흐르는 두나강 길목을 감시하는 역할을 했다. 현재는 비셰그라드 역사를 소개하는 박물관으로 운영된다.

TRAVEL TALK

비셰그라드 동맹을 결성하다

1335년 헝가리, 체코, 폴란드 세 왕국의 왕들이 한자리에 모였습니다. 오스트리아의 합스부르크 왕조에 맞서기 위해 협력을 다짐하고 분쟁 해결을 위한 동맹을 맺는 자리였죠. 중세 시대 회담은 시간이 흐른 1991년에 다시 한 번 같은 장소에서 열렸고, 지금까지도 정상회의를 통해 협력 관계를 유지해 가며 중부 유럽의 신흥 공업국으로 평가받고 있습니다. 이렇듯 비셰그라드는 4개국 협력의 역사를 상징하는 장소로도 의미가 큽니다.

03

센텐드레
Szentendre

소도시

아기자기한 볼거리가 많은 예술 도시

철기 시대로 거슬러 올라갈 만큼 역사가 깊은 지역이며 마을이 번성하기 시작한 것은 14세기부터다. 당시 오스만 제국의 지배를 피해 세르비아, 슬로바키아인이 이곳으로 이주했고, 이후 와인과 공예품을 생산하면서 상업 도시의 면모를 갖추게 되었다. 오늘날에는 박물관, 갤러리, 카페가 들어서 부다페스트 근교 여행지로 많은 여행객이 찾는다.
센텐드레는 발칸반도의 여러 국가에서 이주민이 건너와 정착한 곳이라 정교회 성당을 쉽게 볼 수 있다. 메인 광장 동쪽에는 노란색 외관의 세르비아 정교회 성당인 블라고베스텐스카 성당Blagovesztenszka Templom과 높은 첨탑이 있는 베오그라드 성당Belgrád Székesegyház이 있다. 붉은색 외벽과 초록색 지붕의 대비가 인상적이며, 정교회 역사와 관련된 자료가 전시되어 있으니 가볍게 둘러보는 것도 좋다.
흥미로운 박물관도 제법 있다. 그중 세계적인 유명 인사와 랜드마크를 전시하고, 마지팬 만드는 과정을 직접 볼 수 있는 마지팬 박물관Marcipán Múzeum과 사계절 내내 크리스마스 분위기인 크리스마스 박물관Karácsony Múzeum이 가장 인기 있다.
두나강 가에 자리해 그림 같은 풍경으로 여행자를 매료하는 센텐드레는 시간이 멈춘 듯 고요하면서 아름답다. 도시의 번잡함에서 벗어나고 싶다면 작은 마을을 둘러보며 여유를 즐겨보자.

부다페스트에서 가는 방법
① **교외 전차HÉV** 지하철 M2 Batthyány Tér역에서 HÉV 탑승 → 종점 Szentendre에서 하차 (40분 소요)
② **페리** 비거도 광장Vigadó Tér에서 페리 탑승 → Szentendre정류장에서 하선 (1시간 30분 소요, 3~9월만 운항)

베오그라드 성당

마지팬 박물관

센텐드레 여행 포인트

관광안내소 앞 동판 입체 지도를 보면 아담한 센텐드레가 한눈에 들어온다. 동화 속 마을처럼 작고 아기자기한 건물들이 늘어선 길을 따라가면 메인 광장이 나오고 예술의 도시답게 많은 공예품 상점들을 볼 수 있다. 규모가 작은 곳이어서 오랜 시간이 걸리지 않는다. 발길 닿는 대로 골목길을 누비며 둘러보는 것이 센텐드레 여행의 재미다.

FOLLOW

슬로바키아
SLOVAKIA

슬로바키아는 동유럽 국가 중에서도 유독 낯설게 느껴지는 나라다. 웅장하고 이름난 볼거리를 자랑하는 주변국들에 비해 우리에게 잘 알려지지 않았지만 풍요로운 문화 유산과 예술, 자연 경관까지 매력적인 여행지의 삼박자를 고루 갖추었다. 특히 슬로바키아인들은 민속 음악과 공예, 영화 등 예술 분야에 뛰어나고 자부심도 강하다. 이를 증명하듯 전국 각지에서 연중 다양한 축제가 끊이지 않아 '축제의 나라'로 불리기도 한다.

SLOVAKIA INFO ❶

슬로바키아 국가 정보

슬로바키아로 떠나기 전 알아두면 좋은 기초적인 정보들을 모았다. 국가 정보와 더불어 여행 시 유용한 정보를 중심으로 수록했으니, 이미 알고 있는 기본적인 내용이라도 여행에 앞서 복습해 두자. 미리 알아 둔다면 여행 시 돌발 상황을 줄일 수 있을 것이다.

국명

슬로바키아 공화국
Slovenská Republika

수도

브라티슬라바
Bratislava

면적

49,035km²
우리나라의 2분의 1

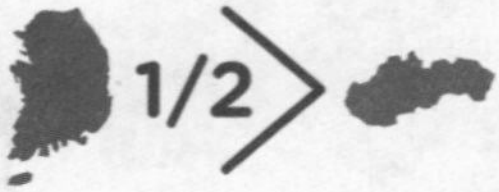

정치 체제
의원내각제

언어
슬로바키아어

시차
한국보다
8시간 느림
서머타임 시
7시간 느림

비자
관광 **90일** 무비자

인구
약 **546만** 명

환율
€1 = 약 1,460원
※2024년 4월 기준

통화
유로 EURO

종교

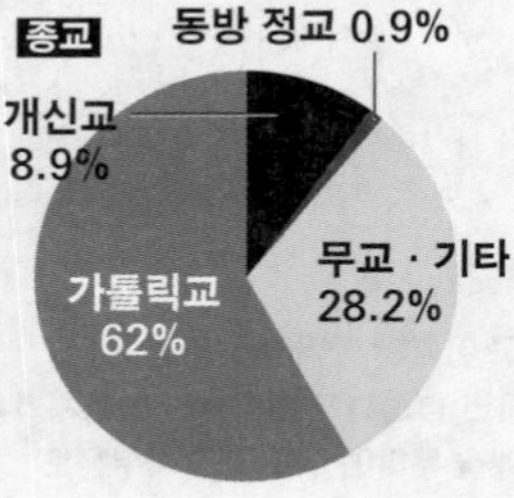

비행시간
인천-브라티슬라바
2회 경유편
23시간 50분

전압
230V,
50Hz(C/E)
우리나라와 모양은 같지만
비상용 멀티플러그 준비

물가

슬로바키아는 유로화를 사용하는 EU 국가이지만 물가는 비교적 저렴하다. 슈퍼마켓 등을 이용하는 현지인의 생활 물가는 높지 않지만 관광지 주변 식당들은 우리나라와 비슷한 수준이거나 더 비쌀 수 있다. 숙박비는 숙소 형태에 따라 다른데 호스텔은 저렴한 편이다.

브라티슬라바 vs 서울 물가 비교

생수(1500ml) €0.80(약 1,160원) vs 약 1,500원
빅맥 세트 €8(약 1만 2,000원) vs 8,000원
카푸치노(일반 카페) €2.6(약 3,770원) vs 5,200원
대중교통(1회권) €1.1(약 1,590원) vs 1,400원
택시(기본요금) €5(약 7,250원) vs 4,800원
저렴한 식당(1인) €9.5(약 1만 3,775원) vs 1만 원
중급 식당(2인) €50(약 7만 2,500원) vs 6만 5,000원

운영시간

브라티슬라바의 경우 상점과 식당은 대부분 일요일에도 문을 연다. 우체국 등 관공서는 월~토요일까지 운영한다. 카페, 식당, 바 등 업소 형태에 따라 일찍 열거나 새벽까지 운영하는 곳도 있다.

상점 09:00~20:00
식당 09:00~23:00

인터넷

인터넷 속도가 빠르고 숙소, 식당, 기차역에서는 무료 와이파이를 사용할 수 있다. 브라티슬라바 구시가지 광장 곳곳에는 와이파이 무료존도 있다. 슬로바키아 통신사로는 슬로박 텔레콤Slovak Telekom, 오렌지 슬로벤스크Orange Slovensko, 유피시UPC 등이 있다.

팁 문화

식당에서 팁을 꼭 줘야 하는 것은 아니지만 외국인에게는 어느 정도 기대하는 분위기다. 계산 후 거스름돈이나 결제 금액의 5~10% 정도 주면 적당하다. 간혹 주문하지 않은 음식에 대한 금액이 청구될 수 있으니 돈을 지불하기 전 계산서를 꼭 확인하자.

전화

슬로바키아의 국가 번호는 421번이다.

한국 → 슬로바키아
001 등(국제 전화 식별 번호)+421(슬로바키아 국가 번호)+0을 뺀 슬로바키아 전화번호
슬로바키아 → 한국
00(유럽 국제 전화 식별 번호)+82(우리나라 국가 번호)+0을 뺀 우리나라 지역 번호+전화번호

긴급 연락처

구급차(응급 의료) 155 **경찰** 158

주 슬로바키아 대한민국 대사관
주소 Štúrova 16, 811 02 Bratislava, Slovak Republic
문의 근무 시간 +421 2 3307 0711 / 24시간 긴급 +421 904 934 053
운영 영사과 민원실 월~금요일 09:00~12:00, 14:00~16:00 / 대사관(영사과 외) 월~금요일 09:00~12:00, 13:00~17:00 **휴무** 토 · 일요일

공휴일 (2024년)

1월 1일 건국기념일
1월 6일 주현절
3월 29일 성 금요일★
4월 1일 부활절 월요일★
5월 1일 노동절
5월 8일 해방기념일
7월 5일 기독교 선교기념일
8월 29일 혁명기념일
9월 1일 제헌절
9월 1일 고통의 성모 마리아 기념일
11월 1일 만성절
11월 17일 자유민주주의 투쟁기념일
12월 24~25일 크리스마스 연휴
12월 26일 성 스테판의 날
※★매년 날짜가 바뀌는 공휴일

축제 (2024년)

9월 26일~10월 6일

브라티슬라바 음악 축제

Bratislavské Hudobné Slávnosti

매년 가을에 열리는 브라티슬라바의 가장 큰 축제 중 하나. 축제 기간에는 클래식 음악회, 오페라, 발레 등 수준 높은 공연을 즐길 수 있다.

홈페이지 www.bhsfestival.sk

10월 18~27일

원 월드 필름 페스티벌

One World Film Festival

세계에서 가장 큰 인권 영화제 중 하나로 체코를 비롯한 여러 국가에서 개최된다. 사회 · 정치 · 환경 · 인권 등 다큐멘터리 영화를 다룬다.

홈페이지 jedensvet.sk

10월 25~27일

브라티슬라바 재즈 데이

Bratislava Jazz Days

1975년부터 개최된 유서 깊은 재즈 축제로 매년 세계적인 음악가들이 참가한다.

홈페이지 www.bjd.sk

날씨와 옷차림

Best Season 6·9월

3~4월 서울과 기온이 비슷하지만 일교차가 크니 긴소매 옷 위주로 준비한다. 한 달 중 평균 강수일이 10일 이상 될 만큼 자주 비가 오니 우산, 비옷을 준비해야 한다.

5~8월 우리나라의 초여름 날씨 같다. 일교차가 커 아침저녁으로 쌀쌀하니 긴소매 옷을 준비하면 좋다. 평균 강수일은 12일 정도 되니 우산도 준비해야 한다.

9~11월 우리나라의 봄가을 날씨와 비슷하고 일교차가 점점 크게 벌어진다. 시기에 따라 긴소매 옷 또는 두꺼운 겨울용 외투가 필요할 수 있다.

12~2월 우리나라의 겨울과 비슷한 기온을 보이므로 방한용품을 잘 챙기자. 비와 눈이 종종 오니 우산도 필수다.

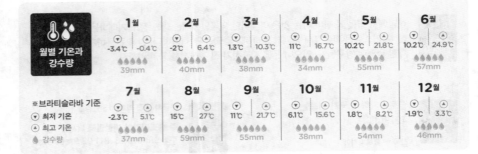

월별 기온과 강수량

※브라티슬라바 기준

▼ 최저 기온

▲ 최고 기온

강수량

	1월	2월	3월	4월	5월	6월
▼	-3.4℃	-2℃	1.3℃	11℃	10.2℃	10.2℃
▲	-0.4℃	6.4℃	10.3℃	16.7℃	21.8℃	24.9℃
강수량	39mm	40mm	38mm	34mm	55mm	57mm

	7월	8월	9월	10월	11월	12월
▼	-2.3℃	15℃	11℃	6.1℃	1.8℃	-1.9℃
▲	5.1℃	27℃	21.7℃	15.6℃	8.2℃	3.3℃
강수량	37mm	59mm	55mm	38mm	54mm	46mm

여행 슬로바키아어

인사말

Dobré Ráno 도브레 라노 ▶ 안녕하세요?(아침)
Dobrý Deň 도브리 덴 ▶ 안녕하세요?(점심)
Dobrý Večer 도브리 베체르 ▶ 안녕하세요?(저녁)
Zbohom 즈보홈 ▶ 안녕히 계세요.
Ďakujem 자쿠옘 ▶ 고맙습니다.
Prepá Te 프레파즈테 ▶ 미안합니다.
Prosím 프로심 ▶ 실례합니다.
Nie je za čo 니예 예 자 초 ▶ 천만에요.
Koľko to Stojí? 콜코 토 스토이 ▶ 얼마입니까?
Zaplatím 자플라팀 ▶ 계산할게요.
Áno 아노 ▶ 네.
Nie 니예 ▶ 아니요.

단어장

Toaletný 토알레트니 ▶ 화장실
Doporučení 도프루체니 ▶ 추천
Stanica 스타니차 ▶ 역
Autobusová Zastávka 아우토부소바 자스타우카 ▶ 버스 터미널
Štart 슈타르트 ▶ 출발
Prísť 프리스트 ▶ 도착
Otvorené 오토보레네 ▶ 운영 중
Zatvorené 자트브레네 ▶ 운영 종료
Vchod 브호드 ▶ 입구
Výstup 비스투프 ▶ 출구

교통 수단

슬로바키아의 주요 교통수단은 비행기, 열차, 버스가 있다. 항공편의 경우 국제선의 거점은 브라티슬라바 공항이다. 슬로바키아 국내에서 이동하거나 빈, 부다페스트, 프라하 등 주변국의 주요 도시를 오갈 때는 열차와 버스로 편리하게 연결된다.

비행기

수도인 브라티슬라바를 중심으로 슬로바키아 곳곳에 공항이 있지만 실제 운항 편수는 많지 않다. 체코 항공사인 스마트윙스와 아일랜드 저가 항공사 라이언에어가 브라티슬라바 공항을 거점으로 삼고 있다.

스마트윙스 Smartwings www.smartwings.com
라이언에어 Ryanair www.ryanair.com

열차

슬로바키아 국내는 물론 오스트리아, 체코, 헝가리 등 장거리 이동 시에 이용된다. 슬로바키아 철도청 홈페이지에서 시간표 검색 및 티켓 예매를 할 수 있고, 장거리 노선이 아닌 경우 별도의 예약이 필요 없다.
슬로바키아 열차의 종류는 크게 네 가지로 나뉜다. 장거리 지역 열차 익스프레스Expres, 리흐리크Rýchlik 및 레지오날니 리흐리크Regionálny Rýchlik, 지역 간 열차 레지오날 익스프레스Regional Expres, 오소브니 블락Osobný Vlak, 대도시 연결 열차 유로시티Eurocity, 인터시티InterCity, 슬로바키아와 체코를 연결하는 레지오젯RegioJet 등이 있다.

슬로바키아 철도청 Železničná Spoločnosť Slovensko www.zssk.sk

버스

열차와 마찬가지로 슬로바키아 국내 인접 국가로 이동 시에 유용한 교통수단이다. 버스 시설이 좋고 가격도 저렴해 많은 여행자가 이용한다. 장거리 구간은 반드시 사전 예약을 해야 한다. 예약 시 버스 회사마다 탑승 장소가 다를 수 있다는 점도 고려해야 한다.

레지오젯 RegioJet www.regiojet.com
플릭스버스 Flixbus www.flixbus.com
슬로박 라인 Slovak Lines www.slovaklines.sk

슬로바키아 국내외 주요 도시 간 이동

브라티슬라바 → 빈
열차 1시간 10분
버스 1시간 10분

브라티슬라바 → 부다페스트
열차 2시간 25분
버스 2시간 30분

브라티슬라바 → 프라하
열차 4시간 15분
버스 4시간 15분

주의 사항

- **소매치기**

사람들이 붐비는 관광지에서는 소매치기로 인한 분실이 잦다. 비밀번호를 이용하는 물품 보관함을 주변에서 지켜본 뒤 주인이 떠난 뒤에 개봉하는 일도 있으니 주의하자.

- **검표원 사칭**

버스나 트램 안에서 여행자를 대상으로 검표원을 사칭해 휴대품을 갈취하는 사례가 있다. 진짜 검표원은 검표기를 끈 후 신분증을 높이 들어 보인 후 검표를 시작한다.

FOLLOW

BRATISLAVA

브라티슬라바

브라티슬라바는 오스트리아 빈에서 차로 불과 1시간 거리인데도 여행자들에게 생소한 도시다. 슬로바키아의 수도임에도 반나절에서 하루 정도면 모두 둘러볼 수 있을 만큼 도시 규모가 작고 그래서 더 친근하다. 브라티슬라바 구시가지는 소박하면서도 단아한 아름다움을 간직하고 있다. 웅장하고 화려한 관광 명소에 지친 여행자들에게 여유와 편안함을 안겨 준다. 동서 유럽을 잇는 두나이강이 잔잔하게 흐르는 이 아늑한 도시에서 잠시 쉬어 가도 좋겠다.

UFO 다리

동유럽에서 가장 작은 수도

숨은 동상 찾기

블루 교회

브라티 슬라바성

브라티슬라바 들어가기

열차나 버스로 들어가는 것이 일반적이며 여름에는 두나이Dunaj강을 따라 빈과 브라티슬라바를 연결하는 유람선도 운항한다. 열차나 버스로 약 1시간 거리인 빈에서는 당일치기 여행도 가능하다.

비행기

우리나라에서 연결하는 직항편이 없어 2회 경유하는 항공편을 이용해야 하며, 약 24시간 소요된다. 인천국제공항에서 출발한 항공편은 브라티슬라바 도심에서 북동쪽으로 9km 떨어진 밀란 라스티슬라프 슈테파니크 국제공항Letisko Milan Rastislav Štefánik에 도착한다. 공항 터미널은 작은 편이며 운항 편수도 많지 않다.

홈페이지 www.bts.aero

공항에서 시내로 들어가기

● 버스

공항에서 도심을 연결하는 가장 일반적인 방법은 61번 버스를 이용하는 것이다. 종점인 브라티슬라바 중앙역에서 내리면 된다. 버스는 10~20분 간격으로 운행된다. 자정이 넘은 시간에는 1시간 간격으로 운행하는 N61번 버스를 이용하면 된다.

※공항에서 도심까지는 약 8km로 택시로 이동할 수 있으나 사기가 많아 추천하지 않는다.

61번 버스 운행 정보

	월~일요일		소요 시간	요금 (편도)
	운행 시간	배차 간격		
공항 출발	04:40~23:30	20분	25분	€1.60
시내 출발	04:45~23:05			

열차

오스트리아, 헝가리, 체코와 국경을 접하고 있어 비교적 쉽게 이동할 수 있다. 빈과 부다페스트에서는 매시 1대, 프라하에서는 2시간에 1대씩 직행 열차가 운행한다. 브라티슬라바 중앙역Bratislava hlavná Stanica은 구시가지에서 북쪽으로 2km 떨어져 있다. 중앙역은 작은 규모지만 각종 편의 시설을 갖췄다.

가는 방법 40번 버스나 1 · 7 트램 탑승 후 Hlavna Stanica 정류장 하차 **주소** Namestie Franza Liszta, 811 04 Bratislava **홈페이지** www.zssk.sk

버스

브라티슬라바 버스 터미널Autobusová Stanica Nivy은 구시가지에서 동쪽으로 2km 떨어져 있다. 플랫폼 34개를 갖춘 현대적인 시설의 큰 터미널로 주변국을 연결하는 많은 버스가 정차한다. 빈과 프라하를 연결하는 버스는 회사에 따라 터미널이 아닌 중앙역이나 SNP 다리에서 서기도 한다.

가는 방법 21·50·70·88번 버스 탑승 후 Autobusova Stanica정류장 하차 **주소** Mlynské Nivy 5537, 821 05 Bratislava **홈페이지** nivy.com

브라티슬라바 – 주요 도시 간 이동 시간

출발지	이동 수단	소요 시간
빈	열차	1시간 10분
	버스	1시간 10분
부다페스트	열차	2시간 25분
	버스	2시간 30분
프라하	열차	4시간 15분
	버스	4시간 15분

브라티슬라바 효율적으로 여행하는 방법

브라티슬라바에는 버스, 트램, 트롤리버스, 택시 등 교통수단이 다양하다. 볼거리 대부분이 모여 있는 구시가지 안에서는 걸어 다녀도 충분하고 브라티슬라바 중앙역이나 데빈성을 오갈 때만 대중교통을 이용한다. 승차권은 가판대나 정류장의 자동 발매기에서 살 수 있으며 하나의 티켓으로 택시를 제외한 모든 대중교통을 이용할 수 있다. 티켓 구입 후 펀칭은 필수다. 큰 짐이 있으면 별도의 티켓이 필요하다.

운행 04:20~23:30
요금 30분 티켓 €1.10, 60분 티켓 €1.60, 24시간권 €4.80
브라티슬라바 교통국 홈페이지 imhd.sk

Bratislava **Best Course**

브라티슬라바 추천 코스

하루 만에 둘러보는 브라티슬라바 구시가지 하이라이트

데빈성을 제외하고 대부분의 관광지는 구시가지 안에 있어 하루면 모두 둘러볼 수 있다. 단, 빈에서 브라티슬라바로 당일치기 여행을 계획한다면 하루를 온전히 투자해도 외곽에 있는 데빈성까지 다녀오기는 무리다.

TRAVEL POINT

- **이런 사람 팔로우!** 조용하고 아담한 도시를 좋아한다면, 관광객이 붐비지 않는 도시에서 쉬고 싶다면
- **여행 적정 일수** 꽉 채운 1일
- **여행 준비물과 팁** 편한 신발
- **사전 예약 필수** 없음

미카엘 문을 제외하고 구시가지의 성문은 현재 남아 있지 않지만, 동문이었던 로우린스카 문Laurinská Bránа의 존재를 나타내는 구조물이 대주교 관저 근처의 건물들 사이에 매달려 있어요.

DAY 1

- **소요 시간** 4~6시간
- **점심 식사는 어디서 할까?** 구시가지 곳곳에서 식당을 찾을 수 있다. 구 시청사로 이어지는 골목과 슬로바키아 국립 극장 앞으로 길게 뻗은 가로수길 주변에 식당과 카페가 많다.
- **기억할 것** 브라티슬라바 구시가지에 위치한 관광지는 대부분 걸어 다닐 수 있지만 데빈성에 간다면 버스를 이용해야 한다.

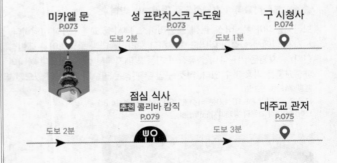

미카엘 문 P.073

→ 도보 2분 → **성 프란치스코 수도원** P.073

→ 도보 1분 → **구 시청사** P.074

→ 도보 2분 → **점심 식사** 추천 콜리바 캄직 P.079

→ 도보 3분 → **대주교 관저** P.075

→ 도보 10분 → **블루 교회** P.075

→ 도보 10분 → **슬로바키아 국립 극장** P.076

→ 도보 7분 → **성 마틴 대성당** P.076

→ 도보 12분 → **브라티슬라바성** P.077

→ 도보 12분 → **SNP 다리** P.077

브라티슬라바 관광 명소

인접한 빈이나 부다페스트처럼 볼거리가 화려한 도시는 아니다. 하지만 구시가지 곳곳을 장식한 재미있는 동상들이 여행자의 발걸음을 멈추게 하고, 빨간색 투어 버스는 고풍스러운 중세 거리에 생기를 불어넣는다. 여느 관광지처럼 붐비지 않아 도시의 소박한 정취에 녹아들 것이다.

01 미카엘 문 추천
Michalská Brána

유일하게 남아 있는 구시가지의 성문

높이 솟은 팔각 탑이 눈길을 끄는 미카엘 문은 구시가지 여행의 관문이자 도시의 상징이다. 14세기 고딕 양식으로 지어졌으나 18세기 재건되면서 혼재된 바로크 양식을 볼 수 있다. 탑의 꼭대기에는 용을 죽이는 대천사 미카엘의 모습이 조각되어 있다. 현재 무기 박물관Múzeum Zbraní으로 이용되는 동시에 브라티슬라바의 명소를 한눈에 조망할 수 있는 전망대 역할을 한다. 미카엘 문 바닥 중앙에는 브라티슬라바를 기점으로 세계 주요 29개 도시까지의 거리를 나타낸 '제로 킬로미터'라는 동판이 있다. 이곳에서 8,138km 떨어진 서울도 표기되어 있어 반가움을 더한다.

가는 방법 브라티슬라바 중앙역에서 93번 버스 탑승 후 Hodžovo Nám정류장에서 도보 4분 **주소** Michalská Ulica 22 806/24, 811 03 Bratislava
운영 수~월요일 10:00~18:00 **휴무** 화요일
요금 일반 €6, 학생 €4 **홈페이지** muzeumbratislava.sk

02 성 프란치스코 수도원
Františkánsky Kostol

슬로바키아의 국보급 고딕 건축물

1297년에 봉헌된 수도원이다. 17~18세기에 걸쳐 외관 일부가 르네상스와 바로크 양식으로 재건되기는 했으나 슬로바키아 고딕 양식 건축물 중 가장 가치 있는 곳으로 평가받는다. 내부의 아치로 이어진 고딕 양식 회랑이 슬로바키아에서는 보기 드물기 때문이다. 본당과 수도원, 부속 예배당 건물로 이루어져 있으며 부속 예배당은 18세기 이탈리아 로레토에 지어진 성모 마리아 성당을 완벽하게 복제했다. 특히 조각상과 대리석 제단은 성당을 그대로 옮겨 놓은 듯하다. 1897년 지진으로 붕괴된 탑은 현재 신시가 얀카 크랄랴 공원Sad Janka Kráľa에 전시하고 있다.

가는 방법 미카엘 문에서 도보 2분
주소 Františkánske Námestie 1, 811 01 Bratislava
홈페이지 www.frantiskani.sk

⓪③ 구 시청사

Stará Radnica

가는 방법 성 프란치스코 수도원에서 도보 1분 **주소** Hlavné Námestie 501/1, 811 01 Bratislava
운영 화~일요일 10:00~18:00
휴무 월요일
요금 일반 €8, 학생 €4
홈페이지 muzeumbratislava.sk

슬로바키아에서 가장 오래된 석조 건물

언제 지어졌는지 정확한 시기는 알 수 없지만 13세기에 건설 공사가 시작된 것으로 추정된다. 주변 건물 3채와 어우러져 15세기 고딕 양식의 복합체 건물로 완공되었다. 1599년 지진이 발생해 르네상스 양식으로 재건되고, 18세기에는 화재로 인해 바로크 양식이 더해지는가 하면 이후에도 수세기를 거쳐 네오르네상스, 신고딕 양식이 혼재된 지금의 모습을 갖추었다. 19세기 후반까지 시청사로 이용되었고 1868년에는 도시 박물관Múzeum Mesta Bratislavy이 설립되면서 도시 역사와 관련된 자료를 전시하고 있다. 구 시청사의 하이라이트라 할 수 있는 전망대에서는 붉은 지붕으로 가득한 고풍스러운 구시가지를 내려다볼 수 있다.

TRAVEL TALK

구시가지의 스토리텔링 동상을 찾아보세요!

브라티슬라바 구시가지 곳곳에는 흥미로운 동상들이 숨어 있어 여행하면서 찾아보는 재미가 쏠쏠합니다. 그중에서도 가장 인기 있는 동상 3개가 있어요. ❶나폴레옹의 군인Napoleonský Vojak 동상입니다. 벤치에 앉아 있는 사람의 말을 훔쳐 듣는다고 해서 '훔쳐 듣는 동상'이라고도 부른답니다. ❷세계 어느 도시에도 없는 맨홀 동상, 츄밀Čumil입니다. 맨홀 뚜껑을 열고 상체만 내민 모습이 예쁜 여자들을 훔쳐보는 것 같다고 해서 '훔쳐보는 동상'이라고 불리지요. ❸실존 인물의 동상도 있어요. 중절모를 들고 인사하는 듯한 모습의 착한 나치Schöne Náci 동상이에요. 이루지 못한 짝사랑에 화나고 실망해 거리의 아무 여자에게 꽃을 건넸다는 이야기가 전해집니다.

1

2

3

04 대주교 관저
Primaciálny Palác

우아함을 머금은 도시 역사의 중심지

슬로바키아에서 가장 아름다운 신고전주의 양식 건물 가운데 하나로 1781년 완공되었다. 헝가리 에스테르곰 대주교의 관저였으며 가장 처음 머무른 인물은 요세프 바트야니Jozef Batthyányi 추기경이다. 박공 삼각 면에 그의 삶이 묘사되어 있고 꼭대기에는 무게 150kg에 달하는 추기경 철 모자가 장식되어 있다. 안뜰의 성 조지 분수Fontána sv. Juraja는 브라티슬라바 도시 개혁을 위해 대주교가 노력하는 모습을 성 조지에 빗대어 표현한 것이다. 1805년에는 나폴레옹이 오스트리아와 프레스부르크 조약을 맺은 장소로 이용되기도 했다. 현재는 시장의 집무실로 쓰인다.

가는 방법 구 시청사에서 도보 1분
주소 Primaciálne Námestie 2, 811 01 Bratislava
운영 화~일요일 10:00~17:00
휴무 월요일
홈페이지 www.visitbratislava.com/sk/miesta/primacialny-palac

05 블루 교회 추천
Modrý Kostolík

온통 파란색으로 칠해진 동화 속 그림 같은 장소

정식 명칭은 성녀 엘리자베스 교회Kostol Svätej Alžbety다. 교회의 내외부가 모두 밝은 파란색으로 칠해져 블루 교회라고 더 많이 불린다. 헝가리 건축가 외된 레히네르Ödön Lechner의 설계로 지어졌다. 1913년 완공되었으며 브라티슬라바에서 자란 헝가리 앤드류 2세의 딸인 엘리자베스에게 봉헌되었다. 높이 36.8m의 둥근 탑과 마졸리카 타일 · 유약 타일로 꾸며진 교회는 이 도시에서 가장 매력적인 아르누보 양식의 건축물이자 브라티슬라바의 상징이기도 하다. 중앙 제대에는 가난한 사람을 돕고 자비를 베푸는 성녀 엘리자베스의 품성을 담은 그림이 있다.

가는 방법 대주교 관저에서 도보 10분
주소 Alžbety, Bezručova 2, 811 09 Bratislava
운영 월~토요일 06:30~07:30, 17:30~19:00, 일요일 07:30~12:00, 17:30~19:00
홈페이지 modrykostol.fara.sk

⑥ 슬로바키아 국립 극장

Slovenské Národné Divadlo

아름다운 네오르네상스 양식 건축물

오스트리아-헝가리 제국 시절에 빈 출신의 유명한 건축가 펠너Fellner와 헬머Helmer의 공동 설계로 지어졌다. 1886년 시립 극장으로 개관하여 오페라, 발레, 연극 등을 공연했다. 체코슬로바키아 공화국이 된 후 1920년부터는 국립 극장이 되었으며 그해 3월 1일 체코슬로바키아의 음악가 베드르지흐 스메타나Bedřich Smetana의 오페라 〈후비츠카Hubička〉를 첫 공연으로 선보였다. 현재는 오페라와 발레 전용 극장으로서 해외에서도 역량을 충분히 인정받고 있다.

국립 극장 앞 가로수길에서
동화 《미운 오리 새끼》의 작가인
안데르센 동상을 찾아보세요.

가는 방법 블루 교회에서 도보 10분
주소 Gorkého 2, 811 01 Bratislava
홈페이지 www.snd.sk

⑦ 성 마틴 대성당

Katedrála sv. Martina

브라티슬라바에서 가장 크고 오래된 대성당

1221년 로마네스크 양식으로 처음 지어졌으나 도시의 규모가 커지자 고딕 양식의 새로운 성당을 짓기 시작했고 1452년에 이르러 완공되었다. 16~19세기에는 헝가리 왕 11명의 대관식이 치러진 곳으로 유명하며 지금도 매년 9월에 재현 행사가 열린다. 높이 85m의 탑에는 무게 150kg에 달하는 헝가리 국왕 성 이슈트반의 왕관 복제품이 있다. 내부는 중앙 제대와 네 명의 성인을 모신 경당으로 이루어져 있고, 지하에는 성직자를 포함해 중요한 역사적 인물 묘석 90기가 안치되어 있다. 이 대성당은 베토벤이 4년에 걸쳐 작곡한 걸작 〈장엄미사〉가 초연된 곳으로도 유명하다.

가는 방법 슬로바키아 국립 극장에서 도보 7분
주소 Rudnayovo Námestie 1, 811 01 Bratislava
운영 07:30~18:00
홈페이지 dom.fara.sk

⑧ 브라티슬라바성 추천
Bratislavský Hrad

네모반듯한 브라티슬라바의 랜드마크

모라비아 왕국, 헝가리 왕국, 합스부르크 왕가의 지배를 받던 9세기부터 18세기까지 오랜 시간에 걸쳐 건설된 성으로 고딕, 르네상스, 바로크 등 다양한 양식을 볼 수 있다. 성의 일부는 슬로바키아 의회로 사용되며 규모는 작지만 중요한 도시 관련 전시물이 있는 역사 박물관Historické Múzeum SNM도 있다. 모서리에 탑 4개가 각각 서 있는 모습이 '엎어 둔 테이블' 같다고 놀림을 받기도 한다. 하지만 날씨가 좋은 날에는 오스트리아와 헝가리가 보일 정도로 높은 지대에 있고, 성 앞으로 두나이강이 흘러 멋진 풍경을 감상할 수 있어 필수 여행 코스로 자리매김했다.

가는 방법 성 마틴 성당에서 도보 12분
주소 Hrad, 811 06 Bratislava
운영 수~월요일 10:00~18:00
휴무 화요일
요금 일반 €12, 학생 €6
홈페이지 www.snm.sk

⑨ SNP 다리 추천
Most SNP

신시가지와 구시가지를 연결하는 다리

두나이강 위에 놓인 다리로는 두 번째이며 1972년 건설된 것으로 '슬로바키아 민족운동'이라는 뜻의 SNP 다리라고 불렸다. 이후 1993년에 새로운 다리Nový Most로 명칭이 변경되었다. 2012년에는 원래 이름을 되찾았는데 현재는 'UFO 다리'라고 더 많이 불린다. 다리에서 85m 떨어진 곳에 비행접시 모양의 레스토랑이 자리해 붙은 별명이다. 레스토랑뿐 아니라 전망대 역할도 겸하며 엘리베이터를 타고 올라간다.

TIP
신시가지에서 바라보는 다리 건너 구시가지 야경이 아름답기로 유명하다. 신시가지까지는 다리 밑 보행자 전용 도로를 이용한다.

가는 방법 브라티슬라바성에서 도보 12분
주소 Most SNP, 851 01 Petržalka
운영 10:00~23:00
요금 오전 €9.90, 오후 €11.90
홈페이지 www.u-f-o.sk

⑩ 데빈성 추천
Hrad Devín

가는 방법 SNP 다리 아래 정류장에서 29번 버스 탑승 후 Štrbská정류장에 내려 도보 15분
운영 4·5·9월 10:00~18:00, 6~8월 10:00~19:00, 10·3월 10:00~17:00, 11~2월 10:00~16:00
휴무 월요일
요금 일반 €8, 학생 €4
홈페이지 hraddevin.mmb.sk

일몰 풍경이 아름다운 절벽 위 고성

두나이강과 모라바Morava강이 만나는 지점에 자리해 구석기 시대부터 지리적, 전략적으로 중요한 성이었다. 대모라비아 왕국의 두 번째 왕자 라스티슬라프Rastislav가 지배하던 8~9세기와 왕국 쇠퇴 후에 헝가리 왕국의 국경 요새가 될 만큼 중요한 역할을 했다. 카르파티아산맥에 의해 자연적으로 보호받던 이곳을 15세기부터 여러 귀족 가문이 소유했지만, 나폴레옹 군대에 의해 1809년에는 파괴되었다.
슬로바키아의 중요한 국가적 상징물이었기에 1961년 국가문화유산으로 지정되었고 옛 슬로바키아 화폐 50할리에로프50Halierov에서도 데빈성을 볼 수 있었다. 고성에는 초기 기독교 예배당, 11~13세기 정착지, 깊이 55m의 우물, 로마 시대 건축물 등이 남아 있다. 지금은 황량한 성터만 남아 쓸쓸함이 감돌지만 성벽을 따라 걸을 수 있는 산책로가 잘 조성되었다. 특히 해 질 무렵 풍경이 아름다워 데빈성을 찾는 이들의 발걸음이 이어지고 있다.

TRAVEL TALK

데빈성에 얽힌 슬픈 이야기

데빈성의 성주 미쿨라슈Mikulas는 오스트리아 남부 카린시아의 마가레트Margaret라는 처녀를 만나 사랑에 빠졌어요. 결혼을 결심했으나 마가레트 아버지의 허락을 받지 못해 급기야 그녀를 납치하기에 이르렀습니다. 그녀의 삼촌이 데려가려 했지만 그녀는 아름다운 데빈성을 떠나지 못했죠. 훗날 결혼식을 준비하던 중 그녀의 삼촌은 성주를 죽였고 그녀는 슬픔을 견디지 못해 강물에 몸을 던졌다고 합니다. 그 후 그녀가 뛰어든 탑을 처녀 타워Panenská Veža라고 부른답니다.

브라티슬라바 맛집

구시가지 광장 주변에 분위기 좋은 식당과 카페가 많지만 중심가를 벗어나 골목으로 가면 적당한 가격에 푸짐하게 즐길 수 있는 로컬 맛집이 있다. 슬로바키아 전통 음식뿐 아니라 인도, 태국, 중국 등 다양한 아시아 음식 전문점들도 눈에 띈다.

콜리바 캄직
Koliba Kamzik

위치 구 시청사 주변
유형 로컬 맛집
주메뉴 슬로바키아 음식

😊 → 다양한 전통 음식
😑 → 골목 안쪽에 위치

아기자기한 통나무집처럼 꾸며진 공간에서 전통 복장을 한 종업원들의 서비스를 받으며 슬로바키아 전통 음식을 맛볼 수 있다. 내부가 꽤 넓은 편이며 양고기, 사슴고기를 이용한 전통 음식이나 와인을 곁들여 먹기 좋은 스낵, 채식 요리, 어린이 메뉴 등 종류가 다양하다.

가는 방법 구 시청사에서 도보 1분
주소 Zelená 5, 811 01 Bratislava
문의 +421 903 703 111
운영 11:00~23:00
예산 메인 요리 €20~
홈페이지 zelena.kamzik.sk

어반 하우스
Urban House

위치 대주교 관저 주변
유형 카페
주메뉴 커피, 스낵

😊 → 트렌디한 분위기
😑 → 회전율이 낮은 편

카페와 식당을 같이 운영하는 곳. 내부는 인더스트리얼풍으로 꾸며져 현대적이고 자유분방한 느낌이 든다. 북 카페처럼 책을 읽을 수 있는 공간이 마련되어 있으며 낮에는 모던한 감성 카페로, 밤에는 근사한 펍으로 변모한다. 피자, 스테이크, 커리, 버거 등 메뉴는 간단하다.

가는 방법 대주교 관저에서 도보 1분
주소 Laurinská 213/14, ground floor, 811 01 Bratislava **문의** +421 911 755 205 **운영** 월~목요일 09:00~24:00, 금 · 토요일 09:00~02:00, 일요일 09:00~23:00 **예산** 피자 €12~
홈페이지 www.urbanhouse.sk

레몬트리 & 스카이 바
Lemontree & Sky Bar

위치 성 마틴 대성당 주변
유형 대표 맛집
주메뉴 파스타, 리소토

😊 → 테라스의 구시가지 전망
😑 → 입구를 찾기 어려움

브라티슬라바성과 성 마틴 대성당이 내려다보이는 루프톱 바이자 식당이다. 이곳에서는 수프, 파스타, 리소토, 타파스, 스테이크 등 다양한 메뉴가 있다. 야외 테라스의 바에서는 커피, 칵테일, 보드카 등을 즐길 수 있다. 저녁에는 예약해야 할 정도로 붐빈다.

가는 방법 성 마틴 대성당에서 도보 4분 **주소** Hviezdoslavovo Námestie 7, 811 02 Bratislava
문의 +421 948 109 400
운영 화~토요일 17:00~24:00
휴무 월요일
예산 파스타 €14.90
홈페이지 www.skybar.sk

FOLLOW

크로아티아
CROATIA

서쪽으로 아드리아해와 맞닿은 크로아티아는 유럽의 인기 휴양지 중 하나이자
세계적인 유명 인사들의 단골 휴가지로 알려진 곳이다. 아름다운 해변과 다채로운 섬,
이국적인 정취를 자아내는 야자수와 노천 카페가 늘어선 거리,
중세의 모습을 고스란히 간직한 도시를 누비며 낭만을 만끽하자.

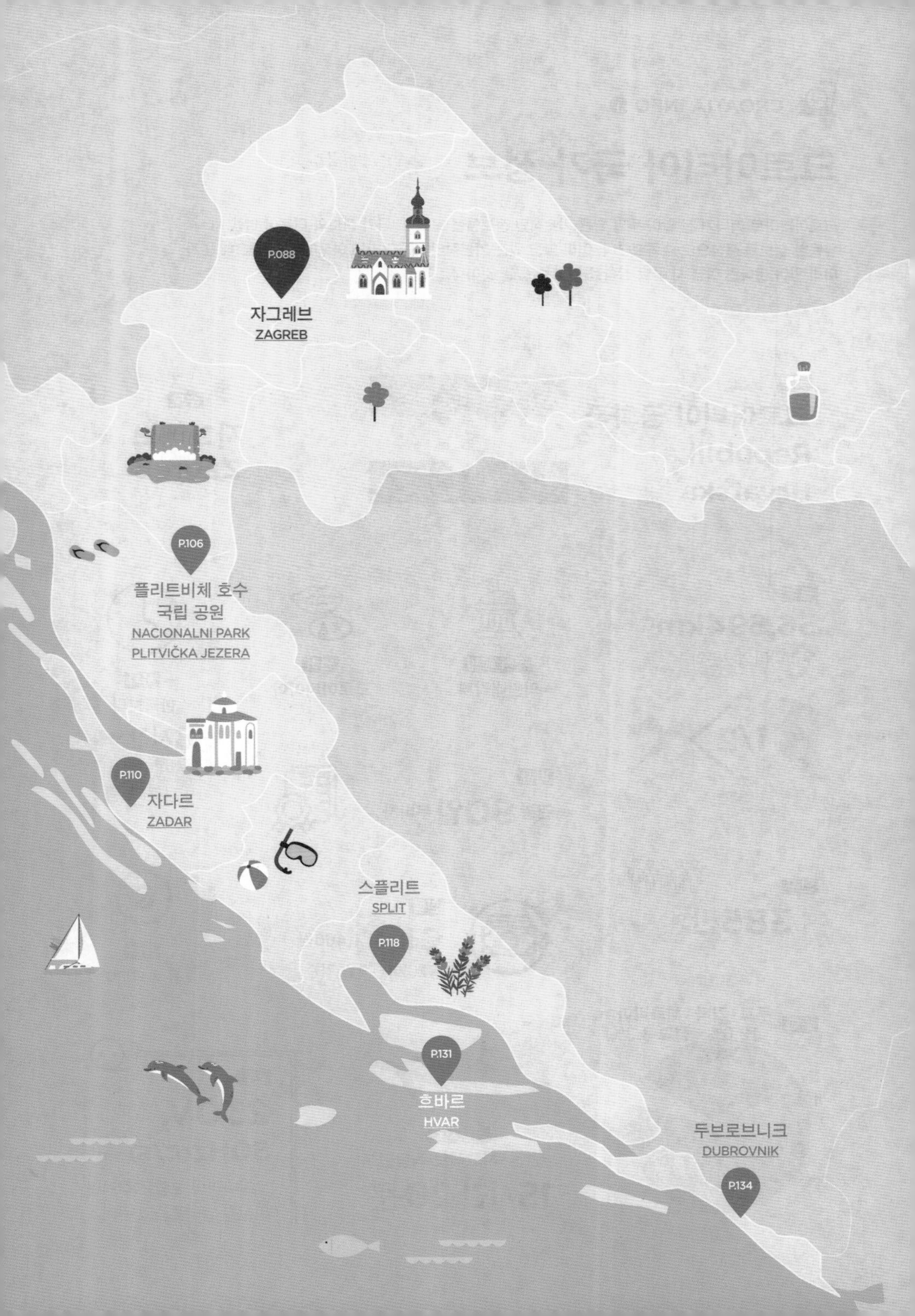

P.088
자그레브
ZAGREB
P.106
플리트비체 호수
국립 공원
NACIONALNI PARK
PLITVIČKA JEZERA
P.110
자다르
ZADAR
스플리트
SPLIT
P.118
P.131
흐바르
HVAR
두브로브니크
DUBROVNIK
P.134

CROATIA INFO ❶

크로아티아 국가 정보

크로아티아로 떠나기 전 알아 두면 좋은 기초적인 정보들을 모았다. 국가 정보와 더불어 여행 시 유용한 정보를 중심으로 수록했으니, 이미 알고 있는 기본적인 내용이라도 여행에 앞서 복습해 두자. 미리 알아 둔다면 여행 시 돌발 상황을 줄일 수 있을 것이다.

국명

크로아티아 공화국
Republika Hrvatska

수도

자그레브
Zagreb

면적

56,594km^2
우리나라의 2분의 1

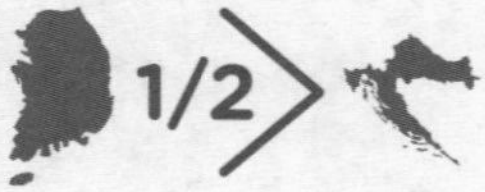

정치 체제
의원내각제

언어
크로아티아어

시차
한국보다
8시간 느림
서머타임 시
7시간 느림

비자
관광 **90일** 무비자

인구
약 **385만** 명

환율
€1 = 약 1,460원
※2024년 4월 기준

통화
유로 EURO

종교

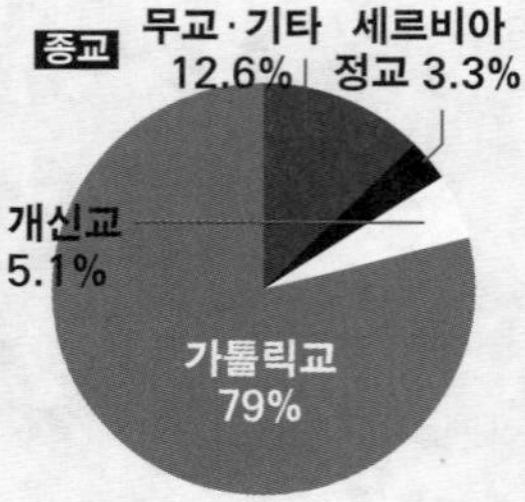

비행시간
인천-자그레브 직항편
15시간 20분

전압
230V,
50Hz(C/F)
우리나라와 모양은 같지만
비상용 멀티플러그 준비

물가

크로아티아의 물가는 내륙 지방과 해안 지방이 다르고, 성수기와 비수기 차이도 크다. 수도인 자그레브는 동유럽 물가를 실감할 수 있는 수준이지만 남쪽으로 갈수록 물가가 비싸진다. 특히 성수기에 두브로브니크는 런던과 견줄 만큼 물가가 비싸다. 한 끼 식사 비용을 기본 3만 원 이상 잡아야 한다. 단, 슈퍼마켓 등 현지인의 생활 물가는 저렴하다.

두브로브니크 vs 서울 물가 비교

생수(1500ml) €1.1(약 1,600원) vs 약 1,500원
빅맥 세트 €8(약 1만 1,600원) vs 8,000원
카푸치노(일반 카페) €2.68(약 3,900원) vs 5,200원
대중교통(1회권) €1.99(약 2,900원) vs 1,400원
택시(기본 요금) €2.65(약 3,870원) vs 4,800원
저렴한 식당(1인) €13(약 1만 9,000원) vs 1만 원
중급 식당(2인) €70(약 10만 2,200원) vs 6만 5,000원

운영시간

슈퍼마켓과 약국 등 편의 시설은 일요일과 공휴일에 대부분 문을 닫지만, 드물게 운영하는 곳도 있다. 카페나 식당은 늦게까지 여는 편이며, 일요일에는 늦게 문을 열고 일찍 닫는 곳이 많다. 관광지에서는 브레이크 타임이 있는 곳이 많으니 미리 확인해야 한다.

상점 09:00~20:00 **식당** 12:00~23:00

인터넷

데이터를 사용하기 위한 심카드는 크로아티아 통신사 흐르바트스키 텔레콤Hrvatski Telekom, 에이원A1 흐르바트스카A1 Hrvatska, 텔레2Tele2 매장이나 슈퍼마켓에서 구입할 수 있다. 데이터 유심 가격이 저렴한 편이어서 현지에서 구입하는 것이 이득이다.

팁 문화

크로아티아는 팁 문화가 없지만, 유명 관광지의 식당에서는 간혹 계산서 하단에 팁이 포함되지 않았다고 적혀 있다. 어느 정도는 요구한다는 뜻이니 서비스가 만족스러웠다면 전체 금액의 10% 정도를 팁으로 지불하고, 부담스럽다면 내지 않아도 된다.

전화

크로아티아의 국가 번호는 385번이다.

한국 → 크로아티아
001 등(국제 전화 식별 번호)+385(크로아티아 국가 번호)+0을 뺀 크로아티아 전화번호
크로아티아 → 한국
00(유럽 국제 전화 식별 번호)+82(우리나라 국가 번호)+0을 뺀 우리나라 지역 번호+전화번호

긴급 연락처

구급차(응급 의료) 194 **경찰** 192

주 크로아티아 대한민국 대사관
주소 Ksaverska cesta 111/A-B, 10000 Zagreb, Croatia
문의 근무 시간 +385 1 4821 282 / 24시간 긴급 +385 91 2200 325
운영 영사과 민원실 월~금요일 08:30~12:00, 12:30~16:30 / 대사관(영사과 외) 월~금요일 08:30~16:30 **휴무** 토 · 일요일

공휴일 (2024년)

1월 1일 신년
1월 6일 주현절
4월 1일 부활절 월요일★
5월 1일 노동절
5월 30일 독립기념일
5월 30일 성체축일★
6월 22일 반나치 투쟁기념일
8월 5일 승전기념일
8월 15일 성모승천일
11월 1일 만성절
11월 18일 현충일
12월 25일 크리스마스
12월 26일 성 스테판의 날
※★매년 날짜가 바뀌는 공휴일

축제 (2024년)

6월 24~26일

인 뮤직 페스티벌 Otok hrvatske mladeži
크로아티아에서도 규모가 제법 큰 록 페스티벌로 자그레브 자룬 호수Jezera Jarun에서 3일간 개최된다.
홈페이지 www.inmusicfestival.com

7월 12~14일

울트라 유럽 Ultra Europe
전 세계에서 가장 큰 EDM 뮤직 페스티벌 중 하나로 스플리트에서 열린다.
홈페이지 ultraeurope.com

7월 중순

자그레브 국제 민속 축제
Međunarodna Smotra Folklora Zagreb
크로아티아의 문화유산을 보존하고 널리 알리기 위해 열리는 전통 축제다.
홈페이지 msf.hr

11월 4~10일

자그레브 영화제 Zagrebački Filmski Festival
2003년부터 개최된 영화제로 장편, 단편, 다큐멘터리 등 국제 경쟁 프로그램이 있다.
홈페이지 zff.hr

날씨와 옷차림

Best Season 5·6·9·10월

3~4월 우리나라의 가을 날씨와 비슷하며 점점 따뜻해지는 시기로 해수욕을 하는 사람도 드문드문 보인다. 비가 종종 내려 우산은 필수로 준비해야 한다.

5~8월 구름 한 점 없이 화창한 날이 지속되며 여행하기 가장 좋은 시기다. 햇빛이 강해 체감 온도는 더 높고 무덥지만, 그늘에서는 시원한 바람을 느낄 수 있다.

9~11월 우리나라에서는 가을로 접어드는 시기이지만 두브로브니크는 늦여름이 이어진다. 낮에는 햇볕이 강해 수영도 할 수 있을 정도지만 아침저녁으로 기온차가 살짝 있어 긴소매 옷이 필요하다.

12~2월 영하는 아니지만 추위를 느낄 수 있다. 한겨울용 패딩 점퍼까지는 아니어도 외투가 필요하다. 따스할 만큼 화창하기도 하고 비가 내리면 춥기도 해서 겹쳐 입을 옷이 필요하다.

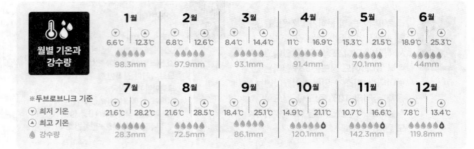

월별 기온과 강수량

※두브로브니크 기준
▼ 최저 기온
▲ 최고 기온
강수량

월	최저 기온	최고 기온	강수량
1월	6.6℃	12.3℃	98.3mm
2월	6.8℃	12.6℃	97.9mm
3월	8.4℃	14.4℃	93.1mm
4월	11℃	16.9℃	91.4mm
5월	15.3℃	21.5℃	70.1mm
6월	18.9℃	25.3℃	44mm
7월	21.6℃	28.2℃	28.3mm
8월	21.6℃	28.5℃	72.5mm
9월	18.4℃	25.1℃	86.1mm
10월	14.9℃	21.1℃	120.1mm
11월	10.7℃	16.6℃	142.3mm
12월	7.8℃	13.4℃	119.8mm

여행 크로아티아어

인사말

Dobro Jutro 도브로 유트로 ▶ 안녕하세요?(아침)
Dobar Dan 도바르 단 ▶ 안녕하세요?(점심)
Dobra Večer 도브라 베체르 ▶ 안녕하세요?(저녁)
Do Viđenja 도 비제냐 ▶ 안녕히 계세요.
Hvala 흐발라 ▶ 고맙습니다.
Oprostite 오프로스티테 ▶ 죄송합니다/실례합니다.
Molim 몰림 ▶ 천만에요.
Koliko Je Ovo 콜리코 예 오보 ▶ 얼마예요?
Račun, Molim 라춘 몰림 ▶ 계산할게요.
Da 다 ▶ 네.
Ne 네 ▶ 아니오.

단어장

Toalet 토알레트 ▶ 화장실
Preporuka 프레포루카 ▶ 추천
Stanica 스타니차 ▶ 역
Autobusni Kolodvor 아우토부스니 콜로드보르 ▶ 버스 터미널
Polazak 폴라자크 ▶ 출발
Dolazak 돌라자크 ▶ 도착
Otvoren 오트보렌 ▶ 운영 중
Zatvoreno 자트보레노 ▶ 운영 종료
Ulaz 울라즈 ▶ 입구
Izlaz 이즐라즈 ▶ 출구

교통 수단

인천-자그레브를 연결하는 직항편이 있으며 유럽 내 주요 도시에서 크로아티아로 들어갈 때도 비행기를 주로 이용한다. 해안이 발달한 지리적 특성 때문에 열차보다 버스가 더 편리하고 효율적이다. 아드리아해에 접해 있어 페리도 이용할 수 있다.

비행기

자그레브, 자다르, 스플리트, 두브로브니크 등 크로아티아 주요 도시에 공항이 있어 유럽 각지에서 크로아티아를 오가는 운항 편수가 많다. 남북으로 긴 영토를 가진 나라여서 자그레브-두브로브니크 구간은 국내선도 많이 이용된다.

크로아티아항공 Croatia Airlines www.croatiaairlines.com

열차

자그레브를 중심으로 북쪽 도시에만 철도망이 발달해 헝가리 부다페스트, 슬로베니아 류블랴나 등 다른 유럽 국가에서 들어올 때를 제외하고 이용할 일이 많지 않다. 크로아티아 열차는 크게 국제선을 운행하는 인터시티InterCity와 국내선을 운행하는 인터시티 나기브니InterCity Nagibni로 구분된다. 열차 예매 및 시간표 조회는 크로아티아 철도청에서 할 수 있다.

크로아티아 철도청 Hrvatske Željeznice www.hzpp.hr

버스

크로아티아는 지리적 특성상 열차보다 버스가 발달해 있고 가격도 저렴하다. 국제선 역시 버스를 이용하는 승객이 많다. 각 버스 회사 홈페이지나 앱을 통해 편리하게 예매할 수 있다. 버스에 따라 앱이 있어도 직접 프린트한 티켓을 요구하기도 하고, 짐 값을 별도로 내야 하는 경우도 있다. 국내선도 성수기에는 예약을 꼭 해야 한다.

겟 바이 버스 Get by Bus getbybus.com **크로아티아 버스 Croatia Bus** croatiabus.hr
플릭스버스 Flixbus www.flixbus.hs

페리

자다르부터 두브로브니크까지 국내선 구간은 물론 이탈리아를 연결하는 국제선 운항편이 있어 남부 유럽을 오고 갈 때 편리하다.

야드롤리니야 Jadrolinija www.jadrolinija.hr

크로아티아 국내외 주요 도시 간 이동

자그레브 → 류블랴나
열차 2시간 16분
버스 2시간 25분

자그레브 → 플리트비체 호수
버스 2시간 30분

자그레브 → 부다페스트
열차 5시간 46분
버스 4시간 5분

자그레브 → 스플리트
버스 4시간 55분

스플리트 → 두브로브니크
버스 4시간
페리 4시간 25분

스플리트 → 흐바르
페리 1시간 5분

주의 사항

● **소매치기**

크로아티아는 비교적 치안이 양호한 편으로 알려져 있지만 관광객이 많은 곳에서는 소매치기를 주의하자.

● **낙상 사고**

플리트비체 호수 국립 공원에서는 안전 시설물이 설치되지 않은 구간에서 낙상 사고를 유의해야 한다.

CROATIA INFO ❷

크로아티아 여행 미리 보기

'아드리아해의 숨은 보석'이라 불리는 크로아티아는 수도인 자그레브를 중심으로 영화 〈아바타〉의 배경이 된 신비로운 자연 경관을 자랑하는 국립 공원과 오래된 고대 유적이 남아 있는 도시, 바닷가에 성벽으로 둘러싸인 해안 도시에 이르기까지 다채로운 여행이 가능하다.

자그레브 Zagreb

크로아티아 여행의 시작점이자 유럽 각 도시로 연결되는 교통의 요충지. 광장 주변으로 중세와 현대의 건물이 조화를 이룬 고풍스러운 풍경이 펼쳐진다. 구시가지는 도보 여행을 즐길 수 있다.

BEST ATTRACTION

반옐라치치 광장 / 자그레브 대성당 / 돌라츠 시장 / 성 마르크 성당

플리트비체 호수 국립 공원 Nacionalni Park Plitvička Jezera

남동부 유럽에서 가장 오래된 곳이자 크로아티아 최대의 국립 공원. 아름다운 풍경 사이로 산책로가 잘 조성되어 있어 자연 속 힐링을 만끽할 수 있는 곳이다.

자다르 Zadar

고대와 중세 유적이 보존된 곳이자 크로아티아에서 가장 아름다운 석양을 만날 수 있는 도시인 달마티아 지방의 주도. 에메랄드 빛 아드리아해가 넘실대는 해안 도시의 풍경이 일품이다.

BEST ATTRACTION

포룸 / 성 도나타 성당 / 바다 오르간 / 태양의 인사

스플리트 Split

로마 황제 디오클레티아누스 황제가 여생을 보내고 싶어 했던 도시. 고대 로마 흔적이 시민들의 삶에 고스란히 녹아 있다. 푸른 바다와 야자수가 이국적인 정취를 선사한다.

BEST ATTRACTION

리바 거리 / 디오클레티아누스 궁전 / 마리안 언덕

흐바르 Hvar

700개가 넘는 크로아티아의 섬 중에서 가장 아름다운 섬이라는 수식어를 가진 섬. 유명 인사들의 여름 휴양지로 알려져 있다.

두브로브니크 Dubrovnik

동유럽 최고의 휴양지로 여행자들이 열광하는 곳이다. 주황색 지붕과 푸른 아드리아해가 성벽 하나를 사이에 두고 어우러지는 풍경이 황홀하다.

두브로브니크

BEST ATTRACTION

성벽 / 스트라둔 거리 / 스르지산

크로아티아 핵심 여행 키워드

Keyword ❶ 아드리아해

'아드리아해의 숨은 보석'이라 불릴 만큼 크로아티아를 위한 바다처럼 느껴진다. 긴 해안선을 따라 짙푸른 물감을 풀어 놓은 듯한 파도가 넘실대고 섬, 반도, 만이 형성되어 경치도 아름답다.

Keyword ❷ 해산물

바다에 인접한 국가답게 해산물 요리를 쉽게 접할 수 있다. 다른 동유럽 국가의 영향을 많이 받은 터라 개성 있는 전통 음식이 있는 것은 아니지만 식재료 자체가 상당히 좋아 신선한 맛을 느낄 수 있다.

Keyword ❸ 세계문화유산

고대부터 로마 제국의 지배를 받으며 오랫동안 순탄하지 않은 역사를 써 왔다. 그럼에도 고유한 문화를 창조한 덕에 역사적 가치가 높은 세계문화유산이 크로아티아 곳곳에 남아 있다.

Keyword ❹ 발명품

일상생활에 널리 쓰이는 것 중 크로아티아가 '최초'로 발명한 것들이 있다. 넥타이, 낙하산, 만년필은 크로아티아의 3대 발명품으로 꼽히며 크로아인들은 이에 대한 자부심이 굉장하다.

Keyword ❺ 공산국가

크로아티아는 발칸반도의 공산주의 연방국 유고슬라비아의 일부였다. 내전을 거쳐 1991년 분리 독립하였으니 전쟁의 상흔에서 벗어나 관광객을 맞이하게 된 것은 그리 오래되지 않은 일이다.

ZAGREB

자그레브

크로아티아의 수도이자 교통의 요충지인 자그레브는 여행의 시작과 끝에 잠시 거쳐 가게 되는 도시다. 보통 두브로브니크로 가기 위한 관문으로 여겨져 여행자들의 기대감은 높지 않지만, 자그레브는 천천히 걸으면 보면 볼수록 매력이 많은 도시다. 아름다운 풍경을 가진 해안 도시는 아니다. 광장을 둘러싼 고풍스러운 건물들과 그 사이를 관통하는 트램, 여유를 즐기는 현지인의 일상 풍경이 어느새 마음속 깊숙이 자리 잡게 된다. 소소하고 정감 있는 분위기를 좋아하는 사람이라면 크로아티아 여행 후 자꾸 생각나게 될 것이다.

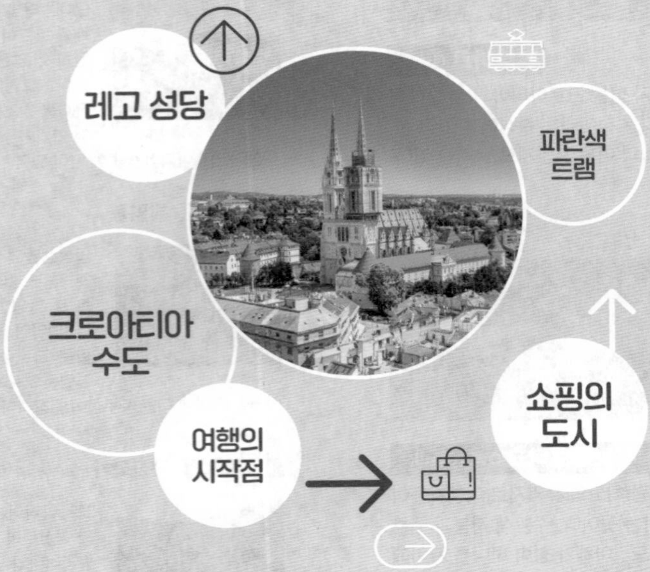

자그레브 들어가기 & 여행 방법

인천국제공항에서 대한항공과 티웨이항공 직항편을 이용해 한 번에 들어갈 수 있다. 크로아티아 내 도시와 주변 국가들은 열차와 버스로 이동할 수 있다. 지리적 특성상 열차보다는 버스 노선이 발달했고 요금과 스케줄 면에서도 버스가 효율적이다.

비행기

대한항공에서 성수기에 자그레브 직항편을 운항하며, 2024년 5월 16일부터 티웨이항공에서 저가항공 최초로 자그레브 직항편을 주3회 취항할 예정이다. 티웨이항공을 이용하면 자그레브로 갈 때는 키르기스스탄의 비슈케크를 1시간가량 경유해 약 15시간 걸리며, 인천으로 돌아올 때는 약 11시간 걸린다. 그 외 유럽이나 중동의 1회 경유 항공 노선을 이용하는 방법도 있다. 자그레브 국제공항 Međunarodna Zračna Luka Zagreb(ZAG)은 크로아티아 국영 항공사 크로아티아항공Croatia Airlines의 허브 공항이며, 국내선과 국제선이 함께 있는 작은 규모다. 시내 중심에서 남동쪽으로 14km 떨어져 있다.

홈페이지 www.zagreb-airport.hr

공항에서 시내로 들어가기

● 셔틀버스 Autobusom

자그레브 공항에서 시내까지 가는 가장 편리한 방법은 셔틀버스를 이용하는 것이다. 공항에서 자그레브 버스 터미널까지 연결한다. 30분 간격으로 운행하고, 약 35~40분 소요된다. 공식 운행 시간 외에는 비행기 도착 시각에 맞춰 운행한다. 티켓은 탑승 시 운전기사에게 구입할 수 있다.

운행 공항 출발 06:00~21:00, 시내 출발 04:00~20:30
요금 편도 €8
홈페이지 plesoprijevoz.hr

● 택시 Taxi

셔틀버스보다 가격이 비싸지만 일행이 많거나 짐이 많을 때 이용하면 좋다. 공항 앞에 정차한 택시나 우버Uber를 이용해야 하는데 일반 택시보다는 우버가 좀 더 저렴하다. 일반 택시 요금은 시내까지 €30이며 1km당 €1.75가 추가된다.

홈페이지 airportzagrebtaxi.com

열차

슬로베니아, 헝가리, 세르비아 등 유럽 국가에서 출발하는 열차가 자그레브에 도착한다. 자그레브와 가장 가까운 슬로베니아 류블랴나까지는 하루 4대가 운행한다. 자그레브 중앙역Glavni Kolodvor은 토미슬라브 광장Trg Kralja Tomislava 맞은편에 있으며 구시가지에서 남쪽으로 900m 떨어진 곳에 있다.

가는 방법 트램 2 · 4 · 6 · 9 · 13 · 31 · 33 · 34번 Glavni Kolodvor정류장 앞
주소 Trg kralja Tomislava 12, 10000, Zagreb
홈페이지 www.hzpp.hr

TIP

중앙역에서 구시가지로 이동하기

중앙역 맞은편의 Glavni Kolodvor정류장에서 6 · 13번 트램을 타고 두 정류장 뒤인 반옐라치치 광장Trg bana Jelačića에서 하차한다. 버스 터미널은 Autobusni Kol.정류장에서 여섯 번째 정류장이다. 티켓은 가판대 티사크Tisak에서 구입한다.

버스

자그레브 버스 터미널Autobusni Kolodvor Zagreb은 구시가지에서 남동쪽으로 약 2km 떨어져 있다. 크로아티아 지리적 특성상 열차보다 버스가 발달해 있는 만큼 버스 터미널의 편의 시설도 잘되어 있는 편이다. 관광안내소, 수하물 보관소, 환전소, 약국, 카페, 베이커리, 유료 화장실 등이 잘 갖춰져 있다.

가는 방법 트램 2·5·6·7·8·13·31번 Autobusni Kol정류장 앞
주소 Avenija Marina Držića 4, 10000, Zagreb
홈페이지 www.akz.hr

자그레브 – 주요 도시 간 이동 시간

출발지	이동 수단	소요 시간
플리트비체	버스	2시간 30분
류블랴나	열차	2시간 16분
	버스	2시간 25분
자다르	버스	3시간 30분
스플리트	열차	6시간 1분
	버스	4시간 55분
부다페스트	열차	5시간 46분
	버스	4시간 50분

시내 교통

시내에서 먼 거리를 이동할 때는 주로 트램을 이용하며 중앙역과 버스 터미널을 오갈 때를 제외하면 대부분 걸어 다닐 수 있다. 승차권은 자동 발매기나 가판대 티사크Tisak에서 구입할 수 있다. 탑승 후에는 티켓을 펀칭해야 한다. 검표 시 펀칭하지 않았거나 티켓을 소지하고 있지 않을 경우 약 €66~100의 벌금이 부과된다. 80×50×40cm 크기를 초과하는 수하물은 €1.33의 별도 티켓을 구입해야 한다.

운행 주간 04:00~24:00, 야간 00:00~04:00
요금 30분 티켓 €0.53, 60분 티켓 €0.93, 1일권 €3.98
홈페이지 www.zet.hr

TIP

티켓은 자동 발매기에서 구입하는 것보다 탑승 시 차내에서 구입하는 게 더 비싸다. 30분 티켓의 경우 자동 발매기는 €0.53, 차내에서는 €0.80이다.

관광안내소

공항, 중앙역, 버스 터미널 등 자그레브에서 첫발을 내딛는 장소는 물론 구시가지의 반옐라치치 광장, 로트르슈차크 탑에도 관광안내소가 있다. 명소가 밀집된 구시가지의 지도와 한국어로 된 책자도 얻을 수 있다.

● 반옐라치치 광장

주소 Trg Bana Josipa Jelačića 11
운영 월~금요일 09:00~20:00, 토·일요일 10:00~16:00
홈페이지 www.infozagreb.hr

환전 Mjenjačnica

크로아티아는 2022년까지 화폐 쿠나Kuna를 사용했으나 폐기 후 2023년부터 유로화를 사용한다. 해외 결제 및 인출 가능한 카드를 사용하거나 한국에서 필요한 만큼 환전해간다. 현지 공항, 기차역, 버스 터미널의 환전소에서 환전하거나 ATM을 이용할 수 있는데 시내보다는 수수료가 비싸니 필요한 최소한의 금액만 환전하는 것이 좋다. 참고로 자그레브는 크로아티아에서 환율이 가장 좋은 편이다. 두브로브니크로 내려갈수록 물가가 비싸고 환전 수수료 차이도 크다.

Zagreb **Best Course**

자그레브 추천 코스

핵심 명소만 콕콕! 자그레브 시내 하이라이트

내륙 도시인 자그레브는 휴양과는 거리가 멀지만 즐길 수 있는 것들이 많다. 비교적 물가가 저렴해 쇼핑에 적합하고 수많은 레스토랑이 있어 무엇을 먹을지 즐거운 고민을 하게 한다. 플리트비체 호수 국립 공원까지 다녀온다면 최소 2일은 머물러야 한다.

TRAVEL POINT

- **이런 사람 팔로우!** 동유럽 고유의 분위기를 간직한 도시가 궁금하다면
- **여행 적정 일수** 여유로운 1일
- **여행 준비물과 팁** 편한 신발
- **사전 예약 필수** 클래식 공연을 보고 싶다면 미리 예매하는 것이 좋다.

DAY 1

- **소요 시간** 4~6시간
- **점심 식사는 어디서 할까?** 구시가지의 중심인 반옐라치치 광장 주변으로 식당과 카페가 많다. 특히 돌라츠 시장 근처의 트칼치체바 거리는 식당으로 가득 들어차 있다.
- **기억할 것** 자그레브의 구시가지는 모두 도보 이동이 가능하지만 중앙역이나 버스 터미널에서 구시가지로 이동 시에는 트램을 이용해야 한다.

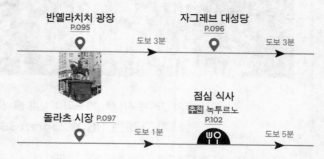

반옐라치치 광장 P.095

→ 도보 3분 →

자그레브 대성당 P.096

→ 도보 3분 →

돌라츠 시장 P.097

→ 도보 1분 →

점심 식사
추천 녹투르노 P.102

→ 도보 5분 →

돌의 문 P.097

→ 도보 3분 →

성 마르크 성당 P.098

→ 도보 1분 →

실연 박물관 P.099

→ 도보 1분 →

성 캐서린 성당 P.099

→ 도보 1분 →

로트르슈차크 탑 P.100

→ 도보 5분 →

저녁 식사
추천 바타크 그릴 P.102

SPECIAL THEME

구시가지 전망이 한눈에 쏙!

자그레브 뷰포인트 BEST 3

작은 성곽 안에 붉은 지붕으로 뒤덮인 구시가지의 풍경은 평생 잊지 못할 감동을 선사한다. 특히 어둠이 내려앉은 늦은 시간보다 석양이 질 무렵이 더 극적이다. 아무것도 하지 않고 그저 바라만 봐도 황홀한 자그레브의 풍경을 만날 수 있는 뷰포인트를 찾아가 보자.

#자그레브 시내가 파노라마처럼 펼쳐지는 곳

자그레브 360° *Zagreb 360°*

1959년에 지어진 일리차 빌딩은 자그레브의 초고층 빌딩으로 시내를 한눈에 내려다볼 수 있는 장소다. 16층 전망대에 오르면 자그레브 대성당, 돌라츠 시장, 성 마르크 성당이 있는 구시가지는 물론 이와 대조적인 신시가지의 풍경까지 볼 수 있다. 낮 풍경도 좋지만 석양이 질 무렵과 화려한 조명으로 더욱 반짝이는 밤 풍경도 아름답다. 전망대 내부는 카페로 꾸며져 편안하게 전망을 즐길 수 있다.

지도 P.094 **가는 방법** 반옐라치치 광장에서 도보 1분
주소 Ilica 1A, 10000, Zagreb
홈페이지 www.zagreb360.hr
※2024년 4월 초 기준 임시 휴무

TIP
티켓 소지 시 당일 재입장이 가능하다.

#자그레브 대성당이 가장 아름답게 보이는 곳

성 캐서린 성당 *Crkva Sv. Katarine*

성당 뒤쪽으로 돌아가면 붉은 지붕으로 뒤덮인 구시가지와 그 사이로 우뚝 솟은 자그레브 대성당이 보인다. 철제 난간에는 수많은 연인들이 사랑을 맹세한 자물쇠도 걸려 있다. 해가 저물녘 로맨틱한 사진을 찍고 싶다면 성 캐서린 성당 뒤쪽 전망대를 추천한다.

지도 P.094 **가는 방법** 성 캐서린 성당 뒤쪽 **주소** Katarinin Trg BB, 10000, Zagreb

#크로아티아 시인이 사랑한 산책로

스트로스마예로보 산책로 *Strossmayerovo Šetalište*

북쪽 마을을 둘러보고 광장으로 내려가기 전 자그레브 신시가지의 풍경을 바라볼 수 있는 곳이다. 산책로 곳곳에 설치된 센스 있는 포토 포인트는 또 하나의 추억을 선사한다. 로트르슈차크 탑 바로 앞 스트로스 마르트레Stross Martre라는 곳은 5월 말부터 9월 중순까지 콘서트, 연극, 영화, 전시 등 여러 장르에 관련된 축제가 열리는 장소로 크로아티아 여행 기념품이나 액세서리를 파는 작은 마켓도 열려 소소한 볼거리를 제공한다.

지도 P.094 **가는 방법** 로트르슈차크 탑 바로 앞

주소 Strossmayerovo Šetalište, 10000, Zagreb

TIP

로트르슈차크 탑 앞에는 세계에서 가장 짧은 케이블카이자 자그레브에서 가장 오래된 최초의 대중교통 수단이 있다. **운행** 06:30~22:00 **요금** €0.66

크로아티아의 대표 시인 안툰 구스타브 마토슈Antun Gustav Matoš가 생전에 가장 좋아했던 장소입니다. 산책로에서 그의 동상을 찾아보세요.

자그레브 중심부
Ul. Tita Brezovačkog
Opatička Ul.
Kaptol Ul.
Ribnjak Ul.
성 마르크 성당
Crkva Sv. Marka
Mesnička Ul.
리브냐크 공원
Park Ribnjak
돌의 문
Kamenita Vrata
실연 박물관
Muzej Prekinutih Veza
성 캐서린 성당
Crkva Sv. Katarine
로트르슈차크 탑
Kula Lotrščak
스트로스마예로보 산책로
Strossmayerovo Šetalište
돌라츠 시장
Tržnica Dolac
자그레브 대성당
Zagrebačka Katedrala
푸니쿨라 탑승장
센타르 츠비에트니 쇼핑몰
Centar Cvjetni
Ilica
반옐라치치 광장
Trg Bana Jelačića
Trg J. Jelačića
Frankopanska
자그레브 360°
Zagreb 360°
Gundulićeva Ul.
ATM
Gajeva Ul.
Praška Ul.
ATM
Teslina Ul.
미마라 박물관 방향
Muzej Mimara
자그레브 대학교
Sveučilište u Zagrebu
Preradovićeva Ul.
즈리네바츠 공원
Park Zrinjevac
자그레브 크로아티아 국립 극장
Hrvatsko Narodno Kazalište u Zagrebu
Zrinjevac
Trg Republike Hrvatske
Ul. Andrije Hebranga
Zrinjevac
Ul. Pavla Hatza
Trg Marka Marulića
Ul. Jurja Žerjavića
자그레브 예술 전시관
Umjetnički Paviljon u Zagrebu
베스트 웨스턴 프리미어 호텔 아스토리아
Best Western Premier Hotel Astoria
N W E S
0 100m
자그레스 버스 터미널 방향
Autobusni Kolodvor Zagreb
Glavni Kolodvor
Ul. Grgura Ninskog
자그레브 중앙역
Glavni Kolodvor

자그레브 관광 명소

반옐라치치 광장을 시작으로 구시가지와 신시가지가 한눈에 보이는 로트르슈차크 탑까지 하루 만에 둘러볼 수 있다. 조금 더 욕심을 부린다면 자그레브 크로아티아 국립 극장에서 오페라를 감상하는 것도 좋다. 여유로운 공기가 가득한 자그레브에서는 쉬엄쉬엄 여행하자.

매년 10월 18일 크라바트 데이Dan Kravate에는 자그레브의 동상마다 빨간 수건(크라바트)이 매여 있는 것을 볼 수 있어요. 넥타이의 기원이 크로아티아 인것에 자부심을 드러내는 날이랍니다.

01 반옐라치치 광장

Trg Bana Jelačića

추천

지도 P.094 **가는 방법** 자그레브 버스 터미널에서 6·13번 트램 탑승 후 Trg J. Jelačića정류장 하차
주소 10000, Zagreb

시장과 축제를 위해 만든 광장

현지인들에게는 만남의 장소이고 여행자들에게는 여행의 시작점인 중심 광장이다. 고전주의 양식과 모더니즘 양식의 건물들이 어우러져 광장을 둘러싸고 있으며 그중 알리안츠Allianz 간판의 건물이 가장 오래됐다. 광장은 17세기부터 존재했으며 오스트리아-헝가리 제국 시절 크로아티아 독립 운동에 앞장섰던 인물인 옐라치치 총독Josip Jelačić의 이름에서 가져왔다. 광장에는 그의 가마상이 있는데, 공산 정권 시절 동상이 철거되었으며 광장 이름 역시 공화국 광장이라 바뀌기도 했다.

TRAVEL TALK

자그레브 지명의 유래

반옐라치치 광장에는 옐라치치 총독 기마상과 함께 유명한 것이 있습니다. 바로 광장 오른쪽의 움푹 파인 분수입니다. 이 분수는 고대부터 자그레브에 식수를 제공하는 중요한 역할을 했습니다. 전투에서 돌아온 장군은 이곳에서 물을 긷던 소녀 만다Manda에게 "사랑스러운 만다야, 물을 떠줘Mando, Dušo, Zagrabi Vode."라고 말했습니다. 자그라비Zagrabi는 '물을 뜨다'라는 뜻으로 이후 이 도시를 자그레브라고 부르며, 분수는 소녀의 이름을 따 만두셰베츠Mandušević라 불리게 되었습니다.

02

자그레브 대성당

Zagrebačka Katedrala

추천

크로아티아에서 가장 높은 건축물이자 자그레브의 상징

성모 마리아에게 헌정되어 성모 승천 대성당이라고도 불린다. 건축학적 가치가 대단히 높다고 알려진 자그레브 대성당은 1093년에 짓기 시작해 1102년에 완공되었다. 1242년 타타르족의 침입과 15세기 오스만 투르크 제국의 침략으로 파괴되면서 재침략을 막기 위해 성당 주변을 요새화했다. 지금도 단단한 외벽이 대성당을 굳건히 지키고 있다. 하지만 1880년 자그레브에서 발생한 대지진으로 아주 큰 타격을 받았고 하늘 높이 솟은 108m의 쌍둥이 첨탑은 지진으로 인해 각각 105m, 104m로 서로 다른 높이를 갖게 되었다. 대성당 왼쪽을 보면 당시 지진의 여파로 무너진 첨탑의 흔적과 1880년 11월 9일 7시 3분 3초를 가리키며 멈춘 시계를 통해 얼마나 큰 재해였는지 짐작할 수 있다. 아름답고 경건한 성당 내부에는 제2차 세계대전 당시 독재에 맞서 인간의 존엄성과 인권을 수호했던 알로지예 스테피나츠Alojzije Stepinac 추기경의 밀랍 인형이 있다. 교황 요한 바오로 2세는 알로지예 스테피나츠 신부를 순교자로 선언하여 시복식을 거쳐 복지의 반열에 올렸다. 한쪽 벽면에는 10~16세기에 크로아티아에서 실제 사용한 상형문자가 벽에 새겨져 있다.

지도 P.094 **가는 방법** 반옐라치치 광장에서 도보 3분
주소 Kaptol 31, 10000, Zagreb
홈페이지 www.glas-koncila.hr
※2024년 4월 초 기준 임시 휴무

⓪③ 돌라츠 시장 추천
Tržnica Dolac

1930년대에 형성된 자그레브 최대 재래시장

동유럽의 붉은 지붕을 연상시키듯 빨간 파라솔이 늘어선 노천 광장에서는 매일 시장이 열린다. 아드리아해의 햇살을 받은 빛깔 좋은 과일과 채소가 먹음직스럽게 진열되어 있다. 한국에서 비싼 과일도 이곳에선 저렴하게 살 수 있다.

햇볕이 들지 않은 그늘진 곳에 두어야 하는 육류와 어류를 파는 시장은 광장 한쪽 실내 시장에 마련되어 있다. 육류, 어류, 빵과 치즈, 소시지 등을 판다. 사람 냄새가 나는 현지인들의 삶을 느끼고자 한다면 돌라츠 시장은 반드시 들러야 할 곳이다.

지도 P.094
가는 방법 자그레브 대성당에서 도보 3분
주소 Dolac 9, 10000, Zagreb
운영 월~금요일 06:30~16:00, 토요일 06:30~15:00, 일요일 06:30~14:00
홈페이지 www.trznice-zg.hr

⓪④ 돌의 문
Kamenita Vrata

북쪽 마을 그라데츠Gradec를 둘러싼 성문 중 하나

수백 년 전의 언덕길이 그대로 보존된 곳이자 성지 순례지로 유명한 돌의 문이 있다. 13세기에 건축된 성문은 몇 번의 화재를 겪었는데 1731년 마지막 화재 때 걸어 둔 성모 마리아 그림만이 기적적으로 피해를 면했다. 사람들은 그림에 신성한 힘이 있다고 믿었고 이를 감사하는 마음으로 석조 아치 속에 작은 예배당을 만들었다. 신의 은총을 받은 이들은 감사의 마음을 담아 빼곡하게 석판으로 나열해 두었다. 지금도 초 봉헌을 하는 순례자들의 발길이 이어지고 있다.

TIP

돌의 문 입구에는 크로아티아 최초의 역사 소설《금세공장이의 금Zlatarovo Zlato》에 등장하는 주인공 조각상이 있다. 예쁘고 착한 도라 크루피체바Dora Krupićeva는 귀족 파울과 사랑에 빠졌으나 이를 질투한 여인에게 독살당하는 비운의 주인공이다.

지도 P.094 **가는 방법** 돌라츠 시장에서 도보 6분
주소 Kamenita Ul. 1, 10000, Zagreb

05

성 마르크 성당

Crkva Sv. Marka

추천

성당 앞에는 17세기 마녀사냥의 흔적이 남아 있습니다. 빨간 벽돌에 5개의 홈이 있는 곳은 마녀를 심판하고 고문하던 '심판자의 의자'가 있던 자리였습니다. 아름다운 성당과 달리 어두운 역사가 숨어 있어요.

레고 블록처럼 알록달록한 지붕이 인상적인 성당

지붕의 왼쪽에는 중세 크로아티아 문장, 오른쪽에는 자그레브의 문장이 새겨진 화려하고 알록달록한 모자이크 타일이 돋보인다. 13세기에 지어진 성당으로 자그레브에서 가장 오랜 역사를 자랑한다. 정면의 로마네스크 창문을 제외하고 고딕 양식을 띤다. 성당 정면 입구 위로는 성모 마리아가 아기 예수를 안고 있는 조각상과 12사도의 정교한 조각상이 있으며 예술적 가치가 매우 높다고 여겨진다. 성당은 왼쪽의 입구를 통해 들어갈 수 있으며 선명하고 아기자기한 느낌의 외관과 달리 단조로우면서도 은은한 조명에 반짝이는 황금색 천장과 양쪽 벽면을 가득 채운 거대한 프레스코화가 경건한 분위기를 더한다. 주말이면 종종 결혼식이 열리는데 신랑 신부를 축하해 주려는 여행자들로 그 어느 때보다도 가장 붐비고 활기찬 성당 분위기를 느낄 수 있다.

지도 P.094 **가는 방법** 돌의 문에서 도보 3분 **주소** Trg Sv. Marka 5, 10000, Zagreb
운영 미사 평일 18:00, 일요일 11:00, 18:00
홈페이지 zupa-svmarkaev.hr

TIP

성당 서쪽에는 정부 청사, 동쪽은 의회, 북쪽은 헌법 재판소 등 주요 정부 기관이 둘러싸고 있어 북쪽 마을 그라데츠의 심장이라고 할 수 있다.

TRAVEL TALK

광장 앞, 마티야 구베츠 얼굴 찾기

로트르슈차크 탑 방향으로 바라볼 때 왼쪽 건물 모퉁이에 마티야 구베츠Matija Gubec의 얼굴 조각이 있습니다. 그는 크로아티아-슬로베니아 소작농들이 일으킨 농민 봉기의 지도자로 봉건귀족의 횡포에 맞선 인물이죠. 하지만 농민군이 패배하자 자그레브로 압송된 후 성 마르크 광장 앞에서 뜨겁게 달군 쇠를 머리에 씌우고 사지가 찢기며 잔인하게 공개 처형되었다고 합니다.

⑥ 실연 박물관
Muzej Prekinutih Veza

지나간 사랑을 추억으로 지켜 온 소장품 전시

실제 연인이었던 자그레브 출신의 영화 제작자 올린카 비슈티차Olinka Vištica와 조각가 드라젠 그루비시치Dražen Grubišić는 이별 후 추억을 정리하다가 전시를 고안했다. 세계 각국의 다양한 사람들로부터 기증받은 추억의 물건들은 연인들의 이별뿐 아니라 유산, 사별 등 각각의 다른 경험에서 오는 이야기를 담고 있다. 굉장히 평범한 물건이지만 실연의 기억이 담겨 있어 특별하게 다가온다. 다른 지역과 문화에도 공감과 위로를 더하는 이곳은 2011년 유럽에서 가장 혁신적인 박물관으로 선정되었다.

TIP
한국어 안내 책자가 있어 관람에 큰 도움을 준다.

지도 P.094
가는 방법 성 마르크 성당에서 도보 1분
주소 Ćirilometodska Ul. 2, 10000, Zagreb
운영 6~9월 09:00~22:00, 10~5월 09:00~21:00
요금 €7
홈페이지 brokenships.com

⑦ 성 캐서린 성당
Crkva Sv. Katarine

자그레브에서 가장 아름다운 바로크 양식 성당

17세기 초반 예수회 사람들은 14세기에 지어진 성 도미니크 성당 건물이 낙후되자 이를 허물고 새로운 성당을 짓기로 했다. 1620년부터 1632년까지 재건한 결과 지금의 성당이 세워졌다. 당시에는 수도원과 함께 세워졌는데 해당 건물은 현재 클로비닉 드보리 갤러리Galerija Klovićevi Dvori로 사용하고 있다. 이곳도 화재와 지진을 피해갈 수 없었다. 1645년과 1674년 발생한 두 번의 화재와 1880년 대지진으로 피해가 컸다. 내부는 제단과 파이프 오르간, 예배당이 있으며, 순백색 외관만큼이나 밝으면서도 우아하고 화려하게 장식되어 있다. 성당 뒤편으로는 자그레브 기념엽서에 자주 등장하는 전망대가 있다.

지도 P.094
가는 방법 실연 박물관에서 도보 1분
주소 Katarinin Trg BB, 10000, Zagreb
운영 07:00~18:00

⑧ 로트르슈차크 탑
Kula Lotrščak

도시의 전경을 한눈에 내려다볼 수 있는 전망대

13세기 외부 침입에 맞서 도시를 방어하기 위해 지어진 탑으로 로마네스크 양식이 돋보인다. 라틴어로 '도둑의 종'이라는 뜻의 이름이 붙은 것은 성문을 폐쇄하기 전에 울리던 종을 도둑맞았기 때문이다. 19세기에 높이 19m의 정사각형 4층 구조로 증축했고 탑에 대포를 두었는데 1877년 1월 1일부터 시간을 알리는 의미로 정오에 발사했다. 지금도 매일 정오가 되면 대포를 발사하며 전통을 이어오고 있다. 탑에 오르면 구시가지와 신시가지의 360도 파노라마 전경이 한눈에 들어온다.

지도 P.094
가는 방법 성 캐서린 성당에서 도보 1분
주소 Strossmayerovo Šetalište 9, 10000, Zagreb
운영 화~금요일 10:00~19:00, 토 · 일요일 11:00~19:00 **휴무** 월요일
요금 €3
홈페이지 gkd.hr/kula-lotrscak

⑨ 미마라 박물관
Muzej Mimara

동유럽의 루브르 박물관

자그레브 출신의 수집광 안테 토피치 미마라Ante Topić Mimara가 평생을 수집한 작품을 나라에 기증하며 1897년에 개관한 박물관이다. 선사 시대부터 20세기까지 전시품 범위도 방대하다. 이탈리아와 프랑스, 독일, 네덜란드, 영국, 스페인 등의 유럽은 물론 중동과 아시아까지 다루고 있다. 특히 라파엘로, 루벤스, 마네 등 거장들의 회화가 소장된 3층이 가장 볼 만하다. 북적이지 않아 세계적인 화가들의 작품을 여유롭게 둘러볼 수 있다.

가는 방법 로트르슈차크 탑에서 도보 14분
주소 Rooseveltov Trg 5, 10000, Zagreb
홈페이지 www.mimara.hr
※2024년 4월 초 기준 임시 휴무

⑩ 자그레브 크로아티아 국립 극장

Hrvatsko Narodno Kazalište U Zagrebu

크로아티아의 대표적인 문화 시설

변변한 공연장이 없던 자그레브에 최초로 세워진 공연장으로 1836년에 지어졌다. 지금의 국립 극장은 오스트리아 빈 출신의 유명한 건축가 펠너Fellner와 헬머Helmer의 설계로 1895년 개조되었다. 그로부터 명성이 쌓여 1995년에는 100주년 기념행사가 성대하게 열렸을 정도로 이름난 유럽의 공연장이 되었다. 화사한 노란빛이 감도는 국립 극장은 네오바로크 양식으로 건축되었으며 예술 공연장답게 우아한 기품이 느껴진다. 극장 앞의 분수는 1905년 크로아티아의 유명 조각가 이반 메슈트로비치Ivan Meštrović의 〈생명의 근원〉이다.

TIP

온라인 예매 시 e-티켓이 첨부된 메일이 온다. 티켓의 QR코드로 바로 입장 가능하며 매표소에서 실물 티켓으로 교환할 수 있다.

지도 P.094 **가는 방법** 미마라 박물관에서 도보 4분 **주소** Trg Republike Hrvatske 15, 10000, Zagreb **홈페이지** www.hnk.hr

TRAVEL TALK

3만 원으로 수준 높은 공연 즐기기

공연을 즐기지 않는 사람이라도 유럽에 간다면 오페라 · 발레 · 뮤지컬 등에 관심이 가기 마련입니다. 하지만 명성 있는 국립 극장에서 제대로 된 공연을 즐기려면 가격이 다소 부담스럽죠. 특히 동유럽 여행 중 음악의 도시 오스트리아 빈에서 오페라 공연을 감상하지 못했다면 자그레브 국립 극장은 어떨까요? 빈의 국립 오페라 극장만큼의 큰 규모는 아니어도 웅장하고 고풍스러운 실내 장식은 물론 수준 높은 공연을 저렴하게 볼 수 있습니다. 가장 비싼 좌석이 3만 원이라면 믿으시겠어요? 차이콥스키의 〈호두까기 인형〉, 모차르트의 〈마술피리〉와 같은 유명 작품도 상시 공연하고 있답니다.

자그레브 맛집

크로아티아의 수도이자 대도시답게 메뉴 선택의 폭이 굉장히 넓다. 전통 음식부터 세계적인 음식까지 모두 쉽게 접할 수 있다. 반옐라치치 광장 주변으로 골목 구석구석까지 맛집이 많으며 트칼치체바 거리Ulica Tkalčićeva는 시작부터 끝까지 카페와 식당으로 가득 들어차 있다.

바타크 그릴
Batak Grill

위치 반옐라치치 광장 주변
유형 대표 맛집
주메뉴 그릴 요리

😊→ 맛, 가격, 서비스 모두 훌륭
😑→ 간이 센 편이다.

유명 프랜차이즈 레스토랑으로 첸타르 츠비에트니Centar Cvjetni 쇼핑몰 지점이 찾아가기 쉽다. 2011년에 오픈했으며 전통적인 그릴 요리를 제공한다. 다양한 고기가 숯불에 직화로 조리되어 맛과 향, 육즙이 살아 있다. 다진 고기와 채소를 넣은 소시지 모양의 체밥치치Ćevapčići가 유명하며 함께 나오는 쫀득한 빵도 맛있다.

가는 방법 반옐라치치 광장에서 도보 3분 **주소** Trg Petra Preradovića 6, 10000, Zagreb **문의** +385 91 462 2334 **운영** 월~토요일 11:00~23:00, 일요일 11:00~22:00 **예산** 체밥치치 €6.20 **홈페이지** batak.hr

빈체크 슬라스티차르니차
Vincek Slastičarnica

위치 푸니쿨라 탑승장 주변
유형 디저트
주메뉴 크림 케이크

😊→ 부드럽고 달달한 디저트
😑→ 친절을 기대하기는 어렵다.

1977년에 문을 연 케이크 전문점이다. 가장 유명한 것은 바닐라 커스터드와 휘핑크림, 초콜릿이 어우러진 자그레브 크렘슈니타Zagrebačka Kremšnita로 커피와 잘 어울린다. 매장 바깥에는 40여 종의 아이스크림이 있고, 안쪽에는 앉아서 먹을 수 있는 공간이 있다. 진열대에서 주문과 동시에 계산하면 앉아 있는 테이블로 가져다준다.

가는 방법 반옐라치치 광장에서 도보 3분 **주소** Ilica 18, 10000, Zagreb
문의 +385 1 4833 612
운영 월~토요일 09:00~22:00
휴무 일요일
예산 자그레브 크렘슈니카 €2
홈페이지 www.vincek.com.hr

녹투르노
Nokturno

위치 돌라츠 시장 주변
유형 대표 맛집
주메뉴 이탈리아 요리

😊→ 가성비 좋은 한 끼 식사
😑→ 식사 시간에는 붐빈다.

돌라츠 시장 뒤쪽의 자그레브 대성당이 보이는 골목에 위치한 레스토랑. 테라스 좌석도 많고 실내 규모도 꽤 큰 편인데도 식사 시간이면 모든 테이블이 빼곡하게 채워질 정도로 소문난 곳이다. 사실 메뉴도 피자, 파스타, 리소토 등 평범한 이탈리안 음식이 대부분이지만 비교적 가격이 저렴하고 양도 푸짐해서 인기가 많다.

가는 방법 돌라츠 시장에서 도보 1분
주소 Skalinska Ul. 4, 10000, Zagreb
문의 +385 1 4813 394
운영 09:00~24:00
예산 파스타 €9~
홈페이지 www.restoran.nokturno.hr

서브마린 버거
Submarine Burger

위치 트칼치체바 거리
유형 대표 맛집
주메뉴 햄버거

😊→ 크고 저렴한 버거와 트러플 감자튀김이 매력적
😞→ 감자튀김 주문은 2인분부터

자그레브에 여러 곳의 매장을 둔 수제 햄버거 체인점이다. 노란색과 파란색이 어우러진 귀엽고 현대적인 인테리어가 돋보인다. 한국에서의 수제 버거와 크게 다르지 않지만, 장점이라면 크고 저렴하다는 것이다. 사실 이곳의 대표 요리는 트러플 소스를 곁들인 감자튀김인 트러플 그라나 파다노Truffle Grana Padano다. 트러플 향이 가득한 소스가 듬뿍 들어가 있으며 양이 많다.

가는 방법 반옐라치치 광장에서 도보 2분 **주소** Ul. Ivana Tkalčićeva 12, 10000, Zagreb
문의 +385 1 5533 115
운영 11:00~23:00
예산 햄버거 €7.50~
홈페이지 submarineburger.com

라 슈트루크
La Štruk

위치 돌라츠 시장 주변
유형 로컬 맛집
주메뉴 슈트루클리

😊→ 크로아티아 전통 음식을 맛볼 수 있다.
😞→ 취향 타는 치즈의 느끼함

크로아티아 전통 음식 슈트루클리Štrukli 전문점으로 식사보다는 간단하게 요기하기 좋다. 가정집에서 오후에 주스와 함께 먹는 음식인데 치즈가 대부분인 음식이라 호불호가 갈린다. 순두부처럼 몽글몽글한 치즈와 파프리카가 들어간 로스티드 페퍼Roasted Pepper가 우리 입맛에 잘 맞는데 김치 치즈 만두와 비슷하다. 주문 후 나오기까지 20분 정도 소요된다.

가는 방법 돌라츠 시장에서 도보 1분
주소 Skalinska Ul. 5, 10000, Zagreb
문의 +385 1 4837 701
운영 11:00~22:00
예산 로스티드 페퍼 €7
페이스북 @LaStrukZagreb

아멜리에
Amélie

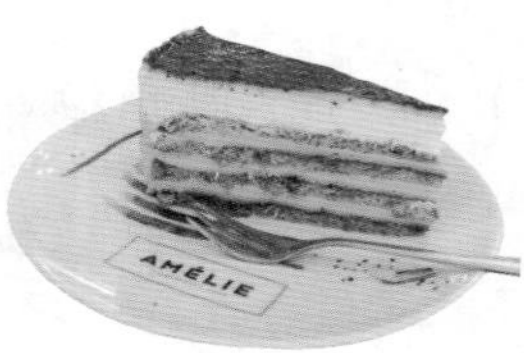

위치 자그레브 대성당 주변
유형 디저트
주메뉴 케이크

😊→ 저렴한 가격에 맛보는 고품격 디저트
😞→ 실내 좌석이 많지 않다.

케이크와 마카롱이 맛있는 자그레브 대표 디저트 카페다. 깔끔하게 꾸며진 내부는 작은 편이나 카페 맞은편에 넓은 테라스 좌석이 있다. 디저트 종류가 많아 무엇을 먹을지 고심하게 되는데 가장 유명한 것은 카페 이름을 딴 아멜리에 케이크Amélie Cake와 밀푀유Mille Feuille다. 커피는 이탈리아 일리illy를 사용하고 있다. 주문을 하면 물은 무료로 제공된다.

가는 방법 자그레브 대성당에서 도보 2분
주소 Vlaška Ul. 6, 10000, Zagreb
문의 +385 1 5583 360
운영 08:00~22:00
예산 아멜리아 케이크 €4~
홈페이지 www.slasticeamelie.com

자그레브 쇼핑

크로아티아에서 쇼핑하기 가장 좋은 도시를 꼽으라면 자그레브를 추천한다. 수도인 만큼 대형 쇼핑몰이 많고 반옐라치치 광장을 주변으로 상점들이 구석구석 자리하고 있다. 게다가 해안 지방의 도시보다 물가가 훨씬 저렴한 편이어서 한국으로 출국하기 전 한꺼번에 쇼핑하기 편리하다.

크라바타
Kravata

위치 라디체바 거리
유형 넥타이 상점
특징 다양한 수제 넥타이

크로아티아에서 자주 볼 수 있는 넥타이 상점 가운데 가장 유명하고 유서 깊은 곳이다. 1950년에 문을 연 크라바타는 수십 년간 전통 생산 방식을 고수하고 있다. 전부 실크로 만든 수제 넥타이인 것이 특징이며 디자인은 현대적이고 가격은 합리적이다. 크로아티아를 의미하는 문양이나 문자가 들어간 것도 있으니 연령대에 맞게 추천을 받아 구입하면 된다.

가는 방법 반옐라치치 광장에서 도보 4분 **주소** Radićeva 13, 10000, Zagreb **문의** +385 1 4830 919
운영 월~토요일 09:00~19:00, 일요일 10:00~15:00
홈페이지 www.kravata-zagreb.com

크레덴차
Kredenca

위치 라디체바 거리
유형 기념품 상점
특징 크로아티아 특산품 총집합

크로아티아의 모든 특산품이 모여 있는 기념품 상점이다. 트러플, 와인, 올리브 등 크로아티아 여행 중 쇼핑 리스트에 빠지지 않는 품목들이 매장 안에 가득하다. 시음과 시향이 가능하며 친절하게 설명해 주는 주인 덕에 선택하는 데 도움이 된다. 대형 슈퍼마켓보다는 가격대가 살짝 높은 편이지만 한자리에서 원하는 제품을 구입할 수 있어 편리하다.

가는 방법 반옐라치치 광장에서 도보 1분 **주소** Pavla Radića 13, 10000, Zagreb
문의 +385 91 544 7294
운영 월~토요일 09:00~21:00, 일요일 10:00~21:00
홈페이지 kredenca.com

크라슈
Kraš

위치 반옐라치치 광장 주변
유형 초콜릿 전문점
특징 다양한 제형의 초콜릿

남동부 유럽에서 가장 오래된 초콜릿 제조업체로 1911년 자그레브에서 시작되었다. 대형 마트에서 보기 힘든 제품들이 한자리에 모여 있고 할인 품목도 다양하다. 가장 유명한 제품은 바야데라Bajadera로 헤이즐넛과 아몬드가 들어 있다. 반옐라치치 광장에 크라슈에서 운영하는 카페가 있다.

가는 방법 반옐라치치 광장에서 도보 4분 **주소** Varšavska Ul. 1, 10000, Zagreb
문의 +385 1 4872 855
운영 월~토요일 07:00~20:00
휴무 일요일
홈페이지 www.kras.hr

아로마티카
Aromatica

위치 블라슈카 거리
유형 화장품 브랜드 매장
특징 유기농 화장품

1991년에 설립된 바이오아로마티카Bioaromatica사가 만든 천연 유기농 화장품이다. 유럽의 많은 약국에서 판매되는 화장품과 달리 역사가 깊지 않지만, 크로아티아 자연과 사람에게 친절하자는 경영 방식으로 인기를 얻고 있다. 크로아티아에서 직접 생산한 천연 원료를 이용해 만들고 있으며 아로마 오일, 비누, 샤워젤, 마사지용품, 유기농 차 등 다양한 제품이 있다. 가격이 합리적이라 선물용으로도 좋다.

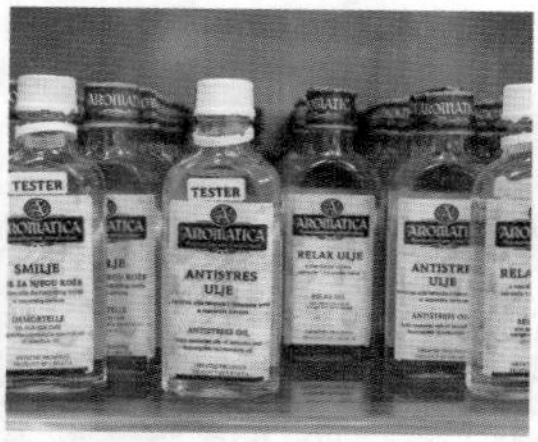

가는 방법 반옐라치치 광장에서 도보 2분 **주소** Vlaška Ul. 15, 10000, Zagreb **문의** +385 1 4811 584 **운영** 월~금요일 09:00~21:00, 토요일 08:00~15:00 **휴무** 일요일
홈페이지 www.aromatica.hr

첸타르 츠비예트니
Centar Cvjetni

위치 츠비예트니 광장
유형 쇼핑몰
특징 의류와 잡화 위주

상점과 카페로 둘러싸인 활기찬 분위기의 츠비예트니 광장에 자리한 쇼핑몰이다. 자그레브 맛집으로 유명한 바타크 그릴이 입점한 곳이기도 하다. 유럽의 다이소라 불리는 펩코Pepco와 크로아티아 국민 마트 콘줌Kunzum, 여행자라면 꼭 방문하는 드러그스토어 DM, 대표 스파 브랜드 H&M, 가전제품 매장과 의류 매장 등 규모가 크진 않지만 필요한 매장은 모두 들어서 있다.

가는 방법 반옐라치치 광장에서 도보 4분 **주소** Trg Petra Preradovića 6, 10000, Zagreb
문의 +385 99 254 7203
운영 월~토요일 09:00~21:00
휴무 일요일
홈페이지 www.supernova-cvjetni.hr

홈 바이 시스
Home by Ciss

위치 반옐라치치 광장 주변
유형 홈 데코 잡화점
특징 다양한 장식용 제품

여행 중 부피가 큰 물건 쇼핑은 부담스럽지만 인테리어에 관심이 있거나 장식용 소품을 구입할 예정이라면 가볍게 들러 볼 만하다. 침실, 욕실, 주방, 거실 등 아기자기한 유럽풍 인테리어 소품들이 가득하며 계절이 바뀔 때마다 특별한 데코 용품이 쏟아져 나온다. 관광지와 가깝지도 않고 크로아티아 물가를 고려하면 가격도 저렴하진 않지만, 품질 좋고 예쁜 홈 데코 소품을 구경하고 싶다면 시간을 투자해도 좋다.

가는 방법 반옐라치치 광장에서 도보 3분 **주소** Jurišićeva Ul. 18, 10000, Zagreb **문의** +385 1 4811 425 **운영** 월~금요일 08:00~20:00, 토요일 08:00~17:00 **휴무** 일요일
홈페이지 www.homebyciss.com

가는 방법
자그레브 버스 터미널Autobusni Kolodvor Zagreb에서 플리트비체 호수행 버스를 탄다. 국립 공원은 입구가 두 곳이며 트레킹 코스와 숙소 위치에 따라 하차 지점이 달라진다. 버스는 입구 1ULAZ 1에 정차 후 3km 떨어진 입구 2ULAZ 2에 도착한다. 버스 정류장은 숲속 한가운데에 있는 좁은 2차선 도로에 있어 하차 후 당황할 수 있지만 입구는 정류장 근처에 있다.
요금 일반 €15~17 **소요 시간** 2시간~2시간 30분

어드바이스
입구 1은 공원 입구를 쉽게 찾을 수 있지만 입구 2는 그렇지 못하다(자그레브 출발 기준). 버스 진행 반대 방향으로 육교 아래를 지나 걸어가면 오른쪽에 주차장과 매표소가 있다. 육교는 공원 입구로 가는 길이 맞지만 먼저 티켓을 구입해야만 갈 수 있다.

영화 〈아바타〉의 배경지를 찾아서

플리트비체 호수 국립 공원 추천

NACIONALNI PARK PLITVIČKA JEZERA

유네스코 세계자연유산이자 영화 〈아바타〉에서 판도라 행성의 모티브가 된 곳으로도 알려진 플리트비체 호수. 크로아티아의 국립 공원 중에서도 아름답기로 손꼽힌다. 바닥이 훤히 보일 정도로 투명한 호수, 울창한 숲, 크고 작은 폭포 등 자연이 주는 감동에 말을 잇지 못할 정도다. 자그레브나 자다르에서 당일치기로 다녀올 수 있지만 국립 공원 부근의 작은 마을 무키네Mukinje에 하루 이상 머물며 여유 있게 둘러봐도 좋다.

추천 트레킹 코스

짧게는 2~3시간 걸리는 코스부터 길게는 6~8시간 걸리는 코스까지 8개의 트레킹 코스가 있다. 코스에 따라 이용하게 되는 교통수단도 다르다. 자신의 체력과 방문 일정에 맞는 코스를 선택하자.

A코스(2~3시간 소요)

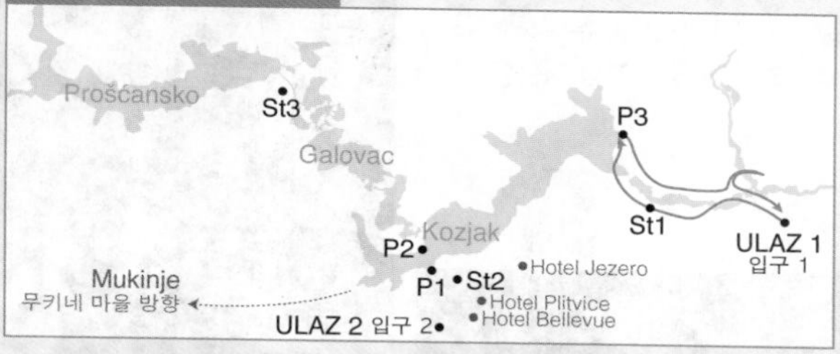

가장 짧은 시간에 하류를 중심으로 둘러보는 코스. 입구 1에서 시작해 공원에서 가장 큰 벨리키 폭포Veliki Slap를 보고 호수 4개를 지나 입구 1로 돌아가는 코스다. 상류보다 난이도가 쉬워서 큰 체력을 소모하지 않고 하류를 집중적으로 둘러볼 수 있다.

C코스(4~5시간 소요)

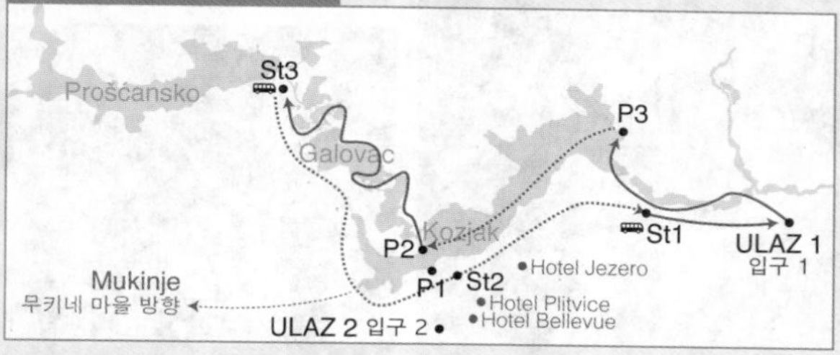

상류와 하류를 모두 둘러볼 수 있는 코스 중 가장 짧은 시간이 소요되는 코스. 입구 1에서 시작하며 보트와 버스를 이용해 상류를 돌아볼 수 있다. 일부 구간은 오르막이어서 체력이 많이 소모된다. H코스의 반대 방향이라고 생각하면 된다.

H코스(4~6시간 소요)

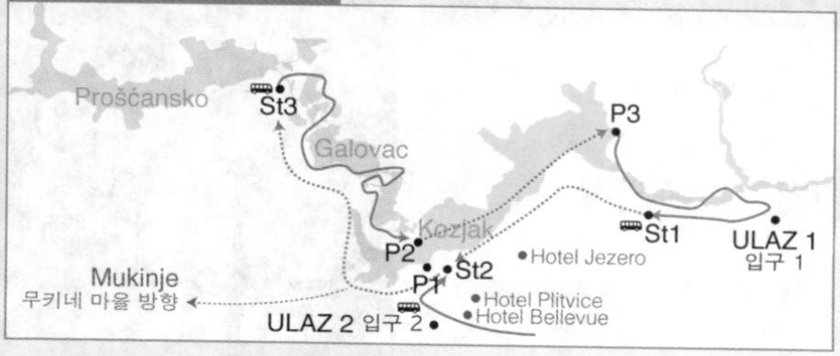

가장 인기 있는 트레킹 코스. 드넓은 국립 공원을 비교적 짧은 시간에 많은 체력을 소비하지 않고 상류와 하류 모두 볼 수 있다. 트레킹 중간중간에 버스와 유람선을 이용해 플리트비체 호수의 숨은 비경도 발견할 수 있다.

그 외 다양한 트레킹 코스

B코스(3~4시간 소요) 하류 중심, 입구 1에서 시작하며 버스와 보트를 이용해 걷는 시간이 비교적 짧다.

E코스(2~3시간 소요) 상류 중심, 입구 2에서 시작하며 12개의 호수를 집중적으로 둘러본다.

F코스(3~4시간 소요) 하류 중심, 입구 2에서 시작하며 B코스와 반대 방향으로 둘러본다.

K코스(5~7시간 소요) 상류·하류 2개 코스로 나뉜다. 국립 공원 전체를 도보로만 둘러본다.

Point ❶ 요정이 살고 있을 것 같은 숲과 호수

남동부 유럽에서 가장 오래된 곳이자 크로아티아 최대의 국립 공원인 플리트비체 호수는 1979년 유네스코 세계문화유산에 등재되었다. 자연 그대로의 모습을 간직하고 있을 뿐만 아니라 남녀노소 누구나 아름다운 풍경에 취해 힐링할 수 있게끔 산책로가 잘 조성되어 쉽고 편하게 둘러볼 수 있다.
플리트비체 호수는 크게 상류와 하류로 나뉜다. 상류에서부터 물이 흐르며 침전물이 쌓였고, 그 결과 상류에 12개, 하류에 4개의 호수를 만들며 총 16개의 호수가 생겨났다. 그중 프로슈찬스코 호수Prošćansko Jezero와 코자크 호수Jezero Kozjak가 가장 크다. 계단식 지형 덕분에 다양한 동식물이 분포하고 있다.

Point ❷ 아름다운 풍경 이면의 아픈 역사

지금은 상상도 할 수 없지만 처음 발견된 16세기 이전의 플리트비체 호수는 많은 야생동물과 무성한 나무로 가득한 곳이었다. 사람이 접근하기가 굉장히 힘들어 '악마의 정원'으로 불리기까지 했다. 이후 지역 환경 보호 단체 덕분에 공원이 개발되고 호텔이 지어지며 관광지로 자리 잡을 수 있게 되었다. 하지만 1991년 세르비아 극단주의자들이 국립 공원 경찰관을 살해하고 공원의 자산을 약탈하는 사태가 발생한다. 사실상 유고슬라비아 내전의 시작이었다. 다행히 4년 후인 1995년에 크로아티아 군대가 재점령 후 지역을 보수해 지금까지 아름다운 자연 경관을 보존할 수 있게 되었다.

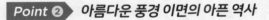

Point 3 폭포가 어우러진 힐링 산책로

플리트비체 호수가 특히 아름답다고 소문난 이유는 호수 색깔 덕분이다. 물에 포함된 성분, 날씨, 빛의 굴절에 따라 다른 빛을 낸다. 날씨가 좋을 때는 대부분 호수의 물고기가 공중에 떠 다니는 것처럼 보일 만큼 아주 투명한 청록색을 띤다. 파랗다, 푸르다, 퍼렇다, 검푸르다 등 한국어로 표현할 수 있는 모든 파란색을 플리트비체 호수에 가 보면 체감할 수 있다.
트레킹을 하다 보면 크고 작은 폭포를 만나게 된다. 가장 큰 폭포는 입구 1에서 비교적 가깝다. 벨리키 폭포Veliki Slap는 큰 폭포를 의미하며 높이가 78m에 이른다. 이 외에도 많은 폭포의 물줄기들이 산책로 옆에서 쉴 새 없이 쏟아져 흐르다 호수에 이른다. 울창한 나무들이 모여 숲이 되고, 크고 작은 물줄기들이 모여 호수를 만들고, 맑디맑은 호수에 비친 풍경은 비현실적으로 아름답다. 잠시 그 풍경의 일부가 되어 자연 속에 머무르는 것만으로도 몸과 마음이 정화되는 느낌이 든다.

알아두면 유용한 플리트비체 호수 국립 공원 여행 팁

- ☑ 계절, 날씨에 따라 일부 구간이 폐쇄될 수 있다.
- ☑ 시간대별로 입장할 수 있는 인원이 정해져 있다. 성수기에는 온라인 예매를 추천한다.
- ☑ 공원 내에서 티켓을 소지해야 버스, 보트를 탑승할 수 있으니 잃어버리지 않게 잘 보관하자.
- ☑ 등산복, 등산화를 착용하지 않아도 편한 옷차림으로 다니기 충분하다.
- ☑ 간단하게 식사를 할 수 있는 매점만 있으니 물과 간식은 미리 챙겨 가는 것이 좋다.
- ☑ 입구 두 곳의 매표소에는 캐리어를 맡길 수 있는 짐 보관소가 있다. 자율적으로 운영되고 있으니 짐 분실이 우려된다면 자전거 자물쇠를 챙겨 가는 것이 좋다.
- ☑ 난간이 없는 곳이 많아 낙상 사고를 유의해야 한다.
- ☑ 입구 1 주변의 라스토바차Rastovaca 마을에 펜션이 많다. 비교적 저렴하게 이용할 수 있지만 입구 1에서 도보로 10분 정도 떨어져 있으며 인도가 없어 주의해야 한다.
- ☑ 입구 2 주변의 호텔들은 입구와 가까우며 다음 날 재입장이 가능한 티켓도 제공한다. 단, 가격대비 시설이나 서비스 만족도가 떨어지는 편이다.

ⓘ 인포메이션
주소 53231, Plitvička Jezera **운영** 07:00~17:00 ※계절에 따라 개장 시간 변동
요금 11~3월 일반 €10, 학생 €6 / 4·5·10월 일반 €23, 학생 €14 / 6~9월 일반 €40, 학생 €25
홈페이지 np-plitvicka-jezera.hr

ZADAR

자다르

자다르는 3,000여 년의 역사가 살아 숨 쉬는 도시다. 숱한 침략과 전쟁이 도시를 휩쓸어도 과거의 잔재를 털고 일어나 달마티아의 주도가 되었다. 구시가지에는 고대부터 중세 유적이 잘 보존되어 있고, 새로 조성된 해안 산책로에서는 파도 소리와 현란한 빛이 어우러진 낭만적인 한때를 즐길 수 있다. 영화감독 알프레드 히치콕이 '세상에서 가장 아름다운 석양의 도시'라고 극찬했을 만큼 해 질 무렵 아드리아해를 품은 자다르의 풍경을 놓치지 말자.

자다르 들어가기

달마티아 지방의 주도인 만큼 항공, 열차, 버스, 페리 등 다양한 교통편으로 연결된다.
여행자들은 운행 시스템이 편리하고 요금도 저렴한 버스를 주로 이용한다.

비행기

우리나라에서 출발하는 직항편은 없다. 유럽 주요 도시를 연결하는 노선이 많고 저가 항공사인 라이언에어의 허브 공항이어서 유럽인이 많이 이용하는 공항이기도 하다. 자다르 공항Zračna luka Zadar은 도심에서 남동쪽으로 약 12km 떨어져 있다.

홈페이지 www.zadar-airport.hr

공항에서 시내로 들어가기

● 공항버스

항공 스케줄에 맞춰 공항버스가 운행한다. 공항을 출발한 버스는 자다르 버스 터미널에서 정차한 뒤 구시가지 동문, 바다의 문Morska Vrata까지 연결된다. 약 30분 소요된다.

요금 €4.65

페리

스플리트나 두브로브니크 노선은 없지만 일부 국내 도시 및 인접국까지 페리로 연결된다. 특히 이탈리아 앙코나Ancona 노선이 인기 있다. 페리는 구시가지 동문인 바다의 문Morska Vrata 부근에서 승선할 수 있다.

주소 Liburnska Obala 4, 23000, Zadar

야드롤리니야 Jadrolinja www.jadrolinija.hr

버스

자다르에서 북쪽으로는 자그레브와 플리트비체 호수, 남쪽으로는 스플리트와 두브로브니크가 있어 자다르를 경유하는 버스 노선이 많다. 자다르 버스 터미널Autobusni Kolodvor Zadar은 구시가지 입구인 랜드 게이트에서 남쪽으로 1.5km 떨어진 곳에 있다.

주소 Autobusni Kolodvor Zadar, 23000, Zadar

홈페이지 liburnija-zadar.hr

TIP

버스 터미널에서 구시가지까지 도보로 약 20분 소요된다.
터미널 앞에서 2 · 4번 버스 탑승 후 Poluotok정류장에서
하차하면 구시가지 동문에 도달한다. 티켓은
티사크Tisak에서 판매한다(1회권 €1.59, 2회권 €2.65).

자다르 - 주요 도시 간 이동 시간

출발지	이동 수단	소요 시간
자그레브	버스	3시간 30분
플리트비체 호수	열차	1시간 40분
스플리트	버스	2시간 15분

ⓘ 관광안내소

● 나로드니 광장

주소 Ul. Jurja Barakovića 5, 23000, Zadar

홈페이지 www.zadar.travel

Zadar **Best Course**

자다르 추천 코스

평생 잊지 못할 석양과 바다 오르간의 낭만에 취해 보기

자다르에 오래 머무는 사람은 드물다. 반나절이면 다 둘러볼 수 있을 만큼 작은 도시기 때문이다. 그렇지만 해 질 무렵부터 밤 풍경이 더 아름다운 도시라 하루 정도는 머물기를 권한다. 자다르에서 플리트비체 호수 국립 공원으로 당일치기 여행도 가능한데 이 경우에는 하루 더 숙박하면 된다.

TRAVEL POINT

- **이런 사람 팔로우!** 크로아티아에서 가장 아름다운 석양을 감상하고 싶다면
- **여행 적정 일수** 여유로운 1일
- **여행 준비물과 팁** 여름에 여행한다면 수영복을 비롯한 물놀이 용품
- **사전 예약 필수** 없음

DAY 1

- **소요 시간** 3~4시간
- **점심 식사는 어디서 할까?** 구시가지 중심가보다 5개의 우물 광장 근처 식당들이 가격 대비 훌륭한 편이다.
- **기억할 것** 저물녘 바다 오르간이 들려주는 자연의 소리와 빛의 아름다운 향연이 펼쳐지는 태양의 인사는 자다르의 하이라이트다.

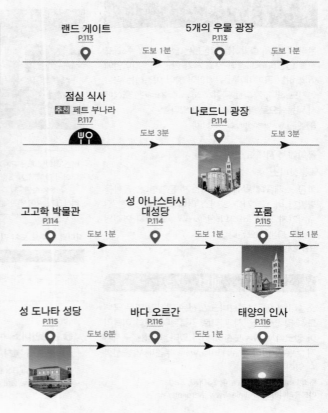

랜드 게이트 P.113

→ 도보 1분

5개의 우물 광장 P.113

→ 도보 1분

점심 식사 추천 페트 부나라 P.117

→ 도보 3분

나로드니 광장 P.114

→ 도보 3분

고고학 박물관 P.114

→ 도보 1분

성 아나스타샤 대성당 P.114

→ 도보 1분

포룸 P.115

→ 도보 1분

성 도나타 성당 P.115

→ 도보 6분

바다 오르간 P.116

→ 도보 1분

태양의 인사 P.116

자다르 관광 명소

자다르는 도보 여행만으로도 충분할 만큼 규모가 작다. 구시가지를 가로지르는 시로카 거리Široka Ulica를 따라 걷다 보면 자다르의 핵심 명소는 모두 만날 수 있다. 해 질 무렵 해안을 따라 산책하며 자다르 여행을 마무리하자.

01 랜드 게이트
Kopnena Vrata

르네상스 양식의 걸작

삼면이 아드리아해와 접한 자다르 구시가지의 남쪽에 자리 잡은 메인 출입구로 '땅의 문'이라는 뜻이다. 1543년 이탈리아 건축가 미켈레 산미켈리Michele Sanmicheli의 설계로 세워졌다. 과거 자다르는 튼튼한 성곽으로 둘러싸인 요새 도시였으며 베네치아 공화국 시기에 큰 발전을 이뤘다. 랜드 게이트 정면의 날개 달린 사자상이 베네치아 공화국의 위용을 나타낸다. 19세기 오스트리아 황제 프란츠 요제프 1세Franz Joseph I에 의해 요새는 대부분 허물어졌지만 랜드 게이트를 포함한 일부 성벽과 문이 남아 있다.

가는 방법 자다르 버스 터미널에서 도보 17분
주소 Foša - The Land Gate, Ul. Među Bedemima, 23000, Zadar

02 5개의 우물 광장
Trg Pet Bunara

자다르에 식수를 공급하던 우물

16세기 베네치아 공국이 오스만 제국의 공격에 대비하여 요새 안에 고립될 경우 사용할 식수를 확보하기 위해 저수지와 우물을 만들었다. 19세기 군사적 요새의 역할을 다할 때까지 식수 공급을 했고 지금도 잘 보존되어 있어 역사적 가치가 높다. 광장에는 높이 26m의 선장의 탑Kapetanova Kula이 있으며 1829년에 개장된 크로아티아에서 가장 오래된 도시 공원인 엘레나 마디예브케 여왕 공원Perivoj Kraljice Jelene Madijevke이 있다. 공원이 바로 군사적 요새의 목적으로 건설된 과거 그리마니 요새Bastiona Grimani였다.

가는 방법 랜드 게이트에서 도보 1분
주소 Trg Pet Bunara 1, 23000, Zadar

TIP

랜드 게이트까지 바로 가는 버스편은 없고 자다르 버스 터미널에서 2 · 4번 버스 탑승 후 Poluotok정류장에서 내리면 구시가지의 동문인 바다의 문Morska Vrata이 있다. 도보 2분 거리의 성 아나스타샤 대성당부터 여행을 시작해도 무방하다.

⓪③ 나로드니 광장
Narodni Trg

구시가지에 있는 자다르 시민들의 만남의 광장

중세부터 지금까지 자다르 공공 생활의 중심지 역할을 하고 있다. 행정 건물과 성당이 들어선 광장은 자다르의 '시민 광장'이다. 광장 북쪽의 시계탑이 있는 건물은 1562년에 지어진 도시 초소Gradska Straza이며 시계탑은 19세기 초에 세워진 것이다. 바로 옆에는 성 로렌스 성당Sveti Lovre이 있다. 동쪽에는 자다르 시청사Grad Zadar, 남쪽에는 13세기에 완공되어 16세기에 재건한 로주아Gradska Loža 건물이 있다. 한때 법원과 도서관으로 사용되었으며 지금은 박물관으로 쓰인다.

가는 방법 5개의 우물 광장에서 도보 3분
주소 Narodni Trg, 23000, Zadar

⓪④ 고고학 박물관
Arheološki Muzej

달마티아 지방의 역사와 문화를 총망라한 전시

크로아티아에서 두 번째로 오래된 박물관으로 1832년에 개관했다. 선사 시대부터 중세에 이르기까지 약 10만 점의 유물이 전시되어 있어 역사에 관심 있는 사람이라면 둘러볼 만하다. 1층은 로마 시대와 자다르가 있는 달마티아 북부 지방의 유적 전시실이고 2층에는 선사 시대 유물이 있다. 순차적으로 보려면 위층에서 아래층으로 내려오며 둘러보는 것이 편하다.

가는 방법 나로드니 광장에서 도보 3분 **주소** Trg Opatice Čike 1, 23000, Zadar
운영 7~8월 09:00~21:00
※홈페이지 확인 필요
요금 일반 €5, 학생 €2
홈페이지 amzd.hr

⓪⑤ 성 아나스타샤 대성당
Katedrala Sv. Stošije

2003년 교황 요한 바오로 2세가 다녀간 성당

달마티아 지방에서 가장 큰 규모의 성당. 3개의 회랑과 2개의 장미창이 유명하다. 4~5세기에 걸쳐 지어진 성당은 베드로를 수호성인으로 모셨다가 9세기 니케포로스 1세Nikephoros I 황제로부터 성 아나스타샤의 유골을 받아 성인으로 모셨다. 현재 성당 지하에 대리석 석관과 유품이 전시되어 있다. 12~13세기 로마네스크 양식으로 재건축되었고, 1202년에는 베네치아 십자군 침공으로 심각한 손상을 입기도 했다. 15세기에 지어진 종탑에 오르면 자다르 전망을 파노라마로 감상할 수 있다.

가는 방법 5개의 우물 광장에서 도보 3분 **주소** Trg Svete Stošije 2, 23000, Zadar
운영 월~토요일 09:00~19:30, 일요일 08:00~12:00, 18:00~20:00
홈페이지 svstosijazadar.hr

06 포룸 추천
Forum

고대 로마 시대의 시민 광장

기원전 1세기 최초의 로마 황제 아우구스투스Augustus에 의해 형성되었으며 집회가 열리거나 시장이 서던 장소였다. 가로 90m, 세로 45m 규모의 아드리아해 동부 지역에서 가장 큰 광장이었으며 서쪽에는 주피터Jupiter, 주노Juno, 미네르바Minerva를 모시는 신전이 있었다. 하지만 6세기 발생한 지진으로 지금은 건축물의 터만 남아 과거의 번영을 상상할 뿐이다. 광장 근처의 '수치의 기둥'은 중세 시대 범죄자들을 사슬로 묶어 공개적으로 수치를 느끼게 하는 데 사용했다.

가는 방법 성 아나스타샤 대성당에서 도보 1분
주소 Roman Forum, 23000, Zadar

07 성 도나타 성당 추천
Crkva Sv. Donata

자다르를 상징하는 웅장한 건축물

포룸 위에 우뚝 선 성 도나타 성당은 9세기 도나타Donata 주교에 의해 지어졌다. 자다르에서 보기 드문 비잔틴 양식의 성당으로 외관은 원통형, 내부는 이중 공간으로 되어 있어 일반 십자 형태의 성당과 많이 다르다. 장식 하나 없는 내부는 단순하게 보여도 돌과 벽을 이음매 없이 깔끔하게 붙인 것이 특징이다. 현재는 성당으로 사용하지 않고, 두꺼운 벽과 높은 천장으로 울림이 좋아 공연장으로 이용되고 있다.

가는 방법 포룸에서 도보 1분
주소 Grgura Mrganića, 23000, Zadar
운영 7~8월 09:00~21:00 ※홈페이지 확인 필요
요금 일반 €3.50, 학생 €2
홈페이지 amzd.hr

⑧ 바다 오르간 추천
Morske Orgulje

바다가 들려주는 아름다운 선율

바위에 부서지는 시원한 파도 소리 대신 뱃고동 소리가 난다. 2005년 크로아티아 건축가 니콜라 바시치Nikola Bašić는 구시가지 해변에 75m 길이의 산책로를 계단식으로 만들었고 그 아래 35개의 파이프를 설치해 파도의 크기와 속도, 바람의 세기에 따라 공기를 밀어내며 소리를 내도록 만들었다. 인간과 자연의 조화를 이룬 이 작품은 2006년 유럽의 '도시 공공장소상'을 받았다. 환상적인 석양과 함께 서로 다른 화음을 내며 울리는 소리를 듣고 있으면 잊을 수 없는 추억이 된다.

가는 방법 성 도나타 성당에서 도보 6분
주소 Obala Kralja Petra Krešimira IV, 23000, Zadar

⑨ 태양의 인사 추천
Pozdrav Suncu

낮보다 밤이 더 아름다운 자다르의 야경 명소

바다 오르간 옆에는 밤하늘이 어두워지면 빛을 발하는 또 하나의 설치 예술 작품이 있다. 300개의 태양열 전지판과 LED를 조합한 지름 22m의 원형 유리 원판은 낮에 모아 둔 태양열을 밤에 사용할 수 있게 했다. 낮에는 소박해도 밤이 되면 마치 빛의 공연을 보는 듯 화려함의 극치를 자랑한다. 커다란 태양 옆에는 수성부터 해왕성까지 태양계 행성들의 크기와 위치를 축소해 배열해 놓았다. 태양의 인사 역시 바다 오르간을 설치한 니콜라 바시치의 작품이다.

가는 방법 바다 오르간에서 도보 1분
주소 Istarska Obala, 23000, Zadar

TRAVEL TALK

세상에서 가장 아름다운 석양 도시

크로아티아 여러 도시 중 자다르는 유독 일몰로 유명해요. 서서히 지는 붉은 태양이 드라마틱하게 변하는 하늘과 귓가에 들리는 파도의 소리 때문이에요. 그 순간만큼은 아무 생각이 들지 않고 오롯이 자연에 집중할 수 있는 시간을 보낼 수 있어요. 단언컨대 일몰 풍경만으로도 자다르를 방문할 이유는 충분하답니다.

자다르 맛집

자다르의 중심 도로 시로카 거리를 따라 많은 상점과 카페, 식당이 있지만 대부분 맛집은 좁은 골목에 숨어 있다. 의외로 5개의 우물 광장 주변에 많다. 중심에서는 조금 떨어져 있더라도 맛있는 한 끼 식사를 위해 기꺼이 시간을 투자해 다녀올 만하다.

페트 부나라
Pet Bunara

위치 5개의 우물 광장 주변
유형 대표 맛집
주메뉴 달마티아 지방 요리

☺→ 아늑하고 세련된 인테리어
☹→ 저렴한 편은 아니다.

1981년 문을 연 곳으로 제철 유기농 식재료를 이용해 와인과 어울리는 달마티아 음식을 선보인다. 허브와 무화과는 직접 재배하며 해안 도시답게 해산물 요리가 많다. 야외 좌석도 인기 있지만 조명이 은은한 실내도 분위기가 좋다. 원래도 현지인들에게 인기 있는 곳이었으며 맛집 랭킹에 올라간 후에는 여행자들이 많이 찾고 있다.

가는 방법 5개의 우물 광장에서 도보 1분 **주소** Stratico Ul. 1, 23000, Zadar **문의** +385 23 224 010 **운영** 수~월요일 12:00~22:00 **휴무** 화요일 **예산** 파스타 €13~ **홈페이지** petbunara.com

아트 카바나
Art Kavana

위치 5개의 우물 광장 주변
유형 디저트
주메뉴 케이크

☺→ 예쁘고 가격도 저렴한 케이크
☹→ 구시가지 중심에서 멀다.

사랑스러운 디저트가 있는 곳이다. 5개의 우물 광장에서 도보 2분 거리지만 자다르 중심지에서는 약 10분 거리다. 그래서 조용하고 아늑하며 현지인들이 즐겨 찾는 맛집의 느낌이 많이 든다. 핑크와 베이지 톤 인테리어는 여심을 자극하고, 수많은 종류의 케이크 앞에서 무엇을 먹을지 고민될 정도로 하나같이 예쁘다.

가는 방법 5개의 우물 광장에서 도보 2분 **주소** Ul. Bartola Kašića 1, 23000, Zadar **문의** +385 23 400 800 **운영** 07:00~22:00 **예산** 케이크 €4 **인스타그램** @art_kavana

커피 & 케이크
Coffee & Cake

위치 성 도나타 성당 주변
유형 카페
주메뉴 커피, 케이크

☺→ 아침 일찍 즐기는 브런치
☹→ 늘 손님이 많은 편

구시가지의 중심 시로카 거리와 연결된 많은 골목들 중에 알록달록한 컬러의 의자가 놓여 있어 쉽게 눈에 띄는 카페다. 야외 좌석과 달리 내부는 은은한 파스텔 톤으로 되어 있어 아늑한 분위기다. 여행 중 커피 한잔하며 쉬어 가기 좋지만 사실 이곳은 브런치로 유명하다. 오믈렛이나 토스트와 같이 아침에 가볍게 먹을 수 있는 브런치 메뉴가 있다.

가는 방법 성 도나타 성당에서 도보 3분 **주소** Ul. Braće Vranjana 12, 23000, Zadar **문의** +385 91 302 8111 **운영** 07:00~20:00 **예산** 오믈렛 €11~ **홈페이지** coffeeandcakezadar.com

SPLIT

스플리트

해안선을 따라 늘어선 달마티아 지방 도시 중에서도 가장 아름답기로 유명한 곳이자 크로아티아 경제 · 문화의 중심지이기도 하다. 얼마나 아름다운 곳인가 하면 로마 황제 디오클레티아누스가 황제의 자리에서 물러나면서 스플리트에서 여생을 보내고자 했을 정도다. 아드리아해의 뜨거운 태양이 흰 대리석 산책로를 더욱 빛나게 하고, 야자수와 벤치는 잠시 쉬어 가기 좋은 자리를 내주며, 구시가지 광장에서는 다양한 공연이 열려 눈과 귀가 즐겁다. 여행지의 낭만과 행복에 취하기 좋은 도시다.

스플리트 들어가기

스플리트는 항공, 열차, 버스, 페리 등 다양한 교통편을 이용해 드나들 수 있는 곳이다.
다만 항공과 열차는 운행 편수가 많지 않아 버스가 더 많이 이용된다.
아드리아해와 접하고 있어 주변 섬은 물론 이탈리아까지 연결되는 페리도 이용할 수 있다.

비행기

우리나라에서 출발하는 직항편이 없어 1회 이상 경유하는 항공사를 이용하거나 다른 유럽 지역에서 저가 항공으로 이동해야 한다. 스플리트 공항Zračna Luka Split은 구시가지에서 22km 떨어져 있다.

홈페이지 www.split-airport.hr

공항에서 시내로 들어가기

● 공항버스 Pleso Prijevoz

스플리트 공항과 시내를 연결하는 셔틀버스. 항공 스케줄에 맞춰 운행하며 약 30분 소요된다. 시내에서 출발하는 공항버스 시간표는 홈페이지에서 확인 가능하다. 티켓은 탑승 시 구입할 수 있다.

운행 공항 출발 08:00~22:00, 시내 출발 05:30~18:00
요금 편도 €8 **홈페이지** www.plesoprijevoz.hr

● 37번 시내버스

공항과 시내를 연결하는 37번 버스가 있다. 버스는 트로기르Trogir에서 출발해 공항을 거쳐 스플리트로 들어오는데 구시가지 옆의 버스 터미널이 아닌 도보 20분 거리의 수코이샨 버스 터미널Autobusni Kolodvor Sukoišan에 정차해서 접근성이 떨어진다. 약 50분 소요된다.

운행 공항 출발 04:00~23:35, 시내 출발 04:00~00:15
요금 €3 **홈페이지** www.promet-split.hr

열차

자그레브에서 출발하는 열차는 하루 1대 운행하며 버스보다 오래 걸린다. 스플리트 기차역Željeznički Kolodvor Split은 버스 터미널 뒤쪽에 있다.

주소 Obala kneza Domagoja 9, 21000, Split
홈페이지 www.hzpp.hr

버스

크로아티아 국내는 물론 국제선 버스가 출·도착하는 스플리트 버스 터미널Autobusni Kolodvor Split은 구시가지까지 도보 10분 거리에 있다. 버스 터미널이라고 해봐야 단층의 매표소 건물과 그 앞의 탑승장이 전부지만 주변에 각종 상점과 수하물 보관소, 유료 화장실 등 편의 시설이 있다. 참고로 버스 터미널에는 전광판이 없어 이동하기 전에 미리 탑승장을 확인해야 한다.

주소 Obala Kneza Domagoja 12, 21000 Split
홈페이지 www.ak-split.hr

페리

달마티아 지방의 주요 항구인 스플리트를 오갈 때는 한 번쯤 페리를 이용해 보는 것도 좋다. 스플리트에서 당일치기로 많이 가는 흐바르Hvar를 비롯해 크로아티아 최대 관광지인 두브로브니크까지 페리로 연결된다. 국내는 물론 이탈리아 앙코나Ancona를 연결하는 노선도 인기 있다. 페리 터미널Trajektna Luka Split은 버스 터미널에서 도보 2분 거리에 있으며, 기차역 맞은편 부두의 티켓 부스에서도 예약 가능하다.

주소 21000, Bačvice, Split
야드롤리니야 Jadrolinija www.jadrolinija.hr

스플리트 – 주요 도시 간 이동 시간

출발지	이동 수단	소요 시간
자그레브	열차	6시간 1분
	버스	4시간 55분
플리트비체 호수	버스	3시간 30분
자다르	버스	2시간 15분
흐바르	페리	1시간 5분
두브로브니크	버스	4시간
	페리	4시간 25분

관광안내소

주소 열주 광장 Peristil bb, 21000, Split / 리바 거리 Obala HNP 9, 21000, Split
운영 월~금요일 09:00~16:00, 토요일 09:00~14:00 **휴무** 일요일
홈페이지 visitsplit.com

Split **Best Course**

스플리트 추천 코스

하루 만에 둘러보는 고대 로마 황제의 도시

스플리트는 규모가 작아 오랜 시간을 투자하지 않아도 된다. 구시가지를 둘러보는 데는 반나절에서 하루면 충분하다. 당일치기로 흐바르에 다녀올 예정이라면 하루 더 머물면 된다.

TRAVEL POINT

- **이런 사람 팔로우!** 관광과 휴양을 모두 즐기고 싶다면
- **여행 적정 일수** 여유로운 1일
- **여행 준비물과 팁** 수영복과 물놀이 용품
- **사전 예약 필수** 없음

DAY 1

- **소요 시간** 4~6시간
- **점심 식사는 어디서 할까?** 구시가지 주변
- **기억할 것** 마리얀 언덕 전망대에서는 구시가지를 볼 수 있지만, 그보다 높은 정상에 오르면 스플리트 시가지가 한눈에 내려다보인다.

리바 거리 P.126

도보 2분

디오클레티아누스 궁전 P.123

도보 3분

그레고리 닌스키 주교상 P.127

도보 3분

점심 식사
추천 보케리아 키친 P.129

도보 1분

나로드니 광장 P.127

도보 15분

마리얀 언덕 P.128

TIP

로마 황제의 도시에서만 즐길 수 있는 축제
디오클레티아누스의 날Dani Dioklecijana을 맞이해 펼쳐지는 스플리트의 여름 축제로 5~9월경 열린다. 구시가지 곳곳에서 로마 군단을 볼 수 있고 황제의 마차 행렬도 볼 만하다. 장기간 개최되지만 그중 하이라이트를 놓치지 않으려면 행사 일정을 미리 확인해 두자.
홈페이지 visitsplit.com

스플리트 관광 명소

스플리트 여행의 테마는 '쉼표'이다. 스플리트의 전경을 내려다볼 수 있는 대성당의 종탑이나 마리얀 언덕을 오르거나, 야자수가 줄지어 서 있는 산책로를 거닐거나, 활기찬 분위기의 시장을 구경하며 여유로운 무드로 가득한 도시를 느껴 보자.

01

디오클레티아누스 궁전

Dioklecijanova Palača

추천

지도 P.121 **가는 방법** 리바 거리에서 도보 2분 **주소** Dioklecijanova Ul. 1, 21000, Split

고대 로마 제국의 유산

디오클레티아누스는 로마 황제의 자리에서 스스로 물러나면서 남은 노년을 편안하게 보내고자 자신의 고향에서 가까운 스플리트에 궁전을 지었다. 고대 황제가 머물렀던 궁전 중에서 가장 보존이 잘되어 있어 역사적으로 매우 가치 있는 건축물이라 평가받는다. 플리트비체 호수 국립 공원이 유네스코 세계문화유산에 등재되던 1979년에 궁전 역시 이름을 올리게 되었다. 궁전은 295년부터 짓기 시작하여 305년에 완공되었다. 높이 25m의 성벽이 둘러싸고 그 안에는 16채의 탑이 세워져 있었으며 크게 황제가 거주하던 궁전 지역과 군사 지역으로 나뉘었다. 정사각형 모양으로 된 궁전의 삼면은 육지와 이어졌으며 동쪽 은의 문Srebrena Vrata, 북쪽 금의 문Zlatna Vrata, 서쪽 철의 문Željezna Vrata 등 성문이 자리한다. 남쪽은 지금의 보행자 거리인 리바Riva 거리 대신 바다와 바로 맞닿아 있었다. 디오클레티아누스 황제는 왕위를 물려준 뒤 이곳에서 여생을 보냈으며 이후에도 수천 명이 거주하며 역사를 이어갔다. 이후 시간이 흐름에 따라 고딕 · 르네상스 · 바로크 양식이 혼재되어 조금씩 변경되었지만 약 1,700년의 세월이 지난 지금도 역사적 장소를 삶의 터전으로 삼고 계속해서 역사를 써 내려가고 있다.

FOLLOW UP

막강한 권력을 가진 로마 황제의 여생
디오클레티아누스의 궁전 자세히 보기

호화로운 궁전을 상상한다면 현실은 조금 다르다. 하지만 스플리트의 가장 유명한 관광지이자 역사적으로 중요한 유적지인 만큼 자세히 살펴볼 만하다. 각각의 장소에 깃든 스토리를 미리 알아두면 단순한 돌덩이가 아닌, 유서 깊은 문화유산으로서의 가치를 제대로 느낄 수 있을 것이다.

● 열주 광장 Peristil

디오클레티아누스 궁전의 안뜰. 시원하게 탁 트인 공간에 16개의 열주가 광장을 둘러싸고 있다. 로마 건축물에서는 흔히 볼 수 없는 건축 형태여서 보존 가치가 굉장히 높다. 성 돔니우스 대성당, 황제의 알현실, 지하 궁전으로 이어지는 황제의 구역이었으며 당시 평민이 황제를 볼 수 있던 유일한 장소이기도 했다. 현재는 상점, 카페, 관광안내소가 자리하고 있으며 밤이 되면 라이브 음악을 들을 수 있는 야외 공연장으로 변모한다.

주소 Trg Peristil BB, 21000, Split

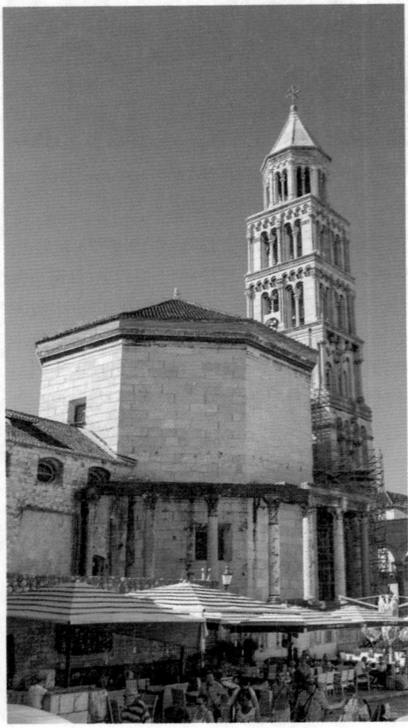

● 성 돔니우스 대성당 Katedrala Svetog Duje

디오클레티아누스 황제의 영묘가 있던 곳으로 7세기에 대성당으로 바뀌었다. 디오클레티아누스는 초기 기독교를 박해했던 황제로도 유명하다. 그로 인해 순교한 성 돔니우스에게 봉헌한 대성당을 영묘 위에 지었다는 사실이 아이러니하다. 로마네스크 양식의 대성당은 팔각형 구조로 24개의 대리석 기둥이 성당을 지지하고 있다. 예수의 생애를 담은 목재로 된 성당 입구의 문과 천장에 황제와 그의 아내 모습을 형상화한 조각은 중요한 볼거리다. 1100년에 세워진 높이 57m의 종탑Zvonik Svetog Duje에 오르면 붉은 지붕으로 가득한 구시가지의 전경과 에메랄드빛 아드리아해가 눈부시게 빛나는 것을 조망할 수 있다.

주소 Ul. Kraj Svetog Duje 5, 21000, Split
운영 08:00~19:00 ※계절에 따라 개장 시간 변동
요금 대성당 €5, 종탑 €7, 주피터 신전 €5, 보물관 €5, 지하성당 €3, 통합권 €15
홈페이지 smn.hr/split-katedrala

TIP

대성당, 종탑, 주피터 신전을 함께 둘러볼 수 있는 통합권이 있다.

• 황제 알현실 Vestibule

열주 광장의 남쪽 계단을 오르면 신하가 황제를 알현하기 위해 대기하던 장소가 나온다. 4세기에 지어진 높이 17m, 지름 12m의 원형 돔은 현재 동그랗게 뚫려 있는 상태다. 크고 둥근 공간은 울림이 좋아 달마티아 지방의 전통 아카펠라인 클라파Klapa 공연장으로 사용된다. 알현실을 지나면 황제의 공간이 나온다. 당시에는 호화로운 사적인 공간이었겠지만 현재는 번성했던 모습을 찾아볼 수 없다.

주소 Ul. Iza Vestibula 1, 21000, Split

• 지하 궁전 Dioklecijanovi Podrumi

건축 당시의 원형이 그대로 보존되어 있어 로마 시대 주거 문화를 엿볼 수 있는 장소다. 열주 광장에서 연결된 가파른 계단을 내려오면 기념품 상점이 이어지고 길 끝에는 리바 거리와 이어진다. 궁전 앞은 바다였으나 도시가 건설되면서 지하는 매몰되었고 1960년이 돼서야 발굴되었다. 곡물과 올리브, 와인을 보관했던 식량 창고의 흔적이 남아 있다. 굵은 기둥과 아치형의 천장이 왕실 공간과 동일한 구조를 보인다.

주소 Ul. Andrije Medulića 4, 21000, Split
운영 4~10월 08:30~20:00, 11~3월 09:00~17:00
요금 일반 €8, 학생 €6 **홈페이지** www.mgs.hr

• 주피터 신전 Jupiterov Hram

디오클레티아누스 황제는 그리스 신화의 최고 신 주피터를 숭배하는 신전을 세웠는데 그는 자신과 주피터를 동일시했다고 한다. 하지만 황제의 영묘가 성 돔니우스 대성당으로 바뀌면서 주피터 신전도 세례당으로 변모했다. 신전 앞의 스핑크스는 황제가 이집트에서 가져온 12개 중 하나로 이교도의 조각상이라는 이유 때문에 기독교인들에 의해 목이 잘려나갔다. 내부에는 세례자 요한 동상과 세례반이 놓여 있다.

주소 Ul. Kraj Svetog Ivana 2, 21000, Split
운영 08:00~19:00 ※계절에 따라 개장 시간 변동
요금 일반 €5

TRAVEL TALK

고대 로마의 황제, 디오클레티아누스 (245~316년)

스플리트 근교 솔린Solin에서 태어난 디오클레티아누스는 하층민 출신이었지만 로마 황제의 경호 대장이 되었고, 이후 황제로 추대되기까지 한 인물입니다. 본명은 디오클레스Diocles로 황제의 자리에 오르며 개명했죠. 그가 황제에 오르기 전은 로마 제국이 무척 혼란스러웠던 시기입니다. 49년간 20명의 황제가 바뀔 정도였으니까요. 그는 사두 정치 체제를 도입했는데 동서를 양분하여 두 명의 황제와 두 명의 부황제를 두어 효과적인 통치 체제를 시행했습니다. 그 외에도 세제와 화폐 제도를 개혁해 로마 제국을 회복시키는 데 힘썼습니다. 하지만 그는 후대에 많은 비판을 받았습니다. 권력 강화를 위해 황제를 신성화했고 기독교를 잔인하게 박해했기 때문입니다. 303년 칙령 발표 후 2년 동안 약 4,000명의 사제와 주교들이 순교했다고 합니다. 305년 돌연 자신의 의지로 황제의 자리에서 내려와 스플리트에서 여생을 보냈는데, 이후 권력 다툼으로 인해 아내와 딸이 살해되는 비극을 겪었다고 하네요.

02

리바 거리

Riva

추천

스플리트의 중심 도로

한쪽은 아드리아해를 접하고 있고 또 다른 한쪽은 디오클레티아누스 궁전과 닿아 있는 스플리트 최대의 보행자 도로다. 따사로운 햇살을 받아 반들반들한 흰 대리석 바닥이 빛나고 야자수가 거리 양쪽에 줄지어 서 있으니 아드리아해의 휴양지 분위기가 제대로 난다. 저녁이 되면 이 거리는 더욱 화려하고 아름답게 변한다. 거리 끝에 무대가 설치되고 라이브 음악이 울려 퍼지는 공연도 종종 열린다. 해 질 무렵 더욱 예쁜 리바 거리를 꼭 산책해 보자.

지도 P.121 **가는 방법** 스플리트 버스 터미널에서 도보 7분 **주소** Riva 21.000, Split

TIP

활기 넘치는 노천 시장 & 수산 시장

사소한 것 하나하나가 신기한 여행자의 발걸음을 멈추게 하는 곳이 있다. 궁전 동쪽의 은의 문Srebrena Vrata으로 가는 길목에 자리 잡은 노천 시장Stari Pazar과 나로드니 광장 인근의 수산 시장Stari Pazar이 바로 그곳이다. 빛깔 고운 과일과 채소가 있고 보는 것만으로도 행복해지는 향기 좋은 꽃 그리고 여행자를 위한 기념품 상점 등 큰 규모의 시장이 매일 열린다. 서쪽의 수산 시장에서는 해변 도시답게 저렴하고 싱싱한 생선을 판매한다. 여건이 된다면 직접 사서 요리를 해도 되지만 현지인의 활기찬 분위기를 느끼는 것만으로도 큰 즐거움이 될 것이다.

- **노천 시장 주소** Ul. Stari Pazar 8, 21000, Split **운영** 06:00~14:00
- **수산 시장 주소** Hrvatska, Obrov Ul. 5, 21000, Split **운영** 일~금요일 06:00~13:00, 토요일 07:00~13:00

노천 시장

수산 시장

03 그레고리 닌스키 주교상
Grgur Ninski

크로아티아의 위대한 종교 지도자

북쪽 금의 문Zlatna Vrata 밖에 있는 높이 4.5m의 동상이다. 그레고리 닌스키 주교는 지식인층을 제외한 대다수의 사람이 알아듣지 못하는 라틴어 대신 모국어로 미사를 볼 수 있도록 로마 교황을 설득한 10세기 대주교다. 주교의 동상은 열주 광장에 있었으나 제2차 세계대전 이후 지금의 장소로 옮겨졌다. 동상에서 유독 시선이 가는 부분이 있다. 엄지발가락을 만지며 소원을 빌면 이뤄 준다는 속설 때문에 발가락이 반들반들하다. 혹시 모를 행운이 깃들길 바란다면 만져 보자.

지도 P.121 **가는 방법** 열주 광장에서 도보 2분
주소 Ul. Kralja Tomislava 12, 21000, Split

04 나로드니 광장
Narodni Trg

스플리트의 만남의 광장

디오클레티아누스 궁전 서쪽 철의 문Željezna Vrata과 연결된 광장이다. 13~14세기에 궁전을 확장하면서 새로운 중심지가 되었다. 고딕 · 르네상스 · 바로크 양식 등 다양한 건축물이 광장을 둘러싸고 있어 다채로운 풍경을 자아낸다. 그 중에는 이탈리아 베네치아의 산 마르코 광장의 건축물을 떠올리게 하는 건물도 있는데 15세기 고딕 양식으로 지어진 스플리트 구 시청사Stara Gradska Vijećnica다. 광장에는 많은 카페와 식당이 있어 저녁에도 활기찬 분위기를 느낄 수 있다.

지도 P.121 **가는 방법** 그레고리 닌스키 주교상에서 도보 3분 **주소** Narodni Trg, 21000, Split

05 마리얀 언덕

Marjan

추천

도시 전체를 보려면 정상에 올라야 해요. 전망대를 지나 성 니콜라스 성당Crkva Sv. Nikole 뒤쪽의 작은 샛길을 따라 약 20분 오르면 크로아티아 국기와 큰 십자가를 볼 수 있어요.

구시가지를 한눈에 조망할 수 있는 최고의 뷰포인트

스플리트 여행의 하이라이트라고 할 수 있는 마리얀 언덕은 시민들의 휴식처로 사랑받는다. 여행자에게는 스플리트의 전경을 가장 잘 담을 수 있는 장소이기도 하다. 계단이 많아 오를 때 숨이 차지만 전망대에 도착하면 어렵게 올라온 보람을 느끼게 된다. 이마에 송골송골 맺힌 땀방울을 닦을 틈도 없이 눈앞으로 펼쳐진 구시가지의 주황빛 지붕들과 에메랄드빛 아드리아해가 탄성을 자아낸다. 전망대 부근에는 카페가 있어 구시가지를 바라보며 여유를 즐기는 사람들로 가득하다.

지도 P.121 **가는 방법** 나로드니 광장에서 도보 15분
주소 Marjan, 21000 Split

TRAVEL TALK

스플리트에서 해수욕하기

고대 로마의 유적지, 붉은 지붕과 야자수가 드리운 풍경으로 충분할지 몰라도 휴양지라기에는 무언가 빠진 느낌이 듭니다. 구시가지 주변에 해변이 없기 때문인데요. 스플리트에서 가장 유명한 해변은 버스 터미널 부근의 바츠비체 해변이에요. 수심이 얕고 파도가 없어 잔잔한 해변으로 편의 시설도 제대로 갖춰져 있습니다. 서쪽의 즈본차츠 해변과 예지나츠 해변은 현지인이 많이 찾는 곳으로 비교적 조용하답니다.

• **바츠비체** Bačvice
가는 방법 버스 터미널에서 도보 8분
주소 Šetalište Petra Preradovića, 21000, Split

• **즈본차츠** Zvončac & **예지나츠** Jezinac
가는 방법 리바 거리에서 도보 25분 또는 12번 버스 탑승 후 Ivana Meštrovića 2정류장 하차
주소 즈본차츠 Jadransko More, 21000, Split
예지나츠 Šetalište Ivana Meštrovića, 21000, Split

바츠비체

즈본차츠

예지나츠

스플리트 맛집

바다와 맞닿은 휴양 도시답게 풍부하고 신선한 해산물 요리를 즐길 수 있다. 구시가지에는 많은 식당이 있지만 가격이 꽤 비싸며 구시가지 밖이라고 해도 크게 차이가 나지 않는다. 기왕이면 휴양지다운 분위기와 전망을 고려해 선택하자.

보케리아 키친
Bokeria Kitchen

위치 나로드니 광장 주변
유형 대표 맛집
주메뉴 파스타

☺→ 심플하고 모던한 분위기
☹→ 가격이 꽤 비싸다.

한쪽 벽면에 진열된 와인과 바위에 매달린 하몽이 시선을 끈다. 스페인 바르셀로나의 보케리아 시장을 연상시키는 식당으로, 예약하지 않으면 자리 잡기 힘들 만큼 인기가 많다. 겉은 바삭하고 속은 촉촉한 농어구이Seabass와 깊은 풍미가 느껴지는 트러플 파스타Pasta with Truffles가 가장 유명하지만 메뉴는 제철 재료에 따라 조금씩 달라진다.

가는 방법 나로드니 광장에서 도보 1분 **주소** Domaldova Ul. 8, 21000, Split **문의** +385 21 355 577 **운영** 12:00~23:00
예산 메인 요리 €21~
인스타그램 @bokeriacroatia

딥 셰이드
Deep Shade

위치 리바 거리 주변
유형 로컬 맛집
주메뉴 해산물 요리

☺→ 주택가에 있어 조용하다.
☹→ 구시가지에서 떨어져 있다.

마리얀 언덕으로 이어지는 골목에 있는 식당. 조용한 주택가에 있어 현지인들이 즐겨 찾는 맛집이라는 느낌이 강하게 풍긴다. 구시가지의 여느 식당처럼 깔끔하고 세련된 인테리어는 아니지만 정감 가는 분위기가 돋보인다. 크로아티아에서 흔히 접할 수 있는 음식이 대부분이며 스테이크와 같은 육류보다는 문어 샐러드나 농어구이 같은 해산물 요리가 더 인기 있다.

가는 방법 리바 거리에서 도보 3분
주소 Senjska Ul. 18, 21000, Split
문의 +385 91 442 2644
운영 12:00~24:00
예산 메인 요리 €15~

바크라
Bakra

위치 노천 시장 주변
유형 로컬 맛집
주메뉴 피자, 스테이크

☺→ 가격 대비 양과 맛이 훌륭
☹→ 구시가지에서 떨어져 있다.

버스 터미널 뒤쪽에 있는 식당이다. 스플리트에서 손꼽히는 피자 맛집으로 여행자보다는 현지인들에게 인기 있는 곳이다. 크로아티아에서는 해산물을 먹어야 실패할 확률이 낮다지만 이곳은 육류 요리도 잘하는 편이다. 주문하면 체리 향의 웰컴 드링크가 제공되며 음식이 남으면 포장도 가능하다. 분위기, 맛, 서비스 모두 기본 이상 선보이는 곳이다.

가는 방법 노천 시장에서 도보 3분
주소 Ul. Majstora Radovana 2, 21000, Split **문의** +385 21 488 488 **운영** 12:00~24:00
예산 스테이크 €17~
홈페이지 bakra.hr

피그 스플리트
Fig Split

위치 열주 광장 주변
유형 대표 맛집
주메뉴 부리또, 버거

😊 → 중심에 있어 접근성이 좋다.
😐 → 요리가 조금 짠 편이다.

스플리트의 중심이 되는 열주 광장에서 가까운 곳에 있다. 오래된 벽돌 건물 사이에 자리한 안뜰은 햇살을 가득 품고 있는 덕분에 명당 좌석으로 손꼽힌다. 이곳은 오전에만 즐길 수 있는 브런치 메뉴와 채식주의자를 위한 메뉴가 있는 점이 특징으로 신선하고 가벼운 음식을 즐기고 싶다면 추천한다. 분위기, 맛, 친절도 모두 만족스러운 편이다.

가는 방법 열주 광장에서 도보 1분
주소 Dioklecijanova 1, 21000, Split **문의** +385 21 247399
운영 09:00~23:00
예산 메인 요리 €16~
홈페이지 figrestaurants.com/split

루카 아이스크림
Luka Ice Cream

위치 스플리트 국립 극장 주변
유형 디저트
주메뉴 아이스크림

😊 → 독특한 라벤더 아이스크림을 맛볼 수 있다.
😐 → 구시가지 내에 없다.

2014년에 문을 연 아이스크림 전문점으로 스플리트에서 음식점 랭킹 상위권에 항상 드는 곳이다. 폴란드 출신의 루카 클림차크Luka Klimczak가 운영하는 곳으로 신선한 제철 재료를 이용해 만드는 수제 아이스크림과 케이크를 맛보려는 사람들로 매일 가게 앞은 북적인다. 바닐라, 초콜릿처럼 쉽게 볼 수 있는 맛도 있지만 라벤더와 같이 국가 특산품을 살린 독특한 종류도 있다.

가는 방법 수산 시장에서 도보 4분
주소 Ul. Petra Svačića 2, 21000, Split **문의** +385 21 853 434
운영 월~토요일 09:00~22:00, 일요일 09:00~21:00 **예산** €2~
인스타그램 @luka_ice_cream

D16 커피
D16 Coffee

위치 열주 광장 주변
유형 카페
주메뉴 커피

😊 → 궁전 내에 있어 찾아가기 편하다.
😐 → 실내가 넓지 않다.

구시가지의 좁은 골목 안에 눈에 잘 띄지도 않고 규모가 작은 카페인데도 이곳을 찾는 사람이 많다. 현지인들은 맛있는 커피를 마시기 위해 잠시 들르는 장소이자 여행자는 지친 다리를 쉬어 가는 곳이다. 이곳에 사람이 늘 많은 건 다양한 이유가 있겠지만 가장 큰 이유는 늘 최고의 원두로 내린다는 커피의 맛과 향을 즐길 수 있기 때문일 것이다.

가는 방법 열주 광장에서 도보 1분
주소 Dominisova Ul. 16, 21000, Split **문의** +385 98 361 200
운영 07:00~21:00
예산 아메리카노 €2~
홈페이지 d16coffee.com

Another Trip

아드리아해의 인기 휴양 섬

호바르 Hvar

반질반질 반짝이는 돌이 깔린 예쁜 골목길 계단을 오르면 붉은 삼각 지붕을 얹은 집들이 오밀조밀 모여 있는 풍경이 바다를 배경으로 펼쳐진다. 흐바르는 '세상에서 가장 아름다운 섬' 중 하나로 손꼽히는 곳이자 유명 인사들이 즐겨 찾는 휴양지로 알려져 있다. 일찍이 베네치아 공국의 지배를 받던 섬이어서 오랜 세월의 흔적이 고스란히 느껴지는 건물들도 그대로 남아 있다. 매년 6월에는 라벤더 축제가 열려 연중 가장 많은 관광객이 흐바르를 찾는다.

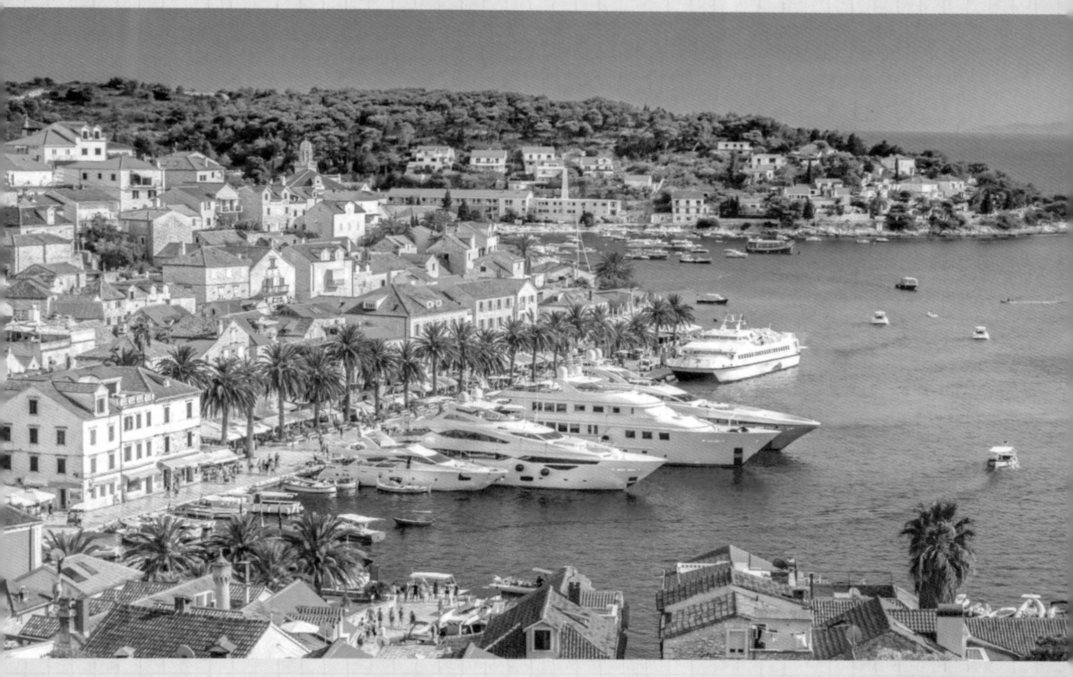

가는 방법

스플리트 페리 터미널Trajektna Luka Split에서 흐바르까지 페리가 운항한다. 성수기에는 이용객이 많아 예약하는 것이 좋으며, 비수기 역시 운항편이 줄어 시간표를 확인하고 가는 것이 좋다. 약 1시간 5분 소요되며 페리 선착장에 도착하면 스페인 요새가 바로 보인다.

야드롤리니야 Jadrolinja www.jadrolinija.hr

Another Trip

놓치면 아쉬운 흐바르의 주요 명소

SPOT 01

흐바르의 그림 같은 풍경을 한눈에

스페인 요새 *Tvrđava Fortica*

고대 일리리아인들이 방어를 목적으로 세운 요새였다. 이후 1282년 베네치아 공화국의 지배를 받으며 증축되었는데 당시 건축을 담당하던 사람이 스페인 기술자였기 때문에 스페인 요새 혹은 베네치아 요새라고 부른다. 1571년에는 오스만 제국의 침입으로 크게 피해를 입었으나 복원되었다. 하지만 8년 후 화약 저장고에 번개가 치면서 또 한 번 크게 손상되었다. 요새는 박물관과 전망대, 카페로 이용되고 있으며 포탑에서 바라본 흐바르 풍경은 한 폭의 그림과도 같아 꼭 가볼 만하다.

가는 방법 흐바르 항구에서 도보 15분
주소 Ul. Biskupa Jurja Dubokovica 80, 21450, Hvar
운영 4~10월 09:00~21:00
요금 일반 €10

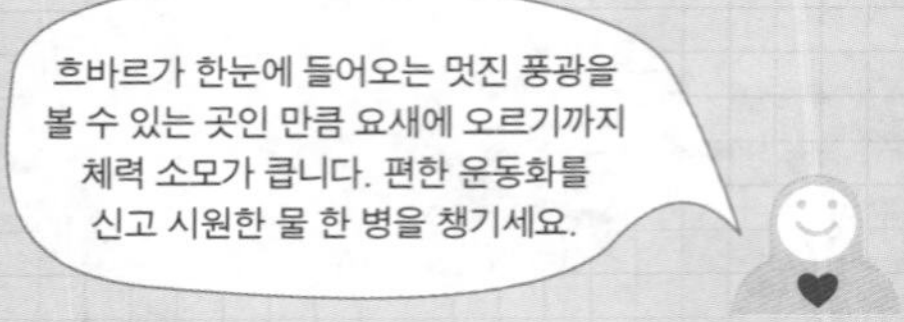
흐바르가 한눈에 들어오는 멋진 풍광을
볼 수 있는 곳인 만큼 요새에 오르기까지
체력 소모가 큽니다. 편한 운동화를
신고 시원한 물 한 병을 챙기세요.

SPOT 02

흐바르 마을의 중심

성 슈테판 대성당 *Katedrala Sv. Stjepana*

달마티아 지방에서 가장 크고 오래된 성 슈테판 광장Trg Sv. Stjepana 한쪽에는 르네상스 양식의 대성당이 있다. 6세기에 건축되었으나 이후 베네딕트 수녀원으로 바뀌었고 16세기에는 오스만 제국에 의해 파괴된 역사가 있다. 성당 옆 종루는 16세기에 완성된 것이다. 내부에는 르네상스 시대의 예술 작품이 전시되어 있다.

가는 방법 흐바르 항구에서 도보 5분
주소 Trg Sv. Stjepana, 21450, Hvar
운영 09:00~12:30, 14:30~19:30

레이스 공예를 전시

SPOT 03

베네딕트회 수도원

Samostan Benediktinki

르네상스 시대의 극작가이자 시인 하니발 루치치 Hanibal Lucić가 자신의 생가를 기증했고 1664년부터 수도원으로 운영되었다. 19세기 초반에는 흐바르의 학교로 운영되기도 했다. 이곳이 유명한 이유는 '알로에 레이스' 때문이다. 수녀들은 알로에 잎에서 나오는 얇은 실로 레이스를 만들었고 이는 곧 흐바르 지방의 상징이자 유네스코 무형문화재에 등록되었다. 아쉽게도 하루 2회, 2시간만 공개된다.

가는 방법 흐바르 항구에서 도보 9분 **주소** Sv. Ivana Krstitelja I Antuna Opata Groda 21450 Hvar
운영 10:00~12:00, 17:00~19:00

보랏빛으로 물든 풍경

SPOT 04

라벤더 밭

초여름이면 흐드러지게 피는 라벤더가 무성해 '라벤더의 섬'이라는 별칭까지 얻은 흐바르. 라벤더 향이 일렁이는 풍경을 꿈꾸며 배를 타고 온 여행자는 실망할 수밖에 없다. 보랏빛으로 물든 풍경은 볼 수 없기 때문이다. 1970년대에 발생한 화재로 라벤더 밭이 거의 불에 타 버렸고 시간이 흐를수록 마을 주민들은 육지로 이주하여 인구가 많이 줄었기에 예전만큼 라벤더 재배가 활발하지 않다. 하지만 라벤더 섬이라는 명성과 전통을 이어가고자 매년 6월 말부터 7월 초에 라벤더 축제가 열리고 있다. 라벤더 밭이 보고 싶다면 렌터카나 스쿠터를 이용해 스타리 그라드Stari Grad로 가는 길목에 있는 마을 브루지예Brusje와 벨로 그라블레Velo Grablje로 가 보자.

가는 방법 흐바르 항구에서 차로 13~19분

❶ 흐바르 관광안내소

흐바르 여행에 나서기 전, 관광안내소에 들러 지도를 챙기는 것이 좋다. 구글맵 앱에 표시되지 않는 곳이 있고 요새 가는 길은 경로 찾기가 불가능하다. 라벤더로 유명한 흐바르지만 구시가지에서 멀리 떨어져 있기 때문에 한번 가 보고 싶다면 관광안내소 직원에게 자세한 길 안내를 받는 것이 좋다.

● 성 슈테판 대성당 주변

주소 Trg Svetog Stjepana 42, 21450, Hvar **운영** 월~금요일 09:00~14:00 **휴무** 토 · 일요일
홈페이지 visithvar.hr

DUBROVNIK

두브로브니크

해상무역의 중심지로 명성을 떨치고 막강한 부를 축적했으며, 당대 지성인이 모여 문화의 중심지를 이뤘던 두브로브니크. 1416년에는 유럽 최초 노예 제도를 폐지했을 정도로 성숙한 시민의식이 돋보인 곳이기도 하다. 17세기 대지진과 20세기 내전으로 구시가지는 훼손되었지만, 유네스코 세계문화유산에 등재되어 아름다운 옛 해안 도시의 모습을 되찾았다. 극작가 조지 버나드 쇼, 시인 바이런, 애니메이션 감독 미야자키 하야오가 사랑한 도시로도 유명하다.

두브로브니크 들어가기

크로아티아 최남단에 있어도 비행기, 버스, 페리 등 교통수단이 다양해 이동하는 데 크게 불편함은 없다. 가장 많이 이용되는 버스의 경우, 성수기에는 티켓을 미리 예매해 두는 것이 좋다. 페리는 비수기에 간혹 결항되는 경우도 있다.

비행기

우리나라에서 출발하는 직항편이 없어 두브로브니크까지는 최소 1회 이상 경유편을 이용해야 한다. 터키항공, 폴란드항공, 루프트한자가 대표적이다. 우리나라와의 직항은 없어도 유럽인이 선호하는 휴양지답게 유럽 주요 도시를 연결하는 항공편은 많다. 하루 운항 편수는 20회 미만이지만 빈, 바르샤바 등 동유럽 도시는 물론 런던, 파리, 로마, 마드리드 등 주요 도시를 연결하는 노선이 잘 갖춰져 있다. 성수기에만 특별 취항하는 구간도 있다. 국내선은 자그레브, 스플리트에서 크로아티아항공을 이용하면 약 1시간 정도 걸린다.
두브로브니크 공항Zračna Luka Dubrovnik은 구시가지에서 남동쪽으로 약 20km 떨어져 있다. 국적기인 크로아티아항공의 허브 공항이다. 소도시의 작은 버스 터미널을 떠올리게 하는 작은 규모지만 첫발을 내딛는 여행객을 위해 기본적인 편의 시설은 잘되어 있다.

홈페이지 www.airport-dubrovnik.hr

공항에서 시내로 들어가기

● 공항버스 Platanus

비행 시간에 맞춰 공항버스가 운행된다. 입국장 도착 후 보이는 공식 셔틀버스 부스에서 티켓을 구입할 수 있다. 현금 또는 카드로만 결제가 가능하고 수하물 가격은 티켓에 포함되어 있다. 공항을 출발한 버스는 플로체 문과 버스 터미널에 정차하며 약 40분 소요된다. 시내에서 공항으로 가는 셔틀버스는 터미널이나 스르지산 케이블카 탑승장 앞 버스 정류장에서 출발하니 주의해야 한다. 또한 버스 운행 시간표는 전날 확인할 수 있다.

요금 편도 €10 **홈페이지** www.platanus.hr

TIP

버스 진행 방향 왼쪽에 앉으면 아드리아해의 풍경을 만끽할 수 있다.

● 택시 Taxi

두브로브니크 택시는 정찰제로 운영된다. 공항, 필레 문, 플로체 문, 버스 터미널 등 택시 승차장에는 가고자 하는 목적지까지 요금표가 나와 있다. 요금은 대부분 비슷하지만, 출발지에 따라 우버Uber가 더 저렴한 경우도 있다. 약 20분 소요된다.

요금 플로체 문까지 €45

버스

두브로브니크로 가는 가장 일반적인 교통수단이다. 크로아티아 주요 도시는 물론 인접 국가의 도시들과 연결되는 버스가 매일 운행한다. 두브로브니크로 가는 길은 아름답기로 유명하다. 해안선을 따라 달리는 버스에서 눈부신 아드리아해 풍경을 감상할 수 있다. 두브로브니크 버스 터미널Autobusni Kolodvor Dubrovnik은 구시가지까지 3km 떨어져 있어 시내버스를 이용해야 한다.

가는 방법 버스 1A·1B·3·7번 Luka Gruž 2/4정류장 하차
주소 Obala Ivana Pavla II 44 A, 20000, Dubrovnik
홈페이지 autobusni-kolodvor-dubrovnik.com

TIP

크로아티아 최남단 두브로브니크는 본토와 단절되어 있다. 보스니아 헤르체고비나의 유일한 해안 도시 네움Neum이 스플리트와 두브로브니크 사이에 있다 보니 도시 간 이동 중에 여권을 반드시 소지해야 한다.

페리

두브로브니크가 아드리아해에 접해 있어 이용 가능한 색다른 교통수단이다. 스플리트, 흐바르와 같은 국내선은 물론 이탈리아 바리Bari를 연결하는 국내선 운항편이 있어 남부 유럽을 오갈 때 편리하다. 두브로브니크 페리 터미널Trajektna Luka Dubrovnik은 버스 터미널에서 도보 7분 거리에 있으며 구시가지까지는 페리 터미널 앞 버스 정류장에서 시내버스를 이용한다. 약 15분 소요된다.

가는 방법 버스 1A·1B·3·7·8 Luka Gruž 1/5정류장 하차
주소 Obala Ivana Pavla II 4, 20000, Dubrovnik
홈페이지 페리 터미널 www.croatiaferries.com/dubrovnik-ferry-port.htm
야드롤리니야 Jadrolinija www.jadrolinija.hr

두브로브니크 - 주요 도시 간 이동 시간

출발지	이동 수단	소요 시간
자다르	버스	6시간 20분
스플리트	버스	4시간
	페리	4시간 25분
흐바르	페리	3시간 30분

두브로브니크 여행의 필수템, 두브로브니크 카드

성벽 투어 요금이 €35인 것을 생각하면 명소 한두 곳과 버스를 몇 번만 타도 본전은 바로 뽑을 수 있다. 성벽 투어, 렉터 궁전, 프란체스코 수도원을 포함한 여섯 곳의 박물관과 두 곳의 갤러리, 카드 유효기간만큼 버스를 무제한 탑승할 수 있는 교통권이 포함되어 있다. 3일권의 경우 근교 마을 차브타트Cavtat에 다녀올 수 있는 교통권과 박물관 입장권이 포함되어 있다. 관광안내소에서 구입할 수 있으며 온라인 예약 시 10% 할인이 가능하다. 이메일로 받은 바우처는 가까운 관광안내소에서 제시하면 된다.

※국제학생증(ISIC)을 소지하면 할인 혜택 금액이 큰 편이니 꼼꼼하게 비교하고 구입하는 것이 좋다.

요금 1일권 €35, 3일권 €45, 7일권 €55 ※온라인 예매 시 10% 할인
홈페이지 www.dubrovnikcard.com

두브로브니크 시내 교통

두브로브니크 구시가지는 필레 문에서 플로체 문까지 10분이 채 걸리지 않을 만큼 규모가 작은 곳으로 대중교통을 이용할 일이 없지만, 그 외 지역으로 이동한다면 버스를 이용해야 한다. 주요 노선만 알아두면 여행하는 데 큰 도움이 된다.

두브로브니크 교통국 홈페이지 libertasdubrovnik.hr

버스

버스 터미널과 페리 터미널이 있는 그루즈Gruz 지구와 호텔이 많은 라파드 & 바빈 쿠크Lapad & Babin Kuk 지구로 이동할 때는 버스를 이용해야 한다. 티켓은 버스 내에서도 살 수 있으나 가판대 티사크Tisak가 더 저렴하다. 버스 탑승 시에는 꼭 펀칭해야 하며 티켓은 1시간 이내로 환승이 가능하다. 두브로브니크 카드 소지자 역시 탑승할 때마다 티켓을 펀칭해야 한다.

주요 노선 1A·1B·3·8번 버스 버스 터미널-필레문 4번 버스 필레문-라파드, 6번 버스 필레문-바빈 쿡

관광안내소

두브로브니크 관광안내소는 페리 터미널, 필레 문에 두 곳이 있으며, 공항과 라파드 지구의 관광안내소는 성수기에 일시적으로 운영하기도 한다. 두브로브니크 카드를 구입하고 수령할 수 있다.

● 페리 터미널

주소 Obala Ivana Pavla II 1, 20000, Dubrovnik
문의 +385 20 417 983 **운영** 08:00~16:00

● 필레 문

주소 Brsalje ul. 5, 20000, Dubrovnik
문의 +385 20 312 015
운영 08:00~16:00
홈페이지 www.tzdubrovnik.hr

환전 Mjenjačnica

수도 자그레브와 마찬가지로 공항, 버스 터미널 주변의 환전소는 수수료가 비싸다. 환전해야 한다면 소액만 하고 시내로 이동 후에 하는 것을 추천한다. 구시가지에 있는 사설 환전소 역시 여러 곳을 비교 후 선택하는 것이 좋다. 환전하는 일이 번거롭다면 ATM 이용을 추천한다. 단, 이중 환전을 조심해야 한다.

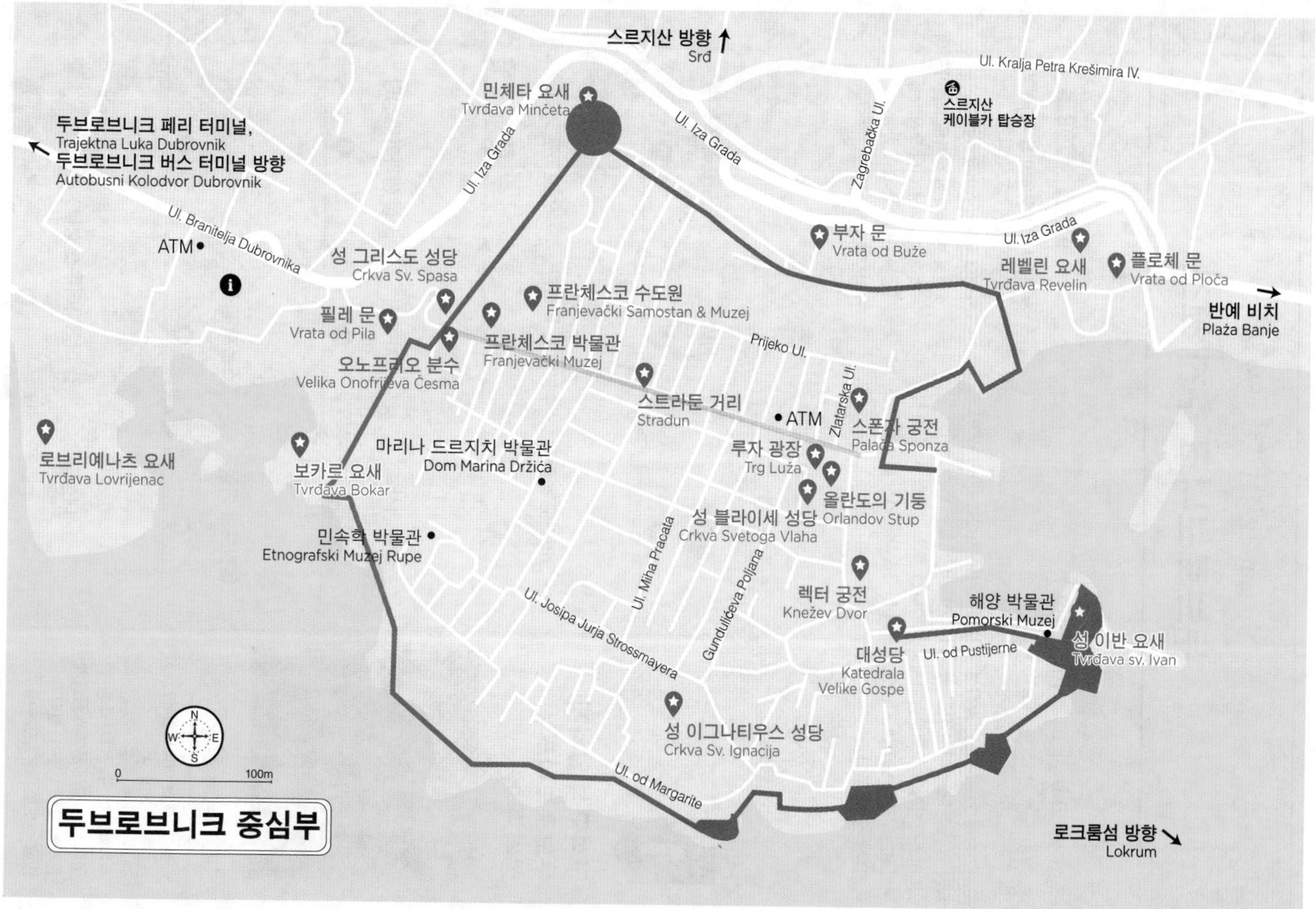
두브로브니크 중심부
스르지산 방향
Srđ
Ul. Kralja Petra Krešimira IV.
스르지산
케이블카 탑승장
민체타 요새
Tvrđava Minčeta
두브로브니크 페리 터미널,
Trajektna Luka Dubrovnik
두브로브니크 버스 터미널 방향
Autobusni Kolodvor Dubrovnik
Ul. Iza Grada
Ul. Iza Grada
Zagrebačka Ul.
Ul. Branitelja Dubrovnika
ATM
부자 문
Vrata od Buže
Ul. Iza Grada
레벨린 요새
Tvrđava Revelin
플로체 문
Vrata od Ploča
반예 비치
Plaža Banje
성 그리스도 성당
Crkva Sv. Spasa
프란체스코 수도원
Franjevački Samostan & Muzej
필레 문
Vrata od Pila
프란체스코 박물관
Franjevački Muzej
Prijeko Ul.
오노프리오 분수
Velika Onofrijeva Česma
스트라둔 거리
Stradun
ATM
Zlatarska Ul.
스폰자 궁전
Palača Sponza
로브리예나츠 요새
Tvrđava Lovrijenac
보카르 요새
Tvrđava Bokar
마리나 드르지치 박물관
Dom Marina Držića
루자 광장
Trg Luža
올란도의 기둥
Orlandov Stup
성 블라이세 성당
Crkva Svetoga Vlaha
민속학 박물관
Etnografski Muzej Rupe
Ul. Miha Pracata
Gundulićeva Poljana
렉터 궁전
Knežev Dvor
해양 박물관
Pomorski Muzej
성 이반 요새
Tvrđava sv. Ivan
Ul. od Pustijerne
대성당
Katedrala
Velike Gospe
Ul. Josipa Jurja Strossmayera
성 이그나티우스 성당
Crkva Sv. Ignacija
Ul. od Margarite
N
W
E
S
0
100m
로크룸섬 방향
Lokrum

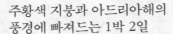

Dubrovnik **Best Course**

두브로브니크 추천 코스

주황색 지붕과 아드리아해의 풍경에 빠져드는 1박 2일

구시가지를 가로지르는 일직선 위의 스트라둔 거리는 300m밖에 되지 않을 정도로 매우 작은 곳이어서 하루면 충분히 둘러볼 수 있다. 스르지산과 로크룸섬까지 다녀온다면 최소 이틀은 소요된다. 두브로브니크를 오가는 시간도 있으니 2~3일 머물면서 여유있게 둘러보는 것이 좋다.

TRAVEL POINT

- **이런 사람 팔로우!** 아드리아해의 분위기를 즐기고 싶다면
- **여행 적정 일수** 여유로운 2일
- **여행 준비물과 팁** 성벽은 그늘이 거의 없고 햇볕이 강하니 모자, 선글라스 등을 준비하는 것이 좋다.
- **사전 예약 필수** 없음

DAY 1

구석구석 알차게! 두브로브니크 성벽 투어

- **소요 시간** 4~6시간
- **점심 식사는 어디서 할까?** 스트라둔 거리 근처
- **기억할 것** 구시가지의 양쪽 끝에 있는 필레 문에서 플로체 문까지 도보 10분이 걸리지 않을 정도로 작은 규모다.

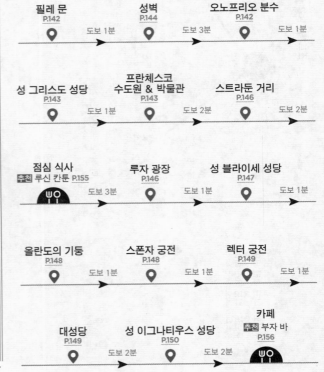

필레 문 P.142 → 도보 1분 → 성벽 P.144 → 도보 3분 → 오노프리오 분수 P.142 → 도보 1분 → 성 그리스도 성당 P.143 → 도보 1분 → 프란체스코 수도원 & 박물관 P.143 → 도보 2분 → 스트라둔 거리 P.146 → 도보 2분 → 점심 식사 추천 루신 칸툰 P.155 → 도보 3분 → 루자 광장 P.146 → 도보 1분 → 성 블라이세 성당 P.147 → 도보 1분 → 올란도의 기둥 P.148 → 도보 1분 → 스폰자 궁전 P.148 → 도보 1분 → 렉터 궁전 P.149 → 도보 1분 → 대성당 P.149 → 도보 2분 → 성 이그나티우스 성당 P.150 → 도보 2분 → 카페 추천 부자 바 P.156

DAY 2

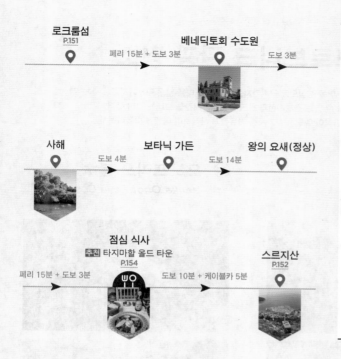

놓치면 아쉬운 외곽 명소

소요 시간 4~6시간

점심 식사는 어디서 할까?
구시가지 안

기억할 것 두브로브니크 카드 소지자는 로크룸섬으로 가는 페리 티켓을 할인받을 수 있다.

로크룸섬
P.151

페리 15분 + 도보 3분

베네딕토회 수도원

도보 3분

사해

도보 4분

보타닉 가든

도보 14분

왕의 요새(정상)

페리 15분 + 도보 3분

점심 식사
추천 타지마할 올드 타운
P.154

도보 10분 + 케이블카 5분

스르지산
P.152

두브로브니크 관광 명소

첫날은 성벽 투어를 중심으로 구시가지를 둘러보고 다음 날은 구시가지를
다각도로 바라볼 수 있는 스르지산과 로크룸섬에서 시간을 보내는 것이 좋다.
남은 시간은 골목골목이 예쁜 구시가지를 여유롭게 산책하며 여행을 마무리하자.

01 필레 문
Vrata od Pila

구시가지로 들어가는 서쪽 문

구시가지의 주요 출입문 3개 중 하나. 1471년 파스코예 밀리체비치Paskoje Miličević의 설계로 건설된 고딕 양식의 석조 문이다. 이중 문으로 지어진 필레 문은 석조 다리와 이어지고 외부 문과 석조 다리 사이에는 나무 도개교가 놓여 있어 출입을 통제함과 동시에 방어 역할을 했다. 2개의 문 위에는 각각 도시의 수호성인 성 블라이세Sveti Vlaho 석상이 놓여 있고 그의 손에는 지진 발생 전 두브로브니크 구시가지의 모형이 들려 있다.

지도 P.139 **가는 방법** 두브로브니크 버스 터미널에서 1A · 1B · 3 · 8번 버스 탑승 후 Pile정류장에서 도보 2분
주소 Ul. Vrata od Pila, 20000, Dubrovnik

02 오노프리오 분수
Velika Onofrijeva Česma

구시가지에 식수를 공급하는 분수

도시에 물을 공급하기 위해 현 지점에서 12km 떨어진 리예카 두브로바츠카Rijeka Dubrovačka와 구시가지 사이에 최초 수로가 놓였다. 수로가 놓인 후 마을에 식수를 공급하기 위해 분수가 설치되었다. 분수명은 분수를 만든 나폴리 건축가 오노프리오 델라 카바Onofrio Della Cava의 이름에서 가져왔다. 1667년 두브로브니크 대지진으로 인해 크게 훼손되었고 동물과 사람의 입을 표현한 16개의 수도꼭지 일부에서만 물이 나오고 있다. 루자 광장에도 같은 건축가가 만든 분수가 있다.

지도 P.139 **가는 방법** 필레 문에서 도보 1분 **주소** Poljana Paska Miličevića 2000, 20000, Dubrovnik

⓪③ 성 그리스도 성당
Crkva Sv. Spasa

지진 이후 시민들이 세운 성당

1520년 5월 17일 발생한 지진에서 살아남은 시민들이 감사의 마음을 담아 지은 성당이다. 건축가 페타르 안드리이치Petar Andrijić의 설계로 1520년에 공사를 시작해 1528년 완공했다. 그로부터 139년 후인 1667년에 약 5,000명의 목숨을 앗아간 대지진이 다시 한번 일어났는데 놀랍게도 성 그리스도 성당은 그 피해가 거의 없었다. 현재 구시가지에서 옛 모습 그대로를 보존하고 있는 몇 안 되는 대표 건축물이다. 성당은 르네상스 양식으로 지어졌으며 일부는 고딕 양식이 혼재되어 있다. 여름 축제 기간에는 성당 안에서 콘서트가 열린다. 평소에는 들어갈 수 없는 성당 안에서 한여름 밤의 낭만적인 공연까지 즐길 수 있다.

지도 P.139
가는 방법 필레 문에서 도보 1분
주소 Poljana Paska Miličevića, 20000, Dubrovnik

⓪④ 프란체스코 수도원 & 박물관
Franjevački Samostan & Muzej

세계에서 세 번째로 오래된 약국이 있는 곳

성 그리스도 성당 옆에는 로마네스크 · 고딕 · 바로크 양식이 혼재된 수도원 건물이 있다. 원래 수도원은 구시가지 밖에 있었으나 전쟁의 위협으로부터 보호하기 위해 1317년 지금의 자리로 옮겨왔다. 1667년 대지진 때도 피해를 입지 않았던 〈피에타〉(1498년) 조각이 수도원 입구에 남아 있다. 수도원으로 들어가면 로마네스크 양식의 회랑과 정원이 나오고, 안쪽에는 종교 박물관과 천연 화장품으로 유명한 '말라브라체 약국'이 있다.

TIP

수도원 외벽에 튀어나온 배수로에 올라서서 3초를 버티면 소원이 이루어진다는 이야기가 전해진다.

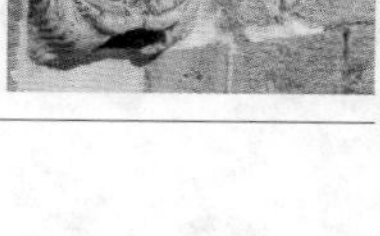

지도 P.139 **가는 방법** 성 그리스도 성당 바로 옆
주소 Stradun 2, 20000, Dubrovnik **운영** 4~10월 09:00~18:00, 11~3월 09:00~14:00 **요금** 박물관 €6

⑤ 성벽
Gradske Zidine

추천

중세 모습을 간직한 두브로브니크 구시가지가 한눈에

구시가지를 방어하는 목적으로 건설된 성벽의 높이는 최대 25m, 안쪽의 두께는 4~6m, 바다 쪽 두께는 1.5~3m에 달하는 불규칙한 모양이다. 유럽 성벽 중에서도 가장 완벽하고 견고한 성벽으로, 보존 상태가 좋아 1979년 유네스코 세계문화유산에 등재되었다. 성벽이 처음 건설된 것은 8세기로 12~17세기까지 수 세기에 걸쳐 보완하고 확장해간 결과물이 지금의 모습이다. 성벽 투어는 필레 문Vrata od Pila과 동쪽의 플로체 문Vrata od Ploča 입구에서 시작할 수 있다. 총길이 1,940m의 성벽을 모두 둘러보는 데는 약 1시간 30분~2시간 소요된다. 삼면이 바다로 둘러싸여 있다 보니 햇살을 받아 반짝이는 짙은 푸른빛 아드리아해와 주황빛 지붕들의 향연을 만끽할 수 있다. 그 외에도 로크룸섬, 구시가지 위쪽의 스르지산의 정상 등 아름다운 풍경이 펼쳐진다. 두브로브니크 여행의 하이라이트인 만큼 성벽 투어는 꼭 해봐야 한다.

지도 P.139 **가는 방법** 두브로브니크 버스 터미널에서 1A · 1B · 3 · 8번 버스 탑승 후 Pile정류장에서 도보 2분 **주소** Big Onofrio's Fountain, Placa B.B., 20000, Dubrovnik **운영** 4 · 9월 08:00~18:00, 5 · 8월 08:00~19:00, 6 · 7월 08:00~19:30, 10월 08:00~17:30, 11~3월 09:00~15:00
요금 일반 €48 **홈페이지** www.wallsofdubrovnik.com

뜨거운 태양이 내리쬐는 성벽에는 그늘이 없으니 선글라스와 모자를 준비하세요!

TIP

알아두면 유용한 성벽 투어 팁

☑ 필레 문에서 시작해 플로체 문, 민체타 요새 방향으로 걷기를 추천한다.
☑ 성벽 투어 매표소는 필레 문을 통과해 플라차 대로를 보고 섰을 때 오른쪽에 있다.
☑ 성벽 티켓으로 24시간 이내 로브리예나츠 요새 입장이 가능하다.
☑ 모든 성벽 입구를 통과할 때 티켓 검사를 하므로 항상 티켓을 소지해야 한다.
☑ 많지는 않으나 성벽 중간에 화장실과 카페가 있다.

성벽 투어 중 핵심 볼거리

필레 문 Vrata od Pila
구시가지 여행의 시작점. 14세기에 지어진 내부 문과 15세기에 지어진 외부 문이 도개교로 연결된다.

플로체 문 Vrata od Ploča
구시가지의 동문. 필레 문처럼 이중 문으로 지어졌다. 문 위에는 수호성인 성 블라이세의 석상이 있다.

부자 문 Vrata od Buže
구시가지의 북문. 다른 성문보다 비교적 최근인 1900년에 건설되었다.

보카르 요새 Tvrđava Bokar
15세기에 지어진 반원형의 요새. 필레 문을 방어하는 중요한 역할을 했다.

로브리예나츠 요새
Tvrđava Lovrijenac
11~16세기에 걸쳐 완공된 높이 37m의 요새다. 서쪽으로 침입하는 적을 방어할 목적으로 세워졌다.

성 이반 요새
Tvrđava Sv. Ivan
1346년 가장 먼저 지어진 요새로 구시가지 남동쪽을 방어했다. 현재 아쿠아리움 및 해양 박물관이다.

레벨린 요새
Tvrđava Revelin
1462년에 지어졌고 구시가지 밖의 남동쪽 해상과 플로체 문을 방어했다.

민체타 요새
Tvrđava Minčeta
1319~1464년에 걸쳐 지어진 요새. 구시가지의 전망대 역할을 한다.

⑥ 스트라둔 거리 추천
Stradun

구시가지의 중심 거리

필레 문에서 구 항구까지 이어지는 구시가지 최대의 번화가이자 보행자 거리. 이탈리아어로 '스트라둔Straun', 라틴어로 '플라차Placa'라고도 부른다. 시원하게 뻗은 300m의 길이의 대리석 바닥은 오랜 시간이 지나면서 표면이 닳아 반질반질해졌다. 17세기 이전의 스트라둔 거리 양쪽은 화려하고 정교한 건물들로 가득했으나 대지진 발생 이후 비슷하고 통일성 있게 지어졌다. 이른 시일 내에 구시가지를 재정비해야 했기 때문이다. 1991년 내전을 겪으며 다시 한 번 폭격으로 크게 훼손되었고 이후 복원되어 기념품, 식당, 카페 등의 상점이 거리를 따라 늘어서게 되었다. 큰 대로 사이사이의 좁은 골목길 풍경이 무척 아름다워 두브로브니크를 소개하는 팸플릿이나 기념엽서의 대표 사진으로도 많이 등장한다.

지도 P.139
가는 방법 필레 문부터 루자 광장까지 이어진 거리
주소 Stradum 20000, Dubrovnik

⑦ 루자 광장
Trg Luža

스트라둔 거리 끝에 자리한 광장

성 블라이세 성당, 렉터 궁전, 대성당 등 역사적 건축물로 둘러싸인 광장이다. 15세기에 지어진 높이 35m의 종탑에는 망치를 든 2개의 동상이 있다. 종탑 역시 대지진의 피해를 입었고 1929년이 돼서야 재건되었다. 종탑 앞 분수는 오노프리오 분수를 만든 건축가의 또 다른 작품이 있고 그 옆엔 14세기에 지어진 건물이 있다. 19세기 초에 화재로 파손되었다가 1882년에 재건되었으며 이후 시청사, 카페, 식당, 극장의 용도로 사용 중이다.

TIP

시청사 앞에는 16세기 크로아티아 최고의 극작가 마린 드르지치Marin Držić의 동상이 있다. 동상을 만지며 소원을 빌면 이뤄진다는 이야기가 전해 내려와 코, 무릎, 발 부분이 반질반질하다.

지도 P.139 **가는 방법** 스트라둔 거리의 끝에 위치
주소 Trg Luža 20000, Dubrovnik

08

성 블라이세 성당

Crkva Svetoga Vlaha

도시의 수호성인을 기리는 성당

두브로브니크의 수호성인 성 블라이세Sveti Vlaho를 모시는 성당으로 외관 중앙에는 주교관을 쓰고 왼손에는 구시가지 모형과 주교봉을 끼고 있는 성 블라이세 석상이 있다. 14세기 로마네스크 양식으로 지어진 성당이지만 1706년부터 1715년까지 베네치아 건축가 마리노 그로펠리Marino Gropelli가 바로크 양식 설계로 재건했다. 재건한 이유는 역시 1667년 발생한 대지진과 1706년의 화재로 인한 치명적인 훼손 때문이다. 매년 2월 3일이면 성 블라이세를 기념하는 축제가 열리고 여름에는 성당 앞 계단에서 주요 행사가 열리는 무대로 사용된다.

지도 P.139 **가는 방법** 성 루자 광장 안 **주소** Luža Ul. 2, 20000, Dubrovnik
운영 08:00~12:00, 16:30~19:00

TRAVEL TALK

두브로브니크의 수호성인, 성 블라이세

구시가지 모형을 든 성 블라이세Sveti Vlaho 석상을 자주 보게 됩니다. 바로 이 도시의 수호성인이라는 증거입니다. 수호성인으로 추앙받기 시작한 것은 10세기입니다. 구시가지 남동쪽의 로크룸Lokrum섬에 베네치아 선박이 정박해 있었는데, 사람들은 식량과 물이 확보되면 떠나리라 생각하고 있었습니다. 하지만 그들은 단지 방문이라는 명목 하에 도시의 약점을 찾고 있었죠. 성 블라이세는 이 사실을 지도자에게 알려 도시를 구할 수 있었습니다. 당시 그를 본 사람들은 성 블라이세를 이렇게 표현했다고 합니다. "백발에 긴 수염을 가졌고 주교관을 쓰고 있으며, 한 손에는 주교봉을 들고 있었다."라고 말이죠.

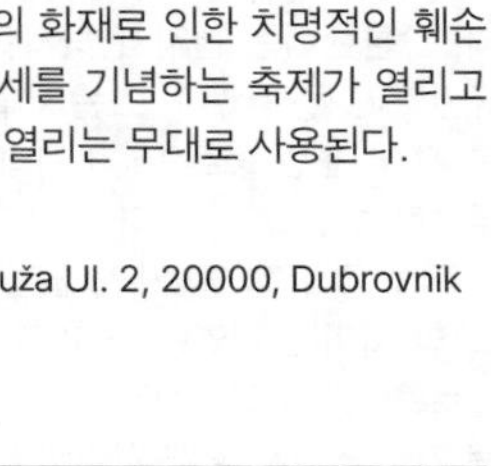

⑨ 올란도의 기둥
Orlandov Stup

두브로브니크 평화의 상징

중세 프랑스 최대 서사시 〈롤랑의 노래〉 주인공인 기사 롤랑이 조각되어 있다. 롤랑의 왼손에는 방패, 오른손에는 천사가 하사했다고 알려진 명검 듀란달이 들려 있다. 그는 이슬람과 맞서 기독교를 지켜 낸 인물로 9세기 사라센의 공격으로부터 두브로브니크를 구했다고 한다. 롤랑의 팔꿈치는 라구사 공국(제1차 세계대전 이전의 두브로브니크)의 길이 단위였던 1ell(51.1cm)과 동일해 두브로브니크의 팔꿈치라고 부르기도 한다. 과거에는 기둥 앞에서 공개 처벌이 행해지기도 했다. 현재는 여름 축제 때 국기를 게양하는 것으로 축제의 서막을 연다.

지도 P.139
가는 방법 성 블라이세 성당 앞
주소 Orlandor Stup 20000, Dubrovnik

⑩ 스폰자 궁전
Palača Sponza

크로아티아 천년 역사가 기록된 곳

필레 문을 건설한 건축가의 또 다른 작품으로 16세기에 지어졌다. 성 그리스도 성당과 함께 17세기 대지진에 살아남은 몇 안 되는 건물 중 하나다. 3층 구조의 건물에서 고딕과 르네상스 양식을 모두 볼 수 있는 것이 특징이다. 특히 1층의 6개의 열주로 된 포르티코 지붕이 아름답다. 스폰자 궁전은 상인들의 물건 거래 장소로 지어졌으며 이후에도 세관, 조폐국, 은행 등으로 상업의 중심지 역할을 했다. 17세기에는 문화 · 예술 · 과학 토론의 장으로 이용되기도 했다. 현재는 국립 기록 보관소로 운영되고 있고 내전의 참상을 알리는 자료를 전시하고 있다.

지도 P.139
가는 방법 스트라둔 거리의 끝에 위치
주소 Stradun 2, 20000, Dubrovnik
운영 08:00~19:00

⑪ 렉터 궁전
Knežev Dvor

두브로브니크 정치의 중심지

고딕 · 르네상스 · 바로크 양식이 혼재된 이곳은 렉터 궁전으로 더 많이 불린 라구사 공국 총독의 집무실이었다. 총독의 임기는 고작 한 달이었는데 한 명에게 정치 권력을 집중되는 것을 막기 위함이었고 재위 기간에는 궁전 밖으로 나갈 수 없었다고 한다. 내부는 총독의 집무실을 비롯해 중세 두브로브니크의 생활상을 엿볼 수 있는 문화 역사 박물관Kulturno-Povijesni Muzej으로 사용되고 있다. 안뜰에는 일반 시민의 자격으로 사후에 자신이 소유한 재산을 모두 기부한 미호 프라차트Miho Pracat의 업적을 기리기 위해 1683년에 세운 그의 흉상이 있다.

TIP

두브로브니크 여름 축제 때 안뜰에서 클래식 공연이 진행된다.

지도 P.139 **가는 방법** 스폰자 궁전에서 도보 1분
주소 Ul. Pred Dvorom 3, 20000, Dubrovnik
운영 4~10월 09:00~18:00, 11~3월 09:00~16:00
요금 일반 €15, 학생 €8 **홈페이지** www.dumus.hr

⑫ 대성당
Katedrala Velike Gospe

성 블라이세의 유해를 모신 대성당

7세기 비잔틴 양식으로 세워진 대성당. 12세기 로마네스크 양식으로 재건되었는데 이와 관련한 일화가 하나 있다. 사자 왕이라 불렸던 영국의 리처드 1세Richard Ⅰ는 제3차 십자군 전쟁을 치르고 돌아가던 중 폭풍우를 만나 배가 난파되었지만 로크룸섬에 떠밀려 와 다행히 목숨을 건질 수 있었다. 이를 감사하게 여긴 그는 가장 먼저 발을 디딘 도시에 헌금을 봉헌했고 대성당 재건에 힘을 보탰다고 한다. 성당 내 보물실에는 성 블라이세의 유해 일부가 유물함에 모셔져 있다. 또한 이탈리아 화가 티치아노의 〈성모 승천〉과 라파엘로의 〈마돈나〉도 볼 수 있다.

지도 P.139
가는 방법 렉터 궁전에서 도보 1분
주소 Ul. Kneza Damjana Jude 1, 20000, Dubrovnik **운영** 월~토요일 08:00~19:00, 일요일 11:30~19:00 **홈페이지** katedraladubrovnik.hr

⑬ 성 이그나티우스 성당

Crkva Sv. Ignacija

두브로브니크의 대표적인 바로크 양식 성당

예수회 소속의 성당으로 1653년 두브로브니크에서 가장 오래된 지역에 대학과 함께 설립될 예정이었으나 대지진으로 공사는 중단되었고 1725년에 완공되었다. 내부의 대리석 제단과 화가 가에타노 가르시아Gaetano Garcia의 작품인 성 이그나티우스의 생애를 담은 프레스코화가 유명하다. 성당 앞 계단은 1738년 로마 건축가 피에트로 파살라쿠아Pietro Passalacqua의 설계로 만들어졌으며 로마 스페인 광장을 연상시킨다. 미국 드라마 〈왕좌의 게임〉 시즌 5에서 '수치의 행진'의 배경이 되기도 했다.

지도 P.139
가는 방법 대성당에서 도보 2분
주소 Poljana Ruđera Boškovića 7, 20000, Dubrovnik
운영 07:00~20:00

⑭ 로브리예나츠 요새

Tvrđava Lovrijenac

구시가지 전경이 한눈에 들어오는 곳

서쪽으로 침입하려는 적을 방어할 목적으로 세워졌다. 11세기 베네치아 공화국은 현재와 동일한 위치에 요새를 건설해 라구사 공국을 자신들의 권력 아래 두려고 했다. 하지만 그들이 건축 자재를 가지러 다녀온 3개월 후에는 이미 라구사 공국의 요새가 완성되어 있었다고 한다. 단시간에 지은 요새치고는 굉장히 견고하다. 현재는 공연장으로 이용하는데 두브로브니크 여름 축제 때는 셰익스피어의 〈햄릿〉이 공연되는 장소로 유명하다. 요새에서는 성벽으로 둘러싸인 구시가지, 스르지산을 비롯한 두브로브니크의 전경이 한눈에 들어온다.

지도 P.139
가는 방법 대성당에서 도보 3분
주소 Ul. Od Tabakarije 29, 20000, Dubrovnik
운영 08:00~19:00
요금 €35

⑮

로크룸섬

Lokrum

공작들이 자유롭게 노는 섬

1023년 베네딕트 수도원이 들어서면서 알려지게 된 로크룸섬은 '새콤한 과일'이라는 뜻으로 외래 식물을 재배하던 수도원으로 인해 이러한 이름이 붙었다. 1859년 오스트리아 막시밀리안 황제가 이곳에 별장을 지으며 식물원도 함께 조성했는데 아열대식물인 선인장과 카나리섬에서 데려온 공작도 볼 수 있다. 섬에서 가장 높은 해발 96m인 왕의 요새Utvrda Royal에 오르면 물감을 풀어 놓은 듯 짙은 파란색의 바다와 붉은빛 지붕의 구시가지가 보인다. 섬에서는 수영도 가능하며 사해Mrtvo More, 사진 촬영과 수영복 착용이 금지된 누드 비치도 있다.

가는 방법 구 항구에서 페리로 15분
주소 Lokrum Ul., 20000, Dubrovnik
요금 일반 €27, 학생 €10
홈페이지 www.lokrum.hr

TIP

로크룸섬 여행 주의 사항

- ☑ 페리 출·도착 시간을 반드시 확인할 것
- ☑ 트래킹이 목적이라면 편한 운동화는 필수
- ☑ 수영한다면 아쿠아 슈즈·방수팩·비치타월 챙기기
- ☑ 수심이 급변하는 곳이 많아 각별한 주의 필요
- ☑ 섬 내부 레스토랑은 가격이 비싸니 간식을 준비할 것

TRAVEL TALK

두브로브니크 여름 축제

매년 7~8월이 되면 구시가지에 화려한 불꽃놀이가 하늘을 수놓고 밤늦도록 춤과 노래가 이어집니다. 1950년에 시작된 두브로브니크 여름 축제는 오페라, 클래식, 발레, 연극 등 다채로운 공연이 구시가지 곳곳에서 펼쳐지는 전통 축제로 크로아티아에서 가장 유명한 행사이기도 하죠. 게다가 유네스코 세계문화유산에 등재된 도시답게 따로 무대를 설치하지 않아도 성문, 궁전의 발코니, 성당 등 근사한 무대가 많습니다. 거리의 무료 공연도 있지만 역사적 건축물에서 펼쳐지는 공연을 즐기고 싶다면 티켓을 구입해 보세요.
홈페이지 www.dubrovnik-festival.hr

⑯ 스르지산

Srđ

추천

두브로브니크 최고의 전망대

해발 412m의 스르지산은 단단하고 견고한 성벽 안에 붉은 지붕으로 가득한 구시가지를 내려다볼 수 있는 곳으로 두브로브니크 기념엽서에도 많이 등장한다. 정상에 오르면 옛 요새와 지금은 녹이 슨 라디오 탑 그리고 1806년 나폴레옹이 이끄는 프랑스군이 이곳을 점령했을 당시 기념으로 세운 거대한 흰색 십자가가 있다. 아름답게 펼쳐지는 아드리아해의 전경이 스르지산의 핵심이다. 붉은 지붕과 푸른 아드리아해가 돋보이는 구시가지는 산 너머의 척박한 산과는 대조되는 모습을 보인다. 맑은 날에는 60km까지 보이는 파노라마 뷰를 즐길 수 있으며 카페는 늘 인산인해다.

가는 방법 부자 문에서 도보 3분
주소 **케이블카 탑승장** Ulica Kralja Petra Krešimira IV, 20000, Dubrovnik
운영 3월 09:00~17:00, 4월 09:00~21:00, 5 · 9월 19:00~23:00, 6~8월 09:00~24:00, 10월 09:00~20:00 **요금** 일반 왕복 €27, 편도 €15
홈페이지 www.dubrovnikcablecar.com

TRAVEL TALK

두브로브니크에서 가장 유명한 해변, 반예 비치

'아드리아해의 진주'라 불리는 두브로브니크에 왔으니 바다에 몸을 담가 보는 것은 당연지사! 그렇다면 구시가지에서 가까운 반예 비치Plaža Banje가 제격입니다. 붉은 지붕으로 가득한 건물들을 흰색의 견고한 성벽이 감싸 안고, 맑고 투명한 푸름의 끝을 보여 주는 아드리아해의 조화가 어우러진 구시가지를 바라볼 수 있어 훌륭한 전망 포인트이기도 하죠. 파도가 없는 날이 많아 물결이 잔잔해서 마치 자연이 조성한 천연 수영장과 같은 느낌도 듭니다. 필요한 경우 선베드와 파라솔을 대여할 수 있으니 비치 타월과 아쿠아 슈즈만 챙겨 가세요.

가는 방법 플로체 문에서 도보 5분 **주소** Plaža Banje 20000, Dubrovnik

SPECIAL THEME

미리 보고 가면 좋은

영화와 드라마 속 두브로브니크

두브로브니크는 아드리아해와 중세의 모습을 간직한 거리 풍경 덕분에 영화, 드라마 촬영지로 인기가 높다. 두브로브니크가 배경으로 등장한 작품을 미리 보고 가면 여행의 즐거움이 배가 될 것이다.

〈왕좌의 게임Game of Thrones〉 시즌 5 2015년

판타지 세계의 권력 투쟁이 벌어지는 7개의 왕국 이야기를 담은 미국 드라마 〈왕좌의 게임〉은 몰타, 스페인 등 유럽 각국의 중세 도시를 배경으로 한다. 특히 칠 왕국의 수도 킹스랜딩은 두브로브니크에서 상당 부분 촬영해 '왕겜 덕후'에게는 구시가지 곳곳이 명소인 셈이다. 관련 기념품 상점과 투어가 많다.

〈로빈 후드Robin Hood〉 2018년

영국의 전설적인 영웅 '로빈 후드'를 21세기에 다시 그려낸 영화다. 영화 속 귀족들의 부와 권력을 상징했던 노팅엄 궁전은 두브로브니크의 도미니크 수도원이 배경이 됐다. 촬영 당시 세계문화유산이라는 수식어 때문에 어려움이 있었다고 하지만 현대판 중세를 완벽히 구현해 냈다는 평가를 받았다.

〈스타워즈 : 라스트 제다이 Star Wars : The Last Jedi〉 2017년

광활한 우주와 행성에서 펼쳐지는 전설의 SF 영화 〈스타워즈〉의 여덟 번째 작품에는 아일랜드와 볼리비아 등 대규모 로케이션이 진행되었다. 아드리아해와 맞닿은 성벽으로 둘러싸인 두브로브니크도 배경으로 등장한다. 비현실적인 판타지가 현실 세계의 우주 전쟁 공간으로 표현되어 흥미로움을 더한다.

〈붉은 돼지Crimson Pig〉 1992년

제1차 세계대전을 배경으로 한 미야자키 하야오의 애니메이션 작품이다. 붉은 돼지 포르코가 비행기를 타고 푸른 바다와 주황색 지붕 위를 날던 장면이 나오는데 아드리아해와 성벽으로 둘러싸인 두브로브니크 구시가지가 작품의 배경이 되었다.

두브로브니크 맛집

크로아티아 최고의 관광 도시답게 수많은 레스토랑이 구시가지에 분포한다.
단연 싱싱한 해산물 요리를 가장 많이 접할 수 있다. 스트라둔 거리보다는 골목 사이에
레스토랑이 많은데, 찾아가기 힘든 골목이라도 대체로 가격은 비싸다.

스파게테리아 토니
Spaghetteria Toni

위치 성 블라이세 성당 주변
유형 로컬 맛집
주메뉴 파스타

☺ → 두브로브니크의 물가 대비 저렴한 편
☹ → 복잡한 골목에 위치

찾기 어려운 골목에 있음에도 주변에 식당이 많아 식사 시간이면 북적거리는 곳이다. 최고의 신선한 재료만을 사용한다는 슬로건을 내건 이곳은 피자, 파스타, 스테이크 등을 메뉴로 내세우는 이탈리안 음식점이다. 고급스러움과는 거리가 있지만 그만큼 편안한 분위기에서 식사를 즐길 수 있는 곳이기도 하다.

가는 방법 성 블라이세 성당에서 도보 3분 **주소** Ul. Nikole Božidarevića 14, 20000, Dubrovnik **문의** +385 20 323 134 **운영** 3~11월 11:00~23:00 **휴무** 12~2월 **예산** 파스타 €20 **홈페이지** www.spaghetteria-toni.com

타지마할 올드 타운
Taj Mahal Old Town

위치 성 블라이세 성당 주변
유형 대표 맛집
주메뉴 보스니아 전통 음식

☺ → 한국인 입맛에도 잘 맞는 편이다.
☹ → 대기 시간이 있을 수 있다.

이름과 인테리어에서 풍기는 이미지는 인도 음식점을 떠올리게 하지만, 사실은 이웃 나라인 보스니아 전통 음식점이다. 가장 인기 있는 메뉴는 보스니아식 커리라고 할 수 있는 시시 체바프Shish Cevap로 고기와 큼지막한 채소, 송아지 고기가 들어가 있다. 커리와 함께 먹을 폭신폭신한 빵Somu도 일품이다.

가는 방법 성 블라이세 성당에서 도보 2분 **주소** Ul. Nikole Gučetića 2, 20000, Dubrovnik **문의** +385 20 323 221 **운영** 12:00~23:00 **예산** 시시 체바프 €25 **홈페이지** www.tajmahal-dubrovnik.com

로칸다 페스카리야
Lokanda Peskarija

위치 구 항구 주변
유형 대표 맛집
주메뉴 해산물 요리

☺ → 여행자들이 인정한 해산물 맛집
☹ → 짜게 느껴질 수 있다.

종업원들이 입고 있는 파란 줄무늬 티셔츠 유니폼에서 알 수 있듯 다양한 해산물 요리를 선보이는 구 항구의 레스토랑이다. 특히 해산물 리소토가 인기 있다. 현지인도 즐겨 찾는 맛집으로 소문난 곳인데 평소 싱겁게 먹는 편이라면 음식이 조금 짤 수 있다. 주문 시 소금을 적게 넣어 달라고 요청해 보자.

가는 방법 렉터 궁전에서 도보 1분 **주소** Na Ponti BB, 20000, Dubrovnik **문의** +385 20 324 750 **운영** 10:00~20:00 **예산** 해산물 리소토 €30 **홈페이지** www.lokandapeskarija.com

루신 칸툰
Lucin Kantun

위치 프란체스코 수도원 주변
유형 대표 맛집
주메뉴 해산물 요리

☺→ 두브로브니크 물가치고는 저렴하다.
☹→ 작은 매장

좁은 골목 탓에 야외 테이블 간격이 좁아 다닥다닥 붙어 있음에도 영화 속 한 장면처럼 예쁜 레스토랑이다. 인테리어 역시 깔끔하면서도 아늑한 스타일로 꾸며졌다. 지중해 요리를 선보인다. 주방은 오픈되어 있는데 덕분에 지켜보는 재미가 쏠쏠하다. 해산물 요리가 대체로 무난하며 문어 스테이크Baked Octopus가 유명하다.

가는 방법 프란체스코 수도원에서 도보 2분 **주소** Ul. Od Sigurate 4A, 20000, Dubrovnik
문의 +385 20 321 003
운영 11:00~22:00 **예산** 메인 요리 €15~ **홈페이지** lucinkantun.com

바르바
Barba

위치 스폰자 궁전 주변
유형 신규 맛집
주메뉴 해산물 튀김

☺→ 양도 많고 가격도 비교적 저렴하다.
☹→ 실내가 좁다.

간단하게 끼니를 때우거나 안주로 즐기기에 좋은 스트리트 푸드 음식점이다. 힙하고 젊은 감성의 인테리어로 꾸며진 내부가 돋보인다. 곳곳에 일회용 나무 포크가 주렁주렁 매달린 것을 볼 수 있는데 직접 자유롭게 꾸밀 수도 있다. 샌드위치, 샐러드, 튀김, 버거 등 가성비 좋은 음식들이 많다. 실내가 좁으니 한가한 시간에 방문하자.

가는 방법 스폰자 궁전에서 도보 2분
주소 Boškovićeva Ul. 5, 20000, Dubrovnik
문의 +385 91 205 3488
운영 11:00~19:00
예산 튀김 €13~

투토베네 피제리아
TuttoBene Pizzeria

위치 성 블라이세 성당 주변
유형 로컬 맛집
주메뉴 조각 피자, 케밥

☺→ 간편하고 저렴한 한 끼 식사를 하기 좋다.
☹→ 실내 좌석이 많지 않다.

물가가 비싼 두브로브니크에서 간단하게 끼니를 때우고 싶을 때 추천한다. 조각 피자, 버거, 샌드위치 등 저렴하면서도 꽤 배부르게 먹을 수 있는 메뉴로 구성되어 있다. 물론 타 지역에 비해 비싼 편이지만 두브로브니크에서는 이곳이 최선일 수밖에 없다. 테이블이 몇 개 없는 탓에 실내에는 항상 사람이 꽉 차 있고, 가게 앞에 서서 먹는 사람들도 많다.

가는 방법 성 블라이세 성당에서 도보 1분 **주소** Ul. Od Puča 7, 20000, Dubrovnik **문의** +385 20 323 353 **운영** 10:00~21:00
예산 샌드위치 €7~ **홈페이지** www.tuttobene-dubrovnik.com

소울 카페
Soul Caffe

위치 성 블라이세 성당 주변
유형 카페
주메뉴 커피

☺→ 첼로 연주와 함께 즐기는 아이스 아메리카노
☹→ 좌석이 많지 않다.

두브로브니크에서 보기 힘든 아이스 아메리카노를 마실 수 있는 곳이다. 좁은 골목 안에 은은한 조명과 테이블이 벽에 붙어 있다. 밤이 되면 가장 안쪽의 벽면을 스크린으로 활용하여 영화를 상영해 낭만적인 분위기를 더한다. 게다가 라이브로 첼로 연주를 들을 수 있는데 좁은 골목에 울려 퍼지는 첼로 선율이 무척 아름답다.

가는 방법 성 블라이세 성당에서 도보 2분
주소 Uska Ul. 5, 20000, Dubrovnik **문의** +385 20 323 152 **운영** 08:00~01:00
예산 케이크 €5~

돌체 비타
Dolce Vita

위치 프란체스코 수도원 주변
유형 디저트
주메뉴 아이스크림

☺→ 스트라둔 거리의 카페보다 저렴하다.
☹→ 현금 결제만 가능

두브로브니크에서 가장 유명한 아이스크림 가게답게 좁은 골목 안에 돌체 비타를 찾은 사람들로 북적인다. 이탈리아어로 '달콤한 인생'이란 뜻의 가게 이름답게 이곳의 아이스크림은 진하고 달콤하다. 가장 유명한 것은 가게 이름과 같은 돌체 비타 맛이다. 컵과 콘을 선택할 수 있고 스쿱에 따라 가격이 달라진다. 카드로는 결제가 불가하다.

가는 방법 프란체스코 수도원에서 도보 2분 **주소** Nalješkovićeva Ul. 1A, 20000, Dubrovnik
문의 +385 99 282 0505
운영 09:00~22:00
예산 아이스크림 €3.40~

부자 바
Buža Bar

위치 성 이그나티우스 성당 주변
유형 술집
주메뉴 맥주, 와인

☺→ 전망이 훌륭하다.
☹→ 메뉴가 주류 위주이며 비싸다.

구시가지 성벽 밖 아드리아해와 맞닿은 절벽에 위치한 바로 두브로브니크에서 가장 멋진 전망을 자랑한다. TV 예능 프로그램 〈꽃보다 누나〉에 나온 이후로 한국인 여행자들에게 인기를 끌었다. 무더운 여름철에는 아드리아해에 바로 몸을 담가 수영을 즐길 수도 있다. 1호점에서 도보 3분 거리에 2호점도 자리한다.

가는 방법 성 이그나티우스 성당에서 도보 2분 **주소** Crijevićeva Ul. 9, 20000, Dubrovnik
문의 +385 98 361 934
운영 08:00~02:00 **예산** 맥주 €6~
홈페이지 www.buzabar.com

두브로브니크 쇼핑

구시가지의 스트라둔 거리를 중심으로 남쪽에 상점이 많다. 주로 기념품과 크로아티아 특산물을 판매한다. 골목의 작은 상점에도 볼거리가 꽤 쏠쏠한데 물가가 비싼 두브로브니크답게 기념품 가격대도 만만치 않다.

말라브라체 약국
Male Braće

위치 프란체스코 수도원
유형 천연 화장품 전문점
특징 의약품과 화장품을 동시에

세계에서 세 번째로 오래된 약국. 수도사들이 직접 약초와 꽃을 재배하여 의료에 사용하기 시작했던 것이 시초가 된 것으로 1317년에 문을 열었다. 가장 유명한 것은 장미 크림Krema od Ruža이다. 그 밖에 라벤더 크림, 오렌지 크림, 아몬드 크림, 장미수 등 다양한 천연 화장품을 판매한다. 샘플이 구비돼 있어 테스트를 해볼 수 있다.

가는 방법 프란체스코 수도원 & 박물관 내 위치
주소 Stradun 30, 20000, Dubrovnik **문의** +385 20 641 111 **운영** 월~토요일 07:00~19:00 **휴무** 일요일

우예
Uje

위치 스트라둔 거리
유형 올리브 오일 전문점
특징 무난한 선물용 제품

2006년에 문을 연 크로아티아 올리브 오일 대표 브랜드로 자다르, 스플리트와 같은 해안 도시에 매장이 있다. 올리브, 허브, 로즈메리, 트러플 등 각종 오일과 무화과 잼, 꿀, 와인, 천연 소금 등 다양한 크로아티아산 식재료를 비롯해 요리 도구들도 판매한다. 가격은 저렴하지 않지만 포장이 깔끔해 선물용으로 구입하기 좋다.

가는 방법 스트라둔 거리
주소 Stradun 18, 20000, Dubrovnik
문의 +385 91 361 1110
운영 09:00~22:00
홈페이지 www.uje.hr

왕좌의 게임 시티 숍
Dubrovnik City Shop - Iron Throne

위치 부자 문 근처
유형 〈왕좌의 게임〉 팬 숍
특징 미드 팬들을 위한 굿즈

미국 드라마 〈왕좌의 게임〉 팬들이라면 그냥 지나칠 수 없는 기념품 상점이다. 피규어, 티셔츠, 모자, 가방, 컵, 마그넷, 목걸이 등 드라마 속 주인공을 모델로 한 다양한 소품을 판매한다. 내부에는 철로 된 왕좌가 놓여 있는데 물건을 구입한 사람은 기념 촬영을 할 수 있다. 소품은 대체로 비싼 편이다.

가는 방법 스트라둔 거리에서 부자 문 방향으로 도보 1분
주소 Boškovićeva 7, 20000, Dubrovnik
문의 +385 98 900 6860
운영 11:00~22:00

P.190
블레드
BLED
P.166
프레드야마성
PREDJAMSKI GRAD
류블랴나
LJUBLJANA
P.188
P.184
포스토이나 동굴
POSTOJNSKA JAMA

FOLLOW

슬로베니아
SLOVENIA

'발칸반도의 숨은 보석'이라 불리는 슬로베니아는 작지만 매력적인 나라다.
동유럽과 서유럽의 장점을 섞어 놓은 듯한 분위기를 갖춘 여행지로 주목받고 있다.
그림 같은 풍경을 자랑하는 알프스의 대자연과 시간이 그대로 멈춘 듯
고풍스러운 중세 도시의 모습을 모두 간직한 곳이다.

SLOVENIA INFO ❶

슬로베니아 국가 정보

슬로베니아로 떠나기 전 알아두면 좋은 기초적인 정보들을 모았다. 국가 정보와 더불어 여행 시 유용한 정보를 중심으로 수록했으니, 이미 알고 있는 기본적인 내용이라도 여행에 앞서 복습해 두자. 미리 알아 둔다면 여행 시 돌발 상황을 줄일 수 있을 것이다.

국명
슬로베니아 공화국
Republika Slovenija

수도
류블랴나
Ljubljana

면적
20,273km²
우리나라의 5분의 1

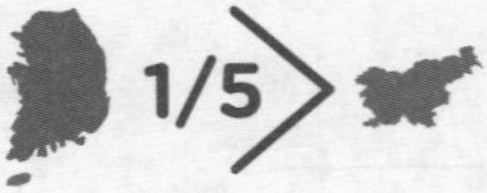

정치 체제
의원내각제

언어
슬로베니아어

시차
한국보다
8시간 느림
서머타임 시
7시간 느림

비자
관광 **90일** 무비자

인구
약 **212만** 명

환율
€1 = 약 1,460원
※2024년 4월 기준

통화
유로 EURO

종교

비행시간
인천-류블랴나 1회 경유편
15시간 40분

전압
230V,
50Hz(C/F)
우리나라와 모양은 같지만
비상용 멀티플러그 준비

물가

슬로베니아의 물가는 우리나라보다 비싼 것도 있고 싼 것도 있다. 생필품이나 식료품 물가는 우리나라보다 저렴한 편이지만 식당을 비롯한 관광지 물가는 높은 편이다. 특히 숙박비에 추가 세금이 붙어 비싸다.

류블랴나 vs 서울 물가 비교

생수(1500ml) €1(약 1,500원) vs 1,500원
빅맥 세트 €8(약 1만 1,600원) vs 8,000원
카푸치노(일반 카페) €2.20(약 3,200원) vs 5,200원
대중교통(1회권) €1.30(약 1,900원) vs 1,400원
택시(기본요금) €1.95(약 2,850원) vs 4,800원
저렴한 식당(1인) €12(약 1만 7,500원) vs 1만 원
중급 식당(2인) €50(약 7만 3,000원) vs 6만 5,000원

운영시간

상점은 보통 일요일과 공휴일에 문을 닫지만 관광지에서는 휴일에도 운영하는 곳이 있다. 카페나 식당은 금 · 토요일에는 늦게까지 운영하는 편이며 일요일에는 일찍 문을 닫는 곳이 많다. 아침 식사를 파는 곳은 일찍 문을 열지만 일반적으로 식당은 오전 11에서 12시부터 운영을 시작한다.

상점 월~토요일 10:00~18:00
※업소별 상이
식당 11:00~22:00

팁 문화

관광지의 중급 이상 식당에서는 팁을 기대하며 고급 식당에서는 거의 필수로 팁을 줘야 한다. 셀프서비스로 운영되는 패스트푸드점이나 카페테리아에서는 팁을 주지 않아도 된다.

인터넷

슬로베니아의 인터넷 환경은 나쁘지 않다. 웬만한 숙소, 식당, 공공기관에서는 무료 와이파이 접속이 가능하다. 주요 통신사는 에이원A1과 텔레콤 슬로베니아Telekom Slovenia, 텔레마크Telemach이며 이이EE, 보다폰Vodafone 등 유럽 심 카드도 많이 사용된다.

전화

슬로베니아의 국가 번호는 386번이다.

한국 → 슬로베니아
001 등(국제 전화 식별 번호)+
386(슬로베니아 국가 번호)+0을 뺀
슬로베니아 전화번호
슬로베니아 → 한국
00(유럽 국제 전화 식별 번호)+
82(우리나라 국가 번호)+0을 뺀
우리나라 지역 번호+전화번호

긴급 연락처

구급차(응급 의료) 112
경찰 113

주 오스트리아 대한민국 대사관
※슬로베니아에는 대사관이 없어 주 오스트리아 대한민국 대사관이 업무를 겸하고 있다.
주소 Gregor-Mendel-Straße 25, 1180 Wien, Austria
문의 근무 시간 +43 1 478 1991 / 24시간 긴급 +43 664 527 0743
운영 영사과 민원실 월~금요일 09:00~12:00, 14:00~16:00 / 대사관(영사과 외) 09:00~12:30, 13:30~17:00 **휴무** 토요일

공휴일 (2024년)

1월 1~2일 신년 연휴
2월 8일 프레셰렌의 날
3월 31일~4월 1일 부활절 연휴★
4월 27일 봉기기념일
5월 1~2일 노동절 연휴
5월 19일 성령강림절(오순절)★
6월 25일 건국기념일
8월 15일 성모승천일
10월 31일 종교개혁기념일
11월 1일 추모의 날
12월 25일 크리스마스
12월 26일 독립기념일
※★매년 날짜가 바뀌는 공휴일

축제 (2024년)

7월 초중순

페스티벌 블레드 Festival Bled

아름다운 블레드 호수 주변에서 펼쳐지는 음악 축제. 클래식, 재즈 등 다양한 장르를 넘나드는 공연으로 눈과 귀를 매료시킨다.

홈페이지 www.festivalbled.com

7~8월

페스티벌 류블랴나 Festival Ljubljana

슬로베니아 최고의 클래식 축제로 음악, 연극, 무용 등 다양한 예술 공연이 이어진다.

홈페이지 ljubljanafestival.si

9월

캄닉 전통 복장 축제
Kamnik The Days of National Costumes & Clothing Heritage

류블랴나에서 30분 떨어진 작은 마을 캄닉 Kamnik에서 슬로베니아 전통 의상을 입고 행진하는 재미난 축제가 펼쳐진다.

홈페이지 narodnenose.si

날씨와 옷차림

Best Season 6·9월

3~5월 쌀쌀하고 일교차도 크기 때문에 긴소매 옷과 겉옷을 준비해야 한다. 비가 종종 내리니 우산도 챙기자.

6~8월 여름이라 기온이 높지만 건조한 편이라 여행하기 좋다. 일교차가 커서 아침저녁으로는 서늘할 수 있으니 긴소매 옷을 챙긴다.

9~11월 낮에는 여행하기 좋은 날씨지만, 일교차가 커서 밤에는 쌀쌀하고 비가 오기도 한다. 껴입을 수 있는 옷과 적당히 두툼한 외투, 우산을 준비하는 것이 좋다.

12~2월 습하고 평균 기온이 영하로 떨어진다. 서울에 비하면 기온은 높지만 눈비가 잦고 날이 흐려 미끄럽지 않은 방수 신발을 챙기는 것이 좋다. 두툼한 외투, 장갑, 우산이 필요하다.

월별 기온과 강수량

※류블랴나 기준

월	최저 기온	최고 기온	강수량
1월	-2.5℃	3.4℃	38mm
2월	-2℃	6.4℃	40mm
3월	1.7℃	11.4℃	88mm
4월	5.8℃	16.1℃	99mm
5월	10.3℃	21.4℃	109mm
6월	13.7℃	24.6℃	144mm
7월	15.5℃	27.3℃	115mm
8월	15.2℃	26.7℃	137mm
9월	11.5℃	21.6℃	147mm
10월	7.7℃	15.9℃	147mm
11월	2.8℃	8.8℃	129mm
12월	-1.1℃	3.8℃	107mm

여행 슬로베니아어

인사말

Živjo / Dober Dan
지비요 / 도베르 단 ▶ 안녕하세요?(낮)

Nasvidenje
나스비데네 ▶ 안녕히 계세요.

Hvala(Lepa)
흐발라(레파) ▶ 고맙습니다(매우).

Oprostite
오프로스티테 ▶ 실례합니다.

Koliko Je To?
콜리코 예 토? ▶ 얼마예요?

Hočem Plačati **호쳄 플라차티** ▶ 계산할게요.

Ja/Da **야/다** ▶ 예.

Ne **네** ▶ 아니오.

단어장

Stranišče **스트라니시체** ▶ 화장실

Ženske **젠스케** ▶ 여성/숙녀

Moški **모시키** ▶ 남성/신사

Železniška Postaja
젤레즈니시카 포스타야 ▶ 역

Avtobusna Postaja
아우토부스나 포스타야 ▶ 버스 터미널

Odhodi **오드호디** ▶ 출발

Prihodi **프리호디** ▶ 도착

Odprto **오드프르토** ▶ 운영 중

Zaprto **자프르토** ▶ 운영 종료

Vhod **브호드** ▶ 입구

Izhod **이즈호드** ▶ 출구

교통 수단

슬로베니아는 영토가 작은 나라이기 때문에 국내에서는 버스 또는 열차로 충분히 이동 가능하다. 주변국인 오스트리아, 크로아티아 등으로 이동할 때는 목적지에 따라 비행기, 열차, 버스를 적절히 이용하면 된다.

비행기

슬로베니아의 수도 류블랴나는 공항이 작지만 유럽의 여러 도시에서 비행기로 1~2회 정도 경유하면 대부분 연결된다. 2019년 가을 아드리아항공이 파산하면서 현재 국적기가 없는 상태라 직항 노선은 찾기 어려우며, 슬로베니아 내에서는 비행기를 이용할 일이 거의 없다.

열차

슬로베니아 국내에서는 철도망이 그리 발달하지 않아 이용할 일이 별로 없다. 하지만 오스트리아와 크로아티아 사이에 위치해 동유럽 국가들을 여행할 때 국제 노선은 종종 이용하게 된다. 특히 오스트리아의 그라츠와 빈, 크로아티아의 자그레브는 유로시티Eurocity(EC) 같은 열차로 편리하게 연결된다.

슬로베니아 철도청 Slovenske Železnice www.slo-zeleznice.si

버스

슬로베니아의 소도시들을 연결해 주는 교통수단으로 자주 이용된다. 열차로 한번에 갈 수 없는 관광지들을 직행으로 편리하게 연결하며 가격도 저렴한 편이다. 국제 노선은 그라츠, 빈, 자그레브 등을 갈 때 이용할 만하다.

국내선 버스 검색 www.ap-ljubljana.si
노마고 Nomago www.nomago.si
플릭스버스 Flixbus www.flixbus.com

슬로베니아 국내외 주요 도시 간 이동

류블랴나 → 블레드
- **열차** 1시간+버스 환승
- **버스** 1시간 10분

류블랴나 → 포스토이나 동굴
- **버스** 58분

류블랴나 → 자그레브
- **열차** 2시간 15분
- **버스** 2시간 15분

류블랴나 → 그라츠
- **열차** 3시간 35분
- **버스** 2시간 45분

류블랴나 → 빈
- **열차** 6시간
- **버스** 5시간

주의 사항

● **도시세**

유럽의 호텔은 숙박비와 별도로 '도시세'를 부과하는 곳이 많다. 동유럽에서는 슬로베니아의 도시세가 비싼 편이다. 호텔 체크아웃 시 도시세가 부과되더라도 당황하지 말자.

● **대사관**

슬로베니아에는 대한민국 대사관이나 영사관이 없어 주 오스트리아 대한민국 대사관을 이용해야 한다.

● **소매치기**

인파가 많이 몰리는 관광지에서는 소매치기가 발생하니 소지품 관리에 신경 쓰자.

SLOVENIA INFO ❷

슬로베니아 여행 미리 보기

오랜 세월 합스부르크 왕가의 지배를 받은 슬로베니아는 중세 유럽의 분위기와 고유한 문화를 잘 간직하고 있다. 역사적인 명소와 함께 아름다운 알프스의 풍경, 신비한 동굴 등을 함께 즐길 수 있다.

류블랴나 Ljubljana

슬로베니아의 수도이자 중세의 모습을 간직한 고풍스러운 도시다. 친환경 도시로 꼽힐 만큼 녹색 캠페인이 잘 시행되는 곳으로 구시가지 중심으로는 차가 진입할 수 없어 도보 여행을 즐기기 좋다. 오래된 중세의 성과 대성당 그리고 작은 광장들 사이로 강이 흐르는 평화로운 도시다.

BEST ATTRACTION

류블랴나성 / 성 니콜라스 대성당 / 트로모스토베 / 프레셰르노브 광장 / 프란체스코 성당

블레드 Bled

류블랴나에서 당일치기로 다녀올 수 있는 아름다운 호수 마을이다. 호수 한가운데에 예배당이 세워진 신비로운 섬이 떠 있어 낭만적인 분위기가 가득하다. 슬로베니아 여행 중 꼭 맛봐야 할 전통 케이크 '크렘나 레지나'의 원조 맛집이 자리한다.

BEST ATTRACTION

블레드성 / 블레드 호수 / 블레드섬

프레드야마성 Predjamski Grad

포스토이나 동굴 부근에 자리한 세계에서 가장 큰 동굴 성. 깎아지른 듯한 절벽에 매달려 있는 것처럼 보이는 성의 외관이 인상적이며 성에 얽힌 이야기도 흥미롭다.

포스토이나 동굴 Postojnska Jama

류블랴나에서 당일로 다녀올 수 있는 근교 여행지다. 세계에서 두 번째로 긴 카르스트 동굴을 탐험하며 자연의 경이로움을 직접 눈으로 볼 수 있는 곳이다. 동굴 열차를 타보는 독특한 경험도 할 수 있다.

슬로베니아 핵심 여행 키워드

Keyword ❶ 고성

슬로베니아의 수도 류블랴나는 중세의 성이 마을을 지키고 있다. 도시 전체가 한눈에 바라다보이는 전망대와 돌로 된 성벽, 뾰족한 지붕 등 중세 시대를 연상시키는 성의 모습으로 관광객을 맞이한다.

Keyword ❷ 호수 마을

산으로 둘러싸인 고요한 호수 한가운데에 예배당이 세워진 아름다운 섬이 떠 있는 모습. 이 사진 한 장으로 슬로베니아를 찾는 사람들이 늘어나고 있다. 그림 같은 풍경이 펼쳐지는 블레드는 슬로베니아가 자랑하는 아름다운 호수 마을이다.

Keyword ❸ 동굴

카르스트 동굴이 발달한 슬로베니아에서는 동굴 여행을 즐길 수 있다. 세계에서 두 번째로 긴 카르스트 동굴인 포스토이나 동굴은 길이 24km의 엄청난 규모를 자랑하며 근교에는 동굴 벽에 지어진 프레드야마성이 있다.

LJUBLJANA

류블랴나

류블랴나는 슬로베니아의 수도로 정치, 사회, 경제, 문화의 중심 도시다. 한 국가의 수도라고 하기에는 규모가 작지만 중세와 현대의 아름다움이 공존해 더욱 낭만적인 분위기가 흐른다. 도심을 가로지르는 류블랴니차강을 따라 카페들이 줄지어 운치를 더하고, 구시가지 언덕에 자리한 류블랴나성에 오르면 고풍스러운 도시 전경과 멀리 알프스까지 조망할 수 있다. 독립을 이루기까지 험난했던 슬로베니아의 역사를 뒤로하고, 류블랴나는 현재 유럽에서 가장 친환경적인 도시로 꼽힐 만큼 진보적인 모습으로 거듭났다.

류블랴나 들어가기

우리나라에서 출발하는 직항 노선은 없지만 1~2회 경유하는 노선은 다양하다. 유럽 내에서는 저가 항공을 이용해 들어간다. 열차나 버스 이동은 인접 국가인 크로아티아의 수도 자그레브와 연결편이 많아 편리하며 오스트리아의 빈, 그라츠 등에서 들어가기도 한다.

비행기

우리나라에서 류블랴나로 가는 직항편은 없으며 다른 도시를 경유해야 한다. 루프트한자, 터키항공의 운항 시간이 비교적 짧은 편이다. 인천국제공항에서 류블랴나까지 16~18시간 정도 소요된다. 류블랴나로 들어가는 국제선은 모두 류블랴나 요제 푸치니크 국제공항Letališče Jože Pučnik Ljubljana(LJU)에 도착하며, 류블랴나 시내에서 북쪽으로 26km 정도 떨어져 있다. 입국장으로 나오면 카페, 환전소, ATM 등 간단한 편의 시설이 있다.

홈페이지 www.lju-airport.si

공항에서 시내로 들어가기

● 일반 버스

입국장 밖으로 나오면 바로 건너편에 버스 정류장이 있다. 여기서 28번 버스를 타면 시내 교통의 중심인 버스 터미널까지 간다. 45분 정도 소요되며 저녁 8시 이후에는 운행되지 않는다.

요금 편도 €4.10

● 셔틀버스

개별 회사에서 운영하는 셔틀버스는 대부분 벤 차량이다. 일반 버스보다 비싸지만 시내 주요 호텔에 내려주기 때문에 목적지에 따라 편리하게 이동할 수 있다.

요금 편도 €14~28 ※버스 회사, 인원수, 시간대에 따라 요금 다름

● 택시

가장 빠르고 편리한 교통수단으로, 요금은 비싼 편이다. 인원수에 따라 오히려 경제적일 수 있다.

요금 €30~40

열차

오스트리아, 헝가리, 크로아티아는 물론 유럽의 인접한 여러 국가와 연결되는 열차가 류블랴나 중앙역Železniška Postaja Ljubljana에 도착한다. 대부분의 열차는 배차 간격이 길고 1~3회 환승해야 하지만 크로아티아의 자그레브까지는 빠르게 이동할 수 있다. 중앙역은 규모가 작지만 환전소, 관광안내소, 유료 물품 보관함, 맥도날드 등 편의 시설을 갖추었다. 역내 무선 인터넷 사용도 가능하다. 역에서 구시가지에 위치한 용의 다리까지 도보 10분 정도 걸린다.

홈페이지 www.slo-zeleznice.si

버스

블레드, 포스토이나 동굴 등 슬로베니아 국내선은 물론 크로아티아, 오스트리아 등 국제선도 연결한다. 류블랴나 버스 터미널Avtobusna Postaja은 중앙역 바로 앞에 위치하며 주차장처럼 보이는 곳이 탑승장이다. 버스 위에 표기된 목적지를 확인하고 탑승하면 된다. 컨테이너 박스처럼 생긴 간이 사무실에 매표소가 있다.

홈페이지 www.ap-ljubljana.si

류블랴나 - 주요 도시 간 이동 시간

출발지	이동 수단	소요 시간
블레드	열차	1시간+버스로 환승
	버스	1시간 10분
포스토이나 동굴	버스	58분
자그레브	열차	2시간 15분
	버스	2시간 15분
그라츠	열차	2시간 55분
	버스	3시간 28분

류블랴나 시내 교통

류블랴나 시내는 크지 않다. 주요 관광 명소는 구시가지 중심에 모여 있어 대부분 걸어서 둘러볼 수 있다. 숙소가 중심가에서 멀리 떨어져 있을 경우 시내버스를 이용할 수 있으며 구시가지 안으로는 일반 차량이 진입할 수 없어 근처 버스 정류장에 내려 걸어가야 한다.

버스

숙소가 구시가지에서 멀리 떨어져 있다면 구시가지 주변까지 운행하는 시내버스를 이용하면 된다. 운전기사가 요금을 직접 받지 않으므로 주요 버스 정류장의 자동 발매기에서 미리 티켓을 구입해야 한다. 발매기는 대부분 현금과 카드 모두 사용할 수 있다.

요금 교통카드Urbana Card 보증금 €2.00,
1회 탑승 €1.30 ※90분 이내 무제한 환승

관광안내소

무료 지도를 배부하며 교통카드를 구입하거나 각종 투어 등 예약 업무를 대행해 준다. 그 외에도 여행에 관련된 정보를 얻을 수 있고 소소한 기념품을 팔기도 한다.

● 트로모스토베

주소 Adamič-Lundrovo Nabrežje 2, 1000 Ljubljana
문의 +386 1 306 12 15
운영 월~토요일 08:00~18:00,
일요일 · 공휴일 08:00~17:00
홈페이지 www.visitljubljana.com

공유 자전거 BicikeLJ

녹색 수도라 불리는 친환경 도시 류블랴나는 자전거 공유 시스템이 잘되어 있으며, 단거리 이동 시 버스를 이용하는 것보다 저렴하다. 시내 곳곳에 무인 대여소가 있는데, 홈페이지에 이메일과 결제 카드를 등록하면 비밀번호를 받아 이용할 수 있다.

요금 등록비 €1, 1시간 무료, 이후 1시간 €1
※시간이 초과되면 점점 요금이 비싸짐
홈페이지 www.bicikelj.si

환전

슬로베니아에서는 유로화를 사용하기 때문에 한국에서 미리 환전 가능하다. 출금이 필요하다면 공항이나 기차역, 시내 곳곳에서 ATM을 쉽게 찾을 수 있다. 환전은 류블랴나 중앙역에서 구시가지로 가는 도중에 있는 은행에서 하는 것이 환율 면에서 조금 유리하다.

Ljubljana **Best Course**

류블랴나 추천 코스

구시가지를 중심으로 친환경 도시 산책하기

류블랴나는 도시 규모가 작은데다 주요 관광 명소가 구시가지 중심에 모여 있어 하루 동안 도보로 둘러보면 충분하다. 류블랴나의 상징인 용의 다리를 시작으로 도심 산책을 즐겨 보자. 동선이 짧은 편이라 어디에서 시작하든 상관없다.

TRAVEL POINT

- **이런 사람 팔로우!** 류블랴나를 처음 간다면, 도보 여행을 좋아한다면
- **여행 적정 일수** 여유 있는 1일
- **여행 준비물과 팁** 편한 신발
- **사전 예약 필수** 없음

DAY 1

- **소요 시간** 5~6시간
- **점심 식사는 어디서 할까?** 류블랴나성에서 푸니쿨라로 내려온다면 보드니코브 광장 주변 식당이나 시장에서 식사할 수 있고, 산책길로 내려온다면 시청사 골목 남쪽에도 식당이 많다.
- **기억할 것** 재래시장은 일요일에 열지 않으며 비수기나 토요일에는 일찍 문을 닫는다.

용의 다리 P.172

→ 도보 2분

보드니코브 광장 P.173

→ 도보 15분 또는 푸니쿨라 5분

류블랴나성 P.174

→ 도보 15분 또는 푸니쿨라 5분

점심 식사 추천 클로바사르나 P.182

→ 도보 5분

성 니콜라스 대성당 P.175

→ 도보 1분

시청사 P.176

→ 도보 2분

트로모스토베 P.176

→ 도보 1분

프레셰르노브 광장 P.177

→ 바로 앞

프란체스코 성당 P.177

→ 도보 6분

저녁 식사 추천 율리아 P.181

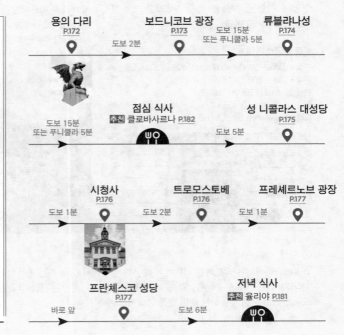

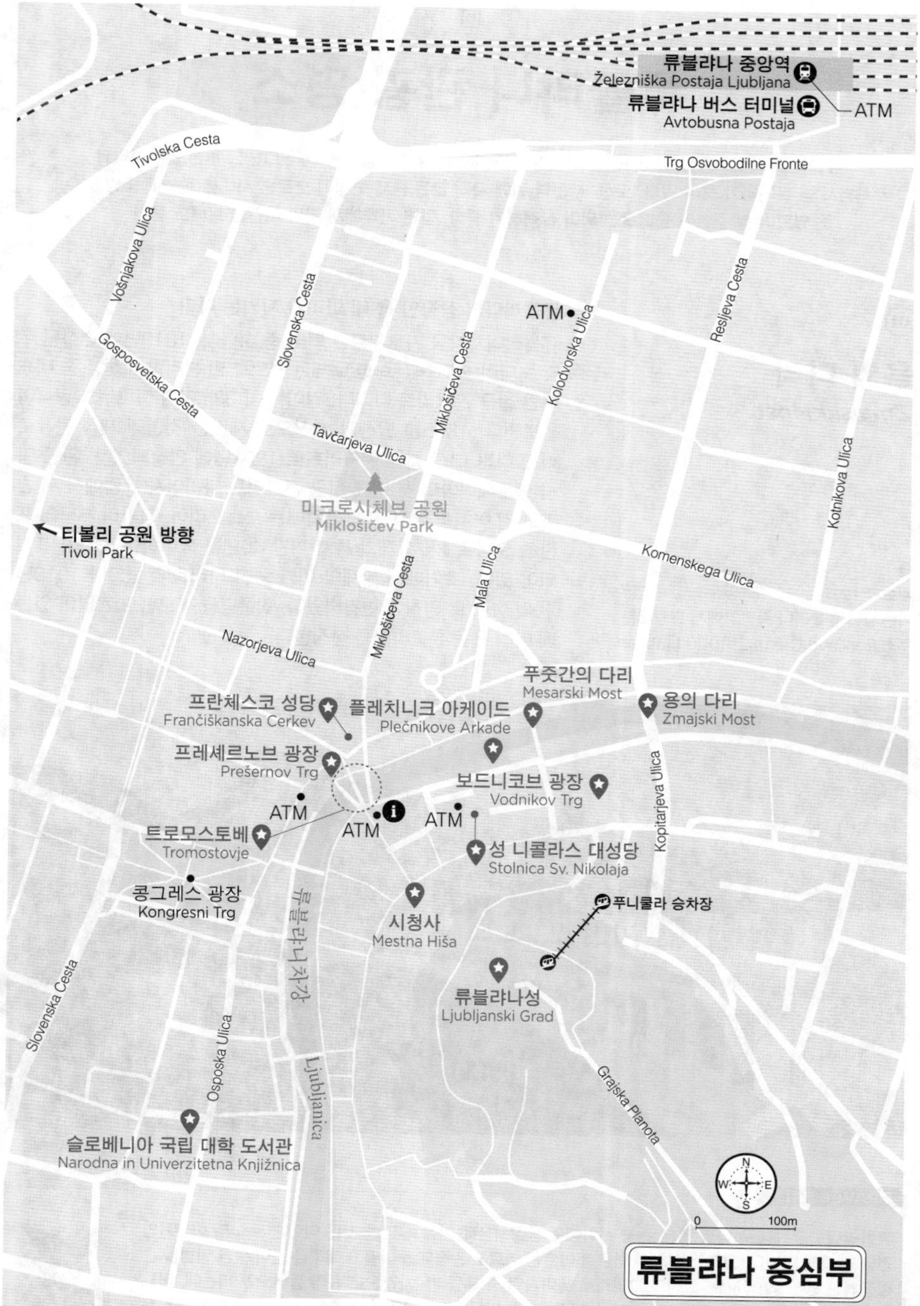
류블랴나 중앙역
Železniška Postaja Ljubljana
류블랴나 버스 터미널
Avtobusna Postaja
ATM
Tivolska Cesta
Trg Osvobodilne Fronte
Vošnjakova Ulica
Slovenska Cesta
Gosposvetska Cesta
Miklošičeva Cesta
ATM
Kolodvorska Ulica
Resljeva Cesta
Tavčarjeva Ulica
Kotnikova Ulica
미크로시체브 공원
Miklošičev Park
티볼리 공원 방향
Tivoli Park
Komenskega Ulica
Mala Ulica
Miklošičeva Cesta
Nazorjeva Ulica
푸줏간의 다리
Mesarski Most
용의 다리
Zmajski Most
프란체스코 성당
Frančiškanska Cerkev
플레치니크 아케이드
Plečnikove Arkade
프레셰르노브 광장
Prešernov Trg
보드니코브 광장
Vodnikov Trg
Kopitarjeva Ulica
ATM
ATM
ATM
트로모스토베
Tromostovje
성 니콜라스 대성당
Stolnica Sv. Nikolaja
콩그레스 광장
Kongresni Trg
류블랴니차강
시청사
Mestna Hiša
푸니쿨라 승차장
류블랴나성
Ljubljanski Grad
Slovenska Cesta
Osposka Ulica
Ljubljanica
Grajska Planota
슬로베니아 국립 대학 도서관
Narodna in Univerzitetna Knjižnica
N
W
E
S
0
100m
류블랴나 중심부

류블랴나 관광 명소

류블랴니차강을 중심으로 형성된 구시가지 중심에 아담한 광장이 몇 개 있고, 그 주변으로 성당과 시청사 등 볼거리가 모여 있다. 도심 속 언덕 위에 자리 잡은 중세 고성에 오르면 시내를 한눈에 조망할 수 있으며 성 주변에 숲이 조성되어 산책하기 좋다. 강변 카페에서 저녁 시간을 보내도 좋다.

01

용의 다리
Zmajski Most

지도 P.171
가는 방법 류블랴나 중앙역에서 도보 8분
주소 Resljeva Cesta 2, 1000 Ljubljana

류블랴나의 상징인 용 네 마리가 지키는 다리

류블랴니차강을 가로지르는 다리 중 하나다. 1819년에 건설된 푸줏간 다리Mesarski Most를 대체한 것으로 빈 분리파의 작품 중 대표적인 철근 콘크리트 다리다. 길이는 약 33m이며 아르누보 양식이 돋보인다. 1895년 발생한 지진으로 재건한 것인데 재정 문제로 석조 다리 대신 철근 콘크리트로 1901년에 완성되었다. 완공 당시 슬로베니아의 첫 번째 철근 콘크리트 다리이자 유럽에서 세 번째로 긴 아치형 다리였다. 아치에는 오스트리아-헝가리 제국의 프란츠 요제프 1세 황제의 통치 기간 40년을 의미하는 숫자가 표기되어 있다. 초기에는 황제의 이름을 딴 다리로 불렸으나 1919년 '용의 다리'로 명칭이 변경되었다. 위풍당당한 모습으로 앉아 있는 네 마리 용은 류블랴나를 상징한다.

TRAVEL TALK

류블랴나 건국 신화에 등장하는 용

류블랴나의 용은 건국 신화에도 등장하는데 가장 유명한 것은 이아손Iason의 이야기입니다. 그리스 신화의 영웅 이아손은 아르고 원정대를 이끌고 흑해를 건너 황금 양털을 손에 넣지요. 그리고 그리스로 돌아가던 중 류블랴니차강으로 흘러 들어오게 되는데, 어느 날 밤 강에서 용이 솟아 나와 불을 뿜어내 많은 대원들이 죽게 됩니다. 결국 이아손은 용을 죽이고 아르고 원정대의 일부가 류블랴나를 세웠다는 이야기입니다.

02 보드니코브 광장
Vodnikov Trg

류블랴나 최대의 재래시장이 열리는 광장

용의 다리를 지나 류블랴나성에 오르기 전에 만나게 되는 광장. 슬로베니아의 시인 발렌틴 보드니크Valentin Vodnik의 이름을 따서 지었으며, 1889년 그를 기념하는 동상이 광장에 세워졌다. 이 광장에서는 류블랴나에서 가장 큰 재래시장Glavna Tržnica이 열린다. 아침 일찍 빛깔 좋은 과일과 채소부터 육류와 어류, 향신료, 의류, 꽃, 기념품에 이르기까지 다양한 품목을 판매한다. 흥겨운 음악이 흐르는 활기찬 분위기에서 류블랴나 현지인들이 장바구니를 들고 돌아다니는 평온한 일상을 고스란히 느낄 수 있다.

TIP

시장의 운영시간은 현지 사정에 따라 바뀌고 매대별로 다르다. 물건이 소진되면 일찍 문을 닫고 강한 비바람이나 폭설 등 악천후에는 운영하지 않는다. 농산물 시장은 주로 현지인들이 이용하기 때문에 무리한 흥정은 화를 부르기도 한다.

지도 P.171 **가는 방법** 용의 다리에서 도보 2분
주소 Kopitarjeva Ulica 2, 1000 Ljubljana
운영 재래시장 여름 월~금요일 06:00~18:00, 토요일 06:00~16:00, 겨울 월~토요일 06:00~16:00(12월 월~금요일 09:00~24:00)
휴무 일요일 · 공휴일 **홈페이지** www.lpt.si

03 푸줏간의 다리
Mesarski Most

성서와 그리스 신화 조각상으로 장식된 다리

과거 푸줏간이 밀집해 있던 재래시장 옆에 세워진 다리로 용의 다리에서도 가깝다. 건축가 요제 플레치니크Jože Plečnik가 1930년대에 디자인을 고안했지만 2010년 7월에 완공되었다. 초기 디자인보다 현대적으로 설계되었으며 조각상이 많아 구경하는 재미가 있다. 다리 위의 조각상들은 슬로베니아의 조각가 야코브 브르다르Jakov Brdar의 작품으로 에덴 동산에서 쫓겨나는 〈아담과 이브〉, 반인반수의 모습을 한 〈사티로스〉, 제우스의 금기를 어기고 인간에게 불을 가져다준 〈프로메테우스〉 등 성서와 그리스 신화의 내용을 담고 있다. 바닥의 일부가 투명 아크릴로 제작되어 강물이 흐르는 것을 볼 수 있으며, 난간에는 사랑을 약속하는 연인들의 자물쇠가 가득 걸려 있어 낭만적인 분위기다.

지도 P.171
가는 방법 보드니코브 광장에서 도보 1~2분
주소 Mesarski Most, 1000 Ljubljana

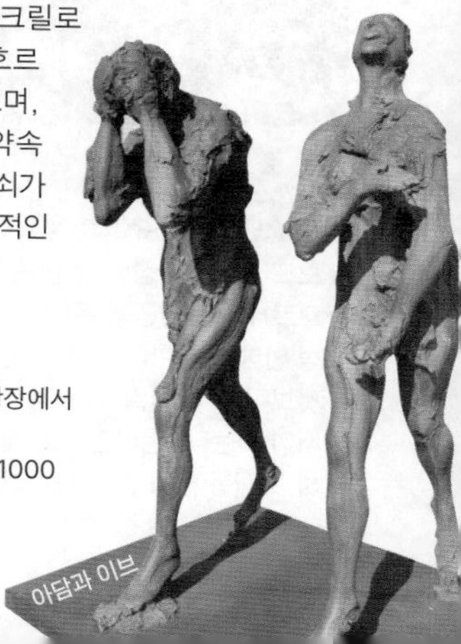
아담과 이브

④

류블랴나성
Ljubljanski Grad

추천

류블랴나가 한눈에 내려다보이는 언덕 위의 성

류블랴나의 언덕 위에 자리해 도시 전체의 풍광을 굽어보고 자리한 고성이다. 성이 맨 처음 지어진 시기는 정확하지 않지만 문헌상 처음 언급된 것은 12세기 초이며, 그 후 15세기 후반에 합스부르크가의 프레데릭 3세에 의해 완전히 재건축되었다. 17세기 이후 요새로 이용되었으며 나폴레옹 전쟁과 제2차 세계대전 당시에는 군사 병원과 감옥으로 사용되기도 했다. 그리고 1970년 현대적인 모습으로 개보수하면서 관광 명소로 자리 잡았다. 성 안에는 슬로베니아의 역사를 보여 주는 박물관과 고고학 유물 갤러리, 작은 예배당 등이 있다. 성에서 가장 유명한 볼거리는 1848년에 세워진 탑으로 류블랴나 도시 전체를 내려다볼 수 있는 전망대 역할을 한다. 그 외에 공연 및 체험장, 카페, 식당, 기념품점이 있다.

TIP

류블랴나성을 걸어 올라가서 성 안으로 입장하는 것은 무료다. 성 내부 박물관을 관람하거나 탑에 오르려면 티켓을 사야 하는데, 모두 볼 생각이라면 푸니쿨라까지 포함된 통합권을 사는 것이 약간 저렴하다. 온라인으로 예매하면 10% 할인된다.

현지인들이 주로 이용하는 산책로는 시청사 남쪽의 고르니 광장Gornji Trg에서 성으로 가는 길인 울리차 나 그라드Ulica na Grad로 올라가 왼쪽 오솔길 마치야 스테자Mačja Steza를 따라가거나, 오른쪽 길인 오소이나 포트Osojna Pot를 조금 더 걷다 오솔길 오소이나 스테자Osojna Steza로 가는 길이에요.

지도 P.171 **가는 방법** 크레코브Krekov 광장에서 푸니쿨라로 1분, 또는 보드니코브 광장 뒤 언덕길Študentovska Ulica로 도보 15분 **주소** Grajska Planota 1, 1000 Ljubljana **운영** 5~9월 09:00~22:00, 10~4월 09:00~19:00 ※안내소, 상점, 카페 등은 더 일찍 닫음 **요금** 푸니쿨라+박물관+탑 일반 €16, 학생 또는 7~18세 €11.20 / 박물관+탑 일반 €12, 학생 또는 7~18세 €8.40 / 푸니쿨라 왕복 일반 €6, 학생 또는 7~18세 €4.50, 편도 일반 €3.30, 학생 또는 7~18세 €2.30
홈페이지 www.ljubljanskigrad.si

류블라나성을 오르는 가장 편리한 방법

보드니코브 광장 바로 뒤편에 자리한 작은 광장 크레코브Krekov에는 성을 오르내리는 관광용 푸니쿨라가 있다. 푸니쿨라는 한번에 33명까지 태워 1분이면 성 안에 도착한다. 하지만 관광객이 붐비는 성수기에는 줄이 길면 걸어서 올라가는 것보다 오래 걸릴 수 있다. 푸니쿨라 앞에는 매표소가 있고 다시 탑승 대기줄을 서야 하는데, 온라인으로 예매했더라도 바우처를 매표소에서 티켓으로 교환해야 하기 때문에 성수기에는 오전 일찍 가는 것이 좋다.

05

성 니콜라스 대성당

Stolnica Sv. Nikolaja

지도 P.171 **가는 방법** 보드니코브 광장에서 도보 1분
주소 Dolničarjeva 1, 1000 Ljubljana
운영 월·수~금요일 11:00~18:00, 화요일 14:00~18:00, 토요일 11:00~16:00, 17:00~18:00, 일요일 13:30~15:30, 17:00~18:00
요금 €3 **홈페이지** lj-stolnica.rkc.si

류블랴나를 대표하는 대성당

녹색 돔과 쌍둥이 첨탑이 웅장한 인상을 주는 성 니콜라스 대성당은 류블랴나의 대주교 성당이다. 1262년에 처음 지어졌다고 전해지며, 1361년 대화재로 파괴되어 고딕 양식으로 재건했으나 1469년 다시 화재로 소실되었다. 결국 1701~1706년에 건축가 안드레아 포조Andrea Pozzo가 바로크 양식으로 재건한 것이 지금의 모습이다. 성당으로 들어가는 2개의 문 중 정문은 '슬로베니아 문'이라고 불리는데, 1996년 교황 요한 바오로 2세Pope John Paul II의 방문을 기념해 청동으로 만든 것이다. 문에는 슬로베니아의 가톨릭 역사가 묘사되어 있으며 중앙 상단에는 교황 바오로 2세의 조각상이 있다. 성당 측면의 다른 문은 '류블랴나 문'이라 불리며 20세기 6명의 주교가 예수를 바라보는 모습이 입체감 있게 묘사되었다. 성당 내부는 장엄하면서도 화려한 천장화와 아름다운 프레스코 벽화로 가득하다.

TRAVEL TALK

금요일의 음식 축제, 오드프르타 쿠흐나

매년 3월 중순부터 10월 말까지 금요일마다 성 니콜라스 대성당 앞 광장에서 펼쳐지는 음식 축제입니다. 영어로 '오픈 키친Open Kitchen'이라는 뜻의 오드프르타 쿠흐나Odprta Kuhna는 슬로베니아의 셰프들이 참여해 자신들의 재량을 한껏 펼쳐요. 또 지방에서 올라온 로컬 식당의 음식도 맛볼 수 있는 좋은 기회입니다. 시민들의 사랑을 받는 인기 축제이니 시간이 된다면 꼭 가 보세요. 겨울철이나 악천후에는 열리지 않아요.
주소 Pogačarjev Trg, 1000 Ljubljana
운영 3~10월 금~일요일 10:00~21:00 **홈페이지** www.odprtakuhna.si

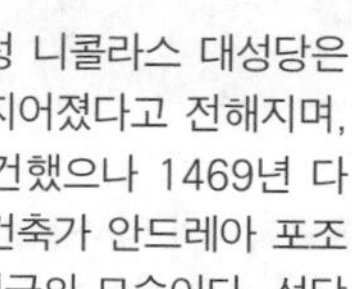

⑥ 시청사
Mestna Hiša

류블랴나의 역사를 함께한 중심 건물

1484년에 지어진 이래 오랫동안 재판소로 사용되었던 건물로, 1717~1719년 지금의 바로크 양식으로 재건되면서 시청사로 바뀌었다. 현재 1층은 일반에 개방되어 관광객도 입장할 수 있다. 안뜰에는 17세기 류블랴나의 옛 지도와 우물이 있고 다양한 전시회도 열린다. 시청사 앞에는 이탈리아 조각가 프란체스코 로바Francesco Robba가 1751년에 만든 로보브 분수Robbov Vodnjak가 있다. 그가 로마에서 본 나보나 광장의 분수에서 영감을 받아 만든 것이라고 한다. 바로크 양식의 분수는 3개의 항아리를 가진 조각상에서 물이 흘러나오는데 이는 슬로베니아를 지나는 류블랴니차강, 사바강, 크르카강을 상징한다.

지도 P.171 **가는 방법** 성 니콜라스 대성당에서 도보 1분
주소 Mestni Trg 1, 1000 Ljubljana
운영 09:00~18:00
홈페이지 www.visitljubljana.com

⑦ 트로모스토베 추천
Tromostovje

류블랴니차강에서 가장 돋보이는 삼중교

다리 3개가 한데 모여 있는 이 독특한 다리는 1280년 처음 지어질 당시에는 목조 다리 1개였다. 1657년 화재로 소실되면서 1842년 이탈리아 건축가 조반니 피코Giovanni Picco에 의해 석회암 다리로 지어졌다. 그러다가 1929년에 심한 교통 체증으로 건축가 요제 플레치니크Jože Plečnik에 의해 보행자 다리 2개를 추가로 만들었고 1932년에 완공 후 지금의 이름을 얻게 되었다. 과거에는 중간 다리로 차가 다녔지만 현재는 모든 다리에 차량을 통제해 보행자 전용 다리로 이용하고 있다. 구시가지 중심인 프레셰르노브 광장과 시청사를 연결하고 있어 시내 여행 중 자주 지나게 된다.

지도 P.171
가는 방법 성 니콜라스 대성당에서 도보 2분
주소 Adamič-Lundrovo Nabrežje 1, 1000 Ljubljana

08 프레셰르노브 광장 추천
Prešernov Trg

류블랴나의 중심 광장

류블랴나의 엽서에도 자주 등장하는 구시가지의 중심 광장이다. 트로모스토베와 이어지며 중심에 분홍빛 프란체스코 성당이 있다. 주변으로는 아르 누보와 르네상스 양식의 건물들이 어우러져 아름다움을 더한다. 광장은 성당이 들어서던 17세기부터 있었으나 1895년 지진을 겪으면서 지금의 모습을 갖추게 되었다. 광장 동쪽에는 슬로베니아의 국민 시인 프란체 프레셰렌France Prešeren의 청동 조각상이 있고, 서쪽에는 류블랴나를 한눈에 볼 수 있는 동판 입체도가 있다. 광장 주변으로는 카페와 식당이 즐비해 시민들의 약속 장소로 이용되며 길거리 공연도 종종 볼 수 있다.

지도 P.171
가는 방법 성 니콜라스 대성당에서 도보 3분
주소 Prešernov Trg 1, 1000 Ljubljana

09 프란체스코 성당
Frančiškanska Cerkev

프레셰르노브 광장을 지키는 아름다운 성당

분홍빛을 띤 이 아름다운 성당은 류블랴나의 교구 성당으로 1646~1660년 사이에 지어졌다. 외관만큼이나 내부도 아름다운데 바로크 양식의 중앙 제단은 조각가 프란체스코 로바Francesco Robba의 작품이다. 기존에 있던 프레스코화는 1895년에 발생한 류블랴나 지진으로 균열이 생기면서 소실되었다. 지금의 모습은 1936년 슬로베니아 인상파 화가 마테이 스테르넨Matej Sternen에 의해 새롭게 그려진 것이다. 성당 도서관은 역사적 가치가 높은 약 7만 권의 서적과 중세 필사본을 소장한 곳으로도 유명하다.

지도 P.171 **가는 방법** 프레셰르노브 광장 바로 앞
주소 Prešernov Trg 4 1000 Ljubljana **운영** 월·화·목요일 11:00~12:00, 17:00~18:00, 금요일 11:00~12:00 **요금** €3 **홈페이지** www.franciskani.si

TRAVEL TALK

시인의 안타까운 사랑 이야기

슬로베니아의 국민 시인 프레셰렌에게는 사랑하는 여인이 있었다고 합니다. 평민이었던 그는 율리아Yulia라는 여인을 사랑했으나 신분 차이 때문에 둘은 맺어지지 못했지요. 그는 이미 결혼한 그녀를 마음에 품고 평생을 독신으로 보냈다고 합니다. 프레셰렌의 청동상과 일직선으로 이어지는 월포바 울리차Wolfova Ulica 거리의 오른쪽 두 번째 건물 벽에서 율리아의 조각상을 찾아보세요. 서로 떨어져 있는 연인의 모습이 여전히 애틋해 보입니다.

SPECIAL THEME

요제 플레치니크의 흔적을 찾아서

류블랴나 도심 속 건축 산책

우리에게는 다소 낯선 이름이지만 요제 플레치니크는 슬로베니아가 자랑하는 국민 건축가로 류블랴나의 현대 건축을 이끈 인물이다. 류블랴나 시내는 그의 손길이 닿지 않은 곳이 없을 정도라 해도 과언이 아닐 만큼 수많은 작품이 남아 있으니 놓치지 말고 감상해 보자.

요제 플레치니크 *Jože Plečnik* 1872~1957년

슬로베니아를 대표하는 건축가로 체코 프라하성 건축에도 참여했다고 합니다. 오토 바그너Otto Wagner의 수석 제자였으며 그가 설계한 많은 건물에 아르누보 양식이 잘 나타나 있습니다. 슬로베니아 전역에 그의 작품이 산재해 있는데 특히 고향인 류블랴나 시내에 공공 건물, 다리, 은행, 시장, 묘지, 공원, 광장, 성당 등이 많이 남아 있답니다.

• 푸줏간의 다리 *Mesarski Most*

1930년대 후반

다리가 완공된 시기는 2010년이지만 원래 1930년대에 요제 플레치니크가 처음 설계한 것으로 알려져 있다. 바닥 일부에 투명 아크릴이 들어간 것은 후대에 추가된 부분이다.

▶▶ P.173

• 플레치니크 아케이드

Plečnikove Arkade

1931~1939년

푸줏간의 다리에서 바로 보이는 지붕이 덮인 기다란 아케이드 건물도 요제 플레치니크의 작품이다. 아케이드 안에 먹거리를 파는 작은 가게들이 모여 있다.

가는 방법 프레셰르노브 광장에서 도보 3분

주소 Adamič-Lundrovo Nabrežje, 1000 Ljubljana

● 트로모스토베 *Tromostovje*

1929~1932년

류블랴나의 상징인 삼중교. 다리 3개가 만나는 독특한 형태가 인상적이다.

▶ P.176

● 슬로베니아 국립 대학 도서관
Narodna in Univerzitetna Knjižnica

1930~1941년

지식의 전당인 도서관을 건축학적으로 잘 나타냈다고 평가받는 건물이다. 이탈리아 르네상스 양식의 영향을 받아 설계했다고 한다.

가는 방법 프레셰르노브 광장에서 도보 7분
주소 Turjaška Ulica 1, 1000 Ljubljana

● 티볼리 공원 *Tivoli Park* **일부**

1921~1939년

류블랴나에서 가장 큰 공원으로 요제 플레치니크가 입구 쪽 산책로 조성을 맡았다.

가는 방법 프레셰르노브 광장에서 도보 12분
주소 Jakopičevo Sprehajališče, 1000 Ljubljana

● 블레드의 성 마틴 성당
Cerkev Svetega Martina **일부**

1938년

작고 아름다운 블레드 마을에 있는 성 마틴 성당의 정원과 성당 내부의 일부 인테리어를 요제 플레치니크가 담당했다.

▶ P.193

류블랴나 맛집

류블랴나에는 슬로베니아 전통 요리를 맛볼 수 있는 식당이 많다. 입구에서 전통 의상을 차려입고 관광객들에게 호객 행위를 하는 레스토랑보다는 현지인들이 즐겨 찾는 맛집을 찾아가 보자. 전망이 좋은 카페에 앉아 류블랴나성이 보이는 멋진 풍경을 즐겨 보아도 좋다.

카바르나 스테라소(네보티치니크)

Kavarna s Teraso(Nebotičnik)

위치 프레셰르노브 광장 주변
유형 카페
주메뉴 음료, 스낵

☺ → 전망이 훌륭하다.
☹ → 구시가지 중심가에서 조금 떨어져 있다.

'카바르나 스테라소'는 '테라스가 있는 카페'란 뜻이고, '네보티치니크'는 '마천루Skyscraper'를 뜻한다. 마천루라고 하기에는 소박한 12층 높이의 건물이지만 류블랴나에서 인생 사진을 건질 수 있는 멋진 전망을 갖춘 바 겸 카페다. 근처의 인터컨티넨탈 호텔에서 루프톱 바를 홍보하고 있지만 실제 전망은 이곳이 더 뛰어나다. 시야를 가리는 건물 없이 류블랴나성이 한눈에 펼쳐지며 성 니콜라스 대성당, 프란체스코 성당 등 높은 건물들도 보인다. 맥주, 와인 등 주류와 커피, 탄산음료, 생과일 주스 등 바 메뉴는 기본으로 갖추고 있으며 감자튀김 같은 간단한 스낵과 케이크 등 디저트도 있다. 카페가 자리한 네보티치니크 건물의 10층에는 레스토랑, 11층에는 클럽, 13층에는 이벤트용 VIP 룸이 있다. 세 곳 모두 테라스가 없으며 예약해야 하는 반면, 이곳 12층 카페는 부담 없이 탁 트인 전망을 누구나 즐길 수 있어 인기다. 단, 사람이 많으니 붐비는 시간을 조금 피해 가는 것이 좋다.

가는 방법 프레셰르노브 광장에서 도보 4분 **주소** Štefanova Ulica 1, 1000 Ljubljana **문의** +386 40 233 078 **운영** 월~수요일 09:00~01:00, 목~토요일 09:00~03:00, 일요일 12:00~22:00
예산 아침 식사(09:00~12:00) €7~8, 주류 · 음료 €2~7
홈페이지 www.neboticnik.si

세컨드 바이올린
Second Violin

위치 시청사 주변
유형 로컬 맛집
주메뉴 슬로베니아 가정식

→ 가성비가 뛰어나다.
→ 메뉴 종류가 적다.

식사 시간이면 대기줄이 생기는 아담한 식당으로 매일 바뀌는 저렴한 런치 스페셜이 인기다. 한 달치 메뉴를 미리 정해 메뉴판에 올린다. 날짜별로 두 가지를 선택할 수 있는데 애피타이저와 메인 메뉴, 디저트까지 나온다. 단품 메뉴도 있지만 종류가 적다. 고급 요리는 아니지만 슬로베니아 가정식 요리를 맛보기 좋으며 양도 푸짐하다.

가는 방법 시청사에서 도보 4분
주소 Stari Trg 21, 1000 Ljubljana
문의 +386 820 52506
운영 월~금요일 08:00~16:00
휴무 토 · 일요일
예산 런치 스페셜 €8~12

율리야
Julija

위치 시청사 주변
유형 대표 맛집
주메뉴 지중해 · 슬로베니아 요리

→ 맛있는 음식과 좋은 분위기
→ 메뉴에 따라 약간 짜다.

현지인과 관광객 모두에게 인기 있는 맛집. 류블랴니차강 변에서 한 블록 안쪽으로 들어온 작은 골목길에 있으며 맛과 가격이 무난하다. 우리 입맛에 잘 맞는 음식들이 많아 한국인도 가끔 눈에 띈다. 트러플 향이 가득한 소고기 스테이크와 그릴에 구운 문어, 라비올리, 생선 요리 등을 맛볼 수 있다. 평일 런치 메뉴가 인기 있다.

가는 방법 시청사에서 도보 3분
주소 Stari Trg 9, 1000 Ljubljana
문의 +386 1 425 64 63
운영 12:00~22:00
예산 스테이크 €22~, 파스타 €15~
홈페이지 www.julijarestaurant.com

슬로벤스카 히샤 피고베치
Slovenska Hiša - Figovec

위치 프레셰르노브 광장 주변
유형 대표 맛집
주메뉴 슬로베니아 요리

→ 인테리어가 깔끔하다.
→ 조금 짠 편이다.

'슬로베니아의 집'을 뜻하는 이름을 가진 이곳은 프레셰르노브 광장 뒤편에 자리한다. 슬로베니아 전통 음식을 현대적으로 재해석한 메뉴를 선보인다. 생선 요리도 있지만 고기 요리가 주를 이루며 치즈나 햄, 감자 등을 많이 사용한다. 시청사 근처 강변에도 지점이 있는데, 주로 간단한 샌드위치나 안주를 선보인다.

가는 방법 프레셰르노브 광장에서 도보 7분 **주소** Gospovsetska Cesta 1, 1000 Ljubljana
문의 +386 1 426 44 10
운영 09:00~23:00 ※시간이 자주 변동되니 방문 전 확인 필요
예산 메인 요리 €12~28
홈페이지 https://figovec.si

클로바사르나
Klobasarna

위치 성 니콜라스 대성당 앞
유형 로컬 맛집
주메뉴 소시지

😊 → 간단히 먹기 좋은 음식을 저렴하게 판다.
😞 → 노천 테이블 자리만 있다.

슬로베니아식 전통 소시지인 크란스카 클로바사Kranjska Klobasa를 전문으로 한다. 작은 가게지만 노천 테이블이 있으며 현지인들은 포장해 가기도 한다. 슬로베니아의 전통 음식을 가성비 좋게 간단히 즐길 수 있다. 소시지와 함께 먹기 좋은 수프 리체트Ričet와 전통 디저트인 슈트루클리Štruklji 모두 맛있다.

가는 방법 성 니콜라스 대성당 앞
주소 Ciril-Metodov Trg 15, 1000 Ljubljana **문의** +386 51 605 017
운영 월~토요일 10:00~21:00(7 · 8월 10:00~23:00), 일요일 10:00~15:00
예산 소시지(양에 따라) €4.50~8.50, 슈트루클리 €4, 음료 €1.20~4.50
홈페이지 www.klobasarna.si

그라이스카 카바르나
Grajska Kavarna

위치 류블랴나성
유형 카페
주메뉴 음료, 케이크

😊 → 류블랴나성 관람 중 잠시 쉬어 가기 좋다.
😞 → 서비스가 느린 편이다.

류블랴나성 안에 자리한 카페로 그라이스카 카바르나는 '성 카페'라는 뜻이다. 성 내부를 돌아보다가 중간에 들러 부담 없이 음료나 케이크를 즐기며 휴식을 취하기 좋은 장소다. 넓고 쾌적한 실내에서는 성벽의 일부를 볼 수 있다. 탑을 바라볼 수 있는 노천 테이블도 인기다. 가격은 비싼 편이다.

가는 방법 류블랴나성 안쪽 테라스
주소 Grajska Planota 1, 1000 Ljubljana
문의 +386 31 353 982
운영 5~9월 09:00~20:00, 10~4월 09:00~18:00
예산 케이크 · 아이스크림 €5~7
홈페이지 www.ljubljanskigrad.si

비고
Vigò

위치 시청사 주변
유형 디저트
주메뉴 수제 아이스크림

😊 → 이탈리아의 젤라토를 능가하는 맛
😞 → 여름에는 줄이 매우 길다.

트로모스토베 다리에서 시청사로 가는 길에 자리한 인기 있는 아이스크림 가게다. 1층은 공간이 좁지만 2층은 아늑하고 깔끔한 인테리어를 갖춘 카페 분위기다. 여름에는 노천 테이블도 있으며 항상 대기줄이 길게 늘어선다. 좋은 재료로 만든 고급스러운 수제 아이스크림을 합리적인 가격에 파는 곳이다.

가는 방법 시청사에서 도보 1분
주소 Mačkova Ulica 2, 1000 Ljubljana
문의 +386 820 56420
운영 09:30~21:30
예산 €2~3
홈페이지 www.vigo-icecream.com

류블랴나 쇼핑

류블랴나 구시가지 안에는 프레셰르노브 광장 주변에 상점가와 백화점이 있고, 구시가지를 조금 벗어나면 더 큰 백화점이 있다. 대성당과 시청사 주변에도 기념품 가게들이 있으며 보드니코브 광장 근처의 아케이드나 시장에도 일부 기념품 매대가 있다.

갈레리야 엠포리움

Galerija Emporium(Emporium Gallery)

위치 프레셰르노브 광장 주변
유형 백화점
특징 중 · 고급 브랜드 위주

류블랴나 시내 중심가에 자리해 편리하게 찾아갈 수 있는 중소형 백화점이다. 구시가지와 잘 어울리는 고풍스러운 외관이 돋보이며 프란체스코 성당 바로 옆이라는 환상적인 위치를 자랑한다. 100년이 넘은 건물이 화려한 패션 전문 백화점으로 변신한 것만으로도 독특하다. 유럽과 미국의 유명 브랜드가 골고루 있다.

가는 방법 프레셰르노브 광장 바로 옆 **주소** Prešernov Trg 4b, 1000 Ljubljana **문의** +386 41 377 500
운영 월~금요일 10:00~21:00, 토요일 10:00~20:00
휴무 일요일 **홈페이지** www.galerijaemporium.si

나마

Nama

위치 프레셰르노브 광장 주변
유형 백화점
특징 중 · 고급 브랜드 위주

갈레리야 엠포리움보다는 구시가지 중심가에서 조금 떨어져 있지만 넓은 매장 안에 더 많은 브랜드가 입점해 있다. 지하에는 식품 매장과 함께 슈퍼마켓 슈파르Spar가 있어 마트 쇼핑도 즐길 수 있다. 백화점 바로 건너편 건물에는 자라Zara, 에이치앤엠H&M 등 중저가 의류 매장이 있고, 그 옆으로 드러그스토어 뮐러Müller의 대형 매장이 있다.

가는 방법 프레셰르노브 광장에서 도보 4분
주소 Tomšičeva Ulica 1, 1000 Ljubljana
문의 +386 1 425 83 00 **운영** 월~토요일 09:00~20:00
휴무 일요일 **홈페이지** nama.si

Another Trip

류블랴나 근교 여행 I

포스토이나 동굴 Postojnska Jama

총길이가 무려 24km에 달하는 포스토이나 동굴은 세계에서 두 번째로 긴 카르스트 동굴로 꼽힌다. 200만 년이라는 오랜 세월 자연이 만든 예술 작품이라 할 수 있다. 1년에 겨우 0.1mm, 100년이 되어야 1cm씩 자라는 종유석, 석순, 석주가 늘어선 동굴 내부는 경이롭고 장엄하여 탄성이 절로 나온다. 일반에게 개방된 부분은 5km 정도 구간으로 가이드 투어를 통해서만 볼 수 있다.

가는 방법

류블랴나 중앙역 앞 버스 터미널Avtobusna Postaja 12번 플랫폼에서 포스토이나 동굴행 버스가 출발한다. 승차권은 버스 터미널 매표소나 버스 안에서 운전기사에게 직접 살 수 있다. 포스토이나 동굴로 바로 가는 버스는 하루에 2~3편만 운행하니 예매하는 것이 좋다. 버스는 동굴 매표소 근처에 정차한다.

요금 편도 €5.30~7.50 소요 시간 50~70분

TIP

포스토이나 동굴행 버스 티켓을 구하지 못했다면?

포스토이나 동굴Postojnska Jama행 버스 티켓이 매진됐다면 포스토이나Postojna행 버스를 탄다. 포스토이나행 버스는 1시간에 1편 정도 운행하며, 포스토이나 정류장에서 동굴까지 15~20분 정도 걸어 들어가야 한다. 버스 정류장에서 언덕진 골목 안쪽으로 조금 올라가면 관광안내소가 나온다. 조금 더 안쪽으로 들어가 호텔 크라스Hotel Kras를 지나 왼쪽으로 이어진 얌스카 거리Jamska Cesta를 따라 12분 정도 걸어가면 동굴 매표소가 있다.

동굴 둘러보기

세계 최초의 동굴 열차

동굴 내부 박물관

넓은 동굴 곳곳에 있는 기념품점

포스토이나 동굴 입구로 들어가면 먼저 동굴 열차에 탑승한다. 1872년에 놓인 길이 2km의 철도를 이용해 투어 시작점까지 편하게 들어갈 수 있다. 열차에서 내리면 가이드를 따라 동굴 투어가 시작된다. 석회암이 용해되어 나타나는 카르스트 동굴은 슬로베니아에 수백 개가 있는데 그중 포스토이나 동굴이 가장 규모가 크다. 동굴은 17세기에 처음 알려졌으나 구석기 시대의 유물이 발견되기도 했다. 1818년에는 주민 루카 체치Luka Čeč가 오스트리아-헝가리 제국의 프란츠 요제프 1세 황제 방문을 대비하던 중 새로운 구간을 발견했고 1819년 동굴이 공개되면서 그는 이 동굴의 최초 가이드가 됐다.

현재 관람 코스는 무려 5km가 넘는다. 세계에서 가장 긴 동굴 투어라고 할 수 있다. 투어 마지막에는 갑자기 조명이 꺼지며 사방이 암흑으로 덮인다. 아주 오래전 이 동굴을 처음 발견하고 사람들이 정착했던 당시에 내부가 얼마나 어두웠는지를 알려 주기 위한 연출이다. 또한 우리가 눈으로 바라보기에 바빠 놓치고 있던 동굴 내부의 소리를 한 번쯤 귀담아 들어볼 기회를 준다.

ℹ 인포메이션

주소 Jamska Cesta 28, 6230 Postojna
운영 1~3월 · 11 · 12월 10:00, 12:00, 15:00 / 4 · 10월 10:00, 11:00, 12:00, 14:00, 15:00, 16:00 / 5 · 6 · 9월 09:00~17:00(매시) / 7 · 8월 09:00~18:00(매시)
요금 일반 €29.90, 학생(16~25세) €23.90, 6~15세 €17.90 ※시즌에 따라 유동적
비바리움이 포함된 통합권 일반 €39.90, 학생(16~25세) €31.90, 6~15세 €23.90
프레드야마성이 포함된 통합권 일반 €41.90, 학생(16~25세) €33.50, 6~15세 €25
비바리움과 프레드야마성이 포함된 통합권 일반 €51.90, 학생(16~25세) €41.50, 6~15세 €31
홈페이지 www.postojnska-jama.eu

관람 포인트

① 그레이트 마운틴
Great Mountain

동굴 투어의 첫 번째 관람 포인트. 동굴 천장이 무너지면서 생긴 높이 45m의 언덕으로 다양한 종유석과 석순을 볼 수 있다.

② 뷰티풀 케이브
Beautiful Cave

색상이 아름다운 곳으로 다양한 종유석과 석순을 볼 수 있다. 눈처럼 흰 석순으로 가득한 '하얀 방White Chamber', 붉은색을 띠는 석순으로 가득한 '붉은 방Red Chamber', 종유석이 뾰족뾰족하고 얇은 바늘처럼 매달려 있는 것처럼 보인다는 '파이프 방Pipe Chamber' 등 화려하고 아름다운 종유석과 석순의 향연이 펼쳐진다.

③ 다이아몬드 홀
Diamond Hall

자연의 경이로움을 느낄 수 있는 곳으로 다이아몬드처럼 눈부신Brilliant 석순이 있는 곳이다. 포스토이나 동굴 티켓의 메인 사진으로 사용될 만큼 동굴에서 가장 아름다운 곳이다. 높이는 5m에 달한다. '아이스크림 석순'이라고도 불린다.

④ 러시안 브리지 *Russian Bridge*

1916년 제1차 세계대전 당시 러시아 포로들이 만든 높이 10m의 다리로 뷰티풀 케이브와 이어진다.

⑤ 비바리움 *Vivarium*

동굴에는 다양한 희귀 생물이 서식한다. 그중 유명한 것은 아기 용이라 불리는 '올름Olm'이다. 4개의 다리를 가졌으며 아가미를 통해 호흡하고, 어두운 곳에 있어 눈이 퇴화하여 앞은 보지 못한다. 수명은 100년이고 최대 25cm까지 자란다. 사진 촬영은 금지되어 있다.

⑥ 콘서트 홀 *Concert Hall*

동굴 투어의 마지막 코스. 동굴에서 가장 넓은 공간으로 약 1만 명을 수용할 수 있다. 음향 효과가 좋아 콘서트 홀로 사용되기도 했다. 유일하게 플래시를 터뜨리고 사진을 찍을 수 있는 곳이다. 동굴 열차에 탑승하기 전 기념품점을 둘러볼 수 있다.

동굴 투어 전에 알아두면 좋은 팁

- ☑ 가이드 투어로만 입장 가능하다. 월별로 스케줄이 다르니 홈페이지에서 미리 확인한다.
- ☑ 성수기에는 투어가 일찍 마감될 수 있으니 예매하는 것이 좋다.
- ☑ 구입한 티켓에는 입장 시간이 적혀 있다. 투어는 90분 소요.
- ☑ 한국어 오디오 수신기를 대여할 수 있다(요금 €3).
- ☑ 동굴 온도는 8~10℃ 정도로 한여름에도 긴소매 옷을 준비하는 게 좋다(동굴 입구에서 망토 유료 대여).
- ☑ 투어 시간에 늦게 도착하면 추가 요금을 내고 다음 투어를 이용하거나 아예 투어에 참여하지 못할 수도 있으니 여유 있게 도착해야 한다.
- ☑ 석순 · 종유석을 만지는 행위, 음식물 반입, 쓰레기를 버리는 행위는 엄격히 금지된다.

류블랴나 근교 여행 II

프레드야마성 Predjamski Grad

카르스트 지형이 발달한 슬로베니아에는 유난히 동굴이 많다. '카르스트'라는 단어도 슬로베니아의 크라스Kras 지방에서 시작되었다고 할 정도로 슬로베니아는 석회 동굴이 상당수 분포하고 있다. 그중 관광지로 유명한 포스토이나 동굴에서 9km 거리에 위치한 프레드야마성은 성채의 일부가 동굴에 걸쳐 있어 신비로움을 더하는 곳이다. 동굴이 많은 슬로베니아에서만 볼 수 있는 이 특별한 장소는 〈반지의 제왕〉이나 〈왕좌의 게임〉 같은 판타지 영화에 나올 법한 독특한 모습에 재미있는 전설까지 더해져 많은 사람들에게 인기를 누리고 있다.

가는 방법

이용 가능한 대중교통이 없어 포스토이나 동굴에서 택시를 타야 한다. 여름철 성수기에는 포스토이나 동굴 앞에서 운행하는 무료 셔틀버스를 이용할 수도 있다. 프레드야마성은 포스토이나 동굴과 같은 회사에서 관리하기 때문에 티켓도 통합권을 사면 더 저렴하다. ➡ 통합권 정보는 P.185

요금 택시 왕복 €30~40
소요 시간 약 20분(택시 기사가 관람을 마치고 나올 때까지 1~2시간 대기 가능)
주소 6230 Predjama
운영 11~3월 10:00~16:00, 4 · 10월 10:00~17:00, 5 · 6 · 9월 09:00~18:00, 7 · 8월 09:00~19:00
요금 일반 €19, 학생(16~25세) €15.50, 6~15세 €11.50, 5세 이하 €1
홈페이지 www.postojnska-jama.eu

성 둘러보기

123m 높이의 절벽 안으로 깊이 파고든 프레드야마성은 세계에서 가장 큰 동굴 성이다. 무려 800년이 넘는 세월을 버텨 온 독특한 외관부터 눈길을 사로잡는다. 한국어 오디오 가이드가 제공되어 자세한 설명을 들으면서 성 구석구석을 관람할 수 있다. 특히 이 성의 성주였던 에라젬 루에가르Erazem Luegar에 얽힌 흥미진진한 이야기를 들으면 동굴 성을 더욱 실감나게 감상할 수 있다. 성 아래에는 또 다른 동굴이 있는데, 이곳은 포스토이나 동굴에 이어 슬로베니아에서 두 번째로 긴 카르스트 동굴이다.

프레드야마성의 전설, 에라젬

프레드야마성이 많은 사람들을 매료시키는 데에는 에라젬의 전설을 빼놓을 수 없다. 15세기에 기사였던 그는 슬로베니아의 로빈 후드로 알려져 있다. 그는 감옥에서 탈출해 프레드야마성으로 피신했다. 황제의 명을 받은 군대가 그를 잡으러 왔으며 난공불락의 성 앞에서 에라젬의 보급로를 차단하고 기다려야 했다. 에라젬은 동굴 뒤쪽 비밀 통로로 음식물을 공급받아 오랜 기간 버텼으나 결국에는 부하의 배신으로 성의 취약 지점인 화장실에서 포탄을 맞아 세상을 떠났다고 한다. 성 안에는 그의 초상화가 있는 방과 비밀 통로, 화장실 등을 직접 확인할 수 있다.

BLED

블레드

오스트리아 국경과 인접한 곳에 자리 잡은 아름다운 호수 마을이다. 알프스의 빙하가 녹아 형성된 맑고 투명한 호수에는 백조와 오리가 유유자적 헤엄치고 전통 나룻배가 떠다닌다. 호수 한가운데에는 작은 예배당이 세워진 신비로운 섬이 떠 있고, 호수를 둘러싼 절벽 위로는 슬로베니아에서 가장 오래된 성이 자리한다. 이 모든 것을 포근히 감싸 안은 눈 덮인 알프스의 절경까지 더해져 마을 전체가 한 폭의 풍경화 같다.

블레드 들어가기

블레드는 류블랴나에서 당일치기로 다녀오기 좋다. 열차 이용 시 다시 버스로 갈아타야 하기 때문에 버스로 한 번에 가는 것이 편리하다.

버스

류블랴나 중앙역 앞 버스 터미널Avtobusna Postaja 7번 플랫폼에서 블레드행 버스가 출발한다. 버스는 보통 1시간 간격으로 운행하며 티켓은 버스 터미널 매표소 또는 버스 안에서 운전기사에게 구입할 수 있다. 블레드에 도착하면 버스가 정류장 두 곳에 정차한다. 먼저 도착하는 블레드 유니언Bled Union은 숙소가 밀집한 지역이라 숙박하는 사람들이 주로 내린다. 당일치기 여행자들은 호수와 가까운 블레드Bled 버스 정류장에서 하차한다.

운행 06:00~22:00
소요 시간 50분~1시간 20분 ※스케줄에 따라 달라짐
홈페이지 www.ap-ljubljana.si

열차

열차를 이용해 블레드에 갈 수 있지만 블레드역이 호수에서 멀다 보니 다시 버스로 갈아타야 한다. 블레드역은 레스체 블레드Lesce Bled와 블레드 예제로Bled Jezero 두 곳이 있는데 레스체 블레드역을 이용하는 것이 빠르다. 레스체 블레드역에 도착하면 맞은편 버스 정류장에서 블레드행 버스를 타고 15분 정도 간다. 티켓은 버스 안에서 운전기사에게 구입한다. 블레드 버스 정류장에 도착하면 역으로 돌아가는 버스 시간표를 확인해 두자. 주말에는 버스 운행 편수가 적다.

운행 레스체 블레드행 06:50~22:00
소요 시간 40~57분+버스 환승 20분
홈페이지 www.slo-zeleznice.si

레스체 블레드역 ©LBM1948

블레드 예제로역 ©Ajznponar

관광안내소

파크 호텔Hotel Park 맞은편에 위치한 관광안내소에서 블레드 여행에 관한 정보를 얻을 수 있다.
주소 Cesta Svobode 10, 4260 Bled **운영** 월~토요일 09:00~17:00, 일요일 · 공휴일 10:00~16:00
홈페이지 www.td-bled.si

Bled **Best Course**

블레드 추천 코스

동화 속 한 장면 같은
호수를 바라보며 힐링하는 하루

블레드는 작은 마을이라 지도 없이도 다닐 수 있다. 호숫가에 다다르면 절벽 위로 블레드성이 보이고, 호수 한가운데 블레드섬이 떠 있다. 슬로베니아에서 가장 오래된 성 위에서 환상적인 블레드 호수의 전경을 조망하고, 나룻배를 타고 블레드섬에 다녀와 전통 케이크를 맛보며 여행을 마무리하자.

TRAVEL POINT

- **이런 사람 팔로우!** 블레드를 처음 간다면, 자연을 좋아한다면
- **여행 적정 일수** 여유로운 1일
- **여행 준비물과 팁** 편한 신발
- **사전 예약 필수** 없음

DAY 1

- **소요 시간** 6~8시간
- **점심 식사는 어디서 할까?** 블레드성 안은 물론이고, 블레드성을 기준으로 동남쪽 호숫가에도 다양한 식당과 카페가 있으니 취향에 맞게 골라 보자.
- **기억할 것** 성수기에는 류블랴나에서 출발하는 버스가 종종 만석이 된다. 출발 2~3일 전에는 예매하는 것이 좋다.

성 마틴 성당 P.193

도보 8분

블레드성 P.194

도보 7분

블레드 호수 P.195

배 10분

블레드섬 P.196

블레드 관광 명소

블레드 여행의 중심은 블레드 호수다. 블레드의 명소들은 이 호수를 중심으로 가까이 모여 있어 다니기도 쉽고 찾기도 쉽다. 명소들을 둘러본 뒤에는 호숫가 풍경을 느긋하게 즐겨 보자.

01

성 마틴 성당

Župnijska Cerkev Sv. Martina

가는 방법 블레드 버스 정류장에서 도보 4분 **주소** Riklijeva Cesta 19, 4260 Bled **운영** 08:00~19:00 **요금** 무료 **홈페이지** zupnija-bled.si

호숫가 풍경을 빛내는 흰색 성당

블레드 호수 주변에 자리 잡은 블레드의 교구 성당으로 흰 외관과 모자이크 타일 지붕이 돋보인다. 약 1,000년 전 지금의 성당 자리에 있던 작은 예배당이 15세기에 고딕 양식으로 지어졌고, 다시 1905년에 오스트리아 빈 시청사를 지은 유명한 건축가 프리드리히 폰 슈미트Friedrich von Schmidt에 의해 1905년 네오고딕 양식으로 재건되었다. 성당 앞의 정원은 슬로베니아의 유명한 건축가 요제 플레치니크Jože Plečnik가 디자인했다. 내부를 가득 채운 프레스코화는 슬라브코 펜고브Slavko Pengov의 작품으로 1932~1937년 사이에 그려졌다. 심플한 외관과 달리 내부는 프레스코화와 스테인드글라스, 파이프 오르간 등으로 화려함이 돋보인다. 블레드성을 오가는 길에 잠시 들르기 좋다.

02

블레드성
Blejski Grad

추천

블레드 호수가 한눈에 보이는 전망대

블레드 호수를 내려다볼 수 있는 훌륭한 전망대이자 슬로베니아에서 가장 오래된 성이다. 1004년 독일 왕 하인리히 2세Heinrich II가 대주교 브릭센Brixen에게 블레드의 영토를 하사하면서 구축된 것이다. 중세 후기에 이르러 더 많은 탑이 건설되었고 성 입구에 다리가 놓이면서 완연한 요새의 모습을 갖추었다. 성안은 2개의 뜰을 중심으로 각각 방어용과 주거용 건물로 나뉜다. 주거용 건물 위쪽의 넓은 뜰에는 예배당과 박물관이 자리하며 중세의 인쇄 기술을 보여 주는 인쇄소와 직접 찍어 내는 기념주화, 와이너리, 안뜰에서 펼쳐지는 전통 공연 등 소소한 볼거리가 있다. 가장 인기 있는 장소는 깎아지른 듯한 절벽 위에 자리한 전망대다. 짙은 푸른색 호수, 그 위에 떠 있는 작은 섬과 주변을 둘러싼 아름다운 산세가 한눈에 담긴다.

가는 방법 블레드 버스 정류장에서 도보 12분
주소 Grajska Cesta 61, 4260 Bled
운영 1 · 2 · 3 · 11 · 12월 08:00~18:00, 4~10월 08:00~20:00
요금 일반 €11, 학생 €7
홈페이지 www.blejski-grad.si

03 블레드 호수 추천
Blejsko Jezero

알프스의 만년설이 녹아 형성된 빙하호

슬로베니아 알프스의 빙하가 녹으면서 형성된 블레드 호수는 영롱한 에메랄드빛을 띤다. 만년설이 쌓인 알프스의 풍경과 어우러진 호수 일대는 오래전부터 유명한 휴양지였다. 호수는 길이 2,120m, 폭 1,380m, 깊이 30.6m에 달하는 호수 주변은 산으로 둘러싸여 있고 호숫가 북쪽에는 130m 높이의 바위산 위에 블레드성이 자리하고 있다. 호수 가운데에는 작은 성당을 품은 블레드섬이 있다. 둘레 6km의 호숫가를 산책하거나 벤치에 앉아 백조와 오리가 떠다니는 호수 풍경을 즐겨 보자. 전통 나룻배 '플레트나Pletna'를 타고 블레드섬에 갈 수도 있다.

가는 방법 블레드 버스 정류장에서 도보 4분
주소 Lake Bled, 4260 Bled

TIP

고성의 낭만과 시원한 풍경이 어우러진 카페 & 레스토랑
카페에서는 커피와 케이크를 즐길 수 있으며 식사를 위해 레스토랑 좌석을 예약하면 성 입장료가 무료다.
홈페이지 www.jezersek.si/en/locations/bled-castle/bled-castle-restaurant

TRAVEL TALK

전통 나룻배, 플레트나
호숫가 곳곳에 정박해 있는 플레트나는 블레드섬을 오갈 때 이용하는 작은 배예요. 18세기 합스부르크의 마리아 테레지아 여제 때 나룻배의 수를 제한했는데, 지금도 당시 지정한 가문에서만 대를 이어 뱃사공을 하고 있어요. **요금** €14

(04)

블레드섬

Blejski Otok

추천

가는 방법 블레드 호숫가에서 배로 5~10분
운영 성모 승천 성당
1 · 2 · 10 · 11월 08:30~16:00,
3월 08:30~17:00,
4 · 10월 08:30~18:00,
5~9월 08:30~19:00
요금 종탑 포함 통합권 일반 €12, 학생 €10.50 홈페이지 www.blejskiotok.si

블레드 호수를 더욱 특별하게 만드는 섬

에메랄드빛 블레드 호수 위에 그림처럼 떠 있는 섬이다. 섬 안에 자리한 성모 승천 성당Cerkev Marijinega Vnebovzetja이 호수의 풍경을 더욱 아름답게 만든다. 성당이 세워지기 이전에는 슬라브 토속 신앙에 등장하는 지바Živa 여신을 모시는 제단이 있었다. 그러나 745년에 성모 마리아를 위한 성당으로 바뀌었다. 로마네스크 양식의 성당은 1465년 고딕 양식으로 개축했고 이때 52m의 종탑도 생겼다. 1509년 대지진 이후 바로크 양식으로 다시 개축되었다. 성당 내부에는 성모 마리아가 아기 예수를 안은 모습을 담은 화려한 금박으로 장식된 제단, 프레스코화, 파이프 오르간 등이 있고 제단 앞에는 '행복의 종'이 있다. 소원을 빌며 줄을 잡아당겨 이 종을 울리면 소원이 이루어진다는 전설이 전해진다.

성모 승천 성당은 결혼식 장소로도 유명하다. 신랑이 신부를 안고 성당으로 향하는 99개 계단을 쉬지 않고 올라(이때 신부는 말을 하지 말아야 한다) 성당 안의 종을 치면 행복하게 잘 산다는 속설이 있다. 그래서인지 날씨가 따뜻한 봄에는 신혼부부들을 많이 볼 수 있다.

TRAVEL TALK

종탑에 깃든 전설 성모 승천 성당 안에 있는 '행복의 종'에는 이름과 달리 슬픈 이야기가 담겨 있습니다. 오래전 마을에 살던 한 남자가 강도에게 살해당하자 그 남자의 아내는 남편을 위해 교회 안에 달 종을 만들었어요. 종이 완성되어 섬으로 옮겨질 때 폭풍우가 몰아쳐 뱃사공과 종이 호수 깊이 가라앉는 사고가 발생했고, 상심한 그녀는 로마에 가서 수녀가 되어 일생을 보냈다고 합니다. 그녀가 죽고 이 이야기를 전해들은 교황은 새 종을 만들어 섬에 기증했죠. 이후 종을 세 번 치면 소원이 이루어진다는 전설이 생겨났답니다.

블레드 맛집

블레드 여행은 반나절이면 가능하기 때문에 식사를 하지 않고 간식과 음료만 즐겨도 좋다. 블레드에서 꼭 먹어야 할 것은 크렘나 레지나Kremna Rezina라는 전통 케이크다. 분위기 좋은 카페에서 잠시 쉬면서 커피와 함께 맛보자.

오스타리야 페글레즈엔
Oštarija Peglez'n

위치 블레드 호수 주변
유형 대표 맛집
주메뉴 해산물 요리, 스테이크

😊→ 위치가 편리하고 음식이 맛있다.
😐→ 여름에는 실내가 좀 더운 편이다.

아기자기한 소품으로 장식된 실내가 편안한 분위기를 자아내는 레스토랑으로 관광안내소에서 도보 2분 거리에 있다. 리소토, 파스타, 스테이크, 해산물 요리, 커피와 디저트까지 다양한 메뉴를 선보인다. 위치가 편리해 관광객은 물론 현지인도 즐겨 찾는 맛집이다.

가는 방법 블레드 버스 정류장에서 도보 8분
주소 Cesta Svobode 19a, 4260 Bled
문의 +386 4 574 42 18
운영 11:00~23:00
예산 해산물 요리 €20~25

빌라 프레셰렌 블레드
Vila Prešeren Bled

위치 블레드 호수 주변
유형 카페
주메뉴 크렘나 레지나

😊→ 호수 풍경을 즐기기 좋은 위치
😐→ 음식이 특별히 맛있는 것은 아니다.

블레드 버스 정류장에서 멀지 않은 곳에 있는 호텔 부설 레스토랑이다. 이곳의 가장 큰 장점은 호수 바로 옆에 있어 고요한 호수 풍경을 마음껏 즐길 수 있다는 점이다. 백조가 떠다니는 호수와 바로 옆 산책로는 공원으로 이어진다. 노천 테이블에 앉아 커피와 크렘나 레지나를 즐겨 보자.

가는 방법 블레드 버스 정류장에서 도보 4분
주소 Veslaška Promenada 14, 4260 Bled
문의 +386 4 575 25 10 **운영** 월~목요일 09:00~20:00, 금~일요일 09:00~21:00
예산 케이크 €6~7, 요리 €16~28
홈페이지 https://vilapreseren.com

SPECIAL THEME

전통 케이크에 풍경 한잔!

블레드 호수가 보이는 전망 카페

블레드 여행의 하이라이트인 블레드 호수와 블레드섬 그리고 블레드성까지
한눈에 보이는 전망 좋은 카페에서 시간을 보낸다면 이미 블레드 여행의 절반 이상을 채운 셈이다.

① 카바르나 파크
Kavarna Parki

블레드 전통 케이크인 크렘나 레지나로 유명한 맛집이다. 1953년에 문을 열어 60년이 넘는 전통을 자랑하는 곳으로, 파크 호텔 블레드Park Hotel Bled 맞은편에 자리한 부설 레스토랑이다. 이곳의 크렘나 레지나는 부드러운 바닐라 크림이 입에서 살살 녹는 맛이 일품이다. 크림이 많아 느끼할 것 같지만 커피와 잘 어울리는 고소한 맛이라 식후 디저트로 먹기 좋다. 블레드 호수와 성 마틴 성당, 블레드성이 한눈에 보이는 훌륭한 전망까지 갖춘 덕분에 야외 테라스의 명당 좌석은 항상 사람들로 붐빈다.

가는 방법 블레드 버스 정류장에서 도보 6분 **주소** Cesta Svobode 10, 4260 Bled **문의** +386 4 579 18 18 **운영** 11:00~19:00
예산 케이크 €6.50 **홈페이지** www.sava-hotels-resorts.com

② 호텔 빌라 블레드 *Hotel Vila Bled*

블레드 호수 남쪽에 위치한 호텔 빌라 블레드는 과거 유고슬라비아 연방의 전 대통령이었던 요시프 브로즈 티토Josip Broz Tito가 별장으로 사용하며 각국의 국빈을 영접했던 건물이다. 수려한 주변 풍경을 즐기며 루마니아의 차우셰스쿠, 인도의 간디 총리, 북한의 김일성 주석, 영국 찰스 황태자 등이 머물다 갔다. 여전히 우아한 공간미를 뽐내는 호텔과 더불어 부설 레스토랑, 카페가 운영 중이다. 각각의 장소에서 바라보는 풍경이 다르며 호숫가 산책로와 연결된 휴식 장소로 인기가 많다. 전망이 근사한 야외 테라스에서 음료와 케이크를 즐기며 여유로운 시간을 보내기 좋다. 관광객이 많은 블레드 안에서 보기 드물게 한적한 장소이나 위치는 중심가에서 조금 떨어져 있다.

가는 방법 믈리노Mlino 버스 정류장에서 도보 5분 **주소** Cesta Svobode 18, 4260 Bled **문의** +386 4 575 37 10
운영 10:00~19:00 **휴무** 겨울철 **예산** 케이크 €8~9, 음료 €3.50~7.50 **홈페이지** www.brdo.si

③ 포티츠니차 *Potičnica*

블레드섬 안에 자리한 카페다. 선착장에서 내려 계단을 올라가면 작은 예배당을 지나 바로 왼쪽에 카페가 있다. 노천 테이블은 나무에 가려져 호수의 시원한 풍경을 즐기기 어렵지만 실내 좌석에서는 창문을 통해 호수가 보인다. 간단한 음료와 커피, 아이스크림 등을 파는데 여름에는 아이스크림이 인기지만 실은 포티차 전문점이라 포티차와 함께 커피를 마시기 좋다. 블레드성 부근의 호텔에서 운영하고 있어 가격은 조금 비싼 편이다.

가는 방법 블레드섬 선착장에서 계단을 오르면 왼쪽에 위치
주소 Otok 1, 4260 Bled **문의** +386 4 576 79 79
운영 10:00~19:00 **예산** 케이크 · 커피 · 아이스크림 €3~5
홈페이지 www.blejskiotok.si/poticnica

INDEX

☑ 가고 싶은 도시와 관광 명소를 미리 체크해보세요.

도시명

1

ㄱ

ㅂ

ㅅ